Holzmann/Meyer/Schumpich

Technische Mechanik

Teil 3 Festigkeitslehre

Von Prof. Dr.-Ing. Günther Holzmann
Fachhochschule für Technik Esslingen/Neckar

unter Mitwirkung von Prof. Dr.-Ing. Hans-Joachim Dreyer
Fachhochschule Hamburg

und Prof. Dipl-Ing. Helmut Faiss
Fachhochschule für Technik Esslingen/Neckar

7., durchgesehene Auflage
Mit 298 Bildern, 139 Beispielen und 108 Aufgaben

B. G. Teubner Stuttgart 1990

CIP-Titelaufnahme der Deutschen Bibliothek

Holzmann, Günther:
Technische Mechanik/Holzmann; Meyer; Schumpich.
Stuttgart: Teubner.

NE: Meyer, Heinz:; Schumpich, Georg:

Teil 3. Festigkeitslehre/von Günther Holzmann.
Unter Mitw. von Hans-Joachim Dreyer u. Helmut Faiss. –
7., durchges. Aufl. – 1990.
ISBN 3-519-16522-8

© B. G. Teubner Stuttgart 1975
Printed in Germany
Satz: Fotosatz-Service KÖHLER, Würzburg
Druck und Bindung: W. Röck, Weinsberg
Umschlaggestaltung: W. Koch, Sindelfingen

Vorwort

Die Festigkeitslehre stützt sich auf die Erkenntnis der Elastostatik (Elastizitätstheorie); sie basiert auch auf den Erfahrungen der Werkstoffmechanik. Im Gegensatz zur Statik und Kinetik, die – ausgehend von wenigen Grundtatsachen – klar gegliederte Wissensgebiete sind, stellt die Festigkeitslehre als Lehre von den inneren Kräften fester Körper heute noch kein derartig systematisch aufgebautes Lehrgebäude dar. Sie entwickelte sich aus dem experimentellen Auswerten von Erfahrungen über die Haltbarkeit von Bauteilen und versuchte dann, diese Erfahrungen theoretisch zu begründen. In der Elastostatik rechnet man mit idealen homogenen festen Körpern, während Bauteile des Ingenieurs aus den realen Werkstoffen der Technik bestehen; die Art des möglichen Versagens dieser Bauteile unter dem Einfluß von Kraftwirkungen ist für die Festigkeitslehre von besonderer Bedeutung. Die in Statik und Kinetik ausreichende Vorstellung vom starren Körper kann in der Festigkeitslehre nicht aufrechterhalten werden, der experimentelle Zusammenhang zwischen Kraftwirkung und Verformung ist ihre wichtigste Voraussetzung.

Hier wurde eine gut überschaubare Stoffgliederung angestrebt. Beginnend mit der Herleitung der Berechnungsgleichungen für die einfachen Grundbeanspruchungen in stabförmigen Bauteilen, wird dem Leser bereits in Abschnitt 3 das Werkstoffverhalten bei ruhender und schwingender Beanspruchung unter Berücksichtigung der Kerbwirkung und sonstiger Einflüsse nahegebracht. Gesichtspunkte des Werkstoffverhaltens werden auch in den folgenden Abschnitten immer wieder herangezogen. Stabilitätsprobleme, soweit sie für den Maschinenbau wichtig sind, enthält Abschnitt 10. In Abschnitt 11 sind dickwandige Hohlzylinder unter Innen- und Außendruck behandelt. Für die Auswertung von Dehnungsmessungen (Abschn. 9.3) und das Modellverfahren der Spannungsoptik (Abschn. 12) werden die wichtigsten Grundtatsachen mitgeteilt. In Abschnitt 13, der für die 3. Auflage neu hereingenommen worden ist, wird eine Einführung in die Methode der Finiten Elemente oder kurz Finite-Elemente-Methode (FEM) gebracht. Die Methoden der höheren Mathematik sind dort, wo es sinnvoll ist, herangezogen worden. Die Richtlinie VDI 2226 ist wegen der für Maschinenbauer noch ungewöhnlichen Behandlung der wiederholten Beanspruchung nicht zugrunde gelegt worden. Auf die Berücksichtigung der Formdehngrenze bei ungleichförmiger Beanspruchung wurde dagegen hingewiesen.

Die Beispiele und Aufgaben sollen vor allem die Verbindung mit der praktischen Ingenieurarbeit herstellen. Bewußt habe ich darauf verzichtet, konstruktive Gesichtspunkte zu stark zu betonen. Die Formelzeichenwahl geschah nach den Empfehlungen von DIN 1304, 1350 und 5497. In Anpassung an die im Gesetz über Einheiten im Meßwesen vom 2. 7. 1969 und seiner Ausführungsverordnung vom 26. 6. 1970 genannten Fristen für die Einführung der Gesetzlichen Einheiten, deren Grundlage das „Internationale Einheitensystem (SI)" bildet, sind ab der 3. Auflage die Einheiten des Internationalen Einheitensystems mit Newton (N) als Einheit der Kraft in den Zahlenbeispielen eingeführt worden.

Herr Prof. Dr.-Ing. H.-J. Dreyer, Hamburg, hat den Abschnitt 10, Knicken und Beulen, verfaßt, das gesamte Manuskript lektoriert und die Korrekturen gelesen. Ihm sowie den beiden Mitverfassern des Gesamtwerkes „Technische Mechanik" danke ich herzlich für viele Anregungen und kritische Hinweise.

Von der 3. Auflage an wurde auf das graphische Verfahren zur Ermittlung von Flächenmomenten 2. Ordnung (Kreis von Mohr-Land) und seine Anwendung verzichtet, da es in der Praxis nur noch wenig gebraucht wird. Außerdem wurde die Berechnung rotierender Scheiben fortgelassen. Dafür ist als 13. Abschnitt eine Einführung in die Methode der Finiten Elemente neu aufgenommen worden, die von Herrn Prof. Dipl.-Ing. H. Faiss, Esslingen, verfaßt wurde. Für die sorgfältige und klare Darstellung des schwierigen Stoffgebietes danke ich ihm herzlich.

Die Methode der Finiten Elemente gewinnt in der Praxis für die Festigkeitsberechnung komplizierter Bauteile zunehmend an Bedeutung, da die numerische Rechnung für das Lösen des dabei zu entwickelnden Gleichungssystems mit oft Hunderten oder Tausenden von Unbekannten heute in den zur Verfügung stehenden leistungsfähigen elektronischen Rechenanlagen keine Schwierigkeit mehr bereitet. Verfasser und Verlag waren sich einig, daß die Aufnahme dieser bei vielen Ingenieuren und in vielen Ausbildungsstätten noch weitgehend unbekannten Methode in ein modernes Lehrbuch notwendig ist, aber naturgemäß nur eine knappgefaßte Einführung sein kann. Es wurde eine Darstellung der Theorie auf elementarer Grundlage versucht, da die Rückbesinnung auf die elementaren Zusammenhänge am besten geeignet ist, den Anschluß an die unmittelbare Erfahrung zu gewinnen. An der Fachhochschule für Technik Esslingen ist das Gebiet als Wahlpflichtfach in das Vorlesungsangebot im Maschinenbau aufgenommen und seit mehr als einem Jahrzehnt an vielen Ingenieurabschlußarbeiten erprobt worden. Da in vielen Industriebetrieben mit dieser Methode seit Jahren erfolgreich gearbeitet wird, erschien es uns an der Zeit, sie Studenten und den in der Praxis stehenden Ingenieuren durch dieses Lehrbuch bekannt zu machen. Viele positive Reaktionen aus dem Benutzerkreis zeigten, daß dieser Schritt richtig war.

In der 5. Auflage waren die für den Zugversuch nach DIN 50145 neu geltenden Formelzeichen eingeführt worden, sowie einige weitere Formelzeichen und Begriffe geänderten Normen angepaßt. In der vorliegenden 7. Auflage wurden Druckfehler beseitigt und sachliche Verbesserungen vorgenommen.

Anregungen zur Verbesserung des Buches und Hinweise auf Unstimmigkeiten nehme ich immer gerne entgegen.

Esslingen/Neckar, im Frühjahr 1990   Günther Holzmann

Inhalt

Hinweise auf DIN-Normen in diesem Werk entsprechen dem Stande der Normung bei Abschluß des Manuskriptes. Maßgebend sind die jeweils neuesten Ausgaben der Normblätter des DIN Deutsches Institut für Normung e.V. im Format A 4, die durch den Beuth-Verlag GmbH, Berlin und Köln, zu beziehen sind. – Sinngemäß gilt das gleiche für alle in diesem Buche angezogenen amtlichen Bestimmungen, Richtlinien, Verordnungen usw.

Formelzeichen

Kraftgrößen

$c = F/\Delta l$ Federrate

$c_\varphi = M_t/\varphi$ Drehfederrate

$F, \vec{F}$ Kraft

$F_A, F_B, F_C, \ldots$ Lagerkräfte

$F_G, \vec{F}_G$ Gewichtskraft

F_K Knickkraft

F_m Höchstkraft

F_n Normalkraft, Längskraft

F_q Querkraft

F_s Stab-, Stangenkraft

F_t Schub-, Tangentialkraft

$F_X, F_Y, \ldots$ unbekannte Kräfte

F_{zul} zulässige Kraft

dK Volumenkraft

M_b Biegemoment

M_t Torsions-, Verdrehmoment

M_v Vergleichsmoment

m Masse

P Leistung

W Arbeit, Energie, Formänderungsarbeit

ΔW spezifische Formänderungsarbeit

Bezogene Kraftgrößen

p Flächenpressung, Lochleibungsdruck, Pressung

p_a Außendruck (äußerer Überdruck)

p_i Innendruck (innerer Überdruck)

p_{zul} zulässige Flächenpressung

q Belastungsintensität

q_E Eigengewichtskraft (N/m)

$\vec{s}$ Spannungsvektor

α_0 Anstrengungsverhältnis

γ Wichte

μ Massenbelegung

μ_0 Haftreibungszahl

ϱ Dichte

σ Normalspannung

σ_a, τ_a Ausschlagspannungen

σ_b Biegespannung

σ_k, τ_k Kerbspannungen

σ_l Normalspannung in Längsrichtung

σ_m, τ_m Mittelspannungen

σ_n, τ_n Nennspannungen

σ_o, τ_o Oberspannungen

σ_r Normalspannung in radialer Richtung

σ_t Normalspannung in Umfangsrichtung

σ_u, τ_u Unterspannungen

σ_v Vergleichsspannung

$\sigma_x, \sigma_y, \sigma_z$ Normalspannungen in x, y, z-Richtung

σ_z, σ_d Zug-, Druckspannung

σ_{zul} zulässige Normalspannung

$\sigma_\varphi, \tau_\varphi$ Normal-, Schubspannungen in

σ_ψ, τ_ψ Schnittflächen, die unter den Winkeln φ, ψ gerichtet sind

$\sigma_1, \sigma_2, \sigma_3$ Hauptspannungen

τ Schubspannung

τ_a (Ab-)Scherspannung

τ_h Horizontalkomponente von τ_r

$\tau_q = \tau_l$ Querkraftschubspannung bei Biegung

τ_r resultierende Schubspannung

τ_t Schubspannung bei Torsion

$\tau_{max}, \tau_I, \tau_{II}, \tau_{III}$ Größtschubspannungen

τ_{zul} zulässige Schubspannung

$\varphi = \sigma/\tau$ Verhältniswert

Geometrische Größen

A Schnittfläche, Querschnitt

a Seitenlänge eines Quadrats

$a, b, \ldots$ Abstände

b, B Breite

d, D, d_0 Durchmesser, Dicke

Δd Durchmesseränderung

d_a Außendruchmesser

d_i Innendurchmesser

d_m mittlerer Durchmesser

Δd_S Schrumpfmaß

d_W Wellendurchmesser

e, r Exzentrizität des Kraftangriffs

f Durchbiegung

H_y, H_z	Flächenmomente 1. Ordnung bezüglich y, z-Achsen	$\alpha = d_i/d_a$	Durchmesserverhältnis
		α, β, γ	Winkel
h, h_0	Höhe	$\eta = d_a/d_i$	Durchmesserverhältnis, Radien-
Δh	Höhenänderung	$= r_a/r_i$	verhältnis
$I = i^2 A$	Flächenmomente 2. Ordnung (allgemein)	η, ζ	rechtwinklige Koordinaten im Schwerpunkt einer Fläche
I_t	eine dem polaren Flächen-moment ähnliche Größe (Drillungswiderstand)	$\vartheta = \varphi/l$	bezogener Torsionswinkel
		$\varkappa$	Querschnittfaktor
I_p	polares Flächenmoment 2. Ordnung	λ	Schlankheitsgrad
		λ_g	Grenzschlankheitsgrad
$I_y, I_z, I_\eta, I_\zeta$	axiale Flächenmomente 2. Ordnung	$\xi = \dfrac{d}{2R}, \dfrac{b}{2R}, \dfrac{h}{2R}$	Windungsverhältnis bei zy-lindrischer Schraubenfeder
$I_{yz}, I_{\eta\zeta}$	gemischte Flächenmomente 2. Ordnung	$\xi = \dfrac{x}{l}$	auf die Länge l bezogene Koor-dinate x
I_1, I_2	Hauptflächenmomente	ϱ	Krümmungsradius, Kerbradius
l, L_0	Länge	φ	Torsionswinkel
$\Delta l, \Delta L$	Längenänderung	φ, ψ	Winkelkoordinaten
l_K	Knicklänge		
l_R	Reißlänge	**Bezogene geometrische Größen**	
$n = h/b > 1$	Seitenverhältnis bei Rechteck	A, A_5, A_{10}	Bruchdehnung
r, R, r_0	Radius, Abstand	A_e	Einschnürdehnung
r_a, R_a	Außenradius	A_g	Gleichmaßdehnung
r_i, R_i	Innenradius	γ	Gleitwinkel
r_m	mittlerer Radius	ε	Dehnung, Stauchung
r_W	Wellenradius	$\varepsilon_a, \varepsilon_b, \varepsilon_c$	Dehnungen in den Meßrichtun-gen a, b, c
S, S_0	Querschnitt in Zug- und Druckversuchen	ε_r	bleibende, plastische Dehnung
δ	Blechdicke, Dicke	ε_e	elastische Dehnung
s	Federweg, Gangunterschied	$\varepsilon_F = \sigma_F/E$	Fließdehnung
ds	Bogenelement	ε_q	Querkürzung, Querdehnung
t	Teilung, Kerbtiefe, Wanddicke	$\varepsilon_t, \varepsilon_r$	Dehnungen in Umfangs- und Radialrichtung
U	Umfang	$\varepsilon_x, \varepsilon_y, \varepsilon_z$	Dehnungen in x, y, z-Richtung
ΔU	Umfangsänderung	ε_ϑ	Wärmedehnung
u	Verschiebung, Verschiebungs-funktion	$\varepsilon_1, \varepsilon_2, \varepsilon_3$	Hauptdehnungen
		Z	Brucheinschnürung
du	Längenänderung in Richtung u		
V	Volumen	**Werkstoffkonstanten, Kennwerte**	
ΔV	Volumenänderung		
v_P, v_K	Verschiebung der Punkte P, K	E	Elastizitätsmodul
v, w	Hauptachsen einer Fläche	G	Gleit-, Schubmodul
$w(x)$	Durchbiegung als Funktion von x	m	Poissonsche Konstante
W_t	eine dem Widerstandsmoment W_p bei Kreis ähnliche Größe	N	Bruchschwingspielzahl
		p_{Beul}	Beuldruck (Außendruck)
W_b	Widerstandsmoment gegen Biegung	μ	Poissonzahl, Querzahl
W_p	Widerstandsmoment gegen Torsion	$\varkappa = \sqrt{\dfrac{F}{EI}}$	Faktor
x, y, z	Koordinaten eines kartesischen Koordinatensystems	v, v^*	Sicherheit, Sicherheitszahl
x_S, y_S, z_S	Schwerpunktkoordinaten	σ_A, τ_A	Ausschlagfestigkeiten
Z	Querschnittfaktor	R_m	Zugfestigkeit
z_1, z_2	Randabstände	σ_{bB}	Biegefestigkeit
		σ_{bF}	Biegefließgrenze
		σ_{Beul}	Beulspannung

$R_{m/10^5}$	Zeitbruchgrenze bezogen auf 100 000 h	$S_M, S_F, \ldots$	Zeichenstrecken, die Momente, Kräfte ... darstellen
σ_D, τ_D	Dauerfestigkeit allgemein	v	Geschwindigkeit
σ_{dB}	Druckfestigkeit	v_0, v_1, v_2	Lichtgeschwindigkeit in Luft, nach Doppelbrechung
σ_{dF}	Quetschgrenze		
$\sigma_E, R_{p\,0,01}$	Spannung an der Elastizitätsgrenze, 0,01 %-Dehngrenze	α_k	Formzahl
		α_ϑ	linearer Ausdehnungskoeffizient
σ_F, τ_F	Fließgrenze allgemein	β_k	Kerbwirkungszahl
σ_K	Knickspannung	η_F	Raumzahl einer Feder
σ_M, τ_M	Mittelspannungen der Dauerfestigkeit	η_k	Empfindlichkeitszahl
		ϑ	Temperatur
σ_O, τ_O	Oberspannungen der Dauerfestigkeit	$\Delta\vartheta$	Temperaturänderung
		χ	bezogenes Spannungsgefälle
σ_P, τ_P	Spannungen an der Proportionalitätsgrenze	λ	Lichtwellenlänge
		ϱ^*	Radius einer Ersatzkerbe
$R_e\,(\sigma_S)$	Zugfließgrenze = Streckgrenze	φ	Stoßziffer
σ_{Sch}, τ_{Sch}	Schwellfestigkeiten	ω	Winkelgeschwindigkeit
σ_U, τ_U	Unterspannungen der Dauerfestigkeit		

Finite-Elemente-Methode

σ_W, τ_W	Wechselfestigkeiten	A_{red}	reduzierter Schubquerschnitt
$R_{p\,0,2}$	Ersatzstreckgrenze (0,2 %-Dehngrenze)	$a_1, a_2\ldots, b_1, b_2, \ldots$	Koeffizienten
		$d_u, d_v\ldots, d_x, d_y, \ldots$	Drehungen um die entsprechende Achse
$R_{p\,1/10^5}$	Zeitdehngrenze bezogen auf 100 000 h	M_A, M_B	Schnittmomente
		q	dimensionslose Schubkonstante
τ_B, τ_{aB}	Schubfestigkeit, Scherfestigkeit	u, v, w	Elementbezogenes (lokales) Koordinatensystem
τ_{tF}	Torsionsfließgrenze		
ω	Knickfaktor, Knickzahl	$v_u, v_v\ldots, v_x, v_y, \ldots$	Verschiebungen in die entsprechende Achsrichtung
		$x_1, x_2\ldots, y_1, y_2$	Eckpunktkoordinaten des Scheibenelements

Sonstige Größen

$\varkappa \approx 1/o_k$	Oberflächenfaktor	A	Matrix der Knotenbewegung
$C, C_1, \ldots; c, c_1, \ldots$	Integrationskonstanten	A^T	Transponierte der Matrix A
$e = 2{,}718$	Basis des natürlichen Logarithmus (Eulersche Zahl)	$E_B = E_0 + E_q$	Materialsteifigkeitsmatrix des Balkens
H_1, H_2	Komponenten des Lichtvektors $\vec{L}$ hinter dem Analysator	E_D	Materialsteifigkeitsmatrix des Scheibenelementes
i	Windungszahl einer Schraubenfeder	$\tilde{f}, f, \tilde{f}_0$	Spaltenvektoren der Knotenkräfte und -momente
k, c	Zahlenkonstante, Zahlenfaktor	H	Verzerrungsmatrix
k_i, k_a	Zahlenfaktoren zur Schraubenfederberechnung	H^T	Transponierte der Matrix H
$\vec{L}$	Lichtvektor	k, k_T	Steifigkeitsmatrix des Stabes
L_1, L_2	Komponenten des Lichtvektors $\vec{L}$ in Richtung der Hauptspannungen σ_1 und σ_2	m	Spaltenvektor der Schnittmomente
		T	Transformationsmatrix
		T^T	Transponierte der Matrix T
$m_{\sigma\tau}, m_F, \ldots$	Maßstabsfaktoren für Spannungen, Kräfte ...	$\tilde{v}, v$	Spaltenvektor der Knotenverschiebungen und -drehungen
n	Potenzzahl, Ordnungszahl	Vol	Elementvolumen
$\vec{n}$	Normalenvektor	$\alpha, \alpha_0, \alpha_e$	Spaltenvektoren der Winkeländerungen
$n_{0,2}$	Stützziffer, Dehngrenzenverhältnis		
o_k	Oberflächenziffer	$\varepsilon, \varepsilon_0, \varepsilon_e$	Spaltenvektoren der Verzerrungen
S	spannungsoptische Konstante	σ	Spaltenvektor der Spannungen

1. Einführung

1.1. Aufgaben der Festigkeitslehre

Die Festigkeitslehre — als Teilgebiet der Technischen Mechanik — behandelt das Verhalten verformbarer fester Körper unter dem Einfluß von äußeren Kräften. In der Statik und Dynamik werden diese Körper im allgemeinen als starr vorausgesetzt. Die betrachteten Körper befinden sich in relativer Ruhe, und die Kräfte sind somit im Gleichgewicht. Während in der Statik die Gleichgewichtsbedingungen am starren Körper hergeleitet und die resultierenden Schnittgrößen (Normal- und Querkräfte, Biege- und Verdrehmomente) mit deren Hilfe berechnet werden, wird in der Festigkeitslehre nach der Verteilung dieser Beanspruchungs- oder Schnittgrößen im Innern der Körper und nach der Verformung gefragt.

Aufgabe der Festigkeitslehre ist es also, Berechnungsverfahren zu entwickeln, damit die Kraftwirkungen im Innern von Körpern und die dadurch hervorgerufenen Formänderungen der Körper berechnet werden können. Weiter müssen Regeln zur Beurteilung des Versagens und besonders zur Vermeidung des Versagens der aus verschiedenen Werkstoffen hergestellten Körper angegeben werden. Diese Körper stellen in der Regel komplizierte Bauteile (oder Maschinenteile) von bestimmter Form und Abmessung dar. Ihre Form muß für eine Berechnung oft vereinfacht angenommen werden. In der elementaren Festigkeitslehre bevorzugt man die Stabform. Stäbe sind prismatische Körper mit gerader oder gekrümmter Achse. Aber auch andere Formen sind möglich: Scheibe, Platte usw. Bei Überbeanspruchung im Betrieb können Bauteile verschiedenartig versagen, durch Bruch, durch untragbar große Verformungen oder aber auch durch Unstabilwerden.

Die Berechnungsverfahren der Festigkeitslehre beruhen auf den Gesetzen der Statik und setzen ihre Regeln voraus. Die Berechnungsgleichungen der Festigkeitslehre werden zunächst für ideale homogene und isotrope Körper hergeleitet. Ein Körper ist homogen, wenn er aus überall gleichartigem Werkstoff besteht; er ist isotrop, wenn die Werkstoffeigenschaften in allen Punkten richtungsunabhängig sind. Die Bauteile der Technik sind jedoch aus realen Werkstoffen (Metalle, Kunststoffe, Holz usw.) gefertigt. Nur gleichmäßig feinkörnige Werkstoffe sind annähernd homogen und verhalten sich quasi-isotrop, d.h. gleichsam (beinahe) isotrop. Die realen Werkstoffe können nur begrenzte Beanspruchungen ertragen, so daß die errechneten inneren Kraftwirkungen und Verformungen von Bauteilen zulässig sein, d.h. unter einem gewissen Grenzwert bleiben müssen, damit Versagen vermieden wird.

Voraussetzung für eine möglichst wirklichkeitsgetreue und wirtschaftliche Festigkeitsberechnung sind daher auch Kenntnisse über die in der Technik verwendeten Werkstoffe. Die Werkstoffkunde vermittelt die Kenntnisse über Eigenschaften, Aufbau und Behandlungsmöglichkeiten der Werkstoffe.

Die Werkstoffprüfung untersucht das Verhalten der Werkstoffe unter den verschiedenen Beanspruchungsarten, besonders den Zusammenhang zwischen Kräften und Verformungen, sowie die Grenzbeanspruchungen, die zum Versagen führen können.

Die Verknüpfung der Festigkeitslehre mit der Werkstoffkunde und der Werkstoffprüfung ist somit unerläßlich und gibt diesem Fachgebiet eine Sonderstellung innerhalb der Technischen Mechanik.

Aufgaben und Ziele der Festigkeitslehre können nunmehr zusammengefaßt werden: Berechnung der inneren Kraftwirkung (der Beanspruchung) und der Verformung von Bauteilen, sowie ein Vergleich mit zulässigen Werten.

Berechnung der Tragfähigkeit (zulässigen Belastung) von Bauteilen bei gegebenen Abmessungen und Material.

Ermittlung der erforderlichen Abmessungen (Dimensionierung) von Bauteilen bei gegebenen Kräften und gegebenem Material.

In allen Fällen ist zu beachten, daß Beanspruchungen und Verformungen nur so groß sein dürfen, daß ein Versagen der Bauteile mit Sicherheit verhindert wird. Die durch Versuche ermittelten Grenzbeanspruchungen der Werkstoffe (Werkstoffkennwerte) dürfen in den Bauteilen nicht erreicht werden. Der Begriff der Sicherheit spielt in der Festigkeitslehre eine große Rolle. Ohne hier auf Einzelheiten eingehen zu können, soll er zunächst ganz allgemein als das Verhältnis einer Grenzbeanspruchung des Werkstoffs (Werkstoffkennwert) zur errechneten Beanspruchung im Bauteil formuliert werden. Die Sicherheit (auch Sicherheitszahl) ist also eine Verhältniszahl, die immer größer als 1 sein muß. Mit ihrer Berechnung werden wir uns in späteren Abschnitten auseinanderzusetzen haben.

1.2. Beanspruchungsarten

Die vielfältige Beanspruchung von Bauteilen kann man oft auf einige Grundfälle zurückführen, die je nach Richtung und Wirkung der äußeren Kräfte unterschieden werden. Die Bauteile werden geometrisch vereinfacht, zumeist als Stäbe, dargestellt.

Zugbeanspruchung

Zugbeanspruchung tritt in Bauteilen auf, die unter dem Einfluß äußerer Zugkräfte F stehen. Derartige Bauteile nennt man Zugstäbe (2.1). Die Wirkungslinie der Kräfte liegt in Richtung der Stabachse. Beispiele für Zugstäbe sind Zugstangen, Fachwerkstäbe, Hängeseile, Ketten, Schrauben, dünne umlaufende Ringe.

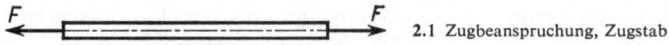 2.1 Zugbeanspruchung, Zugstab

Druckbeanspruchung

In Bauteilen herrscht Druckbeanspruchung, wenn die äußeren Kräfte Druckkräfte sind, also den Zugkräften entgegengesetzt gerichtet sind (3.1a). Für die Berechnung von Druckstäben wird eine Einschränkung bezüglich der Länge gemacht: Sie sind auf Knicken zu berechnen (s. Abschn. 10), wenn ihre Länge um ein Mehrfaches größer ist als der Querschnitt.

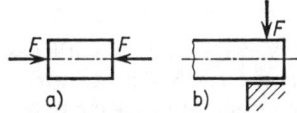

3.1 Druckbeanspruchung
a) Druckstab
b) Flächenpressung im Auflager
eines Trägers

Zug- und Druckstäbe unterscheiden sich also nur in der Richtung der äußeren Kräfte. Druckbeanspruchung ergibt sich aber auch bei der Berührung zweier Bauteile unter einer Kraftwirkung (Pressung, **3.1** b)

Beispiele für Druckstäbe: kurze Säulen und Druckstempel; für Pressung: Fundamente, Lager, Gelenke.

Schub- oder Scherbeanspruchung

Diese Beanspruchung tritt auf, wenn die äußeren Kräfte senkrecht zur Längsachse der Bauteile gerichtet sind und auf der gleichen Wirkungslinie liegen oder die Wirkungslinien nicht sehr weit voneinander entfernt sind. Beispiele: Niete (3.2a), Scherstifte (3.2b), kurze Zapfen (3.2c), hohe Stege von Kastenträgern und I-Profilen.

Scherbeanspruchung ergibt sich auch beim Blechschneiden oder beim Stanzen von Blechteilen, z.B. Ronden (3.2d).

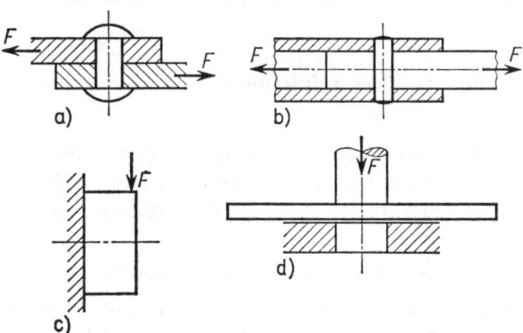

3.2 Schubbeanspruchung
a) Niet   b) Scherstift
c) kurzer Zapfen   d) Abscheren eines Bleches beim Stanzen

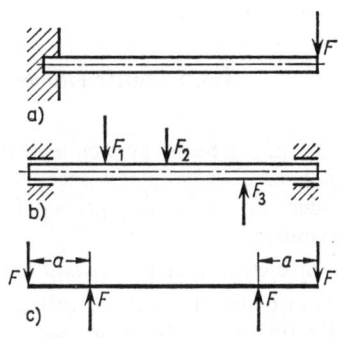

3.3
Biegebeanspruchung
a) Freiträger b) zweifach gelagerte Welle
c) Belastungsschema einer Achse

Biegebeanspruchung (Biegung)

Wird ein Bauteil durch eine Kraft oder mehrere Kräfte senkrecht zu seiner Achse oder durch Momente belastet und ist seine Länge um mindestens eine Größenordnung größer als sein Querschnitt, so wird es überwiegend auf Biegung beansprucht. Solche Bauteile werden Biegestäbe oder Balken genannt. Beispiele sind Wellen, Achsen, Konsolen, Decken- und Brückenträger (3.3). Biegestäbe erfahren aber auch zusätzliche Schubbeanspruchung (3.2c).

Verdrehbeanspruchung (Torsion)

Wird ein Bauteil durch Kräftepaare in zu seiner Längsachse senkrechten Ebenen belastet, dann erfährt es eine Verdrehbeanspruchung (3.4). Beispiele sind: Wellen, Drehstabfedern, zylindrische Schraubenfedern, Schrauben beim Anziehen, Drehmomentschlüssel.

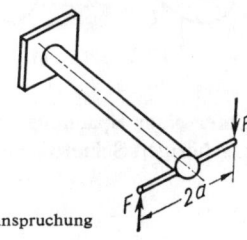

3.4 Verdrehbeanspruchung

Knickbeanspruchung (Knickung)

Bei der Druckbeanspruchung schlanker Stäbe tritt Versagen durch seitliches Ausbiegen (Knicken) ein, obgleich keine äußere Kraft senkrecht zur Stabachse wirkt. Die rechnerische Behandlung stellt ein Stabilitätsproblem dar. Ähnliche Probleme treten auch bei der Druckbeanspruchung dünner Rohre und Schalen, sowie bei Biege- und Verdrehbeanspruchung sehr dünner Stäbe auf (Beulen, Biegeknicken, Drillknicken).

Jede dieser bisher ausgeführten Beanspruchungsarten erzeugt in den betreffenden Bauteilen Deformationen, die für sie charakteristisch sind: Verlängerung bei Zugstäben Verkürzung und Ausbiegen bei Druckstäben, Winkeländerung bei Verdrehung, Durchbiegung bei Biegebeanspruchung.

Zusammengesetzte Beanspruchung

Sind zwei oder mehr Beanspruchungsarten gleichzeitig in einem Bauteil vorhanden, dann liegt zusammengesetzte Beanspruchung vor. Beispiele sind: Wellen (Biegung und Verdrehung), Schrauben (Zug und Verdrehung), Rahmen (Biegung, Zug oder Druck und Verdrehung), dünn- und dickwandige Rohre und Druckbehälter und viele andere.

1.3. Schnittmethode — Spannungen — Krafteinleitung

Die in der Statik verwendete Schnittmethode wird auch zur Lösung von Festigkeitsaufgaben herangezogen. In der Statik werden mit dieser Methode die resultierenden Schnitt- oder Beanspruchungsgrößen (Normal- und Querkräfte, Biege- und Verdrehmomente) ermittelt.

Für die Festigkeitslehre soll die Schnittmethode wie folgt formuliert werden:

Man denkt sich ein beliebig gestaltetes Bauteil, das unter der Wirkung äußerer Kräfte (oder Momente) steht, geeignet (vernünftig) durchgeschnitten (4.1a) und dann ein Teilstück mit den daran angreifenden äußeren Kräften entfernt. Dann müssen die Wirkungen der mit dem abgeschnittenen Teil entfernten äußeren Kräfte auf die Schnittfläche des stehengebliebenen Teils berücksichtigt werden (4.1b). Die resultierenden Schnittgrößen verteilen sich über die gesamte Schnittfläche als innere Schnittkräfte, die mit den äußeren Kräften im Gleichgewicht stehen müssen. Diese inneren Schnittkräfte, bezogen auf die Schnittfläche oder ein Teilstück derselben (Schnittflächenelement ΔA), definiert man als Spannungen, sie werden im allgemeinen in der Einheit N/mm^2 angegeben.

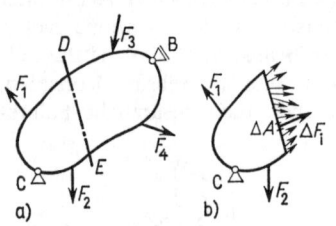

a)   b)

4.1 Schnittmethode
   a) beliebig geformtes Bauteil mit einem Schnitt $D-E$
   b) linkes Teilstück mit den inneren Kräften ΔF_i in der Schnittfläche, ΔA Schnittelement

Unter einer Spannung versteht man den Quotienten aus einer Schnittkraft $\Delta \vec{F}_i$ und der zugehörigen Schnittfläche ΔA

$$\vec{s} = \frac{\Delta \vec{F}_1}{\Delta A}$$

Spannungen sind wie Kräfte gerichtete Größen, also Vektoren, und im allgemeinen beliebig im Raum gerichtet. Befinden sich alle äußeren Kräfte in einer Ebene, dann liegen auch die Spannungsvektoren in der gleichen oder dazu parallelen Ebene. Für die Festigkeitsrechnung ist es zweckmäßig, den Spannungsvektor in zwei Komponenten normal und tangential zur Schnittfläche zu zerlegen (**5.1**).

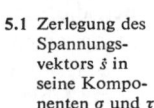

Die Komponente normal zur Fläche heißt

Normalspannung σ (Sigma)

Die Komponente tangential zur Fläche heißt

Schubspannung τ (Tau)

5.1 Zerlegung des Spannungsvektors $\vec{s}$ in seine Komponenten σ und τ

Durch Multiplikation einer Spannung mit der zugehörigen Schnittfläche erhält man umgekehrt die in dieser Fläche wirkende

Normalkraft $\qquad\qquad \sigma \, \Delta A = \Delta F_{\mathrm{in}}$

Tangential- oder Schubkraft $\qquad \tau \, \Delta A = \Delta F_{\mathrm{it}}$

Normalspannungen können Zug- oder Druckspannungen sein, je nachdem ob die Spannung an der Fläche „zieht" oder „drückt". Zur Unterscheidung der Zug- und Druckspannungen können Indizes an die Formelzeichen geschrieben werden, σ_{z} (Zugspannung) oder σ_{d} (Druckspannung), s. Fußnote S. 17. Häufiger jedoch ist die Unterscheidung durch ein Vorzeichen ($+$ für Zug-, $-$ für Druckspannungen). In Zeichnungen werden die Spannungen manchmal symbolisch angegeben (**5.2**).

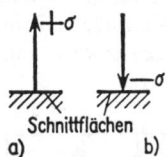

Schnittflächen
a)   b)

5.2 Symbolische Darstellung der Normalspannungen zur Schnittfläche

a) Zug   b) Druck

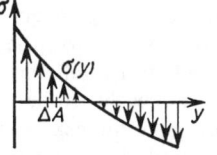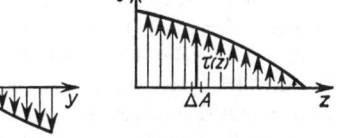

5.3 Zeichnerische Darstellung des Spannungsverlaufs in Abhängigkeit von den Querschnittskoordinaten y und z

Die errechnete Spannungsverteilung über eine Schnittfläche wird meist in einem Diagramm in Abhängigkeit von einer Querschnittskoordinate (in Richtung der Breite oder Höhe der Schnittfläche) dargestellt. Die Spannungen werden als Ordinaten abgelesen (**5.3**).

Eine Vorzeichenregelung für Schubspannungen hat nur für die Richtung bezüglich der Schnittfläche Bedeutung (**5.4**).

5.4 Symbolische Darstellung der Schubspannungen zur Schnittfläche

a) positiv   b) negativ

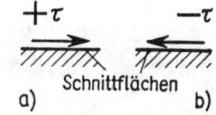

Schnittflächen
a)   b)

Der Spannungsvektor $\vec{s}$ (und mit ihm auch seine Komponenten σ und τ) ändert sich, wenn man der Schnittfläche in Bild **4.1** eine andere Richtung gibt. Geeignet oder vernünftig durchgeschnitten bedeutet, daß der Schnitt z. B. in Symmetrierichtungen des Bauteils (senkrecht zur Längsachse) oder senkrecht und parallel zur Richtung der äußeren Kräfte geführt wird. Unter diesen Voraussetzungen ist der rechnerische Aufwand für die Spannungsverteilung bei den verschiedenen Beanspruchungsarten verhältnismäßig einfach, bei schiefen beliebigen Schnittrichtungen ist er unverhältnismäßig größer. Bedeutung haben die Spannungen in beliebigen Schnitten erst, wenn die zusammengesetzte Beanspruchung behandelt wird. Dort wird auch der Spannungszustand allgemein behandelt. Unter Spannungszustand versteht man die Gesamtheit aller Spannungen in einem oder allen Punkten eines belasteten Körpers in allen möglichen Richtungen.

Spannungen sind in Körpern nur möglich durch die Bindungskräfte, die zwischen ihren Atomen wirksam sind. Im idealen Atomgitter der Metalle z. B. können die Bindungskräfte ein Vielfaches des Wertes betragen, den man im Zugversuch an einem Probestab feststellt. Die Metalle und andere in der Technik verwendeten Werkstoffe sind nicht ideal homogen und isotrop, sondern in ihrem Atomaufbau häufig recht fehlerhaft (Gitterfehler, Versetzungen, Korngrenzen und nichtmetallische Einschlüsse in Metallen).

Bei den üblichen Berechnungsverfahren der Festigkeitslehre beschränkt man sich im Gegensatz zur Elastizitätstheorie im allgemeinen auf die Spannungsverteilung in solchen Bereichen der Bauteile, in denen keine äußeren Kräfte wirksam sind. In unmittelbarer Nähe dieser Kräfte weichen die wirklichen Spannungen oft erheblich von den gerechneten ab, und ihre Verteilung hängt sehr stark von der Art der Krafteinleitung in das Bauteil ab. Bei der praktischen Festigkeitsberechnung im Maschinenbau wird der Einfluß der Krafteinleitung vernachlässigt. Dieses ist insofern zulässig, als diese örtlichen Spannungen sehr rasch abklingen (Prinzip von St. Venant). In einem schlanken Biegestab z. B. ist das Abklingen etwa in einem Abstand von der Krafteinleitungsstelle erfolgt, der der halben Höhe des Stabes entspricht. In den Bildern **6.**1a und b liegt der ungestörte Spannungszustand in der angegebenen Strecke l vor, und zwar sind trotz verschiedenen Lastangriffs bei gleichem Biegemoment $M_b = Fa$ beide Spannungszustände gleich.

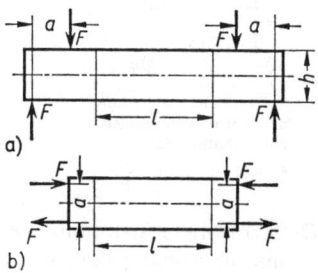

6.1 Auf Biegung beanspruchter Balken, gleichwertiger Spannungszustand in der Strecke l
a) Belastung durch Kräfte senkrecht zur Längsachse
b) Belastung durch Kräfte in Richtung der Längsachse

In gedrungenen Bauteilen kann bei konzentriertem Lastangriff ein beträchtlicher Unterschied zwischen vereinfacht errechneter und tatsächlicher Spannungsverteilung auftreten. Die Spannungsoptik (Abschn. 12) ist ein anschauliches Hilfsmittel, um Spannungszustände sichtbar zu machen. Mit ihrer Hilfe kann man das Abklingen der Krafteinleitungsspannungen zeigen (**6.**2).

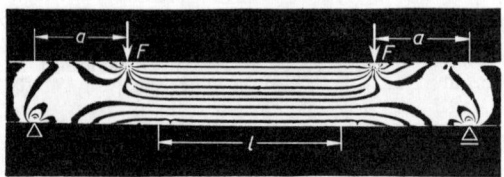

6.2 Spannungsoptische Aufnahme des in Bild **6.**1a gezeigten Belastungsfalls

1.4. Formänderungen — Zusammenhang mit den Spannungen

Wird ein Bauteil äußeren Kräften und Momenten ausgesetzt, so machen sich diese im Innern in jedem Punkt des Bauteils als Spannungen bemerkbar. Unter dem Einfluß dieser Spannungen werden die Atome voneinander entfernt oder einander genähert. Kehren die Atome nach Entfernung der äußeren Belastung wieder in ihre Ausgangslage zurück, dann nennt man die mit der Lageänderung unter Last verbundene resultierende Verformung elastisch. Diese elastische Verformung geht im allgemeinen nur bis zu einem bestimmten Grenzwert der äußeren Belastung. Werden bei darüber hinaus gehender Belastung die Atome in ihrer gegenseitigen Lage bleibend verändert, dann spricht man von plastischer oder bleibender Verformung. Werkstoffe, die nach elastischer noch plastischer Verformung fähig sind, nennt man bildsam oder plastisch (z. B. Eisen, Kupfer, Aluminium). Werkstoffe, bei denen der Zusammenhalt der Atome untereinander bei Belastung ohne bleibende Verformung getrennt wird, bezeichnet man als spröde (z. B. gehärteter Stahl, Grauguß GG).

Elastische Verformungen sind im allgemeinen gering im Vergleich zu plastischen (Ausnahmen bei Gummi und thermoelastischen Kunststoffen), können aber beim Biegen von dünnem Draht oder Band aus Metallen auch große Beträge annehmen. Bleibende Formänderungen können sehr groß werden, bei Stahl 30···80%, bei Kunststoffen im Zugversuch über 100% der ursprünglichen Länge.

Der Zusammenhang zwischen äußerer Last (und somit der Spannung) und der Formänderung läßt sich nur versuchsmäßig erfassen, er dient der Festigkeitsberechnung als Grundlage. Üblicherweise werden hierbei nur elastische Verformungen vorausgesetzt. Da diese im Verhältnis zu den Abmessungen der Bauteile fast immer sehr gering sind, werden die in die Festigkeitslehre übernommenen Gleichgewichtsbedingungen der Statik ebenfalls am unverformten, also starren Körper aufgestellt (Ausnahme: Knickung und andere Stabilitätsprobleme, bei denen eine Verformung wesentlich ist). Hierbei erweist es sich manchmal, daß die Gleichgewichtsbedingungen nicht die genügende Anzahl von Gleichungen für die Berechnung der gesuchten Spannungen liefern. Die fehlenden Gleichungen gewinnt man aus den geometrisch möglichen (oder vernünftigen) Formänderungen, die mit den Spannungen über versuchsmäßig ermittelte Gesetzmäßigkeiten verknüpft werden müssen. Diese fehlenden Gleichungen heißen „Verträglichkeitsbedingungen" und bedeuten, daß die elastischen Formänderungen mit den geometrisch möglichen verträglich sind. Die geometrischen Formänderungen dürfen den Zusammenhalt der Bauteile nicht stören, es dürfen z. B. keine Klaffungen oder Überdeckungen auftreten.

Die exakte Lösung solcher Gleichungssysteme ist die Aufgabe der mathematischen Elastizitätstheorie, in der technischen Festigkeitslehre trifft man häufig einschränkende Annahmen und begnügt sich mit Näherungslösungen.

Heute wird des öfteren auch das Verhalten bei plastischer Verformung mit in die Festigkeitsberechnung einbezogen. Besonders bei ungleichmäßiger Spannungsverteilung (z. B. bei Biegung, an Kerben oder in dickwandigen Druckbehältern) führen diese Überlegungen zu einer besseren Ausnutzung des Werkstoffs und zu einer wirtschaftlicheren Bauweise, als wenn nur mit elastischer Formänderung gerechnet wird.

2. Zug- und Druckbeanspruchung

2.1. Zug- und Druckspannungen

Zur Berechnung der Spannungen in einem prismatischen Zugstab wenden wir die Schnittmethode an. Da die äußeren Kräfte $\vec{F}$ in Richtung der Stabachse zeigen, ist ein Schnitt senkrecht zur Stabachse als geeignet anzusehen. In dieser Querschnittfläche können nur Normalspannungen auftreten (**8.1**), weil Schubspannungen äußere Kräfte senkrecht zur Stabachse erfordern. Die Gleichgewichtsbedingung der Kräfte in Stablängsrichtung ergibt mit $\lim\limits_{\Delta A \to 0} \Sigma \, \sigma \, \Delta A = \int \sigma \, dA$

$$\int \sigma \, dA - F = 0 \tag{8.1}$$

Geht man von der Annahme aus, daß die Spannungen gleichmäßig über die Querschnittfläche verteilt sind, dann ist $\sigma = $ const und aus Gl. (8.1) folgt

$$\sigma \int dA = \sigma \, A = F \tag{8.2}$$

Damit lautet die Gleichung für die Zugspannung

$$\sigma = \frac{F}{A} \tag{8.3}$$

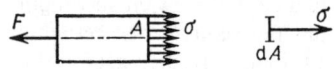

8.1 Geschnittener Zugstab mit den Normalspannungen σ in der Schnittfläche A

Die Annahme gleichmäßiger Spannungsverteilung ist zutreffend, wenn sich die Querschnittflächen entlang der Stabachse nicht oder nur wenig ändern und wenn man den Bereich in der Nähe der Krafteinleitung außer Acht läßt (Prinzip von St. Venant). Bei plötzlichem Querschnittsprung ist die Spannungsverteilung ungleichmäßig (s. Abschn. 3.2.2).

Druckbeanspruchung erhält man durch Richtungsumkehr der äußeren Last F. Aus Gl. (8.3) folgt somit die Gleichung für Druckspannungen in einem Druckstab

$$\sigma = -\frac{F}{A} \tag{8.4}$$

Die Spannungen in Zug- und Druckstäben müssen zulässig sein. Als Festigkeitsbedingung mit der zulässigen Spannung σ_{zul} erhält man

$$|\sigma| = \frac{F}{A} \leqq \sigma_{zul} \tag{8.5}$$

Aus Gl. (8.5) folgt für die **Tragfähigkeit**

$$F_{zul} \leqq A \, \sigma_{zul} \qquad (9.1)$$

und für die **Bemessung**

$$A \geqq \frac{F}{\sigma_{zul}} \qquad (9.2)$$

Die Gl. (8.5) bis (9.2) gelten auch für Druckstäbe, sofern diese gedrungen sind. Andernfalls ist eine Berechnung auf Knicken erforderlich (s. Abschn. 10). Die Vorzeichen + oder — werden im allgemeinen nicht angegeben, wenn eindeutig zu erkennen ist, ob es sich um Zug- oder Druckstäbe handelt. Über die Berechnung der zulässigen Spannung σ_{zul} bei Zug- und Druckbeanspruchung s. Abschn. 3.

Beispiel 1. Eine **Stahlstange**, Durchmesser $d = 50$ mm, wird mit $F = 300$ kN auf Zug beansprucht. Man berechne die Zugspannung σ.
Für $d = 50$ mm ist $A = (\pi/4) \, d^2 = 1963$ mm². Gl. (8.3) ergibt dann die Zugspannung

$$\sigma = \frac{F}{A} = \frac{3 \cdot 10^5 \text{ N}}{1963 \text{ mm}^2} = 152{,}8 \, \frac{\text{N}}{\text{mm}^2} \quad {}^{1)}$$

Beispiel 2. Wie groß ist die **Tragfähigkeit** eines Zugstabes aus St 37, $\sigma_{zul} = 140$ N/mm²? Für den Stab ist gleichschenkliger Winkelstahl 60×6 nach DIN 1028 vorgesehen. Einer Profiltabelle in [2] entnimmt man $A = 6{,}91$ cm². Die Tragfähigkeit wird nun aus Gl. (9.1) berechnet

$$F_{zul} = A \, \sigma_{zul} = 691 \text{ mm}^2 \cdot 140 \, \frac{\text{N}}{\text{mm}^2} = 96{,}7 \cdot 10^3 \text{ N}$$

Die Zugkraft in dem Winkelstahl darf somit rund 97 kN nicht überschreiten.

Beispiel 3. Eine **Stahlschraube** mit metrischem Gewinde nach DIN 13 wird mit einer Zugkraft $F = 125$ kN beansprucht, $\sigma_{zul} = 120$ N/mm².
Welche Schraubengröße ist zu wählen?
Für die Berechnung denkt man sich die Schraube durch einen zylindrischen Stab mit dem Durchmesser des Gewindekernquerschnitts ersetzt. Aus Gl. (9.2) erhält man

$$A \geqq \frac{F}{\sigma_{zul}} = \frac{1{,}25 \cdot 10^5 \text{ N}}{120 \text{ N/mm}^2} = 1042 \text{ mm}^2$$

Einer Gewindetabelle entnimmt man das Gewinde M 42 mit $A_k = 10{,}45$ cm² Kernquerschnitt [2]. Der Spannungsnachweis erfolgt mit Gl. (8.3)

$$\sigma = \frac{F}{A_k} = \frac{1{,}25 \cdot 10^5 \text{ N}}{1045 \text{ mm}^2} = 120 \, \frac{\text{N}}{\text{mm}^2} = \sigma_{zul}$$

Mit dem Spannungsquerschnitt $A_s = 11{,}21$ cm² ergibt sich die Spannung zu 111,5 N/mm².

2.2. Zugversuch

2.2.1. Spannungs-Dehnungs-Diagramm — Hookesches Gesetz

Das Verhalten von Werkstoffproben bei Zugbeanspruchung prüft man im Zugversuch (DIN 50145). Ein genormter Zugstab, z.B. aus Stahl (DIN 50125) mit zylindrischem Prüfquerschnitt (Durchmesser d_0) (**10.**1), wird in einer Zerreißmaschine zügig bis zum

---

[1]) Manchmal wird für N/mm² das MPa verwendet.

Zerreißen belastet. Mit einem Anzeigegerät der Maschine wird die Kraftzunahme verfolgt. An einer vorbereiteten Meßstrecke L_0 mißt man die mit der Kraft F zunehmende Verlängerung ΔL. Der Durchmesser nimmt um Δd ab (10.2). Um von den absoluten Maßen des Zugstabs unabhängige Größen zu erhalten, bezieht man die Längenänderung ΔL auf die Meßlänge L_0 und die Durchmesseränderung Δd auf den Durchmesser d_0 und definiert als

Dehnung $\varepsilon = \Delta L / L_0$

Querkürzung $\varepsilon_q = - \Delta d / d_0$

Unabhängig von der Verjüngung des Stabes ist die Zugspannung im Zugversuch als das Verhältnis der Zugkraft F zum Ausgangsquerschnitt S_0 definiert

$$\sigma = F / S_0$$

Ein anschauliches Bild über das Verhalten einer Probe bei der Zugbeanspruchung erhält man, wenn man die Spannung σ über der Dehnung ε aufträgt. Man gelangt so zum Spannungs-Dehnungs-Diagramm.

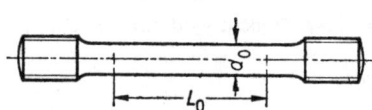

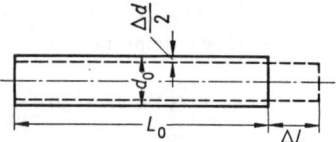

10.1 Genormter Proportionalstab für Zerreiß-
versuche

10.2 Elastische Verformung der zylindrischen Meßstrecke eines Zugstabes

Bild 11.1 zeigt ein für zähen Baustahl typisches Diagramm. Man erkennt daraus, daß die Dehnung zunächst sehr gering ist und dann bis zum Punkt P proportional zur Spannung zunimmt. Bei Entlastung geht die Dehnung ebenfalls ganz zurück. In Abschn. 1.4 wurde dieses Verhalten als elastisch bezeichnet, es wurde erstmalig von R. Hooke (1678) untersucht. Der Anstieg der sogenannten Hookeschen Geraden $0P$ ist für jeden Werkstoff eine konstante Größe. Die Proportionalität zwischen Spannung und Dehnung läßt sich durch die Gleichung ausdrücken

$$\sigma = E \varepsilon \tag{10.1}$$

Der Proportionalitätsfaktor E wird Elastizitätsmodul genannt und kann als Maß für den Anstieg der Geraden $0P$ gedeutet werden. Gl. (10.1) wird als Hookesches Gesetz bezeichnet. Sie dient als Grundlage zur Ermittlung der Spannungen in Bauteilen bei elastischen Formänderungen.

Zahlenwerte für E-Moduln sind Taschenbüchern, z. B. [2] zu entnehmen, für Stahl ist $E = (2,0 \cdots 2,15) \cdot 10^5 \ \text{N/mm}^2$ und für Aluminium $(0,675 \cdots 0,715) \cdot 10^5 \ \text{N/mm}^2$.

Durch Versuche hat man auch festgestellt, daß im Bereich der Hookeschen Geraden das Verhältnis der Dehnung ε zur Querkürzung ε_q konstant ist (Poissonsches Gesetz)

$$|\varepsilon / \varepsilon_q| = m \tag{10.2}$$

Die Poissonsche Konstante m ist ebenfalls eine werkstoffabhängige Zahl und liegt für Metalle im allgemeinen zwischen 3 und 4. Häufiger wird der Reziprokwert von m, die Poissonzahl oder die Querzahl $\mu = 1/m$ gebraucht. Sie beträgt im Durchschnitt für Metalle im geschmiedeten oder gewalzten Zustand $0{,}25 \cdots 0{,}35$.

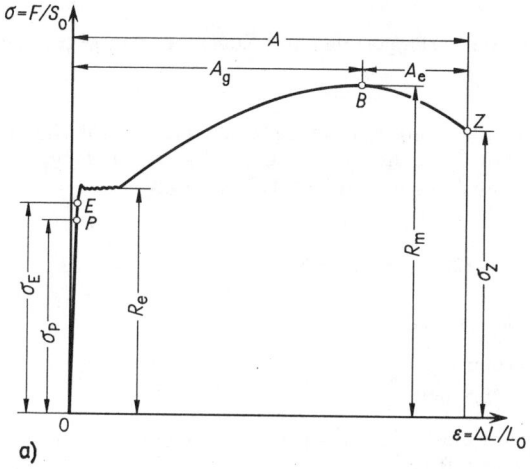

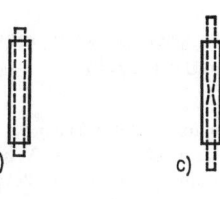

11.1 a) Spannungs-Dehnungs-Diagramm eines Baustahls
b) gleichmäßige Verjüngung der Meßstrecke bis zum Erreichen der Höchstlast
c) Einschnürung nach Überschreiten der Höchstlast

Bei weiterer Steigerung der Kraft über P hinaus (**11.1**) weicht die Spannungs-Dehnungskurve von der Geraden ab. Die Dehnungen nehmen bei gleicher Kraftsteigerung stärker zu als im elastischen Bereich. Nach Überschreiten eines Höchstwertes $F_B = F_m$ der Kraft reißt der Stab bei F_Z auseinander (s. Abschn. 2.2.3).

2.2.2. Elastisches Verhalten — Federung — Formänderungsarbeit

Das elastische Verhalten eines Werkstoffs ist von so grundlegender Bedeutung für die Festigkeitslehre, daß wir uns damit näher befassen müssen. Aus dem Hookeschen Gesetz können eine Reihe von Folgerungen gezogen werden. Die Gl. (10.1) sagt z. B. aus, daß in einem Bauteil unter Zugbelastung bei bekannten E-Modul aus einer unter Kraft F gemessene Dehnung ε die Spannung σ berechnet werden kann. Ist F nicht bekannt, was häufig vorkommt, so kann die Kraft bestimmt werden

$$F = \sigma A = E \varepsilon A$$

Löst man Gl. (10.1) nach E auf, dann folgt

$$E = \sigma/\varepsilon \qquad (11.1)$$

Mit Hilfe dieser Gleichung kann an einem Probestab aus der Kraft F und der gemessenen Dehnung ε der E-Modul eines Werkstoffs ermittelt werden.

Löst man schließlich Gl. (10.1) nach ε auf, dann ist

$$\varepsilon = \sigma/E \qquad (11.2)$$

Hieraus kann man die Dehnung in einem Zugstab bei gegebener Kraft F und bekanntem E-Modul vorherberechnen. Für eine bestimmte Länge l des Stabes folgt aus Gl. (11.2) mit $\varepsilon = \Delta l/l$ und $\sigma = F/A$ die Verlängerung

$$\Delta l = \frac{F\,l}{E\,A} \qquad (12.1)$$

Mit dieser Gl. kann man die zu erwartende Verlängerung eines Zugstabes von gegebener Länge ermitteln.

Beispiel 4. Eine S t a n g e ($d = 10$ mm, $l = 1000$ mm) soll mit der Spannung $\sigma = 105$ N/mm² beansprucht werden. Wie groß sind Zugkraft F und die Verlängerung Δl, wenn die Stange einmal aus Stahl, zum anderen aus der Legierung AlMgSi nach DIN 1725 gefertigt ist?

Gl. (8.3) ergibt

$$F = \sigma\,A = 105\,\frac{N}{mm^2} \cdot 78,5\ mm^2 = 8250\ N = 8,25\ kN$$

Für Stahl mit $E = 2,1 \cdot 10^5$ N/mm² wird nach Gl. (12.1)

$$\Delta l = \frac{F\,l}{E\,A} = \frac{8250\ N \cdot 1000\ mm}{2,1 \cdot 10^5\ (N/mm^2) \cdot 78,5\ mm^2} = 0,5\ mm$$

Mit $E = 0,7 \cdot 10^5$ N/mm² für AlMgSi wird die Verlängerung $\Delta l = 1,5$ mm, also dreimal so groß wie die der Stahlstange bei gleicher Zugkraft F.

Die Eigenschaft eines Körpers, nach Entlasten seine ursprüngliche Form wieder anzunehmen, nutzt man bei F e d e r n aus. Auch ein Zugstab kann als Feder mit sehr kleinem Federweg angesehen werden. Das Verhältnis Federkraft F zum Federweg, hier Verlängerung Δl, nennt man F e d e r r a t e c

$$c = F/\Delta l \qquad (12.2)$$

Aus Gl. (12.1) erhält man dann für den Zugstab

$$c = E\,A/l \qquad (12.3)$$

Die Federrate des Zugstabes ist also dem Elastizitätsmodul und dem Verhältnis Querschnitt zur Länge proportional. Praktische Anwendung finden Zugstabfedern z.B. als Dehnschrauben und Zuganker.

Wird eine Zugfeder belastet, dann wird die dazu aufgewendete Arbeit der äußeren Kräfte in ihr als F o r m ä n d e r u n g s a r b e i t gespeichert. Nimmt die Verlängerung Δl proportional mit der Kraft F zu, so ist die Arbeit (s. Teil 2, Kinematik und Kinetik)

$$W = (1/2)\,F\,\Delta l \qquad (12.4)$$

Mit $F = \sigma\,A$ und $\Delta l = \varepsilon\,l$ erhält man aus Gl. (12.4)

$$W = (1/2)\,\sigma\,\varepsilon\,A\,l \qquad (12.5)$$

Ersetzt man noch die Dehnung ε aus Gl. (11.2), ergibt sich

$$W = \frac{\sigma^2}{2\,E}\,V \qquad (12.6)$$

In Gl. (12.6) ist $V = A\,l$ das wirksame Federvolumen. Für die Formänderungsarbeit eines elastisch verformten Körpers kann man die allgemeine Beziehung angeben

$$W = \eta_F\,\Delta W\,V \qquad\qquad (13.1)$$

In dieser Gleichung bedeuten η_F die Raumzahl (Ausnutzungsgrad) und

$$\Delta W = \frac{\sigma^2}{2E} \qquad\qquad (13.2)$$

die spezifische (auf die Volumeneinheit bezogene) Formänderungsarbeit. Die Arbeit der äußeren Kräfte ist gleich der Formänderungsarbeit; durch Vergleich der Gl. (12.6) mit Gl. (13.1) erkennt man, daß für einen Zugstab mit gleichmäßiger Spannungsverteilung $\eta_F = 1$ ist, das Volumen des Zugstabes wird zu 100 % ausgenutzt. In Federn mit ungleichmäßiger Spannungsverteilung ist $\eta_F < 1$, das Volumen wird somit unvollständig ausgenutzt.

Beispiel 5. Für die Zugstange aus Beispiel 4, S. 12, berechne man die spezifische und die gesamte Formänderungsarbeit sowie die Federrate. Nach Gl. (13.2) ist

$$\Delta W = \frac{\sigma^2}{2E} = \frac{1,05^2 \cdot 10^4\,\mathrm{N^2\,mm^2}}{2 \cdot 2,1 \cdot 10^5\,\mathrm{mm^4\,N}} = 0,0263\ \frac{\mathrm{N\,mm}}{\mathrm{mm^3}}$$

Mit $V = A\,l = 78,5\ \mathrm{mm^2} \cdot 1000\ \mathrm{mm} = 7,85 \cdot 10^4\ \mathrm{mm^3}$ ergibt sich nach Gl. (13.1) die insgesamt aufgespeicherte Formänderungsarbeit

$$W = \eta_F\,\Delta W\,V = 1 \cdot 0,0263\ \frac{\mathrm{N\,mm}}{\mathrm{mm^3}} \cdot 7,85 \cdot 10^4\ \mathrm{mm^3} = 2060\ \mathrm{N\,mm} = 2,06\ \mathrm{Nm}$$

Das gleiche Ergebnis erhält man auch aus Gl. (12.4)

$$W = (1/2)\,F\,\Delta l = 0,5 \cdot 8250\ \mathrm{N} \cdot 0,5\ \mathrm{mm} = 2060\ \mathrm{Nmm} = 2,06\ \mathrm{Nm}$$

Diese Zahlenergebnisse gelten für den Stahlstab, für den Aluminiumstab sind die Beträge wegen der dreifachen Verlängerung dreimal so groß. In Bild **13.1** sind die Spannungs-Dehnungs-Diagramme für den elastischen Bereich maßstäblich gezeichnet, die schraffierten Flächen entsprechen den spezifischen Formänderungsarbeiten.

Die Federrate für den Stahlstab ist nach Gl. (12.2)

$$c = \frac{F}{\Delta l} = \frac{8250\ \mathrm{N}}{0,5\ \mathrm{mm}} = 16\,500\ \frac{\mathrm{N}}{\mathrm{mm}}$$

Für den Aluminiumstab ergibt sich $c = 5500\ \mathrm{N/mm}$.

13.1 Spannungs-Dehnungs-Diagramme unterhalb der Proportionalitätsgrenze für Stahl (a) und für Aluminium (b). Die schraffierte Fläche entspricht der spezifischen Formänderungsarbeit

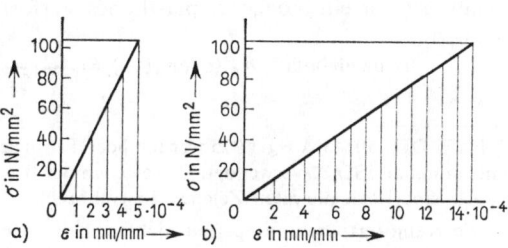

2.2.3. Kennwerte — Zähes und sprödes Werkstoffverhalten

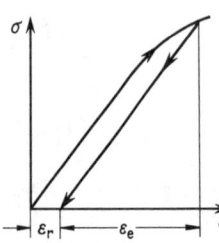

Das Spannungs-Dehnungs-Diagramm für zähen Baustahl (11.1) weist eine Reihe von typischen Merkmalen auf. Oberhalb vom Punkt P weicht die Kurve von der Geraden ab. Dies bedeutet zunehmende plastische (bleibende) Verformung, d.h., nach Entlasten auf $F = 0$, d.h. $\sigma = 0$, geht die Kurve parallel zur Hookeschen Geraden um den Betrag ε_e zurück, die Meßstrecke hat eine bleibende Dehnung ε_r erfahren (14.1).

14.1 Spannungs-Dehnungs-Diagramm zur Erläuterung der bleibenden Dehnung nach Überschreiten der Proportionalitätsgrenze im Zugversuch

Dem Diagramm werden eine Reihe wichtiger Werkstoffkennwerte[1]) entnommen, die im folgenden kurz zusammengestellt und erläutert werden sollen.

Die Spannungen in den Punkten P und E (11.1) heißen

Spannung an der Proportionalitätsgrenze $\sigma_P = F_P/S_0$ [2])

Spannung an der Elastizitätsgrenze $\sigma_E = F_E/S_0$

Bis zur Spannung σ_P sind Spannung σ und Dehnung ε einander proportional. Die bis zur Spannung σ_E nach dem Entlasten auftretenden geringen bleibenden Formänderungen sind meßtechnisch schwer erfaßbar. Deshalb wird als technische Spannung an der Elastizitätsgrenze $R_{p0,01}$ (oder 0,01%-Dehngrenze) diejenige Spannung definiert, die nach Entlasten eine bleibende Dehnung $\varepsilon_r = 0,01\%$ hervorruft (14.1). Der Beginn größerer bleibender Verformungen wird bei Baustahl durch ein ausgeprägtes Fließen bei im Mittel konstanter Kraft gekennzeichnet. Die Spannung während des Fließens heißt Fließgrenze oder

Streckgrenze $R_e = F_S/S_0$

Nach beendigtem Fließen ist eine weitere Verformung nur bei weiterer Kraftsteigerung möglich bis zum Punkt B. Den Größtwert der Zugkraft $F_B = F_m$, bezogen auf den Ausgangsquerschnitt S_0 definiert man als

Zugfestigkeit $R_m = F_m/S_0$

Die Zugfestigkeit ist, wie die anderen Kennwerte auch, eine von den Abmessungen in weiten Grenzen unabhängige vergleichbare Werkstoffgröße, die u.a. vielfach als Qualitätsbezeichnung verwendet wird (s. DIN 17006 Werkstoffbenennung). Nach Überschreiten der Spannung σ_P verjüngt sich der Zugstab gleichmäßig (11.1 b) bis zum Punkt B in Bild 11.1 a. Dann aber schnürt er sich örtlich ein mit erheblicher Dehnung an dieser Stelle (11.1 c), die Zugkraft F fällt ab, und der Stab reißt dort bei Erreichen des Punktes Z auseinander. Der Wert $\sigma_Z = F_Z/S_0$ hat keine praktische Bedeutung. Als Kennwerte für ein mögliches plastisches Verformungsverhalten eines Zugstabes werden definiert

Bruchdehnung A_5 (oder A_{10}) $= \dfrac{L_u - L_0}{L_0} = \dfrac{\Delta L_r}{L_0}$

---

[1]) Nach DIN 50145 Ausg. 1975 werden neue Formelzeichen für die Benennung der Kennwerte in Anlehnung an ISO 82 verwendet. Diese gelten **nur** für den Zugversuch, für alle anderen Kennwerte jedoch sind noch die alten Zeichen in Gebrauch.

[2]) Die Kennwerte σ_P und σ_E sind nicht mehr in der DIN 50145 enthalten.

je nachdem, ob die Meßlänge $L_0 = 5\,d_0$ (kurzer) oder $L_0 = 10\,d_0$ (langer Proportional-stab) betragen hat, und

Brucheinschnürung $\quad Z = \dfrac{S_0 - S_u}{S_0}$

Die Größtlänge L_u der ursprünglichen Meßstrecke wird nach dem Bruch ausgemessen, der Querschnitt S_u aus dem kleinsten Durchmesser der Bruchfläche berechnet.

Die Bruchdehnung setzt sich aus der Gleichmaßdehnung A_g und der Einschnür-dehnung A_e zusammen (**11.**1)

$$A = A_g + A_e$$

Die Gleichmaßdehnung ist der bei gleichmäßiger Verjüngung auftretende Anteil der Bruchdehnung, die Einschnürdehnung der Anteil während der örtlichen Einschnürung. Um bei Überlastung eines Zugstabes genügend Verformungsreserve zu bekommen, wird $A_g > A_e$ angestrebt. Man kann das durch entsprechende Wärmebehandlung, z.B. bei Stahl, erreichen.

Nur kohlenstoffarme geglühte Stähle weisen das in Bild **11.**1 gezeigte Spannungs-Dehnungs-Diagramm auf. Vergütete und gehärtete Stähle, Gußeisen, Leicht- und Buntmetalle zeigen davon abweichendes Verhalten im Zugversuch und dementsprechend andere Formen des Diagramms. In Bild **15.**1 sind die Diagramme für einige metallische Werkstoffe aufgezeichnet. Das ausgeprägte Fließen mit konstanter Spannung fehlt bei allen. Gehärteter Stahl und Gußeisen GG zerreißen sogar ohne eine meßbare bleibende Formänderung (Trennbruch). Für Werkstoffe ohne ausgeprägtes Fließen wird eine Ersatz-streckgrenze, die 0,2%-Dehngrenze $R_{p0,2}$ definiert. Darunter versteht man diejenige Spannung, bei der nach Entlasten eine bleibende Dehnung $\varepsilon_r = 0,2\%$ gemessen wird.

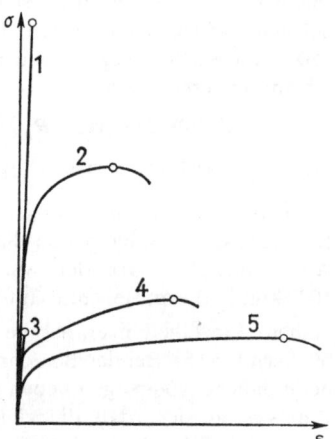

15.1 Spannungs-Dehnungs-Diagramm verschiedener Werkstoffe

    1 gehärteter Stahl
    2 vergüteter Stahl
    3 Gußeisen GG
    4 Aluminiumlegierung AlCuMg
    5 reines Kupfer

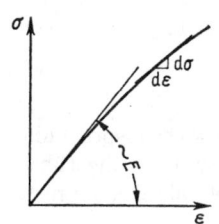

Der geradlinige Verlauf des Spannungs-Dehnungs-Diagramms kann ganz fehlen, wie z.B. bei manchen Gußwerkstoffen und bei Kunststoffen (**15.**2). Als Maß für den Elastizitätsmodul wird entweder der Anfangsanstieg oder der jeweilige Anstieg $d\sigma/d\varepsilon$ der Kurve angegeben.

15.2 Gekrümmter Verlauf des Spannungs-Dehnungs-Diagramms bei Gußeisen und Kunststoffen

Je nach dem Verhalten im Zugversuch lassen sich zwei verschiedene Werkstoffgruppen unterscheiden:

Diejenigen Werkstoffe, deren Versagen durch größere bleibende Formänderungen vor dem Zerreißen eingeleitet wird, nennt man zäh. In diese Gruppe fallen fast alle gewalzten, geschmiedeten oder ähnlich behandelten Metalle und viele Kunststoffe.

Werkstoffe, deren Versagen ohne bleibende Formänderung durch Trennen erfolgt, nennt man spröde. Hierzu gehören gehärtete und hartvergütete Stähle (Federn) und gegossene Metallegierungen (z. B. GG).

Die Werkstoffkennwerte werden durch die Behandlung der Stoffe beeinflußt, eine große Rolle spielt aber auch die Prüftemperatur. Viele Bauteile werden im Betrieb hohen Temperaturen ausgesetzt, so daß die Kenntnis des Temperatureinflusses wichtig ist. Allgemein kann man feststellen, daß Festigkeit und Härte mit fallender Temperatur, allerdings bei zunehmender Versprödung, steigen und mit wachsender Temperatur abnehmen. Der Elastizitätsmodul von Metallen nimmt mit steigender Temperatur ab [2]. Deshalb sind bei höheren Temperaturen über $150 \cdots 250\,°C$ die elastischen Formänderungen größer als bei Raumtemperatur.

Die bei Baustählen beobachtete ausgeprägte Streckgrenze im Zugversuch verschwindet mit zunehmender Temperatur. Metalle zeigen bei höheren Temperaturen eine bei normaler Temperatur nur bei Kunststoffen beobachtete Erscheinung, die man als Kriechen (bleibende Formänderung bei konstanter Spannung) bezeichnet. Stähle z. B. beginnen bei $400 \cdots 450\,°C$ zu kriechen. Für die Verwendung von Stahl bei Temperaturen über 450°C müssen deswegen neue Kennwerte (DIN 50119) definiert werden, die dieser Erscheinung gerecht werden:

Zeitdehngrenze $R_{\mathrm{p}\,1/10^5}$

und   **Zeitbruchgrenze** $R_{\mathrm{m}/10^5}$

Man versteht darunter diejenigen (konstanten) Spannungen, die nach 10^5 Stunden Belastungszeit 1 % bleibende (Kriech-)Dehnung aufweisen oder noch zum Bruch führen. Aus praktischen Gründen werden diese Kennwerte meist in Kurzzeitversuchen (z. B. 10^3 Stunden) ermittelt und auf längere Zeiten extrapoliert.

Nähere Einzelheiten entnehme man den entsprechenden Normblättern und Tabellenbüchern [2; 15]. Bei der Berechnung der zulässigen Spannungen zieht man das Verhalten bei möglichem Versagen neben der Art der Beanspruchung zur Beurteilung heran. In der Praxis zeigt sich, daß die zügige (statische) Beanspruchung) hierfür nicht ausreicht, sondern daß das dynamische Verhalten (Ermüdung des Werkstoffs) eine besondere Rolle spielt (s. Abschn. 3).

2.3. Druckversuch

2.3.1. Spannungs-Dehnungs-Diagramm − Hookesches Gesetz

Druckversuche dienen zur Prüfung des Werkstoffverhaltens unter Druckbeanspruchung und werden vor allem in der Baustoffprüfung (Steine, Beton usw.) durchgeführt. Aber auch für Metalle und Kunststoffe gewinnt man aus ihnen wertvolle Erkenntnisse (DIN 50106).

Im allgemeinen werden zylindrische Proben ($h_0 = 1 \cdots 2\, d_0$) zwischen ebenen starren Druckplatten zügig bis zum Versagen beansprucht und die Kraftzunahme sowie die Höhenabnahme Δh der Höhe h_0 verfolgt. Aus beiden ergeben sich mit der Druckspannung $\sigma = -F/S_0$ und der Stauchung $\varepsilon = -\Delta h/h_0$ Spannungs-Dehnungs-Diagramme, von denen in Bild 17.1 zwei typische Beispiele wiedergegeben sind. Bei Stahl (17.1 a) ist wieder der geradlinige Anstieg bis zum Punkt P zu erkennen. Der Anstieg der Hookeschen Geraden ist im Zug- und Druckbereich gleich, damit auch der Elastizitätsmodul. Sinngemäß tritt an Stelle der Verlängerung bei Zug eine Verkürzung, an Stelle der Querkürzung eine Querverlängerung. Man definiert sinngemäß wie bei Zugbeanspruchung (17.2)

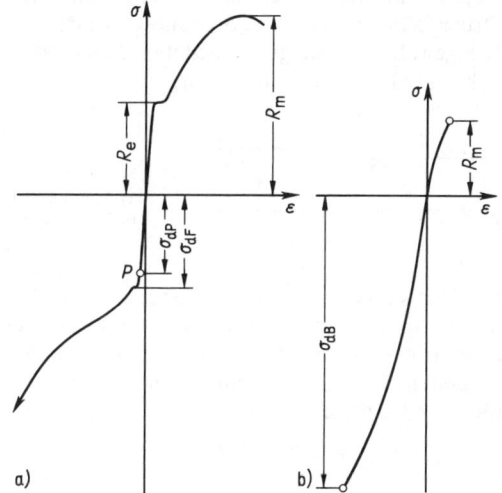

Stauchung $\varepsilon = -\,\Delta h/h_0$

Querdehnung $\varepsilon_q = \Delta d/d_0$

a)   b)

17.1 Spannungs-Dehnungs-Diagramme bei Zug- und Druckbeanspruchung
   a) Stahl   b) Grauguß GG

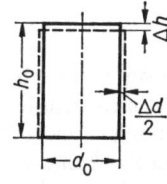

Im Bereich der Hookeschen Geraden gilt zwischen Stauchung und Querdehnung das Poissonsche Gesetz (Gl. 10.2). Mit entsprechender Vorzeichenumkehr können die Gl. (11.1) bis (12.1) und (12.2) bis (13.2) bei Druckbeanspruchungen angewendet werden, in ihnen ist lediglich Δl durch Δh und l durch h_0 zu ersetzen.

17.2 Elastische Verformung eines zylindrischen Druckkörpers

2.3.2. Kennwerte

Entsprechend den Kennwerten bei Zugbeanspruchung werden definiert

Spannung an der Proportionalitätsgrenze $\sigma_{dP} = F_P/S_0$ [1]

Stauchgrenze $\sigma_{dF} = F_S/S_0$

Bei Werkstoffen mit nicht ausgeprägtem Fließverhalten wird an Stelle der Quetschgrenze die 0,2-Dehngrenze bestimmt

Druckfestigkeit $\sigma_{dB} = F_B/S_0$

[1] Nach DIN 1304 und 1350 dienen k l e i n e Buchstaben-Indizes an den Formelzeichen σ und τ zur Kennzeichnung der Art der Kraftwirkung, z. B. σ_d Druckspannung, σ_b Biegespannung, dagegen g r o ß e Indizes zur Kennzeichnung der Werkstoffkennwerte, z. B. σ_{zdD} Zug-Druck-Dauerfestigkeit, σ_{dB} Druckfestigkeit, τ_{tF} Torsionsfließgrenze. Kleine Indizes brauchen nur da gesetzt zu werden, wo aus dem Zusammenhang nicht ohne weiteres klar ist, um welche Spannungsart es sich handelt.

Bei im Zugversuch zähen Werkstoffen (z. B. Stahl) ist eine Druckfestigkeit nicht feststellbar, die Proben werden unter starker Ausbauchung (Dehnungsbehinderung durch Reibung an den Druckplatten) flach gedrückt (**18.**1 a). Häufig bezeichnet man dann als Druckfestigkeit diejenige Spannung, bei der erstmalig Risse an der Oberfläche auftreten. Bei gewalzten und geschmiedeten Metallen sind Streckgrenze und Quetschgrenze annähernd gleich groß, $\sigma_{dF} \approx R_e$.

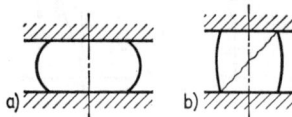

18.1 Stauchung von Druckproben aus
a) Stahl und Aluminium
b) Grauguß GG

Im Zugversuch spröde Werkstoffe (z. B. Grauguß GG) versagen im Druckversuch durch Abgleiten unter etwa 45° zur Druckrichtung (**18.**1 b), eine Quetschgrenze ist im allgemeinen nicht erkennbar. Bedingt durch die Besonderheit des Gefügeaufbaus bei Gußeisen GG (in stahlähnlichem Grundgefüge eingelagerte spröde Graphitlamellen niederer Festigkeit) ist die Druckfestigkeit wesentlich größer als die Zugfestigkeit (**17.**1 b)

$$\sigma_{dB} = (2,5 \cdots 4)\, R_m$$

2.4. Berechnung von Bauteilen unter Zug- und Druckbeanspruchung

2.4.1. Einfache Belastungsfälle

Einfache Belastungsfälle sind Zug- und Druckstäbe in statisch bestimmten und statisch unbestimmten Konstruktionen, Ketten, Seile, Schrauben usw. Wenn die Wirkungslinie der Kräfte mit der Stabachse zusammenfällt und die Querschnittänderungen geringfügig sind, wird mit gleichmäßiger Spannungsverteilung gerechnet (Kerbwirkung s. Abschn. 3). Druckstäbe sind zusätzlich auf Knicken nachzurechnen, sofern ihre Länge im Verhältnis zu den Querschnittabmessungen groß ist.

Beispiel 6. Eine 6 m lange Zugstange aus Stahl mit Kreisquerschnitt ist durch die Kraft $F = 360$ kN beansprucht. Gegeben sind $\sigma_{zul} = 90$ N/mm², $E = 2,1 \cdot 10^5$ N/mm². Zu berechnen sind der erforderliche Durchmesser d und die Verlängerung Δl der Stange.
Für die Bemessung wird Gl. (9.2) benötigt

$$A \geq \frac{F}{\sigma_{zul}} = \frac{3,6 \cdot 10^5\ \text{N}}{90\ \text{N/mm}^2} = 4000\ \text{mm}^2$$

Damit erhält man $d = 71,4$ mm, gewählt wird $d = 72$ mm mit der Querschnittfläche $A = 4070$ mm². Spannungsnachweis

$$\sigma = \frac{F}{A} = \frac{3,6 \cdot 10^5\ \text{N}}{4070\ \text{mm}^2} = 88,4\ \frac{\text{N}}{\text{mm}^2} < \sigma_{zul}$$

Die elastische Verlängerung folgt aus Gl. (12.1)

$$\Delta l = \frac{F\, l}{E\, A} = \frac{3,6 \cdot 10^5\ \text{N} \cdot 6000\ \text{mm}}{2,1 \cdot 10^5\ (\text{N/mm}^2) \cdot 4070\ \text{mm}^2} = 2,52\ \text{mm}$$

Beispiel 7. Die Gliederkette eines Kranes hat den Drahtdurchmesser $d = 20$ mm (**19.1**). Mit welcher Kraft F_{zul} darf die Kette beansprucht werden, wenn $\sigma_{zul} = 75$ N/mm² vorgeschrieben ist? Der auf Zug beanspruchte Querschnitt ist $A = 2\ \dfrac{\pi\ d^2}{4}$. Aus Gl. (9.1) folgt

$$F_{zul} = A\ \sigma_{zul} = \frac{\pi}{2} \cdot 400\ \text{mm}^2 \cdot 75\ \frac{\text{N}}{\text{mm}^2}$$

$$= 4,71 \cdot 10^4\ \text{N} = 47,1\ \text{kN}$$

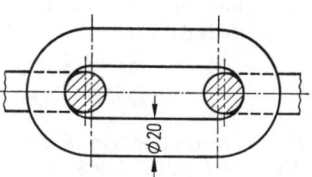

19.1 Kettenglied einer Rundstahlkette

Beispiel 8. Ein Gerät (Gewichtskraft $F_G = 10$ kN) soll im Gelenkpunkt P zweier Stangen aufgehängt werden (**19.2**). Werkstoff der Stange 1 ist Stahl, Durchmesser $d_1 = 8$ mm. Man berechne a) die Zugspannung in der Stange 1, b) den Durchmesser der Stange 2 aus Aluminium so, daß sie die gleiche elastische Verlängerung erfährt, wie die Stange 1, c) die Zugspannung in der Stange 2, d) die Verlängerung beider Stangen und die Verschiebung des Gelenkpunktes P. Gegeben sind $E_1 = 2,1 \cdot 10^5$ N/mm², $E_2 = 0,675 \cdot 10^5$ N/mm².

Aus Symmetriegründen sind die Stangenkräfte gleich groß. Aus Bild **19.2**a entnimmt man $\sin \alpha = 0,5$; $\alpha = 30°$. Die Gleichgewichtsbedingung für die Kräfte in vertikaler Richtung ergibt (**19.2**b)

$$F_s = F_{s1} = F_{s2} = \frac{F_G}{2 \cos \alpha}$$

$$= \frac{10^4\ \text{N}}{2 \cdot 0,866} = 5,77 \cdot 10^3\ \text{N}$$

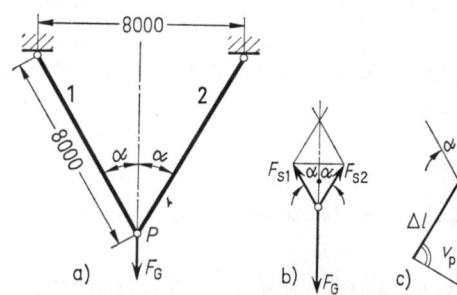

19.2 Zwei Stangen mit angehängtem Gewicht F_G
   a) Lageplan
   b) Kräfteplan für den Knoten P
   c) Verschiebungsplan

a) Mit $A_1 = 50,3$ mm² erhält man aus Gl. (8.3)

$$\sigma_{(1)} = \frac{F_s}{A_1} = \frac{5,77 \cdot 10^3\ \text{N}}{50,3\ \text{mm}^2} = 114,7\ \frac{\text{N}}{\text{mm}^2}$$

b) Damit beide Stangen gleiche Verlängerung erfahren, gilt für beide die Gl. (12.1)

$$\Delta l_1 = \Delta l_2 \qquad \text{oder} \qquad \frac{F_s\ l}{E_1\ A_1} = \frac{F_s\ l}{E_2\ A_2}$$

Daraus erhält man den gesuchten Querschnitt der Stange 2

$$A_2 = A_1\ E_1/E_2 = 50,3\ \text{mm}^2 \cdot 2,1/0,675 = 156,5\ \text{mm}^2$$

und $d_2 = 14,1$ mm

c) Für die Zugspannung in der Stange 2 erhält man

$$\sigma_{(2)} = \frac{F_s}{A_2} = \frac{5,77 \cdot 10^3\ \text{N}}{156,5\ \text{mm}^2} = 36,9\ \frac{\text{N}}{\text{mm}^2}$$

d) Mit $l = 8000$ mm wird die Verlängerung

$$\Delta l = \frac{F_s\, l}{E_1\, A_1} = \frac{5{,}77 \cdot 10^3 \text{ N} \cdot 8000 \text{ mm mm}^2}{2{,}1 \cdot 10^5 \text{ N} \cdot 50{,}3 \text{ mm}^2} = 4{,}38 \text{ mm}$$

Zur Ermittlung der Verschiebung v_P des Punktes P zeichnet man den Verschiebungsplan (19.2c). Man erhält daraus

$$v_P = \frac{\Delta l}{\cos\alpha} = \frac{4{,}38 \text{ mm}}{0{,}866} = 5{,}06 \text{ mm}$$

Zur Konstruktion des Verschiebungsplanes denkt man sich beide Stangen im Gelenkpunkt (Knoten) P gelöst. Die neue Lage des Knotens P' erhält man als den Schnittpunkt zweier Kreisbögen mit den Radien $l + \Delta l$ um die Aufhängepunkte (Festpunkte). Da die Längenänderungen Δl sehr viel kleiner sind als die Längen l, kann man die Kreisbögen durch Geraden senkrecht zur Stabrichtung ersetzen. Es genügt dann, nur die Umgebung des Knotens mit den stark vergrößerten Längenänderungen zu zeichnen.

Beispiel 9. Zwischen den ebenen starren Druckplatten einer Presse werden zwei eben aufeinanderliegende zylindrische Metallstücke mit gleichem Durchmesser $d = 30$ mm aus verschiedenen Werkstoffen auf Druck beansprucht (20.1). Bei der Druckkraft F wird an einer Meßuhr die gemeinsame Verkürzung $\Delta h = 0{,}16$ mm abgelesen. Zu berechnen sind die Spannungen in beiden Teilen, die jeweilige Verkürzung und die Druckkraft F.

Werkstoff 1: Magnesium mit $E_1 = 0{,}45 \cdot 10^5$ N/mm^2
Werkstoff 2:   Kupfer mit $E_2 = 1{,}2 \cdot 10^5$ N/mm^2

Da beide Teile gleiche Durchmesser haben, sind auch die Spannungen in ihnen gleich groß $\sigma = F/A$. Für die Verkürzung erhalten wir aus Gl. (12.1)

$$\Delta h = \Delta h_1 + \Delta h_2 = \sigma \left(\frac{h_1}{E_1} + \frac{h_2}{E_2} \right) = \frac{\sigma}{E_1} \left(h_1 + \frac{E_1}{E_2} h_2 \right)$$

20.1 Druckbeanspruchung zweier eben aufeinanderliegender zylindrischer Metallstücke

h_1 und h_2 sind die Höhen der beiden Teilstücke (20.1). Durch Umformen obiger Gleichung ergibt sich

$$\sigma = \frac{\Delta h\, E_1}{h_1 + (E_1/E_2)\, h_2} = \frac{0{,}16 \text{ mm} \cdot 0{,}45 \cdot 10^5 \text{ N/mm}^2}{27{,}5 \text{ mm} + (0{,}45/1{,}20) \cdot 55 \text{ mm}} = 149{,}6 \frac{\text{N}}{\text{mm}^2}$$

Mit der Querschnittfläche $A = 707$ mm^2 ist die Druckkraft

$$F = \sigma A = 149{,}6 \text{ N/mm}^2 \cdot 707 \text{ mm}^2 = 10{,}6 \cdot 10^4 \text{ N}$$

Für die Verkürzungen erhält man dann

$$\Delta h_1 = \sigma \frac{h_1}{E_1} = 149{,}6 \frac{\text{N}}{\text{mm}^2} \cdot \frac{27{,}5 \text{ mm}}{0{,}45 \cdot 10^5 \text{ N/mm}^2} = 0{,}0915 \text{ mm}$$

$$\Delta h_2 = \Delta h - \Delta h_1 = 0{,}0685 \text{ mm}$$

Beispiel 10. Ein Meßgerät (Gewichtskraft F_G) hängt an drei Drähten, die in einer Ebene angeordnet sind (21.1a). Die beiden äußeren Drähte 1 sind gleich (E-Modul E_1, Querschnitt A_1), der mittlere Draht 2 hat den E-Modul E_2 und den Querschnitt A_2.

Gegeben sind $F_G = 5$ kN, $A_1 = A_2 = 12{,}5$ mm^2, $\alpha = 30°$, $l_1 = 1{,}5$ m, $l_2 = 1$ m,
$E_1 = 2{,}1 \cdot 10^5$ N/mm^2, $E_2 = 0{,}7 \cdot 10^5$ N/mm^2.

Zu berechnen sind die Spannungen in den Drähten und die senkrechte Verschiebung des gemeinsamen Aufhängepunktes P.

Die Stangenkräfte in den Stangen 1 sind aus Symmetriegründen gleich groß. Die Gleichgewichtsbedingung für die Kräfte in vertikaler Richtung ergibt (21.1 b)

$$2 F_{s1} \cos \alpha + F_{s2} = F_G$$

Mit Gl. (8.3) erhält man

$$2 \sigma_{(1)} A_1 \cos \alpha + \sigma_{(2)} A_2 = F_G$$

21.1 Drei Stangen mit angehängtem Gewicht F_G
  a) Lageplan
  b) Kräfteplan für den Knoten P
  c) Verschiebungsplan

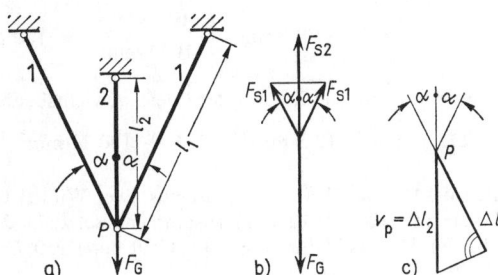

Aus dieser einzigen Gleichgewichtsbedingung kann man die beiden unbekannten Spannungen nicht berechnen, das System ist einfach statisch unbestimmt (s. Teil 1, Statik, Abschn. Ebene Fachwerke). Eine weitere Gleichung gewinnt man, wenn man die Verträglichkeitsbedingung heranzieht. Diese ergibt sich hier aus der Bedingung, daß die Formänderungen der Drähte zueinander passen müssen, d. h., daß die Drähte auch im belasteten Zustand im Punkt P zusammenbleiben. Die Spannungen sind durch das Hookesche Gesetz mit den Dehnungen verknüpft.

Aus dem Verschiebungsplan (21.1c) in Verbindung mit den Gl. (8.3) und (12.1) folgen die Verlängerungen

$$\Delta l_1 = (\sigma_{(1)}/E_1) \, l_1 = v_P \cos \alpha$$
$$\Delta l_2 = (\sigma_{(2)}/E_2) \, l_2 = v_P$$

Löst man diese Gleichungen nach den Spannungen auf und setzt sie in die obige Gleichgewichtsbedingung ein, ergibt sich

$$\frac{2 E_1 A_1 v_P \cos^2 \alpha}{l_1} + \frac{E_2 A_2 v_P}{l_2} = F_G$$

Daraus läßt sich unmittelbar die Verschiebung v_P berechnen

$$v_P = \frac{F_G}{(2 E_1 A_1 \cos^2 \alpha / l_1) + (E_2 A_2 / l_2)}$$

Die Spannungen erhält man dann aus den Gleichungen für die Verlängerungen

$$\sigma_{(1)} = v_P \cos \alpha \, \frac{E_1}{l_1} \qquad \sigma_{(2)} = v_P \frac{E_2}{l_2}$$

Mit den oben angegebenen Zahlenwerten wird

$$\frac{2 E_1 A_1 \cos^2 \alpha}{l_1} + \frac{E_2 A_2}{l_2}$$
$$= \frac{4,2 \cdot 10^5 \, (\text{N/mm}^2) \cdot 12,5 \, \text{mm}^2 \cdot 0,75}{1500 \, \text{mm}} + \frac{7 \cdot 10^4 \, (\text{N/mm}^2) \cdot 12,5 \, \text{mm}^2}{1000 \, \text{mm}} = 3500 \, \text{N/mm}$$

$$v_P = \frac{5000\ \text{N}}{3500\ \text{N/mm}} = 10/7\ \text{mm}$$

$$\sigma_{(1)} = (10/7)\text{mm} \cdot 0{,}866 \cdot \frac{2{,}1 \cdot 10^5\ \text{N/mm}^2}{1500\ \text{mm}} = 173\ \text{N/mm}^2$$

$$\sigma_{(2)} = (10/7)\text{mm} \cdot \frac{7 \cdot 10^4\ \text{N/mm}^2}{1000\ \text{mm}} = 100\ \text{N/mm}^2$$

Eine Kontrollrechnung mit der Gleichgewichtsbedingung ergibt

$$2 \cdot 173\ \text{N/mm}^2 \cdot 12{,}5\ \text{mm}^2 \cdot 0{,}866 + 100\ \text{N/mm}^2 \cdot 12{,}5\ \text{mm}^2 = 3750\ \text{N} + 1250\ \text{N} = 5000\ \text{N}$$

Beispiel 11. Ein Wandkran ist aus zwei Winkelstählen $80 \times 65 \times 8$ DIN 1029 (1) und aus zwei [-Stählen 140 DIN 1026 (2) zusammengesetzt, in den Punkten A und B aufgehängt und in P über ein Drahtseil durch eine Last mit der Kraft F vertikal belastet (**22.1** a).

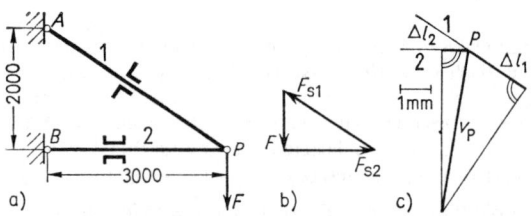

22.1 Wandkran mit angehängter Last F
   a) Lageplan
   b) Kräfteplan für den Knoten P
   c) Verschiebungsplan

Zu berechnen sind a) die zulässige Belastung F_{zul} aus der Bedingung, daß die Zugspannung in der Stange 1 $\sigma_{zul} = 135\ \text{N/mm}^2$ nicht überschreiten darf, b) die Spannung in der Stange 2, c) die Verschiebung des Knotens P, d) die erforderliche Anzahl i der Drähte im Drahtseil ($\sigma_{zul} = 240\ \text{N/mm}^2$, Durchmesser der Einzeldrähte $d_0 = 1{,}5$ mm).

Aus einer Profiltabelle [2] entnimmt man die Querschnittfläche für den Winkelstahl $0{,}5 \cdot A_1 = 1100\ \text{mm}^2$, für den [-Stahl $0{,}5 \cdot A_2 = 2040\ \text{mm}^2$.

a) Mit $A_1 = 2 \cdot 1100\ \text{mm}^2 = 2200\ \text{mm}^2$ ergibt sich die Stangenkraft in der Strebe 1

$$F_{s1} = \sigma_{zul}\, A_1 = 135\ (\text{N/mm}^2) \cdot 2200\ \text{mm}^2 = 297 \cdot 10^3\ \text{N}$$

Die gesuchte Kraft F_{zul} und die Stangenkraft F_{s2} erhält man aus dem Kräfteplan (**22.1** b). Aus der Ähnlichkeit der Dreiecke ABP (Lageplan **22.1** a) und dem Krafteck folgt, daß sich die Kräfte wie die Stablängen verhalten

$$F_{zul} = F_{s1}\, \frac{2}{\sqrt{13}} = 297 \cdot 10^3\ \text{N} \cdot \frac{2}{\sqrt{13}} = 164{,}7 \cdot 10^3\ \text{N}$$

$$F_{s2} = F_{s1}\, \frac{3}{\sqrt{13}} = 297 \cdot 10^3\ \text{N} \cdot \frac{3}{\sqrt{13}} = 247{,}1 \cdot 10^3\ \text{N}$$

b) Die Druckspannung im Stab 2 ist

$$\sigma_{(2)} = -\frac{F_{s2}}{A_2} = -\frac{247{,}1 \cdot 10^3\ \text{N}}{4080\ \text{mm}^2} = -60{,}6\ \text{N/mm}^2$$

Der Druckstab muß noch auf Knicken nachgerechnet werden (s. Abschn. 10).

c) Für die Verschiebung des Knotens P müssen die Verlängerung Δl_1 der Stange 1 und die Verkürzung Δl_2 der Stange 2 aus Gl. (12.2) berechnet werden

$$\Delta l_1 = \frac{\sigma_{(1)}}{E_1} l_1 = \frac{135 \text{ N/mm}^2}{2,1 \cdot 10^5 \text{ N/mm}^2} \cdot \sqrt{13} \cdot 1000 \text{ mm} = 2,32 \text{ mm}$$

$$\Delta l_2 = \frac{\sigma_{(2)}}{E_2} l_2 = - \frac{60,6 \text{ N/mm}^2}{2,1 \cdot 10^5 \text{ N/mm}^2} \cdot 3000 \text{ mm} = -0,865 \text{ mm}$$

Aus dem Verschiebungsplan (22.1 c) entnimmt man

$$v_\text{P} \approx 5,5 \text{ mm}$$

d) Aus Gl. (9.2) wird der Gesamtquerschnitt des Drahtseils berechnet

$$A \geqq \frac{F_\text{zul}}{\sigma_\text{zul}} = \frac{164,7 \cdot 10^3 \text{ N}}{240 \text{ N/mm}^2} = 686 \text{ mm}^2$$

Mit $d_0 = 1,5$ mm ist der Querschnitt eines einzelnen Drahtes $A_0 = 1,77 \text{ mm}^2$. Die Anzahl der Drähte ergibt sich aus

$$i \geqq \frac{A}{A_0} = \frac{686 \text{ mm}^2}{1,77 \text{ mm}^2} = 388$$

2.4.2. Flächenpressung

Unter Flächenpressung versteht man die Druckbeanspruchung an der ebenen oder gekrümmten Berührungsfläche zweier Körper unter dem Einfluß einer Druckkraft.

Bei ebenen Berührungsflächen ist die Flächenpressung

$$p = \frac{F_\text{n}}{A} \leqq p_\text{zul} \tag{23.1}$$

wenn A die Berührungsfläche und F_n die Normalkraft senkrecht zu dieser ist. Die Flächenpressung wird als Druckspannung ins Innere der gepreßten Körper übertragen. Ist die Flächenpressung eines Körpers auf den anderen größer als die zulässige (z.B. einer Maschine auf den Boden), so schaltet man einen Körper mit größerer zulässiger Flächenpressung dazwischen (Stahlplatte, Betonfundament o.ä.), um die Berührungsfläche zu vergrößern.

Beispiel 12. Der ⊥-Breitflanschträger 400 DIN 1025, Bl. 2, ist mit seinem Ende auf Mauerwerk gelagert ($p_\text{zul} = 0,7$ N/mm²), Stützkraft $F_\text{n} = 105$ kN. Wie groß ist die Auflagerlänge l zu wählen (23.1)?

Aus der Profiltabelle [2] entnimmt man die Trägerbreite $b = 300$ mm. Mit der Berührungsfläche $A = b\,l$ erhält man aus Gl. (23.1) die erforderliche Stützlänge

$$l = \frac{F_\text{n}}{p_\text{zul}\, b} = \frac{1,05 \cdot 10^5 \text{ N mm}^2}{0,7 \text{ N} \cdot 300 \text{ mm}} = 500 \text{ mm}$$

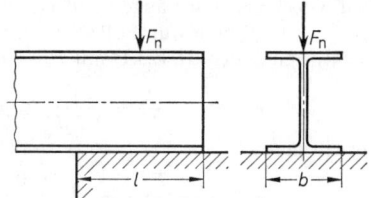

23.1 Lagerung eines ⊥-Breitflanschträgers auf Mauerwerk

Beispiel 13. Eine Hohlsäule aus Gußeisen (Außendurchmesser $d_\text{a} = 200$ mm, Innendurchmesser $d_\text{i} = 160$ mm) ist mit der Druckkraft $F = 150$ kN belastet. Die Säule steht auf einem gemauerten Sockel ($p_{zul} = 0,8$ N/mm²), der seinerseits auf gewachsenem Boden ruht ($p_{zul} = 0,25$ N/mm²) (**24.**1). Zu berechnen sind der erforderliche Durchmesser D des an die Säule ange-gossenen Flansches und die Seitenlänge a des mit quadratischem Querschnitt gemauerten Sockels.

Die Berührungsfläche zwischen Flansch und Sockel ist

$$A_{Fl} = \frac{\pi}{4}(D^2 - d_i^2)$$

Setzt man diese in die Gl. (23.1) mit $F_n = F$ ein und löst nach D auf, dann ergibt sich

$$D = \sqrt{\frac{4F}{\pi\, p_{zul}} + d_i^2} = \sqrt{\frac{60 \cdot 10^4\ \text{N mm}^2}{\pi \cdot 0,8\ \text{N}} + 2,56 \cdot 10^4\ \text{mm}^2} = 515\ \text{mm}$$

Gewählt wird $D = 520$ mm.

Die Querschnittfläche des Sockels ist $A_S = a^2$.

Mit Gl. (23.1) erhält man

$$a = \sqrt{\frac{F}{p_{zul}}} = \sqrt{\frac{15 \cdot 10^4\ \text{N mm}^2}{0,25\ \text{N}}} = \sqrt{60 \cdot 10^4\ \text{mm}^2} = 775\ \text{mm}$$

Gewählt wird $a = 780$ mm.

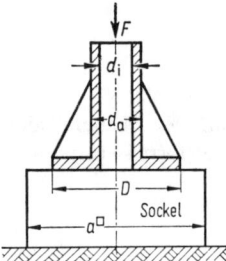

24.1
Hohlsäule aus Grauguß mit einem Sockel zur Erniedrigung der Flä-chenpressung

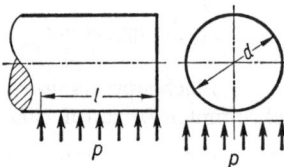

24.2 Vereinfachte Annahme der Flächenpressung p am Zapfen

Flächenpressung an gekrümmten Berührungsflächen tritt bei der Lagerung von Zapfen auf, auch bei Bolzen und Nieten in Bohrungen. Unabhängig von der wirklichen Druckverteilung wird zur Vereinfachung mit einer gleichförmig über die Projektionsfläche $A = l\,d$ (**24.**2) verteilten Pressung p gerechnet (l wirksame Lager- oder Bohrungslänge, d Zapfen- oder Bolzendurchmesser). Somit gilt auch hier Gl. (23.1). Die Pressung zwischen Bolzen und Bohrungswand wird auch Lochleibungsdruck genannt (s. auch Köhler, G.; Rögnitz, H.: Maschinenteile, Teil 1, 7. Aufl. Stuttgart 1986).

Beispiel 14. Ein Wellenzapfen ist in einem Gleitlager gelagert, Lagerkraft $F = 6 \cdot 10^4$ N. Zu berechnen sind Länge l und Durchmesser d des Zapfens mit Rücksicht auf Flächenpressung ($p_{zul} = 18$ N/mm² für PbBz/St), wenn für das Verhältnis $l/d = 1,2$ vorgeschrieben ist. Durch Umformung der Gl. (23.1) mit $F_n = F$

$$p = \frac{F}{A} = \frac{F}{l\,d} = \frac{F}{1,2\,d^2} \leqq p_{zul}$$

erhält man

$$d \geqq \sqrt{\frac{F}{1,2\,p_{zul}}} = \sqrt{\frac{6 \cdot 10^4\ \text{N mm}^2}{1,2 \cdot 18\ \text{N}}} = 52,8\ \text{mm}$$

Gewählt werden $d = 55$ mm, $l = 66$ mm.

In Wellenzapfen ist zusätzlich die Biegebeanspruchung nachzurechnen (s. Abschn. 4.2).

2.4.3. Spannungen in dünnwandigen zylindrischen Ringen

2.4.3.1. Zugspannungen durch Fliehkräfte

In sich mit der Winkelgeschwindigkeit ω drehenden Bauteilen (z. B. Ringe, Räder, Trommeln und Scheiben) treten Fliehkräfte auf, die von der Drehachse fortgerichtet sind und den Umfang zu vergrößern trachten. Nach dem Hookeschen Gesetz haben die Längenänderungen des Umfangs Zugspannungen in Umfangsrichtung zur Folge. In ringförmigen Bauteilen können diese Spannungen bei Annahme gleichmäßiger Verteilung berechnet werden, wenn die Dicke t klein ist gegenüber dem mittleren Radius r (25.1a).

Nach der Schnittmethode wird ein Stück des Ringes herausgeschnitten und sein Gleichgewicht betrachtet (25.1b). Als Trägheitskraft wirkt die im Schwerpunkt angreifende Fliehkraft $\Delta F = \Delta m\, r\, \omega^2$ (s. Teil 2, Kinematik und Kinetik, Abschnitt Drehung eines Körpers um eine feste Achse). In den Schnittflächen A wirken die Kräfte σA. Das Gleichgewicht in radialer Richtung verlangt (25.1c)

$$\Delta m\, r\, \omega^2 - 2\sigma\, A \sin\left(\Delta\varphi/2\right) = 0 \quad (25.1)$$

$\Delta m = \varrho\,\Delta V$ ist die Masse des Teilstücks mit der Dichte ϱ und dem Volumen $\Delta V = A\, r\, \Delta\varphi$.

Nach dem Grenzübergang $\Delta\varphi \to 0$ $\left(\text{dann ist } \lim\limits_{\Delta\varphi\to 0} \dfrac{\sin\left(\Delta\varphi/2\right)}{\Delta\varphi/2} = 1\right)$ erhält man aus Gl. (25.1) die gesuchte Zugspannung

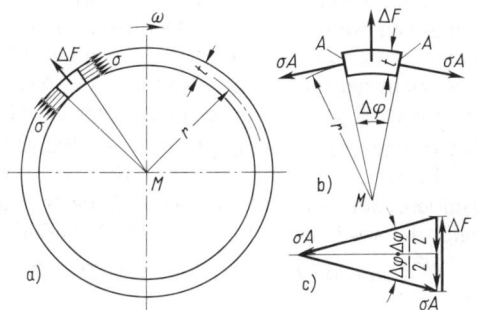

25.1 a) Ring unter Fliehkraftbeanspruchung
   b) Teilstück aus dem Ring mit der äußeren Kraft ΔF und den Schnittkräften σA
   c) Kräfteplan

$$\sigma = \lim_{\Delta\varphi\to 0} \frac{\varrho\,\Delta V r\, \omega^2}{2A \sin\left(\Delta\varphi/2\right)} = \lim_{\Delta\varphi\to 0} \frac{\varrho\, A\, r^2\, \omega^2\,\left(\Delta\varphi/2\right)}{A \sin\left(\Delta\varphi/2\right)} = \varrho\, r^2\, \omega^2 \quad (25.2)$$

Die Zugspannung in einem dünnen umlaufenden Ring ist also unabhängig von der Größe der Querschnittfläche A des Ringes. Die Spannung kann somit nur durch Verringern von Radius oder Winkelgeschwindigkeit vermindert werden, nicht aber durch „Verstärkung". Da $r\,\omega = v$ die Umfangsgeschwindigkeit des Ringes ist, kann für Gl. (25.2) auch geschrieben werden

$$\sigma = \varrho\, v^2 \quad (25.3)$$

Die Spannung in einem umlaufenden Ring hängt demnach nur von der Dichte ϱ des Werkstoffs und von der Umfangsgeschwindigkeit v ab. Es ist zu beachten, daß Gl. (25.3) streng nur für einen dünnen frei umlaufenden Ring gilt, wie z. B. im Mantel einer Zentrifuge oder in einer Trommel (in gewisser Entfernung von Boden und Deckel). Wird der Ring dagegen z. B. als Schwungrad durch Speichen mit der Nabe verbunden, dann beeinflussen diese den Spannungszustand im Ring. Solche Probleme lassen sich mit Hilfe der Elastizitätstheorie lösen; darauf einzugehen, übersteigt den Rahmen dieses Buches.

Beispiel 15. Mit welcher höchstzulässigen Drehzahl darf ein Schwungrad aus GG-15 mit dem mittleren Durchmesser $D = 10$ m bei 5facher Sicherheit gegen Bruch rotieren (Einfluß der Speichen vernachlässigt)?

Setzt man in Gl. (25.3) $\sigma_{zul} = \dfrac{R_m}{5} = 30$ N/mm² ein und löst nach v auf, dann erhält man mit $\varrho = 7{,}35 \cdot 10^3$ kg/m³

$$v = \sqrt{\frac{\sigma_{zul}}{\varrho}} = \sqrt{\frac{30 \cdot 10^6 \ \text{N/m}^2}{7{,}35 \cdot 10^3 \ \text{kg/m}^3}} = 63{,}9 \ \frac{\text{m}}{\text{s}}$$

Mit $v = (D/2)\,\omega$ ist $\omega = 12{,}78$ s⁻¹ oder $n = 122$ min⁻¹.

2.4.3.2. Zug- und Druckspannungen in zylindrischen Hohlkörpern

In zylindrischen Hohlkörpern unter Innen- oder Außendruck[1]) (z. B. in Rohrleitungen größerer Länge oder in der Zylinderbuchse eines Verbrennungsmotors) treten dann nur Spannungen in Umfangsrichtung auf, wenn keine Kräfte in Längsrichtung abgenommen werden können. Derartige offene Körper können näherungsweise als Ring berechnet werden. Die Spannungen sind gleichmäßig über die Wanddicke t verteilt, wenn diese klein gegenüber dem Radius r des Behälters ist. In geschlossenen Behältern liegt ein zweiachsiger Spannungszustand vor (s. Abschn. 9.2.1).

Bild **26.**1 zeigt einen Ring (Breite b und Wanddicke t) mit gleichmäßig über der Innenseite verteiltem Innendruck p_i; ein Teilstück ist wie in Bild **25.**1 hervorgehoben. Mit der resultierenden Kraft $F = p_i\, r_i\, \Delta\varphi\, b$ nach außen und der Querschnittfläche $A = b\,t$ ergibt das Gleichgewicht der Kräfte in radialer Richtung ähnlich wie in Abschn. 2.4.3.1

$$p_i\, r_1\, \Delta\varphi\, b - 2\,\sigma\, t\, b \sin(\Delta\varphi/2) = 0 \tag{26.1}$$

Mit dem gleichen Grenzübergang wie in Abschn. 2.4.3.1 erhält man

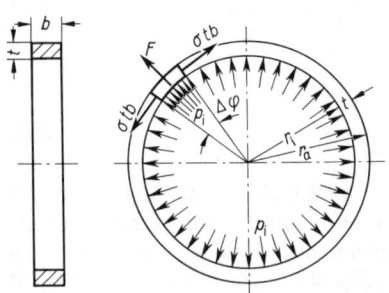

$$\sigma = p_1 \frac{r_1}{t} \tag{26.2}$$

Für Außendruck p_a lautet die Gleichung sinngemäß

$$\sigma = -\, p_a \frac{r_a}{t} \tag{26.3}$$

26.1 Ring mit gleichmäßig über den Innenumfang verteiltem Innendruck p_i und eingezeichnetem Teilstück mit angreifenden Kräften

Nach den Berechnungsvorschriften für Druckbehälter (DIN 2413 und A.D.-Merkblätter)[2]) kann ein zylindrischer Druckbehälter als dünnwandig angesehen werden, wenn das Verhältnis $r_a/r_i \leq 1{,}2$ ist. Mit $r_a = r_i + t$ ist

$$\frac{r_a}{r_i} = \frac{r_i + t}{r_i} = 1 + \frac{t}{r_i} \leq 1{,}2$$

Damit ist die Gültigkeit der Gl. (26.2) und (26.3) abgegrenzt für $t/r_i \approx t/r_a < 1/5$.

---

[1]) Innerer oder äußerer Überdruck
[2]) A.D. = Arbeitsgemeinschaft Druckbehälter

Durch Innendruck wird der Umfang U des Ringes vergrößert, durch Außendruck verkleinert. Die Längenänderung ΔU des Umfangs läßt sich bei elastischer Verformung berechnen

$$\varepsilon = \frac{\sigma}{E} = \frac{\Delta U}{U} = \frac{\pi \Delta d}{\pi d} = \frac{\Delta d}{d}$$

Die Umfangsänderung ist der Durchmesseränderung proportional, diese erhält man zu

$$\Delta d = d \frac{\sigma}{E} \tag{27.1}$$

Beispiel 16. Eine R o h r l e i t u n g aus PVC (E-Modul $E = 3,5 \cdot 10^3$ N/mm²) mit dem Innendurchmesser 250 mm und der Wanddicke 5 mm steht unter dem Innendruck $p_i = 0,2$ N/mm². Wie groß sind die Zugspannung und die Aufweitung des Außendurchmessers? Mit Gl. (26.2) ergibt sich

$$\sigma = p_i \frac{r_i}{t} = 0,2 \frac{N}{mm^2} \cdot \frac{125\ mm}{5\ mm} = 5 \frac{N}{mm^2}$$

Die Vergrößerung des Außendurchmessers d_a erhalten wir aus Gl. (27.1)

$$\Delta d_a = d_a \frac{\sigma}{E} = 260\ mm \cdot \frac{5\ N/mm^2}{3500\ N/mm^2} = 0,37\ mm$$

2.4.4. Wärmespannungen — Schrumpfspannungen

Bei ungleichmäßiger Erwärmung oder Abkühlung (in Gußstücken, beim Härten von Stahl oder beim Schweißen) treten infolge der damit verbundenen ungleichmäßigen elastischen und bleibenden Formänderungen Eigenspannungen, sogenannte Wärmespannungen auf. Diese kann man im allgemeinen nicht berechnen. In einfachen Fällen unter definierten Verhältnissen, insbesondere in stabförmigen Körpern, können Wärmespannungen infolge b e h i n d e r t e r W ä r m e d e h n u n g näherungsweise berechnet werden. Spannungen, die durch Dehnungsbehinderung bei der Abkühlung entstehen, nennt man auch S c h r u m p f s p a n n u n g e n. Grundlage für eine Berechnung ist das physikalische Gesetz der W ä r m e a u s d e h n u n g. Fast alle Körper dehnen sich bei Erwärmung von ϑ_0 auf ϑ_1 um einen bestimmten Betrag aus, der in gewissen Bereichen der Temperaturzunahme $\Delta\vartheta = \vartheta_1 - \vartheta_0$ proportional ist, bei Abkühlung ziehen sie sich wieder zusammen. Dieses Verhalten kann näherungsweise durch das lineare Wärmeausdehnungsgesetz beschrieben werden

$$\varepsilon_\vartheta = \alpha_\vartheta \, \Delta\vartheta \tag{27.2}$$

Die Größe α_ϑ ist der l i n e a r e A u s d e h n u n g s k o e f f i z i e n t. Für Eisen beträgt er etwa $12 \cdot 10^{-6}$ K^{-1}, für Aluminium $24 \cdot 10^{-6}$ K^{-1} zwischen 0 und 100 °C.

Hat ein stabförmiger Körper die Länge l, dann verlängert er sich somit um

$$\Delta l = l \, \varepsilon_\vartheta = l \, \alpha_\vartheta \, \Delta\vartheta \tag{27.3}$$

Wird diese Ausdehnung bei Erwärmung oder bei Abkühlung behindert, dann entsteht in dem Stab aus

$$\varepsilon_{\text{ges}} = \frac{\sigma}{E} + \alpha_\vartheta \Delta\vartheta = 0$$

die Spannung

$$\sigma = - E \alpha_\vartheta \Delta\vartheta = - E \varepsilon_\vartheta \tag{27.4}$$

sofern das Hookesche Gesetz gilt, also keine bleibenden Formänderungen auftreten.

Beispiel 17. Ein endlos verschweißter Schienenstrang aus Stahl wurde bei der Temperatur $\vartheta_0 = 25\,°C$ (spannungsfrei) verlegt. Wie groß sind die Spannungen bei den Temperaturen a) $\vartheta_1 = 50\,°C$, b) $\vartheta_2 = -15\,°C$?

a) Mit der Temperaturdifferenz $\Delta\vartheta = \vartheta_1 - \vartheta_0 = 25\,K$ erhält man aus der Gl.(27.4) die Druckspannung

$$\sigma = -E\,\alpha_\vartheta\,\Delta\vartheta = -2,1 \cdot 10^5\,N/mm^2 \cdot 12 \cdot 10^{-6}\,K^{-1} \cdot 25\,K = -63\,N/mm^2$$

b) Auf die gleiche Weise ergibt sich mit $\Delta\vartheta = \vartheta_2 - \vartheta_0 = -40\,K$ eine Zugspannung $\sigma = 101\,N/mm^2$ bei Abkühlung.

Beispiel 18. Ein Rahmen aus Stahl 1 ($E = 2 \cdot 10^5\,N/mm^2$) soll auf zwei als starr angenommene Körper 2 geschrumpft werden und diese gegeneinander pressen (**28.1**). Die Zugspannung in den elastischen Streben des Rahmens soll $200\,N/mm^2$ nicht überschreiten.

Welchen Abstand voneinander müssen die Preßflächen des Rahmens vor dem Schrumpfen haben und welche Temperaturerhöhung ist zum Schrumpfen mindestens nötig? Aus Gl.(27.4) erhält man

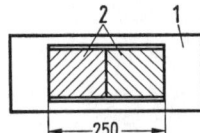

28.1 Schrumpfrahmen

$$\varepsilon_\vartheta = \frac{\sigma}{E} = \frac{200\,N/mm^2}{2 \cdot 10^5\,N/mm^2} = \frac{1}{1000}$$

Somit folgt aus Gl.(27.3) mit $l = 250\,mm$

$$\Delta l = l\,\varepsilon_\vartheta = \frac{250\,mm}{1000} = 0,25\,mm$$

Der Abstand der Preßflächen muß demnach $l' = 249,75\,mm$ betragen. Die notwendige Erwärmungstemperatur ergibt sich aus Gl.(27.2) zu

$$\Delta\vartheta = \frac{\varepsilon_\vartheta}{\alpha_\vartheta} = \frac{10^6}{1000 \cdot 12}\,K = 83\,K$$

Beispiel 19. Auf eine Stahlwelle (Durchmesser $d_W = 150\,mm$) soll ein Ring aus Messing Ms 58 (Außendurchmesser $160\,mm$, Ausdehnungskoeffizient $19 \cdot 10^{-6}\,K^{-1}$, $E = 0,9 \cdot 10^5\,N/mm^2$) warm aufgezogen werden. Die Pressung zwischen Ring und Welle soll bei Raumtemperatur $p = 10\,N/mm^2$ betragen. Zu berechnen sind die Zugspannung σ im Ring, dessen Innendurchmesser d_i und die zum Aufziehen notwendige Mindesterwärmungstemperatur. Was geschieht, wenn Ring und Welle nach dem Schrumpfen gemeinsam unterkühlt oder erwärmt werden, bei welcher Temperatur kann sich dann die Schrumpfverbindung gerade lösen?

Für die Rechnung dieses Beispiels setzt man die Welle ($\varnothing\ 150\,mm$) im Vergleich zum Ring ($5\,mm$ Dicke) als starr voraus, weil die Dehnung der Welle klein gegen die des Ringes ist. Beim Schrumpfen übt die Welle auf den Ring eine Pressung p aus, die die gleiche Wirkung auf den Ring hat, wie ein gleichförmig verteilter Innendruck in einem Rohr ohne Längskraft (s. Abschn. 2.4.3.2). Somit kann aus der Gl.(26.2) die Schrumpfspannung im Ring berechnet werden (mit $r_i = r_W$)

$$\sigma = p\,\frac{r_W}{l} = 10\,\frac{N}{mm^2} \cdot \frac{75\,mm}{5\,mm} = 150\,N/mm^2$$

Das notwendige Untermaß (Schrumpfmaß) des Ringes erhält man aus Gl.(27.1)

$$\Delta d_S = d_W\,\frac{\sigma}{E} = 150\,mm \cdot \frac{150\,N/mm^2}{0,9 \cdot 10^5\,N/mm^2} = 0,25\,mm$$

Der Innendurchmesser des Ringes ist somit auf das Maß $d_i = 149,75\,mm$ zu bearbeiten.

Mit Gl. (27.2) ist nun die Temperaturerhöhung

$$\Delta\vartheta = \frac{\varepsilon_\vartheta}{\alpha_\vartheta} = \frac{\Delta d_\mathrm{S}}{d_\mathrm{W}\,\alpha_\vartheta} = \frac{0,25 \text{ mm} \cdot 10^6}{150 \text{ mm} \cdot 19} \text{ K} = 88 \text{ K}$$

Werden Ring und Welle nach dem Schrumpfen gemeinsam abgekühlt, dann hat der Ring infolge seiner größeren Wärmedehnzahl das Bestreben, sich stärker zusammenzuziehen als die Welle, Zugspannung und Pressung werden größer. Durch ein gemeinsames Erwärmen dagegen erreicht man umgekehrt ein Lockern der Verbindung. Die notwendige Temperaturerhöhung zum vollständigen Lösen erhält man aus der Überlegung, daß bei dieser Temperatur der Innendurchmesser des Ringes und der Wellendurchmesser gleich groß sein müssen (so als wenn sie jeder für sich erwärmt würden). Ist Δd_R die Ausdehnung des Innendurchmessers des Ringes, Δd_W die der Welle, dann führt diese Überlegung auf den Ansatz

$$\Delta d_\mathrm{R} - \Delta d_\mathrm{W} = \Delta d_\mathrm{S}$$

Mit Gl. (27.3) ergibt sich

$$d_\mathrm{W}\,\Delta\vartheta\,(\alpha_{\vartheta\mathrm{R}} - \alpha_{\vartheta\mathrm{W}}) = \Delta d_\mathrm{S}$$

Die gesuchte Temperaturerhöhung erhält man nun aus dieser Gleichung mit $\alpha_{\vartheta\mathrm{W}} = 12 \cdot 10^{-6} \text{ K}^{-1}$ zu

$$\Delta\vartheta = \frac{\Delta d_\mathrm{S}}{d_\mathrm{W}\,(\alpha_{\vartheta\mathrm{R}} - \alpha_{\vartheta\mathrm{W}})} = \frac{0,25 \text{ mm} \cdot 10^6}{150 \text{ mm} \cdot 7} \text{ K} = 238 \text{ K}$$

Passungsmaße sind in den vorstehenden Beispielen nicht berücksichtigt, unvermeidliche Herstellungstoleranzen ergeben Abweichungen von den errechneten Zahlenwerten.

In der Technik kommt häufig der Fall vor, daß ein Ring in einen zweiten Ring geschrumpft werden muß (z. B. eine Laufbuchse aus Gußeisen in einen Zylindermantel aus Aluminium bei Verbrennungskraftmaschinen). Hier darf man nicht die Voraussetzung treffen, daß einer der Ringe als starr anzusehen ist, sondern beide sind in gleicher Größenordnung deformierbar.

In Bild **29.1** sind die Verhältnisse vor und nach dem Schrumpfen dargestellt (Index 1 für den äußeren, 2 für den inneren Ring). Aus dem Bild kann man das erforderliche Schrumpfmaß entnehmen, es ist

$$\Delta d_\mathrm{S} = \Delta d_1 + \Delta d_2 \qquad (29.1)$$

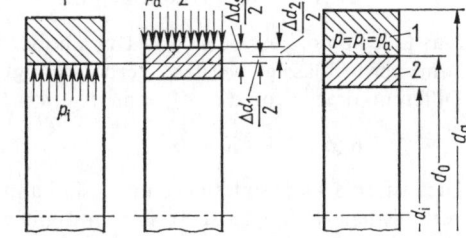

29.1 Schrumpfung zweier Ringe ineinander
  1 äußerer Ring unter Innendruck p_i
  2 innerer Ring unter Außendruck p_a

Für eine Berechnung kann man nun den äußeren Ring 1 als Rohr unter Innendruck, den inneren als Rohr unter Außendruck (ohne Längskraft) ansehen, mit der gemeinsamen Pressung p als Innen- oder Außendruck (**29.1**). Die notwendigen Berechnungsunterlagen erhält man aus den Gl. (26.2), (26.3), (27.1) und (27.4), in die die jeweils richtigen Bezeichnungen einzusetzen sind.

Häufig sind die Zugspannung im äußeren Ring oder ein erforderliches Schrumpfmaß vorgeschrieben, über die angegebenen Gleichungen können dann die anderen Größen berechnet werden (s. Aufgaben 12 und 13, S. 35).

2.4.5. Längs der Stabachse veränderliche Spannungen

Ändern sich in Zug- oder Druckstäben die Querschnitte längs der Stabachse, so ändern sich die Spannungen ebenfalls. Ist die Querschnittänderung nur gering, dann ist die Annahme gerechtfertigt, daß die Spannungen in jedem Querschnitt gleichmäßig verteilt sind (s. Abschn. 2.1). Auch bei der Beanspruchung von stabförmigen Bauteilen durch Volumenkräfte (Eigengewicht, Fliehkräfte) in Richtung der Stabachse ändern sich die Spannungen.

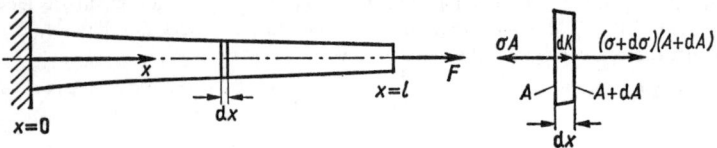

30.1 Zugstab mit veränderlichem Querschnitt unter Einwirkung einer äußeren Kraft F und Volumenkräften dK mit herausgeschnittenem Teilstück

In Bild **30.**1 ist ein Zugstab mit einem veränderlichen Querschnittverlauf $A(x)$ dargestellt, der sowohl durch die äußere Kraft F als auch durch Volumenkräfte beansprucht ist. Nach der Schnittmethode ist ein Körperelement, begrenzt durch die Querschnittflächen A und $A + dA$ im Abstand dx voneinander, herausgeschnitten; in der linken Fläche sind die Zugspannungen σ, in der rechten Fläche haben sie sich um dσ geändert. Die am Element angreifenden Kräfte (dK Volumenkraft) sind im Gleichgewicht. Die Gleichgewichtsbedingung $\Sigma F_{ix} = 0$ ergibt

$$- \sigma A + (\sigma + d\sigma)(A + dA) + dK = 0 \tag{30.1}$$

Nach dem Ausmultiplizieren und Kürzen erhält man

$$d\sigma\, A + \sigma\, dA + d\sigma\, dA + dK = 0 \tag{30.2}$$

Das Glied dσ dA in Gl. (30.2) ist von höherer Ordnung klein gegenüber den anderen und kann vernachlässigt werden. Berücksichtigt man noch, daß nach der Produktregel der Differentialrechnung d $(\sigma A) = d\sigma A + \sigma\, dA$ ist, dann führt Gl. (30.2) auf den Ausdruck

$$\mathbf{d\,(\sigma\, A) + dK = 0} \tag{30.3}$$

Dies ist eine Differentialgleichung, sie kann unter Beachtung der Randbedingungen für verschiedene Fälle gelöst werden und gilt ganz allgemein sowohl bei Zug- als auch bei Druckbeanspruchung.

Für den Zugstab mit $A = $ const ohne Volumenkräfte (d$K = 0$) ergibt Gl. (30.3) d $(\sigma A) = 0$, d.h., $\sigma = $ const. Unter Beachtung der Randbedingung $\sigma A = F$ hat man wieder die Gl. (8.3).

Neben der Spannung interessiert auch die Verformung des Stabes. Unter dem Einfluß der angreifenden Kräfte erfährt das Element in Bild **30.**1 eine Verschiebung nach rechts und eine Verlängerung. Bezeichnet man die Verschiebung der Querschnittfläche A mit u und die Verlängerung mit du (**31.**1), dann ist die Dehnung des Elements die Längenänderung du bezogen auf die ursprüngliche Länge dx

$$\boldsymbol{\varepsilon = du/dx} \tag{30.4}$$

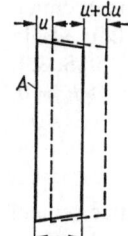 Mit $\sigma = E\,\varepsilon$ ergibt sich

$$\mathrm{d}u = \varepsilon\,\mathrm{d}x = (\sigma/E)\,\mathrm{d}x \qquad (31.1)$$

Die gesamte Verschiebung kann durch Integration der Gl. (31.1) bestimmt werden. Verschiebung u und Dehnung ε sind somit mit der Stabkoordinate x veränderlich.

31.1 Elastische Verformung und Verschiebung eines Körperelements

2.4.5.1. Spannungen durch Eigengewicht

In einem einseitig aufgehängten Zugstab (31.2) mit überall gleichem Querschnitt A und der Kraft F am unteren Ende sollen Zugspannungen und Verlängerung unter Berücksichtigung des Eigengewichts (Wichte γ) ermittelt werden. Mit $\mathrm{d}K = \gamma\,A\,\mathrm{d}x$ und Kürzen durch A folgt aus Gl. (30.3)

$$\mathrm{d}\sigma = -\,\gamma\,\mathrm{d}x \qquad (31.2)$$

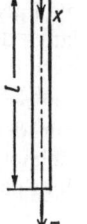

Die Integration ergibt

$$\sigma = -\,\gamma\,x + C$$

Mit der Randbedingung für $x = l$ ist $\sigma = F/A$ folgt dann die Integrationskonstante

$$C = (F/A) + \gamma\,l$$

31.2 Zugstab, belastet durch Eigengewicht und äußere Kraft F

Für die Zugspannung in einem beliebigen Querschnitt an der Stelle x erhalten wir

$$\sigma = \gamma\,(l - x) + F/A \qquad (31.3)$$

Die größte Spannung tritt im Aufhängequerschnitt auf ($x = 0$), die Festigkeitsbedingung lautet somit

$$\sigma_{\mathrm{max}} = \gamma\,l + F/A \leqq \sigma_{\mathrm{zul}} \qquad (31.4)$$

Um die Verlängerung berechnen zu können, benötigt man Gl. (31.1) und erhält mit Gl. (31.3)

$$\mathrm{d}u = \frac{1}{E}\left[\gamma\,(l - x) + \frac{F}{A}\right]\mathrm{d}x$$

sowie nach Ausführung der Integration

$$u = \frac{1}{E}\left[\gamma\left(lx - \frac{1}{2}x^2\right) + \frac{F}{A}x\right] + D$$

Die Konstante D ist mit der Randbedingung $u = 0$ für $x = 0$ ebenfalls Null. Somit ergibt sich die Gesamtverlängerung des Zugstabes für $x = l$

$$\Delta l = u(l) = \frac{\gamma\,l^2}{2E} + \frac{F\,l}{E\,A} \qquad (31.5)$$

Das Eigengewicht spielt bei Zugbeanspruchung in Förderseilen, bei Druckbeanspruchung in Säulen, Mauerwerk und dgl. eine Rolle, wenn also das Gewicht eines Bauteils in gleicher Größenordnung wie die äußere Belastung liegt (s. Aufg. 14 und 15, S. 35). Wird z.B. ein Seil n u r durch sein G e w i c h t belastet, dann ist die äußere Kraft $F = 0$, und als größte Zugspannung ergibt für diesen Fall Gl. (31.4)

$$\sigma_{max} = \gamma \, l$$

Als R e i ß l ä n g e l_R bezeichnet man nun diejenige Länge, bei der ein Seil unter seinem Eigengewicht allein abreißen würde, bei der also die Größtspannung σ_{max} die Zugfestigkeit des Werkstoffs R_m erreicht

$$l_R = R_m / \gamma \tag{32.1}$$

Die Reißlänge ist unabhängig von der Form und von der Größe des Querschnitts.

2.4.5.2. Körper gleicher Zug- oder Druckbeanspruchung

Bauteile, in denen in jedem Querschnitt die Spannungen gleich groß sind, bezeichnet man als Körper gleicher Beanspruchung. Für Bauteile, die infolge ihrer Beanspruchung längs der Stabachse an sich veränderliche Spannungen aufweisen würden, sind demnach die einzelnen Querschnitte längs der Achse derart zu gestalten, daß die Forderung nach überall konstanter Spannung erfüllt ist.

Für den Fall der Belastung durch Eigengewicht soll diese Querschnittveränderung berechnet werden. Aus der Differentialgleichung (30.3) erhält man mit $dK = \gamma \, A \, dx$ und der Spannung $\sigma = \sigma_{zul}$

$$\sigma_{zul} \, dA = - \gamma \, A \, dx \tag{32.2}$$

Nach Trennung der Veränderlichen ergibt sich

$$\frac{dA}{A} = - \frac{\gamma}{\sigma_{zul}} \, dx$$

und nach Ausführung der Integration

$$\ln A = - \frac{\gamma}{\sigma_{zul}} \, x + C$$

Mit der Randbedingung $A = A_0 = F / \sigma_{zul}$ für $x = l$ folgt für die Konstante

$$C = \ln A_0 + \frac{\gamma}{\sigma_{zul}} \, l$$

Setzt man die Konstante oben ein, so erhält man

$$\ln A - \ln A_0 = \ln \frac{A}{A_0} = \frac{\gamma}{\sigma_{zul}} \, (l - x)$$

Für den Querschnittverlauf längs der Stabachse x folgt somit die Exponentialfunktion

$$A = A_0 \, e^{\frac{\gamma \, (l-x)}{\sigma_{zul}}} \tag{32.3}$$

Beispiel 20. Der 50 m lange Betonpfeiler (33.1) wird mit der Kraft $F = 5 \cdot 10^3$ kN belastet und soll als Körper gleicher Druckbeanspruchung ausgeführt werden. Der Querschnitt ist rechteckig mit überall gleicher Höhe $h = 5$ m. (Für Beton $\sigma_{zul} = 1$ N/mm^2, Wichte $\gamma = 2 \cdot 10^4$ N/m^3.)

Der obere Querschnitt A_0 hat nur die Kraft F aufzunehmen

$$A_0 = \frac{F}{\sigma_{zul}} = \frac{5 \cdot 10^6 \text{ N}}{1 \text{ N/mm}^2} = 5 \cdot 10^6 \text{ mm}^2$$

Mit $h = 5000$ mm ist die Breite des oberen Querschnitts $b_0 = 1000$ mm. Die untere Querschnittfläche erhält man aus Gl. (32.2) mit $x = 0$. Der Exponent in dieser Gl. ist

$$\frac{\gamma l}{\sigma_{zul}} = \frac{2 \cdot 10^4 \text{ N} \cdot 50 \text{ m}^2 \text{ m}}{1 \cdot 10^6 \text{ m}^3 \text{ N}} = 1$$

Somit ist die untere Querschnittfläche $A_1 = A_0\, e = 13{,}6 \cdot 10^6$ mm^2, die untere Breite $b_1 = 2720$ mm.

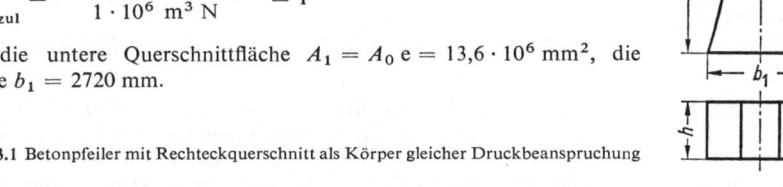

33.1 Betonpfeiler mit Rechteckquerschnitt als Körper gleicher Druckbeanspruchung

2.4.5.3. Beanspruchung durch Fliehkräfte

Rotiert ein Stab mit überall gleichem Querschnitt A um eine zur Zeichenebene senkrechte Drehachse in $x = 0$ (33.2) mit der Winkelgeschwindigkeit ω, so können die Spannungen ebenfalls aus Gl. (30.3) berechnet werden. Mit $dK = dm\, x\, \omega^2$ und $dm = \varrho\, A\, dx$ nimmt die Gleichung die Form an

$$A\, d\sigma = -\varrho\, A\, \omega^2\, x\, dx \tag{33.1}$$

Die Fläche A kürzt sich heraus, und nach Ausführung der Integration erhält man

$$\sigma = -0{,}5\, \varrho\, \omega^2\, x^2 + C$$

Mit der Randbedingung $\sigma = 0$ für $x = l$ ist die Konstante

33.2 Rotierender Zugstab

$$C = 0{,}5\, \varrho\, \omega^2\, l^2$$

Die Zugspannung durch die Fliehkräfte ist nunmehr

$$\sigma = 0{,}5\, \varrho\, \omega^2\, (l^2 - x^2) \tag{33.2}$$

Führt man noch die Umfangsgeschwindigkeit des äußeren Stabendes $v = \omega l$ ein, dann ist mit $\xi = x/l$

$$\sigma = 0{,}5\, \varrho\, v^2\, (1 - \xi^2) \tag{33.3}$$

Näherungsweise stabförmige Bauteile unter Fliehkraftbeanspruchung sind z.B. Propeller in Verbrennungskraftmaschinen oder Schaufeln in Turbinen. Wenn die Querschnitte längs der Stabachse nicht gleich groß sind oder die Konturen zeichnerisch gegeben sind, ermittelt man die Spannungen durch ein Näherungsverfahren.

2.4.6. Aufgaben zu Abschnitt 2.4

1. Eine **Zugstange** aus der Legierung AlMgSi, $E = 0,7 \cdot 10^5$ N/mm^2, mit Rechteckquerschnitt ($h = 100$ mm, $b = 20$ mm) ist durch die Kraft F beansprucht. Über die Länge $l = 2000$ mm wird dabei die Verlängerung $\Delta l = 4$ mm gemessen. Zu berechnen sind die Zugspannung σ, die Kraft F und die Querkürzung Δh der Rechteckseite h.

2. Wieviel Einzeldrähte mit dem Durchmesser $d_0 = 2$ mm aus Stahl ($\sigma_{zul} = 210$ N/mm^2) muß das **Drahtseil** einer Kranwinde für die Höchstkraft $F_{max} = 150$ kN enthalten?

3. Ein **Meßgerät** (Gewichtskraft 3800 N) soll an drei in einer Ebene parallelen Stahldrähten ($E = 2,1 \cdot 10^5$ N/mm^2) mit gleichem Durchmesser $d = 3$ mm aufgehängt werden. Beim Einbau ist der mittlere Draht um 3 mm kürzer als die beiden äußeren mit der Länge $l = 7000$ mm.

a) Zu berechnen sind die Spannungen in den Drähten und deren Verlängerung nach Aufhängen des Gerätes.

b) Wie groß sind die Spannungen und die Verlängerungen, wenn der mittlere Draht um 3 mm zu lang ist?

4. Ein **Stahlzylinder** 1 und ein **Graugußrohr** 2 mit gleicher Höhe $h = 50$ mm werden zwischen den starren Druckplatten einer Presse gemeinsam um den Betrag $\Delta h = 0,03$ mm elastisch zusammengedrückt (34.1). Wie groß sind die Druckspannungen in beiden Teilen sowie die gesamte Preßkraft F? Kann das Gußrohr die Kraft F allein ertragen, ohne zu versagen? (Stahl $E = 2 \cdot 10^5$ N/mm^2, Grauguß GG-25 $E = 1,2 \cdot 10^5$ N/mm^2).

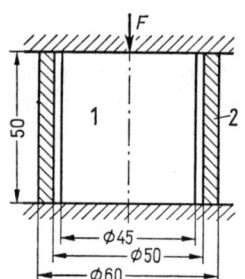

34.1 Stahlzylinder 1 und Graugußrohr 2, gemeinsam zwischen Druckplatten gedrückt

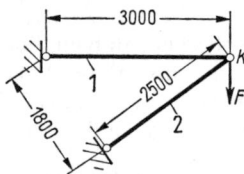

34.2 Kranausleger mit angehängter Last F

5. Zwei **Stangen** aus **Aluminium** ($d = 15$ mm; $E = 0,7 \cdot 10^5$ N/mm^2) und eine **Stange** aus **Stahl** ($d = 10$ mm; $E = 2,1 \cdot 10^5$ N/mm^2) von gleicher Länge $l = 2700$ mm werden gleichmäßig durch die Kraft $F = 40$ kN gezogen, so daß sie die gleiche Verlängerung erfahren.

Zu berechnen sind die Spannungen und die Kräfte in den Drähten sowie deren Verlängerung.

6. Der **Deckel** eines Dampfkessels soll eine Öffnung 480 mm × 500 mm abschließen und ist mit 16 Schrauben verschlossen, Dampfdruck 1 N/mm^2. Welche Gewindegröße ist für die Schrauben ($\sigma_{zul} = 50$ N/mm^2) zu wählen?

7. Der **Kranausleger** (34.2) besteht aus der Schließe 1 und der Strebe 2, die im Punkt K gelenkig miteinander verbunden sind. Die Schließe 1 wird aus zwei Rundstahlstangen ($E = 2 \cdot 10^5$ N/mm^2, $d = 20$ mm), die Strebe 2 aus zwei ungleichschenkligen Winkelstählen 130 × 65 × 10, DIN 1029, mit gleichem E-Modul gebildet. In einem Belastungsversuch wurde unter der Kraft F an einer Stange der Schließe 1 die Längsdehnung $\varepsilon = 0,06\%$ gemessen.

Zu ermitteln sind a) die Spannung und die Kraft in der Schließe 1, b) die angehängte Kraft F (zeichnerisch), c) die Kraft und die Spannung in der Strebe 2, d) die Verschiebung v_K des Knotenpunktes K.

8. Eine dünnwandige **Trommel** aus **Kupfer** ($d = 1000$ mm; $\varrho = 9,14 \cdot 10^3$ kg/m^3) rotiert um ihre Achse mit $n = 2000$ min^{-1}. Wie groß ist die Zugspannung durch die Fliehkräfte?

9. Welche Höchstdrehzahl darf eine zylindrische Trommel aus Stahl ($d = 500$ mm, $\sigma_{zul} = 320$ N/mm², $\varrho = 8 \cdot 10^{-6}$ kg/mm³) erreichen, die um ihre Achse rotiert?

10. Auf einen Radkörper aus Stahlguß, Durchmesser 1800 mm, soll ein Stahlreifen ($E = 2,15 \cdot 10^5$ N/mm², Wärmedehnzahl $\alpha_\vartheta = 12 \cdot 10^{-6}$ K^{-1}) mit 1900 mm Außendurchmesser warm aufgezogen werden.

Zu berechnen sind bei starrem Radkörper der zum Schrumpfen erforderliche Innendurchmesser d_i des Reifens für eine Zugspannung $\sigma = 240$ N/mm², die Mindesterwärmungstemperatur $\Delta\vartheta$ und die Pressung p zwischen Radkörper und Reifen.

11. Die Schrumpfverbindung aus einer Stahlwelle und einem 10 mm dicken Kupferring wird zum Lösen gemeinsam erwärmt. Bei der Temperatur $\vartheta_1 = 205\,°C$ beginnt sich der Ring gerade zu lockern. Bei der Raumtemperatur $\vartheta_R = 25\,°C$ ist der Wellendurchmesser 250,0 mm.

Zu berechnen sind bei starrer Welle a) der Wellendurchmesser bei 205 °C, b) der Innendurchmesser des Ringes vor dem Schrumpfen bei Raumtemperatur, c) die Schrumpfspannung im Ring und die Pressung zwischen Ring und Welle bei Raumtemperatur vor dem Lösen.

Kupfer: $E = 1,2 \cdot 10^5$ N/mm² $\alpha_\vartheta = 17 \cdot 10^{-6}$ K^{-1}

Stahl: $\alpha_\vartheta = 12 \cdot 10^{-6}$ K^{-1}

12. Ein äußerer Ring ($d_a = 350$ mm, $d_0 = 340$ mm, $E_1 = 1,8 \cdot 10^5$ N/mm²) soll auf einen inneren Ring ($d_0 = 340$ mm, $d_i = 320$ mm, $E_2 = 1,2 \cdot 10^5$ N/mm²) mit der Pressung $p = 5$ N/mm² warm aufgeschrumpft werden.

1. Zu berechnen sind a) die Spannungen in beiden Ringen, b) das notwendige Schrumpfmaß Δd_S, c) die zum Aufschrumpfen notwendige Erwärmungstemperatur $\Delta\vartheta$ des äußeren Ringes ($\alpha_\vartheta = 16 \cdot 10^{-6}$ K^{-1}).

2. Welche Fließgrenzen müssen beide Werkstoffe bei zweifacher Sicherheit gegen Fließen mindestens aufweisen?

3. Welche Spannung würde sich im äußeren Ring ergeben, wenn er auf eine (als starr anzunehmende) Vollwelle (Durchmesser d_0) mit gleichem Schrumpfmaß, wie oben errechnet, aufgeschrumpft würde?

13. In einem Ring aus Aluminium ($E = 0,7 \cdot 10^5$ N/mm², $\alpha_\vartheta = 24 \cdot 10^{-6}$ K^{-1}) soll eine Stahlbuchse ($E = 2,1 \cdot 10^5$ N/mm² $\alpha_\vartheta = 12 \cdot 10^{-6}$ K^{-1}) eingeschrumpft werden (35.1). Vorgeschriebenes Schrumpfmaß $\Delta d_S = 0,05$ mm.

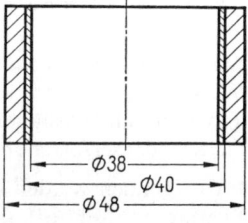

35.1 In einen Aluminiumring geschrumpfte Stahlbuchse

Zu berechnen sind a) die Pressung p zwischen Ring und Buchse, b) die Spannungen in Ring und Buchse, c) die Mindesttemperaturdifferenz, die entweder zum Erwärmen des Ringes oder zum Unterkühlen der Buchse beim Aufschrumpfvorgang erforderlich ist. Welche der beiden Maßnahmen beim Schrumpfen ist sinnvoller?

14. Mit welcher Kraft F_{zul} darf das Stahldrahtseil ($\sigma_{zul} = 150$ N/mm²) einer Förderanlage (Seillänge $l = 890$ m) belastet werden? Das Seil setzt sich aus 200 Einzeldrähten je 1 mm Durchmesser zusammen. Wie groß ist die Verlängerung des Seiles unter Eigengewichtskraft und Kraft F_{zul}?

15. Ein gemauerter Pfeiler ($\sigma_{zul} = 0,8$ N/mm²) mit der Höhe $h = 10$ m ist durch die Kraft $F = 500$ kN auf Druck beansprucht.

Zu berechnen sind a) die erforderliche Seitenlänge a des quadratischen Querschnitts unter Berücksichtigung der Eigengewichtskraft ($\gamma = 2,5 \cdot 10^4$ N/m³), b) der Anteil der Eigengewichtskraft in Prozenten der Kraft F, c) der erforderliche Durchmesser d eines Sockels, der auf gewachsenem Boden steht ($p_{zul} = 0,35$ N/mm²), d) die Abmessungen des oberen und unteren Querschnitts a_0 und a_1 des Pfeilers, wenn er als Körper gleicher Druckbeanspruchung auszuführen ist. Wieviel Prozent der Kraft F macht die Eigengewichtskraft nun aus?

3. Zulässige Beanspruchung und Sicherheit — Beurteilung des Versagens

Eine Festigkeitsberechnung — sei es die Bemessung, der Spannungsnachweis oder die Ermittlung der Tragfähigkeit — birgt immer verschiedene Unsicherheiten in sich, sofern sie sich nur auf die Wahl von zulässigen Spannungen (z.B. aus Tabellen) stützt. Sie verlangt ausreichende Erfahrung, die der Anfänger nicht mitbringen kann. Die Festigkeitslehre wird für ihn dann undurchschaubar, er begnügt sich damit, Werte in Gleichungen einzusetzen, ohne diese selbst zu begreifen.

Eine gewisse Eigenverantwortlichkeit entsteht, wenn die möglichen Arten des Versagens und die zugehörigen Werkstoffkennwerte (Grenzspannungen) bei der Festigkeitsberechnung berücksichtigt werden. Dieses ist möglich, wenn auf die Sicherheit eingegangen wird. Die Grenzspannungen, im allgemeinen in Versuchen an Werkstoffproben ermittelt, dürfen in Bauteilen im Betrieb mit Sicherheit weder erreicht noch überschritten werden. Auch die Wahl der sogenannten Sicherheitszahl (kurz Sicherheit) v[1]) erfordert Erfahrung. Vielfach ist die Sicherheit jedoch durch Vorschriften festgelegt oder es liegen Richtwerte vor, an die man sich halten kann.

Ungünstige und nicht vorherzusehende Betriebsbedingungen, falsche Lastannahmen, Werkstofffehler usw. können natürlich jeder noch so sorgfältigen Berechnung zum Trotz zu Schadensfällen führen, wie die Erfahrung immer wieder zeigt. Deshalb spielt die Schadenserforschung in der Praxis eine große Rolle.

Im Folgenden werden die beiden in der Festigkeitsberechnung immer wiederkehrenden Begriffe Sicherheit und zulässige Spannung zunächst allgemein definiert. Dann wird versucht, beide rechnerisch zu erfassen.

Die Sicherheit v ist das Verhältnis einer aus Versuchen ermittelten Grenzspannung zu einer errechneten Spannung σ.

Die zulässige Spannung σ_{zul} ist das Verhältnis einer aus Versuchen ermittelten Grenzspannung zu einer Sicherheitszahl v.

3.1. Ruhende oder statische Beanspruchung

Werden Bauteile zügig bis zu einem Höchstwert F belastet und ändert sich dieser zeitlich nicht, so nennt man die Beanspruchung ruhend oder statisch. Je nach dem Versagen der Werkstoffe im statischen Versuch (z.B. Zugversuch) werden Sicherheit und zulässige Spannung aus den jeweilig entsprechenden Kennwerten berechnet.

---

[1]) In der Literatur findet man auch S für Sicherheit.

Bei Versagen durch Trennbruch ohne meßbare bleibende Formänderung ist dann

> **Sicherheit gegen Bruch** $v_\mathrm{B} = R_\mathrm{m}/\sigma$ (37.1)

> **zulässige Spannung** $\sigma_\mathrm{zul} = R_\mathrm{m}/v_\mathrm{B}$ (37.2)

Besteht dagegen die Gefahr des Versagens durch große bleibende Formänderungen, dann ist

> **Sicherheit gegen Fließen** $v_\mathrm{F} = \sigma_\mathrm{F}/\sigma$ (37.3)

> **zulässige Spannung** $\sigma_\mathrm{zul} = \sigma_\mathrm{F}/v_\mathrm{F}$ (37.4)

Die errechnete Spannung σ in den Gl. (37.1) und (37.3) ist auf den glatten Stab bezogen. Die Fließgrenze σ_F als Oberbegriff umfaßt die Streckgrenze R_e bzw. die 0,2-Dehngrenze $R_{p\,0,02}$ im Zugversuch oder ähnliche Kennwerte, die auch bei anderen Beanspruchungsarten (Druck, Biegung u.a.) den Beginn größerer bleibender Formänderung anzeigen.

Anhaltswerte für übliche Sicherheitszahlen sind

$$v_\mathrm{B} = 2\cdots3\cdots4 \qquad v_\mathrm{F} = 1,2\cdots1,5\cdots2$$

wenn keine verbindlichen Vorschriften bestehen.

Bei höheren Betriebstemperaturen sind als Grenzspannungen die Kennwerte $R_{m/10^5}$ und $R_{p\,1/10^5}$ (s. Abschn. 2.2.3) in die obigen Gleichungen einzusetzen.

3.2. Schwingende oder dynamische Beanspruchung

Ruhende Beanspruchung in Bauteilen kommt in der Praxis relativ selten vor, häufiger sind Bauteile Beanspruchungen ausgesetzt, die zeitlich schwanken. Man nennt diese Beanspruchungen schwingend oder dynamisch (z. B. bei Fahrzeugen). Erfahrungen zeigen immer wieder, daß Bauteile unter der Wirkung dynamischer Beanspruchung nach längerer Zeit noch bei Spannungen zu Bruch gehen können, die weit unterhalb der statischen Bruchfestigkeit des betreffenden Werkstoffs, ja sogar unterhalb seiner Proportionalitätsgrenze liegen.

Die aus dem Quotienten von Grenzspannung und errechneter Spannung gebildete Sicherheitszahl kann nach den Angaben im Abschnitt 3.1 zwar größer als 1 sein, die tatsächliche Sicherheit ist dann jedoch kleiner als 1, da das Bauteil ja zerstört wurde. Dieses muß zweierlei Gründe haben:

1. Die tatsächliche Grenzspannung bei schwingender Beanspruchung ist geringer als bei ruhender Beanspruchung.

2. Die wirkliche Spannung im Bauteil ist größer als die nach den üblichen Regeln errechnete Spannung (bei Zugbeanspruchung z. B. $\sigma = F/A$).

Beide Einflüsse sollen in den folgenden Abschnitten besprochen werden.

3.2.1. Grenzspannung bei dynamischer Beanspruchung

Um den Einfluß einer über längere Zeit einwirkenden schwingenden Beanspruchung erfassen zu können, wurde der Begriff der Dauerschwingfestigkeit oder kurz Dauerfestigkeit geprägt. Die ersten Versuche in dieser Richtung sind systematisch von A. Wöhler um die Mitte des 19. Jahrhunderts durchgeführt worden.

Die Dauerfestigkeit ist diejenige Grenzspannung σ_D, die eine Werkstoffprobe bei ständiger Wiederholung der Belastung theoretisch unendlich oft ertragen kann, ohne daß ein Bruch auftritt.

Einen Bruch bei schwingender Beanspruchung nennt man Dauerbruch. Infolge der Bruchgefahr bei Spannungen häufig schon unterhalb der Proportionalitätsgrenze sind Dauerbrüche auch bei sonst zähem Werkstoff spröde Trennbrüche, die sich nicht durch bleibende Formänderungen ankündigen, sondern aus kleinen Anfängen heraus, die nicht gleich erkannt werden können, ständig zunehmen und daher besonders gefährlich sind.

Ermittlung der Dauerfestigkeit im Versuch

Im Bild **38.**1a ist als Beispiel eine beliebige zeitliche Belastungsfolge in einem Bauteil dargestellt. Die einfachste Methode zur Prüfung besteht darin, daß man dem Diagramm nur die kleinste und die größte Spannung entnimmt und Proben mit diesen Werten sinusförmig belastet (**38.**1b). Nach dieser Methode wird in den meisten Fällen gearbeitet, und die Dauerprüfmaschinen sind nach diesem Prinzip konstruiert. Eine zweite Methode besteht darin, die Belastungsfolgen nach der Häufigkeitsverteilung auszuwerten. Die Proben oder auch Bauteile werden zwar ebenfalls periodisch, aber mit verschieden hohen Beanspruchungen von unterschiedlicher Dauer geprüft (Belastungskollektiv) (**38.**1c).

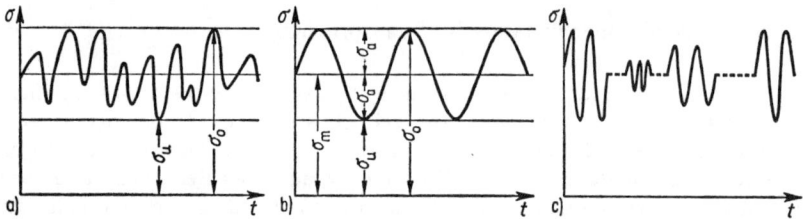

38.1 Beispiele zeitlicher Beanspruchungsfolgen
a) beliebige Beanspruchung in einem Bauteil
b) sinusförmige Beanspruchung in einer Probe
c) sinusförmige Beanspruchung verschiedener Höhe und Zeitdauer in einer Probe

Wir wollen nur die erste Methode weiterverfolgen, die weitaus am meisten verbreitet ist, und die Kennwerte als Grundlage für eine Festigkeitsberechnung bei schwingender Beanspruchung liefert.

Die in Bild **38.**1b gezeichneten Beanspruchungen kann man zerlegen in eine (ruhende) Mittelspannung

$$\sigma_m = \frac{\sigma_o + \sigma_u}{2}$$

und einen dieser überlagerten Spannungsausschlag

$$\sigma_a = \frac{\sigma_o - \sigma_u}{2}$$

Die Oberspannung ist dann $\sigma_o = \sigma_m + \sigma_a$

und die Unterspannung $\sigma_u = \sigma_m - \sigma_a$

Die Methode des von A. Wöhler begründeten klassischen Dauerversuchs ist in die Normung aufgenommen worden (DIN 50100) und wird wie folgt durchgeführt:

Eine Anzahl (meist $6 \cdots 8$) gleicher Proben des gleichen Werkstoffs (im allgemeinen poliert oder feinstgeschliffen, Durchmesser $8 \cdots 10$ mm) wird in einer Dauerprüfmaschine jeweils bei gleicher Mittelspannung σ_m mit verschieden hohen Spannungsausschlägen $\pm \sigma_a$ bis zum Bruch beansprucht. Die Zahl N der Schwingspiele bis zum Bruch wird bei jeder Probe festgehalten und die Spannung σ_a in Abhängigkeit von der Bruchschwingspielzahl N aufgetragen (39.1), die Abszisse ist logarithmisch geteilt. Verbindet man die einzelnen Punkte miteinander, so erhält man das sogenannte Wöhlerschaubild (Wöhlerkurve). Man erkennt aus dem typischen Aussehen, daß mit immer geringer werdender Spannung σ_a die ertragbaren Schwingspielzahlen bis zum Bruch immer größer werden, bis bei einer Grenzschwingspielzahl keine Brüche mehr auftreten und die Kurve waagerecht verläuft. Diese Grenzschwingspielzahl beträgt bei Stahl $N = 2 \cdot 10^6 \cdots 10^7$, so daß man dann die Dauerfestigkeit

$$\sigma_D = \sigma_M \underset{(-)}{+} \sigma_A \qquad (39.1)$$

auf endliche Lastwechselzahlen beziehen kann (39.1). σ_A ist der ertragbare Spannungsausschlag (Ausschlagfestigkeit), der durch den waagerechten Verlauf der Wöhlerkurve gegeben ist. Nichteisenmetalle zeigen auch nach größeren Schwingspielzahlen noch Dauerbrüche, so daß hier höhere Grenzschwingspielzahlen zugrunde gelegt werden müssen (bei Aluminium z.B. $5 \cdot 10^7 \cdots 10^8$).

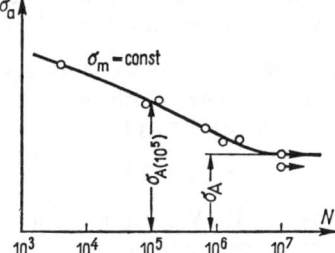

39.1 Wöhlerschaubild

σ_A Ausschlagfestigkeit bei σ_m = const
$\sigma_{A(10^5)}$ Zeitfestigkeit bezogen auf 10^5 Schwingspiele

Häufig spielt auch die Zeitfestigkeit eine Rolle, das ist die Schwingbeanspruchung für eine Bruchschwingspielzahl, die kleiner als die Grenzschwingspielzahl ist, z.B. $\sigma_{A(10^5)}$ in Bild **39.1**. Sie ist größer als die Dauerfestigkeit. Vergleicht man die Ergebnisse von Dauerfestigkeitsversuchen an gleichen Proben mit verschieden hohen Mittelspannungen σ_m miteinander, so stellt man fest, daß der ertragbare Spannungsausschlag σ_A mit zunehmender Mittelspannung σ_m kleiner wird. Diese Abhängigkeit kann anschaulich in einem Dauerfestigkeitsschaubild nach Smith dargestellt werden, es ist in DIN 50100 genormt (**40.1a**). Dabei wird über der Mittelspannung der Dauerfestigkeit σ_M als Abszisse die zugehörige Ober- und Unterspannung der Dauerfestigkeit $\sigma_O = \sigma_M + \sigma_A$ und $\sigma_U = \sigma_M - \sigma_A$ nach Gl. (39.1) als Ordinate aufgetragen. Die Einhüllenden bezeichnet man als Grenzspannungslinien der Dauerfestigkeit. Sie haben von der unter 45° verlaufenden sogenannten Leitgeraden nach oben und unten gleichen Abstand.

Da Fließen auf jeden Fall vermieden werden soll, wird bei Werkstoffen mit plastischem Verformungsverhalten das Schaubild nach oben durch die Fließgrenze beschränkt (**40.1b**). In der üblichen Darstellung werden die gekrümmten Grenzspannungslinien durch Geraden ersetzt (**40.1c**). Im Druckbereich kann die Dauerfestigkeit größer sein als im Zugbereich, z.B. bei Gußeisen. Aus dem Dauerfestigkeitsschaubild nach Smith können nun die schon von C. Bach geprägten drei Lastfälle abgeleitet werden, nach denen auch heute noch vielfach gearbeitet wird.

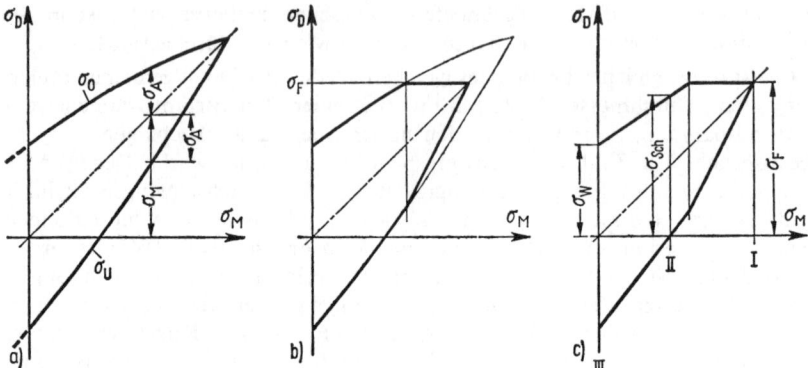

40.1 Dauerfestigkeitsschaubilder auf der Zugseite
  a) allgemeine Darstellung, σ_O obere Grenzspannung, σ_U untere Grenzspannung
  b) Schaubild nach oben durch die Fließgrenze σ_F begrenzt, bei Zug ist $\sigma_F = R_e$
  c) vereinfachte Darstellung mit geraden Grenzspannungslinien

Lastfall I. Ruhende Beanspruchung, Grenzspannungen sind Zugfestigkeit oder Fließgrenze (oder entsprechende Kennwerte bei anderen Beanspruchungsarten).

Lastfall II. Schwellende Beanspruchung, die Belastung schwankt dauernd zwischen Null und einem Höchstwert. Als Grenzspannung erhält man mit $\sigma_M = \sigma_A$ aus Gl. (39.1) die Schwellfestigkeit

$$\sigma_{Sch} = 2\sigma_A \tag{40.1}$$

Lastfall III. Wechselnde Beanspruchung, die Belastung schwankt dauernd zwischen einem positiven und negativen gleichgroßen Höchstwert. Als Grenzspannung erhält man mit $\sigma_M = 0$ die Wechselfestigkeit

$$\sigma_W = \pm\,\sigma_A \tag{40.2}$$

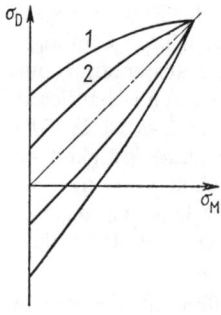

40.2
Dauerfestigkeitsschaubild
eines Federstahles
1 geschliffene Oberfläche
2 gewalzte Oberfläche

---

[1] S. Fußnote S. 17.

Auch für andere Beanspruchungsarten (z. B. Biegung, Torsion) erhält man ähnliche Dauerfestigkeitsschaubilder, die Grenzspannungen werden durch entsprechende Indizes gekennzeichnet (σ_{bW}, τ_{tSch})[1]. Aus der Wechselfestigkeit, der Schwellfestigkeit und der Fließgrenze kann ein Dauerfestigkeitsschaubild näherungsweise konstruiert werden (s. Beispiel 1, S. 46).

Die Dauerfestigkeit σ_D metallischer Werkstoffe ist sehr stark von der Beschaffenheit der Oberfläche der Proben abhängig. Je glatter diese ist, um so größer wird auch σ_D. Schon kleine Oberflächenbeschädigungen, z. B. durch feine Risse, durch Scheuerwirkung in Preßsitzen, Korrosionsangriff sowie Guß- und Walzhaut können die Dauerfestigkeit erheblich herabsetzen. Aus diesen Gründen beginnen Dauerbrüche auch bei gleichmäßiger Spannungsverteilung fast ausnahmslos an der Oberfläche. Die angeführten Einflüsse wirken sich vor allem in einer Erniedrigung der Ausschlagfestigkeit σ_A aus, Dauerfestigkeitsschaubilder mit derartigen Einflüssen erscheinen schmal und lang (**40.2**, Kurve 2).

3.2.2. Durch die elementare Berechnung nicht erfaßte Einflüsse

Die wirkliche oder wirksame Spannung in einem Bauteil kann durch verschiedene Einflüsse höher sein, als die errechnete Spannung (auch Nennspannung σ_n genannt):

Unsicherheiten der Berechnung infolge unbekannter Kräfteverteilung oder komplizierter Bauform sind einer Berechnung im allgemeinen nicht zugänglich. Die wirklichen Beanspruchungen können jedoch z. B. durch Dehnungsmessungen in den betreffenden Bauteilen erfaßt werden. Von dieser Möglichkeit wird viel Gebrauch gemacht, z. B. an Triebwerken, Fahrzeugen, Flugzeugen u. a. m. (s. Abschn. 9.3.5). Die Entwicklung der elektrischen Dehnmeßtechnik in Verbindung mit Datenverarbeitungsanlagen gestattet eine fast unbegrenzte Anwendung.

Ungünstige Betriebsbedingungen durch Stoßbelastungen und unkontrollierbare Überlastungen. Die Kräfteverteilung in Bauteilen ist zwar oft bekannt, durch Betriebseinflüsse, z. B. durch Stoßwirkung, können die Kräfte gegenüber den rechnerisch anzunehmenden jedoch größer werden. Man berücksichtigt diese Einflüsse durch eine sogenannte Stoßziffer φ (auch Betriebsfaktor genannt), die auf Grund von Erfahrung geschätzt werden kann (s. Köhler, G.; Rögnitz, H.: Maschinenteile, Teil 1. 7. Aufl. Stuttgart 1986).

Kerbwirkung

Einflüsse, die den gleichmäßigen Kraftfluß in einem Bauteil stören, führen zu einer ungleichmäßigen, von der errechneten Spannung abweichenden Spannungsverteilung. Man faßt diese unter dem Begriff Kerbwirkung zusammen. Als Kerben wirken u. a. Querbohrungen, Längs- und Querrillen, Nuten und plötzliche Querschnittsübergänge. Durch elastizitätstheoretische Berechnungen [10], durch Modellversuche (Spannungsoptik), durch Ähnlichkeitsbetrachtungen (Strömungsgleichnis) oder durch Dehnungsmessungen kann man entweder die ungleichmäßige Spannungsverteilung als Ganzes oder zumindest deren, meist nur allein interessierenden Größtwert bei vielen in der Praxis vorkommenden Kerbformen ermitteln.

Formzahl α_k. In Bild **41.**1 sind die Spannungsverteilungen in je einem Zugstab dargestellt, einmal als Flachstab mit Querbohrung (**41.**1a), zum andern als Rundstab mit umlaufender Rille (**41.**1b). Den Bohrungsrand im kleinsten Querschnitt bzw. den Rillengrund bezeichnet man als Kerbgrund, dort hat die ungleichmäßig verteilte Spannung ihren Größtwert. Diese Größtspannung σ_k (auch Kerbspannung genannt) gibt man als Vielfaches der auf den kleinsten Querschnitt im Kerbgrund bezogenen Nennspannung $\sigma_n = F/A_{min}$ an.

$$\sigma_k = \alpha_k \sigma_n \qquad (41.1)$$

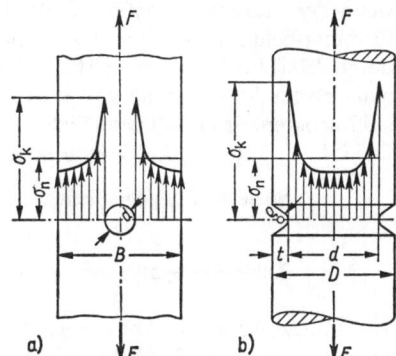

41.1 Kerbspannungen σ_k und Nennspannungen σ_n im Kerbquerschnitt von gekerbten Zugstäben
a) Flachstab mit Querbohrung
b) Rundstab mit umlaufender Rille

α_k nennt man Formzahl oder Formfaktor. Sind die Kerbspannung σ_k und die Nennspannung σ_n bekannt, dann kann aus Gl. (41.1) die Formzahl berechnet werden

$$\alpha_k = \frac{\sigma_k}{\sigma_n} \qquad (42.1)$$

Ist die Kerbspannung z.B. durch Dehnungsmessung im Kerbgrund ermittelt worden, dann ergibt sich die Formzahl nach dem Hookeschen Gesetz mit $\sigma_k = \varepsilon_k E$ zu

$$\alpha_k = \frac{\varepsilon_k E}{\sigma_n} \qquad (42.2)$$

Die Formzahl hängt von der Form und den Abmessungen der Kerbe — Kerbtiefe t, Krümmungsradius ϱ im Kerbgrund —, sowie von der Beanspruchungsart ab. Sie ist um so größer, je „schärfer" die Kerbe ist, d.h., je kleiner der Kerbradius ist.

Für eine Reihe von Kerbformen sind die Formzahlen bekannt und in Handbüchern in Tabellen, Diagrammen oder Nomogrammen zusammengestellt [2], [10], [14], s. auch Köhler/Rögnitz, Maschinenteile, Teil 1.

Versagen bei ruhender Beanspruchung unter Kerbwirkung

Bei spröden Werkstoffen und ruhender Beanspruchung wird durch Kerbwirkung die Bruchgefahr immer erhöht, die Formzahl α_k ist daher voll in Rechnung zu setzen. Die Gl. (37.1) und (37.2) lauten nunmehr

Sicherheit gegen Bruch $$v_B = \frac{R_m}{\alpha_k \, \sigma_n} \qquad (42.3)$$

Zulässige Spannung $$\sigma_{zul} = \frac{R_m}{\alpha_k \, v_B} \qquad (42.4)$$

Wird ein gekerbter Zugstab aus zähem Werkstoff belastet, so erreicht bei stetiger Laststeigerung zunächst die Kerbspannung die Fließgrenze des Werkstoffs, dort beginnt also plastische Verformung. Bei weiterer Lastzunahme können weiter innen liegende Bereiche, in denen nun ebenfalls die Fließgrenze erreicht wird, fließen, ohne daß die Spannungen die Fließgrenze überschreiten. Das führt zu einem Abbau der Spannungsspitzen und zu einer Stützwirkung der noch nicht so hoch beanspruchten Querschnittsbereiche. Überlastungen, die zu einer teilweisen plastischen Verformung im Kerbgrund und den eng benachbarten Bereichen führen, sind im allgemeinen dann nicht schädlich, wenn der Werkstoff genügend plastische Verformungsreserve aufweist und keine Verformungsbehinderung durch zu scharfe Kerben eintritt. Man kann diesem Umstand durch Einführung einer Stützziffer $n_{0,2}$ [14] Rechnung tragen, die auf eine maximale plastische Dehnung von 0,2 % bezogen ist. Mit dieser Stützziffer kann die Werkstofffließgrenze multipliziert (Formdehngrenze) und in die Berechnung eingeführt werden. Die Gl. (37.3) und (37.4) lauten dann

Sicherheit gegen Fließen $$v_F = \frac{n_{0,2} \, \sigma_F}{\alpha_k \, \sigma_n} \qquad (42.5)$$

Zulässige Spannung $$\sigma_{zul} = \frac{n_{0,2} \, \sigma_F}{\alpha_k \, v_F} \qquad (42.6)$$

Die Stützziffer ist in Abhängigkeit von der sogenannten Fließdehnung $\varepsilon_F = \sigma_F/E$ berechnet worden [14]. Ist keine Stützwirkung vorhanden, z.B. bei sprödem Werkstoff,

dann ist $n_{0,2} = 1$, bei voller Stützwirkung, z.B. bei Werkstoffen mit ausgeprägter Fließgrenze, ist $n_{0,2} = \alpha_k$, weil dann keine Wirkung der Kerbe mehr vorhanden ist.
Diese Berechnungsmethode setzt voraus, daß genügende plastische Verformungsfähigkeit
des Werkstoffs gegeben ist, die Funktionsfähigkeit der Bauteile nicht gestört wird und
ausreichende Sicherheit gegen Bruch gewährleistet ist. Für zähe weiche Werkstoffe mit
nicht zu hoher Festigkeit, z.B. Baustähle, kann mit $n_{0,2}/\alpha_k = 1$ gerechnet werden,
d.h., man kann so vorgehen, als ob keine Kerbe vorhanden wäre.

Versagen bei schwingender Beanspruchung unter Kerbwirkung

Bei schwingender oder dynamischer Beanspruchung führen spannungserhöhende Einflüsse, wie sie die Kerbwirkung darstellt, immer zu einer Erhöhung der Dauer-
bruchgefahr. Bei dynamischer Beanspruchung hängt die Kerbwirkung sowohl von
der Art und der Form der Kerbe als auch vom Werkstoff des Bauteils ab.

Kerbwirkungszahl β_k. Die Auswirkung einer Kerbe auf die Spannung bei dynamischer
Beanspruchung wird durch die Kerbwirkungszahl β_k erfaßt. Die wirksame Kerbspannung ist dann

$$\sigma_{kw} = \beta_k \, \sigma_n \qquad (43.1)$$

Die Kerbwirkungszahl hängt sowohl von der Formzahl α_k ab, sie schwankt zwischen
$\beta_k = 1$ (keine Kerbwirkung) und $\beta_k = \alpha_k$ (volle Kerbwirkung), als auch von der Zugfestigkeit σ_B eines Werkstoffs. Werkstoffe hoher Festigkeit sind bei dynamischer Beanspruchung wegen ihrer größeren Sprödigkeit kerbempfindlicher als solche niedriger
Festigkeit. Eine exakte Berechnung der β_k-Werte ist bis jetzt nicht möglich, da viele em-
pirisch festgestellte Einflüsse berücksichtigt werden müssen. Es gibt eine Reihe von
Verfahren, nach denen die Kerbwirkungszahl zumindest näherungsweise ermittelt werden
kann. Die wichtigsten sollen kurz erläutert werden, s. auch [14].

Ermittlung von β_k durch Dauerversuche. Nach DIN 50100 ist β_k das Verhältnis
der Ausschlagfestigkeit $\sigma_{A\,glatt}$ einer glatten Probe zur Ausschlagfestigkeit $\sigma_{A\,gekerbt}$ einer
gekerbten Probe, wobei der Kerbquerschnitt (Nennquerschnitt) der gekerbten Probe
gleich dem der glatten Probe gewählt werden muß. Durch Dauerversuche an glatten
und gekerbten Proben für bestimmte Kerbformen, Werkstoffe und Beanspruchungsarten
erhält man die genauesten Werte für die Kerbwirkungszahl. Es ist dann

$$\beta_k = \frac{\sigma_{A\,glatt}}{\sigma_{A\,gekerbt}} \qquad (43.2)$$

Berechnung nach Thum. Es wird versucht, die Kerbwirkungszahl auf einen form-
bedingten Einfluß (α_k) und einen werkstoffbedingten Einfluß (η_k) zurückzuführen.

$$\beta_k = 1 + (\alpha_k - 1)\,\eta_k \qquad (43.3)$$

η_k ist die sogenannte Empfindlichkeitszahl, die die
Kerbempfindlichkeit eines Werkstoffs kennzeichnet. Für
$\beta_k = 1$ ist $\eta_k = 0$ (keine Kerbwirkung), für $\beta_k = \alpha_k$ ist
$\eta_k = 1$ (volle Kerbwirkung). In Bild **43.1** ist die Herleitung

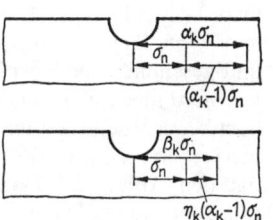

43.1 Spannungen an einer Kerbe zur Herleitung der Kerbwirkungszahl

($\alpha_k - 1$) σ_n elastizitäts-theoretische Spannungsspitze
η_k ($\alpha_k - 1$) σ_n bei schwingender (dynamischer) Beanspruchung verminderte Spannungsspitze

der Gl. (43.3) angedeutet. Sie geht von der Überlegung aus, daß die über die Nennspannung σ herausgehende Spannungsspitze $(\alpha_k - 1)\,\sigma_n$ je nach Kerbempfindlichkeit geringer wird.

Ist durch Dauerversuche z. B. für eine bestimmte Kerbform die Kerbwirkungszahl β_k bekannt, dann läßt sich durch Umformung von Gl. (43.3) die Kerbempfindlichkeitszahl des betreffenden Werkstoffs ermitteln

$$\eta_k = \frac{\beta_k - 1}{\alpha_k - 1} \qquad (44.1)$$

Für andere Kerbformen in Bauteilen des gleichen Werkstoffs kann somit aus α_k und η_k die Kerbwirkungszahl β_k wieder über Gl. (43.3) berechnet werden (s. Beispiel 4, S. 48).

Berechnung nach Siebel und Petersen. Das Berechnungsverfahren berücksichtigt neben der Kerbform und der Werkstoffestigkeit auch die Steilheit der Spannungsspitze, das sogenannte Spannungsgefälle an der höchstbeanspruchten Stelle der Bauteile im Kerbgrund. Nach Siebel und Petersen [14] ist

$$\beta_k = \frac{1 + \sqrt{\varrho^* \chi_{\text{glatt}}}}{1 + \sqrt{\varrho^* \chi_{\text{gekerbt}}}}\, \alpha_k \qquad (44.2)$$

χ_{glatt} und χ_{gekerbt} sind die bezogenen Spannungsgefälle bei glattem und gekerbtem Bauteil, ϱ^* stellt den Radius einer sogenannten Ersatzkerbe dar, der den Einfluß der Werkstoffestigkeit und des kristallographischen Werkstoffgefüges angibt [14]. Die Berechnung nach Thum hat sich in der Praxis am meisten durchgesetzt und aus vielen Versuchen liegen Anhaltswerte für die Empfindlichkeitsziffer η_k vor (s. Tafel 44.1).

Tafel 44.1 Empfindlichkeitsziffern η_k verschiedener Werkstoffe

Baustahl, $R_m \approx 400\ \text{N/mm}^2$	$0{,}4 \pm 0{,}1$	Grauguß GG	$0{,}2 \cdots 0{,}3$
Baustahl, $R_m \approx 600\ \text{N/mm}^2$	$0{,}5 \pm 0{,}1$	AlCuMg (Duralumin)	$0{,}3 \cdots 0{,}5$
Baustahl, $R_m \approx 800 \cdots 1000\ \text{N/mm}^2$	$0{,}7 \cdots 0{,}8$	Kupfer und Messing	$0{,}4 \cdots 0{,}6$
hochfester Federstahl	$0{,}9 \cdots 0{,}95$		

Oberflächeneinfluß. Die Beschaffenheit der Oberfläche spielt bei dynamischer Beanspruchung eine große Rolle, jedoch sind Auffassungen, wie sie rechnerisch berücksichtigt werden kann, noch unterschiedlich. Es liegt nahe, den Einfluß der rauhen Oberfläche wie eine Art Kerbwirkung als spannungserhöhend zu behandeln. Dieses geschieht durch die Oberflächenziffer o_k, mit der die Nennspannung σ_n multipliziert wird. Für polierte Oberflächen ist $o_k = 1$, bei geschliffener Oberfläche ist $o_k = 1{,}1 \cdots 1{,}2$, und bei geschlichteter Oberfläche kann $o_k = 1{,}2 \cdots 1{,}4$ je nach Werkstoffestigkeit betragen. Bei gewalzter und geschmiedeter Oberfläche kann der Einfluß außerordentlich stark sein; $o_k = 1{,}5 \cdots 2$ bei Stahl niederer Festigkeit; $o_k = 2{,}5 \cdots 3{,}5$ bei hochfesten Stählen. Demzufolge müssen hochbeanspruchte Bauteile bei dynamischer Beanspruchung eine besondere Oberflächenbehandlung erfahren (Polieren, Rollen, Strahlen). Der Oberflächenfaktor $\varkappa$ berücksichtigt den Abfall der Dauerfestigkeit mit zunehmender Rauhigkeit (s. Köhler/Rögnitz, Maschinenteile, Teil 1), näherungsweise ist $\varkappa \approx 1/o_k$.

Die Berechnung der Sicherheit gegen Dauerbruch bzw. der zulässigen Spannung bei schwingender Beanspruchung kann unter Berücksichtigung der oben angeführten Einflüsse aus den folgenden Gleichungen erfolgen

$$\text{Sicherheit gegen Dauerbruch} \quad v_D = \frac{\sigma_D}{o_k \beta_k \sigma_n} \qquad (45.1)$$

$$\text{Zulässige Spannung} \quad \sigma_{zul} = \frac{\sigma_D}{o_k \beta_k v_D} \qquad (45.2)$$

σ_n ist die auf den gekerbten Querschnitt bezogene Nennspannung, bei Zugbeanspruchung z. B. $\sigma_n = F/A_{min}$. Je nach Art der dynamischen Beanspruchung (Lastfall) ist für σ_D der entsprechende Kennwert einzusetzen oder dem jeweiligen Dauerfestigkeitsschaubild zu entnehmen. Die Sicherheit gegen Dauerbruch v_D soll im allgemeinen nicht kleiner als 2 sein; in Ausnahmen, wenn alle Einflüsse sicher erfaßt wurden, kann sie auch 1,5 betragen.

Bei der Entwurfsberechnung (Bemessung) sind häufig die Kerbwirkung usw. nicht bekannt. Man kann diese Einflüsse zunächst in einer Sicherheitszahl v^* zusammenfassen

$$v^* = o_k \, \beta_k \, v_D$$

die entsprechend größer anzunehmen ist (4 ··· 6). Nach der konstruktiven Gestaltung des Bauteils ist dann die Sicherheit gegen Dauerbruch in den gefährdeten Querschnitten nachzurechnen.

Bei Beanspruchung oberhalb der Schwellfestigkeit (zwischen Lastfall II und I, s. Bild **40.**1 c) ist neben der Sicherheit gegen Dauerbruch mit der Ausschlagspannung σ_a auch genügend Sicherheit gegen Fließen mit der Oberspannung σ_o nachzuweisen (s. Beispiel 1, S. 45). Eine derartige Beanspruchung tritt vor allem bei vorgespannten Bauteilen (Dehnschrauben) auf (s. Beispiel 5, S. 48).

3.3. Anwendung auf Zug-Druck-Beanspruchung

Beispiel 1. Für den legierten Stahl 30 CrNiMo 8 V 1100 ··· 1300 N/mm² nach DIN 17 200 sind die folgenden Festigkeitskennwerte bekannt: $\sigma_W = 380$ N/mm², $\sigma_{Sch} = 620$ N/mm², $R_e = 900$ N/mm². Man zeichne maßstäblich das Dauerfestigkeitsschaubild. Aus dem oben angegebenen Werkstoff gefertigte Stangen mit glattem Schaft (Querschnitt $A = 900$ mm²) werden verschiedenen Belastungen unterworfen,

a) $F = \pm 180$ kN   b) $F = (90 \pm 90)$ kN   c) $F = (180 \pm 90)$ kN   d) $F = (270 \pm 90)$ kN

Es ist die jeweilige Sicherheit zu berechnen.

Das Dauerfestigkeitsschaubild ist in Bild **46.**1 aufgezeichnet, der Konstruktionsgang ist ohne weiteres aus der Zeichnung verständlich.

a) Die Stange wird wechselnd beansprucht. Mit der Spannung

$$\sigma_a = \frac{F}{A} = \frac{1,8 \cdot 10^5 \text{ N}}{900 \text{ mm}^2} = 200 \text{ N/mm}^2$$

und $\sigma_D = \sigma_W$, $o_k \beta_k = 1$ und $\sigma_n = \sigma_a$ ergibt Gl. (45.1)

$$v_D = \frac{\sigma_W}{\sigma_a} = \frac{380 \text{ N/mm}^2}{200 \text{ N/mm}^2} = 1,9$$

b) Die Oberspannung ist mit $F_o = 1,8 \cdot 10^5$ N

$$\sigma_o = \frac{F_o}{A} = 200 \text{ N/mm}^2$$

Mit $\sigma_D = \sigma_{Sch}$, $o_k\,\beta_k = 1$ und $\sigma_n = \sigma_o$ wird die Sicherheit

$$\nu_D = \frac{\sigma_{Sch}}{\sigma_o} = \frac{620 \text{ N/mm}^2}{200 \text{ N/mm}^2} = 3,1$$

bei gleicher Größe der Höchstlast also größer als in a).

c) Mit $F_m = 1,8 \cdot 10^5$ N ist die Mittelspannung $\sigma_m = 200$ N/mm², mit $F_a = 9 \cdot 10^4$ N der Spannungsausschlag $\sigma_a = 100$ N/mm² (**46.**1). Setzt man voraus, daß bei Überbeanspruchung im Betrieb sämtliche Spannungen linear ansteigen, dann ist das Verhältnis $\sigma_m/\sigma_a = \sigma_M/\sigma_A$ konstant. In unserem Fall ist es 2/1, dem Dauerfestigkeitsschaubild (**46.**1) entnimmt man $\sigma_M = 520$ N/mm² und $\sigma_A = 260$ N/mm², Gerade $0A$. Die Sicherheit gegen Dauerbruch ist nun

$$\nu_D = \frac{\sigma_A}{\sigma_a} = \frac{260 \text{ N/mm}^2}{100 \text{ N/mm}^2} = 2,6$$

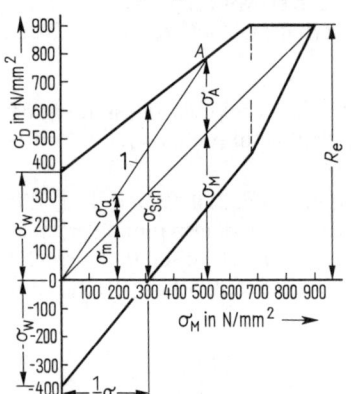

Da die Beanspruchung oberhalb der schwellenden liegt, ist auch ausreichende Sicherheit gegen Fließen nachzuweisen

$$\nu_F \doteq \frac{R_e}{\sigma_o} = \frac{900 \text{ N/mm}^2}{300 \text{ N/mm}^2} = 3$$

d) In gleicher Weise wie in c) erhält man

$$\sigma_m = 300 \text{ N/mm}^2 \qquad \sigma_a = 100 \text{ N/mm}^2$$

d.h. $\sigma_m/\sigma_a = 3/1$

Bild **46.**1 entnimmt man bei $\sigma_M = 660$ N/mm² die Ausschlagfestigkeit $\sigma_A = 220$ N/mm².

Nunmehr ist

$$\nu_D = 2,2 \qquad \text{und} \qquad \nu_F = 2,25$$

46.1 Dauerfestigkeitsschaubild für den Stahl 30 CrNiMo 8 V 1100···1300 N/mm²

1 Gerade $0A$ zum Aufsuchen der Ausschlagfestigkeit σ_A bei konstantem Verhältnis σ_m/σ_a

Beispiel 2. Ein Flachstab hat eine kleine polierte Querbohrung, Kerbquerschnitt $A = 900$ mm² und wird wie in Beispiel 1c), S. 45 beansprucht, der Werkstoff ist der gleiche wie dort. Wie groß ist nun die Sicherheit gegen Dauerbruch?

Für kleine Bohrungen in Flachstäben mit $d/B \approx 0,2$ (**41.**1a) ist $\alpha_k \approx 2,5$ (s. [14]). Mit $\eta_k = 0,8$ (Tafel **44.**1) erhält man aus Gl. (43.3) die Kerbwirkungszahl

$$\beta_k = 1 + (\alpha_k - 1)\,\eta_k = 1 + 1,5 \cdot 0,8 = 2,2$$

Mit den gleichen Zahlenwerten wie in Beispiel 1c) für die Spannungen und mit $o_k = 1$ ergibt sich aus Gl. (45.1)

$$\nu_D = \frac{\sigma_A}{\beta_k\,\sigma_a} = \frac{260 \text{ N/mm}^2}{220 \text{ N/mm}^2} = 1,18$$

Diese Sicherheit ist nicht mehr ausreichend.

Würde bei gleicher Höchstlast die Ausschlagkraft verringert, etwa $F = (2,1 \cdot 10^5 \pm 0,6 \cdot 10^5)$ N gewählt, dann ist $\sigma_m = 233,3$ N/mm² und $\sigma_a = 66,7$ N/mm², d.h. $\sigma_m/\sigma_a = 3,5/1$. Bild **46.**1 entnimmt man dann bei $\sigma_M = 700$ N/mm² die Ausschlagfestigkeit $\sigma_A = 200$ N/mm².

Nunmehr ist die Sicherheit

$$\nu_D = \frac{200 \text{ N/mm}^2}{2,2 \cdot 66,7 \text{ N/mm}^2} = 1,36$$

Beispiel 3. Eine Rundstange aus St 70 ($D = 40$ mm) mit glattem polierten Schaft wird schwellend durch die Kraft $F = (130 \pm 130)$ kN auf Zug beansprucht. Wie groß ist die Sicherheit gegen Dauerbruch? Wie ändert sich die Tragfähigkeit der Stange bei gleicher Sicherheit, wenn sie eine ausgerundete, polierte Querbohrung ($d = 12$ mm) erhält und die Kraft a) schwellend, b) als wechselnde Zug-Druckkraft aufgebracht wird?

Einem Dauerfestigkeitsschaubild für St 70 entnimmt man die Schwellfestigkeit $\sigma_{\text{Sch}} = 410 \text{ N/mm}^2$ und die Wechselfestigkeit $\sigma_W = 230 \text{ N/mm}^2$.

Ohne Querbohrung ist mit dem Querschnitt $A = 1257 \text{ mm}^2$ die Oberspannung

$$\sigma_o = \frac{F_o}{A} = \frac{2,6 \cdot 10^5 \text{ N}}{1257 \text{ mm}^2} = 207 \text{ N/mm}^2$$

Gl. (45.1) ergibt mit $o_k = \beta_k = 1$ und $\sigma_D = \sigma_{\text{Sch}}$

$$\nu_D = \frac{\sigma_{\text{Sch}}}{\sigma_o} = \frac{410 \text{ N/mm}^2}{207 \text{ N/mm}^2} = 1,98$$

Die Sicherheit ist somit ausreichend, da sie über 1,5 liegt.

Um die Tragfähigkeit der quergebohrten Stange berechnen zu können, muß zunächst die zulässige Spannung ermittelt werden, Gl. (45.2). Mit dem Verhältnis $d/D = 12/40 = 0,3$ erhält man aus dem Diagramm A 15 im Anhang des Buchs [14] die Formzahl einer quergebohrten Rundstange zu $\alpha_k = 2,1$. Aus Tafel **44.**1 interpoliert man für St 70 die Empfindlichkeitsziffer $\eta_k = 0,6$. Die Kerbwirkungszahl kann nun aus Gl. (43.3) berechnet werden.

$$\beta_k = 1 + (\alpha_k - 1)\, \eta_k = 1 + 1,1 \cdot 0,6 = 1,66$$

Der Querschnitt der Stange ist durch die Querbohrung verkleinert; wenn $d/D < 0,5$ ist, kann die Projektion der Bohrung als Rechteckfläche angesehen werden. Der Kerbquerschnitt ergibt sich somit zu

$$A_n = \frac{\pi}{4} D^2 - d\, D = D^2 \left(\frac{\pi}{4} - \frac{d}{D} \right)$$

Mit den gegebenen Zahlenwerten ist $A_n = 777 \text{ mm}^2$.

a) Die zulässige Spannung bei schwellender Beanspruchung ist

$$\sigma_{\text{zul}} = \frac{\sigma_{\text{Sch}}}{\beta_k\, \nu_D} = \frac{410 \text{ N/mm}^2}{1,66 \cdot 1,98} = 124,7 \text{ N/mm}^2$$

Die Tragfähigkeit erhält man nun aus Gl. (9.1)

$$F_{o\,\text{zul}} = \sigma_{\text{zul}}\, A_n = 124,7 \text{ N/mm}^2 \cdot 777 \text{ mm}^2 = 96,9 \cdot 10^3 \text{ N} = 96,9 \text{ kN}$$

Die Schwellbelastung der gekerbten Stange darf also $F = (48,5 \pm 48,5)$ kN betragen.

b) Für wechselnde Belastung ist die zulässige Spannung

$$\sigma_{\text{zul}} = \frac{\sigma_W}{\beta_k\, \nu_D} = \frac{230 \text{ N/mm}^2}{1,66 \cdot 1,98} = 70 \text{ N/mm}^2$$

Somit ist die Tragfähigkeit

$$F_{a\,\text{zul}} = 70 \text{ N/mm}^2 \cdot 777 \text{ mm}^2 = 54,4 \cdot 10^3 \text{ N} = 54,4 \text{ kN}$$

Die Wechselbelastung darf demnach $F = \pm 54$ kN sein.

Beispiel 4. Eine Zugstange mit polierter Oberfläche aus dem Stahl C45 V $600 \cdots 700$ N/mm² ist wechselnd durch die Zug- und Druckkräfte $F = 250$ kN belastet (**48**.1). Wie groß ist die Sicherheit gegen Dauerbruch? An Probestäben des gleichen Werkstoffs ergaben Dauerwechselversuche im glatten Zustand $\sigma_{W\,glatt} = 210$ N/mm², im gekerbten ($\alpha_k = 2$) Zustand $\sigma_{W\,gekerbt} = 140$ N/mm².

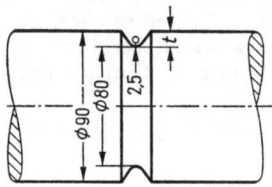

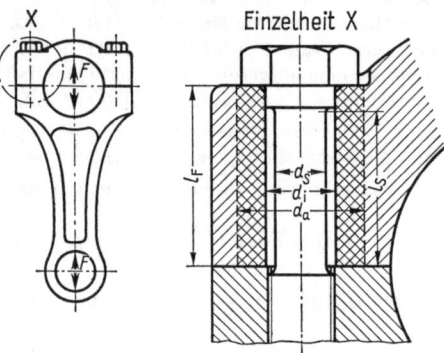

48.1 Zugstange mit Rillenkerbe
t Kerbtiefe

48.2 Dehnschraube zur Befestigung des Lagerdeckels einer Pleuelstange. Der gedrückte Flanschquerschnitt ist doppelt schraffiert gezeichnet

Der gefährdete Querschnitt der Zugstange mit $d = 80$ mm liegt an der Rillenkerbe. Mit $t/\varrho = 5/2,5 = 2$ und $d/2\varrho = 80/5 = 16$ kann die Formzahl berechnet werden [2] (s. auch Köhler/Rögnitz, Maschinenteile, Teil 1). Man findet $\alpha_k = 3,5$. Die Kerbwirkungszahl der in Dauerversuchen geprüften Probestäbe ist mit Gl. (43.2)

$$\beta_k = \frac{\sigma_{W\,glatt}}{\sigma_{W\,gekerbt}} = \frac{210 \text{ N/mm}^2}{140 \text{ N/mm}^2} = 1,5$$

Die Empfindlichkeitsziffer des Werkstoffs ist dann mit Gl. (44.1)

$$\eta_k = \frac{\beta_k - 1}{\alpha_k - 1} = \frac{0,5}{1} = 0,5$$

Nunmehr kann die Kerbwirkungszahl der Zugstange mit Rillenkerbe aus Gl. (43.3) abgeschätzt werden

$$\beta_k = 1 + (\alpha_k - 1)\,\eta_k = 1 + 2,5 \cdot 0,5 = 2,25$$

Die Nennspannung im Kerbquerschnitt beträgt mit $A_n = 5030$ mm²

$$\sigma_n = \frac{F}{A_n} = \frac{2,5 \cdot 10^5 \text{ N}}{5030 \text{ mm}^2} = 49,7 \text{ N/mm}^2$$

Aus Gl. (45.1) folgt die Sicherheit mit $o_k = 1$ bei polierter Oberfläche

$$\nu_D = \frac{\sigma_W}{\beta_k \, \sigma_n} = \frac{210 \text{ N/mm}^2}{2,25 \cdot 49,7 \text{ N/mm}^2} = 1,88$$

Diese annähernd zweifache Sicherheit ist ausreichend.

Beispiel 5. Der Lagerdeckel ($l_F = 70$ mm) einer Pleuelstange aus Stahl ist mit zwei Dehnschrauben M $26 \times 1,5$ ($l_S = 60$ mm, $d_S = 20$ mm) aus Stahl befestigt, die Pleuelstange wird im Betriebszustand wechselnd durch die annähernd gleich großen Zug- und Druckkräfte $F = 200$ kN beansprucht (**48**.2). Zu berechnen sind die erforderliche Vorspannkraft der Schrauben sowie die jeweiligen Sicherheiten gegen Versagen der Schrauben.

Von der Betriebslast der Pleuelstange wirkt sich jeweils nur die Zugkraft auf die Schrauben aus, je Schraube ist die Betriebskraft $F_B = 100$ kN. Sind die Schrauben nicht vorgespannt, so wirkt diese Kraft als Schwellbeanspruchung voll auf die Schraube ein. Durch das damit verbundene

Abheben des Deckels bei jedem Lastwechsel ergibt sich eine schlagartige Beanspruchung, die bald zum Versagen führt. Das gleiche tritt auch ein, wenn sogenannte starre Schrauben ohne Dehnlänge verwendet werden.

Durch Vorspannen der elastisch ausgebildeten Dehnschraube mit der hohen Vorspannkraft F_V wird diese um den Betrag Δl_S gedehnt, gleichzeitig wird auch der wirksame Deckelquerschnitt (Flansch) unter dem Schraubenkopf durch die gleiche Kraft um den Betrag Δl_F elastisch zusammengedrückt. Nunmehr wird bei Einwirken der Betriebskraft F_B die Schraube zwar um den Betrag Δl_B weiter gedehnt, wobei die Zugkraft in ihr auf F_0 anwächst, aber der gedrückte Flanschquerschnitt federt um den gleichen Betrag Δl_B zurück. Von der Betriebskraft F_B wirkt nur noch ein geringer Teilbetrag $2F_a$ als Wechselkraft auf die Schraube ein, die sich der ruhenden Mittelkraft $F_m = F_V + F_a$ überlagert. Die Vorspannkraft im Flansch hat dabei auf den Betrag F_V' abgenommen. Diese Verhältnisse können anschaulich in einem Verspannungsschaubild dargestellt werden (**49.**1).

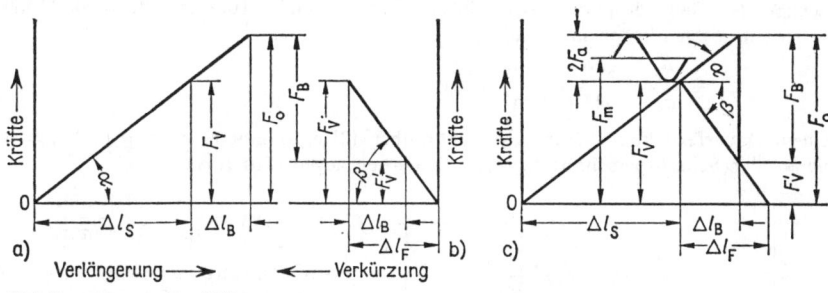

49.1 Verspannungsschaubild

Über der Längenänderung der Schraube Δl_S (**49.**1a) und der Verkürzung des Flansches Δl_F (**49.**1b) werden die Kräfte senkrecht aufgetragen, die gegenseitige Abhängigkeit ist durch das Hookesche Gesetz gegeben. Die Richtungen der Kraft-Verformungsgeraden sind durch die Winkel α und β gegeben, die den Federraten von Schraube c_S und vom gedrückten Flanschquerschnitt c_F proportional sind, s. Gl. (12.2) und (12.3). In Bild **49.**1c sind beide Teilbilder zusammengezeichnet. Mit den Abmessungen von Bild **48.**2 (für den gedrückten Flanschquerschnitt ist $d_a = 50$ mm angenommen, $d_i = 27$ mm) kann die Zahlenrechnung durchgeführt werden (einige Zwischenrechnungen wurden fortgelassen). Der Schaftquerschnitt ist $A_S = 3{,}14$ cm², der Flanschquerschnitt $A_F = 13{,}91$ cm²; mit dem Elastizitätsmodul für Flansch und Schraube $E = 2{,}1 \cdot 10^5$ N/mm² ergibt Gl. (12.4) die Federraten

$$c_S = E\frac{A_S}{l_S} = 2{,}1 \cdot 10^5 \text{ N/mm}^2 \cdot \frac{314 \text{ mm}^2}{60 \text{ mm}} = 1{,}1 \cdot 10^6 \text{ N/mm}$$

$$c_F = E\frac{A_F}{l_F} = 2{,}1 \cdot 10^5 \text{ N/mm}^2 \cdot \frac{1391 \text{ mm}^2}{70 \text{ mm}} = 4{,}17 \cdot 10^6 \text{ N/mm}$$

Die erforderliche Vorspannkraft F_V gewinnt man aus der Bedingung, daß bei Betriebskraft die restliche Vorspannkraft im Flansch > Null sein muß. Für unser Beispiel soll $F_V' = F_V/3$ gewählt sein. Bild **49.**1c entnimmt man die Beziehungen zwischen den Kräften und den Federraten, da

$$\tan \alpha \sim c_S = 2F_a/\Delta l_B \qquad \text{und} \qquad \tan \beta \sim c_F = \frac{F_B - 2F_a}{\Delta l_B}$$

sowie $\qquad \tan \alpha + \tan \beta \sim c_S + c_F = \dfrac{F_B}{\Delta l_B} \qquad 2F_a = F_B \dfrac{c_S}{c_S + c_F}$

und $\qquad F_V - F_V' = F_B - 2F_a = F_B \dfrac{c_F}{c_S + c_F}$

Aus der letzten dieser Gleichungen erhält man mit $F_V' = F_V/3$ die notwendige Vorspannkraft zu

$$F_V = \frac{3}{2}\, F_B\, \frac{c_F}{c_S + c_F} = 1{,}5 \cdot 10^5\ \text{N} \cdot \frac{4{,}17 \cdot 10^6}{5{,}27 \cdot 10^6} = 118{,}6 \cdot 10^3\ \text{N}$$

Die vorletzte Gleichung liefert die auf die Schraube entfallende wechselnde Belastung $2F_a = 20{,}8 \cdot 10^3$ N.

Somit wird im Betrieb die Schraube mit der Kraft

$$F = F_m \pm F_a = (129 \pm 10{,}4)\ \text{kN}$$

beansprucht. Mit $A_S = 314\ \text{mm}^2$ sind die entsprechenden Spannungen

$$\sigma_m = 410\ \text{N/mm}^2 \qquad \sigma_a = 33\ \text{N/mm}^2 \qquad \sigma_o = 443\ \text{N/mm}^2$$

Da der Schaftquerschnitt kleiner ist als der Gewindekernquerschnitt, erübrigt sich ein Nachrechnen der Gewindespannungen. Für die Schraubengüte 10.9 mit $R_e = 900\ \text{N/mm}^2$ ist die Sicherheit gegen Fließen im Schaft

$$v_F = \frac{R_e}{\sigma_o} = \frac{900\ \text{N/mm}^2}{443\ \text{N/mm}^2} = 2{,}03$$

Einem Dauerfestigkeitsschaubild für Schrauben [2] entnimmt man $\sigma_A = 60\ \text{N/mm}^2$. Somit ist die auf den Schaftquerschnitt bezogene Sicherheit gegen Dauerbruch

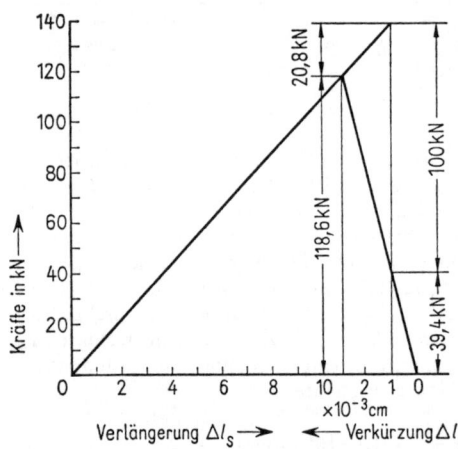

$$v_D = \frac{\sigma_A}{\sigma_a} = \frac{60\ \text{N/mm}^2}{33\ \text{N/mm}^2} = 1{,}82$$

Auf den Kernquerschnitt $A_k = 454\ \text{mm}^2$ bezogen ist $\sigma_a = 23\ \text{N/mm}^2$ und $v_D = 2{,}61$. Das ist voll ausreichend, wenn mindestens zweifache Sicherheit im Gewinde verlangt wird.

In Bild **50**.1 ist das Verspannungsschaubild maßstäblich gezeichnet, die Verformungen unter der Vorspannkraft erhält man aus Gl. (12.2)

$$\Delta l_S = 10{,}8 \cdot 10^{-3}\ \text{cm}$$

und

$$\Delta l_F = 2{,}84 \cdot 10^{-3}\ \text{cm}$$

50.1 Verspannungsschaubild für Pleuelschraube in Beispiel 5, S. 48

3.4. Aufgaben zu Abschnitt 3

1. Zugstäbe aus Stahl mit Rechteckquerschnitt 25 mm × 12 mm (Oberfläche poliert) werden verschiedenen dynamischen Kräften ausgesetzt:

a) $F = \pm 45\ \text{kN}$;   b) $F = (45 \pm 45)\ \text{kN}$;   c) $F = (72 \pm 45)\ \text{kN}$

Man berechne die jeweiligen Sicherheiten gegen Dauerbruch.

Wie groß ist die Tragfähigkeit F_{zul} der oben angegebenen Stäbe bei 2facher Sicherheit gegen Dauerbruch mit polierter Querbohrung ($d = 5\ \text{mm}$; $\alpha_k = 2{,}6$), wenn die Belastung

d) wechselnd durch gleich große Zug- und Druckkräfte;   e) schwellend auf Zug erfolgt?

Aus Versuchen sind für den Stahl folgende Festigkeitswerte bekannt:

$$\sigma_W = 340 \text{ N/mm}^2, \qquad \sigma_{Sch} = 500 \text{ N/mm}^2, \qquad R_e = 640 \text{ N/mm}^2; \qquad \eta_k = 0,7$$

(man zeichne das Dauerfestigkeitsschaubild).

2. Zugstäbe aus Stahl C 45 mit $A = 200 \text{ mm}^2$ Querschnitt (Oberfläche geschlichtet, $o_k = 1,3$) werden verschiedenen dynamischen Kräften $F = F_m \pm F_a$ ausgesetzt:

a) $F_m = 0$ b) $F_m = F_a/2$ c) $F_m = F_a$ d) $F_m = 3 F_a$

Aus Versuchen sind die folgenden Festigkeitskennwerte bekannt:

$$\sigma_W = 230 \text{ N/mm}^2 \qquad \sigma_{Sch} = 320 \text{ N/mm}^2 \qquad R_e = 350 \text{ N/mm}^2$$

(man zeichne das Dauerfestigkeitsschaubild). Zu berechnen sind die zulässigen Kräfte F_{zul} bei zweifacher Sicherheit gegen Dauerbruch.

3. Eine Rundstange ($D = 60$ mm) aus St 50 ($\eta_k = 0,4$) mit poliertem Schaft wird schwellend durch die Kraft $F = (220 \pm 220)$ kN auf Zug beansprucht.
Wie groß ist die Sicherheit gegen Dauerbruch?
Wie ändert sich die Tragfähigkeit F_{zul} der Stange, wenn sie eine polierte Querbohrung ($d = 18$ mm, $\alpha_k = 2,1$) erhält?

4. Eine Stahlstange ($D = 20$ mm) ist nach längerer Betriebszeit bei wechselnder Zug-Druck-Beanspruchung unbekannter Höhe gebrochen. Der Dauerbruch liegt in dem durch eine polierte Querbohrung ($d = 8$ mm) geschwächten Querschnitt (Formzahl $\alpha_k = 2$) s. Bild **51.1**. An einigen der Stange entnommenen Probestäben ist in Zerreißversuchen die Zugfestigkeit des Werkstoffs $R_m = 540 \text{ N/mm}^2$ ermittelt worden. Zu berechnen sind

a) die Betriebskraft, mit der die gebrochene Stange belastet war unter der Annahme, daß der

Restquerschnitt $A_{Rest} = 0,3 \, D^2 \left(\dfrac{\pi}{4} - \dfrac{d}{D} \right)$ (s. Beispiel 3, S. 47) bei Erreichen der Zugfestigkeit

auseinandergerissen ist (sogenannter statischer Restbruch).

b) die wirksame Spannung in der Stange vor Beginn des Dauerbruchs ($\eta_k = 0,45$). Man vergleiche mit der Dauerfestigkeit $\sigma_W \approx R_m/3$ des Werkstoffs.

c) der erforderliche Stangendurchmesser, wenn 1,5fache Sicherheit gegen Dauerbruch gefordert wird (Anleitung: Man rechne mit dem gleichen Verhältnis d/D wie oben).

51.1 Stahlstange mit einem Dauerbruch im Kerbquerschnitt

1 Dauerbruchfläche
2 statische Restbruchfläche $A_{Rest} = 0,3 \, A_n$

$$A_n = D^2 \left(\frac{\pi}{4} - \frac{d}{D} \right)$$

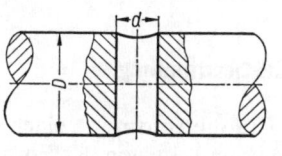
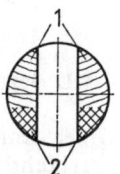

5. Auf die Innenwandung der in den Aluminiumring eingeschrumpften Stahlbuchse (s. Aufgabe 13, Bild **35.1**) wirkt der schwellende Innendruck $p_i = 10 \text{ N/mm}^2$. Im Aluminiumring befindet sich eine kleine Bohrung ($o_k \beta_k = 1,6$). Zu berechnen sind die Spannungen und die Sicherheit gegen Dauerbruch im Aluminiumring. Festigkeitskennwerte für den Werkstoff Al: $\sigma_W = 70 \text{ N/mm}^2$; $\sigma_{Sch} = 100 \text{ N/mm}^2$; $R_e = 130 \text{ N/mm}^2$ (man zeichne das Dauerfestigkeitsschaubild). Wie groß ist die Spannung in der Stahlbuchse bei Innendruck? Man vergleiche diese mit derjenigen Spannung, die die Stahlbuchse ohne Schrumpfung bei gleichem Innendruck erfährt.

Anleitung: Die Schrumpfpressung p wirkt als Vorspannung, der sich der Innendruck p_i überlagert. Mit den auf die Längeneinheit bezogenen Preßkräften $p \, d_0$ und $p_i \, d_i$ (**29.1**) und den Durchmesseränderungen Δd_{Al} und Δd_{St}, s. Gl. (**27.1**), kann man diese Verhältnisse näherungsweise in einem Verspannungsschaubild darstellen (**49.1**) und die Höchstkraft im Aluminiumring sowie die restliche „Vorspannkraft" in der Stahlbuchse aus diesem entnehmen. Man dividiert diese durch d_0 und erhält dann die Pressungen zur Berechnung der Spannungen.

4. Biegebeanspruchung gerader Balken

Ein Stab wird auf Biegung beansprucht, wenn Einzelkräfte und Streckenlasten senkrecht zu seiner Längsachse (Stabachse) wirken oder wenn Kräftepaare in einer Ebene auf ihn einwirken, welche die Längsachse enthält (3.3). Auf Biegung beanspruchte gerade stabförmige Bauteile werden auch Balken oder Träger genannt. Eine gedachte Schnittfläche, die senkrecht zur Längsachse gelegt wird, heißt Querschnittfläche oder kurz Querschnitt. Die Querschnittsabmessungen sind klein gegenüber der Balkenlänge. Die resultierenden Schnittreaktionen in irgendeinem Querschnitt des Balkens an der Stelle x (die Balkenlängsachse ist die x-Achse) sind die Querkraft $F_q(x)$ und das Biegemoment $M_b(x)$ (s. Teil 1, Statik, Abschn. Schnittgrößen des Balkens). Sind die Kräfte schräg zur Balkenachse gerichtet, können auch Längskräfte $F_n(x)$ auftreten. Die Zug- oder Druckbeanspruchung infolge der Längskräfte kann wie in Abschn. 2 berechnet werden.

Bei der Zug-Druck-Beanspruchung spielt nur die Größe der Querschnittfläche eine Rolle, bei der Biegebeanspruchung kommt es dagegen auch auf ihre Gestalt an. In den Gleichungen für die Biegespannungsverteilung kommen sogenannte Flächenmomente vor. Sie stellen geometrische Größen dar, die vorweg behandelt werden sollen.

4.1. Flächenmomente

4.1.1. Begriffsbestimmung

Unter dem Flächenmoment einer beliebigen Fläche A (53.1) versteht man mathematische Ausdrücke von der Form

$$\int y^n \, dA \qquad \int z^n \, dA \qquad \int y^{\frac{n}{2}} z^{\frac{n}{2}} \, dA \qquad (52.1)$$

mit $n = 0, 1, 2 \ldots$ als Ordnungszahl und y sowie z als Abstände des Flächenteilchens dA von den Bezugsachsen[1]). Zur Berechnung von Flächenmomenten ist also immer die Angabe eines Bezugskoordinatensystems erforderlich, wir beschränken uns auf rechtwinklige Koordinaten. Die Gl. (52.1) gibt Flächenmomente n-ter Ordnung an, in der Festigkeitslehre kommen Flächenmomente 0., 1. und 2. Ordnung vor. Flächenmomente nullter Ordnung geben den Flächeninhalt $\int dA = A$ an.

---

[1]) Die Integraldarstellung der Flächenmomente folgt als Grenzwert einer Summe, z.B.

$$\lim_{k \to \infty, \Delta A_i \to 0} \sum_{i=1}^{k} y_i^n \, \Delta A_i = \int y^n \, dA.$$ Die Summierung erstreckt sich über die ganze Fläche.

53.1 Beliebige Fläche A zur Definition der Flächenmomente (dA Flächenteilchen) mit

a) beliebigem y, z-Koordinatensystem
b) y, z-Koordinatensystem und parallelem
η, ζ-System durch den Schwerpunkt S

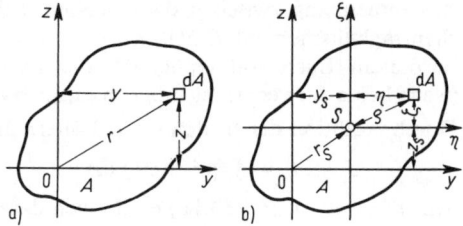

4.1.1.1. Flächenmomente 1. Ordnung

Die beiden Flächenmomente 1. Ordnung

$$H_z = \int y\, dA \qquad H_y = \int z\, dA \qquad (53.1)$$

bezogen auf die z- bzw. y-Achse werden wegen der Ähnlichkeit ihrer mathematischen Form mit derjenigen der statischen Momente von Kräften auch als statische Flächenmomente bezeichnet. In der Statik (Teil 1, Abschn. Schwerpunkte von Flächen und Linien) werden die Flächenmomente 1. Ordnung zur Berechnung von Flächenschwerpunkten herangezogen, die wichtigsten Beziehungen sollen hier wiederholt werden. Sind y_S und z_S die Schwerpunktskoordinaten im y, z-System (**53.1** b), dann gilt

$$H_z = \int y\, dA = y_S A \qquad H_y = \int z\, dA = z_S A \qquad (53.2a, b)$$

Daraus folgt der Teilschwerpunktsatz

$$y_S = \frac{1}{A}\int y\, dA = \frac{1}{A}\sum y_i\, \Delta A_i \text{ }^{1)} \qquad (53.2c)$$

$$z_S = \frac{1}{A}\int z\, dA = \frac{1}{A}\sum z_i\, \Delta A_i \qquad (53.2d)$$

Liegt der Koordinatenanfangspunkt 0 des Bezugssystems im Schwerpunkt S der Fläche, dann ist $y_S = z_S = 0$ (**53.1** b) und aus den beiden Gl. (**53.2**a und b) folgt

$$\int \eta\, dA = 0 \qquad \int \zeta\, dA = 0 \qquad (53.3)$$

Die Flächenmomente 1. Ordnung sind in Bezug auf Achsen durch den Schwerpunkt einer Fläche Null.

Je nach Lage des Koordinatensystems bezüglich des Schwerpunktes können Flächenmomente 1. Ordnung positiv, negativ oder Null sein.

4.1.1.2. Flächenmomente 2. Ordnung

Aus Gl. (52.1) erhält man mit $n = 2$

$$I_z = \int y^2\, dA \qquad I_y = \int z^2\, dA \qquad (53.4a, b)$$

I_y und I_z heißen axiale Flächenmomente 2. Ordnung, bezogen auf die y- bzw. z-Achse. Die vielfach übliche Bezeichnung axiale Flächenträgheitsmomente ist nicht glücklich gewählt, sie stammt aus der Dynamik. Es besteht lediglich ein mathematischer

---

[1] Die Summenschreibweise benutzt man bei Unterteilung der Fläche in wenige einfache Teilflächen.

Zusammenhang zwischen dem Massenträgheitsmoment J der Dynamik und dem Flächenträgheitsmoment I. Mit $m = \mu A$ folgt nämlich $J = \mu I$, μ ist die Massenbelegung. In diesem Buch soll einheitlich die Bezeichnung Flächenmomente 2. Ordnung (wenn keine Verwechslung möglich ist, auch kurz Flächenmomente) beibehalten werden. Durch Addition der beiden Gl. (53.4) erhält man

$$I_y + I_z = \int (y^2 + z^2)\,dA$$

Mit $r^2 = y^2 + z^2$ (53.1a) ergibt sich daraus ein weiteres Flächenmoment

$$I_{p0} = \int r^2\,dA \qquad (54.1)$$

das auf den Koordinatenanfangspunkt 0 als Pol bezogene polare Flächenmoment 2. Ordnung. Es wird nur bei der Torsionsbeanspruchung von Stäben mit kreissymmetrischen Querschnitten benötigt. Allgemein gilt

$$I_y + I_z = I_p \qquad (54.2)$$

Das polare Flächenmoment 2. Ordnung ist die Summe der beiden axialen Flächenmomente.

Aus der dritten Definitionsgleichung (52.1) folgt mit $n = 2$ ebenfalls ein Flächenmoment 2. Ordnung

$$I_{yz} = \int y\,z\,dA \qquad (54.3)$$

das gemischte Flächenmoment. Die auch gebräuchlichen Bezeichnungen Zentrifugal- oder Deviationsmoment sind nicht zutreffend gewählt und sollen nicht verwendet werden.

Die Größe der Flächenmomente 2. Ordnung ist abhängig von der Lage des Koordinatensystems. Aus den Gl. (53.4), (54.1) und (54.3) folgt, daß die axialen und das polare Flächenmoment 2. Ordnung nur positiv sein können, das gemischte Flächenmoment kann dagegen positiv, negativ oder Null sein.

Besondere Bedeutung in der Festigkeitslehre haben Flächenmomente 2. Ordnung in Bezug auf Achsen durch den Schwerpunkt einer Fläche.

4.1.2. Flächenmomente 2. Ordnung für einfache Flächen

Die analytische Berechnung der Flächenmomente 2. Ordnung ist nur für einfache Flächen durch Ausführung der Integration möglich. Der in der Integralrechnung nicht geschulte Leser kann das Integral durch eine Summe ersetzen, indem er die Fläche in möglichst kleine Teilflächen zerlegt. Für komplizierte Flächen, die z. B. durch Konstruktionszeichnungen gegeben sind, kann man die Summenbildung anwenden, indem man die Fläche z. B. in Rechteckstreifen zerlegt und deren Flächenmomente addiert. Steht eine Rechenanlage zu Verfügung, kann die Berechnung mit Hilfe entsprechender Programme vorgenommen werden (s. Abschn. 4.1.4).

Rechteck. Die y, z-Achsen legen wir so in den Schwerpunkt des Rechtecks (55.1), daß sie parallel zu seinen Begrenzungslinien liegen. Zur Berechnung des Flächenmoments I_y wählen wir einen zur y-Achse parallelen Flächenstreifen. Da die Breite unveränderlich ist, gilt $dA = b\,dz$ und Gl. (53.4b) ergibt

$$I_y = \int\limits_{-h/2}^{+h/2} z^2\,b\,dz = \frac{2}{3}\,b\,z^3 \Big|_0^{h/2} = \frac{b\,h^3}{12}$$

Durch Vertauschen von b und h erhält man das Flächenmoment bezüglich der z-Achse

$$I_z = \frac{h\,b^3}{12}$$

Zur Berechnung des gemischten Flächenmomentes wählen wir das Flächenteilchen $dA = dy\,dz$ und erhalten nach Ausführung der Integration von Gl. (54.3) als Doppelintegral

$$I_{yz} = \int\limits_{-b/2}^{+b/2} \int\limits_{-h/2}^{+h/2} yz\,dy\,dz = \left.\frac{y^2}{2}\right|_{-b/2}^{+b/2} \left.\frac{z^2}{2}\right|_{-h/2}^{+h/2} = 0$$

55.1 Rechteckfläche

Dieses Ergebnis ist ohne weiteres einzusehen, da die Achsen Symmetrieachsen sind (s. Abschn. 4.1.3.3) und die positiven Anteile im 1. und 3. Quadranten die negativen im 2. und 4. Quadranten aufheben.

Kreisring und Vollkreis. Für die y,z-Koordinatenachsen im Schwerpunkt (Mittelpunkt) des Kreisringes (55.2) ist das auf den Schwerpunkt als Pol bezogene polare Flächenmoment mit $dA = 2\pi\,r\,dr$ nach Gl. (54.1)

$$I_{pS} = \int\limits_{r_i}^{r_a} r^2\,dA = 2\pi \int\limits_{r_i}^{r_a} r^3\,dr = \frac{\pi}{2}(r_a^4 - r_i^4)$$

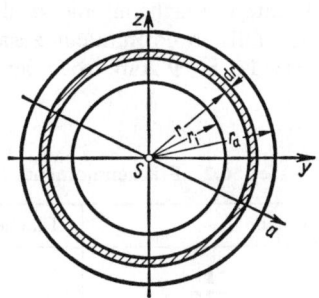

Ersetzen wir die Radien durch die Durchmesser, so ist

$$I_{pS} = \frac{\pi}{32}(d_a^4 - d_i^4)$$

Für einen Vollkreis mit $d_i = 0$ und $d_a = d$ erhält man

$$I_{pS} = \frac{\pi}{32}\,d^4$$

55.2 Kreisringfläche

Aus Symmetriegründen haben alle axialen Flächenmomente 2. Ordnung I_a den gleichen Wert, und nach Gl. (54.2) ist

$$I_y + I_z = 2I_a = I_{pS}$$

Daraus folgen die axialen Flächenmomente

für die Kreisringfläche

$$I_a = \frac{1}{2}I_{pS} = \frac{\pi}{64}(d_a^4 - d_i^4)$$

und für die Vollkreisfläche

$$I_a = \frac{\pi}{64}\,d^4$$

Die Flächenmomente 2. Ordnung von Kreisringflächen können auch als Differenz der Flächenmomente der Einzelkreisflächen aufgefaßt werden. Bei Differenzflächen mit gemeinsamer Achse der Einzelflächen kann immer so verfahren werden (s. auch Tafel **56.2**).

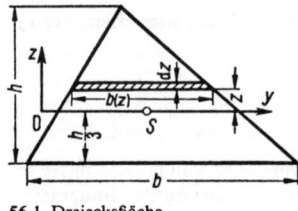

56.1 Dreiecksfläche

Dreieck. Das Koordinatensystem wird so gewählt, daß die y-Achse parallel zur Grundseite b durch den Dreiecksschwerpunkt geht (56.1). Ein Flächenstreifen parallel zur y-Achse mit der Höhe $\mathrm{d}z$ hat die Breite $b(z) = (2/3)\,b - (b/h)\,z$. Aus Gl. (53.4b) ergibt sich mit $\mathrm{d}A = b(z)\,\mathrm{d}z$

$$I_y = \int\limits_{-h/3}^{+2h/3} z^2 \left(\frac{2}{3} - \frac{1}{h}z\right) b\,\mathrm{d}z = b\left(\frac{2}{9}z^3 - \frac{z^4}{4h}\right)\Bigg|_{-h/3}^{+2h/3} = \frac{b\,h^3}{36}$$

Viele Flächen können in Rechtecke, Dreiecke oder Kreise und Kreisstücke zerlegt werden, so daß man im allgemeinen mit den oben angegebenen Formeln für die Flächenmomente 2. Ordnunge dieser drei Flächen auskommt, um die Flächenmomente beliebig zusammengesetzter Flächen in Verbindung mit dem Satz von Steiner (Abschn. 4.1.3.1) berechnen zu können. In Tafel 56.2 sind die Flächenmomente 2. Ordnung einiger wichtiger Querschnittsflächen zusammengestellt. Die Berechnung der Flächenmomente für Kreisflächen wird durch die häufig in Taschenbüchern zu findenden Zahlentafeln erleichtert. Flächenmomente der Normprofile von Stahl- und Leichtmetallträgern sind ebenfalls in Profiltafeln zusammengestellt [2]. Dem Anfänger werden die Aufgaben 1a⋯1c, S. 69 zum Üben der Zahlenrechnung empfohlen.

Tafel 56.2   Flächenmomente 2. Ordnung einiger Grundflächen

Fläche	Flächenmoment	Fläche	Flächenmoment
1	$I_y = \dfrac{b\,h^3}{12}$ $I_z = \dfrac{h\,b^3}{12}$	5	$I_{y2} = \dfrac{b\,h^3}{4}$ $I_y = \dfrac{b\,h^3}{36}$ $I_{y1} = \dfrac{b\,h^3}{12}$
2	$I_y = I_z = I_a = \dfrac{a^4}{12}$		
3	$I_y = b\,\dfrac{H^3 - h^3}{12}$	6	$I_{yz} = 0$ $I_{\eta\zeta} = \dfrac{b^2\,h^2}{72}$
4	$I_y = \dfrac{B\,H^3 - b\,h^3}{12}$	7	$I_y = I_z = I_a = \dfrac{\pi\,d^4}{64}$ $I_{pS} = 2I_a = \dfrac{\pi\,d^4}{32}$

Tafel 56.2   (Fortsetzung)

Fläche	Flächenmoment
8	$I_y = I_z = I_a = \dfrac{\pi}{64}(d_a^4 - d_i^4) = \dfrac{\pi d_a^4}{64}\left[1 - \left(\dfrac{d_i}{d_a}\right)^4\right]$ $I_{ps} = 2 I_a = \dfrac{\pi}{32}(d_a^4 - d_i^4) = \dfrac{\pi d_a^4}{32}\left[1 - \left(\dfrac{d_i}{d_a}\right)^4\right]$ für kleine Wanddicken mit $\quad d_a - d_i = 2\,t \quad\quad d_a \approx d_i \approx d_m$ $I_a = \dfrac{\pi}{8} d_m^3\, t \quad\quad\quad I_{ps} = \dfrac{\pi}{4} d_m^3\, t$
9	$I_y = \dfrac{\pi}{4} b\, a^3 \quad\quad I_z = \dfrac{\pi}{4} a\, b^3$

10	$\alpha < \dfrac{\pi}{2}$	$\alpha = \dfrac{\pi}{2}$
	$I_y = \dfrac{1}{8}(r_a^4 - r_i^4)\left(\alpha - \dfrac{1}{2}\sin 2\alpha\right)$	$I_y = \dfrac{\pi}{16}(r_a^4 - r_i^4)$
	$I_z = \dfrac{1}{8}(r_a^4 - r_i^4)\left(\alpha + \dfrac{1}{2}\sin 2\alpha\right)$	$I_z = I_y$
	$I_{p0} = \dfrac{1}{4}(r_a^4 - r_i^4)\,\alpha$	$I_{p0} = \dfrac{\pi}{8}(r_a^4 - r_i^4)$
	$I_{yz} = \dfrac{1}{8}(r_a^4 - r_i^4)\sin^2\alpha$	$I_{yz} = \dfrac{1}{8}(r_a^4 - r_i^4)$

4.1.3. Abhängigkeit der Flächenmomente 2. Ordnung von der Lage des Koordinatensystems

4.1.3.1. Parallelverschiebung des Koordinatensystems — Satz von Steiner

In Bild 53.1 b sind zwei Koordinatensysteme gegeben. Das η, ζ-System hat seinen Ursprung im Schwerpunkt S, das y, z-System ist gegenüber diesem parallel verschoben. Das auf die y-Achse bezogene Flächenmoment 2. Ordnung ist nach Gl. (53.4 b) $I_y = \int z^2\, dA$. Mit $z = z_S + \zeta$ folgt

$$I_y = \int (z_S + \zeta)^2\, dA = z_S^2 \int dA + 2 z_S \int \zeta\, dA + \int \zeta^2\, dA$$

Das Flächenmoment 1. Ordnung $\int \zeta\, dA$ ist nach Gl. (53.3) Null, somit erhalten wir mit $I_\eta = \int \zeta^2\, dA$

$$I_y = I_\eta + z_S^2\, A \tag{57.1}$$

Entsprechend ergibt sich mit $y = y_S + \eta$ und $\int \eta \, \mathrm{d}A = 0$ das Flächenmoment bezüglich der z-Achse

$$I_z = I_\zeta + y_S^2 \, A \tag{58.1}$$

Das polare Flächenmoment ist gleich der Summe der axialen, also

$$I_{p0} = I_y + I_z = I_\eta + I_\zeta + (y_S^2 + z_S^2) \, A$$

Mit $r_S^2 = y_S^2 + z_S^2$ (53.1 b) und $I_{pS} = I_\eta + I_\zeta$ folgt

$$I_{p0} = I_{pS} + r_S^2 \, A \tag{58.2}$$

Auf die gleiche Weise erhält man das gemischte Flächenmoment

$$I_{yz} = \int y \, z \, \mathrm{d}A = \int (y_S + \eta) \, (z_S + \zeta) \, \mathrm{d}A$$

$$I_{yz} = I_{\eta\zeta} + y_S \, z_S \, A \tag{58.3}$$

Die oben angeführten Beziehungen zwischen Flächenmomenten 2. Ordnung bezüglich paralleler Achsen wurden um 1850 von J. Steiner angegeben und sind als Satz von Steiner bekannt. Er lautet in Worten:

Die Flächenmomente 2. Ordnung, bezogen auf ein beliebiges rechtwinkliges Achsenkreuz, sind gleich den Flächenmomenten in Bezug auf ein dazu paralleles Achsenkreuz durch den Schwerpunkt der Fläche, vermehrt um das Produkt aus Abstand zum Quadrat (oder Abstand mal Abstand) und dem Flächeninhalt.

Da y_S^2, z_S^2 und r_S^2 immer positiv sind, folgt:

Axiale und polare Flächenmomente 2. Ordnung, bezogen auf ein Achsenkreuz im Schwerpunkt einer Fläche, haben Kleinstwerte gegenüber allen Flächenmomenten, die auf dazu parallele Achsen bezogen sind.

y_S und z_S können verschiedene Vorzeichen haben, das gemischte Flächenmoment kann demnach jeden positiven und negativen Wert annehmen, es kann auch den Wert Null haben.

Das auf ein Schwerpunktkoordinatensystem bezogene gemischte Flächenmoment ändert sich nicht, wenn nur eine Achse parallel zu sich selbst verschoben wird, also entweder y_S oder z_S Null ist.

4.1.3.2. Flächenmomente 2. Ordnung zusammengesetzter Flächen

Der Satz von Steiner wird zur praktischen Berechnung von Flächenmomenten beliebiger Flächen angewendet, die aus einfachen Teilflächen zusammengesetzt sind (Tafel 56.2). Da das bestimmte Integral als Grenzwert einer Summe entstanden ist, gilt der Satz:

Flächenmomente 2. Ordnung verschiedener Flächen dürfen addiert oder voneinander subtrahiert werden, wenn sie auf die gleichen Bezugsachsen bezogen sind.

Aus diesem Satz ergibt sich die Regel zur Berechnung der Flächenmomente beliebig zusammengesetzter Flächen:

Flächenmomente 2. Ordnung beliebiger Flächen berechnet man, indem man die Flächenmomente der einzelnen Teilflächen nach dem Satz von Steiner auf gemeinsame Bezugsachsen umrechnet und die einzelnen Beträge dann addiert oder voneinander subtrahiert.

An der in Bild **59.**1 gezeichneten Fläche eines Winkels soll gezeigt werden, wie die Flächenmomente I_y, I_z und I_{yz} bezüglich eines Koordinatensystems mit dem Ursprung im Schwerpunkt S bestimmt werden. Die Winkelfläche zerlegt man in zwei Teilrechtecke 1 und 2. Mit den Bezeichnungen in Bild **59.**1 findet man

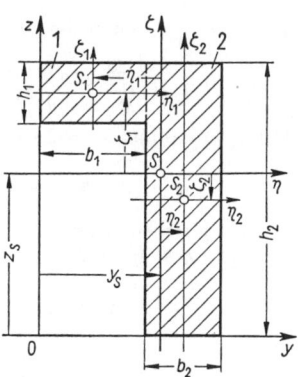

$$I_\eta = \frac{b_1 h_1^3}{12} + \zeta_1^2 b_1 h_1 + \frac{b_2 h_2^3}{12} + \zeta_2^2 b_2 h_2$$

$$I_\zeta = \frac{h_1 b_1^3}{12} + \eta_1^2 b_1 h_1 + \frac{h_2 b_2^3}{12} + \eta_2^2 b_2 h_2$$

$$I_{\eta\zeta} = 0 + \eta_1 \zeta_1 b_1 h_1 + 0 + \eta_2 \zeta_2 b_2 h_2$$

Ein anderer Lösungsweg ergibt sich, wenn man die Differenz der Flächenmomente des großen Rechtecks $(b_1 + b_2) h_2$ und des kleinen Rechtecks $b_1 (h_2 - h_1)$ bildet (s. Beispiel 3, S. 60).

Bei der Berechnung von Flächenmomenten 2. Ordnung zusammengesetzter Flächen macht man oft von folgendem Satz Gebrauch.

59.1 Winkelfläche, aufgeteilt in zwei Rechtecke 1 und 2

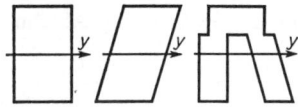

59.2 Flächen mit gleichem Flächenmoment I_y

Teilflächen können parallel zur Bezugsachse verschoben werden, ohne das auf diese Achse bezogene axiale Flächenmoment zu verändern, da die axialen Flächenmomente 2. Ordnung nur vom Achsenabstand der Fläche abhängen (59.2).

Häufig muß man den Satz von Steiner auch in seiner Umkehrung anwenden, um Flächenmomente 2. Ordnung, bezogen auf ein beliebiges Achsenkreuz, auf die dazu parallelen Schwerachsen umzurechnen, z. B., wenn eine Ausrechnung für beliebige Achsen sinnvoller ist. Man erhält dann

$$I_\eta = I_y - z_S^2 A \qquad I_\zeta = I_z - y_S^2 A \qquad I_{\eta\zeta} = I_{yz} - y_S z_S A$$

(s. die Beispiele 2, 3 und 4, S. 59 ··· 61).

Beispiel 1. Das auf die u-Achse bezogene Flächenmoment des R e c h t e c k s (**55.**1) ist zu berechnen. Mit $z_S = h/2$ und $I_y = b h^3/12$ (Tafel **55.**2, 1) ergibt Gl. (57.1)

$$I_u = I_y + \left(\frac{h}{2}\right)^2 b h = \frac{b h^3}{12} + \frac{b h^3}{4} = \frac{b h^3}{3}$$

Beispiel 2. Für die D r e i e c k f l ä c h e (**59.**3) mit den Abmessungen $b = 90$ mm, $h = 60$ mm, $b_1 = b/3$ sind die Flächenmomente I_η, I_y, I_ζ und $I_{\eta\zeta}$ zu berechnen. Der Tafel **56.**2, 5 entnimmt man

$$I_\eta = \frac{1}{36} b h^3 = \frac{1}{36} \cdot 9\,\text{cm} \cdot 6^3\,\text{cm}^3 = 54\,\text{cm}^4$$

Mit $z_S = h/3$ und $A = b h/2$ ergibt Gl. (57.1)

$$I_y = I_\eta + z_S^2 A = \frac{1}{36} b h^3 + \frac{1}{9} h^2 \frac{1}{2} b h = \frac{1}{12} b h^3$$

Die Zahlenrechnung liefert das Ergebnis $I_y = 162\,\text{cm}^4$.

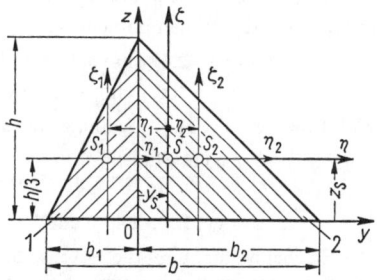

59.3 Dreieckfläche, aufgeteilt in zwei Teildreiecke 1 und 2

Zur Berechnung der Flächenmomente I_ζ und $I_{\eta\zeta}$ zerlegen wir das Dreieck in zwei Teildreiecke 1 und 2 (59.3). Die Abstände der Teilflächenschwerpunkte von der ζ-Achse sind $\eta_1 = -\dfrac{2}{9}\,b$ und $\eta_2 = \dfrac{1}{9}\,b$. Nunmehr folgt aus Gl. (58.1)

$$I_\zeta = \frac{h\,b_1^3}{36} + \left(\frac{2}{9}\,b\right)^2 \frac{b_1\,h}{2} + \frac{h\,b_2^3}{36} + \left(\frac{1}{9}\,b\right)^2 \frac{b_2\,h}{2}$$

Mit $b_1 = b/3$ und $b_2 = 2b/3$ erhält man

$$I_\zeta = \frac{7}{324}\,h\,b^3 = \frac{7}{324}\cdot 6\,\text{cm}\cdot 9^3\,\text{cm}^3 = 94{,}5\,\text{cm}^4$$

Zu dem gleichen Ergebnis gelangt man, wenn man zunächst I_z berechnet und dann Gl. (58.1) mit $y_S = b/9$ anwendet

$$I_z = \frac{h\,b_1^3}{12} + \frac{h\,b_2^3}{12} = \frac{1}{36}\,h\,b^3$$

$$I_\zeta = \frac{1}{36}\,h\,b^3 - \left(\frac{1}{9}\,b\right)^2 \frac{b\,h}{2} = \frac{7}{324}\,h\,b^3$$

Die gemischten Flächenmomente der Teildreiecke sind (Tafel 56.2, 6)

$$I_{\eta_1\zeta_1} = +\,\frac{b_1^2\,h^2}{72} \qquad \text{und} \qquad I_{\eta_2\zeta_2} = -\,\frac{b_2^2\,h^2}{72}$$

Zur Umrechnung auf die Bezugsachsen η und ζ aus Gl. (58.3) folgt mit $\zeta_1 = \zeta_2 = 0$ (s. Abschn. 4.1.3.1)

$$I_{\eta\zeta} = I_{\eta_1\zeta_1} + I_{\eta_2\zeta_2} = \frac{h^2}{72}\,(b_1^2 - b_2^2)$$

$$I_{\eta\zeta} = -\,\frac{1}{216}\,b^2\,h^2 = -\,\frac{1}{216}\,9^2\,\text{cm}^2\cdot 6^2\,\text{cm}^2 = -\,13{,}5\,\text{cm}^4$$

Beispiel 3. Die Winkelfläche (59.1) hat die Abmessungen $b_2 = h_1 = 20$ mm, $b_1 = 60$ mm und $h_2 = 120$ mm. Man berechne die Flächenmomente I_η, I_ζ und $I_{\eta\zeta}$ in cm^4.
Die Schwerpunktabstände berechnet man aus den Gl. (53.2c) und (53.2d), sie betragen $y_S = 5{,}67$ cm und $z_S = 7{,}67$ cm. Die Teilflächenschwerpunktabstände sind dann $\eta_1 = -2{,}67$ cm, $\zeta_1 = 3{,}33$ cm, $\eta_2 = 1{,}33$ cm und $\zeta_2 = -1{,}67$ cm.
Die Ausrechnung ergibt

$$I_\eta = \frac{6\,\text{cm}\cdot 2^3\,\text{cm}^3}{12} + 3{,}33^2\,\text{cm}^2\cdot 12\,\text{cm}^2 + \frac{2\,\text{cm}\cdot 12^3\,\text{cm}^3}{12} + 1{,}67^2\,\text{cm}^2\cdot 24\,\text{cm}^2$$

$$= (4 + 133{,}3 + 288 + 66{,}7)\,\text{cm}^4 = 492\,\text{cm}^4$$

Auf die gleiche Weise erhält man $I_\zeta = 172\,\text{cm}^4$
Das gemischte Flächenmoment ist

$$I_{\eta\zeta} = -\,2{,}67\,\text{cm}\cdot 3{,}33\,\text{cm}\cdot 12\,\text{cm}^2 + 1{,}33\,\text{cm}\,(-1{,}67\,\text{cm})\cdot 24\,\text{cm}^2$$

$$= -\,106{,}7\,\text{cm}^4 - 53{,}3\,\text{cm}^4 = -\,160\,\text{cm}^4$$

Wählt man ein (y, z)-Koordinatensystem wie in Bild 59.1, dann ist

$$I_y = \frac{8\,\text{cm}\cdot 12^3\,\text{cm}^3}{12} + 6^2\,\text{cm}^2\cdot 96\,\text{cm}^2 - \left(\frac{6\,\text{cm}\cdot 10^3\,\text{cm}^3}{12} + 5^2\,\text{cm}^2\cdot 60\,\text{cm}^2\right)$$

$$= (1152 + 3456)\,\text{cm}^4 - (500 + 1500)\,\text{cm}^4 = 2608\,\text{cm}^4$$

das Flächenmoment auf die y-Achse bezogen. Mit Hilfe des Satzes von Steiner folgt das Flächenmoment bezogen auf die zur y-Achse parallelen Schwerachse

$$I_\eta = I_y - z_S^2\,A = 2608\,\text{cm}^4 - 7{,}67^2\,\text{cm}^2\cdot 36\,\text{cm}^2 = 492\,\text{cm}^4$$

Ebenso rechnet man $I_z = 1328 \text{ cm}^4$ und

$$I_\zeta = I_z - y_S^2 A = 1328 \text{ cm}^4 - 5{,}67^2 \text{ cm}^2 \cdot 36 \text{ cm}^2 = 172 \text{ cm}^4$$

Das gemischte Flächenmoment für die y und z-Achsen ist

$$I_{yz} = 6 \text{ cm} \cdot 4 \text{ cm} \cdot 96 \text{ cm}^2 - 5 \text{ cm} \cdot 3 \text{ cm} \cdot 60 \text{ cm}^2 = 1404 \text{ cm}^4$$

Gl. (58.3) des Satzes von Steiner ergibt

$$I_{\eta\zeta} = I_{yz} - y_S z_S A = 1404 \text{ cm}^4 - 5{,}67 \text{ cm} \cdot 7{,}67 \text{ cm} \cdot 36 \text{ cm}^2 = -160 \text{ cm}^4$$

Dem Benutzer des Buches wird empfohlen, weitere Lösungswege zu suchen. Der beste Weg ist immer derjenige, welcher am schnellsten ans Ziel führt.

Beispiel 4. Gesucht ist das auf die η-Achse bezogene Flächenmoment 2. Ordnung des in Bild **61.1** gezeichneten U-Querschnitts.

Es ist zweckmäßig, die Fläche in drei Rechtecke zu zerlegen und mit dem Flächenmoment $I_u = I_y = b\,h^3/3$ aus Beispiel 1, S. 59 zu rechnen

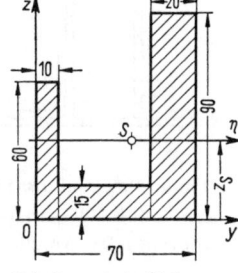

$$I_y = \frac{1}{3}(1 \text{ cm} \cdot 6^3 \text{ cm}^3 + 4 \text{ cm} \cdot 1{,}5^3 \text{ cm}^3 + 2 \text{ cm} \cdot 9^3 \text{ cm}^3)$$

$$= 72 \text{ cm}^4 + 4{,}5 \text{ cm}^4 + 486 \text{ cm}^4 = 562{,}5 \text{ cm}^4$$

61.1 Querschnittsfläche

Mit dem Abstand des Schwerpunktes von der y-Achse aus dem Teilschwerpunktsatz Gl. (53.2d)

$$z_S = \frac{\sum z_i \Delta A_i}{A} = \frac{3 \text{ cm} \cdot 6 \text{ cm}^2 + 0{,}75 \text{ cm} \cdot 6 \text{ cm}^2 + 4{,}5 \text{ cm} \cdot 18 \text{ cm}^2}{30 \text{ cm}^2} = \frac{103{,}5 \text{ cm}^3}{30 \text{ cm}^2} = 3{,}45 \text{ cm}$$

ist $I_\eta = I_y - z_S^2 A = 562{,}5 \text{ cm}^4 - 3{,}45^2 \text{ cm}^2 \cdot 30 \text{ cm}^2 = 205{,}4 \text{ cm}^4$

Beispiel 5. Die Flächenmomente I_y und I_η einer Trapezfläche sind zu berechnen (**61.2**).

Das Trapez zerlegen wir in ein Parallelogramm (Grundlinie a) und ein Dreieck (Grundlinie b). Das Flächenmoment des Parallelogramms bezüglich der y-Achse ist gleich dem des flächengleichen Rechtecks ah (**59.2**). Somit ist

$$I_y = \frac{a\,h^3}{3} + \frac{b\,h^3}{12} = \frac{h^3}{12}(4a + b)$$

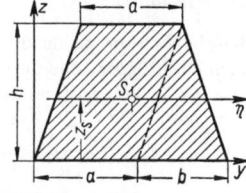

Mit $z_S = \frac{h}{3} \cdot \frac{3a+b}{2a+b}$ [2] und $A = h\frac{2a+b}{2}$ erhält man

$$I_\eta = I_y - z_S^2 A = \frac{h^3}{12}(4a+b) - \frac{h^2(3a+b)^2}{9(2a+b)^2}\,h\,\frac{2a+b}{2}$$

61.2 Trapezfläche

Nach Umformung folgt für das Flächenmoment, bezogen auf die Schwerachse η

$$I_\eta = \frac{h^3}{36} \cdot \frac{6a^2 + 6ab + b^2}{2a+b}$$

Beispiel 6. Ein Träger besteht aus zwei Stegblechen, zwei Gurtblechen und vier gleichschenkligen Winkelstählen (**62.1**). Zu berechnen ist das Flächenmoment I_y der Querschnittfläche. Man vergleiche die prozentualen Anteile der Einzelflächenmomente und der Flächen der Steg-, Winkel- und Gurtquerschnitte mit dem Gesamtflächenmoment bzw. der Gesamtfläche. Was folgt daraus?

Einer Profiltafel [2] entnimmt man für den Winkelstahl L 120×12 das Flächenmoment um eine zur y-Achse parallelen Achse durch den Schwerpunkt S_1 $I_L = 368$ cm^4, die Fläche $A = 27,5$ cm^2 und den Schwerpunktabstand $e = 3,4$ cm. Mit den aus der Zeichnung abgelesenen Abmessungen erhält man die Flächenmomente

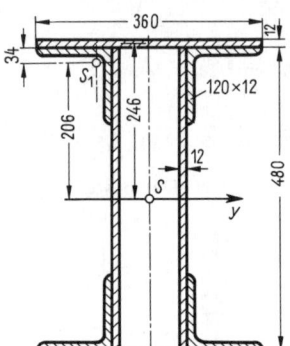

$$I_{y\,\text{Steg}} = 2\,\frac{1,2\,\text{cm} \cdot 48^3\,\text{cm}^3}{12} = 2,21 \cdot 10^4\,\text{cm}^4$$

$$I_{y\,\text{Winkel}} = 4\,(368\,\text{cm}^4 + 20,6^2\,\text{cm}^2 \cdot 27,5\,\text{cm}^2) = 4,82 \cdot 10^4\,\text{cm}^4$$

$$I_{y\,\text{Gurt}} = 2\left(\frac{36}{12}1,2^3\,\text{cm}^4 + 24,6^2\,\text{cm}^2 \cdot 43,2\,\text{cm}^2\right) = 5,23 \cdot 10^4\,\text{cm}^4$$

62.1 Querschnitt eines aus Blechen und Winkeln zusammengesetzten Trägers

Das Gesamtflächenmoment ist $I_y = 12,26 \cdot 10^4$ cm^4. Die Einzelflächen betragen $A_\text{Steg} = 115,2$ cm^2, $A_\text{Winkel} = 110$ cm^2, $A_\text{Gurt} = 86,4$ cm^2. Die Gesamtfläche ist $A = 311,6$ cm^2.

Die prozentualen Anteile sind nachstehend gegenübergestellt

	I_y:		A:	
Steg	18	%	37	%
Winkel	39,3	%	35,3	%
Gurt	42,7	%	27,7	%

Da die Fläche dem Trägergewicht proportional ist, haben die Gurtbleche bei kleinstem Gewicht den größten Anteil am Flächenmoment, etwa den gleichen Anteil bringen die lediglich zur Verbindung zwischen Gurt und Steg dienenden Winkel. Die zum Zusammenhalt notwendigen Stege ergeben bei größtem Gewicht — etwa gleich dem der Winkel — den geringsten Beitrag zum Flächenmoment.

Wegen der Zunahme der axialen Flächenmomente 2. Ordnung mit dem Q u a d r a t des Abstandes der Flächenteilchen liefern die von der Bezugsachse entfernteren Flächenteile den größten Beitrag zum Flächenmoment. Deshalb findet man häufig Träger mit I-Querschnitt.

Beispiel 7. Man wähle den Abstand $2a$ zweier Profilträger [300 nach DIN 1026 so, daß die axialen Flächenmomente I_η und I_ζ gleich groß sind (**62.2**). Wie groß ist $2a$?

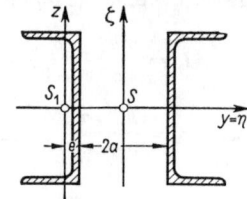

62.2 Aus zwei [-Profilen zusammengesetzter Trägerquerschnitt

Einer Profiltafel für [-Profile [2] entnimmt man[1]) $I_y = 8030$ cm^4, $I_z = 495$ cm^4, $A = 58,8$ cm^2, $e = 2,7$ cm. Somit ist

$$I_\eta = 2I_y = 16060\,\text{cm}^4$$

Aus der Forderung

$$I_\zeta = 2\,[I_z + (a + e)^2\,A] = I_\eta = 2I_y$$

---

[1]) In den Profiltafeln sind die Querschnittachsen mit x und y bezeichnet. Wir haben konsequenterweise ein y, z-System in der Querschnittfläche gewählt, da die Längsachse eines Balkens als x-Achse festgelegt ist.

ergibt sich

$$(a + e)^2 = \frac{I_y - I_z}{A}$$

Mit den gegebenen Zahlenwerten erhält man

$$(a + e)^2 = \frac{8030 \text{ cm}^4 - 495 \text{ cm}^4}{58,8 \text{ cm}^2} = 128 \text{ cm}^2$$

und $\qquad a + e = 11,3 \text{ cm}$

Der lichte Abstand zwischen beiden Profilen ist demnach

$$2a = 172 \text{ mm}$$

4.1.3.3. Drehung des Koordinatensystems um den Schwerpunkt

Sind für ein rechtwinkliges Achsensystem y und z im Schwerpunkt einer Fläche die zugehörigen Flächenmomente I_y, I_z und I_{yz} bekannt, und will man für ein gedrehtes System η und ζ (63.1 a) die Flächenmomente I_η, I_ζ und $I_{\eta\zeta}$ ermitteln, so benutzt man die Transformationsgleichungen (63.1 b), s. auch Brauch/Dreyer/Haacke, Mathematik für Ingenieure, Abschn. Koordinatentransformationen,

$$\eta = y \cos \varphi + z \sin \varphi \qquad (63.1)$$

$$\zeta = - y \sin \varphi + z \cos \varphi$$

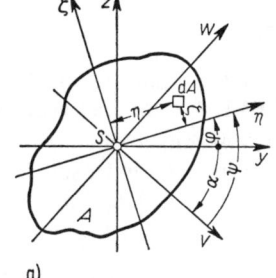 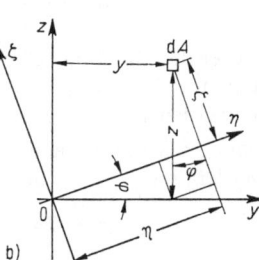

63.1 a) Beliebige Fläche A mit gedrehtem Koordinatensystem (dA Flächenteilchen)
b) Koordinatentransformation

a) b)

Mit den Definitionsgleichungen (53.4) ist

$$I_\eta = \int \zeta^2 \, \mathrm{d}A = \int y^2 (\sin^2 \varphi) \, \mathrm{d}A + \int z^2 (\cos^2 \varphi) \, \mathrm{d}A - 2 \int y \, z (\sin \varphi \cos \varphi) \, \mathrm{d}A$$
$$I_\zeta = \int \eta^2 \, \mathrm{d}A = \int y^2 (\cos^2 \varphi) \, \mathrm{d}A + \int z^2 (\sin^2 \varphi) \, \mathrm{d}A + 2 \int y \, z (\sin \varphi \cos \varphi) \, \mathrm{d}A$$

Aus Gl. (54.3) folgt

$$I_{\eta\zeta} = \int \eta \, \zeta \, \mathrm{d}A = - \int y^2 (\sin \varphi \cos \varphi) \, \mathrm{d}A + \int z^2 (\sin \varphi \cos \varphi) \, \mathrm{d}A +$$
$$+ \int y \, z (\cos^2 \varphi) \, \mathrm{d}A - \int y \, z (\sin^2 \varphi) \, \mathrm{d}A$$

Da $\varphi = \text{const}$, können $\sin^2 \varphi$, $\cos^2 \varphi$ und $\sin \varphi \cos \varphi$ vor die Integrale gesetzt werden. Mit $\int y^2 \, \mathrm{d}A = I_z$, $\int z^2 \, \mathrm{d}A = I_y$ und $\int y \, z \, \mathrm{d}A = I_{yz}$ erhält man

$$I_\eta = I_y \cos^2 \varphi + I_z \sin^2 \varphi - I_{yz} \, 2 \sin \varphi \cos \varphi \qquad (63.2)$$

$$I_\zeta = I_y \sin^2 \varphi + I_z \cos^2 \varphi + I_{yz} \, 2 \sin \varphi \cos \varphi \qquad (63.3)$$

$$I_{\eta\zeta} = (I_y - I_z) \sin \varphi \cos \varphi + I_{yz} (\cos^2 \varphi - \sin^2 \varphi) \qquad (63.4)$$

Mit Hilfe der Beziehungen

$$\cos^2 \varphi = \frac{1}{2} (1 + \cos 2\varphi) \qquad \sin^2 \varphi = \frac{1}{2} (1 - \cos 2\varphi)$$

und $2 \sin \varphi \cos \varphi = \sin 2\varphi$

ist $I_\eta = \dfrac{I_y + I_z}{2} + \dfrac{I_y - I_z}{2} \cos 2\varphi - I_{yz} \sin 2\varphi$ (64.1)

$I_\zeta = \dfrac{I_y + I_z}{2} - \dfrac{I_y - I_z}{2} \cos 2\varphi + I_{yz} \sin 2\varphi$ (64.2)

$I_{\eta\zeta} = \qquad \dfrac{I_y - I_z}{2} \sin 2\varphi + I_{yz} \cos 2\varphi$ (64.3)

Addiert man die Gl. (64.1) und (64.2), so folgt

$I_\eta + I_\zeta = I_y + I_z = I_{pS}$ (64.4)

Die Summe der axialen Flächenmomente 2. Ordnung, bezogen auf zwei zueinander senkrechte Achsen, ist invariant gegenüber der Drehung des Koordinatensystems.

Wir fragen nun nach derjenigen Lage des Koordinatensystems, für die das gemischte Flächenmoment Null wird. Die Gl. (64.3) ergibt mit $I_{\eta\zeta} = 0$

$$\tan 2\varphi = - \frac{2 I_{yz}}{I_y - I_z}$$ (64.5)

Wegen $\tan 2\varphi = \tan (2\varphi + 180°) = \tan 2 (\varphi + 90°)$ gibt es zwei aufeinander senkrecht stehende Achsen η und ζ (**63.1**) für die das gemischte Flächenmoment verschwindet, sie werden Hauptachsen v und w genannt.

Ohne Einschränkung der Allgemeingültigkeit soll das y, z-Koordinatensystem so gewählt werden, daß $I_y > I_z$ und $I_{yz} > 0$ sind. Dann hat Gl. (64.5) die beiden Lösungen

$2\varphi_1 = - 2\alpha$

und $2\varphi_2 = - 2\alpha + \pi = 2 \left(-\alpha + \dfrac{\pi}{2} \right)$

Zwei aufeinander senkrecht stehende Achsen durch den Schwerpunkt einer Fläche, für die das gemischte Flächenmoment verschwindet, heißen Hauptachsen der Fläche.

Bei symmetrischen Flächen entspricht jedem Flächenteilchen mit positivem ein Flächenteilchen mit gleich großem negativen gemischten Flächenmoment.

Eine Symmetrieachse und deren Senkrechte durch den Schwerpunkt einer Fläche sind Hauptachsen (65.1).

Die den Hauptachsen zugehörigen axialen Flächenmomente 2. Ordnung einer Fläche $I_v \equiv I_1$ und $I_w \equiv I_2$ heißen Hauptflächenmomente.

Die Hauptflächenmomente sind Extremwerte von allen möglichen, auf zwei beliebig senkrecht zueinander stehende Achsen durch den Schwerpunkt bezogenen axialen Flächenmomenten 2. Ordnung.

Zum Beweis dieses Satzes differenzieren wir Gl. (64.1) nach φ und setzen als Bedingung für Extremwerte die erste Ableitung Null

$$\frac{dI_\eta}{d\varphi} = - (I_y - I_z) \sin 2\varphi - 2 I_{zy} \cos 2\varphi = 0$$

und erhalten

$$\tan 2\varphi = -\frac{2I_{yz}}{I_y - I_z}$$

Dies ist das gleiche Ergebnis, das für das Verschwinden des gemischten Flächenmomentes gefunden wurde s. Gl. (64.5).

Die zweite Ableitung ist

$$\frac{d^2 I_\eta}{d\varphi^2} = -2(I_y - I_z)\cos 2\varphi + 4I_{yz}\sin 2\varphi$$

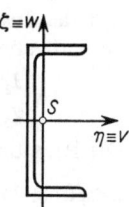

65.1

Hauptachsen einer Fläche mit einer Symmetrieachse

Mit $\varphi_1 = -\alpha$ und $\cos(-2\alpha) = \cos 2\alpha$ sowie $\sin(-2\alpha) = -\sin 2\alpha$ erhält man

$$\left.\frac{d^2 I_\eta}{d\varphi^2}\right|_{\varphi_1 = -\alpha} = -2(I_y - I_z)\cos 2\alpha - 4I_{yz}\sin 2\alpha < 0$$

d. h., das auf die um den Winkel $\varphi_1 = -\alpha$ gegen die y-Achse gedrehte v-Achse bezogene Hauptflächenmoment I_1 ist ein Größtwert; dementsprechend ist I_2 ein Kleinstwert. Mit der oben angenommenen Voraussetzung $I_y > I_z$ und $I_{yz} > 0$ ist also $I_1 > I_2$.

Dreht man das Koordinatensystem gegenüber den Hauptachsen v und w **(63.1a)** und bezeichnet man den Winkel zwischen der v- und der η-Achse mit ψ (wobei $\psi = \varphi + |\alpha|$), dann ist in den Gl. (64.1) bis (64.3) $I_y \equiv I_1$, $I_z \equiv I_2$ und $I_{yz} \equiv I_{12} = 0$ und man erhält

$$I_\eta = \frac{I_1 + I_2}{2} + \frac{I_1 - I_2}{2}\cos 2\psi \tag{65.1}$$

$$I_\zeta = \frac{I_1 + I_2}{2} - \frac{I_1 - I_2}{2}\cos 2\psi \tag{65.2}$$

$$I_{\eta\zeta} = \frac{I_1 - I_2}{2}\sin 2\psi \tag{65.3}$$

Für $I_1 = I_2$ folgt aus der letzten dieser Gleichungen, daß dann das gemischte Flächenmoment unabhängig von der Drehung des Koordinatensystems immer Null ist. Aus den ersten beiden dieser Gleichungen folgt weiter, daß dann auch $I_\eta = I_\zeta$ ist.

Sind für die beiden Hauptachsen im Schwerpunkt einer Fläche die axialen Flächenmomente gleich, dann sind sie auch für alle gedrehten Achsen gleich. In diesem Fall sind alle Achsen durch den Schwerpunkt Hauptachsen.

Das gilt z. B. für Kreisflächen und Quadrate, aber auch für das Profil im Beispiel 7, S. 62. Manchmal sind für zwei beliebige, aufeinander senkrechte Achsen y und z einer Fläche die Flächenmomente 2. Ordnung bekannt und die Hauptflächenmomente gesucht. Setzt man $\psi = \alpha$ in die Gl. (65.1) bis (65.3) ein, dann ist

$$\left.\begin{array}{c} I_y \\ I_z \end{array}\right\} = \frac{I_1 + I_2}{2} \pm \frac{I_1 - I_2}{2}\cos 2\alpha$$

$$I_{yz} = \frac{I_1 - I_2}{2}\sin 2\alpha$$

Die Differenz der ersten beiden Gleichungen ergibt

$$I_y - I_z = (I_1 - I_2)\cos 2\alpha$$

Werden diese Gleichung und die letzte der oberen drei quadriert und addiert, so ist

$$(I_1 - I_2)^2 = (I_y - I_z)^2 + 4I_{yz}^2$$

Mit der Invarianten $I_y + I_z = I_1 + I_2$ findet man nach kurzer Zwischenrechnung die Hauptflächenmomente

$$\left.\begin{array}{c} I_1 \\ I_2 \end{array}\right\} = \frac{I_y + I_z}{2} \pm \frac{1}{2}\sqrt{(I_y - I_z)^2 + 4\,I_{yz}^2} \qquad\qquad (66.1)$$

Die Richtung der Hauptachsen erhält man aus der Gl. (64.5).

Beispiel 8. Die Größe der Hauptflächenmomente und die Richtung der Hauptachsen für die Winkelfläche (59.1) im Beispiel 3, S. 60 sind zu berechnen.

Mit $I_\eta \equiv I_y = 492\ \text{cm}^4$, $I_\zeta \equiv I_z = 172\ \text{cm}^4$ und $I_{\eta\zeta} \equiv I_{yz} = -160\ \text{cm}^4$ ergibt sich aus Gl. (64.5)

$$\tan 2\varphi_1 = -\frac{-320\ \text{cm}^4}{492\ \text{cm}^4 - 172\ \text{cm}^4} = +1 \qquad 2\varphi_1 = 45°$$

Daraus folgt der Richtungswinkel $\varphi_1 = \alpha = 22{,}5°$. Die Hauptachsen sind also um 22,5° mathematisch positiv (entgegen dem Uhrzeigersinn) gegen das η, ζ-System zu drehen. Die Hauptflächenmomente sind mit Gl. (66.1)

$$\left.\begin{array}{c} I_1 \\ I_2 \end{array}\right\} = 332\ \text{cm}^4 \pm \frac{1}{2}\sqrt{320^2 + 4\cdot 160^2}\ \text{cm}^4 = (332 \pm 226)\ \text{cm}^4 \qquad \begin{array}{l} I_1 = 558\ \text{cm}^4 \\ I_2 = 106\ \text{cm}^4 \end{array}$$

4.1.4. Flächenmomente für beliebige Flächen

In vielen Fällen der Praxis sind komplizierte Flächen gegeben, für die eine formelmäßige Integration zur Ermittlung von Flächenmomenten nicht möglich ist, da die Flächen analytisch nur schwer erfaßbar sind.

Im folgenden soll ein Verfahren dargestellt werden, das es gestattet, für beliebig begrenzte Flächen, die man z.B. bei gekrümmten Begrenzungen durch gerade gebrochene Linienzüge ersetzen kann, Schwerpunktkoordinaten und Flächenmomente zu ermitteln. Man zerlegt die Fläche in Trapeze, für die eine analytische Integration in einfacher Weise möglich ist. Die Berechnungsgleichungen werden so aufgestellt, daß in sie nur die Koordinate der Eckpunkte eingesetzt werden müssen.

Gegeben sei die durch gerade Linien begrenzte Fläche A (**66.**1a) mit einer **Aussparung**. Sie wird von einem **äußeren geschlossenen Linienzug 1, 2, 3, 4, 11, 12, 1**, die Aussparung von einem **inneren geschlossenen Linienzug 5, 6, 7, 8, 9** umschlossen (**66.**1b). Umfährt man die Fläche auf dem **äußeren Linienzug** im mathematisch **positiven** Sinn, die Aussparung auf dem **inneren Linienzug** im mathematisch **negativen** Sinn und fährt dabei von einer beliebigen Ecke, z.B. 4, des äußeren Linienzuges zu einer Ecke, z.B. 5, des inneren Linienzuges und nach dessen Umfahrung auf demselben Weg wieder zurück, also von 5 nach 4, so erhält man einen **einfachen geschlossenen** Linienzug 1, 2, …, 12, 1, der die Fläche vollständig umschließt. Liegt die Fläche im 1. Quadranten des y-z-Koordinatensystems, dann liegt die Fläche immer links vom Umfahrungsweg.

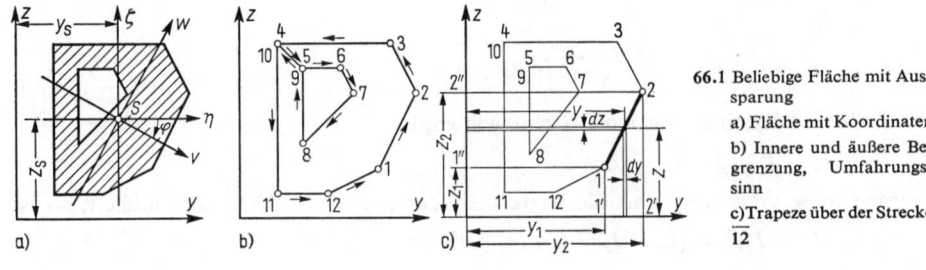

66.1 Beliebige Fläche mit Aussparung

a) Fläche mit Koordinaten

b) Innere und äußere Begrenzung, Umfahrungssinn

c) Trapeze über der Strecke $\overline{12}$

Greift man nun die 1. Fahrstrecke $\overline{12}$ heraus (66.1c), so findet man links davon das Trapez 1 2 2″ 1″ mit positivem Umlaufsinn über der z-Achse, rechts davon das Trapez 1 2 2′ 1′ mit negativem Umlaufsinn über der y-Achse. Das erste eignet sich zur Berechnung der Flächenmomente bezüglich der z-Achse, das letzte zur Berechnung der Flächenmomente bezüglich der y-Achse.

Sorgt man nun dafür, daß die Flächenwerte entsprechend dem Umlaufsinn positiv bzw. negativ werden, und summiert die Flächenmomente aller Trapeze zu den Teilstrecken des einfachen geschlossenen Linienzuges, so heben sich die Anteile außerhalb der Fläche fort, und die Flächenmomente der Fläche A bleiben übrig.

Für die Trapeze zur Teilstrecke $\overline{12}$ findet man im einzelnen:

$$\Delta A_y = - \int_{y_1}^{y_2} z\,\mathrm{d}y \qquad \Delta H_y = - \int_{y_1}^{y_2} \frac{z^2}{2}\,\mathrm{d}y \qquad \Delta I_y = - \int_{y_1}^{y_2} \frac{z^3}{3}\,\mathrm{d}y$$

$$\Delta A_z = \int_{z_1}^{z_2} y\,\mathrm{d}z \qquad \Delta H_z = \int_{z_1}^{z_2} \frac{y^2}{2}\,\mathrm{d}z \qquad \Delta I_z = \int_{z_1}^{z_2} \frac{y^3}{3}\,\mathrm{d}z$$

$$\Delta I_{yz} = - \int_{y_1}^{y_2} \frac{z}{2} y\, z\,\mathrm{d}y = - \int_{y_1}^{y_2} \frac{z^2}{2} y\,\mathrm{d}y \qquad \text{oder} \qquad \Delta I_{yz} = \int_{z_1}^{z_2} \frac{y^2}{2} z\,\mathrm{d}z$$

Zur Berechnung der Integrale benötigt man die Gleichung der Geraden 12

$$\frac{z - z_1}{y - y_1} = \frac{z_2 - z_1}{y_2 - y_1} \qquad \text{oder} \qquad z = \frac{z_2 - z_1}{y_2 - y_1}(y - y_1) + z_1$$

und die Differentiale

$$\mathrm{d}z = \frac{z_2 - z_1}{y_2 - y_1}\,\mathrm{d}y \qquad \mathrm{d}y = \frac{y_2 - y_1}{z_2 - z_1}\,\mathrm{d}z$$

Damit wird z. B.

$$\Delta A_y = - \int_{y_1}^{y_2} z\,\mathrm{d}y = - \int_{z_1}^{z_2} z \frac{y_2 - y_1}{z_2 - z_1}\,\mathrm{d}z = - \frac{1}{2}(z_2^2 - z_1^2) \frac{y_2 - y_1}{z_2 - z_1}$$

$$= - \frac{1}{2}(z_2 + z_1)(y_2 - y_1) = - z_m \Delta y \quad \text{mit } z_m = \frac{1}{2}(z_1 + z_2) \text{ und } \Delta y = y_2 - y_1$$

entsprechend erhält man

$$\Delta A_z = y_m \Delta z \qquad \text{mit} \qquad y_m = \frac{1}{2}(y_1 + y_2) \text{ und } \Delta z = z_2 - z_1$$

Weiter ist

$$\Delta H_y = - \int_{y_1}^{y_2} \frac{z^2}{2}\,\mathrm{d}y = - \int_{z_1}^{z_2} \frac{z^2}{2} \frac{y_2 - y_1}{z_2 - z_1}\,\mathrm{d}z = - \frac{1}{6}(z_2^3 - z_1^3) \frac{y_2 - y_1}{z_2 - z_1}$$

$$= - \frac{1}{6}(z_2^2 + z_2 z_1 + z_1^2)(y_2 - y_1) = - \frac{1}{6}(z_1 + z_2)^2 (y_2 - y_1) + \frac{1}{6} z_1 z_2 \Delta y$$

$$= \frac{1}{1,5} z_m \Delta A_y + \frac{1}{6} z_1 z_2 \Delta y$$

entsprechend erhält man

$$\Delta H_z = \frac{1}{1,5} y_m \, \Delta A_z - \frac{1}{6} y_1 y_2 \, \Delta z$$

Die Berechnung der weiteren Integrale erfolgt sinngemäß.

Im folgenden sind die einzelnen Berechnungsgleichungen zusammengestellt

$$\Delta A_y = - z_m \, \Delta y \qquad \Delta H_y = \frac{1}{1,5} z_m \, \Delta A_y + \frac{1}{6} z_1 z_2 \, \Delta y \qquad \Delta I_y = \left(\Delta H_y + \frac{1}{6} z_1 z_2 \, \Delta y \right) z_m$$

$$\Delta A_z = \quad y_m \, \Delta z \qquad \Delta H_z = \frac{1}{1,5} y_m \, \Delta A_z - \frac{1}{6} y_1 y_2 \, \Delta z \qquad \Delta I_z = \left(\Delta H_z - \frac{1}{6} y_1 y_2 \, \Delta z \right) y_m$$

$$\Delta I_{yz} = y_1 \, \Delta H_y - \frac{1}{6} \left(z_m^2 + \frac{z_2^2}{2} \right) (\Delta y)^2 \quad \text{oder} \quad = z_1 \, \Delta H_z + \frac{1}{6} \left(y_m^2 + \frac{y_2^2}{2} \right) (\Delta z)^2$$

mit $\qquad y_m = \frac{1}{2} (y_1 + y_2), \qquad\qquad z_m = \frac{1}{2} (z_1 + z_2)$

$$\Delta y = y_2 - y_1, \qquad\qquad \Delta z = z_2 - z_1$$

Wiederholt man die Berechnungen in gleicher Weise für alle Teilstrecken $\overline{23}$, $\overline{34}$, ..., $\overline{12\,1}$ des einfach geschlossenen Linienzuges, so erhält man aus den Koordinaten der Eckpunkte y_i und z_i sukzessiv $y_m = \frac{1}{2} (y_i + y_{i+1})$, $\Delta y = y_{i+1} - y_i$, z_m, Δz, $\Delta A_y \cdots \Delta I_{yz}$ und durch Summierung der Teilergebnisse Gesamtflächeninhalt und Gesamtflächenmomente der Fläche A

$$A = \Sigma \, \Delta A_y = \Sigma \, \Delta A_z, \qquad H_y = \Sigma \, \Delta H_y, \qquad H_z = \Sigma \, \Delta H_z,$$

$$I_y = \Sigma \, \Delta I_y, \qquad\qquad I_z = \Sigma \, \Delta I_z, \qquad I_{yz} = \Sigma \, \Delta I_{yz}$$

Flächeninhalt und gemischtes Flächenmoment werden doppelt errechnet, was als Rechenkontrolle dienen kann.

Nach Abschn. 4.1.1.1 findet man die Schwerpunktkoordinaten aus

$$y_s = \frac{H_z}{A} \qquad\qquad z_s = \frac{H_y}{A}$$

Nach Abschn. 4.1.3.1 sind die Flächenmomente 2. Ordnung bezüglich der zu den y-z-Achsen parallelen Achsen im Schwerpunkt

$$I_\eta = I_y - z_s^2 \, A, \qquad I_\zeta = I_z - y_s^2 \, A, \qquad I_{\eta\zeta} = I_{yz} - y_s z_s \, A$$

und nach Abschn. 4.1.3.3 erhält man Lage der Hauptachsen und Hauptflächenmomente

$$\tan 2\varphi = - \frac{2 \, I_{\eta\zeta}}{I_\eta - I_\zeta}$$

$$\left. \begin{array}{l} I_{max} = I_v = I_1 \\ I_{min} = I_w = I_2 \end{array} \right\} = \frac{I_\eta + I_\zeta}{2} \pm \frac{1}{2} \sqrt{(I_\eta - I_\zeta)^2 + 4 \, I_{\eta\zeta}^2}$$

mit der in diesem Abschnitt getroffenen Vereinbarung $I_\eta > I_\zeta$ und $I_{\eta\zeta} > 0$.

Für die oben angegebenen Berechnungen kann man sich ein Rechenschema für die Handrechnung oder ein Rechenprogramm für eine elektronische Rechenanlage erstellen. Letzteres erlaubt es, sämtliche Flächenwerte (Querschnittwerte) einer beliebigen Fläche (durch Konstruktionszeichnung festgelegter Querschnitt) durch einfaches Umfahren und Eingabe der Eckpunktkoordinaten in den Rechner zu erhalten. Dieses Programm läßt sich z.B. auch in das Programm für die Finite-Elemente-Methode einbauen.

4.1.5. Aufgaben zu Abschnitt 4.1

1. Man berechne für die folgenden F l ä c h e n die angegebenen Flächenmomente 2. Ordnung:

a) R e c h t e c k, Breite $b = 150$ mm $\langle 17$ mm$\rangle$, Höhe $h = 230$ mm $\langle 42$ mm$\rangle$; Flächenmomente I_y und I_z (Tafel **56.2/1**)

b) K r e i s, Durchmesser $d = 135$ mm $\langle 19,5$ mm$\rangle$; Flächenmomente I_a und I_{pS}

c) K r e i s r i n g, Außendurchmesser $d_a = 185$ mm $\langle 45$ mm$\rangle$, Innendurchmesser $d_i = 145$ mm $\langle 35$ mm$\rangle$; Flächenmomente I_a und I_{pS}.

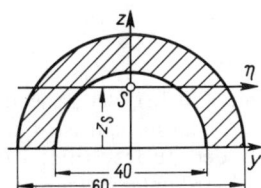

69.1 Halbkreisringfläche

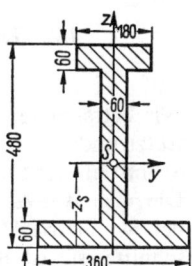

69.2 I -Querschnitt

2. Für das in Tafel **56.2/10** angegebene K r e i s r i n g s t ü c k berechne man die dort aufgeführten Flächenmomente 2. Ordnung durch Integration der Definitionsgleichungen (53.4) und (54.3). Wie groß ist das Flächenmoment I_η für die Halbkreisringfläche (**69.1**)?

3. Man zeige, daß für ein Q u a d r a t (Tafel **56.2/2**) $I_a = I_y = a^4/12$ ist.

4. Wie groß sind der Abstand z_S des Schwerpunktes von der unteren Kante und die Flächenmomente I_y und I_z des Q u e r s c h n i t t s in Bild **69.2**?

5. Ein T r ä g e r ist aus einem Stegblech und 4 ungleichschenkligen Winkelstählen zusammengesetzt. Man berechne den Schwerpunktabstand z_S von der unteren Kante und das Flächenmoment I_y der Querschnittsfläche (**69.3**). Man vergleiche die Anteile des Flächenmoments und des Gewichts der Stegfläche mit denen der Gesamtfläche in Prozenten.

6. Für eine K r e i s r i n g f l ä c h e soll das polare Flächenmoment $I_{pS} = 4760$ cm^4 betragen. Wie groß sind die Durchmesser des Kreisrings bei $d_i/d_a = 0,8$ zu wählen?

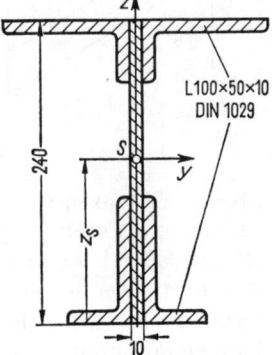

69.3 Querschnitt eines Trägers, der aus einem Stegblech und vier Winkelstählen zusammengesetzt ist

7. Ein T r ä g e r ist aus 4 ungleichschenkligen Winkelstählen $200 \times 100 \times 10$ zusammengesetzt (**70.1**). Der Abstand $2a$ ist so zu bestimmen, daß die Flächenmomente I_y und I_z gleich groß sind.

8. Für die in Bild **70.2a, b** und **c** gezeichneten F l ä c h e n berechne man die Flächenmomente I_y, I_z und I_{yz}, die Lage der Hauptachsen sowie die Hauptflächenmomente.

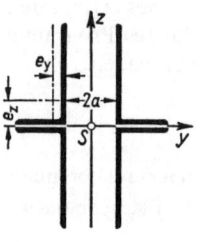

70.1 Trägerquerschnitt aus
vier Winkelstählen

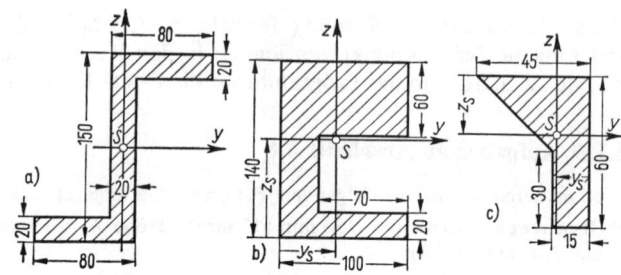

70.2 Verschiedene Flächen

4.2. Gerade Biegung

Wir betrachteten einen **Balken** mit Rechteckquerschnitt (**70.**3a), der in A und B gestützt und durch die Einzelkräfte F_1 und F_2 auf Biegung beansprucht ist. Durch einen Schnitt an der Stelle x wird an dem **Teilkörper** (**70.**3b) der **Querschnitt 1** freigelegt. Die y- und z-Achsen des in dieser Fläche gewählten Koordinatensystems sind wegen der Symmetrie **Hauptachsen**. Die x-Achse geht durch die Schwerpunkte aller Querschnitte, sie ist **Balkenachse 2**. Die Hauptachsen aller Querschnitte liegen in einer

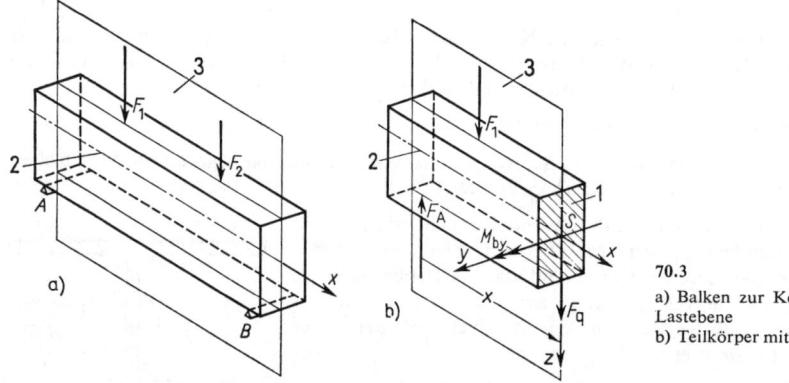

70.3
a) Balken zur Kennzeichnung der Lastebene
b) Teilkörper mit Schnittreaktionen

Ebene, der Balken ist unverwunden. Die von den Kraftvektoren ausgespannte Ebene nennt man **Lastebene 3**. Der Vektor des durch die biegenden Kräfte hervorgerufenen resultierenden **Biegemoments** M_{by} an der Stelle x steht senkrecht zur Lastebene.

Soll der Balken nur auf Biegung beansprucht werden, so muß die Balkenachse in der Lastebene liegen. Ist dies nicht der Fall, so tritt neben der Biegebeanspruchung noch Verdrehung auf, oder der Balken kippt.

Lastebene 3 und Querschnittfläche 1 schneiden sich. Ist die Schnittgerade (die Spur) mit einer der Hauptachsen identisch, so spricht man von **gerader Biegung**.

Gerade Biegung liegt vor, wenn die Spur der Lastebene mit einer der beiden Hauptachsen des Balkenquerschnitts zusammenfällt.

4.2.1. Reine Biegung

Bei der Biegebeanspruchung durch Einzel- oder Streckenlasten ist das Biegemoment im allgemeinen nicht konstant, sondern eine Funktion von x: $M_b = M_b(x)$. In Sonderfällen bleibt das Biegemoment konstant, z.B. in Bild **71.1**a zwischen den beiden Kräften F. Die Beanspruchung durch ein konstantes Biegemoment nennt man **reine** oder **querkraftfreie Biegung**. Aus der zwischen Querkraft und Biegemoment bestehenden Beziehung (siehe Teil 1, Statik, Abschnitt Beziehungen zwischen Belastung, Querkraft und Biegemoment)

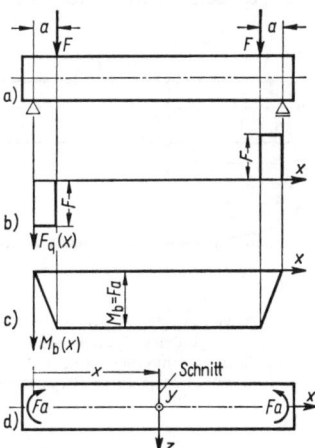

$$F_q(x) = \frac{dM_b(x)}{dx} \qquad (71.1)$$

folgt nämlich, daß für konstantes Biegemoment die **Querkraft Null** ist (**71.1**b und c). Demnach können in den Querschnittflächen eines Balkens bei reiner Biegung keine Schubspannungen auftreten.

71.1 a) Reine Biegung M_b = const zwischen den Lasten F
b) Querkraftverlauf
c) Biegemomentverlauf
d) gleichwertiger Belastungsfall wie in a)

Bei reiner Biegung wird ein Balken nur durch ein konstantes Biegemoment beansprucht.

In Bild **71.1**d ist eine dem Teilbild a) gleichwertige Beanspruchung des Balkens dargestellt. Der zur Zeichenebene senkrechte Momentvektor des Kräftepaares Fa ist durch einen gekrümmten Pfeil dargestellt. Diese Darstellung benutzt man häufig zur Vereinfachung. Mit den oben getroffenen Voraussetzungen wollen wir nun im folgenden die Spannungen im Balken berechnen. Wir fassen diese Voraussetzungen noch einmal zusammen:

1. Die Balkenachse ist gerade und liegt in der Lastebene.

2. Die Spur der Lastebene ist Hauptachse jedes Querschnitts (gerade Biegung).

3. Das Biegemoment ist konstant (reine Biegung).

Biegespannungen

Wir betrachten den durch konstantes Biegemoment beanspruchten Balken (**72.1**a) mit dem nur zur z-Achse symmetrischen Querschnitt (**72.1**b), dann ist die z-Achse Hauptachse. In jedem Schnitt an der Stelle x wirkt das Biegemoment M_{by} = const.

Die Erfahrung zeigt, daß der Balken durch die Kräftepaare M_b gebogen wird (**72.1**d) und daß bei positivem Biegemoment die oberen Balkenfasern gedrückt (verkürzt), die unteren gezogen (verlängert) werden. Somit können nach Abschn. 2.2.1 und 2.3.1 in jeder Querschnittsfläche nur **Normalspannungen** auftreten. Zwischen beiden Bereichen liegt eine Schicht, die ihre ursprüngliche Länge behält, die **neutrale Schicht** NS. Die Schnittgerade der neutralen Schicht mit dem Querschnitt ist die **Nullinie** (**72.1**b). An jedem Flächenelement dA im Abstand ζ von der Nullinie bzw. der neutralen Schicht (**72.1**c) greift die Normalspannung σ_b, auch **Biegespannung** genannt, an. Diese hängt in noch unbekannter Weise von ζ ab, also $\sigma_b = \sigma_b(\zeta)$. Aus der Gleichgewichtsbedingung der Kräfte in x-Richtung $\Sigma F_{ix} = 0$ folgt

$$\int \sigma_b(\zeta)\, dA = 0 \tag{72.1}$$

Da keine äußere Kraft in x-Richtung angreift, halten sich die Kräfte $\sigma_b(\zeta)\, dA$ im gesamten Querschnitt das Gleichgewicht.

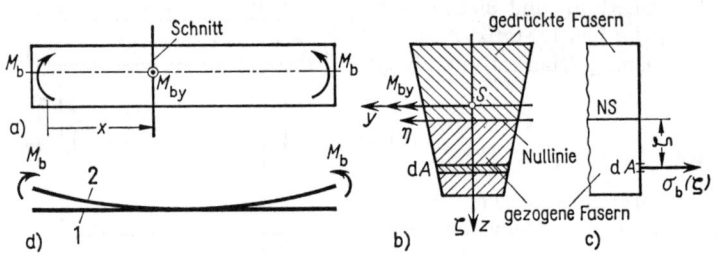

72.1 a) Balken mit M_{by} = const
    b) beliebige Querschnittsfläche mit Flächenteilchen dA
    c) Seitenansicht eines Balkenteils mit eingezeichneter Spannung σ_b
    d) gerade (1) und durch Biegemoment M_{by} gebogene (2) Balkenachse (Stabachse)

Die Kraft $\sigma_b(\zeta)\, dA$ hat bezüglich der η-Achse ein Moment am Hebelarm ζ. Die Summe aller dieser Momente über die gesamte Schnittfläche hält dem Biegemoment das Gleichgewicht. Aus dem Momentengleichgewicht um die η-Achse $\Sigma M_{in} = 0$ folgt

$$\int \zeta\, \sigma_b(\zeta)\, dA = M_{by} \tag{72.2}$$

Aus den Gl. (72.1) und (72.2) kann man die Biegespannungen σ_b noch nicht berechnen, da weder die Lage der Nullinie noch der funktionale Zusammenhang zwischen σ_b und ζ bekannt sind. Für die weitere Berechnung trifft man die Annahme, daß die Spannungen σ_b über die Breite des Querschnitts konstant, also unabhängig von y sind. (Diese Annahme trifft streng genommen nur für einen sehr schmalen Balken, eine Scheibe, zu. Im Flansch eines I-Querschnitts ist die Annahme nicht mehr erfüllt, in der technischen Balkenbiegungslehre wird der dadurch entstehende Fehler jedoch vernachlässigt.)

Wie bei vielen Aufgaben der Festigkeitslehre reichen auch hier die Gleichgewichtsbedingungen der Statik des starren Körpers nicht zur Berechnung der inneren Kräfte aus. Man muß die Verformungen mit heranziehen.

Da das Biegemoment bei reiner Biegung in jedem Querschnitt gleich groß ist, wird jedes Balkenelement gleicher Länge, das durch zwei dicht benachbarte Querschnitte begrenzt ist, gleich verformt. Die Balkenachse erfährt überall die gleiche Krümmung, die gebogene Balkenachse ist also Teil eines Kreises.

Es ist anzunehmen, daß jeder Stabquerschnitt in sich eben bleibt. Diese Annahme wurde erstmals von J. Bernoulli (1705) getroffen und stimmt mit den experimentellen Ergebnissen überein. Somit können sich zwei benachbarte ursprünglich parallele Querschnitte (73.1 a) nur gegeneinander drehen, bleiben aber in sich eben (73.1 b). Mit dem Krümmungsradius ϱ der Stabachse, dem Randabstand ζ_2 vom unteren Rand zur neutralen Schicht NS sowie den Verlängerungen $\mathrm{d}\Delta x$ bzw. $\mathrm{d}\Delta x_{\mathrm{Rand}}$ je einer Faser mit den Abständen ζ bzw. ζ_2 entnimmt man aus Bild 73.1 b die Proportionen

$$\frac{\mathrm{d}\Delta x}{\mathrm{d}\Delta x_{\mathrm{Rand}}} = \frac{\zeta}{\zeta_2} \qquad (73.1)$$

$$\frac{\mathrm{d}\Delta x}{\Delta x} = \frac{\zeta}{\varrho} \qquad (73.2)$$

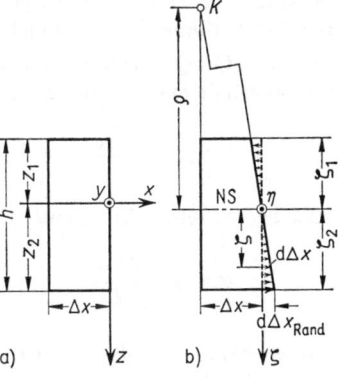

Die Koordinate ζ ist von der noch unbekannten Nulllinie aus gemessen. Durch Umformen der Gl. (73.1) erhält man

$$\frac{\mathrm{d}\Delta x}{\Delta x} = \frac{\mathrm{d}\Delta x_{\mathrm{Rand}}}{\Delta x}\frac{\zeta}{\zeta_2} \qquad (73.3)$$

Nach der Definition in Abschn. 2.2.1 sind $\mathrm{d}\Delta x/\Delta x$ und $\mathrm{d}\Delta x_{\mathrm{Rand}}/\Delta x$ die Dehnungen $\varepsilon(\zeta)$ und $\varepsilon_{\mathrm{Rand}}$; hiermit wird aus Gl. (73.3)

$$\varepsilon(\zeta) = \frac{\varepsilon_{\mathrm{Rand}}}{\zeta_2}\zeta = c\,\zeta \qquad (73.4)$$

73.1 Balkenteilchen mit der Länge Δx
a) unverformt
b) elastisch verformt
NS neutrale Schicht
K Krümmungsmittelpunkt
ζ_1, ζ_2 Randabstände zur neutralen Schicht

Die aus der Biegebeanspruchung resultierenden Dehnungen nehmen proportional mit dem Abstand ζ von der Nullinie zu.

Gl. (73.4) gibt die Verträglichkeitsbedingung an. Diese und die aus den Gleichgewichtsbedingungen folgenden Gl. (72.1) und (72.2) sind durch das Hookesche Gesetz miteinander zu verknüpfen. Mit $\sigma = E\,\varepsilon$ folgt aus Gl. (73.4)

$$\sigma_{\mathrm{b}}(\zeta) = \frac{\sigma_{\mathrm{b\,Rand}}}{\zeta_2}\zeta \qquad (73.5)$$

Für die Berechnung der unbekannten Randspannung $\sigma_{\mathrm{b\,Rand}}$ und der unbekannten, durch den Randabstand ζ_2 gegebenen Lage der Nullinie reichen die Gl. (72.1) und (72.2) gerade aus. Setzt man zunächst die Spannung aus Gl. (73.5) in Gl. (72.1) ein, so ist

$$\int \sigma_{\mathrm{b}}(\zeta)\,\mathrm{d}A = \frac{\sigma_{\mathrm{b\,Rand}}}{\zeta_2}\int \zeta\,\mathrm{d}A = 0 \qquad (73.6)$$

und somit $\int \zeta\,\mathrm{d}A = 0$. Nach Gl. (53.3) geht dann die η-Achse als Nullinie durch den Schwerpunkt der Querschnittfläche, sie fällt also mit der y-Achse zusammen, und $\zeta_2 = z_2$ ist der Schwerpunktabstand vom unteren Rand.

Fällt bei der geraden Biegung die Spur der Lastebene mit der einen Hauptachse des Querschnitts zusammen, dann ist die zweite Hauptachse die Nullinie.

Setzt man aus Gl. (73.5) die Spannung in Gl. (72.2) ein, so ergibt sich nun mit $\zeta = z$

$$\int z\,\sigma_{\mathrm{b}}(z)\,\mathrm{d}A = \frac{\sigma_{\mathrm{b\,Rand}}}{z_2}\int z^2\,\mathrm{d}A = M_{\mathrm{by}} \qquad (73.7)$$

Nach Abschn. 4.1.1 ist $\int z^2 \, dA = I_y$ das axiale Flächenmoment 2. Ordnung der Querschnittsfläche, bezogen auf die y-Achse als Nullinie.

Wird die Lastebene um $90°$ gedreht, dann ist die y-Achse Spur der Lastebene und die z-Achse Nullinie, in den Gleichungen sind y und z vertauscht.

Löst man Gl. (73.7) nach der unbekannten Randspannung auf und setzt diese in Gl. (73.5) ein, so erhält man die Biegespannung

$$\sigma_b(z) = \frac{M_{by}}{I_y} z \tag{74.1}$$

oder bei gedrehter Lastebene

$$\sigma_b(y) = \frac{M_{bz}}{I_z} y \tag{74.2}$$

Balken werden im allgemeinen so belastet, daß diejenige Hauptachse Nullinie ist, für die das axiale Flächenmoment am größten ist.

Dann nämlich ist der „Widerstand" gegen Biegung am größten; die Biegespannungen sind geringer als bei anderer Anordnung, da die Flächenmomente der 3. Potenz der Balkenhöhe proportional sind. Ausnahmen hiervon bilden z. B. Blattfedern, die zur Erzielung größerer Durchbiegung um die zur langen Rechteckseite parallele Achse gebogen werden.

Aus Gl. (74.1) ergeben sich mit $z = z_2$ die größte Zugbiegespannung und mit $z = -z_1$ die größte Druckbiegespannung

$$\sigma_{bz} = \frac{M_{by}}{I_y} z_2 \qquad \sigma_{bd} = \frac{M_{by}}{I_y} z_1$$

Die Randbiegespannungen verhalten sich also wie die Randabstände von der Nullinie. Die Quotienten

$$W_{b1} = \frac{I_y}{z_1} \qquad W_{b2} = \frac{I_y}{z_2} \tag{74.3a, b}$$

bezeichnet man als Widerstandsmomente gegen Biegung. Damit lauten die Ausdrücke für die Biegerandspannungen

$$\sigma_{bz} = \frac{M_{by}}{W_{b2}} \qquad \sigma_{bd} = \frac{M_{by}}{W_{b1}} \tag{74.4a, b}$$

Die absolut größte Biegespannung erhält man für den größten Abstand z_{max} von der Nullinie. Mit $W_{b\,min} = I_y/z_{max}$ wird

$$|\sigma_{b\,max}| = \frac{M_{by}}{W_{b\,min}} \tag{74.5}$$

Diese größte Spannung soll die zulässige Spannung σ_{zul} nicht überschreiten. Somit erhält man die Festigkeitsbedingung

$$\frac{M_{by}}{W_{b\,min}} \leqq \sigma_{zul} \tag{74.6}$$

Aus dieser Gleichung folgen die Tragfähigkeit und die Bemessung eines Balkens

$$M_{by\,zul} \leqq W_{b\,min}\,\sigma_{zul} \qquad (75.1)$$

$$W_{b\,min} \geqq \frac{M_{by}}{\sigma_{zul}} \qquad (75.2)$$

In Bild **75.1** sind die Verteilungen der Biegespannungen bei zur y-Achse unsymmetrischem (a) und symmetrischem Querschnitt (b) über die Höhe des Balkens dargestellt. Bei symmetrischem Querschnitt ist mit

$$z_1 = z_2 = \frac{h}{2}$$

auch $\qquad W_{b1} = W_{b2} = W_b = \dfrac{I_y}{h/2}$

und Zug- sowie Druckbiegespannungen sind gleich groß

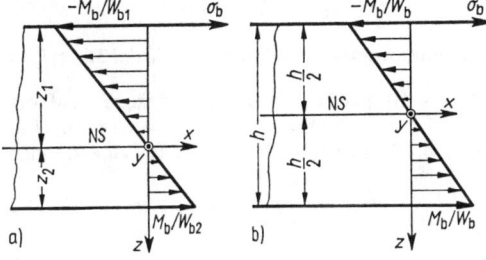

75.1 Biegespannungsverlauf im zur Nullinie
a) unsymmetrischen und
b) symmetrischen Querschnitt
NS neutrale Schicht

$$|\sigma_{bd}| = |\sigma_{bz}| = |\sigma_{b\,max}| = M_{by}/W_b \leqq \sigma_{zul} \qquad (75.3)$$

Für die Tragfähigkeit eines Balkens und seine Bemessung erhält man analog zu Gl. (75.1) und (75.2)

$$M_{by\,zul} \leqq W_b\,\sigma_{zul} \qquad (75.4)$$

$$W_b \geqq \frac{M_{by}}{\sigma_{zul}} \qquad (75.5)$$

Aus der Definitionsgleichung der Widerstandsmomente ergibt sich eine wichtige Regel (s. Beispiel 9, S. 75):

Widerstandsmomente zusammengesetzter Flächen, die sich auf die gleiche Achse beziehen, dürfen nicht addiert werden, wenn die einzelnen Teilflächen verschiedene Randabstände haben!

Beispiel 9. Für die in Bild 75.2 gezeichneten Flächen sind die Widerstandsmomente, bezogen auf die y-Achse als Nullinie, zu ermitteln.

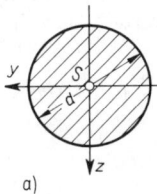 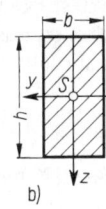 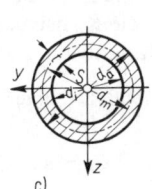 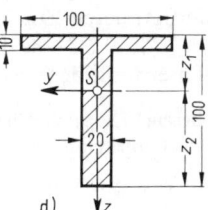

75.2 Verschiedene Querschnittsflächen

a) Aus Tafel 56.2 entnimmt man $I_y = \pi\, d^4/64$; mit dem Randabstand $d/2$ ist das Widerstands-moment $W_b = \dfrac{I_y}{d/2} = \pi\, d^3/32$.

b) $\qquad I_y = b\, h^3/12 \qquad\qquad z_1 = h/2 \qquad W_b = b\, h^2/6$

c) $\qquad I_y = \dfrac{\pi}{64} d_a^4 \left[1 - \left(\dfrac{d_i}{d_a}\right)^4\right] \qquad z_1 = d_a/2 \qquad W_b = \dfrac{\pi}{32} d_a^3 \left[1 - \left(\dfrac{d_i}{d_a}\right)^4\right]$

Für dünnwandige Kreisringe ist (Tafel 56.2) $I_y = (\pi/8)\, d_m^3\, t$, $z_1 \approx d_m/2$, $W_b \approx (\pi/4)\, d_m^2\, t$.

d) Aus Gl. (53.2 d) erhält man, bezogen auf die obere Kante des Querschnitts, $z_1 = 37$ mm, dann ist $z_2 = 100$ mm $- 37$ mm $= 63$ mm. Unter Anwendung des Satzes von Steiner (s. Abschn. 4.1.3.2) ist $I_y = 283$ cm^4. Die Widerstandsmomente sind

$$W_{b1} = \frac{283 \text{ cm}^4}{3,7 \text{ cm}} = 76,5 \text{ cm}^3 \qquad\qquad W_{b2} = \frac{283 \text{ cm}^4}{6,3 \text{ cm}} = 44,9 \text{ cm}^3$$

Beispiel 10. Wie groß sind die Randbiegespannungen des Trägers mit dem Querschnitt nach Bild 75.2 d, wenn $M_{by} = 4000$ Nm ist?

$$\sigma_{bd} = \frac{M_{by}}{W_{b1}} = \frac{4 \cdot 10^6 \text{ N mm}}{76,5 \cdot 10^3 \text{ mm}^3} = 52,3 \text{ N mm}^2$$

$$\sigma_{bz} = \frac{M_{by}}{W_{b2}} = \frac{4 \cdot 10^6 \text{ N mm}}{44,9 \cdot 10^3 \text{ mm}^3} = 89,1 \text{ N mm}^2$$

Beispiel 11. Die Tragfähigkeit eines Profilträgers T 140 DIN 1024 aus St 37, $\sigma_{zul} = 120$ N/mm^2, ist zu berechnen. Für genormte Profile sind neben den Flächenmomenten 2. Ordnung auch die Widerstandsmomente tabelliert [2]; der Profiltafel entnimmt man

$$I_y{}^1) = 660 \text{ cm}^4 \qquad W_{b2} = W_{b\,min} = 64,7 \text{ cm}^3 \qquad e_1 = 3,8 \text{ cm}$$

Aus Gl. (75.1) ergibt sich

$$M_{b\,zul} = W_{b\,min}\, \sigma_{zul} = 64,7 \cdot 10^3 \text{ mm}^3 \cdot 120 \text{ N/mm}^2 = 7,76 \cdot 10^6 \text{ N mm}$$

An der oberen Seite des Querschnitts ist dann die Biegespannung mit

$$W_{b1} = I_y/e_1 = 660 \text{ cm}^4/3,8 \text{ cm} = 174 \text{ cm}^3$$

$$\sigma_{bd} = \frac{M_{b\,zul}}{W_{b1}} = \frac{7,76 \cdot 10^6 \text{ N mm}}{174 \cdot 10^3 \text{ mm}^3} = 44,6 \text{ N/mm}^2$$

wenn positives Biegemoment vorausgesetzt ist.

Werden Träger mit zur Nullinie unsymmetrischen Querschnitten aus Werkstoffen gefertigt, deren Zugfestigkeit geringer ist als deren Druckfestigkeit, z. B. aus Grauguß mit $\sigma_{dB}/R_m \approx 2,5 \cdots 4$, dann sollte die Konstruktion möglichst so ausgeführt werden, daß die Fasern mit dem geringeren Randabstand auf Zug beansprucht werden.

Beispiel 12. a) Welche Breite b muß der untere Flansch des Querschnitts für den Balken (77.1) aus Gußeisen haben, wenn $\sigma_{bd} = 3\sigma_{bz}$ ist?

b) Wie groß sind die Spannungen? Gegeben: $F = 22$ kN, $h = 120$ mm, $d = 20$ mm.

---

[1] In der Tafel I_x, s. Fußnote 1, S. 62.

a) Bezieht man den Teilschwerpunktsatz, Gl. (53.2d), auf die untere Querschnittkante als u-Achse (77.1 b)

$$z_2 (A_1 + A_2) = \frac{h}{2} A_1 + \frac{d}{2} A_2$$

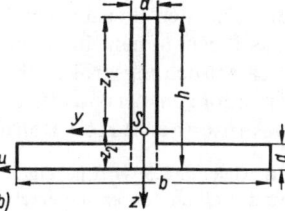

dann folgt mit $A_1 = h \, d$ und $A_2 = (b - d) \, d$ die Beziehung

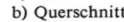

a)

$$b - d = h \frac{(h/2) - z_2}{z_2 - (d/2)}$$

77.1 a) Balken mit zwei Einzellasten
b) Querschnitt

b)

Die Spannungen verhalten sich wie die Randabstände vom Schwerpunkt

$$\frac{\sigma_{bd}}{\sigma_{bz}} = \frac{z_1}{z_2} = 3$$

Mit $z_1 + z_2 = h$ ist somit $z_2 = h/4$. Setzt man dies in die obige Beziehung ein, so erhält man die gesuchte Breite

$$b = d + h \frac{h}{h - 2d}$$

Die Zahlenrechnung ergibt

$$b = 2 \, \text{cm} + 12 \, \text{cm} \frac{12 \, \text{cm}}{12 \, \text{cm} - 4 \, \text{cm}} = 20 \, \text{cm}$$

b) Wir berechnen zunächst das Flächenmoment I_y.

Aus

$$I_u = \frac{1}{3} \cdot 18 \, \text{cm} \cdot 2^3 \, \text{cm}^3 + \frac{1}{3} \cdot 2 \, \text{cm} \cdot 12^3 \, \text{cm}^3 = 1200 \, \text{cm}^4$$

folgt

$$I_y = I_u - z_2^2 A = 1200 \, \text{cm}^4 - 3^2 \, \text{cm}^2 \cdot 60 \, \text{cm}^2 = 660 \, \text{cm}^4$$

Das Biegemoment ist $M_{by} = 22000 \, \text{N} \cdot 400 \, \text{mm} = 8,8 \cdot 10^6 \, \text{N} \, \text{mm}$. Nunmehr ergeben sich die Spannungen

$$\sigma_{bz} = \frac{M_{by}}{W_{b2}} = \frac{8,8 \cdot 10^6 \, \text{N} \, \text{mm}}{660 \cdot 10^4 \, \text{mm}^4} \cdot 30 \, \text{mm} = 40 \, \text{N/mm}^2 \qquad \sigma_{bd} = 120 \, \text{N/mm}^2$$

Beispiel 13. Eine Welle mit Kreisquerschnitt aus Stahl, $\sigma_{zul} = 60 \, \text{N/mm}^2$, ist durch das Biegemoment 900 Nm beansprucht. Der erforderliche Durchmesser ist zu berechnen. Gl. (75.5) ergibt

$$W_b \geqq \frac{M_b}{\sigma_{zul}} = \frac{90 \cdot 10^4 \, \text{N} \, \text{mm}}{60 \, \text{N/mm}^2} = 15 \cdot 10^3 \, \text{mm}^3$$

Daraus erhält man nach Beispiel 9a), S. 75

$$d^3 = \frac{32 \, W_b}{\pi} = \frac{32 \cdot 15 \cdot 10^3 \, \text{mm}^3}{\pi} = 153 \cdot 10^3 \, \text{mm}^3 \qquad \text{und} \qquad d = 53,5 \, \text{mm}$$

Gewählt wird der Durchmesser $d = 55 \, \text{mm}$ mit $W_b = 16,33 \cdot 10^3 \, \text{mm}^3$. Spannungsnachweis:

$$\sigma_b = \frac{M_b}{W_b} = \frac{90 \cdot 10^4 \, \text{N} \, \text{mm}}{16,33 \cdot 10^3 \, \text{mm}^3} = 55,1 \, \text{N/mm}^2 < \sigma_{zul}$$

4.2.2. Biegung bei veränderlichem Biegemoment

Im Fall der Biegebeanspruchung durch Einzelkräfte, Streckenlasten und Momente ist das Biegemoment in einem Querschnitt von x abhängig. Nach Gl. (71.1) tritt als weitere Beanspruchungsgröße die Querkraft $F_q(x)$ hinzu, die in jedem Querschnitt Schubspannungen hervorruft. Streng genommen hat man es hier also bereits mit einer zusammengesetzten Beanspruchung zu tun (s. Abschn. 9).

In Abschn. 8.3 wird gezeigt, daß für die üblichen Biegestäbe mit Vollprofil, z. B. Wellen, Träger und Balken, deren Querschnittsabmessungen um etwa eine Größenordnung kleiner sind als ihre Längen, die Wirkung der Schubbeanspruchung gegenüber den Biegespannungen vernachlässigt werden kann.

Die für die reine Biegung abgeleitete Gl. (74.1) darf also auf die Biegung mit Querkraft übertragen werden, wenn obige Voraussetzung erfüllt ist. Dabei ist zu beachten, daß sich jetzt das Biegemoment mit x ändert. Die Biegespannung in einem Querschnitt an einer beliebigen Stelle x ist nun

$$\sigma_b(x,z) = \frac{M_{by}(x)}{I_y} z \qquad (78.1)$$

wenn die z-Achse des Querschnitts als Hauptachse Spur der Lastebene und die y-Achse Nullinie ist.

Die maximale Biegespannung $\sigma_{b\,max}$ tritt bei Balken mit konstantem Querschnitt am Rande desjenigen Querschnitts auf, in dem das Biegemoment seinen größten Wert hat, bei zur Nullinie unsymmetrischem Querschnitt in denjenigen Randpunkten, die von ihr den größten Abstand haben. Der Querschnitt der größten Beanspruchung wird auch gefährdeter Querschnitt genannt, er braucht aber nicht immer mit dem Querschnitt des größten Biegemoments identisch zu sein (z. B. bei veränderlichem Balkenquerschnitt und bei Kerbwirkung). Somit lautet nun die Festigkeitsbedingung

$$|\sigma_{b\,max}| = \frac{M_{b\,max}}{W_{b\,min}} \leqq \sigma_{zul} \qquad (78.2)$$

oder, wenn bei zur Nullinie symmetrischem Querschnitt $z_1 = z_2 = h/2$ ist

$$|\sigma_{b\,max}| = \frac{M_{b\,max}}{W_b} \leqq \sigma_{zul} \qquad (78.3)$$

Tragfähigkeit und erforderliches Widerstandsmoment errechnet man sinngemäß, indem man das größte Biegemoment $M_{b\,max}$ in die Gl. (75.1), (75.2), (75.4) und (75.5) einsetzt.

Beispiel 14. Der Freiträger ($l = 1000$ mm) mit der Einzellast $F = 4$ kN am freien Ende in Bild 79.1 hat den gleichen Querschnitt wie in Beispiel 9d) (75.2d). Zu berechnen sind die Biegespannungen an der Stelle $x_1 = 400$ mm und im gefährdeten Querschnitt.

In dem Querschnitt an der Stelle x_1 ist das Biegemoment

$$M_b(x_1) = -F x_1 = -4 \cdot 10^3 \,\text{N} \cdot 400 \,\text{mm} = -1,6 \cdot 10^6 \,\text{Nmm}$$

Die Randspannungen sind

$$\sigma_{bz} = \frac{M_b(x_1)}{W_{b1}} = \frac{1.6 \cdot 10^6 \,\text{N mm}}{76.5 \cdot 10^3 \,\text{mm}^3} = 20.9 \,\text{N/mm}^2 \qquad \text{am oberen Rand}$$

und $\qquad \sigma_{bd} = \dfrac{M_b(x_1)}{W_{b2}} = \dfrac{1.6 \cdot 10^6 \,\text{N mm}}{44.9 \cdot 10^3 \,\text{mm}^3} = 35.6 \,\text{N/mm}^2 \qquad \text{am unteren Rand}$

Der gefährdete Querschnitt ist der Einspannquerschnitt, dort ist $M_{b\,max} = -Fl = -4 \cdot 10^6$ Nmm. Die Randspannungen wie in Beispiel 10 mit anderem Vorzeichen sind

$$\sigma_{bz} = 52.3 \,\text{N/mm}^2 \qquad \text{und} \qquad \sigma_{bd} = 89.1 \,\text{N/mm}^2$$

Aus dem vorstehenden Beispiel geht hervor, daß bei Biegung mit veränderlichem Biegemoment der Werkstoff eines Balkens bei unveränderlichem Querschnitt nur unvollständig ausgenutzt ist, s. Abschn. 4.2.3.

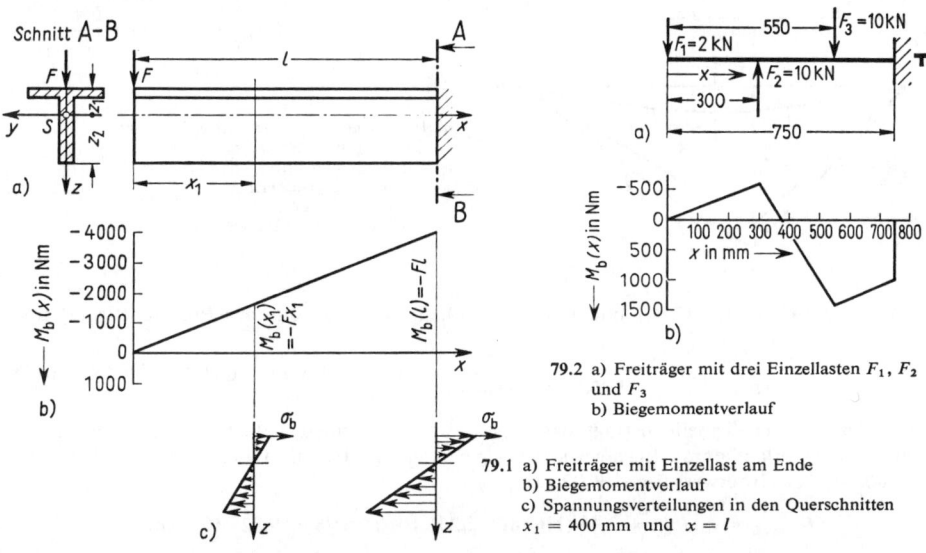

79.2 a) Freiträger mit drei Einzellasten F_1, F_2 und F_3
b) Biegemomentverlauf

79.1 a) Freiträger mit Einzellast am Ende
b) Biegemomentverlauf
c) Spannungsverteilungen in den Querschnitten $x_1 = 400$ mm und $x = l$

Beispiel 15. Ein Träger ist durch drei Einzelkräfte F_1, F_2 und F_3 belastet (**79.2**a). Es ist ein hochstegiger T-Stahl nach DIN 1024 zu wählen, $\sigma_{zul} = 70$ N/mm^2.

Betrag und Ort des größten Biegemoments ergeben sich aus der Berechnung des Biegemomentverlaufs längs der x-Achse

$$M_b(0) = 0 \qquad M_b(0.3\,\text{m}) = -2000\,\text{N} \cdot 0.3\,\text{m} = -600\,\text{Nm}$$

$$M_b(0.55\,\text{m}) = -2000\,\text{N} \cdot 0.55\,\text{m} + 10000\,\text{N} \cdot 0.25\,\text{m} = 1400\,\text{Nm}$$

$$M_b(0.75\,\text{m}) = -2000\,\text{N} \cdot 0.75\,\text{m} + 10000\,\text{N} \cdot 0.45\,\text{m} - 10000\,\text{N} \cdot 0.2\,\text{m} = 1000\,\text{Nm}$$

Nach Bild **79.2**b wirkt das größte Biegemoment unter der Last F_3, es beträgt $M_{b\,max} = 1400$ Nm. Die größte Biegespannung ist, bedingt durch den Einbau des Trägers, eine Zugspannung. Aus Gl. (75.2) erhält man

$$W_{b\,min} \geqq \frac{M_{b\,max}}{\sigma_{zul}} = \frac{1.4 \cdot 10^6 \,\text{Nmm}}{70 \,\text{N/mm}^2} = 20 \cdot 10^3 \,\text{mm}^3 = 20 \,\text{cm}^3$$

Dieser Bedingung genügt das Profil T 100 mit $W_b = 24{,}6 \text{ cm}^3$. Spannungsnachweis:

$$\sigma_b = \frac{M_{b\,max}}{W_b} = \frac{1{,}4 \cdot 10^6 \text{ Nmm}}{24{,}6 \cdot 10^3 \text{ mm}^3} = 57 \text{ N/mm}^2 < \sigma_{zul}$$

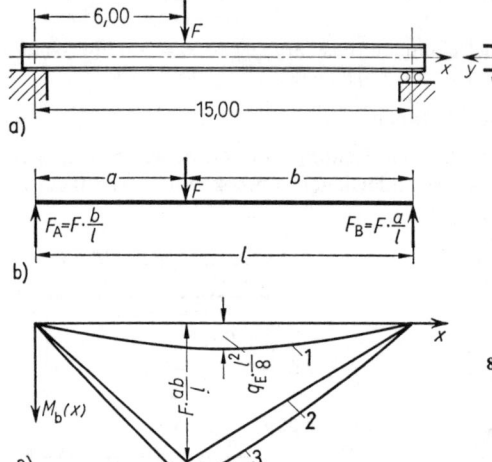

a)

b)

c)

Beispiel 16. Für einen verstärkten Breitflanschträger I PBv 1000 DIN 1025, Bl. 4, aus Stahl (80.1) ist die zulässige Last F_{zul} zu berechnen; $\sigma_{zul} = 100 \text{ N/mm}^2$. Wie groß ist der Einfluß des Eigengewichts auf die Biegespannung?

Das größte Biegemoment wirkt an der Angriffstelle der Last, es beträgt

$$M_{b\,max} = F_A \, a = F \frac{b\,a}{l}$$

80.1 a) Träger mit außermittiger Einzellast
b) freigemachter Träger
c) Biegemomentverlauf
1 durch Eigengewicht
2 durch die Last F
3 resultierendes Biegemoment

In Verbindung mit Gl. (75.4) und mit $W_b = 14{,}33 \cdot 10^6 \text{ mm}^3$ aus der Profiltabelle [2] folgt

$$F_{zul} = \frac{l}{b\,a} W_b \, \sigma_{zul} = \frac{15000 \text{ mm}}{9000 \text{ mm} \cdot 6000 \text{ mm}} \cdot 14{,}33 \cdot 10^6 \text{ mm}^3 \cdot 100 \text{ N/mm}^2 = 3{,}98 \cdot 10^5 \text{ N}$$

Nach der gleichen Tabelle beträgt das Eigengewicht je Längeneinheit $q_E = 3490 \text{ N/m}$. Den Biegemomentverlauf durch Eigengewicht als gleichmäßig über die Länge l verteilte Last zeigt Bild 80.1 c. Der Größtwert für $x = l/2$ ist

$$M_{b\,max\,E} = q_E \, l^2/8 = 3{,}49 \text{ (N/mm)} \cdot 2{,}25 \cdot 10^8 \text{ mm}^2/8 = 9{,}82 \cdot 10^7 \text{ Nmm}$$

Damit ist $\sigma_{b\,E\,max} = 9{,}82 \cdot 10^7 \text{ Nmm}/(14{,}33 \cdot 10^6 \text{ mm}^3) = 6{,}85 \text{ N/mm}^2$

Da Last F und Eigengewicht gleichgerichtet sind, kann man die Biegemomente und somit auch die Biegespannungen addieren. Für den Querschnitt $x = 6000 \text{ mm}$ erhält man mit

$$M_{bE}(x) = \frac{q_E \, l^2}{2}\left[\frac{x}{l} - \left(\frac{x}{l}\right)^2\right] = 9{,}43 \cdot 10^7 \text{ Nmm}$$

die Spannungen $\sigma_{bE} = 6{,}6 \text{ N/mm}^2$ und $\sigma_{b\,max} = 106{,}6 \text{ N/mm}^2 > \sigma_{zul}$; damit die zulässige Biegespannung nicht überschritten wird, müßte F_{zul} auf rund 370 kN beschränkt werden.

Für die Bemessung langer Biegeträger wie im vorstehenden Beispiel ist häufig nicht allein die zulässige Spannung maßgebend, sondern auch die Durchbiegung, s. Beispiel 5, Abschn. 5.2.

Beispiel 17. Ein Winkelhebel (81.1) ist in 0 gelagert und durch die Kräfte F_1 und F_2 belastet. In den Querschnitten A−B, C−D und E−F sind die Biegespannungen zu berechnen. Die Querschnitte A−B und E−F können als Rechtecke mit der Fläche $b \times h$ angenommen werden.

Mit $r_1 = 500$ mm und $r_2 = 1000$ mm ist $F_1 = (r_2/r_1)\,F_2 = 16$ kN. Die für die Berechnung maßgebenden Biegemomente betragen:

$M_{bAB} = F_1 l_1 = 64 \cdot 10^5$ Nmm, $M_{bCD} = F_1 r_1 = 80 \cdot 10^5$ Nmm und $M_{bEF} = F_2 l_2 = 72 \cdot 10^5$ Nmm
Für die Widerstandsmomente in den entsprechenden Querschnitten erhält man:

$$W_{bAB} = \frac{b\,h^2}{6} = \frac{4\,\text{cm} \cdot 12^2\,\text{cm}^2}{6} = 96\ \text{cm}^3$$

$W_{bEF} = 127$ cm^3

und mit $\qquad D = 20$ cm, $\ d = 16$ cm und $\ b = 5$ cm

$$W_{bCD} = b\,\frac{D^3 - d^3}{6\,D} = 5\,\text{cm} \cdot \frac{(20^3 - 16^3)\,\text{cm}^3}{6 \cdot 20\,\text{cm}} = 163\ \text{cm}^3$$

Damit ergeben sich die Biegespannungen aus $\sigma_b = M_b/W_b$

$$\sigma_{bAB} = 66{,}7\ \text{N/mm}^2 \qquad \sigma_{bCD} = 49{,}1\ \text{N/mm}^2 \qquad \sigma_{bEF} = 56{,}7\ \text{N/mm}^2$$

Die Spannungen im Querschnitt $C-D$ kann man näherungsweise auch wie folgt ermitteln (81.2):

Man denkt sich die Spannungen in den beiden schraffierten Flächen gleichmäßig verteilt. Die resultierende Kraft in einer Fläche ist $F_d = F_z = F$. Dann ist $M_{bCD} = F\,2r$ mit $r = 90$ mm. Daraus erhält man

$$F = \frac{M_{bCD}}{2r} = \frac{80 \cdot 10^5\ \text{Nmm}}{180\ \text{mm}} = 4{,}44 \cdot 10^4\ \text{N}$$

Mit $A = 1000$ mm^2 ergibt sich $\sigma_d = \sigma_z = \sigma_{CD} = F/A = 44{,}4$ N/mm^2. Der Fehler gegenüber der genaueren Rechnung beträgt ungefähr 10 %.

Diese Näherungsrechnung wird häufig auch bei Trägern mit dünnem Steg und kräftigem Flansch angewandt.

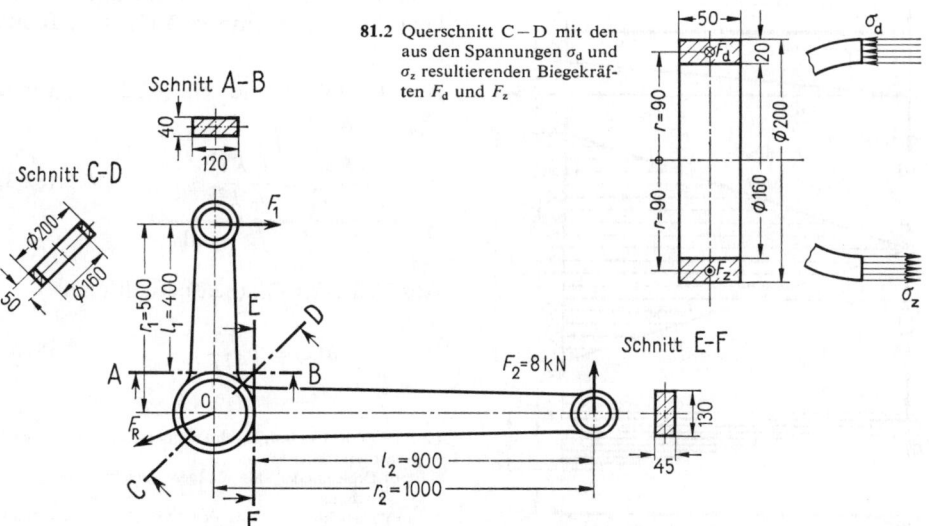

81.2 Querschnitt $C-D$ mit den aus den Spannungen σ_d und σ_z resultierenden Biegekräften F_d und F_z

81.1 Auf Biegung beanspruchter Winkelhebel, $A-B$, $C-D$, $E-F$ gefährdete Querschnitte

4.2.3. Träger und Wellen gleicher Biegebeanspruchung

Der Idealfall eines überall gleich hoch beanspruchten Bauteils ist ein Zugstab mit überall konstantem Querschnitt, der Werkstoff wird voll ausgenutzt. In Balken mit überall gleichem Querschnitt sind wegen des veränderlichen Biegemoments die Beanspruchungen eine Funktion von x. Der Querschnitt muß jedoch entsprechend der größten Biegerandspannung bemessen werden, der Werkstoff wird also schlecht ausgenutzt. Eine bessere Ausnutzung erreicht man, wenn die größten Randspannungen in jedem Querschnitt gleich groß sind. Derartige Träger bezeichnet man als Träger gleicher Biegebeanspruchung. Bei reiner Biegung eines Balkens mit überall gleichem Querschnitt ist dies wegen des konstanten Biegemoments der Fall.

Für veränderliches Biegemoment dagegen ergibt die Forderung nach gleicher Randspannung den Ansatz

$$\sigma_{b\,Rand} = \frac{M_b(x)}{W_b} = const = \sigma_{zul} \tag{82.1}$$

Sie läßt sich nur dann verwirklichen, wenn

$$W_b = W_b(x) = \frac{M_b(x)}{\sigma_{zul}} \tag{82.2}$$

ist. Das Widerstandsmoment jedes Stabquerschnitts muß also wie das Biegemoment eine Funktion von x sein.

Dies soll an einigen Querschnittsformen für den Freiträger mit Einzellast am freien Ende (82.1 a) betrachtet werden.

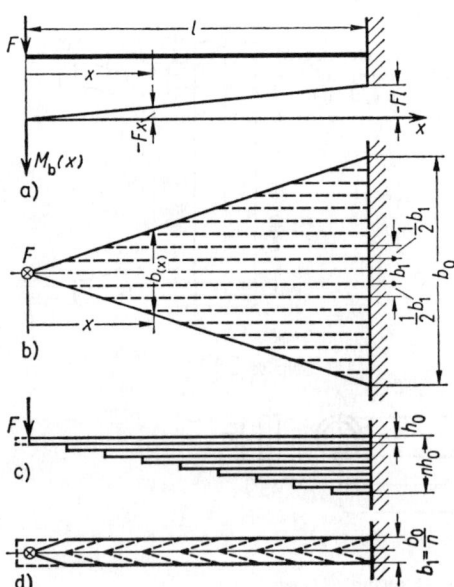

a)

b)

c)

d)

1. Träger hat Rechteckquerschnitt $b_0 h_0$ im Einspannquerschnitt und die entlang der Trägerachse veränderliche Breite $b = b(x)$.

Aus Gl. (82.1) und Gl. (82.2) folgt mit $W_b = b\, h^2/6$

$$\sigma_b = \underbrace{\frac{6\,F\,x}{b(x)\,h_0^2}}_{I} = \underbrace{\frac{6\,F\,l}{b_0\,h_0^2}}_{II} \le \sigma_{zul} \tag{82.3}$$

Aus Teil I der Gl. (82.3) erhält man

$$b(x) = b_0\,\frac{x}{l} \tag{82.4}$$

82.1 a) Freiträger mit Rechteckquerschnitt und Einzellast am freien Ende
b) Dreieckfeder als Träger gleicher Biegebeanspruchung
c) Ansicht einer aus der Dreieckfeder zerschnittenen geschichteten Blattfeder
d) Draufsicht

Die Breite des Querschnitts ändert sich linear mit x. Dies ist z.B. bei Dreieckfedern der Fall (**82.1b**). Denkt man sich die Feder in n Streifen geschnitten, diese zu gleichen Teilen zusammengefügt (Breite $b_1 = b_0/n$) und untereinander angeordnet, dann erhält man eine geschichtete Blattfeder (**82.1c** und **d**), die einzelnen Blätter biegen sich einzeln. Die erforderlichen Abmessungen b_0 und h_0 bekommt man aus Teil II der Gl. (82.3)

$$b_0\, h_0^2 = \frac{6\,F\,l}{\sigma_{\mathrm{zul}}} \qquad (83.1)$$

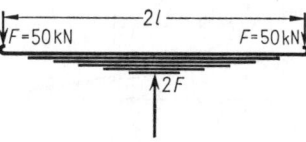

Eine der beiden Abmessungen b_0 oder h_0 muß vorgegeben sein, dann kann die andere berechnet werden.

83.1 Geschichtete Blattfeder

Beispiel 18. Eine geschichtete Blattfeder aus Federstahl ist nach Bild **83.1** geformt und belastet. Gegeben sind: $b_1 = 100$ mm, $2l = 1600$ mm, $n = 12$ Federblätter, $\sigma_{\mathrm{zul}} = 500$ N/mm^2. Die erforderliche Blattdicke h_0 ist zu berechnen. Gl. (83.1) ergibt

$$h_0 = \sqrt{\frac{6\,F\,l}{b_0\,\sigma_{\mathrm{zul}}}} = \sqrt{\frac{6 \cdot 50000\ \mathrm{N} \cdot 800\ \mathrm{mm}}{12 \cdot 100\,\mathrm{mm} \cdot 500\,\mathrm{N/mm^2}}} = 20\ \mathrm{mm}$$

2. **Träger hat Rechteckquerschnitt** $b_0\, h_0$ im Einspannquerschnitt und die entlang der Trägerachse veränderliche Höhe $h = h(x)$.

Der gleiche Ansatz wie in 1. führt auf

$$h(x) = h_0 \sqrt{\frac{x}{l}} \qquad (83.2)$$

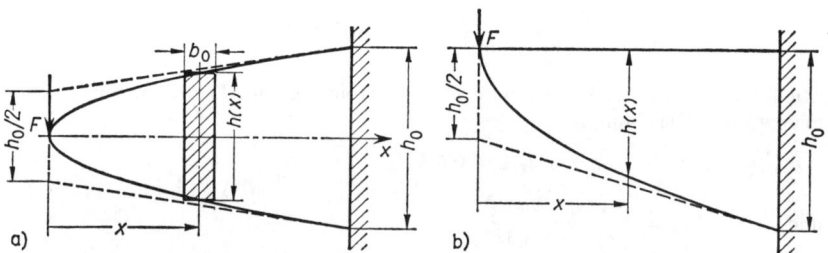

83.2 Parabelträger mit Rechteckquerschnitt als Träger gleicher Biegebeanspruchung
   a) symmetrisch zur x-Achse
   b) mit gerader Oberkante

Die Begrenzung der Trägerhöhe ist eine zur x-Achse symmetrische **Parabel** (**83.2a**), auch die Form b) ist möglich. Da die Endquerschnitte $x = 0$ die Last F aufzunehmen haben, bildet man die Träger meist verjüngt (in Bild **83.2** gestrichelt) aus. Anwendung findet diese Form bei Rahmen, Trägern, Traversen usw.

3. **Träger hat Kreisquerschnitt** mit dem Durchmesser d_0 im Einspannquerschnitt und entlang der Trägerachse veränderlichen Durchmesser $d = d(x)$.

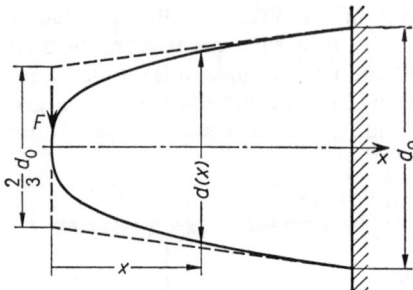

Der Ansatz in 1. führt hier auf die Gleichung

$$d(x) = d_0 \sqrt[3]{x/l} \qquad (84.1)$$

Den erforderlichen Durchmesser d_0 erhält man aus Gl. (75.5) mit $W_b = (\pi/32)\, d_0^3$

$$d_0^3 = \frac{32\, F\, l}{\pi\, \sigma_{\mathrm{zul}}} \qquad (84.2)$$

84.1 Funktion 3. Grades als Begrenzung des Freiträgers gleicher Biegebeanspruchung mit Kreisquerschnitt

Die Begrenzung ist eine Funktion 3. Grades (84.1). Die Form wird näherungsweise durch einen Kegelstumpf erreicht und z.B. bei Getriebewellen (siehe Beispiel 19) angewendet. Für andere Trägerformen und Belastungsarten lassen sich Träger angenähert gleicher Biegebeanspruchung konstruieren, indem $W_b(x) = M_b(x)/\sigma_{\mathrm{zul}}$ streckenweise berücksichtigt wird, z.B. Profilträger mit aufgeschweißten Verstärkungsblechen (Aufgabe 9, S. 87) und abgesetzte Wellen.

Beispiel 19. Eine Welle mit den in Bild 85.1a gegebenen Maßen ist zweifach gelagert. In der Mitte soll ein Rad aufgekeilt werden, Gesamtlast in der Mitte $2F$. Die Welle soll als Träger annähernd gleicher Biegebeanspruchung konstruiert werden, die fehlenden Maße sind zu berechnen. Die Lagerkräfte sind als Einzelkräfte in Lagermitte angenommen. In Bild 85.1b ist das Ersatzschema der halben Welle gezeichnet.

Gegeben sind: $F = 40$ kN, $\sigma_{\mathrm{zul}} = 59$ N/mm², $l_z = 1{,}2\, d_z$

Aus Gl. (84.2) ergibt sich mit $l = 250$ mm

$$d_0 = \sqrt[3]{\frac{32 \cdot 40\,000 \text{ N} \cdot 250 \text{ mm}}{\pi \cdot 59 \text{ N/mm}^2}} = 120 \text{ mm}$$

Mit Rücksicht auf die Keilnut wird $d_N = 130$ mm gewählt. Den Zapfendurchmesser d_z erhält man aus den Gleichungen

$$M_b\,(x = l_z/2) := F\, l_z/2 = 0{,}6\, F\, d_z$$

und
$$W_{bz} = \frac{M_b(x)}{\sigma_{\mathrm{zul}}} = \frac{\pi\, d_z^3}{32}$$

Setzt man den Ausdruck für M_b aus der ersten der beiden Gleichungen in die zweite ein, so ergibt sich nach Umformung

$$d_z = \sqrt{\frac{19{,}2\, F}{\pi\, \sigma_{\mathrm{zul}}}} = \sqrt{\frac{19{,}2 \cdot 40\,000 \text{ N}}{\pi \cdot 59 \text{ N/mm}^2}} = 64{,}4 \text{ mm}$$

Gewählt wird $d_z = 65$ mm, $l_z = 1{,}2\, d_z = 78$ mm. Für den Anlaufdurchmesser d_2 wird 80 mm angenommen. Den noch fehlenden Durchmesser d_1 errechnet man aus Gl. (84.1) mit $x = 200$ mm und erhält $d_1 = 120$ mm $\cdot \sqrt[3]{20/25} = 111{,}3$ mm, gewählt wird $d_1 = 112$ mm.

In Bild 85.1c ist die gedrehte Welle maßstäblich gezeichnet, die Kontur der kubischen Funktion ist gestrichelt angedeutet. Wird die Welle geschmiedet, so erhalten die Durchmesser d_N und d_z Bearbeitungszugaben, der kegelige Teil bleibt roh. Die Durchmesserübergänge von d_N auf

d_1 und von d_2 auf d_Z werden gerundet. Hier sind mit Rücksicht auf Kerbwirkung die Sicherheiten nachzuweisen, z.B. bei wechselnder Biegebelastung gegen Dauerbruch (s. Beispiel 22, S. 95).

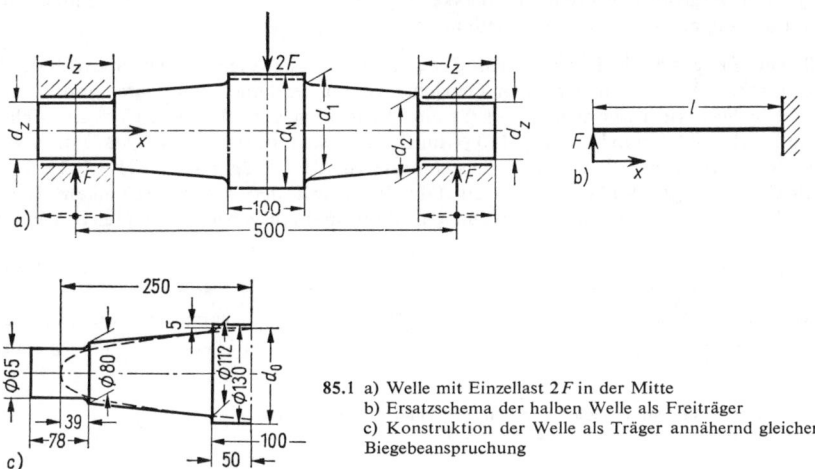

85.1 a) Welle mit Einzellast $2F$ in der Mitte
b) Ersatzschema der halben Welle als Freiträger
c) Konstruktion der Welle als Träger annähernd gleicher Biegebeanspruchung

4.2.4. Aufgaben zu Abschnitt 4.2

1. Für die in Bild **85**.2 gezeichneten Querschnittflächen sind die Widerstandsmomente gegen Biegung zu berechnen, Biegeachse (Nullinie) ist die y-Achse.

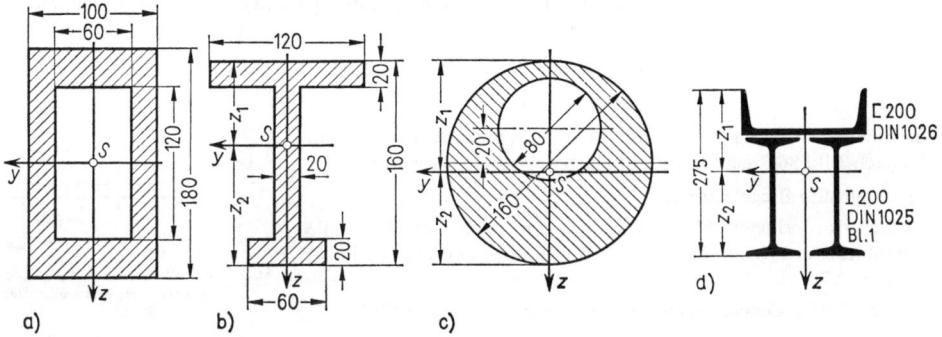

85.2 Verschiedene Querschnittsflächen

Anleitung: Zunächst die Flächenmomente I_y berechnen.

2. a) Wie groß sind die größten Biegespannungen
1. bei einer Vollwelle mit $d = \varnothing\,100$ mm
2. bei Hohlwellen mit $d_a = \varnothing\,100$ mm und $d_i = \varnothing\,50$ mm bzw. $\varnothing\,80$ mm
bei jeweils gleichem Biegemoment $M_b = 49 \cdot 10^5$ Nmm?
Der Biegespannungsverlauf über der Querschnitthöhe ist darzustellen.

b) Bei welchem Außendurchmesser d_a werden in Hohlwellen mit gleichem Verhältnis d_i/d_a wie im Fall 2. die Randbiegespannungen genau so groß wie bei 1.?

c) Man vergleiche die relative Massenersparnis der Hohlwellen gegenüber der Vollwelle mit der Zunahme der Biegerandspannungen.

3. Die Tragfähigkeit M_{bzul} von Trägern mit verschiedener Querschnittform, aber gleicher Querschnittfläche (d.h. gleichem Gewicht) ist zu berechnen und miteinander zu vergleichen. Welche Schlüsse lassen sich daraus für die konstruktive Gestaltung von Trägern ziehen? Gegeben sind: $A = 4000$ mm², $\sigma_{zul} = 140$ N/mm², Querschnittformen a) Quadrat, Kantenlänge a; b) Rechteck, $h/b = 2$; c) Kreis, Durchmesser d; d) I-Träger nach DIN 1025, Bl. 1; e) 2 ungleichschenklige Winkelstähle nach DIN 1029, mit den langen Schenkeln fest verbunden; f) Kreisring, $d_i/d_a = 0,8$. Die errechneten Maße sind auf ganze Millimeter zu runden.

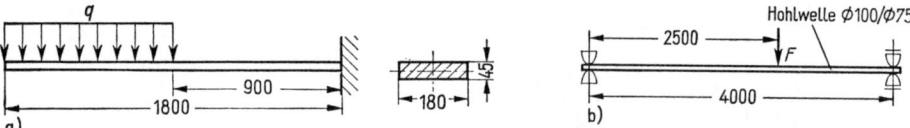

86.1 a) Freiträger mit über die halbe Länge gleichmäßig verteilter Last q
b) Hohlwelle mit außermittiger Einzellast F

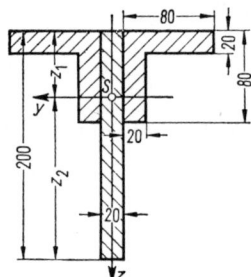

4. Wie groß ist die Tragfähigkeit der in Bild 86.1 dargestellten Träger?

Gegeben sind: a) $\sigma_{zul} = 12$ N/mm², b) $\sigma_{zul} = 140$ N/mm².

5. Ein Träger hat die in Bild 86.2 gezeichnete Querschnittform und wird durch das Biegemoment $M_b = 20\,000$ Nm belastet. Die Biegerandspannungen sind zu berechnen, der Verlauf der Biegespannungen ist maßstäblich über der Trägerhöhe aufzuzeichnen.

86.2 Querschnitt eines Trägers aus Stegblech und zwei Winkelstählen

6. Eine Welle aus Stahl mit dem Durchmesser $d = 52$ mm ist nach Bild 86.3 gelagert und belastet. Wie groß sind

a) die größte Biegespannung

b) die erforderlichen Abmessungen d_i und d_a der als Hohlwelle auszubildenden Welle bei gleicher Biegerandspannung wie in a); $d_i/d_a = 0,7$.

c) die relative Gewichtsersparnis gegenüber der Vollwelle?

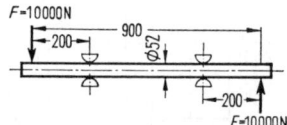

86.3 Welle mit zwei entgegengesetzt gerichteten Einzelkräften F an den Enden

7. Eine Rundstange aus Stahl mit dem Durchmesser $d = 20$ mm hängt in der Mitte an einem Kran. Bei welcher Länge l der Stange erreicht die größte Biegespannung in der Stange die Fließgrenze $\sigma_{bF} = 210$ N/mm² des Werkstoffs? $\gamma = 78,5$ N/dm³.

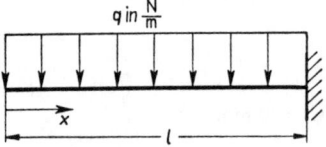

86.4 Freiträger mit gleichmäßig verteilter Last q

8. Ein Freiträger ist durch die gleichmäßig verteilte Last q belastet (86.4). Er soll als Träger gleicher Biegebeanspruchung ausgeführt werden. Welche Form hat der Träger, wenn a) die Breite des Rechteckquerschnitts, b) die Höhe des Rechteckquerschnitts konstant bleibt?

9. Ein I-Träger 120 DIN 1025, Bl. 1, aus St 37 ist zweifach gestützt, Stützweite $l = 3000$ mm, und durch $q = 20$ kN/m gleichmäßig belastet. Er ist für diese Last zu schwach bemessen und soll oben und unten durch je zwei angenietete oder geschweißte Laschen 58 mm $\times$ 10 mm verstärkt werden (87.1).

a) Wie groß sind die Laschenlängen l_1 und l_2 zu wählen, damit der Träger der Form eines Trägers gleicher Biegebeanspruchung angenähert wird (zeichnerische und rechnerische Lösung)?

b) Man stelle den Randspannungsverlauf längs der x-Achse dar.

c) Wie groß ist die größte Biegespannung ohne die Laschen? Was bedeutet dieses Ergebnis?

d) Welches I-Profil ist zu wählen, damit ohne die Laschen die Biegespannung in der Mitte nicht größer ist als im Fall a)?

e) Welche Gewichtsersparnis ergibt sich im Fall a) gegenüber d)?

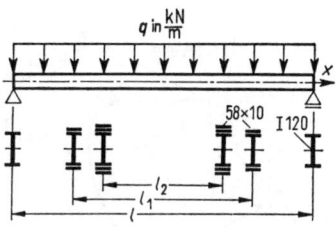

87.1 Träger auf zwei Stützen mit gleichmäßig verteilter Last q sowie Verstärkungslaschen

4.3. Schiefe oder allgemeine Biegung

Unter schiefer Biegung — auch Doppelbiegung oder allgemeine Biegung genannt — versteht man die Beanspruchung eines Balkens durch Kräfte und Momente, deren Biegemomentvektor im Querschnitt nicht mit einer der beiden Hauptachsen v oder w zusammenfällt.

Da der Biegemomentvektor zur Lastebene senkrecht steht, fällt also die Spur der Lastebene ebenfalls nicht in die Richtung einer Hauptachse (87.2). Wir setzen wieder voraus, daß die Balkenachse in der Lastebene liegt. Durch Zerlegen des Biegemomentvektors in R i c h t u n g der beiden H a u p t a c h s e n läßt sich die schiefe Biegung unmittelbar auf die Überlagerung zweier gerader Biegungen zurückführen. Die r e s u l t i e r e n d e B i e g e s p a n n u n g erhält man durch algebraisches Addieren der jeweiligen Einzelspannungen.

Da jede Biegespannung für sich linear mit den Querschnittkoordinaten zunimmt, steigt auch die resultierende Biegespannung linear an. Die Querschnittpunkte, in denen die Biegespannung Null ist, bilden die N u l l i n i e; sie ist eine G e r a d e d u r c h d e n S c h w e r p u n k t des Querschnitts.

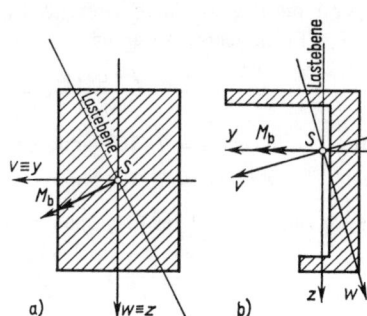

87.2 Schiefe Biegung
  a) bei symmetrischem Querschnitt
  b) bei unsymmetrischem Querschnitt

4.3.1. Biegespannungen und Nullinie

Zur Berechnung der Biegespannungen werden die Schubspannungen durch Querkräfte vernachlässigt, die Querschnitte bleiben also eben. Wir zerlegen den Biegemomentvektor in Komponenten in die Richtung der beiden Hauptachsen. Schließt die Spur der Lastebene mit der großen Hauptachse $w \equiv z$ den Winkel α ein (**88.1**), dann ist

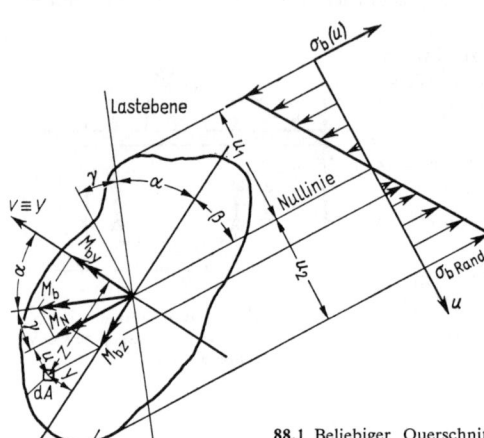

$$M_{by} = M_b \cos \alpha \qquad M_{bz} = M_b \sin \alpha$$

Die resultierende Biegespannung in einem Flächenteilchen dA mit seinen Koordinaten y und z erhält man aus

$$\sigma_b = \frac{M_b \cos \alpha}{I_1} z - \frac{M_b \sin \alpha}{I_2} y \qquad (88.1)$$

Unter Beachtung der Vorzeichen von y und z kann man aus Gl. (88.1) die Spannungen in jedem Punkt der Querschnitts berechnen.

88.1 Beliebiger Querschnitt eines Balkens bei schiefer Biegung mit Momentvektoren, Nullinie, Spur der Lastebene und senkrecht zur Nullinie aufgetragener Biegespannungsverteilung $\sigma_b(u)$

Beispiel 20. Man berechne die Biegespannungen im gefährdeten Querschnitt des Freiträgers (89.1 a), Länge $l = 1000$ mm, dessen Einzellast $F = 7$ kN am freien Ende um $\alpha = 22,5°$ zur z-Achse geneigt ist. Die Maße des Querschnitts sind $b = 100$ mm und $h = 200$ mm. Der Spannungsverlauf über dem Querschnitt ist maßstäblich darzustellen.

Die Widerstandsmomente bezüglich der Hauptachsen y und z betragen

$$W_{by} = b\,h^2/6 = 667\ \text{cm}^3 \qquad \text{und} \qquad W_{bz} = h\,b^2/6 = 333\ \text{cm}^3$$

Das größte Biegemoment im Einspannquerschnitt ist

$$M_b(x=l) = M_{b\,max} = -F\,l = -7 \cdot 10^6\ \text{Nmm}$$

Die Gl. (88.1) kann mit $I_y = W_{by}\,h/2$ und $I_z = W_{bz}\,b/2$ in folgende für die Berechnung zweckmäßige Form gebracht werden

$$\sigma_b = -\frac{F\,l \cos \alpha}{W_{by}} \cdot \frac{z}{h/2} + \frac{F\,l \sin \alpha}{W_{bz}} \cdot \frac{y}{b/2}$$

Mit $\qquad F\,l \cos \alpha = 7 \cdot 10^6\ \text{Nmm} \cdot 0,924 = 6,46 \cdot 10^6\ \text{Nmm}$

und $\qquad F\,l \sin \alpha = 7 \cdot 10^6\ \text{Nmm} \cdot 0,383 = 2,68 \cdot 10^6\ \text{Nmm}$

ist der zweite Anteil der Biegespannung längs der Kante AB ($y = -b/2$)

$$\sigma_b = -\frac{F\,l \sin \alpha}{W_{bz}} = -\frac{2,68 \cdot 10^6\ \text{Nmm}}{333 \cdot 10^3\ \text{mm}^3} = -8,05\ \text{N/mm}^2$$

und längs der Kante CD ($y = b/2$) $\sigma_b = 8,05\ \text{N/mm}^2$. Längs der Kante BC ($z = -h/2$) ist der erste Anteil

$$\sigma_b = \frac{F\,l \cos \alpha}{W_{bz}} = \frac{6,46 \cdot 10^6\ \text{Nmm}}{667 \cdot 10^3\ \text{mm}^3} = 9,69\ \text{N/mm}^2$$

und längs der Kante AD ($z = h/2$) $\qquad \sigma_b = -9,69\ \text{N/mm}^2$

Die resultierenden Spannungen in den Ecken betragen demnach in

A $\sigma_b = -\,9{,}69\ \text{N/mm}^2 - 8{,}05\ \text{N/mm}^2 = -\,17{,}74\ \text{N/mm}^2$

B $\sigma_b = +\,9{,}69\ \text{N/mm}^2 - 8{,}05\ \text{N/mm}^2 = +\,1{,}64\ \text{N/mm}^2$

C $\sigma_b = +\,17{,}74\ \text{N/mm}^2$

D $\sigma_b = -\,1{,}64\ \text{N/mm}^2$

Mit diesen Werten ist der Biegespannungsverlauf gezeichnet (**89.**1 b). Die Nullinie ist durch die Schnittpunkte E und F der resultierenden Spannungslinien zwischen AB und CD mit der Querschnittbegrenzung festgelegt. Sie geht durch den Schwerpunkt S der Fläche und ist eine Gerade.

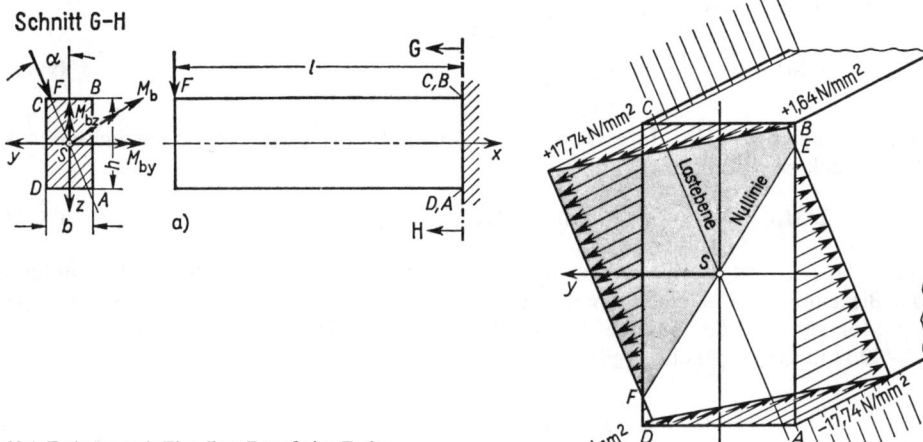

Schnitt G–H

89.1 Freiträger mit Einzellast F am freien Ende
  a) bei schiefer Biegung
  b) Biegespannungsverlauf im Einspannquerschnitt

Nullinie

Die Nullinie, als geometrischer Ort aller Punkte im Querschnitt eines Balkens, in denen die Biegespannung Null ist, erhält man aus Gl. (88.1) mit $\sigma_b = 0$

$$0 = \frac{\cos \alpha}{I_1}\,z - \frac{\sin \alpha}{I_2}\,y \qquad \text{oder} \qquad z = \frac{I_1}{I_2}\,(\tan \alpha)\,y \qquad (89.1)$$

Ist β der Winkel zwischen der großen Hauptachse $w \equiv z$ und der Nullinie (**88.**1), kann man für die Gleichung der Nullinie auch schreiben

$$z = \tan\left(\frac{\pi}{2} - \beta\right) y = \frac{1}{\tan \beta}\,y \qquad (89.2)$$

Durch Vergleich der Gl. (89.1) und (89.2) folgt mit den Hauptflächenmomenten I_1 und I_2 die Beziehung

$$\tan \alpha \cdot \tan \beta = \frac{I_2}{I_1} \qquad (89.3)$$

Die Spur der Lastebene und die Nullinie liegen auf verschiedenen Seiten der großen Hauptachse w. Da nach der Voraussetzung in Abschn. 4.1.3.3 das Verhältnis $I_2/I_1 < 1$ ist, folgt aus der Gl. (89.3), daß die Winkelsumme $\alpha + \beta < 90°$ ist. Nullinie und Spur der Lastebene stehen nicht senkrecht aufeinander, sondern die Nullinie liegt schief zur Spur der Lastebene (daher schiefe Biegung). Nur im Fall der geraden Biegung ist $\alpha = 0°$ oder $90°$, dann ist $\beta = 90°$ oder $0°$.

Ist die Lage der Nullinie bekannt, so kann man die Biegespannungen auch ohne Gl. (88.1) auf einfache Wiese berechnen, indem man berücksichtigt, daß sie linear mit dem Abstand von der Nullinie ansteigen (88.1). Ist u der senkrechte Abstand eines Flächenteilchens dA von der Nullinie und u_2 der Randabstand nach unten, dann folgt mit der Randspannung $\sigma_{b\,Rand}$

$$\sigma_b(u) = \frac{\sigma_{b\,Rand}}{u_2}\, u \qquad (90.1)$$

Ferner verlangt die Gleichgewichtsbedingung der Momente für ein abgeschnittenes Balkenstück bezüglich der Nullinie

$$\Sigma\, M_{iN} = 0 = \int u\, \sigma_b(u)\, dA - M_N \qquad (90.2)$$

$M_N = M_b \cos \gamma$ ist die Komponente des Biegemomentvektors in Richtung der Nullinie (das Biegemoment um die Nullinie). Da $\gamma = 90° - (\alpha + \beta)$, folgt mit $\cos \gamma = \sin(\alpha + \beta)$ das Moment um die Nullinie $M_N = M_b \sin(\alpha + \beta)$. Setzt man dies zusammen mit Gl. (90.1) in Gl. (90.2) ein, ergibt sich

$$\frac{\sigma_{b\,Rand}}{u_2} \int u^2\, dA = M_b \sin(\alpha + \beta)$$

$\int u^2\, dA = I_N$ ist das Flächenmoment 2. Ordnung der Querschnittsfläche A bezüglich der Nullinie, man erhält es aus Gl. (65.1) mit $\psi = 90° - \beta$. Somit ergibt sich für die Biegespannung die der Gl. (78.1) ähnliche einfache Gleichung

$$\sigma_b(x,u) = \frac{M_b(x) \sin(\alpha + \beta)}{I_N}\, u \qquad (90.3)$$

wobei $M_b = M_b(x)$ das längs der Balkenachse veränderliche Biegemoment bedeutet.

Die Biegespannung hat an der Stelle des gefährdeten Querschnitts mit dem größten Biegemoment $M_{b\,max}$ ihren größten Wert dort, wo der senkrechte Abstand von der Nullinie am größten ist

$$\sigma_{b\,max} = \frac{M_{b\,max} \sin(\alpha + \beta)}{I_N}\, u_{max} \qquad (90.4)$$

Führt man noch das Widerstandsmoment bezüglich der Nullinie $W_{bN} = I_N/u_{max}$ ein, so erhält man

$$\sigma_{b\,max} = \frac{M_{b\,max} \sin(\alpha + \beta)}{W_{bN}} \leqq \sigma_{zul} \qquad (90.5)$$

Beispiel 21. Ein Freiträger mit dem Querschnitt aus den Beispielen 3, S. 60, und 8, S. 66, ist am freien Ende durch eine Last $F = 4\,kN$ in Richtung der z-Achse belastet (91.1 a). Die Lage der Nullinie und die Biegerandspannungen sind zu berechnen.

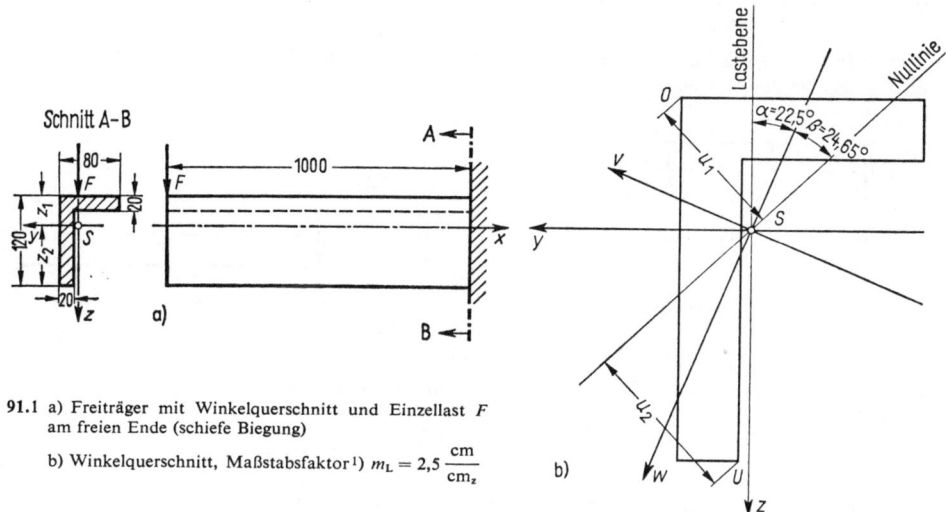

91.1 a) Freiträger mit Winkelquerschnitt und Einzellast F am freien Ende (schiefe Biegung)

b) Winkelquerschnitt, Maßstabsfaktor[1]) $m_L = 2{,}5\,\dfrac{cm}{cm_z}$

In Bild **91.1** b ist die Querschnittsfläche maßstäblich gezeichnet. Man beachte die gegenüber Bild **59.1** geänderte Lage der Fläche gegenüber dem y, z-Koordinatensystem. Gl. (89.3) ergibt mit den Zahlenwerten für $\alpha = 22{,}5°$, $I_1 = 558\,cm^4$ und $I_2 = 106\,cm^4$ aus Beispiel 8, S. 66, das Ergebnis $\tan\beta = 0{,}459$ und $\beta = 24{,}65°$.

Aus Gl. (65.1) erhält man mit $\psi = 65{,}35°$, $I_N = 332\,cm^4 + 226\,cm^4\,(-\,0{,}652) = 185\,cm^4$. Mit $u_1 = -\,4{,}75\,cm$ und $u_2 = 5{,}35\,cm$ (**91.1** b) sowie dem größten Biegemoment $M_{b\,max} = -\,4 \cdot 10^6\,Nmm$ errechnet man die Spannungen aus Gl. (90.3) im Querschnittspunkt 0

$$\sigma_b = \frac{M_{b\,max}\,\sin(\alpha + \beta)}{I_N}\,u_1 = \frac{4 \cdot 10^6\,Nmm \cdot 0{,}733}{185 \cdot 10^4\,mm^4}\cdot 47{,}5\,mm = 75{,}4\,N/mm^2$$

und ähnlich für den Punkt U ist $\sigma_b = -\,84{,}9\,N/mm^2$. Es soll nun gezeigt werden, welchen **Fehler** man begeht, wenn man die **Voraussetzungen** für die **gerade Biegung nicht beachtet** und mit der y-Achse als Nullinie rechnet. Aus Gl. (74.4a) und (74.4b) folgt mit

$$W_{b1} = I_y/z_1 = 492\,cm^4/4{,}33\,cm = 113{,}5\,cm^3 \quad \text{und} \quad M_{by} = M_{b\,max} = -\,4 \cdot 10^6\,Nmm$$

die Spannung entlang der oberen Kante $\sigma_b = 35{,}2\,N/mm^2$ und mit $W_{b2} = I_y/z_2 = 492\,cm^4/7{,}67\,cm = 64{,}1\,cm^3$ die Spannung an der unteren Kante $\sigma_b = -\,62{,}4\,N/mm^2$.

Die Fehler betragen demnach etwa -54% bzw. -27%. Schwerwiegend ist diese **falsche Rechnung** insofern, als die Ergebnisse zu **kleine Spannungswerte** darstellen.

---

[1]) Vgl. Teil 1, Statik, Abschn. Darstellung physikalischer Größen.

4.3.2. Aufgaben zu Abschnitt 4.3

1. Ein Gittermast, Höhe 4300 mm, besteht aus 4 fest miteinander verbundenen ungleich-schenkligen Winkelstählen $100 \times 50 \times 10$ nach DIN 1029. Der Einspannquerschnitt am Boden ist in Bild **92**.1 gezeichnet. Zwei gleiche Zugkräfte F_s der gespannten Drähte wirken an der Spitze des Mastes in den gezeichneten Richtungen.

Wie stark dürfen die Drähte gespannt sein, wenn die zulässige Spannung 25 N/mm² im Mast nicht überschritten werden darf?

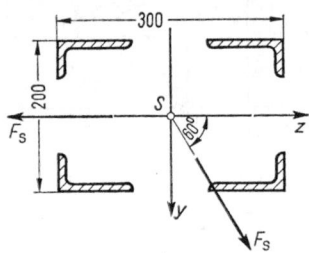

92.1 Einspannquerschnitt eines Gitter-mastes

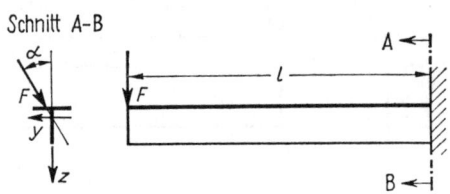

92.2 Freiträger mit T-Querschnitt und um den Winkel α geneigter Einzellast F am Ende

2. Ein Freiträger, Länge $l = 2000$ mm, aus hochstegigem T-Stahl 120 nach DIN 1024 ist am freien Ende durch die um $\alpha = 30°$ zur Vertikalen geneigte Last $F = 2500$ N belastet (**92**.2). Lage der Nullinie und größte Biegespannung sind zu berechnen.

3. In welche Richtung muß ein Träger mit dem Querschnitt nach Bild **70**.2a belastet werden, damit die Nullinie mit der y-Achse zusammenfällt und der Träger sich somit in z-Richtung durchbiegt? (In Abschn. 5.7 wird gezeigt, daß bei schiefer Biegung die Durchbiegung senkrecht zur Nullinie erfolgt.)

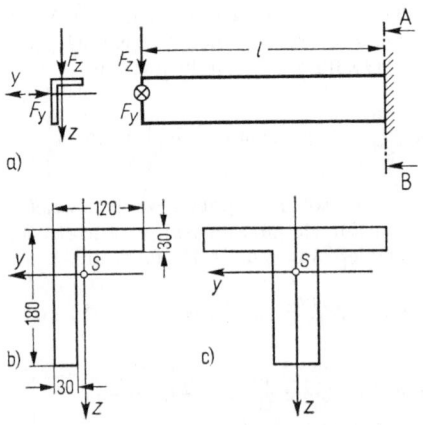

4. Eine Konsole mit Winkelquerschnitt (**92**.3a), Länge $l = 1500$ mm, ist am freien Ende durch die vertikale Kraft $F_z = 12$ kN und durch die horizontale Kraft $F_y = 3$ kN belastet.

a) Man berechne für den Querschnitt (**92**.3b) die Flächenmomente I_y, I_z und I_{yz}, die Lage der Hauptachsen, die Hauptflächenmomente I_1 und I_2, die Lage der Nullinie sowie die größten Zug- und Druckbiegespannungen. An welchen Querschnittspunkten treten letztere auf?

92.3 Freiträger mit Kräften F_y und F_z am Ende
  a) Konsole mit Einzelkräften am freien Ende
  b) Winkelquerschnitt
  c) Querschnitt aus Doppelwinkel

b) Zwei Winkelprofile (**92**.3b) werden zur Konsole (**92**.3a) fest miteinander verbunden (**92**.3c) und mit den doppelten Kräften wie oben in y- und z-Richtung belastet. Wie groß sind nunmehr die größten Zug- und Druckbiegespannungen und wo treten sie auf?

4.4. Zulässige Spannung und Sicherheit bei Biegung

4.4.1. Grenzspannung

Bei ruhender Biegebeanspruchung zäher Werkstoffe setzt Fließen in der äußeren Randfaser eines Balkens ein, wenn dort die Biegespannung M_b/W_b die Fließgrenze des Werkstoffs erreicht hat. Im Gegensatz zum Zugversuch, wo Werkstoffe mit ausgeprägtem Fließverhalten bei gleichbleibender Last fließen, ist zur weiteren plastischen Verformung des Balkens eine Erhöhung des Biegemoments nötig. Das ist dadurch bedingt, daß die noch elastisch verformten inneren Balkenteile immer mehr zum Mittragen herangezogen werden und so eine Stützwirkung ausüben. Die in Biegeversuchen ermittelte Biegefließgrenze σ_{bF} ist demnach größer als die Streckgrenze R_e, erfahrungsgemäß ist $\sigma_{bF} \approx (1{,}1 \cdots 1{,}2)\, R_e$. Eine bessere Werkstoffausnützung kann man erzielen, wenn man als Grenzspannung nicht den Fließbeginn in der äußeren Randzone ansieht, sondern die Spannung $M_{b\,0,2}/W_b$, die an der höchstbeanspruchten Stelle eine bleibende Dehnung $\varepsilon_r = 0{,}2\,\%$ hervorruft, die 0,2%-Biegedehngrenze. Das Verhältnis Biegedehngrenze zur Zugstreckgrenze heißt Dehngrenzenverhältnis $n_{0,2}$ (auch Stützziffer genannt, s. Abschn. 3.2.2).

Für einfache Vollquerschnitte kann $n_{0,2}$ berechnet werden, im allgemeinen muß die Ziffer jedoch experimentell bestimmt werden. Sie hängt sowohl von der Form des Querschnitts als auch von der Höhe der Fließgrenze, also vom Werkstoff ab (s. Tafel **93.**1)[1] [14].

Tafel **93.**1 Dehngrenzenverhältnis $n_{0,2}$ für verschiedene Querschnittformen und Streckgrenzen R_e

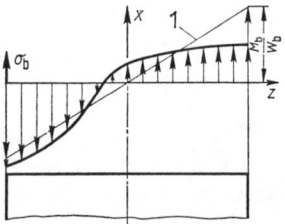

Querschnittsform (Biegeachse y-y)						
R_e	200 N/mm²	$n_{0,2}$	$\approx 1{,}6$	1,44	1,47	$\approx 1{,}15$
	600 N/mm²		$\approx 1{,}4$	1,32	—	$\approx 1{,}1$

93.2 Biegespannungsverteilung in einem Balken aus Gußeisen mit symmetrischem Querschnitt
1 lineare Spannungsverteilung

Spröde Werkstoffe mit unterschiedlicher Zug- und Druckfestigkeit, z.B. Grauguß, zeigen im Biegeversuch ein anderes Verhalten. Fließen kann natürlich nicht auftreten. Infolge des ungleichen Spannungs-Dehnungs-Diagramms für Zug und Druck (**17.**1b) und weil das Hookesche Gesetz nicht gilt, ist auch die Spannungsverteilung beiderseits der neutralen Faser ungleich, die Zugspannungen sind geringer als die Druckspannungen (**93.**2). Aus Gleichgewichtsgründen tritt eine Verschiebung der neutralen Schicht bei der Biegebeanspruchung ins Druckgebiet hinein ein, da die resultierende Druckkraft gleich der resultierenden Zugkraft im Querschnitt ist. Versagen durch Bruch tritt nicht ein,

---

[1] Wellinger, K.: Fließbeginn und Stützwirkung bei Biegestäben aus Werkstoff mit ausgeprägter oberer und unterer Fließgrenze. Materialprüfung (1964) Nr. 1, S. 2/6.

wenn die rechnerische Biegespannung M_b/W_b die Zugfestigkeit R_m erreicht, sondern bei einem größeren Moment, dem Bruchmoment M_{bB}. Das Verhältnis σ_{bB}/R_m von Gußeisen und ähnlichen Stoffen mit der Biegefestigkeit $\sigma_{bB} = M_{bB}/W_b$ ist also größer als 1. Es ist abhängig von der Form des Querschnitts und beträgt für Grauguß bei Rechteckquerschnitt etwa 1,7 und bei Kreisquerschnitt etwa 2,2.

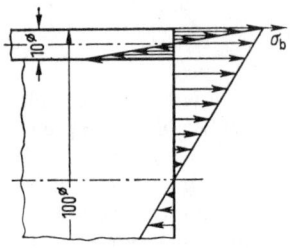

94.1 Biegespannungsverteilung in einer Welle mit kleinem und großem Durchmesser

Bei schwingender (dynamischer) Beanspruchung werden Grenzspannungen wie bei Zugbeanspruchung in Dauerversuchen ermittelt. Die Ergebnisse sind in Dauerfestigkeitsschaubildern zusammengestellt. Wegen des Spannungsgefälles (94.1) und der damit verbundenen Stützwirkung sind die meist an runden Proben ermittelten Dauerfestigkeitswerte bei Biegung größer als die bei gleichmäßiger Spannungsverteilung in Zugstäben gewonnenen Werte, erfahrungsgemäß ist $\sigma_{bD} \approx (1{,}2 \cdots 1{,}4)\,\sigma_{zD}$. Allerdings ist hier eine Einschränkung hinsichtlich der Probengröße zu machen. Während die Dauerfestigkeit bei gleichmäßiger Spannungsverteilung nahezu unabhängig von der Größe des Querschnitts ist, ist sie bei der ungleichmäßigen Spannungsverteilung der Biegung von der Probengröße abhängig. Die Wahrscheinlichkeit eines Dauerbruchs bei hochbeanspruchtem Materialvolumen ist größer als bei geringem Volumen, in dem die Spannung steil abfällt (94.1). Die in Dauerfestigkeitsschaubildern meist mit der Probengröße von etwa 10 mm Durchmesser enthaltenen Werte der Dauerfestigkeit $\sigma_{bD\,10}$ sind für größere Querschnitte mit einem Größenfaktor $b_0 < 1$ zu multiplizieren, also $\sigma_{bD} = b_0\,\sigma_{bD\,10}$. Für Wellen bei Umlaufbiegung sind Mittelwerte für b_0 in Bild 94.2 aufgetragen. In dünnwandigen Konstruktionen wird bei Biegung häufig mit der Dauerfestigkeit bei Zugbeanspruchung gerechnet, weil die kräftigen Flansche z. B. von I-Profilen annähernd gleichmäßig nur auf Zug oder Druck beansprucht sind (s. Aufgabe 3, S. 98).

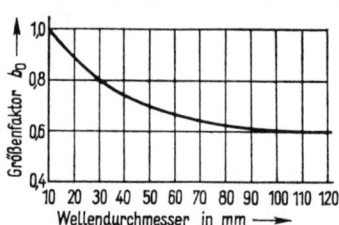

94.2 Größenfaktor b_0 in Abhängigkeit vom Durchmesser

4.4.2. Kerbwirkung

Ähnlich wie bei der Zugbeanspruchung tritt auch bei der Biegung Kerbwirkung an Bohrungen, Querschnittsübergängen, Rillen, Nuten, Paßsitzen u. a. auf. Diese wird ebenfalls durch die Formzahl α_k bzw. die Kerbwirkungszahl β_k erfaßt und, falls nötig, durch Indizes z für Zug, b für Biegung und t für Torsion unterschieden, Zahlenwerte findet man in Taschenbüchern, z. B. [2], [14] oder in [10] (s. auch Köhler/Rögnitz, Maschinenteile, Teil 1).

4.4.3. Versagen bei ruhender und schwingender Beanspruchung

Ist Versagen bei ruhender Biegebeanspruchung durch bleibende Formänderungen möglich, dann berechnet man Sicherheit bzw. zulässige Spannung aus

$$v_F = \frac{n_{0,2}\,R_e}{\sigma_b} \qquad\qquad \sigma_{zul} = \frac{n_{0,2}\,R_e}{v_F} \qquad\qquad (94.1) \text{ und } (94.2)$$

Bei spröden Werkstoffen gelten sinngemäß die Gl. (37.1), (37.2), (42.3) und (42.4) mit der Biegefestigkeit σ_{bB}.

Ist Versagen bei schwingender Biegebeanspruchung durch Dauerbruch möglich, dann ist

$$v_D = \frac{b_0 \, \sigma_D}{o_k \, \beta_k \, \sigma_{bn}} \qquad\qquad \sigma_{zul} = \frac{b_0 \, \sigma_D}{o_k \, \beta_k \, v_D} \qquad\qquad (95.1) \text{ und } (95.2)$$

σ_{bn} ist die auf den gekerbten Querschnitt bezogene Biegenennspannung.

Für die Bemessung von Biegestäben kann man die noch unbekannten Einflüsse von Kerbwirkung, Größe usw. wieder in einer Sicherheitszahl v^* zusammenfassen

$$v^* = \frac{o_k \, \beta_k \, v_D}{b_0}$$

Diese kann 5 bis 8 betragen.

4.4.4. Anwendung auf Biegebeanspruchung

Beispiel 22. Für die Welle aus St 70 ($\eta_k = 0{,}65$) in Beispiel 19, S. 84 ist die Sicherheit gegen Dauerbruch bei wechselnder Biegebeanspruchung an den beiden Durchmesserübergängen d_N auf d_1 und d_2 auf d_Z nachzuweisen (Übergangsradien $\varrho_1 = 5$ mm und $\varrho_2 = 2$ mm poliert).

Aus der Tabelle 4 in [2] (Anhang E 1) für die Formzahlen abgesetzter Wellen bei Biegung errechnet man am Übergang von d_N auf d_1 mit $t_1/\varrho_1 = (130 - 112)$ mm/$(2 \cdot 5$ mm$) = 1{,}8$ und $a_1/\varrho_1 = = 112$ mm/2 · 5 mm $= 11{,}2$ die Formzahl $\alpha_k = 2{,}1$.

Gl. (43.3) ergibt die Kerbwirkungszahl $\beta_k = 1 + (\alpha_k - 1) \, \eta_k = 1 + 1{,}1 \cdot 0{,}65 = 1{,}715$.

Mit dem Größenfaktor $b_0 = 0{,}6$ (94.2), der Wechselfestigkeit $\sigma_{bw} = 320$ N/mm^2 für St 70 und der auf den Durchmesser d_1 bezogenen Nennspannung $\sigma_{bn} = \sigma_{zul} = 59$ N/mm^2 ist die Sicherheit nach Gl. (95.1)

$$v_D = \frac{\sigma_{bw} \, b_0}{o_b \, \beta_k \, \sigma_n} = \frac{320 \; (\text{N/mm}^2) \cdot 0{,}6}{1 \cdot 1{,}715 \cdot 59 \; (\text{N/mm}^2)} = 1{,}9$$

Am Übergang von d_2 auf d_Z erhält man auf die gleiche Weise mit $t_2/\varrho_2 = 3{,}75$ und $a_2/\varrho_2 = 16{,}25$ die Formzahl $\alpha_k = 2{,}45$, das entspricht der Kerbwirkungszahl $\beta_k = 1{,}94$. Mit dem Größenfaktor $b_0 = 0{,}65$ ist die Sicherheit $v_D = 1{,}82$. Rechnet man am Nabensitz (Erhöhung von 120 mm rechnerischem Durchmesser auf 130 mm) mit der geschätzten Kerbwirkungszahl $\beta_k \approx 2{,}5$ für Längsnut, so ist

$$\sigma_b = \frac{M_{b\,max}}{W_b} = \frac{1 \cdot 10^7 \; \text{Nmm}}{216 \cdot 10^3 \; \text{mm}^3} = 46{,}3 \; \text{N/mm}^2$$

und $\qquad v_D = \dfrac{320 \; (\text{N/mm}^2) \cdot 0{,}6}{2{,}5 \cdot 46{,}3 \; (\text{N/mm}^2)} = 1{,}66$

Da v_D mindestens 1,5 sein soll, ist die Welle somit ausreichend bemessen.

Beispiel 23. Eine umlaufende glatte Maschinenwelle (Durchmesser 10 mm) aus St 60 ($\eta_k = 0{,}6$) ist an beiden freien Enden im Abstand $a = 100$ mm von den Lagern durch je eine Gewichtskraft F_G belastet (**96.1**).

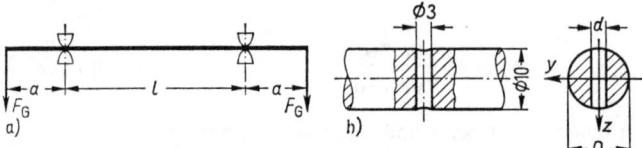

96.1 a) Umlaufende Welle mit Gewichtsbelastung an den Enden
b) Längs- und Querschnitt durch die Welle mit Querbohrung

Wie groß ist die zulässige Gewichtskraft, wenn zweifache Sicherheit gegen Dauerbruch vorgeschrieben ist? Auf welchen Wert muß die Kraft verringert werden, wenn die Welle in der Mitte zwischen beiden Lagern eine Querbohrung $d = 3$ mm erhält (**96.1** b)?

Das Biegemoment zwischen den Lagern ist konstant und beträgt $M_b = F_G\,a$. Gl. (75.4) ergibt $F_{G\,zul} = M_{b\,zul}/a = W_b\,\sigma_{zul}/a$. Da die Welle wechselnd auf Biegung beansprucht ist, benötigt man die Biegewechselfestigkeit. Einem Schaubild für St 60 [2] entnimmt man $\sigma_{bW} = 280$ N/mm². Mit $b_0 = o_k = \beta_k = 1$ ergibt Gl. (95.2) die zulässige Spannung

$$\sigma_{zul} = (280\ \text{N/mm}^2)/2 = 140\ \text{N/mm}^2$$

Das Widerstandsmoment für Kreisquerschnitt ist $W_b = \pi\,d^3/32 = 98{,}2$ mm³. Somit ist

$$F_{G\,zul} = \frac{98{,}2\ \text{mm}^3 \cdot 140\ \text{N/mm}^2}{100\ \text{mm}} = 137{,}5\ \text{N}$$

Mit einer Querbohrung in der Welle ist die in Bild **96.1** b eingezeichnete y-Achse als Nullinie für die Berechnung des Widerstandsmoments maßgebend. Wenn das Verhältnis $d/D < 0{,}5$ ist, ergibt sich das kleinste Widerstandsmoment näherungsweise aus

$$W_{b\,min} = \frac{\pi}{32}\,D^3 - \frac{1}{6}\,d\,D^2 = \frac{1}{8}\,D^3\left(\frac{\pi}{4} - \frac{4}{3}\,\frac{d}{D}\right) = 48{,}1\ \text{mm}^3$$

Diese Rechnung ist zulässig, wenn gleicher Randabstand $D/2$ für Kreis und Bohrung als Rechteck angenommen wird. Für das Bohrungsverhältnis $d/D = 0{,}3$ entnimmt man die Formzahl $\alpha_k = 1{,}9$ [14], die Kerbwirkungszahl aus Gl. (43.3) beträgt dann $\beta_k = 1{,}54$. Nunmehr ist

$$\sigma_{zul} = \frac{\sigma_{bW}}{o_k\,\beta_k\,\nu_D} = \frac{280\ \text{N/mm}^2}{1 \cdot 1{,}54 \cdot 2} = 90{,}9\ \text{N/mm}^2$$

und $$F_{G\,zul} = \frac{48{,}1\ \text{mm}^3 \cdot 90{,}9\ \text{N/mm}^2}{100\ \text{mm}} = 43{,}7\ \text{N}$$

Die Gewichtskraft muß demnach also von 137,5 N auf etwa 44 N verringert werden, wenn eine Querbohrung vorhanden ist.

Beispiel 24. Die umlaufende zweifach gelagerte Welle (**97.1**) ist durch die Gewichtskraft F_G am freien Ende wechselnd auf Biegung beansprucht.

Bei welchem Längenverhältnis l_1/a ist die wirksame Spannung im Querschnitt C–D gleich groß wie die Spannung im Querschnitt A–B?

Setzt man in beiden Querschnitten gleichen Oberflächenbehandlungszustand voraus und vernachlässigt den Einfluß des Lagersitzes im Querschnitt A−B, dann ergibt sich aus der gestellten Bedingung der Ansatz

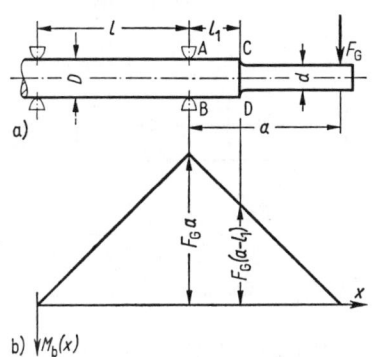

$$\sigma_{b(A-B)} = \beta_k \, \sigma_{b(C-D)}$$

Dem Bild **97.**1 b entnimmt man die Biegemomente

$$M_{b(A-B)} = -F_G \, a \quad \text{und} \quad M_{b(C-D)} = -F_G \, (a - l_1)$$

Somit ist mit $\sigma_b = M_b / W_b$

$$\frac{F_G \, a \, 32}{\pi \, D^3} = \beta_k \frac{F_G \, (a - l_1) \, 32}{\pi \, d^3}$$

und $\qquad a - l_1 = \dfrac{1}{\beta_k} \dfrac{d^3}{D^3} a$

b) $M_b(x)$

97.1 a) Umlaufende Welle mit Wellenabsatz und Einzellast F
b) Biegemomentverlauf

Das gesuchte Längenverhältnis ergibt sich daraus zu

$$\frac{l_1}{a} = 1 - \frac{1}{\beta_k} \left(\frac{d}{D} \right)^3$$

Beispiel 25. Auf die höchstbeanspruchte Seite der umlaufenden Achse eines Schienenfahrzeuges wirken in der Kurvenfahrt die folgenden dynamischen Kräfte: Achskraft $F = 50$ kN, Radkraft $F_q = 60$ kN und Seitenkraft $F_h = 25$ kN (**97.**2a).
Die Durchmesser d_1 und d_2 sind zu bemessen und die Sicherheiten zu berechnen. Werkstoff: Stahl 34 CrMo 4 V $800 \cdots 950$ N/mm² mit $\sigma_{bW} = 400$ N/mm² und $\eta_k = 0,75$. Mit der geschätzten Sicherheit $v^* = 5$ ist $\sigma_{zul} = 80$ N/mm². Die Berechnungsquerschnitte sind A−B und C−D. Für den Querschnitt A−B ergibt Gl. (75.5) und Bild **97.**2b

$$W_{b1} = \frac{M_{b(A-B)}}{\sigma_{zul}} = \frac{219 \cdot 10^5 \, \text{Nmm}}{80 \, \text{N/mm}^2} = 274 \cdot 10^3 \, \text{mm}^3$$

Wir wählen den Durchmesser $d_1 = 140$ mm mit $W_{b1} = 269,4$ cm³. Damit ist $\sigma_{n1} = 81,3$ N/mm².
Für den Übergang von d_1 auf den mit 150 mm angenommenen Bunddurchmesser ist $t_1/\varrho_1 = 0,5$ und $a_1/\varrho_1 = 7$, wenn man als Radius $\varrho_1 = 10$ mm vorsieht. Dem entspricht die Formzahl $\alpha_k = 1,6$ und die Kerbwirkungszahl $\beta_k = 1,45$. Nimmt man wenig bearbeitete Oberfläche ($o_k = 1,3$) an und wählt $b_0 = 0,6$ (**94.**2), dann ist die Sicherheit bei wechselnder Biegebeanspruchung

$$v_D = \frac{400 \, \text{N/mm}^2 \cdot 0,6}{1,3 \cdot 1,45 \cdot 81,3 \, \text{N/mm}^2} = 1,57$$

97.2 a) Teil der Achse eines Schienenfahrzeuges mit eingezeichneten Kräften
b) Biegemomentverlauf

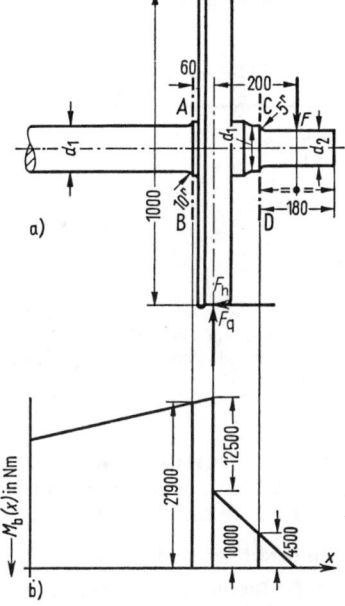

Die gleiche Berechnungsweise ergibt im Querschnitt C−D mit den Zahlenwerten $d_2 = 90$ mm, $W_{b2} = 71,6$ cm³, $\sigma_{n2} = 62,8$ N/mm², $t_2/\varrho_2 = 5$, $a_2/\varrho_2 = 9$, $\alpha_k = 2,2$, $\beta_k = 1,9$, $o_k = 1$ (polierter Übergang mit $\varrho_2 = 5$ mm) und $b_0 = 0{,}61$ die Sicherheit $v_D = 2{,}04$. Die Achse ist in den gefährdeten Querschnitten ausreichend bemessen, wenn mindestens 1,5fache Sicherheit verlangt wird.

4.4.5. Aufgaben zu Abschnitt 4.4

1. Für die in Bild **98.**1 gezeichnete umlaufende Welle aus dem Stahl C 60 ($\sigma_{bw} = 340$ N/mm², $\eta_k = 0{,}6$) mit einer Rillenkerbe ($o_k = 1{,}1$) zwischen den Lagern ist die Sicherheit gegen Dauerbruch zu berechnen, $F_G = 50$ N.

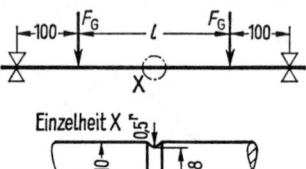

98.1 Umlaufende Welle mit Rillenkerbe unter Gewichtsbelastung

2. Eine geschliffene Blattfeder aus Federstahl ($\sigma_{zul} = 320$ N/mm², $\eta_k = 0{,}9$) mit rechteckigem Querschnitt ist am freien Ende durch die Last $F = \pm F_a$ wechselnd auf Biegung beansprucht (**98.**2).

a) Die zulässige Last $F_{a\,zul}$ ist zu ermitteln.

b) Im Abstand 180 mm vom linken Lager wird zusätzlich eine Querbohrung mit $d = 1{,}5$ mm ($\alpha_k = 2{,}2$) angebracht (**98.**2b). Wie wird dadurch die Beanspruchung der Feder mit der in a) ermittelten Last beeinflußt?

c) In welchem Abstand vom linken Lager darf die Bohrung höchstens liegen, damit die wirksame Spannung im gebohrten Querschnitt und die Biegespannung im rechten Lager gleich groß sind?

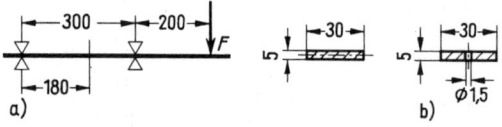

98.2 a) Blattfeder mit Rechteckquerschnitt
   b) Querschnitt mit Bohrung

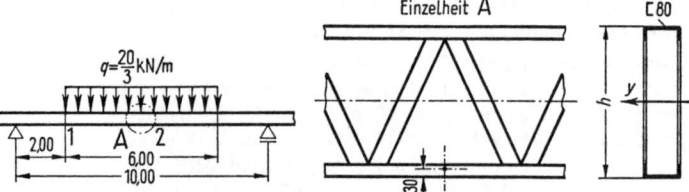

98.3

Gitterträger auf zwei Stützen mit gleichmäßig verteilter Last q

3. Ein Gitterträger auf zwei Stützen ist aus zwei Profilstählen [80 nach DIN 1026 (Werkstoff St 37) zusammengeschweißt (**98.**3). Er wird schwellend mit der gleichmäßig verteilten Last q über die Länge 6000 mm belastet.

Zu berechnen sind:

a) der Biegemomentverlauf längs der Trägerachse

b) die erforderliche Trägerhöhe h für die zulässige Spannung $\sigma_{zul} = 70$ N/mm².

c) die Sicherheit gegen Dauerbruch, wenn im unteren [-Stahl 30 mm von der Unterkante entfernt in Trägermitte auf jeder Seite eine Bohrung von 8 mm $\varnothing$ angebracht wird ($\beta_k = 1{,}6$).

5. Durchbiegung gerader Balken. Elastische Linie

Ein durch Biegemomente und Querkräfte beanspruchter gerader Balken erfährt durch die Verlängerung und Verkürzung der einzelnen Fasern beiderseits der neutralen Faser eine Krümmung. Wenn die Querschnittabmessungen klein gegenüber der Balkenlänge sind, kann die Verformung durch Schubspannungen infolge der Querkräfte gegenüber der Verformung durch die Biegespannungen vernachlässigt werden (s. auch Abschn. 8.6).

Wir berücksichtigen also zunächst nur die Biegeverformung des Balkens und betrachten dabei die Verlagerung der Balkenachse gegenüber dem unbelasteten Zustand. Die Gestalt, welche die ursprünglich gerade Balkenachse bei der Biegung annimmt, bezeichnet man als Biegelinie oder elastische Linie.

Für die Berechnung der elastischen Linie setzen wir zunächst gerade Biegung voraus, dann ist die Biegelinie eine ebene Kurve.

5.1. Krümmung der Biegelinie

In Abschn. 4.2.1 wurde der Zusammenhang zwischen dem Krümmungsradius ϱ, der Balkenachse und der Dehnung $\varepsilon(z)$ einer Faser im Abstand z von der Nullinie gefunden. Aus Gl. (73.2) folgt mit $\zeta = z$ die Krümmung

$$\frac{1}{\varrho} = \frac{\mathrm{d}\Delta x}{\Delta x} \cdot \frac{1}{z} = \frac{\varepsilon(z)}{z} \qquad (99.1)$$

Mit Gl. (73.4) erhält man

$$\frac{1}{\varrho} = \frac{\varepsilon_{\mathrm{Rand}}}{z_2} \qquad (99.2)$$

Mit dem Hookeschen Gesetz $\sigma = E\,\varepsilon$ folgt

$$\frac{1}{\varrho} = \frac{\sigma_{\mathrm{b\,Rand}}}{E\,z_2} \qquad \text{oder nach Umstellen} \qquad \frac{\sigma_{\mathrm{b\,Rand}}}{E} = \frac{z_2}{\varrho} \qquad (99.3)\ (99.4)$$

Bei Balken mit symmetrischem Querschnitt ist $z_1 = z_2 = h/2$. Mit $\sigma_{\mathrm{b\,Rand}} \equiv \sigma_{\mathrm{b}}$ erhält man

$$\frac{\sigma_{\mathrm{b}}}{E} = \frac{h}{2\varrho} \qquad (99.5)$$

Die Biegerandspannung in einem Balken verhält sich zum Elastizitätsmodul seines Werkstoffs wie der Randabstand zum Krümmungsradius der Balkenachse.

Mit Hilfe von Gl. (99.5) ist es möglich, den zulässigen Krümmungsradius bzw. den Rollen- oder Raddurchmesser für die Umlenkung von Seilen, Riemen, Bändern oder Drähten, die man als dünne Balken auffassen kann, zu ermitteln.

Beispiel 1. Um welchen Raddurchmesser darf ein Stahlband aus St 4 K 70 (DIN 1624) mit dem Querschnitt 20 mm × 0,2 mm geschlungen werden, wenn die Biegespannung den 3. Teil der Proportionalitätsgrenze betragen darf? Mit $\sigma_P \approx 600 \text{ N/mm}^2$ ist $\sigma_b = 200 \text{ N/mm}^2$. Setzt man den E-Modul mit $E = 2 \cdot 10^5 \text{ N/mm}^2$ in Rechnung, folgt aus Gl. (99.5) mit $h = 0,2$ mm

$$D + h = 2\varrho = \frac{E}{\sigma_b} h = \frac{2 \cdot 10^5 \text{ N/mm}^2}{2 \cdot 10^2 \text{ N/mm}^2} \cdot 0,2 \text{ mm} = 200 \text{ mm}$$

$$D = 199,8 \text{ mm} \approx 200 \text{ mm}$$

Beispiel 2. Wie groß ist die Randdehnung in einem weichen Stahldraht mit dem Durchmesser $d = 2$ mm, der über eine Rolle mit $D = 40$ mm Durchmesser gebogen wird? Aus Gl. (99.2) folgt mit $z_2 = d/2$ und $2\varrho = D + d$

$$\varepsilon_{\text{Rand}} = \frac{d}{D + d} = \frac{2 \text{ mm}}{42 \text{ mm}} = 0,0476 = 4,8\%$$

Mit $\sigma_F \approx 200 \text{ N/mm}^2$ für geglühten Stahldraht ist die Fließdehnung $\varepsilon_F = \sigma_F/E \approx 1/1000 = 0,1\%$. Der Draht wird beim Biegen um die Rolle stark plastisch verformt.

5.2. Durchbiegung — Differentialgleichung der Biegelinie

In Bild 100.1 ist ein Teilstück der durch das positive Biegemoment M_{by} gebogenen Balkenachse dargestellt. Die durch die Krümmung des Balkens hervorgerufene Verschiebung aller Punkte der Achse heißt Durchbiegung w. Die Durchbiegung wird nach unten positiv gezählt. Setzt man die Randbiegespannung aus Gl. (73.7) in Gl. (99.3) ein, so findet man den Zusammenhang zwischen Biegemoment und Krümmung der Balkenachse

$$\frac{1}{\varrho} = \frac{M_{by}(x)}{E I_y} \tag{100.1}$$

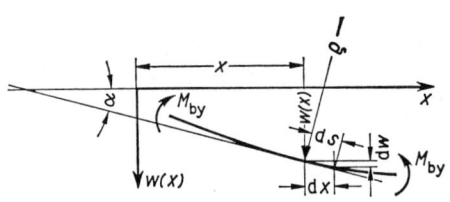

100.1 Teilstück der durch das Biegemoment M_{by} gebogenen Achse eines Balkens

wenn wir den allgemeinen Fall des mit x veränderlichen Biegemoments berücksichtigen. I_y ist das auf die y-Achse des Querschnitts als Nullinie bezogene Flächenmoment 2. Ordnung.

Um die Durchbiegung w analytisch ermitteln zu können, müssen wir noch ihren Zusammenhang mit der Krümmung suchen. Der Neigungswinkel der Tangente an die Biegelinie ist durch die Beziehung gegeben

$$\tan \alpha = \frac{dw}{dx} = w' \tag{100.2}$$

In der Mathematik ist die Krümmung einer ebenen Kurve als die Änderung $d\alpha$ des Neigungswinkels α bezogen auf die Bogenlänge ds definiert. In dem gewählten Koordinatensystem (100.1) entspricht einem positiven Biegemoment eine Abnahme des Neigungswinkels α mit fortschreitendem x, also negativem $d\alpha$. Somit ist auch die Krümmung negativ

$$\frac{1}{\varrho} = -\frac{d\alpha}{ds} \tag{100.3}$$

Die weitere Umformung dieser Beziehung [2] (s. auch B r a u c h, W.; D r e y e r, H.-J.; H a a c k e, W.: Mathematik für Ingenieure. 7. Aufl. Stuttgart 1985 Abschn. 8.3.1) führt auf die Gleichung

$$\frac{1}{\varrho} = -\frac{w''}{(1 + w'^2)^{3/2}} \qquad (101.1)$$

Die Ermittlung der Durchbiegung $w(x)$ über diese allgemeine Beziehung in Verbindung mit Gl. (100.1) führt auf nichtlineare Differentialgleichungen, die im allgemeinen geschlossen nicht lösbar sind.

Beschränken wir uns auf die in technischen Balken vorkommenden k l e i n e n D u r c h - b i e g u n g e n und k l e i n e n N e i g u n g s w i n k e l, dann ist $w'^2 \ll 1$, und es folgt aus Gl. (101.1)

$$\frac{1}{\varrho} = - w'' \qquad (101.2)$$

Die vorstehend getroffene Vernachlässigung ist für Neigungswinkel bis etwa $10°$ zulässig. Es ist $\tan 10° = 0,1763$ und $\tan^2 10° = 0,0311$. Der Fehler beträgt also ungefähr 5%.

Mit Gl. (100.1) ergibt sich nunmehr aus Gl. (101.2)

$$\frac{d^2 w}{dx^2} = w'' = -\frac{M_{by}(x)}{E I_y} \qquad (101.3)$$

Diese D i f f e r e n t i a l g l e i c h u n g d e r B i e g e l i n i e ist die Ausgangsgleichung zur Ermittlung der Durchbiegung. Ist $M_{by}(x)$ selbst von der Durchbiegung w unabhängig, dann kann die Gleichung direkt integriert werden.

Durch e i n m a l i g e I n t e g r a t i o n erhält man die N e i g u n g der Tangente an die Biegelinie $\tan \alpha = w'(x)$ und damit den Neigungswinkel α, durch z w e i m a l i g e I n t e g r a t i o n die B i e g e l i n i e $w(x)$. Die zwei I n t e g r a t i o n s k o n s t a n t e n sind aus den Randbedingungen (aus der Konstruktion bekannte Werte für w' und w, z. B. an Lagerstellen) zu bestimmen. Durch Einsetzen bestimmter Werte für x in die gefundenen Funktionen $w'(x)$ und $w(x)$ kann man Neigungswinkel und Durchbiegung an jeder gewünschten Stelle ermitteln. Besonders interessieren häufig die Durchbiegungen an Lastangriffsstellen und die Neigungswinkel an Lagerstellen.

Das Produkt $E I_y$ in Gl. (101.3) heißt B i e g e s t e i f i g k e i t. Die Biegeverformungen sind um so kleiner, je größer der Elastizitätsmodul des Balkenwerkstoffs und das Flächenmoment 2. Ordnung der Querschnittsfläche, bezogen auf die Nullinie, sind. In vielen Fällen ist die Biegesteifigkeit $E I_y$ konstant, die Gl. (101.3) schreibt man dann zweckmäßiger in der Form

$$E I_y w'' = - M_{by}(x) \qquad (101.4)$$

Ist die Biegesteifigkeit nicht konstant, z. B. bei abgesetzten Wellen mit verschiedenen Durchmessern, bevorzugt man zur Lösung der Differentialgleichung zeichnerische Verfahren, ebenfalls dann, wenn im allgemeinen mehr als zwei äußere Kräfte am Balken gegeben sind (s. Abschn. 5.4). Durch den Einsatz elektronischer Rechenanlagen ist es jedoch auch möglich, Durchbiegungen und Neigungswinkel komplizierter Systeme in relativ kurzer Zeit zu berechnen.

Häufig ist die Vorausschätzung des ungefähren Verlaufs der Biegelinie nützlich. Dafür ist die Gl. (100.1) geeignet. Mit $M_b(x) = 0$ ist auch die Krümmung Null, bei Vorzeichenwechsel des Biegemoments hat die Biegelinie einen Wendepunkt. Wenn also der Biegemomentverlauf bekannt ist, kann man die ungefähre Form der Biegelinie mit Nullstellen (in unverschieblichen Lagern) und Wendepunkten angeben. Aus Gl. (100.1) erkennt man weiter, daß mit M_b = const die Krümmung konstant, die Biegelinie also ein Kreisbogen ist.

Beispiel 3. Tangentenneigung $w'(x)$ und Durchbiegung $w(x)$ eines Freiträgers mit der Einzellast F am Ende sind durch Integration der DGl. der Biegelinie zu ermitteln. Wie groß sind insbesondere Neigungswinkel und Durchbiegung am freien Ende des Trägers in Beispiel 14, Bild **79.1**?

In die Gl. (101.4) setzen wir $M_{by}(x) = -Fx$ ein $E I_y w'' = F x$

Zweimaliges Integrieren ergibt

$$E I_y w' = F x^2/2 + C_1   \qquad E I_y w = F x^3/6 + C_1 x + C_2$$

Im Einspannquerschnitt sind Neigungswinkel und Durchbiegung Null, demnach lauten die Randbedingungen 1. $w' = 0$; 2. $w = 0$ an der Stelle $x = l$.

Aus der ersten Bedingung folgt $0 = F l^2/2 + C_1$, also $C_1 = - F l^2/2$.

Die zweite Bedingung ergibt $0 = F l^3/6 + C_1 l + C_2$, also $C_2 = F (l^3/2 - l^3/6) = F l^3/3$.

Mit diesen Konstanten ist

$$w' = \frac{F}{E I_y}\left(\frac{x^2}{2} - \frac{l^2}{2}\right) \qquad w = \frac{F}{E I_y}\left(\frac{x^3}{6} - \frac{l^2 x}{2} + \frac{l^3}{3}\right)$$

Für eine zahlenmäßige Auswertung bringt man diese Gleichungen zweckmäßig auf folgende Form:

$$w' = \frac{F l^2}{2 E I_y}\left[\left(\frac{x}{l}\right)^2 - 1\right] \qquad w = \frac{F l^3}{3 E I_y}\left[\frac{1}{2}\left(\frac{x}{l}\right)^3 - \frac{3}{2}\frac{x}{l} + 1\right]$$

Die Größtwerte am freien Ende des Trägers erhält man mit $x = 0$ zu

$$w'(0) = \tan \alpha = - \frac{F l^2}{2 E I_y} \qquad \text{und} \qquad w(0) = f^{1)} = \frac{F l^3}{3 E I_y}$$

Mit $E = 2,1 \cdot 10^5$ N/mm² für Stahl und den Zahlenwerten $F = 4$ kN, $l = 1000$ mm und $I_y = 283 \cdot 10^4$ mm⁴ folgen

$$\tan \alpha = - \frac{4000 \text{ N} \cdot 10^6 \text{ mm}^2}{2 \cdot 2,1 \cdot 10^5 \text{ (N/mm}^2) \cdot 283 \cdot 10^4 \text{ mm}^4} = - 0,00337 \qquad \alpha = - 0,193°$$

$$f = \frac{4000 \text{ N} \cdot 10^9 \text{ mm}^3}{3 \cdot 2,1 \cdot 10^5 \text{ (N/mm}^2) \cdot 283 \cdot 10^4 \text{ mm}^4} = 2,24 \text{ mm}$$

Diese Werte sind außerordentlich klein, die Vernachlässigung von w'^2 gegen 1 in Gl. (101.1) ist also zulässig.

Beispiel 4. Tangentenneigung $w'(x)$ und Durchbiegung $w(x)$ eines Trägers auf zwei Stützen mit gleichmäßig verteilter Last q (**103.1**) sind durch Integration der DGl. der Biegelinie zu ermitteln. Wie groß ist die Tagentenneigung an den Stützen und die Durchbiegung in der Mitte?

Mit der Lagerkraft $F_A = q l/2$ ist das Biegemoment an der Stelle x

$$M_{by}(x) = \frac{q l}{2} x - \frac{q x^2}{2}$$

---

[1]) Bestimmte Beträge der Durchbiegung, z.B. an der Stelle der Last, bezeichnet man mit dem Buchstaben f.

Aus Gl. (101.4) ergibt sich nunmehr

$$E\,I_y\,w'' = -\frac{q\,l}{2}x + \frac{q\,x^2}{2}$$

103.1 Zweifach gestützter Träger mit gleichmäßig verteilter Last q

Durch zweimaliges Integrieren erhält man

$$E\,I_y\,w' = -\frac{q\,l}{4}x^2 + \frac{q\,x^3}{6} + C_1 \qquad E\,I_y\,w = -\frac{q\,l}{12}x^3 + \frac{q\,x^4}{24} + C_1\,x + C_2$$

Mit den Randbedingungen $w = 0$ für $x = 0$ und $x = l$ erhält man $C_2 = 0$ und $C_1 = q\,l^3/12 - q\,l^3/24 = q\,l^3/24$.

Somit ist $\quad w' = \dfrac{q}{E\,I_y}\left(\dfrac{l^3}{24} - \dfrac{l\,x^2}{4} + \dfrac{x^3}{6}\right) \qquad w = \dfrac{q}{E\,I_y}\left(\dfrac{l^3\,x}{24} - \dfrac{l\,x^3}{12} + \dfrac{x^4}{24}\right)$

Mit $x = 0$ oder $x = l$ ergibt sich die Tangentenneigung an den Stützen

$$w'(0) = w'(l) = \tan\alpha = \frac{q\,l^3}{24\,E\,I_y}$$

Die Durchbiegung in der Mitte ist mit $x = l/2 \qquad w(l/2) = f_\mathrm{m} = \dfrac{5\,q\,l^4}{384\,E\,I_y}$

Ist das Biegemoment $M_\mathrm{by}(x)$ keine über die ganze Balkenlänge glatte Funktion, was meistens der Fall ist, erhalten wir also verschiedene Gleichungen für den Biegemomentverlauf, so muß die Integration in getrennten Bereichen durchgeführt werden. In jedem Bereich erhält man somit zwei Konstanten.

Für den Träger auf zwei Stützen mit der Einzellast F **(103.2)** wählt man zweckmäßigerweise zwei Abszissen x_1 und x_2, die jeweils von den Stützen bis zur Last F gelten. Die Biegemomente sind dann in den beiden Bereichen

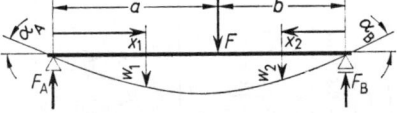

$$0 < x_1 < a \qquad\qquad 0 < x_2 < b$$

$$M_\mathrm{b}(x_1) = F_A\,x_1 \qquad M_\mathrm{b}(x_1) = F_B\,x_2$$

103.2 Zweifach gestützter Träger mit Einzellast F

Die Integration der DGl. (101.4) in beiden Bereichen liefert formal das gleiche Ergebnis wie in Beispiel 3, S. 102, lediglich die Randbedingungen für die Ermittlung der vier Konstanten $C_1 \cdots C_4$ sind anders zu formulieren, sie lauten

1. $w_1 = 0$ für $x_1 = 0$ 2. $w_2 = 0$ für $x_2 = 0$

3. $w_1 = w_2$ und   4. $w_1' = -w_2'$ für $x_1 = a$ und $x_2 = b$

Das Minuszeichen in der Bedingung 4. muß gesetzt werden, weil der Anstieg der Biegelinie an der Übergangsstelle im x_1-System positiv, im x_2-System negativ ist.

Das Ergebnis der Ausrechnung ist in Tafel **104**.1 eingetragen, ebenfalls die Ergebnisse aus den Beispielen 3, S. 102 und 4, S. 102. Diese Tafel enthält für eine Reihe weiterer wichtiger Grundbelastungsfälle die notwendigen Angaben über die Neigungswinkel und die Durchbiegung. Dem Leser wird empfohlen, sich die Gleichungen für w' und w zur Übung selbst herzuleiten (s. Aufgabe 1, S. 125). Weitere Belastungsfälle sind Taschenbüchern zu entnehmen.

Tafel 104.1 Durchbiegungen und Neigungswinkel der Tangente an die Biegelinie gerader Träger mit gleichbleibendem Querschnitt

Belastungsfall	Gleichung der Biegelinie	Durchbiegung	Neigung $\tan\alpha$
1	$w(x) = \dfrac{Fl^3}{3EI}\left[1 - \dfrac{3}{2}\dfrac{x}{l} + \dfrac{1}{2}\left(\dfrac{x}{l}\right)^3\right]$	$f = \dfrac{Fl^3}{3EI}$	$\tan\alpha = \dfrac{Fl^2}{2EI}$
2	$w(x) = \dfrac{M_b l^2}{2EI}\left(\dfrac{x}{l} - 1\right)^2$	$f = \dfrac{M_b l^2}{2EI}$	$\tan\alpha = \dfrac{M_b l}{EI}$
3	$w(x) = \dfrac{Fl^3}{16EI}\cdot\dfrac{x}{l}\left[1 - \dfrac{4}{3}\left(\dfrac{x}{l}\right)^2\right]$ $\quad x \leqq \dfrac{l}{2}$	$f = \dfrac{Fl^3}{48EI}$	$\tan\alpha = \dfrac{Fl^2}{16EI}$
4 $x_{1max}=a\sqrt{(l+b)/3a}$ für $a > b$ a und b für $a < b$ vertauschen	$w_1(x_1) = \dfrac{Fl^3}{6EI}\cdot\dfrac{a}{l}\left(\dfrac{b}{l}\right)^2\dfrac{x_1}{l}\left(1 + \dfrac{l}{b} - \dfrac{x_1^2}{ab}\right)$ $\quad x_1 \leqq a$ $w_2(x_2) = \dfrac{Fl^3}{6EI}\cdot\dfrac{b}{l}\left(\dfrac{a}{l}\right)^2\dfrac{x_2}{l}\left(1 + \dfrac{l}{a} - \dfrac{x_2^2}{ab}\right)$ $\quad x_2 \leqq b$	$f = \dfrac{Fl^3}{3EI}\left(\dfrac{a}{l}\right)^2\left(\dfrac{b}{l}\right)$ $f_{max} = f\dfrac{l+b}{3b}\sqrt{\dfrac{l+b}{3a}}$	$\tan\alpha_1 = f\dfrac{l}{2a}\left(1 + \dfrac{l}{b}\right)$ $\tan\alpha_2 = f\dfrac{l}{2b}\left(1 + \dfrac{l}{a}\right)$
5 $x_{1max}=l/\sqrt{3}$	$w_1(x_1) = \dfrac{Fl^3}{6EI}\cdot\dfrac{a}{l}\dfrac{x_1}{l}\left[1 - \left(\dfrac{x_1}{l}\right)^2\right]$ $\quad x_1 \leqq l$ $w_2(x_2) = \dfrac{Fl^3}{6EI}\cdot\dfrac{x_2}{l}\left[\dfrac{2a}{l} + \dfrac{3a}{l}\cdot\dfrac{x_2}{l} - \left(\dfrac{x_2}{l}\right)^2\right]$ $\quad x_2 \leqq a$	$f = \dfrac{Fl^3}{3EI}\left(\dfrac{a}{l}\right)^2\left(1 + \dfrac{a}{l}\right)$ $f_{max} = \dfrac{Fl^3}{9\sqrt{3EI}}\cdot\dfrac{a}{l}$	$\tan\alpha_A = \dfrac{Fl^2}{6EI}\cdot\dfrac{a}{l}$ $\tan\alpha_B = 2\tan\alpha_A$ $\tan\alpha = \dfrac{Fl^2}{6EI}\cdot\dfrac{a}{l}$ $\times(2 + 3a/l)$

	$w(x)$	f	$\tan\alpha$
6	$w_1(x_1) = \dfrac{Fl^3}{2EI}\left[\dfrac{1}{3}\left(\dfrac{x_1}{l}\right)^3 - \dfrac{a}{l}\left(1+\dfrac{a}{l}\right)\dfrac{x_1}{l} + \left(\dfrac{a}{l}\right)^2\left(1+\dfrac{2}{3}\dfrac{a}{l}\right)\right]$ $x_1 \leqq a$ $w_2(x_2) = \dfrac{Fl^3}{2EI}\cdot\dfrac{a}{l}\cdot\dfrac{x_2}{l}\left(1-\dfrac{x_2}{l}\right)$ $x_2 \leqq l$	$f = \dfrac{Fl^3}{2EI}\left(\dfrac{a}{l}\right)^2\left(1+\dfrac{2}{3}\cdot\dfrac{a}{l}\right)$ $f_\mathrm{m} = \dfrac{Fl^3}{8EI}\cdot\dfrac{a}{l}$	$\tan\alpha_1 = \dfrac{Fl^2}{2EI}\cdot\dfrac{a}{l}\left(1+\dfrac{a}{l}\right)$ $\tan\alpha_2 = \dfrac{Fl^2}{2EI}\cdot\dfrac{a}{l}$
7	$w(x) = \dfrac{Fl^3}{2EI}\cdot\dfrac{x}{l}\left[\dfrac{a}{l}\left(1-\dfrac{a}{l}\right) - \dfrac{1}{3}\left(\dfrac{x}{l}\right)^2\right]$ $x \leqq a < l/2$ $w(x) = \dfrac{Fl^3}{2EI}\cdot\dfrac{a}{l}\left[\dfrac{x}{l}\left(1-\dfrac{x}{l}\right) - \dfrac{1}{3}\left(\dfrac{a}{l}\right)^2\right]$ $a \leqq x \leqq l/2$	$f = \dfrac{Fl^3}{2EI}\left(\dfrac{a}{l}\right)^2\left(1-\dfrac{4}{3}\cdot\dfrac{a}{l}\right)$ $f_\mathrm{m} = \dfrac{Fl^3}{8EI}\cdot\dfrac{a}{l}\left[1-\dfrac{4}{3}\left(\dfrac{a}{l}\right)^2\right]$	$\tan\alpha_1 = \dfrac{Fl^2}{2EI}\cdot\dfrac{a}{l}\left(1-\dfrac{a}{l}\right)$ $\tan\alpha_2 = \dfrac{Fl^2}{2EI}\cdot\dfrac{a}{l}\left(1-2\dfrac{a}{l}\right)$
8	$w(x) = \dfrac{ql^4}{8EI}\left[1-\dfrac{4}{3}\cdot\dfrac{x}{l}+\dfrac{1}{3}\left(\dfrac{x}{l}\right)^4\right]$	$f = \dfrac{ql^4}{8EI}$	$\tan\alpha = \dfrac{ql^3}{6EI}$
9	$w(x) = \dfrac{ql^4}{24EI}\cdot\dfrac{x}{l}\left[1-2\left(\dfrac{x}{l}\right)^2+\left(\dfrac{x}{l}\right)^3\right]$ $0\leqq x \leqq l$	$f_\mathrm{m} = \dfrac{5ql^4}{384EI}$	$\tan\alpha = \dfrac{ql^3}{24EI}$
10	$w(x) = \dfrac{M_\mathrm{b}l^2}{6EI}\cdot\dfrac{x}{l}\left(1-\dfrac{x}{l}\right)\left(2-\dfrac{x}{l}\right)$	$f_\mathrm{m} = \dfrac{M_\mathrm{b}l^2}{16EI}$ $f_\mathrm{max} = \dfrac{M_\mathrm{b}l^2}{9\sqrt{3}\,EI}$	$\tan\alpha_1 = \dfrac{M_\mathrm{b}l}{3EI}$ $\tan\alpha_2 = \dfrac{1}{2}\tan\alpha_1$

$x_\mathrm{max} = l(\sqrt{3}-1)/\sqrt{3}$

Für die praktische Berechnung interessieren in vielen Fällen spezielle Werte der Tangentenneigung an die Biegelinie und der Durchbiegung an bestimmten Stellen eines Balkens. Bei komplizierten Belastungen, z. B. durch mehrere Kräfte oder Momente, benutzt man das **Überlagerungs-** oder **Superpositionsgesetz** der Mechanik.

Die Gesamtformänderung eines Systems ergibt sich als Summe der Einzelformänderungen von Teilbelastungen des Systems.

Die Werte der Einzelformänderungen (Durchbiegungen und Tangentenneigungen) entnimmt man Tafel **104.1** oder Taschenbüchern. In Bild **106.1** wird das Superpositionsgesetz am Beispiel eines Trägers mit zwei Einzellasten gezeigt. Die Durchbiegung unter der Last F_1 ist $f_1 = f_{11} + f_{12}$ (gesprochen: f eins eins, f eins zwei). Der erste Index gibt den Ort der Durchbiegung an, also an der Stelle der Last F_1

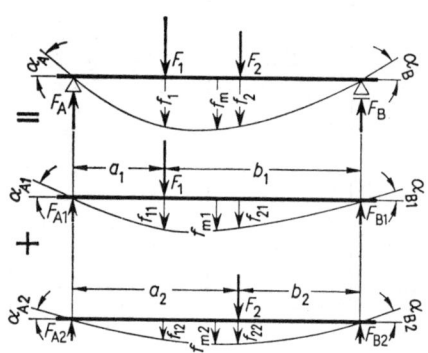

(Wirkung), der zweite die Kraft (oder auch das Moment o.a.), welche die Durchbiegung hervorruft, also hier entweder F_1 oder F_2 (Ursache). Demnach ist f_{12} die Durchbiegung an der Stelle 1, verursacht durch die Last F_2 allein. Die Durchbiegung in der Mitte ist dann $f_m = f_{m1} + f_{m2}$, und die Tangentenneigung in A ist $\tan \alpha_A = \tan \alpha_{A1} + \tan \alpha_{A2}$ [1]).

106.1 Zweifach gestützter Träger mit zwei Einzellasten F_1 und F_2, Überlagerung der Teildurchbiegungen und der Neigungswinkel

Beispiel 5. Die Durchbiegung an der Stelle der Last F und in Trägermitte des Breitflanschträgers in Beispiel 16, Bild **80.1**, sind zu ermitteln. Wie groß ist der Einfluß des Eigengewichts auf die Durchbiegung in der Mitte?

Mit den in Beispiel 16, S. 80 angegebenen Zahlenwerten sowie mit dem Elastizitätsmodul für Stahl $E = 2,1 \cdot 10^5$ N/mm² und dem Flächenmoment $I_y = 7,223 \cdot 10^9$ mm⁴ [2] ergibt sich die Durchbiegung unter der Last F (Tafel **104.1**, 4)

$$f = \frac{F l^3}{3 E I_y} \left(\frac{a}{l}\right)^2 \left(\frac{b}{l}\right)^2 = \frac{3,7 \cdot 10^5 \text{ N} \cdot 1,5^3 \cdot 10^{12} \text{ mm}^3}{3 \cdot 2,1 \cdot 10^5 \text{ (N/mm}^2) \cdot 7,223 \cdot 10^9 \text{ mm}^4} \cdot \left(\frac{6}{15}\right)^2 \cdot \left(\frac{9}{15}\right)^2 = 15,8 \text{ mm}$$

In Trägermitte ist die Durchbiegung mit $x_2 = l/2$

$$f_{mF} = \frac{F l^3}{6 E I_y} \cdot \frac{b}{l} \left(\frac{a}{l}\right)^2 \frac{x_2}{l} \left(1 + \frac{l}{a} - \frac{x_2^2}{a b}\right)$$

$$= \frac{3,7 \cdot 10^5 \text{ N} \cdot 1,5^3 \cdot 10^{12} \text{ mm}^3}{6 \cdot 2,1 \cdot 10^5 \text{ (N/mm}^2) \cdot 7,223 \cdot 10^9 \text{ mm}^4} \cdot \frac{9}{15} \left(\frac{6}{15}\right)^2 \frac{1}{2} \left(3,5 - \frac{25}{24}\right) = 16,2 \text{ mm}$$

---

[1]) Es müßte richtig heißen: $\alpha_A = \alpha_{A1} + a_{A2}$. Da jedoch nach der auf S. 101 getroffenen Voraussetzung kleiner Durchbiegungen auch die Neigungswinkel klein sind, kann man anstatt der Winkel auch ihre Tangens addieren. Für die praktische Berechnung ist diese Schreibweise einfacher, sie ist im folgenden (auch in Abschn. 6 und 13) konsequent beibehalten worden.

Die Durchbiegung infolge Eigengewichtes in der Mitte des Trägers findet man (Tafel **104**.1, 9) aus

$$f_{mq} = \frac{5q\,l^4}{384\,E\,I_y} = \frac{5 \cdot 3490\ (\text{N/m}) \cdot 1{,}5\ \text{m} \cdot 1{,}5^3 \cdot 10^{12}\ \text{mm}^3}{384 \cdot 2{,}1 \cdot 10^5\ (\text{N/mm}^2) \cdot 7{,}223 \cdot 10^9\ \text{mm}^4} = 0{,}152\ \text{mm}$$

Durch Überlagerung erhält man die Gesamtdurchbiegung in der Mitte

$$f_m = f_{mF} + f_{mq} = 16{,}35\ \text{mm}$$

Bei einer Stützweite $l = 15$ m beträgt die Durchbiegung etwa 1,1/1000 der Länge, das sind 0,11 %. Die zulässige Durchbiegung von Trägern ist im allgemeinen $l/300$ bis $l/500$.

Der Anteil des Eigengewichts an der Gesamtdurchbiegung ist in unserem Beispiel ungefähr 1 % (der Anteil des Eigengewichts an der Biegespannung war ungefähr 6 %).

Beispiel 6. Die Durchbiegung am freien Ende des in Bild **86**.1 a gezeichneten Trägers ist zu berechnen. Wie groß ist dort der Neigungswinkel? (S. Aufgabe 4 a, S. 86.)

Die Integration der Differentialgleichung der Biegelinie ist zwar nicht allzu aufwendig (zwei Teilbereiche mit vier Konstanten), läßt sich aber vermeiden, indem man das gegebene System in Teilsysteme aufteilt (**107**.1), für die entsprechende Angaben in Tafel **104**.1 (oder in Taschenbüchern) enthalten sind. Dies ist insofern berechtigt, als nur die Durchbiegung und Neigung am Ende des Trägers gesucht sind.

Die Durchbiegung am Ende des Trägers setzt sich aus fünf Einzelanteilen zusammen (**107**.1 b), die dadurch entstanden sind, daß durch das Freimachen des linken Teils mit der Last q die Schnittgrößen $M_b = q\,l^2/2$ und $F = q\,l$ auftreten. Deren Anteile müssen berücksichtigt werden.

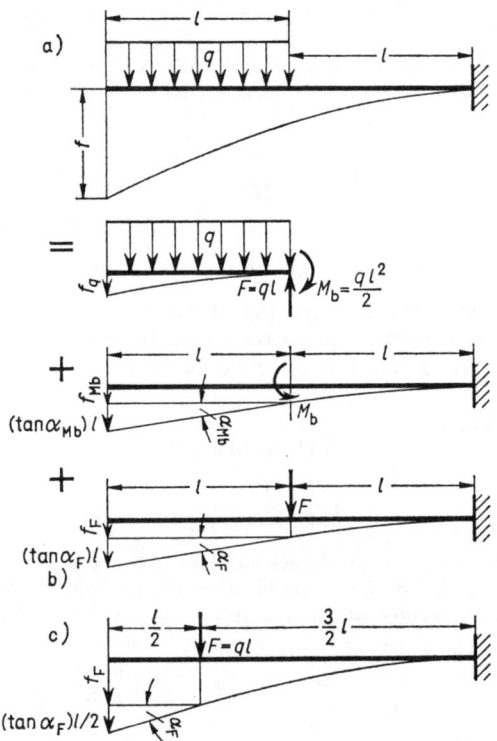

107.1 a) Freiträger mit über die halbe Länge gleichmäßig verteilter Last q
b) Teilsysteme zur Überlagerung der Durchbiegungen und der Neigungswinkel
c) Freiträger nach a) mit Ersatzlast $F = q\,l$

Wir erhalten

$$f = f_q + f_{Mb} + (\tan \alpha_{Mb})\,l + f_F + (\tan \alpha_F)\,l$$

Mit den Angaben in Tafel **104**.1 unter 1, 2 und 8 ist

$$f = \frac{q\,l^4}{8\,EI} + \frac{q\,l^4}{4\,EI} + \frac{q\,l^3}{2\,EI}\,l + \frac{q\,l^4}{3\,EI} + \frac{q\,l^3}{2\,EI}\,l = \frac{41}{24} \cdot \frac{q\,l^4}{EI}$$

Durch Integration der Differentialgleichung erhält man das gleiche Ergebnis; der Leser möge sich selbst davon überzeugen.

Zur Abschätzung dieses Ergebnisses wollen wir die gleichmäßig verteilte Last als Einzellast $F = ql$ im Abstand $l/2$ vom freien Ende wirken lassen (**107.**1 c) und auch damit die Durchbiegung bestimmen. Die Aufteilung ergibt $f = f_F + (\tan \alpha_F)\, l/2$. Mit den Angaben in Tafel **104,**1, 1 ist

$$f = \frac{F\,(3\,l/2)^3}{3\,EI} + \frac{F\,(3\,l/2)^2}{2\,EI} \cdot \frac{l}{2} = \frac{40{,}5}{24} \cdot \frac{q\,l^4}{EI}$$

Der Fehler dieser Abschätzung beträgt nur 1,22 %. Den Neigungswinkel erhält man auf die gleiche Weise durch Überlagerung (**107.**1 b)

$$\tan \alpha = \tan \alpha_q + \tan \alpha_{Mb} + \tan \alpha_F = \frac{q\,l^3}{6\,EI} + \frac{q\,l^3}{2\,EI} + \frac{q\,l^3}{2\,EI} = \frac{28}{24} \cdot \frac{q\,l^3}{EI}$$

Das Ersatzsystem zur Abschätzung ergibt

$$\tan \alpha = \tan \alpha_F = \frac{F\,(3\,l/2)^2}{2\,EI} = \frac{27}{24} \cdot \frac{q\,l^3}{EI}$$

Der Fehler ist hierbei etwas größer, er beträgt 3,57 %. Mit den Abmessungen der Aufgabe 4a, S. 86 ($l = 90$ cm) und den Werten $q = 600$ N/m, $I = 18$ cm $\cdot\, 4{,}5^3$ cm^3/12 = 136,7 cm^4 sowie dem Elastizitätsmodul für Holz $E = 1 \cdot 10^4$ N/mm^2 erhalten wir

$$f = \frac{41 \cdot 600 \text{ N/m} \cdot 0{,}9 \text{ m} \cdot 0{,}9^3 \cdot 10^9 \text{ mm}^3}{24 \cdot 10^4 \text{ (N/mm}^2) \cdot 136{,}7 \cdot 10^4 \text{ mm}^4} = 49{,}2 \text{ mm}$$

und $\qquad \tan \alpha = \dfrac{28 \cdot 600 \text{ N/m} \cdot 0{,}9 \text{ m} \cdot 0{,}9^2 \cdot 10^6 \text{ mm}^2}{24 \cdot 10^4 \text{ (N/mm}^2) \cdot 136{,}7 \cdot 10^4 \text{ mm}^2} = 0{,}0336 \qquad \alpha = 1{,}925°$

Durch den geringen Fehler bei der einfacheren und schnellen Durchführung der Abschätzung in dem vorstehenden Beispiel darf man sich nicht verleiten lassen, immer so zu verfahren. Das folgende Beispiel soll das zeigen.

Beispiel 7. Die Durchbiegung in der Mitte eines Trägers auf zwei Stützen mit gleichmäßig verteilter Last q ist (Tafel **104.**1, 9)

$$f_m = \frac{5}{384} \cdot \frac{q\,l^4}{EI}$$

Man ersetze die Streckenlast a) durch eine Einzellast $F = ql$ in der Mitte (Tafel **104.**1, 3), b) durch zwei Einzellasten $F = ql/2$ im Abstand $l/4$ von den Stützen (Tafel **104.**1, 7), berechne die Durchbiegung in Trägermitte und vergleiche die Ergebnisse.

a) Der Tafel entnimmt man

$$f_m = \frac{F\,l^3}{48\,EI} = \frac{q\,l^4}{48\,EI} = \frac{8}{384} \cdot \frac{q\,l^4}{EI}$$

Der Fehler beträgt hierbei 60 %.

b) Mit zwei Einzellasten ist

$$f_m = \frac{F\,l^3}{8\,EI} \cdot \frac{a}{l} \left[1 - \frac{4}{3}\left(\frac{a}{l}\right)^2\right] = \frac{q\,l^4}{16\,EI} \cdot \frac{1}{4}\left(1 - \frac{1}{12}\right) = \frac{5{,}5\,q\,l^4}{384\,EI}$$

und der Fehler nur noch 10 %.

Besondere Bedeutung besitzt die Ermittlung der Biegeverformung von Maschinenwellen. Mit Rücksicht auf Laufruhe, Schwingungsfreiheit usw. werden diese besonders steif gestaltet, um damit die Verformungen gering zu halten.

Beispiel 8. Durchbiegung und Neigungswinkel der schematisch gezeichneten Welle (**109**.1) ist an den Lastangriffsstellen C und D zu ermitteln. Der ungefähre Verlauf der Biegelinie ist zu zeichnen. Wie groß ist die maximale Biegespannung?

Die Verformungsrechnung führen wir zunächst allgemein durch, die Zahlenrechnung erfolgt zum Schluß. Nach dem Schema des Bildes **106**.1 nehmen wir die Aufteilung in Einzelbelastungen vor (**109**.1 b) und entnehmen die entsprechenden Werte der Tafel **104**.1, 4. Die Verhältniswerte $a_1/l = {}^1/_4$, $b_1/l = {}^3/_4$ usw. werden aus der Zeichnung abgelesen.

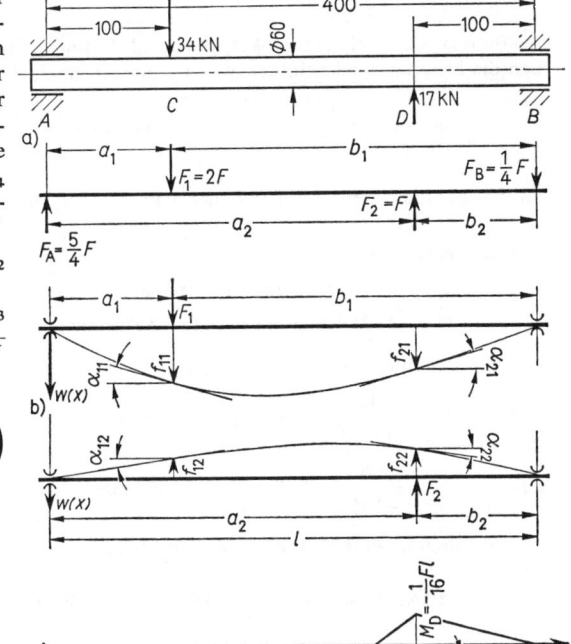

Unter der Last $F_1 = 2F$ ist $f_1 = f_{11} + f_{12}$ mit den Einzelanteilen

$$f_{11} = \frac{F_1 l^3}{3EI}\left(\frac{a_1}{l}\right)^2\left(\frac{b_1}{l}\right)^2 = \frac{18}{3 \cdot 16^2} \cdot \frac{F l^3}{EI}$$

$$f_{12} = w_1(x_1 = a_1) =$$

$$-\frac{F_2 l^3}{6EI} \cdot \frac{a_2}{l}\left(\frac{b_2}{l}\right)^2 \frac{a_1}{l}\left(1 + \frac{l}{b_2} - \frac{a_1^2}{a_2 b_2}\right)$$

$$f_{12} = -\frac{7}{3 \cdot 16^2} \cdot \frac{F l^3}{EI}$$

Somit wird

$$f_1 = f_{11} + f_{12} = \frac{11}{3 \cdot 16^2} \cdot \frac{F l^3}{EI}$$

109.1 a) Welle mit zwei entgegengesetzt gerichteten Einzellasten
b) freigemachte Welle, Teilsysteme zur Überlagerung der Durchbiegungen und der Tangentenneigungen
c) Biegemomentverlauf und Biegelinie

Die Durchbiegung unter F_2 ist $\qquad f_2 = f_{21} + f_{22}$

In gleicher Weise wie oben erhält man mit $F_2 = F$

$$f_{21} = \frac{14}{3 \cdot 16^2} \cdot \frac{F l^3}{EI} \qquad f_{22} = -\frac{9}{3 \cdot 16^2} \cdot \frac{F l^3}{EI} \qquad f_2 = \frac{5}{3 \cdot 16^2} \cdot \frac{F l^3}{EI}$$

Die Neigung der Tangente an die Biegelinie in C ist $\tan\alpha_1 = \tan\alpha_{11} + \tan\alpha_{12}$. Die Einzelanteile bekommt man durch Differenzieren der Gleichung der Biegelinie und Einsetzen der entsprechenden Abszissenwerte

$$\frac{dw_1}{dx_1} = \frac{F_1 l^2}{6EI} \cdot \frac{a_1}{l}\left(\frac{b_1}{l}\right)^2\left(1 + \frac{l}{b_1} - \frac{3x_1^2}{a_1 b_1}\right)$$

$$\tan\alpha_{11} = \frac{dw_1}{dx_1}\bigg|_{a_1} = \frac{F_1 l^2}{6EI} \cdot \frac{a_1}{l}\left(\frac{b_1}{l}\right)^2\left(1 + \frac{l}{b_1} - 3\frac{a_1}{b_1}\right) = \frac{1}{16} \cdot \frac{F l^2}{EI}$$

Ebenso ergibt sich

$$\tan\alpha_{12} = \frac{dw_1}{dx_1}\bigg|_{a_1} = -\frac{F_2 l^2}{6EI} \cdot \frac{a_2}{l}\left(\frac{b_2}{l}\right)^2\left(1 + \frac{l}{b_2} - 3\frac{a_1^2}{a_2 b_2}\right) = -\frac{0{,}5}{16} \cdot \frac{F l^2}{EI}$$

Somit ist die Tangentenneigung $\qquad \tan \alpha_1 = \dfrac{0,5}{16} \cdot \dfrac{F\,l^2}{EI}$

Die gleiche Rechnung ergibt $\qquad \tan \alpha_2 = \tan \alpha_{21} + \tan \alpha_{22} = -\dfrac{0,5}{16} \cdot \dfrac{F\,l^2}{EI}$

Die Beträge der Neigungswinkel in C und D sind demnach gleich groß. Zum Vergleich sind auch die Neigungswinkel in den Lagern ausgerechnet, sie betragen (Tafel **104**.1, 4)

$$\tan \alpha_A = \frac{1,125}{16} \cdot \frac{F\,l^2}{EI} \qquad\qquad \tan \alpha_B = -\frac{0,375}{16} \cdot \frac{F\,l^2}{EI}$$

Mit den Zahlenwerten (**109**.1 a) findet man $\quad I = I_a = \dfrac{\pi}{64}\,d^4 = \dfrac{\pi}{64} \cdot 60^4\ \text{mm}^4 = 63,6 \cdot 10^4\ \text{mm}^4$

sowie mit $E = 2 \cdot 10^5\ \text{N/mm}^2$

$$\frac{F\,l^3}{EI} = \frac{17\,000\ \text{N} \cdot 4^3 \cdot 10^6\ \text{mm}^3}{2 \cdot 10^5\ \text{N/mm}^2 \cdot 63,6 \cdot 10^4\ \text{mm}^4} = 8,55\ \text{mm} \qquad \frac{F\,l^2}{EI} = \frac{8,55\ \text{mm}}{400\ \text{mm}} = 0,0214$$

Die Durchbiegungen ergeben sich dann

in $C \qquad f_1 = \dfrac{11}{3 \cdot 16^2} \cdot 8,55\ \text{mm} = 0,1225\ \text{mm}$

in $D \qquad f_2 = \dfrac{5}{3 \cdot 16^2} \cdot 8,55\ \text{mm} = 0,0557\ \text{mm}$

und die Neigungswinkel an den gleichen Stellen

$$\tan \alpha_1 = \tan \alpha_2 = \frac{0,5}{16} \cdot 0,0214 = 0,000669 \qquad \alpha_1 = 0,038°$$

Diese Werte sind außerordentlich klein und entsprechen den bei Getriebewellen üblichen. In Bild **109**.1 c sind Biegemomentverlauf und Biegelinie gezeichnet. Bei positivem Biegemoment ist die Biegelinie nach unten konvex, bei negativem nach unten konkav gekrümmt. Im Schnittpunkt der Momentlinie mit der Abszissenachse $M_b(x) = 0$ hat die Biegelinie ihren Wendepunkt W.

Das größte Biegemoment ist

$$M_{b\,max} = \frac{5}{16}\,F\,l = 2125\ \text{Nm}$$

das Widerstandsmoment des Kreisquerschnitts mit $d = 60$ mm ist

$$W_b = \frac{\pi}{32}\,d^3 = 21,2 \cdot 10^3\ \text{mm}^3$$

Somit erhält man die maximale Biegespannung $\sigma_{b\,max} = M_{b\,max}/W_b = 100\ \text{N/mm}^2$.

5.3. Mohrsche Analogie

Die Analogie zwischen der aus der Statik bekannten Differentialgleichung (s. Teil 1, Statik, Abschn. Beziehungen zwischen Belastung, Querkraft und Biegemoment)

$$\frac{\text{d}^2\,M_b(x)}{\text{d}x^2} = -q(x)$$

die den Zusammenhang zwischen Belastung $q(x)$ eines Balkens und Biegemoment $M_b(x)$ angibt, und der Differentialgleichung der Biegelinie, s. Gl. (101.3)

$$\frac{d^2\,w(x)}{dx^2} = -\,\frac{M_b(x)}{E\,I}$$

ist der Grundgedanke eines Verfahrens zur Ermittlung der Tangentenneigung und der Durchbiegung von Balken auf die gleiche Weise, wie man in der Statik Querkraft und Biegemoment erhält. Die Idee zu diesem Verfahren stammt von Chr. O. Mohr und wird nach ihm Mohrsche Analogie genannt. Die Ermittlung der Verformungsgrößen kann sowohl für bestimmte Stellen des Balkens (Lager, Krafteinleitungsstellen) erfolgen, als auch den funktionalen Zusammenhang der Tangentenneigung und der Durchbiegung mit der Längskoordinate x ergeben.

Faßt man den durch die Biegesteifigkeit $E I$ dividierten Biegemomentverlauf $M_b(x)$ eines gegebenen Balkens als Belastungsintensität eines Ersatzbalkens gleicher Länge und gleicher Biegesteifigkeit auf, dann erhält man nach den Regeln der Statik die Durchbiegung des gegebenen Balkens als „Biegemoment" des Ersatzbalkens. Ebenso ist die Tangentenneigung an die Biegelinie gleich der „Querkraft" des Ersatzbalkens.

Es bestehen dann die folgenden Analogien

$$q(x) \triangleq \frac{M_b(x)}{E\,I} \qquad\qquad F_q(x) \triangleq w'(x) \qquad\qquad M_b(x) \triangleq w(x)$$

In Endlagern und Einspannstellen ist die Querkraft gleich der jeweiligen Lagerkraft, im Ersatzbalken ist somit nach der Analogie die Lagerkraft gleich der Tangentenneigung in diesen betreffenden Stellen.

Ist die Biegesteifigkeit $E I$ konstant, wie z. B. bei homogenen Balken mit unveränderlichem Querschnitt, kann man diese aus den Betrachtungen zunächst fortlassen. Man wählt dann die Biegemomentfläche direkt als Belastung des Ersatzbalkens. Das erhaltene Ergebnis ist zum Schluß lediglich noch durch die Biegesteifigkeit zu dividieren. Die Gleichungen der Analogie lauten dann

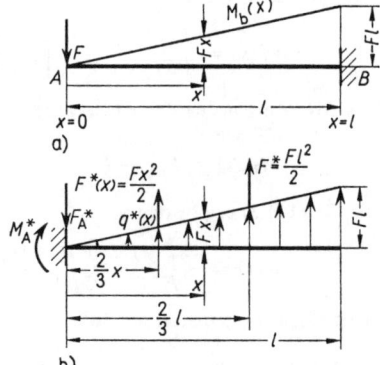

$$E I\,w''(x) = -\,M_b(x) = -\,q^*(x) \qquad (111.1)$$

$$E I\,w'(x) = F_q^*(x) \qquad\qquad\qquad (111.2)$$

$$E I\,w(x) = M_b^*(x) \qquad\qquad\qquad (111.3)$$

111.1 a) Freiträger mit Einzellast am Ende, Biegemomentverlauf
b) Ersatzträger nach der Mohrschen Analogie mit der Streckenlast $q^*(x) = M_b(x)$

Die Wahl des Ersatzträgers richtet sich nach den jeweiligen Randbedingungen. Für den Freiträger mit Einzellast F am freien Ende (111.1a) z. B. ist am freien Ende ($x = 0$) die Durchbiegung $w(0) \neq 0$ sowie die Tangentenneigung $w'(0) \neq 0$, nach der Analogie bedeutet dies $M_b^*(0) \neq 0$; $F_q^*(0) \neq 0$. Biegemoment und Querkraft sind aber nur in einer festen Einspannung von Null verschieden, ein freies Ende des gegebenen Balkens wird also durch eine Einspannung des Ersatzbalkens ersetzt. In der Einspannung des gegebenen

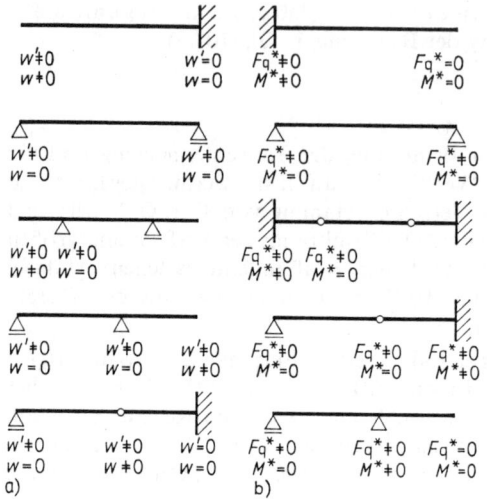

$w' \neq 0$
$w \neq 0$

$w' = 0$
$w = 0$

$F_q^* \neq 0$
$M^* \neq 0$

$F_q^* = 0$
$M^* = 0$

$w' \neq 0$
$w = 0$

$w' \neq 0$
$w = 0$

$F_q^* \neq 0$
$M^* = 0$

$F_q^* \neq 0$
$M^* = 0$

$w' \neq 0 \quad w' \neq 0$
$w \neq 0 \quad w = 0$

$F_q^* \neq 0 \quad F_q^* \neq 0$
$M^* \neq 0 \quad M^* = 0$

$w' \neq 0$
$w = 0$

$w' \neq 0$
$w = 0$

$w' \neq 0$
$w \neq 0$

$F_q^* \neq 0$
$M^* = 0$

$F_q^* \neq 0$
$M^* = 0$

$F_q^* \neq 0$
$M^* \neq 0$

$w' \neq 0$
$w = 0$
a)

$w' \neq 0$
$w \neq 0$

$w' \neq 0$
$w = 0$

$F_q^* \neq 0$
$M^* = 0$
b)

$F_q^* \neq 0$
$M^* \neq 0$

$F_q^* = 0$
$M^* = 0$

Trägers ist bei $x = l$ Durchbiegung und Tangentenneigung $w(l) = w'(l) = 0$, d.h. $M_b^*(l) = F_q^*(l) = 0$, das ist aber nur für ein freies Ende der Fall. Die Einspannung wird also durch ein freies Ende ersetzt. Der Ersatzträger ist somit links eingespannt und rechts frei (111.1 b).

Für weitere wichtige Trägerstützarten findet man die Ersatzträger in Bild 112.1 zusammengestellt. Die Mohrsche Analogie kann sowohl rechnerisch als auch zeichnerisch angewendet werden. In den folgenden Beispielen wird die rechnerische Anwendung gezeigt.

112.1 a) Verschieden gestützte Träger
b) Ersatzträger für die Mohrsche Analogie

Beispiel 9. Die Gleichungen für die Tangentenneigung $w'(x)$ und die Biegelinie $w(x)$ sowie Tangentenneigung und Durchbiegung am Ende des Freiträgers (111.1) sind mit Hilfe der Mohrschen Analogie zu ermitteln (s. auch Beispiel 3, S. 102 und Tafel 104.1, 1).

Da EI konstant ist, lassen wir die Biegesteifigkeit aus den Betrachtungen zunächst fort. Nach den Regeln der Statik ersetzen wir die Streckenlast $q^*(x) = F x$ durch ihre Resultierende im Schwerpunkt. Mit den Lagerreaktionen des Ersatzträgers (111.1 b) $F_A^* = F l^2/2$ und $M_A^* = F l^3/3$ sowie der Resultierenden $F^*(x) = F x^2/2$ ist die Querkraft

$$F_q^*(x) = - F_A^* + F^*(x) = - F l^2/2 + F x^2/2$$

Aus der Gl. (111.2) folgt

$$w'(x) = \frac{F_q^*(x)}{EI} = \frac{F l^2}{2 EI} \left[\left(\frac{x}{l} \right)^2 - 1 \right]$$

Das Biegemoment des Ersatzträgers ist

$$M_b^*(x) = M_A^* - F_A^* x + F^*(x) \frac{x}{3} = \frac{F l^3}{3} - \frac{F l^2}{2} x + \frac{F x^3}{6}$$

Die Gl. (111.3) ergibt dann

$$w(x) = \frac{M_b^*(x)}{EI} = \frac{F l^3}{3 EI} \left[\frac{1}{2} \left(\frac{x}{l} \right)^3 - \frac{3}{2} \cdot \frac{x}{l} + 1 \right]$$

Beide Gleichungen stimmen überein mit denen in Beispiel 3, S. 102.

Die Tangentenneigung am freien Ende ist

$$\tan \alpha = - \frac{F_A^*}{EI} = - \frac{F l^2}{2 EI}$$

und die größte Durchbiegung

$$f = \frac{M_A^*}{EI} = \frac{F l^3}{3 EI}$$

Die Anwendung der Mohrschen Analogie ist für lineare Biegemomentverläufe (Moment-flächen also Dreiecke und Trapeze) recht elegant und führt schnell zum Ziel, bei kompliziertem Biegemomentverlauf (z. B. Funktionen 2. und 3. Grades) wird der Aufwand jedoch zu groß, und man bevorzugt z. B. die zeichnerische Lösung (s. Abschn. 5.4).

Beispiel 10. Durchbiegungen und Tangentenneigungen aus Beispiel 8, S. 109 sind mit Hilfe der Mohrschen Analogie zu ermitteln.

Dem Bild **113**.1 entnimmt man die resultierenden Belastungen der Ersatzwelle bei gleicher Lagerung wie die gegebene Welle

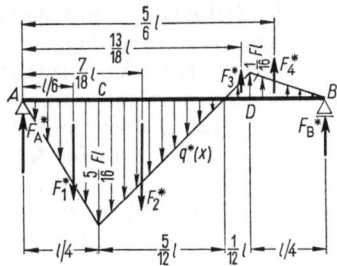

$$F_1^* = \frac{1}{2} \cdot \frac{5}{16} F l \frac{l}{4} = 5 \frac{F l^2}{8 \cdot 16}$$

$$F_2^* = \frac{1}{2} \cdot \frac{5}{16} F l \frac{5}{12} l = \frac{25}{3} \cdot \frac{F l^2}{8 \cdot 16}$$

$$F_3^* = \frac{1}{2} \cdot \frac{1}{16} F l \frac{1}{12} l = \frac{1}{3} \cdot \frac{F l^2}{8 \cdot 16}$$

113.1

Ersatzwelle für die Mohrsche Analogie zur Welle mit zwei Einzellasten nach Bild **109**.1a, Belastung der Ersatzwelle durch die Streckenlast $q^*(x) = M_b(x)$

$$F_4^* = \frac{1}{2} \cdot \frac{1}{16} F l \frac{l}{4} = 1 \frac{F l^2}{8 \cdot 16}$$

Aus der Gleichgewichtsbedingung $\Sigma M_{\mathrm{Ai}}^* = 0$ folgt nach Dividieren durch l

$$F_B^* = F_1^* \frac{1}{6} + F_2^* \frac{7}{18} - F_3^* \frac{13}{18} - F_4^* \frac{5}{6} = 3 \frac{F l^2}{8 \cdot 16}$$

Die Bedingung $\Sigma F_i^* = 0$ ergibt

$$F_A^* = F_1^* + F_2^* - F_3^* - F_4^* - F_B^* = 9 \frac{F l^2}{8 \cdot 16}$$

Somit sind die Tangentenneigungen in den Lagern

$$\tan \alpha_A = \frac{F_A^*}{EI} = \frac{1{,}125}{16} \cdot \frac{F l^2}{EI} \qquad \tan \alpha_B = -\frac{F_B^*}{EI} = -\frac{0{,}375}{16} \cdot \frac{F l^2}{EI}$$

Die Querkräfte der Ersatzwelle in C und D ergeben sich aus

$$F_{qC}^* = F_A^* - F_1^* \qquad \text{und} \qquad F_{qD}^* = - F_B^* - F_4^*$$

Somit sind die Neigungswinkel an den gleichen Stellen

$$\tan \alpha_1 = \frac{F_{qC}^*}{EI} = \frac{F l^2}{8 \cdot 16 EI} (9 - 5) = \frac{0{,}5}{16} \cdot \frac{F l^2}{EI} \qquad \tan \alpha_2 = \frac{F_{qD}^*}{EI} = - \tan \alpha_1$$

Die Biegemomente der Ersatzwelle in den Querschnitten C und D sind

$$M_{bC}^* = F_A^* \frac{l}{4} - F_1^* \frac{l}{12} = \frac{F l^3}{8 \cdot 16} \left(\frac{9}{4} - \frac{5}{12} \right) = \frac{11}{3 \cdot 16^2} F l^3$$

$$M_{bD}^* = F_B^* \frac{l}{4} + F_4^* \frac{l}{12} = \frac{F l^3}{8 \cdot 16} \left(\frac{3}{4} + \frac{1}{12} \right) = \frac{5}{3 \cdot 16^2} F l^3$$

Nach der Analogie sind die Durchbiegungen in C und D

$$f_1 = \frac{M_{bC}^*}{EI} = \frac{11}{3 \cdot 16^2} \cdot \frac{F l^3}{EI} \qquad f_2 = \frac{M_{bD}^*}{EI} = \frac{5}{3 \cdot 16^2} \cdot \frac{F l^3}{EI}$$

Alle Werte stimmen mit den Ergebnissen in Beispiel 8, S. 109 überein.

5.4. Zeichnerische Ermittlung der Durchbiegung nach Mohr

Die Analogie zwischen den beiden Differentialgleichungen im vorhergehenden Abschnitt ist ebenfalls der Grundgedanke zur zeichnerischen Ermittlung der Biegelinie Aus der Statik ist bekannt, daß man die Integration der ersten der beiden Differentialgleichungen zur Ermittlung der Biegemomente $M_b(x)$ aus der gegebenen Belastungsfunktion $q(x)$ mit Hilfe der Seileckkonstruktion zeichnerisch durchführen kann (s. Teil 1, Statik, Abschn. zeichnerische und tabellarische Bestimmung des Schnittgrößenverlaufs). Der erste Schritt besteht in der Zusammenfassung der Streckenlasten zu resultierenden Teillasten und dem Zeichnen des Kräfteplans, der zweite Schritt im Zeichnen der Polstrahlen und deren Parallelverschiebung als Seilstrahlen in den Lageplan des gegebenen Kräftesystems (am Balken, der Welle oder dem Träger) zum Seileck (115.1 b). Die Seileckordinaten S_M sind den Biegemomenten proportional. Der Proportionalitätsfaktor ist der Maßstabsfaktor für die Biegemomente $m_M = S_{H1}\, m_F\, m_L$, wenn der Lageplan des gegebenen Systems mit dem Längenmaßstabsfaktor m_L und die Kräfte im Kräfteplan mit dem Kraftmaßstabsfaktor m_F gezeichnet wurden (Zeichnungsstrecken S_L und S_F), der Polabstand des ersten Kraftecks ist S_{H1}. Nach der Analogie ist die Biegemomentfläche als Belastung $q^*(x)$ auf den zugehörigen Ersatzträger (112.1) aufzubringen (115.1 c), die Biegesteifigkeit lassen wir zunächst unberücksichtigt.

Demnach erhält man durch eine nochmalige Anwendung der Krafteck-Seileck-Konstruktion die Biegelinie als zweites Seileck (115.1 d). Die Seileckordinaten S_w sind der Durchbiegung proportional, der Proportionalitätsfaktor ist der Maßstabsfaktor für die Durchbiegung $m_w = S_{H2}\, m_A'\, m_L$, mit dem Polabstand des zweiten Kraftecks S_{H2} und m_A' als Maßstabsfaktor der Biegemomentfläche als Ersatzbelastung. Die wirkliche Biegelinie, bei durchlaufenden Trägern im allgemeinen eine glatte Kurve, ist in das als Tangentenpolygon anzusehende Seileck mit dem Kurvenlineal hineinzuzeichnen, weil die Seilstrahlen unter den Lagerstellen und den Lasteinleitungsstellen Tangenten an die Biegelinie sind. Die Tangentenneigung an jeder Stelle der Biegelinie ist der jeweiligen Querkraft $F_q^*(x)$ der Biegemomentbelastung $q^*(x)$ proportional, man erhält sie aus dem zweiten Kräfteplan mit den Momentenflächenlasten $F_i^* = A_i$. Diese sind in cm_z^2 gerechnet und mit dem Flächenmaßstabsfaktor m_A als Zeichenstrecken S_{Ai} aufgetragen.

Dieses Verfahren zeichnet sich dadurch besonders aus, daß man die notwendigen Konstruktionsschritte rasch erhält. Zwischenrechnungen (z.B. die Berechnung von M_b/EI in wahrer Größe) sind nicht erforderlich, sondern man kann die ganze Konstruktion mit Zeichnungsstrecken S_L, S_F, S_M, S_A, S_{H1} und S_{H2} durchführen. Die Maßstabsfaktoren für Längen m_L, Kräfte m_F und Momentflächen m_A sowie die Polabstände S_{H1} und S_{H2} können frei gewählt werden, die Maßstabsfaktoren für die Tangentenneigung m_A' und die Durchbiegung m_w ergeben sich zwangsläufig mit den gewählten Größen aus der Konstruktion.

Die Maßstabsfaktoren m_A und m_A' haben verschiedene Bedeutung; m_A' ist für das zweite Krafteck das gleiche wie der Kraftmaßstab m_F des ersten Kraftecks. Der Maßstabsfaktor m_A' muß sowohl den frei gewählten Maßstabsfaktor m_A der Momentfläche als auch den Momentmaßstabsfaktor m_M und den Längenmaßstabsfaktor m_L enthalten.

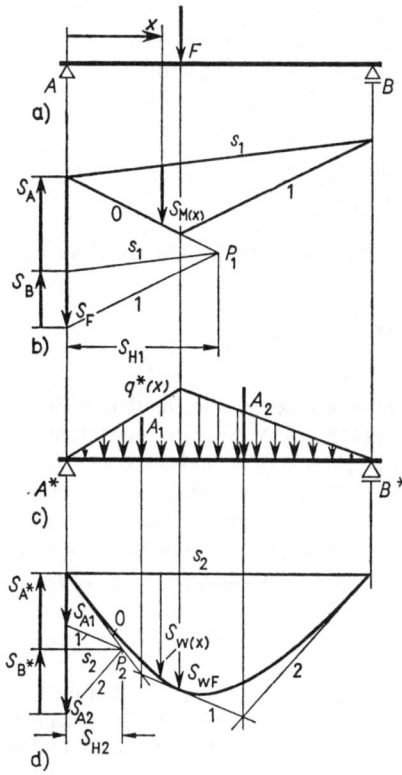

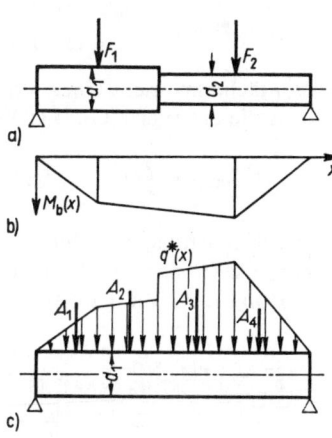

115.1 Zeichnerische Ermittlung der Biegelinie
a) Lageplan
b) 1. Kraft- und Seileck, Biegemomentverlauf
c) Ersatzwelle mit Streckenlast $q^*(x)$
d) 2. Kraft- und Seileck, Biegelinie

115.2
a) Welle mit zwei verschiedenen Durchmessern d_1 und d_2
b) Biegemomentverlauf
c) Ersatzwelle für die Mohrsche Analogie Durchmesser d_1
mit Streckenlast $q^*(x) = M_b(x)\,(d_1/d_2)^4$

Schließlich sind die Biegemomente des gegebenen Systems durch die Biegesteifigkeit EI zu dividieren, auch dies wird erst in m'_A berücksichtigt

$$m'_A = \frac{m_A\, m_M\, m_L}{E\,I}$$

Mit $m_M = S_{H1}\, m_F\, m_L$ erhält man

$$m'_A = \frac{S_{H1}}{E\,I}\, m_F\, m_A\, m_L^2 \tag{115.1}$$

den Maßstabsfaktor der Querkräfte $F_q^*(x)$, also der Tangentenneigung. Der Maßstabsfaktor für die Durchbiegung ist nunmehr

$$m_w = S_{H2}\, m'_A\, m_L = \frac{S_{H1}\, S_{H2}}{E\,I}\, m_F\, m_A\, m_L^3 \tag{115.2}$$

Ein besonderer Vorzug der zeichnerischen Lösung der Differentialgleichung der Biegelinie aus den Biegemomenten besteht darin, daß auch Balken mit veränderlicher Biegesteifigkeit $EI(x)$ (z.B. Wellen mit verschiedenen Durchmessern) einfach behandelt werden können (**115.2**). Man denkt sich eine Ersatzwelle mit überall gleichem

Durchmesser d_{max} (dem größten Durchmesser der gegebenen Welle). Damit diese Ersatzwelle die gleiche Durchbiegung aufweist wie die gegebene, muß sie derselben DGL genügen. Die Belastungsfunktion $q^*(x)$, s. Gl. (111.1), muß demnach umgerechnet werden. Man erweitert mit I_{max}, dem axialen Flächenmoment 2. Ordnung des Querschnitts mit dem größten Durchmesser

$$- w''(x) = \frac{M_b(x)}{E\,I(x)} \cdot \frac{I_{max}}{I_{max}} = \frac{M_b(x)[I_{max}/I(x)]}{E\,I_{max}}$$

Da das Flächenmoment einer Kreisfläche der 4. Potenz des Durchmessers proportional ist, lautet die erweiterte Gl. (111.1)

$$E\,I_{max}\,w''(x) = -\,M_b(x)\left[\frac{d_{max}}{d(x)}\right]^4 = -\,q^*(x) \tag{116.1}$$

Die Biegemomentflächen sind in den Bereichen der Welle, in denen $d(x) < d_{max}$ ist, mit dem Faktor $[d_{max}/d(x)]^4$ zu vergrößern (**115.**2c). Mit diesen umgerechneten Flächenlasten erfolgt dann die Konstruktion des zweiten Kraft- und Seilecks. Das Ausrechnen der Flächeninhalte A_i und das Umrechnen in Zeichnungsstrecken S_{Ai} erfolgt zweckmäßigerweise in einer Zahlentabelle.

Sind die Gewichte von Wellen und Trägern nicht vernachlässigbar klein, so werden diese als Streckenlasten berücksichtigt.

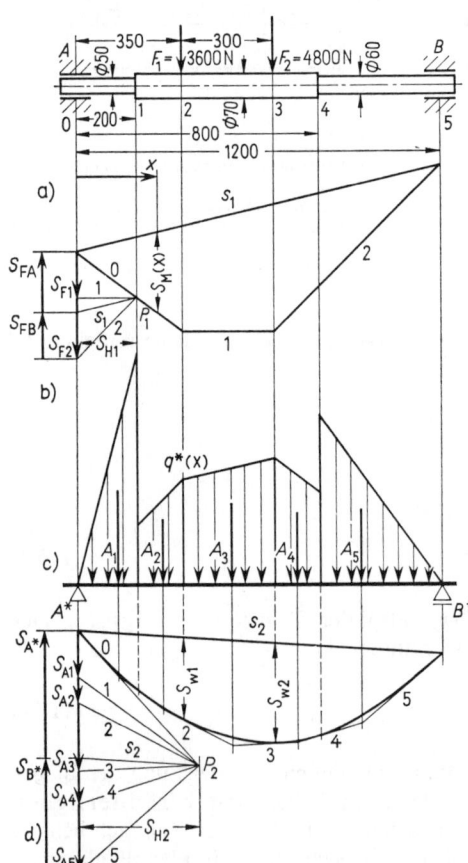

Beispiel 11. Die Biegelinie der in Bild **116.**1a gezeichneten Welle ist zeichnerisch zu ermitteln. Wie groß sind insbesondere die Durchbiegungen an den Lastangriffstellen sowie die Neigungswinkel der Biegelinie an den Lagerstellen? $E = 2,1 \cdot 10^5$ N/mm².

Die Konstruktion ist in den Bildern **116.**1b bis d durchgeführt, sie besteht aus folgenden Schritten:

1. Aufzeichnen des Lageplanes mit dem gewählten Maßstabfaktor $m_L = 25$ cm/cm$_z$.

2. Zeichnen des 1. Kraftecks, Maßstabfaktor $m_F = 6000$ N/cm$_z$, Polabstand $S_{H1} = 0,8$ cm$_z$ und Konstruktion des Seilecks.

116.1

Zeichnerische Ermittlung der Biegelinie

a) zweifach gelagerte Welle mit verschiedenen Durchmessern, belastet durch zwei Einzelkräfte F_1 und F_2, Lageplan

b) 1. Kraft- und Seileck, Biegemomentverlauf

c) Ersatzwelle für die Mohrsche Analogie mit der Streckenlast $q^*(x) = M_b(x)\,[d_{max}/d(x)]^4$, aufgeteilt in fünf Flächenlasten A_1 bis A_5

d) 2. Kraft- und Seileck, Biegelinie
$m_L = 25$ cm/cm$_z$; $m_F = 6000$ N/cm$_z$; $m_A = 2$ cm²$_z$/cm$_z$
$S_{H1} = 0,8$ cm$_z$; $S_{H2} = 1,6$ cm$_z$

3. Aufteilen der Fläche unter dem Seileck in Teilflächen, Berechnung der Flächeninhalte in cm_z^2, Umrechnen auf den Durchmesser $d_{max} = 7$ cm und Berechnung der Zeichenstrecken S_{Ai} mit dem gewählten Maßstabsfaktor $m_A = 2$ cm_z^2/cm_z (Tafel 117.1).

Tafel 117.1   Berechnung der Momentflächen (zu Beispiel 11)

i	S_{Mi}	d	$\left(\dfrac{d_{max}}{d}\right)^4$	$S_{Mi}\left(\dfrac{d_{max}}{d}\right)^4$	S_{Ii}	A_i	S_{Ai}	ΣS_{Ai}
	cm_z	cm		cm_z	cm_z	cm^2	cm_z	cm_z
0	0	5	3,84	0				
		5	3,84	3,04	0,8	$1/2 \cdot 3{,}04 \cdot 0{,}8 = 1{,}22$	0,61	0,61
1	0,79	7	1	0,79				
					0,6	$1/2\,(0{,}79 + 1{,}38)\,0{,}6 = 0{,}65$	0,33	0,94
2	1,38	7	1	1,38				
					1,2	$1/2\,(1{,}38 + 1{,}66)\,1{,}2 = 1{,}83$	0,91	1,85
3	1,66	7	1	1,66				
					0,6	$1/2\,(1{,}66 + 1{,}22)\,0{,}6 = 0{,}86$	0,43	2,28
4	1,22	7	1	1,22				
		6	1,85	2,25				
					1,6	$1/2 \cdot 2{,}25 \cdot 1{,}6 = 1{,}80$	0,90	3,18
5	0	6	1,85	0				

4. Zeichnen des zweiten Kraftecks, Maßstabsfaktor m_A, Polabstand $S_{H2} = 1{,}6\ cm_z$ und Konstruktion des Seilecks.

5. Ersatz des Tangentenpolygons durch die glatte Biegelinie mit dem Kurvenlineal.

6. Abmessen der gesuchten Größen als Zeichenstrecken. Man erhält

$$S_A^* = 1{,}68\ cm_z \qquad\qquad S_B^* = 1{,}5\ cm_z$$

$$S_{w1} = 1{,}09\ cm_z \quad \text{und} \qquad S_{w2} = 1{,}32\ cm_z$$

Mit den gewählten Maßstabsfaktoren sind der Durchbiegungsmaßstabsfaktor

$$m_w = \frac{0{,}8\ cm_z \cdot 1{,}6\ cm_z}{2{,}48 \cdot 10^9\ Ncm^2} \cdot 6000\ \frac{N}{cm_z} \cdot 2\ \frac{cm_z^2}{cm_z} \cdot 2{,}5^3 \cdot 10^3\ \frac{cm^3}{cm_z^3} = \frac{9{,}7}{100}\ \frac{cm}{cm_z}$$

mit der Biegesteifigkeit

$$EI_{max} = 2{,}1 \cdot 10^7\ (N/cm^2) \cdot 117{,}9\ cm^4 = 2{,}48 \cdot 10^9\ Ncm^2$$

sowie der Maßstabsfaktor der Tangentenneigung

$$m_A' = \frac{m_w}{S_{H2}\,m_L} = \frac{9{,}7\ cm/cm_z}{40 \cdot 100\ cm} = \frac{2{,}42}{1000}\ \frac{1}{cm_z}$$

Somit erhalten wir

$$\tan \alpha_A = S_A^* \, m_A' = 1{,}68 \text{ cm}_z \cdot \frac{2{,}42}{1000} \, \frac{1}{\text{cm}_z} = 0{,}00407 \qquad \alpha_A = 0{,}233°$$

$$\tan \alpha_B = S_B^* \, m_A' = 0{,}00363 \qquad\qquad\qquad\qquad\quad \alpha_B = 0{,}208°$$

$$w_1 = S_{w1} \, m_w = 1{,}09 \text{ cm}_z \cdot \frac{9{,}7}{100} \, \frac{\text{cm}}{\text{cm}_z} = 0{,}106 \text{ cm}$$

$$w_2 = S_{w2} \, m_w = 0{,}128 \text{ cm}$$

5.5. Formänderungsarbeit bei der Biegung — Biegefedern

In Abschn. 2.2.2 hatten wir die Formänderungsarbeit eines elastisch beanspruchten Körpers bei gleichmäßiger Spannungsverteilung kennengelernt, s. Gl. (13.1) und Gl. (13.2). Die spezifische Formänderungsarbeit in einem Balken $\Delta W = \sigma_b^2/2E$ — mit der Biegespannung σ_b — ist wegen der ungleichmäßigen Spannungsverteilung eine Funktion der Balkenkoordinaten. In einem Volumenelement $dV = dx \, dy \, dz$ ist dann die Formänderungsarbeit

$$dW = \Delta W \, dV = (\sigma_b^2/2E) \, dV$$

Die Gesamtarbeit erhält man durch Integration über das Volumen eines Balkens

$$W = \int dW = \int (\sigma_b^2/2E) \, dV$$

Setzen wir wieder gerade Biegung voraus und wählen die Spur der Lastebene als z-Achse, dann ist bei veränderlichem Querschnitt mit $\sigma_b = \dfrac{M_b(x)}{I_y(x)} \, z$, s. Gl. (78.1)

$$W = \frac{1}{2} \int_0^l \left[\int \frac{M_b^2(x)}{E \, I_y^2(x)} \, z^2 \, dy \, dz \right] dx$$

Es kann zuerst über y und z integriert werden. Die Faktoren, die nur von x abhängen, können dabei als Konstante angesehen und vor das innere Integralzeichen gezogen werden. Mit $dy \, dz = dA$ erhält man

$$W = \frac{1}{2} \int_0^l \frac{M_b^2(x)}{E \, I_y^2(x)} \left(\int z^2 \, dA \right) dx$$

Nach Gl. (53.4 b) ist das Integral in der Klammer gleich dem axialen Flächenmoment $I_y(x)$ des Querschnitts. Somit erhalten wir

$$W = \frac{1}{2} \int_0^l \frac{M_b^2(x)}{E \, I_y(x)} \, dx \qquad\qquad\qquad (118.1)$$

Bei einem Balken mit überall gleichem Querschnitt und gleichem Material ist die Biegesteifigkeit EI_y konstant. Dann ergibt sich die Formänderungsarbeit

$$W = \frac{1}{2\,E\,I_y} \int\limits_0^l M_b^2(x)\,\mathrm{d}x \qquad (119.1)$$

Sie ist unter diesen Voraussetzungen demnach nur vom Biegemomentverlauf und somit von der Belastung und der Lagerung des Balkens abhängig.

Nach dem Energiesatz ist die im Balken gespeicherte Formänderungsarbeit gleich der Arbeit der äußeren Kräfte. Somit kann man mit $W = 0{,}5\,Ff$ die durch eine Last F hervorgerufene Durchbiegung f in Richtung dieser Last berechnen.

Beispiel 12. Die Formänderungsarbeit und die Durchbiegung am freien Ende des Freiträgers (Tafel **104.**1, 1) sind zu berechnen.

Mit dem Biegemoment $M_b(x) = -F\,x$ ergibt Gl. (119.1)

$$W = \frac{1}{2\,E\,I} \int\limits_0^l F^2\,x^2\,\mathrm{d}x = \frac{F^2}{2\,E\,I} \cdot \frac{l^3}{3}$$

Aus dem Energiesatz erhält man die Durchbiegung

$$f = \frac{2\,W}{F} = \frac{F\,l^3}{3\,E\,I}$$

Beispiel 13. Der einseitig eingespannte Träger (**119.**1) besteht aus einem Teil 1 mit Kreisquerschnitt und einem Teil 2 mit quadratischem Querschnitt. Über die Formänderungsarbeit berechne man die größte Durchbiegung. Gegeben sind: $F = 1200$ N, $l = 1000$ mm, $a = 400$ mm, $d = 40$ mm, $b = 50$ mm, $E = 2{,}1 \cdot 10^5$ N/mm^2. Da das Flächenmoment I nicht konstant ist, muß man die Formänderungsarbeit für die beiden Teilbereiche 1 und 2 getrennt berechnen. Gl. (118.1) ergibt

$$W = \frac{1}{2}\left(\int\limits_0^a \frac{M_b^2(x)}{E\,I_{(1)}}\,\mathrm{d}x + \int\limits_a^l \frac{M_b^2(x)}{E\,I_{(2)}}\,\mathrm{d}x \right)$$

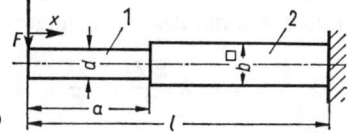

119.1 Träger mit Kreisquerschnitt (1) und quadratischem Querschnitt (2)

Mit $M_b(x) = -F\,x$ ist

$$W = \frac{F^2}{2\,E\,I_{(1)}} \int\limits_0^a x^2\,\mathrm{d}x + \frac{F^2}{2\,E\,I_{(2)}} \int\limits_a^l x^2\,\mathrm{d}x = \frac{F^2}{6\,E\,I_{(1)}}\,a^3 + \frac{F^2}{6\,E\,I_{(2)}}\,(l^3 - a^3)$$

Mit $W = (1/2)\,Ff$ erhält man die Durchbiegung am Ende des Trägers

$$f = \frac{F}{3\,E}\left(\frac{a^3}{I_{(1)}} + \frac{l^3 - a^3}{I_{(2)}} \right)$$

Mit $I_{(1)} = \pi\,d^4/64 = 12{,}56 \cdot 10^4$ mm^4 und $I_{(2)} = b^4/12 = 52{,}1 \cdot 10^4$ mm^4 ergibt die Ausrechnung

$$f = \frac{1200\ \text{N}}{3 \cdot 2{,}1 \cdot 10^5\ \text{N/mm}^2}\left(\frac{4^3 \cdot 10^6\ \text{mm}^3}{12{,}57 \cdot 10^4\ \text{mm}^4} + \frac{(10^3 - 4^3)\,10^6\ \text{mm}^3}{52{,}1 \cdot 10^4\ \text{mm}^4} \right) = 4{,}39\ \text{mm}$$

Beispiel 14. Für den in Tafel **104.**1, 5 angegebenen Träger ermittle man die Formänderungsarbeit und die Durchbiegung f an der Lastangriffsstelle.

Abweichend von der in der Tafel angegebenen Richtung wählt man zweckmäßig die Koordinate x_2 von rechts (**120.**1). Wegen des verschiedenen Momentverlaufs in beiden Bereichen muß die Rechnung in diesen getrennt durchgeführt werden. Es ist

$$M_b(x_1) = -F_A\,x_1 = -F\,(a/l)\,x_1 \quad \text{für} \quad 0 \leqq x_1 \leqq l$$

$$M_b(x_2) = -F\,x_2 \quad\quad\quad\quad\quad \text{für} \quad 0 \leqq x_2 \leqq a$$

120.1 Träger auf zwei Stützen mit überkragendem freien Ende

Für die Formänderungsarbeit erhält man

$$W = \frac{F^2}{2\,E\,I}\left[\left(\frac{a}{l}\right)^2 \int_0^l x_1^2\ \mathrm{d}x_1 + \int_0^a x_2^2\ \mathrm{d}x_2\right] = \frac{F^2}{6\,E\,I}\,(a^2\,l + a^3) = \frac{F^2\,a^2\,(l+a)}{6\,E\,I}$$

Ferner ist die Durchbiegung

$$f = \frac{2\,W}{F} = \frac{F\,a^2\,(l+a)}{3\,E\,I} = \frac{F\,l^3}{3\,E\,I}\left(\frac{a}{l}\right)^2\left(1+\frac{a}{l}\right)$$

Biegestäbe finden häufig als **Federn** Verwendung, z. B. Blattfedern. Ihre **Federrate** ist $c = F/f$, wenn F die biegende Kraft und f die Durchbiegung an der Lastangriffsstelle in Richtung dieser Kraft bedeutet. Bei einer eingespannten Blattfeder mit einer Einzellast F am Ende (Freiträger) ist dann die Federrate

$$c = \frac{3\,E\,I}{l^3}$$

Sie ist wie beim Zugstab (s. Gl. (12.4)) dem Elastizitätsmodul sowie hier dem Verhältnis Querschnittsflächenmoment I zur dritten Potenz der Länge proportional. Die **Federrate** einer **Biegefeder** hängt außerdem noch von der **Stützung** ab; dieser Einfluß ist beim Freiträger durch die Zahl 3 angegeben. Allgemein kann man bei Biegung die Federrate durch die Beziehung angeben

$$c = k\frac{E\,I}{l^3} = \frac{F}{f} \tag{120.1}$$

Die Konstante k ist eine von der Stützung der Biegefeder abhängige reine Zahlenkonstante, beim Freiträger also $k = 3$. Bei Belastung nach Tafel **104.**1, 3 ist z. B. $k = 48$, nach Tafel **104.**1, 4 ist

$$k = 3\left(\frac{l}{a}\right)^2\left(\frac{l}{b}\right)^2$$

Die **Formänderungsarbeit** in Federn kann allgemein aus der Gleichung $W = \eta_F\,\Delta W\,V$ berechnet werden (s. Abschn. 2.2.2). Setzt man $\Delta W = \sigma_{b\,max}^2/2\,E$, dann ist dies die spezifische Formänderungsarbeit unter dem Einfluß der größten Biegespannung. Mit $\sigma_{b\,max} = M_{b\,max}/W_{b\,min}$ erhält man

$$\Delta W = \frac{M_{b\,max}^2}{2\,E\,W_{b\,min}^2}$$

Durch Vergleich mit der Gl. (118.1) findet man die **Raumzahl** der **Biegefeder**

$$\eta_F = \frac{W}{\Delta W V} = \frac{W_{b\,min}^2 \int\limits_0^l \dfrac{M_b^2(x)}{I_y(x)}\,dx}{M_{b\,max}^2\, V} \tag{121.1}$$

Bei überall gleichem Querschnitt mit $I_y = W_{b\,min} \cdot z_{max}$ (s. Abschn. 4.2.1) und dem Federvolumen $V = l\,A$ erhält man

$$\eta_F = \frac{\int\limits_0^l M_b^2(x)\,dx}{M_{b\,max}^2} \cdot \frac{W_{b\,min}/A}{z_{max}\,l} \tag{121.2}$$

Beispiel 15. Die **Raumzahl** η_F einer **Blattfeder** mit Rechteckquerschnitt (Breite b und Höhe h) und der Einzellast F am Ende (Freiträger Tafel **104.**1, 1) ist zu berechnen, wenn sie a) mit überall gleichem Querschnitt, b) als Dreieckfeder (**82.**1 b) ausgebildet ist. Wie verhalten sich die Durchbiegungen des freien Endes?

a) Mit $\int\limits_0^l M^2(x)\,dx = F^2\,l^3/3$ (s. Beispiel 12, S. 119), $M_{b\,max} = F\,l$, $W_{b\,min} = b\,h^2/6$, $A = b\,h$ und $z_{max} = h/2$ erhält man aus Gl. (121.2) die Raumzahl

$$\eta_F = \frac{F^2\,l^3}{3\,F^2\,l^2} \cdot \frac{b\,h^2\,2}{6\,h\,l\,b\,h} = \frac{1}{9}$$

b) Da das Flächenmoment I_y wegen der veränderlichen Breite $b(x)$ des Trägers von x abhängt, wird Gl. (121.1) herangezogen

$$\eta_F = \frac{W_{b\,min}^2 \int\limits_0^l \dfrac{M_b^2(x)}{I_y}\,dx}{M_{b\,max}^2\, V}$$

Mit $b(x) = b\,\dfrac{x}{l}$ und $I_y = \dfrac{b(x)\,h^3}{12} = \dfrac{b\,h^3}{12} \cdot \dfrac{x}{l} = I_0\,\dfrac{x}{l}$ ergibt das Integral im Zähler der vorstehenden Gleichung

$$\int\limits_0^l \frac{M_b^2(x)}{I_y}\,dx = \frac{F^2\,l}{I_0} \int\limits_0^l x\,dx = \frac{F^2\,l^3}{2\,I_0}$$

Somit erhält man mit dem Volumen $V = (b\,h/2)\,l$ der Dreieckfeder

$$\eta_F = \frac{b^2\,h^4\,6\,F^2\,l^3\,2}{36\,F^2\,l^2\,b\,h^3\,b\,h\,l} = \frac{1}{3}$$

Die Ausnutzung des Volumens einer Dreieckfeder ist also 3mal so groß wie die der Feder mit gleichbleibendem Querschnitt.

Die Durchbiegung eines Freiträgers mit gleichbleibendem Querschnitt ist (Tafel **104**.1, 1) $f = F l^3 / 3 \, E \, I_0$. Aus dem Energiesatz

$$W = \frac{1}{2} F f = \frac{1}{2E} \int_0^l \frac{M_b^2(x)}{I_y} \, \mathrm{d}x = \frac{F^2 \, l^3}{4 \, E \, I_0}$$

folgt die Durchbiegung der Dreiecksfeder $f = F l^3 / 2 E I_0$. Die Durchbiegung der Blattfeder ist bei gleichbleibendem Querschnitt nur zwei Drittel der Durchbiegung der Dreiecksfeder.

5.6. Vergleichende Beurteilung von Biegespannung und Durchbiegung

Die Bemessung eines durch Kräfte und Momente beanspruchten Balkens erfolgt im allgemeinen auf Grund der zulässigen Spannung und der zulässigen Verformung. Läßt man die Verformung ganz außer acht, so kann das jedoch häufig zu einer falschen Bemessung führen. Andererseits kann eine Berechnung nur auf Grund einer unbedingt geforderten Mindestdurchbiegung eine zu große Biegespannung ergeben. An den beiden folgenden Beispielen sollen diese beiden Möglichkeiten aufgezeigt werden.

Beispiel 16. Eine glatte Schaltstange aus St 50 mit Kreisquerschnitt ist bei horizontaler Betätigung eines Einschaltvorgangs durch zwei parallele Kräfte $F = 4$ N (z. B. über Nocken) auf Biegung beansprucht (**122**.1). Wie groß muß der Durchmesser bei 3facher Sicherheit gegen Dauerbruch gewählt werden, und wie groß ist damit die Durchbiegung in der Mitte?

Bei häufigem Ein- und Ausschalten ist die Beanspruchung schwellend, mit der Schwellfestigkeit $\sigma_{b\,Sch} = 360$ N/mm² für St 50 ist die zulässige Spannung

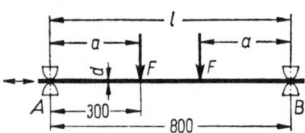

122.1 In A und B gelagerte Schaltstange mit zwei gleich großen Einzelkräften F

$$\sigma_{zul} = \frac{\sigma_{b\,Sch}}{\nu_D} = \frac{360 \text{ N/mm}^2}{3} = 120 \text{ N/mm}^2$$

Für die Bemessung folgt mit Gl. (75.5)

$$W_b \geqq \frac{M_{b\,max}}{\sigma_{zul}} = \frac{F a}{\sigma_{zul}} = \frac{4 \text{ N} \cdot 300 \text{ mm}}{120 \text{ N/mm}^2} = 10 \text{ mm}^3$$

Aus $W_b = \pi \, d^3 / 32$ erhält man den Durchmesser

$$d = \sqrt[3]{\frac{32 \, W_b}{\pi}} = \sqrt[3]{102 \text{ mm}^3} = 4{,}67 \text{ mm}$$

Gewählt wird $d = 5$ mm mit dem Flächenmoment $I_a = 30{,}7$ mm⁴.

Die Durchbiegung in der Mitte ist nach Tafel **104**.1, 7 mit $a/l = 3/8$

$$f_m = \frac{F l^3}{8 \, E \, I_a} \cdot \frac{a}{l} \left[1 - \frac{4}{3} \left(\frac{a}{l} \right)^2 \right] = \frac{39}{2 \cdot 8^3} \cdot \frac{F l^3}{E \, I_a} = 12{,}1 \text{ mm}$$

Dieser Betrag ist für eine Schaltstange natürlich unzumutbar groß. Läßt man als Maximaldurchbiegung $l/1000 = 0{,}8$ mm zu, dann ergibt sich aus der vorstehenden Gleichung

$$I_a = \frac{39}{2 \cdot 8^3} \cdot \frac{F l^3}{E f_m} = \frac{39 \cdot 4 \text{ N} \cdot 8^3 \cdot 10^6 \text{ mm}^3}{2 \cdot 8^3 \cdot 2{,}1 \cdot 10^5 \text{ (N/mm}^2) \cdot 0{,}8 \text{ mm}} = 465 \text{ mm}^4$$

Das entspricht dem Durchmesser

$$d = \sqrt[4]{\frac{64\,I_a}{\pi}} = \sqrt[4]{9480\ \text{mm}^4} = 9,87\ \text{mm}$$

Wählt man $d = 10$ mm mit $W_b = 98,2$ mm^3, so ist die Biegespannung

$$\sigma_b = \frac{F\,a}{W_b} = \frac{4\ \text{N} \cdot 300\ \text{mm}}{98,2\ \text{mm}^3} = 12,2\ \text{N/mm}^2$$

und damit unbedeutend.

Ganz anders liegen die Verhältnisse, wenn die Stange in der Mitte z.B. noch einmal gelagert wird, s. Abschn. 6.4, insbesondere Beispiel 4, S. 134.

Beispiel 17. Eine g e s c h l i f f e n e B l a t t f e d e r mit Rechteckquerschnitt aus Federstahl DIN 17221 ist zweifach gestützt (s. Tafel **104.**1, 3), Stützweite $l = 800$ mm. Sie soll in der Mitte durch die Einzellast $F = 5000$ N wechselnd auf Biegung beansprucht werden, der Federweg in der Mitte soll $f = 50$ mm betragen. Die Abmessungen des Querschnitts sind zu berechnen, $E = 2 \cdot 10^5$ N/mm^2. Aus Tafel **104.**1, 3 entnimmt man $f = F\,l^3/48EI$. Aus dieser Gleichung kann das Flächenmoment I berechnet werden

$$I = \frac{F\,l^3}{48\,E\,f} = \frac{5000\ \text{N} \cdot 8^3 \cdot 10^6\ \text{mm}^3}{48 \cdot 2 \cdot 10^5\ (\text{N/mm}^2) \cdot 50\ \text{mm}} = 5330\ \text{mm}^4$$

Wählt man das Verhältnis $b/h = 4$ für den Rechteckquerschnitt, dann ist mit $I = b\,h^3/12 = h^4/3$ die erforderliche Querschnitthöhe

$$h = \sqrt[4]{3\,I} = \sqrt[4]{1,6 \cdot 10^4\ \text{mm}^4} = 11,25\ \text{mm}$$

und die Breite $b = 4h = 45$ mm.

Das Widerstandsmoment ist

$$W_b = \frac{b\,h^2}{6} = \frac{45\ \text{mm} \cdot 11,25^2 \cdot \text{mm}^2}{6} = 950\ \text{mm}^3$$

Mit $M_{b\,max} = F\,l/4 = 5000\ \text{N} \cdot 200\ \text{mm} = 10^7$ Nmm erhält man die größte Biegespannung $\sigma_b = M_{b\,max}/W_b = 1050$ N/mm^2.

Für Blattfederstahl der gewählten Güte ist bei wechselnder Beanspruchung die zulässige Spannung etwa 400 N/mm^2. Somit ist die Feder e r h e b l i c h   z u   h o c h beansprucht. Wählt man dagegen eine geschichtete Blattfeder (Dreieckfeder, s. Bild **82.**1 und **83.**1), dann ist die Durchbiegung nach Beispiel 15 in Abschn. 5.5

$$f = \frac{(F/2)\,(l/2)^3}{2\,E\,I} = \frac{F\,l^3}{32\,E\,I}$$

Somit ist $I = 8000$ mm^4; wählt man weiter, z.B. $b/h = 54$, so erhält man aus $I = b\,h^3/12 = 4,5\,h^4$

$$h = \sqrt[4]{\frac{8000\ \text{mm}^4}{4,5}} = 6,5\ \text{mm}$$

Die Breite in Federmitte ist dann $b = 54h = 351$ mm. Das Widerstandsmoment ist nunmehr

$$W_b = \frac{351\ \text{mm} \cdot 6,5^2\ \text{mm}^2}{6} = 2470\ \text{mm}^3$$

und die Biegespannung beträgt jetzt nur etwa 405 N/mm^2. Eine aus sieben Schichten bestehende Blattfeder mit dem Blattquerschnitt 50 mm × 6,5 mm erfüllt also die eingangs gestellte Bedingung, ohne daß dabei die zulässige Spannung wesentlich überschritten wird.

5.7. Durchbiegung bei schiefer Biegung

In Abschn. 4.3 ist gezeigt worden, daß sich die schiefe Biegung unmittelbar auf die Überlagerung zweier gerader Biegungen um die beiden Hauptachsen des Querschnitts eines Balkens zurückführen läßt. Auch die Durchbiegungen können in Richtung der Hauptachsen mit den beiden Biegemomenten M_{by} und M_{bz} für sich allein berechnet werden, die resultierende Durchbiegung ergibt sich dann durch geometrisches Addieren der beiden Teildurchbiegungen (124.1).

Bei einem beliebigen Lastfall ist die Durchbiegung an der Lastangriffsstelle $f = Fl^3/(kEI)$, s. Gl. (120.1). In Bild **124.1** ist der beliebige Querschnitt eines Balkens mit dem Biegemomentvektor $\vec{M}_b$ dargestellt. Die Durchbiegung in Richtung der Hauptachsen $v \equiv y$ und $w \equiv z$ ist dann, da das Biegemoment M_{bz} der Kraftkomponente $F_y = F \sin \alpha$ proportional ist und entsprechend $M_{by} \sim F_z = F \cos \alpha$

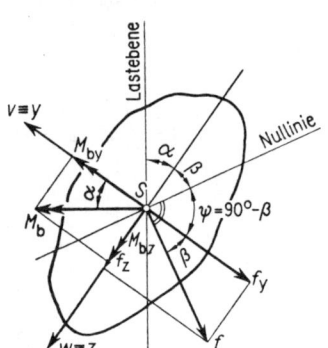

$$f_y = -\frac{F\,l^3 \sin \alpha}{k\,E\,I_2} \qquad (124.1)$$

$$f_z = \frac{F\,l^3 \cos \alpha}{k\,E\,I_1} \qquad (124.2)$$

Bildet man das Verhältnis der Beträge f_z/f_y, dann folgt mit Gleichung (89.3)

$$\frac{f_z}{f_y} = \frac{(\cos \alpha)\,I_2}{(\sin \alpha)\,I_1} = \frac{1}{\tan \alpha} \cdot \frac{I_2}{I_1} = \tan \beta$$

124.1 Beliebiger Querschnitt eines Balkens mit Biegemomentvektor M_b und Durchbiegung f

Die Durchbiegung bei schiefer Biegung erfolgt senkrecht zur Nullinie, nicht in der Lastebene. Die neutrale Schicht ist somit Biegeebene.

Es soll nun gezeigt werden, daß, ähnlich wie die Biegespannung, Gl. (90.3), aus Biegemoment um die Nullinie und Flächenmoment bezüglich der Nullinie, auch die Durchbiegung aus Kraftkomponente senkrecht zur Nullinie und I_N berechnet werden kann. Dem Bild **124.1** entnimmt man die resultierende Durchbiegung $f = f_z/\sin \beta$. In Verbindung mit Gl. (124.2) folgt

$$f = \frac{F\,l^3 \cos \alpha}{k\,E\,I_1 \sin \beta}$$

Erweitern wir die vorstehende Gleichung mit $\sin(\alpha + \beta)$ im Zähler und mit $\sin(\alpha + \beta) = \sin \alpha \cos \beta + \cos \alpha \sin \beta$ (s. B r a u c h, W.; D r e y e r, H.-J.; H a a c k e, W.: Mathematik für Ingenieure. Abschn. 3.4 Trigonometrische Funktionen. 7. Aufl. Stuttgart 1985) im Nenner, dann erhalten wir nach einigen Umformungen

$$f = \frac{F\,l^3}{k\,E} \; \frac{\sin(\alpha + \beta)}{I_1\,(\tan \alpha \tan \beta \cos^2 \beta + \sin^2 \beta)}$$

Mit $I_2 = I_1 \tan \alpha \tan \beta$, s. Gl. (89.3), folgt

$$f = \frac{F\,l^3}{k\,E} \cdot \frac{\sin(\alpha + \beta)}{I_2 \cos^2 \beta + I_1 \sin^2 \beta} = \frac{F\,l^3}{k\,E} \cdot \frac{\sin(\alpha + \beta)}{I_2 \sin^2(90° - \beta) + I_1 \cos^2(90° - \beta)}$$

Der Ausdruck im zweiten Nenner der vorstehenden Gleichung ist das Flächenmoment I_N bezogen auf die Nullinie als Achse, dies folgt aus der Gl. (63.2) mit $\psi \equiv \varphi = 90° - \beta$ sowie $I_y \equiv I_1$, $I_z \equiv I_2$ und $I_{yz} \equiv I_{12} = 0$.

Somit ist die Durchbiegung

$$f = \frac{F\,l^3}{k\,E} \cdot \frac{\sin(\alpha+\beta)}{I_N} \qquad (125.1)$$

Sie kann ohne geometrisches Addieren nunmehr leicht berechnet werden.

Beispiel 18. Die größte Durchbiegung des Freiträgers aus Beispiel 21 (**91.**1a) aus einer Aluminiumlegierung mit $E = 0,7 \cdot 10^5$ N/mm² ist zu berechnen.

Mit den Zahlenwerten $\alpha = 22,5°$, $I_1 = 558\,\text{cm}^4$ und $I_2 = 106\,\text{cm}^4$ ist

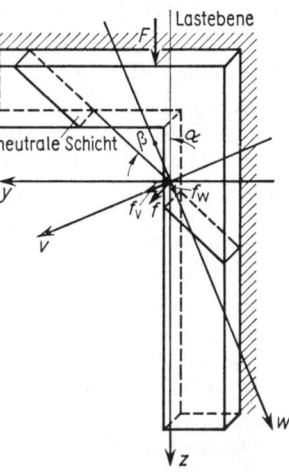

125.1 Gegenüber dem Einspannquerschnitt schief verschobenes Trägerende des Freiträgers mit Winkelquerschnitt bei schiefer Biegung

$$f_v = \frac{F\,l^3}{3\,E\,I_2} \sin \alpha = \frac{4000\ \text{N} \cdot 10^9\ \text{mm}^3 \cdot 0{,}383}{3 \cdot 0{,}7 \cdot 10^5\ (\text{N/mm}^2) \cdot 106 \cdot 10^4\ \text{mm}^4}$$

$$= 6{,}88\ \text{mm}$$

$$f_w = \frac{F\,l^3}{3\,E\,I_1} \cos \alpha = \frac{4000\ \text{N} \cdot 10^9\ \text{mm}^3 \cdot 0{,}924}{3 \cdot 0{,}7 \cdot 10^5\ (\text{N/mm}^2) \cdot 558 \cdot 10^4\ \text{mm}^4}$$

$$= 3{,}15\ \text{mm}$$

Die resultierende Durchbiegung senkrecht zur Nullinie ist somit

$$f = \sqrt{f_v^2 + f_w^2} = \sqrt{(47{,}3 + 9{,}9)\ \text{mm}^2} = 7{,}56\ \text{mm}$$

Aus Gl. (125.1) erhält man mit $I_N = 185\ \text{cm}^4$

$$f = \frac{F\,l^3 \sin(\alpha + \beta)}{3\,E\,I_N} = \frac{4000\ \text{N} \cdot 10^9\ \text{mm}^3 \cdot 0{,}733}{3 \cdot 0{,}7 \cdot 10^5\ (\text{N/mm}^2) \cdot 185 \cdot 10^4\ \text{mm}^4}$$

$$= 7{,}55\ \text{mm}$$

In Bild **125.**1 ist das gegenüber dem Einspannquerschnitt schief verschobene Trägerende dargestellt.

5.8. Aufgaben zu Abschnitt 5

1. Für die in Tafel **104.**1 angegebenen Belastungsfälle 3 bis 10 ermittle man aus der Differentialgleichung der Biegelinie durch Integration die Gleichungen der Tangentenneigung $w'(x)$ und der Durchbiegung $w(x)$.

2. Die Gleichungen für die Tangentenneigung $w'(x)$ und die Durchbiegung $w(x)$ eines als Dreiecksfeder (**82.**1b) ausgebildeten Freiträgers mit der Einzellast F am Ende sind zu ermitteln. Wie groß sind insbesondere Neigung und Durchbiegung am freien Ende?

3. Durchbiegung und Tangentenneigung am Ende des Freiträgers in Beispiel 15 (**79.**2a) sind mit Hilfe des Superpositionsgesetzes zu ermitteln. Man vergleiche mit dem Ergebnis der zeichnerischen Lösung in Aufgabe 12.

4. Eine Getriebewelle mit überall gleichem Durchmesser d (126.1) ist durch die Kräfte $F_1 = F$ und $F_2 = 2F$ auf Biegung beansprucht, Länge des überstehenden Wellenendes $a = l/3$. Die Durchbiegungen der Welle an den Kraftangriffsstellen sind zu berechnen. Welche der in Bild **126.**1 a und b gezeichneten Richtungen der Last F_2 ist die günstigste? Man vergleiche dazu die Lagerkräfte und die Biegemomente.

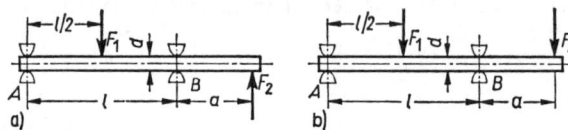

126.1 Schema einer Getriebewelle mit zwei Einzellasten F_1 und F_2

a) Last F_2 nach oben gerichtet
b) Last F_2 nach unten gerichtet

5. Wie groß darf der Lagerabstand l der Maschinenwelle ohne Bohrung in Beispiel 23 (96.1) werden, wenn die Durchbiegung in der Mitte f_m gleich der Durchbiegung f am freien Ende sein soll? Wie groß ist l, wenn die Durchbiegung in der Mitte auf 1 mm beschränkt bleiben soll? Für beide Fälle berechne man die Größe der Durchbiegung, $E = 2,1 \cdot 10^5$ N/mm².

6. Die Durchbiegung am Ende der Blattfeder in Aufgabe 2 (98.2a) ist für die Last $F = 200$ N zu berechnen (Elastizitätsmodul $E = 2 \cdot 10^5$ N/mm²).

7. Wie groß sind kleinster Krümmungsradius ϱ, größte Durchbiegung f und Neigungswinkel α am Ende der vom Kran angehobenen Rundstange, $l = 7,3$ m, in Aufgabe 7, S. 86 (Elastizitätsmodul $E = 2,1 \cdot 10^5$ N/mm²)?

8. Mit Hilfe der Mohrschen Analogie sind die Durchbiegung an der Kraftangriffsstelle und die Tangentenneigung in der Lagern für die Hohlwelle in Aufgabe 4b (86.1b) mit der Kraft $F = 10$ kN a) rechnerisch, b) zeichnerisch zu ermitteln. Man vergleiche das rechnerische Ergebnis mit Tafel **104.**1, 4 (Elastizitätsmodul $E = 2,1 \cdot 10^5$ N/mm²).

9. Die Durchbiegung der Welle (Durchmesser 52 mm) in Aufgabe 6 (86.3) an der Kraftangriffsstelle ist mit Hilfe der Mohrschen Analogie a) rechnerisch, b) zeichnerisch zu ermitteln. Die Länge zwischen den Lagern ist $2l = 500$ mm, Elastizitätsmodul $E = 2,1 \cdot 10^5$ N/mm². Wie groß sind die Neigungswinkel an den Wellenenden, in den Lagern und in der Mitte?

Anmerkung: Man vergleiche mit dem Belastungsfall in Tafel **104.**1, 5.

10. Für die in Bild **126.**2 gezeichnete Achse ermittle man mit Hilfe der Mohrschen Analogie zeichnerisch die Biegelinie. Wie groß ist die Durchbiegung in der Mitte (Elastizitätsmodul $E = 2,1 \cdot 10^5$ N/mm²)?

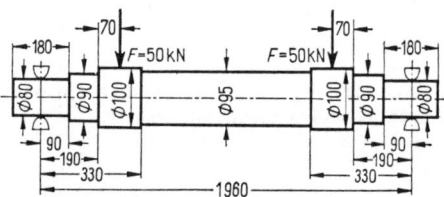

126.2 Achse mit zwei Einzellasten F

11. Die Durchbiegung am Ende des Freiträgers in Aufgabe 2 (92.2) ist zu berechnen a) aus den Komponenten in Richtung der Hauptachsen, b) aus Gl. (125.1) (Elastizitätsmodul $E = 2,1 \cdot 10^5$ N/mm²).

12. Für den Träger in Beispiel 15, (79.2a) ist die Biegelinie zeichnerisch zu ermitteln. Wie groß sind die Durchbiegung und der Neigungswinkel am freien Ende des Trägers ($E = 2,1 \cdot 10^5$ N/mm²)?

Anleitung: Da die Momente bereits bekannt sind, erübrigt sich der erste Teil der Konstruktion. Man beachte, daß der Ersatzträger (112.1) links eingespannt und rechts frei ist, und daß negative Momente als „Belastung" $q^*(x)$ nach oben gerichtet sind.

6. Statisch unbestimmte Systeme

6.1. Allgemeines

Zur Festigkeitsberechnung von Trägern, die auf Biegung beansprucht sind, ist die Kenntnis des Biegemomentverlaufs und insbesondere des größten Biegemoments erforderlich. Im allgemeinen müssen dafür zunächst die Lager- oder Stützkräfte bekannt sein. Sind mehr unbekannte Lagerreaktionen vorhanden als Gleichgewichtsbedingungen zur Verfügung stehen, dann ist ein mechanisches System statisch unbestimmt gelagert (s. Band 1, Statik, Abschn. Statisch bestimmte und statisch unbestimmte Systeme).

Der Grad der statischen Unbestimmtheit wird aus der Abzählbedingung

$$k = a + z - 3n \qquad\qquad (127.1)$$

berechnet. In der vorstehenden Gleichung sind a die Anzahl der unabhängigen Auflagerreaktionen, z die Anzahl der unabhängigen Zwischenreaktionen, z.B. Gelenkkraftkomponenten im Gerberträger, und n die Anzahl der Teile, in die ein System zerlegt werden kann. Ist $k > 0$, z.B. gleich eins, zwei oder allgemein i, dann ist ein System einfach, zweifach oder i-fach statisch unbestimmt gelagert.

Zur Berechnung der überzähligen unbekannten Lagerreaktionen, die man statisch unbestimmte Größen oder kurz statisch Unbestimmte nennt, muß man die Vorstellung von der Starrheit eines Bauteils (z.B. eines Trägers oder einer Welle) fallen lassen. Man berücksichtigt die durch die Belastungen und die noch unbekannten Lagerkräfte hervorgerufenen Formänderungen. Aus den Verformungsbedingungen an den überzähligen Lagerstellen gewinnt man dann die neben den Gleichgewichtsbedingungen zur Bestimmung der Auflager noch fehlenden Gleichungen.

Auch innerlich statisch unbestimmte Systeme, z.B. geschlossene Rahmen, kann man durch Aufschneiden auf die oben geschilderte Weise berechnen, s. Abschn. 6.5.

6.2. Starre Lagerung

In sehr vielen Fällen sind Träger so gelagert, daß die Lager in Belastungsrichtung unverschieblich, d.h. starr sind oder zumindest als starr angenommen werden können. Die Formänderungen der Lager sind also so gering, daß sie gegenüber den Formänderungen der Träger vernachlässigt werden können. An einem ein- oder zweiwertigen Lager (**128.1** a und b) lautet die Verformungsbedingung z.B., daß die Durchbiegung Null ist, an einem dreiwertigen Lager (**128.1** c) sind Durchbiegung und Tangentenneigung an die Biegelinie Null.

Ein Lösungsweg zur Ermittlung der statisch Unbestimmten ist die Anwendung der Superpositionsmethode (indem man etwa die Angaben in Tafel **104.**1 benutzt). Man zerlegt das gegebene System (z. B. den Träger in Bild **128.**2) in ein **statisch bestimmt gelagertes Hauptsystem** mit allen gegebenen Belastungen und in so viele **Zusatzsysteme**, wie überzählige Lagerreaktionen vorhanden sind, also k (hier $k = 1$).

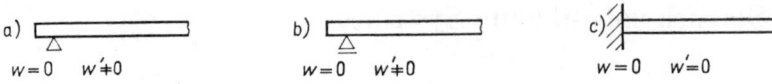

a)   b)   c)

$w = 0$ $w' \neq 0$ $w = 0$ $w' \neq 0$ $w = 0$ $w' = 0$

128.1 Verformungsbedingungen an Lagerstellen, Lagerung
  a) zweiwertig   b) einwertig   c) dreiwertig

Das statisch bestimmt gelagerte Hauptsystem erhält man, indem man die überzähligen Lager entfernt (A in Bild **128.**2b) oder eine dreiwertige Einspannung durch ein zweiwertiges Lager ersetzt (B in Bild **128.**2d). Die **unbekannten Reaktionskräfte** oder **-momente** dieser Lager werden in je einem Zusatzsystem als **äußere Belastungen** eingeführt (entweder F_A in Bild **128.**2c oder M_0 in Bild **128.**2e). Nun berechnet man für

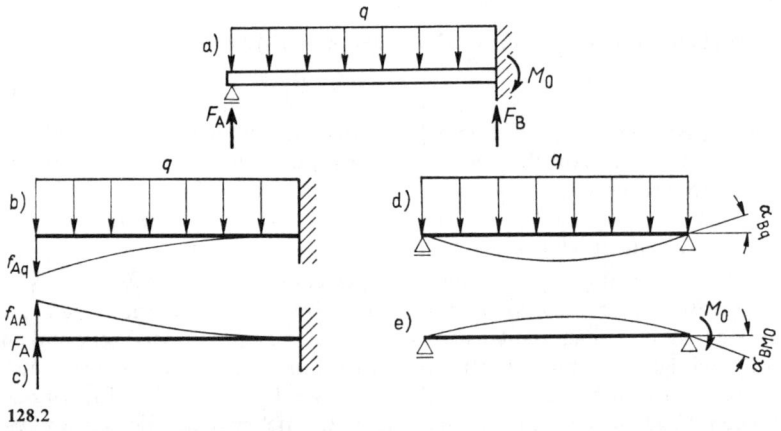

128.2
Einfach statisch unbestimmt gestützter Träger
a) Lageplan   b) 1. Hauptsystem   c) 1. Zusatzsystem   d) 2. Hauptsystem   e) 2. Zusatzsystem

das Hauptsystem und die Zusatzsysteme die Verformungen (z. B. mit Hilfe der Tafel **104.**1) entweder die Durchbiegungen $f_{Aq} = q\, l^4/(8EI)$ und $f_{AA} = -F_A\, l^3/(3EI)$ oder die Tangentenneigungen $\tan \alpha_{Bq} = -q\, l^3/(24EI)$ und $\tan \alpha_{BM0} = M_0\, l/(3EI)$ an den Stellen der entfernten Lager oder der Einspannung. Bei starrer Lagerung müssen dann die bei Superposition erhaltenen Gesamtverschiebungen oder die Tangentenneigungen an den betreffenden Lagerstellen Null sein. Im ersten Fall erhält man aus $f_A = f_{Aq} + f_{AA} = 0$ die Lagerkraft $F_A = 3ql/8$. Die zwei verfügbaren Gleichgewichtsbedingungen ergeben $F_B = 5ql/8$ und $M_0 = ql^2/8$. Im zweiten Fall ergibt $\tan \alpha_B = \tan \alpha_{Bq} + \tan \alpha_{BM0} = 0$[1] das Einspannmoment $M_0 = ql^2/8$.

---

[1] S. Fußnote S. 106.

Grundsätzlich ist es gleichgültig, welche Lagerreaktionen man als statisch unbestimmte wählt. Der zweckmäßigste Weg ist der, welcher bei der Zerlegung auf möglichst einfache Belastungsfälle der Teilsysteme, z. B. nach Tafel 104.1, führt. In Bild 129.1 sind an einem Träger mit der Einzellast F und starrer, d. h. in Lastrichtung unverschieblicher Lagerung die verschiedenen Möglichkeiten einer Aufteilung in Hauptsysteme und Zusatzsysteme gegenübergestellt. Die jeweiligen Verformungsbedingungen sind in das Bild hineingeschrieben. Die Gl. (127.1) mit $a = 5$, $z = 0$ und $n = 1$ ergibt $k = 2$, d. h., der Träger ist zweifach statisch unbestimmt gelagert. Da keine Kräfte in Längsrichtung auftreten, ist eine Gleichgewichtsbedingung identisch erfüllt. Neben den beiden weiteren

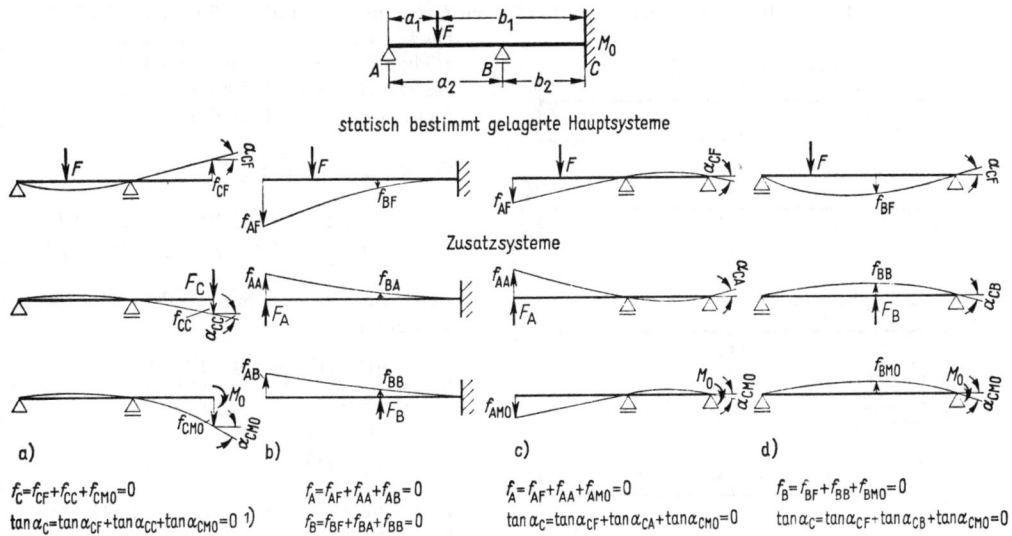

129.1 Zweifach statisch unbestimmt gestützter Träger, a)···d) verschiedene Möglichkeiten zur Zerlegung in Haupt- und Zusatzsysteme

Gleichgewichtsbedingungen reichen die beiden Verformungsbedingungen gerade zur Berechnung der vier Unbekannten aus. Erkennt man die Richtung der gesuchten Lagerreaktionen, so zeichnet man sie richtig in das Bild ein. Erscheint im Ergebnis eine Unbekannte mit negativem Vorzeichen, so ist der im Ansatz gewählte Richtungssinn umzukehren. Für die gewählten Kraftrichtungen sind die Durchbiegungen und die Neigungswinkel vorzeichenrichtig in die Verformungsbedingungen einzusetzen. Die Verformungen, z. B. die Durchbiegungen und die Tangentenneigung, können nach einem der in Abschn. 5 angegebenen Verfahren ermittelt werden oder der Tafel 104.1 und Taschenbüchern [2] entnommen werden.

In der höheren Festigkeitslehre sind weitere Lösungswege in Gebrauch. Das Verfahren von Castigliano ermittelt die Verformungsbedingungen über den Energiesatz aus der Formänderungsarbeit und kann für beliebige Systeme mit beliebiger Belastung angewendet werden. Es ist nicht nur auf die Biegung beschränkt. Für n-fach gelagerte Wellen

---

1) S. Fußnote S. 106.

mit zur Längsachse senkrechter Belastung können die sogenannten **Dreimomenten-gleichungen** oder **Clapeyronschen Gleichungen** angewendet werden. Wegen des z.T. nicht unbeträchtlichen Aufwandes soll im Rahmen dieses Buches auf die Herleitung und Anwendung dieser Verfahren verzichtet werden.

Beispiel 1. Für den Träger (**129**.1) mit der Einzellast F sind die Lagerreaktionen F_A, F_B, F_C und M_0 zu berechnen, Biegemomentverlauf und Biegelinie sind zu zeichnen. Gegeben sind: $a_1 = l/2$, $b_1 = 3l/2$, $a_2 = b_2 = l$.

Bild **130**.1 a zeigt noch einmal den Lageplan, Bild **130**.1 b den freigemachten Träger mit sämt-lichen Lasten. Wir entscheiden uns für die Zerlegung nach Bild **129**.1 b und können mit Hilfe der Tafel **104**.1 die Durchbiegungen unter den Lasten F, F_B und F_A ermitteln. Für alle sechs Teil-

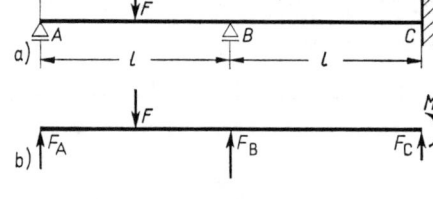

beträge der Durchbiegungen kommen wir allein mit dem Belastungsfall 1 der Tafel aus (**130**.1 c). Die Durchbiegung f_{AF} an der Stelle A durch die Last F ist

$$f_{AF} = f_{FF} + (\tan \alpha)\,\frac{l}{2}$$

$$= \frac{F(3l/2)^3}{3\,EI} + \frac{F(3l/2)^2}{2\,EI} \cdot \frac{l}{2} = \frac{27}{16} \cdot \frac{F\,l^3}{E\,I}$$

Ebenso erhält man mit $l/2$ als x und $3l/2$ als l der Tafel

$$f_{BF} = \frac{F(3l/2)^3}{3\,EI}\left(1 - \frac{3}{2} \cdot \frac{1}{3} + \frac{1}{54}\right)$$

$$= \frac{7}{12} \cdot \frac{F\,l^3}{E\,I}$$

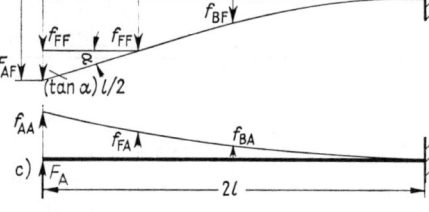

In gleicher Weise berechnet man die Durch-biegungen infolge der Lasten F_A und F_B und bekommt

$$f_{AA} = -\frac{8}{3} \cdot \frac{F_A\,l^3}{E\,I}$$

$$f_{BA} = -\frac{5}{6} \cdot \frac{F_A\,l^3}{E\,I}$$

$$f_{BB} = -\frac{1}{3} \cdot \frac{F_B\,l^3}{E\,I}$$

und

$$f_{AB} = f_{BB} + (\tan \alpha)\,l = -\frac{5}{6} \cdot \frac{F_B\,l^3}{E\,I}$$

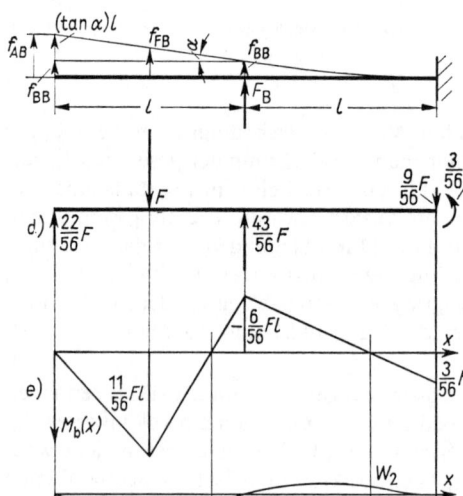

130.1 Träger
  a) Lageplan
  b) freigemachter Träger
  c) Durchbiegungen infolge der Kräfte F, F_A und F_B
  d) Kräfte und Momente am Träger
  e) Biegemomentverlauf
  f) Biegelinie

Die Verformungsbedingungen $f_A = f_B = 0$ (**129.**1b) führen auf das Gleichungssystem

$$\frac{27}{16} F - \frac{8}{3} F_A - \frac{5}{6} F_B = 0 \qquad\qquad \frac{7}{12} F - \frac{5}{6} F_A - \frac{1}{3} F_B = 0$$

mit der Lösung

$$F_A = \frac{22}{56} F \quad \text{und} \quad F_B = \frac{43}{56} F$$

Die beiden Gleichgewichtsbedingungen werden so gewählt, daß die fehlenden Unbekannten aus jeder Gleichung für sich berechnet werden können.

$$\Sigma F_{zi} = 0 = F_A + F_B + F_C - F \qquad\qquad \Sigma M_{iC} = 0 = F_A\, 2l + F_B\, l - F \frac{3}{2}\, l - M_0$$

Aus der ersten Gleichung ergibt sich $F_C = - (9/56)\, F$ und aus der zweiten $M_0 = (3/56)\, Fl$. Da sich in der Rechnung für die Lagerreaktion F_C ein negatives Vorzeichen ergibt, ist ihre Richtung zu der in Bild **130.**1 b angegebenen entgegengesetzt. In Bild **130.**1 d ist der Träger mit allen äußeren Lasten aufgezeichnet, der Biegemomentverlauf ist im Teilbild **130.**1 e dargestellt. Im Teilbild **130.**1 f ist der Verlauf der Biegelinie gezeichnet. Wegen des zweifachen Nulldurchgangs des Biegemoments hat die Biegelinie zwei Wendepunkte W_1 und W_2.

Die Durchbiegung des statisch unbestimmt gelagerten Trägers erhält man ebenfalls durch Überlagerung. An der Lastangriffsstelle ist sie z. B.

$$f_F = f_{FF} + f_{FA} + f_{FB}$$

Mit $\qquad f_{FF} = \dfrac{9}{8} \cdot \dfrac{F\, l^3}{E\, I} \qquad\qquad f_{FA} = - \dfrac{27}{16} \cdot \dfrac{F_A\, l^3}{E\, I} = - \dfrac{11 \cdot 27}{8 \cdot 56} \cdot \dfrac{F\, l^3}{E\, I}$

und $\qquad f_{FB} = f_{BB} + (\tan\alpha) \dfrac{l}{2} = - \dfrac{7}{12} \cdot \dfrac{F_B\, l^3}{E\, I} = - \dfrac{43}{8 \cdot 12} \cdot \dfrac{F\, l^3}{E\, I}$

erhält man $f_F = \dfrac{19}{24 \cdot 56} \cdot \dfrac{F\, l^3}{E\, I}$

Vergleicht man diesen Wert mit der Durchbiegung $f_{FF} = \dfrac{9}{8} \cdot \dfrac{F\, l^3}{E\, I}$ des statisch bestimmt gelagerten Freiträgers (**130.**1 c oben), dann ist das Verhältnis f_F/f_{FF} etwa 1/80. Der in A und B statisch unbestimmt gestützte Träger (**130.**1 a) ist also erheblich steifer, als wenn er nur eingespannt wäre.

Beispiel 2. Die Welle (**132.**1) ist in A, B und C gelagert und durch zwei gleich große Kräfte F belastet. Infolge eines Bearbeitungsfehlers ist das mittlere Lager um den Betrag $f_0 = 3\, F\, l^3/(8 \cdot 48\, E\, I)$ entgegengesetzt zur Lastrichtung versetzt.

Man berechne die Lagerkräfte F_A, F_B und F_C und vergleiche sie mit denen, die sich ergeben, wenn alle drei Lager in gleicher Höhe liegen, also $f_0 = 0$ ist. Der Verlauf der Biegemomente in den beiden Fällen ist ebenfalls miteinander zu vergleichen.

Bild **132.**1 a zeigt den Lageplan mit versetztem Lager, Teilbild **132.**1 b zeigt die freigemachte Welle und Teilbild **132.**1 c die Aufteilung in zwei Systeme. Die Abzählbedingung liefert $k = 1$, die Welle ist also einfach statisch unbestimmt gelagert. Wegen der Verformungsbedingung

$$f_B = - f_0 = f_{BF} + f_{BB}$$

ergibt sich zwangsläufig die Lagerkraft F_B als statisch Unbestimmte. Der Tafel **104.**1 entnimmt man die Durchbiegung unter Fall 7

$$f_{BF} = \frac{F\, l^3}{8\, E\, I} \cdot \frac{1}{4} \left(1 - \frac{4}{3} \cdot \frac{1}{16}\right) = \frac{11}{8 \cdot 48} \cdot \frac{F\, l^3}{E\, I}$$

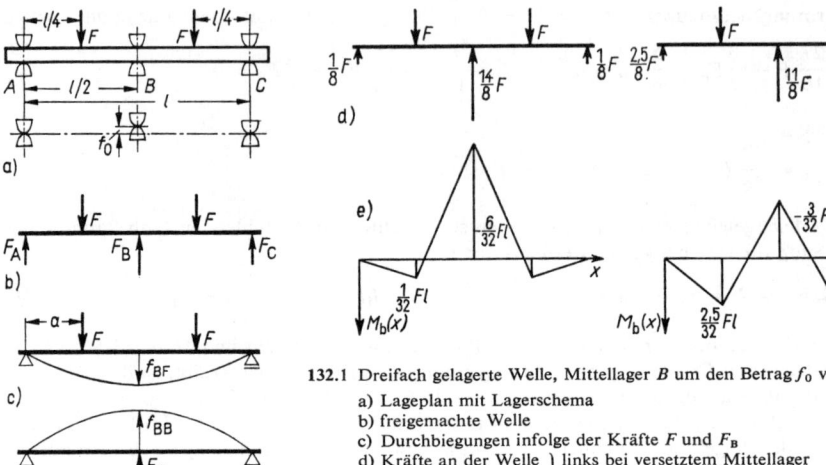

132.1 Dreifach gelagerte Welle, Mittellager B um den Betrag f_0 versetzt
a) Lageplan mit Lagerschema
b) freigemachte Welle
c) Durchbiegungen infolge der Kräfte F und F_B
d) Kräfte an der Welle ⎱ links bei versetztem Mittellager
e) Biegemomentverlauf ⎰ rechts für $f_0 = 0$

Der Belastungsfall 3 ergibt $f_{BB} = -\dfrac{F_B\, l^3}{48\,E\,I}$.

Setzt man diese Werte in die Verformungsbedingung ein, dann ist

$$\frac{11}{8\cdot48}\cdot\frac{F\,l^3}{E\,I} - \frac{F_B\,l^3}{48\,E\,I} = -\frac{3}{8\cdot48}\cdot\frac{F\,l^3}{E\,I} \qquad \text{und} \qquad F_B = \frac{14}{8}\,F$$

die gesuchte Lagerreaktion.

Aus Symmetriegründen ist $F_A = F_C$, aus der Gleichgewichtsbedingung $\Sigma F_{iz} = 0$ folgt $F_A = (1/8)\,F$. Das Belastungsschema der Welle und der Biegemomentverlauf sind in Bild **132.1** d und e links dargestellt. Bei in gleicher Höhe liegenden Lagern mit $f_0 = 0$ ist die Lagerkraft $F_B = (11/8)\,F$, und somit $F_A = (2{,}5/8)\,F$. Die Ergebnisse sind in den Teilbildern rechts dargestellt. Man sieht, daß der Bearbeitungsfehler dieses Betrages das Biegemoment im gefährdeten Querschnitt verdoppelt.

6.3. Elastische Lagerung

Sind die Formänderungen der Lager von mechanischen Systemen nicht vernachlässigbar klein, dann sind diese bei der Berechnung der Lagerreaktionen in den Deformationsbedingungen zu berücksichtigen. Das ist z.B. der Fall bei Pendelstützen oder Querträgern. Die Formänderungen der Lagerungen sind elastisch und der Größe der Lagerreaktion proportional.

Beispiel 3. Ein Stahlträger I 300 nach DIN 1025 Bl. 1 mit der Last $F = 45\,\text{kN}$ ist in A und C starr und in B auf einem Querträger I 180 nach DIN 1025 Bl. 1 aus Stahl elastisch gelagert (**133.1**).
Zu berechnen sind die Lagerkräfte F_A, F_B und F_C, die größten Biegespannungen in beiden Trägern und die Durchbiegungen im Lager B sowie an der Angriffsstelle der Last F.

Wie groß sind die Lagerkräfte und Beanspruchungen, wenn das Lager *B* starr angenommen wird, wie groß Beanspruchung und größte Durchbiegung des Trägers, wenn das Lager fehlt?

Der Träger ist einfach statisch unbestimmt gelagert. Die Zerlegung in zwei Systeme (133.1c) führt beide Male auf den Belastungsfall 4 der Tafel **104.**1, der man mit $a = 2l/3$ und $b = l/3$ die Durchbiegungen entnimmt

$$f_{BF} = \frac{F l^3}{6 E I} \cdot \frac{2}{3} \cdot \frac{1}{9} \cdot \frac{1}{3} \left(1 + 3 - \frac{1}{2}\right) = \frac{7}{6 \cdot 81} \cdot \frac{F l^3}{E I}$$

$$f_{BB} = -\frac{F_B l^3}{3 E I} \cdot \frac{4}{9} \cdot \frac{1}{9} = -\frac{4}{3 \cdot 81} \cdot \frac{F_B l^3}{E I}$$

In diesen Gleichungen ist $I = I_y = 9800 \text{ cm}^4$ das axiale Flächenmoment des Trägers I 300. Mit dem Flächenmoment $I_1 = 1450 \text{ cm}^4$ des Trägers I 180 und seiner Länge l_1 ist die Federkonstante $c_B = 48 E I_1 / l_1^3$ (s. Tafel **104.**1, 3). Die Verformungsbedingung des mittleren Lagers lautet mit der Federkonstanten c_B

$$f_B = f_{BF} + f_{BB} = F_B / c_B$$

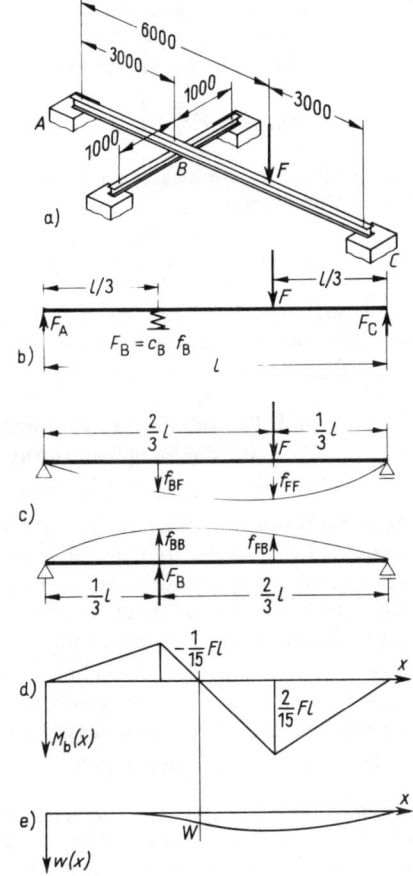

Setzt man die einzelnen Anteile in diese Verformungsbedingung ein, ergibt sich

$$\frac{7}{6 \cdot 81} \cdot \frac{F l^3}{E I} - \frac{4}{3 \cdot 81} \cdot \frac{F_B l^3}{E I} = \frac{F_B l_1^3}{48 E I_1}$$

Da beide Träger aus gleichem Werkstoff sind, kann man den *E*-Modul kürzen und wir erhalten die Lagerkraft

$$F_B = \frac{7}{8 + (81 \, l_1^3 \, I / 8 \, l^3 \, I_1)} F$$

Mit $l_1/l = 2/9$ und $I/I_1 = 6{,}76$ ist

$$F_B = \frac{7}{8{,}75} F = \frac{4}{5} F = 36 \text{ kN}$$

Aus der Gleichgewichtsbedingung

$$\Sigma M_{iA} = 0 = F_C l - F \frac{2}{3} l + F_B \frac{1}{3} l$$

folgt

$$F_C = \frac{2}{3} F - \frac{1}{3} F_B = \frac{2}{5} F = 18 \text{ kN}$$

Die Bedingung $\Sigma F_{iz} = 0 = F_A + F_B + F_C - F$

ergibt

$$F_A = F - \frac{6}{5} F = -\frac{1}{5} F = -9 \text{ kN}$$

133.1 Elastisch gestützter Träger
  a) Lageplan
  b) freigemachter Träger
  c) Durchbiegungen infolge der Kräfte F und F_B
  d) Biegemomentverlauf
  e) Biegelinie

Das größte Biegemoment ist im Querschnitt an der Angriffsstelle der Last F und beträgt $M_{b\,max} = F_C\,l/3 = 5{,}40 \cdot 10^7$ Nmm. Mit dem Widerstandsmoment $W_b = 653$ cm^3 erhält man die größte Biegespannung $\sigma_{b\,max} = M_{b\,max}/W_b = 82{,}7$ N/mm^2.

In dem Querträger I 180 ist $M_{b\,max} = F_B\,l_1/4 = 1{,}80 \cdot 10^7$ Nmm und mit $W_b = 161$ cm^3 die Biegespannung $\sigma_b = 111{,}7$ N/mm^2. Mit dem Elastizitätsmodul $E = 2 \cdot 10^5$ N/mm^2 betragen die Durchbiegungen in B

$$f_B = \frac{F_B\,l_1^3}{48\,E\,I_1} = \frac{36\text{ kN} \cdot 2^3 \cdot 10^9\text{ mm}^3}{48 \cdot 2 \cdot 10^5\,(\text{N/mm}^2) \cdot 1450 \cdot 10^4\text{ mm}^4} = 2{,}07\text{ mm}$$

und unter der Last F

$$f_F = f_{FF} + f_{FB} = \frac{4}{3 \cdot 81} \cdot \frac{F\,l^3}{E\,I} - \frac{7}{6 \cdot 81} \cdot \frac{F_B\,l^3}{E\,I} = \frac{(4F - 3{,}5\,F_B)\,l^3}{3 \cdot 81\,E\,I} = 8{,}27\text{ mm}$$

Wird das Lager B starr angenommen, dann erhält man aus der Verformungsbedingung $f_B = f_{BF} + f_{BB} = 0$

$$F_B = \frac{7}{8}\,F \qquad\qquad F_C = \frac{3}{8}\,F \qquad\qquad F_A = -\frac{2}{8}\,F$$

Mit dem größten Biegemoment $M_{b\,max} = (1/8)\,F\,l = 5{,}06 \cdot 10^7$ Nmm ist die Biegespannung $\sigma_{b\,max} = 77{,}5$ N/mm^2 und damit nur wenig geringer als bei elastischer Lagerung.

Ohne das Lager B ist das größte Biegemoment

$$M_{b\,max} = F\,\frac{2}{3}\,l\,\frac{1}{3} = \frac{2}{9}\,F\,l = 9{,}0 \cdot 10^7\text{ Nmm}$$

und somit die größte Biegespannung $\sigma_{b\,max} = 137{,}7$ N/mm^2. Nach Tafel **104.**1, 4 ergibt sich die größte Durchbiegung

$$f_{max} = f_{FF}\,\frac{4}{3}\sqrt{\frac{2}{3}} = \frac{4}{3 \cdot 81} \cdot \frac{4}{3}\sqrt{\frac{2}{3}}\,\frac{F\,l^3}{E\,I} = 30\text{ mm}$$

Durch die statisch unbestimmte Lagerung ist die Beanspruchung des Trägers um etwa 40%, die Verformung dagegen um mehr als 70% geringer geworden.

6.4. Einfluß der statisch unbestimmten Lagerung bei Wellen und Trägern auf die Biegebeanspruchung und die Durchbiegung

Dem Aufwand erheblich höherer Fertigungskosten, die mit der Lagerung einer Maschinenwelle z.B. in mehr als zwei Lagern verbunden sind, steht die Verwirklichung der Forderung nach hoher Steifigkeit bei geringsten Verformungen und damit verbundener größerer Laufruhe gegenüber. In den Beispielen 1, S. 130 und 3, S. 132 wurde bereits auf diese Einflüsse hingewiesen.

Aber auch die Biegebeanspruchung ist häufig bei statisch unbestimmter Lagerung geringer, so daß man mit geringeren Abmessungen für die Bauteile auskommt und somit der Forderung nach Leichtbau entsprechen kann.

In den folgenden Beispielen sollen diese Probleme besonders betont werden.

Beispiel 4. Die Schaltstange in Beispiel 16 (Bild **122.**1) ist zusätzlich in der Mitte gelagert. Zu berechnen sind die Lagerkräfte, die größte Biegespannung und die Durchbiegung an den Kraftangriffsstellen für den Stangendurchmesser $d = 5$ mm.

Wir bezeichnen die Lagerkräfte von links nach rechts mit F_A, F_B und F_C (**132.**1) und können die Berechnung ähnlich wie in Beispiel 2, S. 132 durchführen. Die Verformungsbedingung lautet

$$f_B = f_{BF} + f_{BB} = 0$$

Dem Beispiel 16, S. 122 entnehmen wir

$$f_{BF} = f_m = \frac{39}{2 \cdot 8^3} \cdot \frac{F\,l^3}{E\,I_a}$$

Mit $\quad f_{BB} = -\dfrac{F_B\,l^3}{48\,E\,I_a}$

aus Beispiel 2 folgt

$$\frac{39}{2 \cdot 8^3} \cdot \frac{F\,l^3}{E\,I_a} - \frac{F_B\,l^3}{48\,E\,I_a} = 0 \qquad \text{und} \qquad F_B = \frac{117}{64}\,F = 7{,}31 \text{ N}$$

Die übrigen Lagerreaktionen sind dann

$$F_A = F_C = \frac{1}{2}\left(2\,F - \frac{117}{64}\,F\right) = \frac{5{,}5}{64}\,F = 0{,}344 \text{ N}$$

Das größte Biegemoment im Querschnitt im mittleren Lager beträgt (**122.**1)

$$M_{b\,max} = F_A\,\frac{l}{2} - F\left(\frac{l}{2} - a\right) = 0{,}344 \text{ N} \cdot 400 \text{ mm} - 4 \text{ N} \cdot 100 \text{ mm} = -262 \text{ Nmm}$$

Mit dem Widerstandsmoment $W_b = 12{,}3 \text{ mm}^3$ erhält man die Biegespannung

$$\sigma_{b\,max} = 262 \text{ Nmm}/12{,}3 \text{ mm}^3 = 21{,}3 \text{ N/mm}^2$$

Dieser Betrag ist gegenüber der in Beispiel 16 gerechneten zulässigen Spannung 120 N/mm² unbedeutend.

Die Durchbiegung unter der Kraft F erhält man aus $f_F = f_{FF} + f_{FB}$.

Der Belastungsfall 7 in Tafel **104.**1 mit $a/l = 3/8$ ergibt

$$f_{FF} = \frac{F\,l^3}{2\,E\,I_a} \cdot \frac{3^2}{8^2}\left(1 - \frac{4}{3} \cdot \frac{3}{8}\right) = \frac{9}{4 \cdot 8^2} \cdot \frac{F\,l^3}{E\,I_a}$$

Aus dem Belastungsfall 3 der gleichen Tafel folgt

$$f_{FB} = w\,(x = a) = -\frac{F_B\,l^3}{16\,E\,I_a} \cdot \frac{3}{8}\left(1 - \frac{4}{3} \cdot \frac{3^2}{8^2}\right) = -\frac{39}{4 \cdot 8^3} \cdot \frac{F_B\,l^3}{E\,I_a}$$

Somit ist die Durchbiegung

$$f_F = \frac{3 \cdot (24\,F - 13\,F_B)\,l^3}{4 \cdot 8^3\,E\,I_a} = \frac{45}{4 \cdot 8^5} \cdot \frac{F\,l^3}{E\,I_a} = \frac{45 \cdot 4 \text{ N} \cdot 8^3 \cdot 10^6 \text{ mm}^3}{4 \cdot 8^5 \cdot 2{,}1 \cdot 10^5 \text{ (N/mm}^2) \cdot 30{,}7 \text{ mm}^4} = 0{,}109 \text{ mm}$$

Gegenüber der Durchbiegung ohne Mittellager in Beisp. 16 ist das weniger als der hundertste Teil.

Bei der zeichnerischen Anwendung der Mohrschen Analogie, z.B. zur Ermittlung der Durchbiegung des Hauptsystems und des Zusatzsystems bei mehrfach gelagerten, abgesetzten Wellen, wählt man die statisch unbestimmten Lagerkräfte $(F_X, F_Y, \ldots)$ zunächst willkürlich $(F_X', F_Y', \ldots)$ etwa in der Größenordnung der Gesamtbelastung. Man führt die Konstruktion getrennt für das statisch bestimmte Hauptsystem mit den gegebenen Kräften F_i und für das Zusatzsystem mit den willkürlich angenommenen Kräften $F_X', F_Y', \ldots$ mit gleichen Maßstabsfaktoren und gleichen Polabständen durch.

Dann braucht man die Zeichenstrecken S_w der Biegelinie nicht auf die natürliche Größe umzurechnen. Wegen der Proportionalität zwischen Last und Durchbiegung erhält man z.B. für die 4fach gelagerte Welle (136.1) bei $k = 2$ das folgende Gleichungssystem für die unbekannten Lagerkräfte F_X und F_Y

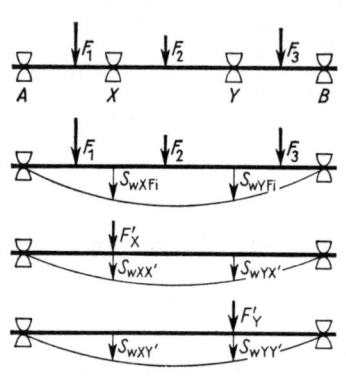

$$F_X \frac{S_{w\,X\,X'}}{F_X'} + F_Y \frac{S_{w\,X\,Y'}}{F_Y'} = S_{w\,X\,Fi}$$

$$F_X \frac{S_{w\,Y\,X'}}{F_X'} + F_Y \frac{S_{w\,Y\,Y'}}{F_Y'} = S_{w\,Y\,Fi}$$

Bei $k = 1$ erhält man die statisch unbestimmte Lagerkraft direkt aus der Beziehung

$$F_X = F_X'\, S_{w\,X\,Fi}/S_{w\,X\,X'}$$

Im folgenden Beispiel ist die zeichnerische Lösung für $k = 1$ angewendet.

136.1 Vierfach gelagerte Welle, Aufteilung in Haupt- und Zusatzsysteme

Beispiel 5. Die Welle in Beispiel 11 (116.1) soll in der Mitte zwischen den Kräften $F_1 = 3600\,\text{N}$ und $F_2 = 4800\,\text{N}$ zusätzlich gelagert werden, alle drei Lager liegen in gleicher Höhe. Die Lagerkraft F_C ist zeichnerisch zu ermitteln. Man vergleiche die Biegespannungen in den Querschnitten 1 und 4 an den Wellenübergängen und im Querschnitt des Lagers C mit denen in der Welle ohne Lager C.

Wir wählen die Lagerkraft zunächst willkürlich, z.B. $F_C' = 6000\,\text{N}$. Aus der Gleichgewichtsbedingung $\Sigma M_{iB} = 0$ folgt $F_A' = (7/12)\,F_C' = 3500\,\text{N}$. Somit ist $F_B' = 2500\,\text{N}$. Die erste Seileckskonstruktion erübrigt sich, da man die Biegemomente leicht rechnet. Mit den gleichen Maßstabsfaktoren wie in Beispiel 11 erhalten wir den Biegemomentmaßstabsfaktor

$$m_M = S_{H1}\,m_F\,m_L = 0,8\,\text{cm}_z \cdot 6000\,\frac{\text{N}}{\text{cm}_z} \cdot 25\,\frac{\text{cm}}{\text{cm}_z}$$

$$= 120000\,\frac{\text{Ncm}}{\text{cm}_z}$$

Das größte Biegemoment ergibt sich zu

$$M_{b\,max} = 6000\,\text{N} \cdot \frac{70\,\text{cm} \cdot 50\,\text{cm}}{120\,\text{cm}} = 175000\,\text{Ncm}$$

Mit dem Maßstabsfaktor m_M ist

$$S_{M\,max} = 1,46\,\text{cm}_z$$

Nunmehr kann die Biegemomentfläche mit dem gewählten Maßstabsfaktor gezeichnet werden (136.2a).

136.2 Zeichnerische Ermittlung der Durchbiegung unter der Lagerkraft F_C' der Welle in Bild 116.1

   a) Biegemomentfläche als Belastung
   b) Biegelinie, Seileckskonstruktion
   $m_L = 25\,\text{cm}/\text{cm}_z$
   $m_M = 120000\,\text{Ncm}/\text{cm}_z$
   $m_A = 2\,\text{cm}^2{}_z/\text{cm}_z$
   $S_{H2} = 1,6\,\text{cm}_z$

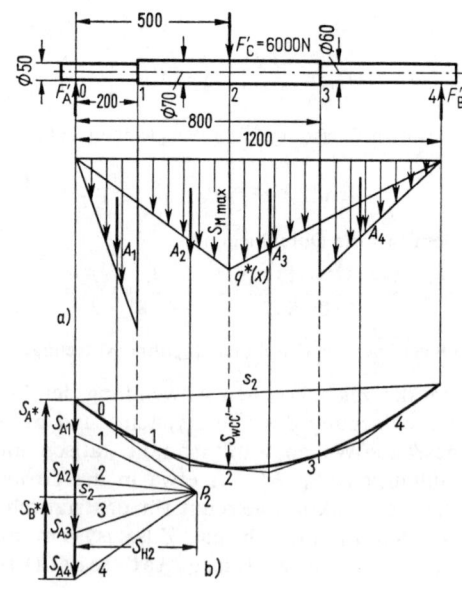

Das Ausrechnen der Strecken S_{Ai} (Maßstabsfaktor $m_A = 2\,\mathrm{cm}_z^2/\mathrm{cm}_z$) wird tabellarisch vorgenommen. In Bild **136.**2 b ist die Konstruktion der Biegelinie durchgeführt. Der Zeichnung entnimmt man die Strecke $S_{wCC'} = 0,99\,\mathrm{cm}_z$. Mit $S_{wC\,Fi} = 1,28\,\mathrm{cm}$ aus Bild **116.**1 d ergibt die o. a. Verformungsbedingung die Lagerkraft F_C

$$F_C = F_C'\, S_{wCFi}/S_{wCC'} = 6\cdot 10^3\,\mathrm{N}\cdot 1,28/0,99 = 7,75\cdot 10^3\,\mathrm{N}$$

Aus der Gleichgewichtsbedingung

$$\Sigma M_{iB} = 0 = F_A\cdot 120\,\mathrm{cm} - F_1\cdot 85\,\mathrm{cm} + F_C\cdot 70\,\mathrm{cm} - F_2\cdot 55\,\mathrm{cm}$$

folgt $F_A = 0,25\cdot 10^3\,\mathrm{N}$. Somit ist $F_B = 0,4\cdot 10^3\,\mathrm{N}$ und die Biegemomente in den einzelnen Querschnitten sind

$$M_{b1} = F_A\cdot 20\,\mathrm{cm} = 5\cdot 10^3\,\mathrm{Ncm} \qquad M_{b4} = F_B\cdot 40\,\mathrm{cm} = 16\cdot 10^3\,\mathrm{Ncm}$$

$$M_{bC} = F_A\cdot 50\,\mathrm{cm} - F_1\cdot 15\,\mathrm{cm} = -41,5\cdot 10^3\,\mathrm{Ncm}$$

Aus der Gleichung $\sigma_b = M_b/W_b$ erhalten wir die Biegespannungen mit

$$W_b = 12,3\,\mathrm{cm}^3 \text{ im Querschnitt 1} \qquad\qquad \sigma_b = 4\,\mathrm{N/mm}^2$$

$$W_b = 21,2\,\mathrm{cm}^3 \text{ im Querschnitt 4} \qquad\qquad \sigma_b = 7,55\,\mathrm{N/mm}^2$$

$$W_b = 33,7\,\mathrm{cm}^3 \text{ im Querschnitt des Lagers} \qquad \sigma_b = 12,3\,\mathrm{N/mm}^2$$

Ohne Lager C sind die Lagerkräfte (**116.**1)

$$F_A = 4,75\cdot 10^3\,\mathrm{N} \qquad\text{und}\qquad F_B = 3,65\cdot 10^3\,\mathrm{N}$$

die Biegemomente

$$M_{b1} = 95\cdot 10^3\,\mathrm{Ncm} \qquad M_{b4} = 146\cdot 10^3\,\mathrm{Ncm} \qquad M_{bC} = 183,5\cdot 10^3\,\mathrm{Ncm}$$

und die Biegespannungen

$$\sigma_{b1} = 77,3\,\mathrm{N/mm}^2 \qquad \sigma_{b4} = 68,9\,\mathrm{N/mm}^2 \qquad \sigma_{bC} = 54,4\,\mathrm{N/mm}^2$$

Die Beanspruchung der Welle bei dreifacher Lagerung ist somit erheblich geringer als bei zweifacher Lagerung.

Die Überlagerung der mit dem Faktor F_C/F_C' vergrößerten Biegelinie in Bild **136.**2 b und der in Bild **116.**1 d ergibt so geringe Differenzbeträge, daß sie sich zeichnerisch kaum auswerten lassen. Die resultierende Durchbiegung ist also verschwindend gering.

Beispiel 6. Ein Träger I 400 nach DIN 1025 Bl. 1 aus St 37 ($\sigma_{zul} = 140\,\mathrm{N/mm}^2$) ist in A und B statisch bestimmt gestützt und in der Mitte des überstehenden Endes durch die Gewichtskraft $F_G = 100\,\mathrm{kN}$ belastet (**138.**1 a).

Zu berechnen sind die Durchbiegung des Trägerendes C und die größte Biegespannung.

Das überstehende Ende des Trägers soll eine zusätzliche Streckenlast $q = 30\,\mathrm{kN/m}$ tragen. Zur Abstützung ist in C eine starre Stütze angebracht (**138.**1 b). Wie groß ist die Stützkraft F_C und die größte Biegespannung? Mit welchem I-Trägerprofil würde man nun auskommen?

Die Durchbiegung am Ende des Trägers berechnen wir nach Belastungsfall 5 in Tafel **104.**1 mit $a = l/2$ und $I = 29\,210\,\mathrm{cm}^4$

$$f_{CG} = f_{GG} + (\tan\alpha)\,a$$

$$= \frac{F_G\,l^3}{3\,E\,I}\cdot\frac{a^2}{l^2}\left(1+\frac{a}{l}\right) + \frac{F_G\,l^2}{6\,E\,I}\cdot\frac{a}{l}\left(2+3\,\frac{a}{l}\right)a = \frac{F_G\,l^3}{6\,E\,I}\cdot\frac{a^2}{l^2}\left(4+5\,\frac{a}{l}\right)$$

$$= \frac{13}{6\cdot 8}\cdot\frac{F_G\,l^3}{E\,I} = \frac{13\cdot 10^5\,\mathrm{N}\cdot 4^3\cdot 10^9\,\mathrm{mm}^3}{6\cdot 8\cdot 2,1\cdot 10^5\,(\mathrm{N/mm}^2)\cdot 29\,210\cdot 10^4\,\mathrm{mm}^4} = 28,2\,\mathrm{mm}$$

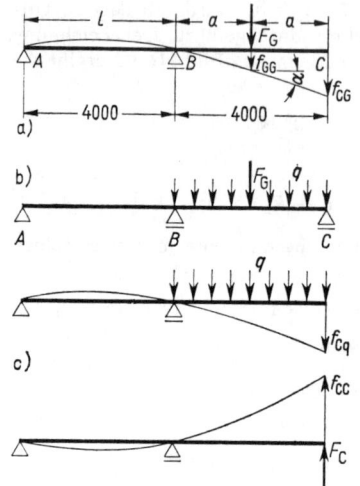

Mit dem größten Biegemoment

$$M_{b\,max} = F_G\, a = 2 \cdot 10^8 \text{ Nmm}$$

und dem Widerstandsmoment $W_b = 1460 \text{ cm}^3$ erhält man die Biegespannung $\sigma_b = 137 \text{ N/mm}^2 < \sigma_{zul}$.

Zur Ermittlung der Lagerkraft F_C bei dreifacher Lagerung benötigen wir die Verformungsbedingung

$$f_C = f_{CG} + f_{Cq} + f_{CC} = 0$$

Dem Taschenbuch [2] entnehmen wir die Durchbiegung in C unter der Streckenlast

$$f_{Cq} = \frac{q\,2a\,l^3}{6\,E\,I}\left(\frac{2a}{l}\right)^2\left(1 + \frac{3}{4}\cdot\frac{2a}{l}\right) = \frac{7}{6\cdot 4}\cdot\frac{q\,2a\,l^3}{E\,I}$$

138.1 Träger auf zwei Stützen mit der Einzellast F_G aus dem überkragenden Ende
a) Lageplan, Durchbiegung unter der Last F_G
b) Träger mit Zusatzlast q, zusätzlich in C gelagert
c) Durchbiegungen infolge q und F_C

Die Durchbiegung an der Stelle der unbekannten Stützkraft F_C entnimmt man Tafel **104.1**, 5 (mit $2a$ anstatt a der Tafel)

$$f_{CC} = -\frac{F_C\,l^3}{3\,E\,I}\left(\frac{2a}{l}\right)^2\left(1 + \frac{2a}{l}\right) = -\frac{2}{3}\cdot\frac{F_C\,l^3}{E\,I}$$

Die obenstehende Verformungsbedingung ergibt

$$\frac{13}{6\cdot 8}\cdot\frac{F_G\,l^3}{E\,I} + \frac{7}{6\cdot 4}\cdot\frac{q\,2a\,l^3}{E\,I} - \frac{2}{3}\cdot\frac{F_C\,l^3}{E\,I} = 0$$

Nach Auflösen dieser Gleichung erhalten wir

$$F_C = \frac{13}{32}\,F_G + \frac{7}{16}\,q\,2a = 40{,}6\cdot 10^3 \text{ N} + 52{,}5\cdot 10^3 \text{ N} = 93{,}1\cdot 10^3 \text{ N}$$

Nunmehr sind die Biegemomente an der Stelle von F_G

$$M_{bG} = F_C\, a - q(a^2/2) = 93{,}1\cdot 10^3 \text{ N} \cdot 2\cdot 10^3 \text{ mm} - 60\cdot 10^3 \text{ N} \cdot 1\cdot 10^3 \text{ mm}$$
$$= 126\cdot 10^6 \text{ Nmm}$$

und im Lager B

$$M_{bB} = F_C\, 2a - q\, 2a^2 - F_G\, a = -67{,}6\cdot 10^6 \text{ Nmm}$$

Somit erhalten wir mit dem größten Biegemoment an der Stelle von F_G die Biegespannung $\sigma_b = 86{,}5 \text{ N/mm}^2$, das ist weniger als vorher.

Um die neue Profilgröße zu bestimmen, rechnen wir das erforderliche Widerstandsmoment mit $\sigma_{zul} = 140 \text{ N/mm}^2$ aus

$$W_b = \frac{M_{b\,max}}{\sigma_{zul}} = \frac{1{,}26\cdot 10^8 \text{ Nmm}}{140 \text{ N/mm}^2} = 902\cdot 10^3 \text{ mm}^3$$

Aus der Profiltafel entnimmt man, daß das I-Profil 340 mit $W_b = 923 \text{ cm}^3$ ausreicht. Bei insgesamt mehr als doppelt so großer Last ergibt die dreifache Lagerung des Trägers mit dem I-Profil 340 ca. 26 % Gewichtsersparnis.

6.5. Geschlossene Rahmen

In der Praxis kommen des öfteren geschlossene Konstruktionen vor, z.B. Federbügel, Gehäuse o.ä., die man als Rahmen bezeichnet. Sie können eingliedrig oder auch mehrgliedrig sein und sind innerlich statisch unbestimmt, d.h., der Zusammenhang zwischen äußeren Kräften und den Schnittreaktionen ist aus den Gleichgewichtsbedingungen allein nicht zu erfassen.

In einfacheren Fällen lassen sich die Schnittreaktionen mit Hilfe der Superpositionsmethode nach dem in den vorigen Abschnitten gezeigten Vorgehen berechnen. Auch das in Abschn. 6.2 erwähnte Verfahren von Castigliano kann zur Berechnung von Rahmen herangezogen werden, wenn diese nicht mehr als 2 bis 3fach innerlich statisch unbestimmt sind. Der Einsatz elektronischer Datenanlagen eröffnet z.B. über die Finite-Elemente-Methode (s. Abschn. 13) die Möglichkeit, auch hochgradig statisch unbestimmte ebene und räumliche Probleme zu behandeln.

Das folgende Beispiel soll zeigen, wie man in einem geschlossenen Rechteckrahmen (Federbügel) elementar durch Anwendung der Superpositionsmethode die Schnittreaktionen und damit den Biegemomentverlauf ermitteln kann. Das gleiche Beispiel wird dann auch in Abschn. 13 als Anwendungsbeispiel zur Finite-Elemente-Methode behandelt.

Beispiel 7. Ein geschlossener Rechteckrahmen aus Araldit B (Modell eines Federbügels) — in den Ecken biegesteif — ist durch die zwei gegenüberliegenden Einzelkräfte $2F = 670$ N beansprucht (139.1a). Gesucht sind Biegemomentverlauf längs der Rahmenachse sowie Biegespannungen und Verformungen der Querschnitte I und II.

Um die Schnittreaktionen berechnen zu können, wenden wir die Schnittmethode an. Aus Symmetriegründen kann ein durch die Schnitte I–I und II–II abgegrenztes Rahmenviertel für sich allein betrachtet werden, es ist in Bild 139.1b vereinfacht dargestellt. Als unbekannte Schnittreaktionen sind in den Schnittstellen die Momente M_1 und M_2 eingezeichnet. Das Momentengleichgewicht ergibt

$$M_1 + M_2 - Fa = 0$$

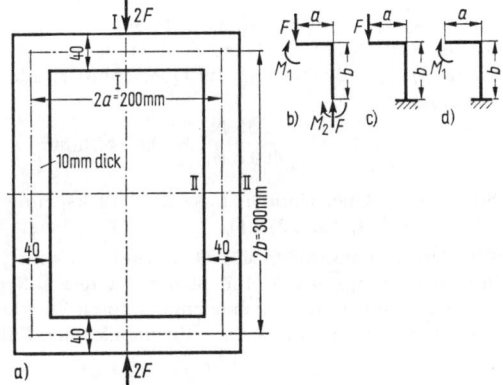

139.1 a) Rechteckrahmen mit Einzelkräften
     b) vereinfachtes Teilsystem
     c) und d) Teilsysteme zur Überlagerung

Da weitere Gleichgewichtsbedingungen nicht zur Verfügung stehen (sie sind identisch erfüllt), ist das Rahmenviertel einfach statisch unbestimmt. Als weitere Bedingung wählen wir die Verformungsbedingung $\tan \alpha_1 = 0$; sie sagt aus, daß die Mittellinie im Querschnitt I keine Änderung des Neigungswinkels erfährt. Die Ersatzsysteme zur Überlagerung der Formänderungen sind in den Bildern 139.1c und d gezeichnet, das untere Ende kann man dabei vorübergehend als eingespannt annehmen mit den Einspannreaktionen M_2 und F.

Tafel **104**.1 entnimmt man (Fall 1 mit $l = a$ und Fall 2 mit $l = b$ und $M_b = F a$)

$$\tan \alpha_{1F} = \frac{F a^2}{2 E I} + \frac{F a}{E I} b = \frac{F a}{E I} \left(\frac{a}{2} + b \right)$$

Desgleichen ist nach Fall 2 der gleichen Tafel mit $M_b = M_1$, $l = a$ und $l = b$

$$\tan \alpha_{1M_1} = \frac{M_1 a}{E I} + \frac{M_1 b}{E I} = \frac{M_1}{E I} (a + b)$$

Die Überlagerung ergibt

$$\tan \alpha_1 = \tan \alpha_{1F} - \tan \alpha_{1M_1} = \frac{F a}{E I} \left(\frac{a}{2} + b \right) - \frac{M_1}{E I} (a + b) = 0$$

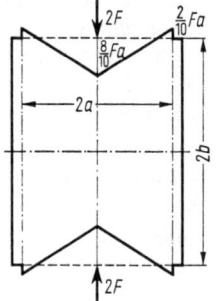

140.1 Biegemomentverlauf
im Rechteckrahmen

Daraus folgt

$$M_1 = F a \frac{a/2 + b}{a + b}$$

oder mit $b = 1,5 a$

$$M_1 = 0,8 \, F a$$

Setzt man M_1 in die o.a. Gleichgewichtsbedingung ein, erhält man

$$M_2 = F a - M_1 = F a \frac{a/2}{a + b}$$

und wieder mit $b = 1,5 a$

$$M_2 = 0,2 \, F a$$

Der Biegemomentverlauf über der Rahmenmittellinie ist in Bild **140**.1 aufgezeichnet, im Teil $2a$ ist das Biegemoment linear veränderlich, im Teil $2b$ ist es konstant, die größte Beanspruchung ergibt sich im Querschnitt I.

Die Biegespannungen sind mit $W_b = 10 \text{ mm} \cdot 40^2 \text{ mm}^2/6 = 2,67 \cdot 10^3 \text{ mm}^3$ und $M_1 = 0,4 \cdot 6,7 \cdot 10^4 \text{ Nmm}$ im Querschnitt I $\sigma_b = 10 \text{ N/mm}^2$, mit $M_2 = 0,67 \cdot 10^4 \text{ Nmm}$ im Querschnitt II $\sigma_b = 2,5 \text{ N/mm}^2$. Im Querschnitt II addiert sich zur Biegespannung noch die Druckspannung

$$\sigma_d = \frac{F}{A} = \frac{335 \text{ N}}{400 \text{ mm}^2} = 0,84 \text{ N/mm}^2$$

Somit ist im Querschnitt II links die Druckspannung 3,35 N/mm^2 und rechts die Zugspannung 1,67 N/mm^2 (s. Tafel **318**.1).

Als Verformungsgrößen der Querschnitte I und II ergeben sich Verschiebungen f_{1v} und f_{2h} infolge Biegung, Druck und Schub; letztere sollen vernachlässigt werden. Die Durchbiegung im Querschnitt I ergibt sich ebenfalls durch Überlagerung aus den Teilsystemen (**139**.1 c und d). Aus Tafel **104**.1 entnimmt man für die gleichen Fälle wie oben

$$f_{1F} = \frac{F a^3}{3 E I} + a \frac{F a}{E I} b = \frac{F a^2}{E I} \left(\frac{a}{3} + b \right)$$

sowie

$$f_{1M_1} = \frac{M_1 a^2}{2 E I} + a \frac{M_1 b}{E I} = \frac{M_1 a}{E I} \left(\frac{a}{2} + b \right)$$

Die Überlagerung ergibt

$$f_{1v} = f_{1F} - f_{1M_1} = \frac{F a^2}{E I} \left(\frac{a}{3} + b \right) - 0,8 \frac{F a^2}{E I} \left(\frac{a}{2} + b \right) = \frac{2}{30} \frac{F a^2}{E I} (3 b - a)$$

Mit $b = 1,5a$ ist

$$f_{1v} = \frac{7}{30} \frac{F a^3}{E I} \approx 0,233 \frac{F a^3}{E I}$$

Mit $I = 10 \text{ mm} \cdot 40^3 \text{ mm}^3/12 = 5,33 \cdot 10^4 \text{ mm}^4$ und $E = 3,5 \cdot 10^3$ N/mm² für Araldit ist

$$f_{1v} = 0,418 \text{ mm}$$

Berücksichtigt man noch die Zusammendrückung des vertikalen Teils mit $l = 150$ mm

$$\Delta l = \frac{F l}{E A} = \frac{335 \text{ N} \cdot 150 \text{ mm}}{3,5 \cdot 10^3 \text{ (N/mm}^2) \; 400 \text{ mm}^2} = 0,036 \text{ mm}$$

so ergibt sich als Gesamtverschiebung (ohne Schubverformung im Teil 2a) 0,454 mm.

Die Verschiebung des Querschnitts II in horizontaler Richtung ist gleich der Verschiebung des Querschnitts I bei festgehaltenem unteren Ende

$$f_{1hF} = \frac{F a}{2 E I} b^2 \qquad\qquad f_{1hM_1} = \frac{M_1}{2 E I} b^2$$

Die Überlagerung ergibt

$$f_{2h} = f_{1h} = f_{1hF} - f_{1hM_1} = \frac{F a b^2}{2 E I} - 0,8 \frac{F a b^2}{2 E I} = \frac{1}{10} \frac{F a b^2}{E I}$$

Mit $b = 1,5a$ ist endlich

$$f_{2h} = 0,225 \frac{F a^3}{E I} = 0,404 \text{ mm}$$

6.6. Aufgaben zu Abschnitt 6

1. Für den Träger in Beispiel 1 (**130.**1a) ermittle man die Lagerreaktionen F_A, F_B, F_C und M_0 durch Zerlegung des gegebenen Systems in die Teilsysteme nach Bild **129.**1a, c und d.

2. Eine Maschinenwelle ($d = 30$ mm Durchmesser) ist vierfach gelagert und in der Mitte durch die Last $F = 4,4$ kN belastet, $a = 80$ mm, $l = 240$ mm (**141.**1).

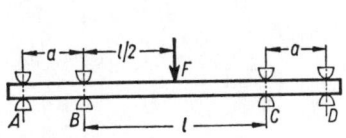

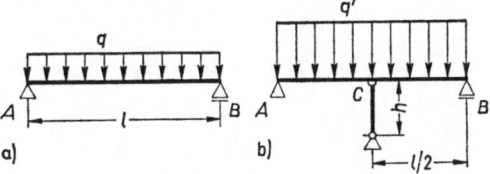

141.1 Vierfach gelagerte Welle mit Einzellast F

141.2 a) Träger auf zwei Stützen mit gleichmäßig verteilter Last
b) Träger in C zusätzlich gestützt

Zu berechnen sind die Lagerkräfte, die Biegespannung und die Durchbiegung in der Mitte der Welle. Man vergleiche Spannung und Durchbiegung mit dem Fall, daß die beiden äußeren Lager fehlen ($E = 2,1 \cdot 10^5$ N/mm²).

3. 1. Ein Träger, Stützweite $l = 12000$ mm, ist durch die gleichmäßig verteilte Last $q = 10$ kN/m belastet (**141.**2a). Welches I-Profil nach DIN 1025 Bl. 1 ist zu wählen, wenn $\sigma_{zul} = 90$ N/mm² vorgeschrieben ist? 2. Die Last soll auf den doppelten Wert $q' = 20$ kN/m gesteigert werden.

Zur Unterstützung wird in die Mitte ein I-Träger 320 DIN 1025 Bl. 1, Höhe $h = 3750$ mm als Pendelstütze eingesetzt (**141.2b**). Wie groß ist die Stützkraft F_C, wenn die Stütze a) starr, b) elastisch angenommen wird? Wie groß ist im Fall a) die größte Biegespannung im Decken-träger, die Druckspannung im Stützträger? Welche Profil-Nr. ist unter Ausnutzung der zulässigen Biegespannung für den Deckenträger ausreichend?

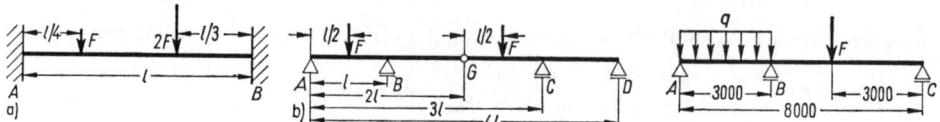

142.1 a) Doppelt eingespannter Träger mit zwei Einzellasten
b) vierfach gelagerter Gerber-Träger

142.2 Träger auf drei Stützen, durch gleichmäßige Last q und Einzellast F belastet

4. Für die in Bild **142.**1 a und b gezeichneten Träger sind die Stützkräfte und die Biegemomente in den maßgebenden Querschnitten zu berechnen.

Anleitung zu 4b: Man wähle die Gelenkkraft als statisch Unbestimmte, $f_{GF} \neq 0$!

5. Ein I-Träger 240 DIN 1025 Bl. 1 ist durch die gleichmäßig verteilte Last $q = 25,6$ kN/m und die Einzellast $F = 43,5$ kN belastet (**142.2**).

Die Lagerkräfte sind zeichnerisch und rechnerisch zu ermitteln. Wie groß ist die Biegespannung im gefährdeten Querschnitt?

7. Verdrehbeanspruchung (Torsion) prismatischer Stäbe

7.1. Verdrehbeanspruchung gerader Stäbe

Ein prismatischer Stab ist ein Stab mit überall gleicher Querschnittform. Die Kreisform ist dabei die einfachste, von der wir ausgehen wollen. Der Stab wird verdreht (oder tordiert), wenn Kräftepaare $\vec{F}$, $-\vec{F}$ auf ihn einwirken, deren Ebenen senkrecht zur Stabachse liegen oder deren Momentvektoren die Richtung der Stabachse haben (**143.1**). Das Moment des Kräftepaares heißt Drehmoment oder Torsionsmoment M_t.[1] Der Stab wird auch kurz als Drehstab oder Torsionsstab bezeichnet.

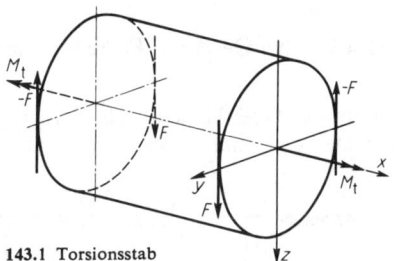

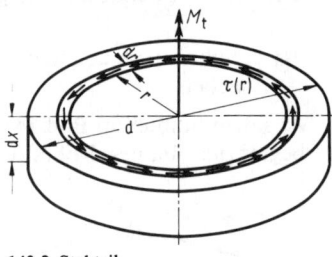

143.1 Torsionsstab   143.2 Stabteil

Wir wollen untersuchen, welche Beanspruchungen und Verformungen das Drehmoment im Stab hervorruft, und wenden die Schnittmethode an. Durch zwei im Abstand dx benachbarte Querschnitte denken wir uns ein Stabteil abgegrenzt (**143.2**). Ist das äußere Drehmoment längs der Stabachse konstant, so wirkt in jedem betrachteten Querschnitt als Schnittgröße das gleiche Moment M_t. Dieses ist gleichzeitig das resultierende Moment aller Kräfte aus den im Querschnitt wirkenden Spannungen.

Normalspannungen im Querschnitt eines Drehstabes können kein resultierendes Moment um die Stabachse ergeben. Wenn solche Spannungen vorhanden sind, können sie nur ein Gleichgewichtssystem bilden. Aus Symmetriegründen kann man jedoch schließen, daß Normalspannungen nicht möglich sind.

Somit können nur Spannungen tangential zum Querschnitt vorhanden sein. Im Abschn. 1.3 haben wir diese als Schubspannungen τ definiert. Der Index t (von Torsion) bei τ_t soll angeben, daß es sich um eine Torsionsschubspannung handelt; er kann fortgelassen werden, wenn eine Verwechslung mit einer anderen Schubspannung ausgeschlossen ist.

---

[1] In der Literatur wird es manchmal auch Drillmoment genannt, als Formelzeichen findet man häufig T.

Aus dem Stabteil (143.2) denken wir uns durch zwei Zylinderschnitte ein dünnes Rohr abgegrenzt. Die auf dieses Rohr entfallenden Anteile der Schubspannungen im Querschnitt können aus Symmetriegründen nur tangential zu den Außenrändern gerichtet sein, sie sind eingezeichnet. Das gleiche gilt naturgemäß für jedes Rohr im Stab, so daß im Kreisquerschnitt alle Schubspannungen tangential zum Außenrand verlaufen. Zwei benachbarte Rohre können sich an ihren Wänden gegenseitig nicht verschieben, Zylinderschnittflächen sind also spannungsfrei.

Die beiden benachbarten Querschnitte in Bild 143.2 erfahren infolge des Drehmoments M_t eine relative Verdrehung zueinander um den Winkel $d\varphi$ (144.1). Ein Punkt A_1 auf dem Umfang des oberen Kreisquerschnittes erfährt eine Verschiebung nach B_1, die gleiche Verschiebung führt Punkt A_2 nach B_2 aus und somit jeder Punkt auf dem Umfang, $\overline{A_1 B_1} = \overline{A_2 B_2}$. Da keine Normalspannungen in den Querschnitten wirken, ändert sich bei der Verdrehung der Abstand dx nicht.

Wir fassen die bisher gewonnenen Erkenntnisse über die Verdrehung zusammen:

Bei der Verdrehbeanspruchung prismatischer Stäbe treten in Querschnitten Schubspannungen auf. Zwei benachbarte Querschnitte erfahren eine relative Verdrehung zueinander.

Bevor wir uns mit der Verdrehung weiter befassen, wollen wir zunächst einige allgemeine Gesetze über Schubspannungen kennenlernen.

7.1.1. Schubspannung und Schubverformung — Hookesches Gesetz — Formänderungsarbeit

Aus dem Stabteil in Bild 144.1 denken wir uns ein an der Oberfläche durch $A_1 A_2 C_2 C_1$ begrenztes dünnes Rohrstück (Element) mit der Dicke dz herausgeschnitten (144.2).

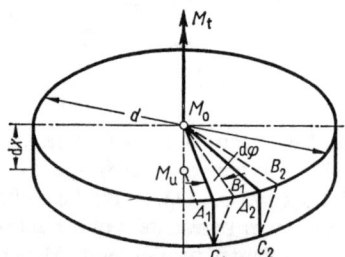

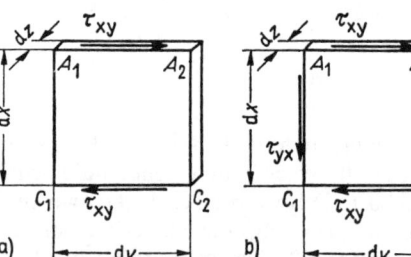

144.1 Verdrehung am Stabteil   144.2 Element mit Schubspannungen

Nach dem oben gesagten wirken in den oberen und unteren Begrenzungsflächen des Teilbilds 144.2a Schubspannungen, die wir τ_{xy} nennen wollen[1]). Die Schubkräfte $T_y = \tau_{xy} \, dy \, dz$ stehen für sich allein nicht im Gleichgewicht, weil sie ein Kräftepaar $(\tau_{xy} \, dy \, dz) \, dx$ bilden. In der rechten und der linken Seitenfläche müssen demnach ebenfalls Schubspannungen τ_{yx} vorhanden sein (144.2b), deren Schubkräfte $T_x = \tau_{yx} \, dx \, dz$ ein Kräftepaar $(\tau_{yx} \, dx \, dz) \, dy$ bilden. Aus der Gleichgewichtsbedingung

$$\sum M_{iz} = 0 = \tau_{xy} \, dy \, dz \, dx - \tau_{yx} \, dx \, dz \, dy$$

folgt $\tau_{xy} = \tau_{yx} = \tau$ (144.1)

---

[1]) Der erste Index, also x, gibt die Richtung der Flächennormalen, der zweite Index y die Richtung der Spannung an.

Die Gl. (144.1) und der in Bild **144.**2b dargestellte Sachverhalt geben den Satz über die Gleichheit der zugeordneten Schubspannungen an:

Schubspannungen treten in zwei aufeinander senkrechten Schnittflächen immer paarweise auf. Sie sind gleich groß, zeigen senkrecht zur Schnittkante und sind beide entweder zur Schnittkante hin oder von ihr weggerichtet.

Die Rohrwand in Bild **144.**1 erfährt durch die Schubkräfte eine Verformung, die aus einer Verschiebung der Punkte A_1 und A_2 z.B. nach B_1 und B_2 besteht. Das Rohrstück (**145.**1) verschiebt sich in die gestrichelt gezeichnete Lage. Die beiden Kanten $A_1 C_1$ und $B_1 C_1$ beschreiben den Gleitwinkel γ.

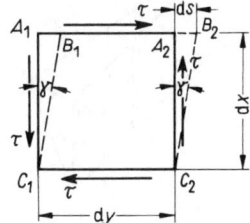

145.1 Verschiebung durch den Gleitwinkel γ

Wie das Experiment zeigt, sind Gleitwinkel γ und Schubspannung τ für genügend kleine Verformungen bei vielen Stoffen zueinander proportional

$$\tau = G\,\gamma \tag{145.1}$$

Gl. (145.1) ist das Hookesche Gesetz für Schubbeanspruchung. Es hat für die Festigkeitslehre die gleiche Bedeutung, wie das Hookesche Gesetz zwischen den Normalspannungen σ und den Dehnungen ε. Der Proportionalitätsfaktor G ist der Gleit- oder Schubmodul, der ebenso wie der Elastizitätsmodul E und die Querzahl μ eine Materialkonstante darstellt[1]).

Die auf die Volumeneinheit bezogene Formänderungsarbeit wurde früher bereits als spezifische Formänderungsarbeit definiert (s. Abschn. 2.2.2). Wir wollen sie auch für Schubbeanspruchung herleiten. Entlang des Weges $ds = \gamma\,dx$ leistet die Schubkraft $\tau\,dy\,dz$ die Arbeit (**145.**1) $dW = 0{,}5\,\tau\,dy\,dz\,\gamma\,dx$. Als spezifische Formänderungsarbeit bei Schub folgt somit

$$\Delta W = 0{,}5\,\tau\,\gamma \tag{145.2}$$

Ersetzen wir in dieser Gleichung den Gleitwinkel aus Gl. (145.1) durch die Schubspannung, so ergibt sich

$$\Delta W = \tau^2/2\,G \tag{145.3}$$

7.1.2. Torsionsstäbe mit Vollkreisquerschnitt

Ist der Querschnitt eines Torsionsstabes kreisförmig und treten im Querschnitt keine Normalspannungen auf, so sind aus Symmetriegründen keine Querschnittverwölbungen möglich. Kreisquerschnitte bleiben bei der Verdrehung eben und zwei benachbarte Querschnitte verdrehen sich relativ zueinander (**144.**1).

---

[1]) Zwischen diesen drei Konstanten besteht für homogene Werkstoffe die Beziehung (der Beweis erfolgt in Abschn. 9.3.2) $G\,2\,(1 + \mu) = E$. Für Stahl z.B. erhält man mit $E = 2{,}1 \cdot 10^5$ N/mm² und $\mu = 0{,}3$ den Gleitmodul

$$G = \frac{2{,}1 \cdot 10^5\ \text{N/mm}^2}{2{,}6} = 8{,}1 \cdot 10^4\ \text{N/mm}^2$$

Wir wollen nun das Verteilungsgesetz der Torsionsschubspannungen herleiten und betrachten den in Bild **144.**1 durch die Punkte $M_o A_1 B_1 C_1 M_u$ abgegrenzten sogenannten Verformungskeil(**146.**1). Ist an einem beliebigen Radius r der Gleitwinkel $\gamma(r)$ und am Außenumfang γ, so entnimmt man dem Bild mit dem Kreisdurchmesser d die Beziehungen

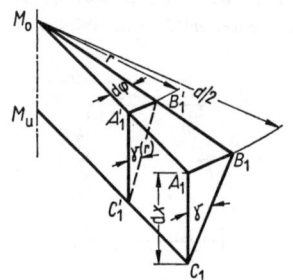

$$\frac{\gamma(r)}{\gamma} = \frac{r}{d/2} \qquad (146.1)$$

$$\gamma \, dx = d\varphi \frac{d}{2} \qquad (146.2)$$

Gl. (146.1) stellt für die Torsion von Stäben mit Kreissymmetrie die Verträglichkeitsbedingung dar. Sie sagt aus, daß der Gleitwinkel $\gamma(r)$ linear mit dem Radius r nach außen zunimmt.

146.1 Verformungskeil

Schubspannungen

Nach dem Hookeschen Gesetz Gl. (145.1) folgt mit

$$\tau(r) = G \, \gamma(r) \qquad \tau_t = G \, \gamma$$

aus Gl. (146.1) die Schubspannung im Abstand r vom Kreismittelpunkt

$$\tau(r) = \tau_t \frac{r}{d/2} \qquad (146.3)$$

Mit τ_t ist hier die Randschubspannung bezeichnet, die nach Gl. (146.3) ein Größtwert aller Schubspannungen $\tau(r)$ ist.

Das resultierende Moment aller im Querschnitt wirkenden Schubkräfte $\tau(r) \, dA$ ist dem Drehmoment gleich (**143.**2)

$$\int r \, \tau(r) \, dA = M_t \qquad (146.4)$$

Setzt man noch $\tau(r)$ aus Gl. (146.3) ein, so ergibt sich

$$\int r \, \tau_t \frac{r}{d/2} \, dA = \frac{\tau_t}{d/2} \int r^2 \, dA = M_t \qquad (146.5)$$

Das Integral in vorstehender Gleichung ist nach Gl. (54.1) das polare Flächenmoment 2. Ordnung des Kreisquerschnitts $\int r^2 \, dA = I_p = (\pi/32) \, d^4$, bezogen auf den Mittelpunkt als Pol. Somit ist

$$\tau_t = \frac{M_t}{I_p} \cdot \frac{d}{2} \qquad (146.6)$$

die größte Schubspannung am Außenrand des Kreisquerschnitts. Mit Gl. (146.3) folgt die Schubspannungsverteilung

$$\tau(r) = \frac{M_t}{I_p} r \qquad (146.7)$$

Beide Gleichungen sind in ihrem Aufbau mit denjenigen für die Biegespannungen identisch, s. Abschn. 4.2.1. Wie dort, definiert man auch bei der Torsion als **Widerstandsmoment** gegen Torsion den Quotienten

$$W_p = \frac{I_p}{d/2} = \frac{\pi}{16}d^3 \tag{147.1}$$

mit $d/2$ als **Randabstand**.

Damit lautet der Ausdruck für die **Randschubspannung**

$$\tau_t = \frac{M_t}{W_p} \tag{147.2}$$

Diese größte Schubspannung soll die zulässige Spannung nicht überschreiten, und man erhält als **Festigkeitsbedingung**

$$\frac{M_t}{W_p} \leqq \tau_{zul} \tag{147.3}$$

Aus dieser Gleichung folgen wieder wie bei der Biegung die **Tragfähigkeit** eines Drehstabes (das zulässige Drehmoment)

$$M_{t\,zul} \leqq W_p\,\tau_{zul} \tag{147.4}$$

und die **Bemessung** eines Drehstabes

$$W_p \geqq \frac{M_t}{\tau_{zul}} \tag{147.5}$$

In Bild **147.**1 ist die Schubspannungsverteilung nach Gl. (146.7) in den Kreisquerschnitt eingezeichnet.

Aus dem Satz der zugeordneten Schubspannungen folgt, daß in Längsschnittflächen senkrecht zum Querschnitt auch Schubspannungen vorhanden sein müssen. Ihr Vorhandensein kann man in einem Verdrehversuch nachweisen (s. Abschn. 7.1.5).

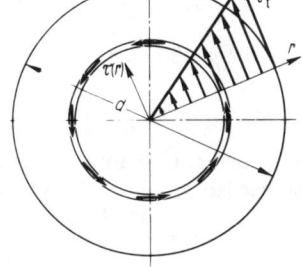

147.1 Kreisquerschnitt mit eingezeichneten Schubspannungen

Torsionswinkel

Die relative Verdrehung zweier benachbarter Querschnitte gegeneinander ergibt Gl. (146.2)

$$d\varphi = \gamma \frac{dx}{d/2}$$

oder mit dem **Hooke**schen Gesetz

$$d\varphi = \frac{\tau_t\,dx}{G\,d/2}$$

Hat ein Drehstab die Länge l, so ist mit $\int dx = l$ der **Torsionswinkel** über die Länge

$$\varphi = \int d\varphi = \frac{\tau_t\,l}{G\,d/2} \tag{147.6}$$

Ersetzt man τ_t nach Gl. (146.6), so wird

$$\varphi = \frac{M_t\, l}{G\, I_p} \tag{148.1}$$

Den Ausdruck $G I_p$ im Nenner der vorstehenden Beziehung nennt man analog zur Biegesteifigkeit $E I_y$ die **Torsionssteifigkeit**. Sie hängt vom Werkstoff und vom Querschnitt ab. Für die Torsion ist wie bei der Biegung nicht nur die Größe des Querschnitts maßgebend, sondern vor allem seine Form.

7.1.3. Torsionsstäbe mit Kreisringquerschnitt

Teilt man einen Torsionsstab mit Vollkreisquerschnitt durch Schneiden etwa in einen Kern mit dem Durchmesser d_i und einen Kreiszylinder mit dem Innendurchmesser d_i und dem Außendurchmesser d_a, so wird am Spannungs- und Formänderungszustand nichts geändert. Demzufolge kann man den Kern entfernen und erhält einen Hohlstab. Wegen der Kreissymmetrie gelten alle die in den vorigen Abschnitten angestellten Überlegungen sinngemäß. Gl. (146.3) ergibt die Schubspannung im Abstand r zwischen Innen- und Außenradius

$$\tau(r) = \tau_t \frac{r}{d_a/2} \tag{148.2}$$

Da nur der Ringquerschnitt für das resultierende Drehmoment der Schubkräfte zur Verfügung steht, ist in Gl. (146.5) $\int r^2\, dA = I_p$ das polare Flächenmoment der Kreisringfläche. Führen wir das Durchmesserverhältnis $\alpha = d_i/d_a \leqq 1$ ein, so ist

$$I_p = \frac{\pi}{32}\,(d_a^4 - d_i^4) = \frac{\pi}{32}\, d_a^4\,(1 - \alpha^4)$$

Für die größte Schubspannung am Außenrand erhalten wir

$$\tau_t = \frac{M_t}{I_p}\,\frac{d_a}{2} \tag{148.3}$$

Für die Schubspannungsverteilung gilt sinngemäß Gl. (146.7). Am Innenrand des Hohlstabes ist

$$\tau_{ti} = \frac{M_t}{I_p}\,\frac{d_i}{2} = \alpha\,\tau_t$$

Mit dem Widerstandsmoment gegen Torsion

$$W_p = \frac{I_p}{d_a/2} = \frac{\pi}{16}\, d_a^3\,(1 - \alpha^4) \tag{148.4}$$

ist die Randschubspannung

$$\tau_t = \frac{M_t}{W_p}$$

wie beim Vollquerschnitt. Die Beziehungen in den Gl. (147.3) bis (147.5) gelten dann ebenfalls sinngemäß.

Für dünnwandige Kreisringquerschnitte mit dem mittleren Durchmesser d_m, der Wanddicke t und $t \ll d_m$ ist $I_p = (\pi/4)\, d_m^3\, t$ und $W_p \approx I_p/(d_m/2) = (\pi/2)\, d_m^2\, t = 2 A_m\, t$. $A_m = (\pi/4)\, d_m^2$ ist der von der Mittellinie des Ringes eingeschlossene Flächeninhalt (s. Abschn. 7.1.4).

In Bild **149.**1 ist die Spannungsverteilung im Querschnitt gezeichnet, für dünnwandige Querschnitte kann $\tau(r)$ annähernd gleichmäßig über die Wand t verteilt angenommen werden.

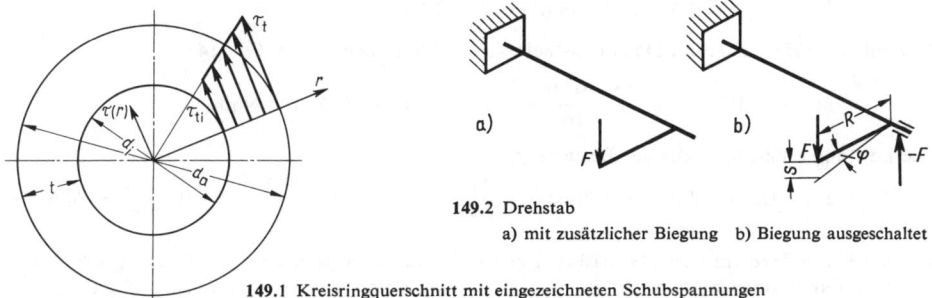

149.2 Drehstab
a) mit zusätzlicher Biegung b) Biegung ausgeschaltet

149.1 Kreisringquerschnitt mit eingezeichneten Schubspannungen

Für die Ermittlung des Torsionswinkels in zylindrischen Hohlstäben gelten ebenfalls die Gl. (147.6) und (148.1). Häufig werden in Bauteilen nicht nur zulässige Spannungen vorgeschrieben, sondern die Einhaltung bestimmter Grenzen des Torsionswinkels verlangt. Bauteile, die als gerade Torsionsstäbe angesehen werden können, sind Wellen und Drehstabfedern. Die reine Torsion kommt in diesen Teilen jedoch nur unter bestimmten Voraussetzungen vor, häufiger ist die Kombination mit der Biegebeanspruchung. Der Drehstab (**149.**2) z. B. wird nach Teilbild **149.**2a durch die Kraft F gebogen und verdreht, während durch das Anbringen eines Lagers nach **149.**2b die Biegebeanspruchung praktisch ausgeschaltet ist.

Beispiel 1. Die Gelenkwelle aus Stahl in einem Kraftfahrzeug ist für ein maximales Drehmoment $M_t = 264$ Nm zu bemessen. Wie groß ist der Torsionswinkel zwischen den Gelenken bei der Länge $l = 2,5$ m? Gegeben: $\tau_{zul} = 30$ N/mm^2, $G = 8,1 \cdot 10^4$ N/mm^2.
Für die Bemessung benötigt man Gl. (147.5)

$$W_p \geqq \frac{M_t}{\tau_{zul}} = \frac{264 \cdot 10^3 \, \text{Nmm}}{30 \, \text{N/mm}^2} = 8,8 \cdot 10^3 \, \text{mm}^3$$

Der Durchmesser folgt aus Gl. (147.1)

$$d = \sqrt[3]{\frac{16 \, W_p}{\pi}} = \sqrt[3]{\frac{16 \cdot 8,8 \cdot 10^3 \, \text{mm}^3}{\pi}} = 35,5 \, \text{mm}$$

Gewählt wird $d = 36$ mm. Den Drehwinkel ergibt Gl. (148.1).
Mit $I_p = (\pi/32) \, d^4 = 16,49$ cm^4 ist

$$\varphi = \frac{M_t \, l}{G \, I_p} = \frac{264 \cdot 10^3 \, \text{Nmm} \cdot 2500 \, \text{mm}}{8,1 \cdot 10^4 \, (\text{N/mm}^2) \cdot 16,49 \cdot 10^4 \, \text{mm}^4} = 0,0494 = 2,83°$$

Beispiel 2. Eine Schiffswelle aus Stahl ($G = 8,1 \cdot 10^4$ N/mm^2), Länge $l = 16$ m, Nenndrehzahl $n = 80$ min^{-1}, soll so bemessen werden, daß beim größten Drehmoment M_t die zulässige Schubspannung $\tau_{zul} = 40$ N/mm^2 nicht überschritten wird. Hierbei darf der Drehwinkel zwischen den Wellenenden höchstens $\varphi = 4°$ betragen.

Wie groß ist der Durchmesser auszuführen, und welche Leistung kann die Welle bei der angegebenen Drehzahl höchstens übertragen?

Zur Berechnung des Durchmessers benötigt man nunmehr Gl. (147.6), in die $\tau_t = \tau_{zul}$ einzusetzen ist. Aufgelöst nach dem Durchmesser d ergibt sich

$$d = \frac{2\tau_{zul}\, l}{G\,\varphi} = \frac{2 \cdot 40\,(\text{N/mm}^2) \cdot 16 \cdot 10^3\,\text{mm}}{8{,}1 \cdot 10^4\,(\text{N/mm}^2) \cdot \pi\,(4°/180°)} = 226\,\text{mm}$$

Gewählt wird $d = 230$ mm. Das höchstzulässige Drehmoment liefert Gl. (147.4)

$$M_{t\,zul} = W_p\,\tau_{zul} = \frac{\pi \cdot 230^3\,\text{mm}^3}{16} \cdot 40\,\text{N/mm}^2 = 9{,}56 \cdot 10^7\,\text{Nmm}$$

Die Leistung erhält man aus der Beziehung

$$P = M_t\,\omega = 9{,}56 \cdot 10^7\,\text{Nmm} \cdot \pi \cdot \frac{80}{30}\,\text{s}^{-1} = 8 \cdot 10^8\,\frac{\text{Nmm}}{\text{s}} = 8 \cdot 10^5\,\frac{\text{Nm}}{\text{s}} = 800\,\text{kW}$$

Beispiel 3. Ein D r e h m o m e n t s c h l ü s s e l aus Federstahl mit geradem zylindrischen Schaft soll bei dem Drehmoment $M_t = 50$ Nm den Winkelausschlag $\varphi = 10°$, bezogen auf die Schaftlänge, ergeben.

Gegeben: $\tau_{zul} = 150$ N/mm^2, $G = 8{,}1 \cdot 10^4$ N/mm^2. Zu berechnen sind der Schaftdurchmesser d und die Schaftlänge l.

Der Durchmesser folgt wie in Beispiel 1 aus Gl. (147.5)

$$W_p = \frac{5 \cdot 10^4\,\text{Nmm}}{150\,\text{N/mm}^2} = 333\,\text{mm}^3$$

und Gl. (147.1)

$$d = \sqrt[3]{\frac{16 \cdot 333\,\text{mm}^3}{\pi}} = 11{,}9\,\text{mm}$$

Wir wählen $d = 12$ mm und erhalten für das polare Flächenmoment $I_p = \dfrac{\pi}{32}d^4 = 0{,}204$ cm^4. Löst man Gl. (148.1) nach l auf, so erhält man die Schaftlänge

$$l = \frac{G I_p}{M_t}\varphi = \frac{8{,}1 \cdot 10^4\,(\text{N/mm}^2) \cdot 0{,}204 \cdot 10^4\,\text{mm}^4}{5 \cdot 10^4\,\text{Nmm}}\,\pi\,\frac{10°}{180°} = 576\,\text{mm}$$

Beispiel 4. In welchem V e r h ä l t n i s zum Durchmesser d eines Stabes mit Vollkreisquerschnitt muß der Außendurchmesser d_a eines zylindrischen Hohlstabes (Durchmesserverhältnis $\alpha = d_i/d_a$) größer sein, wenn in beiden Stäben bei der Verdrehbeanspruchung durch das gleiche Drehmoment die Randschubspannungen gleich groß sein sollen? Wie groß ist dann die prozentuale Massenersparnis beim Hohlstab?

Aus dem Ansatz

$$\tau_t = \frac{M_t}{W_{p(Voll)}} = \frac{M_t}{W_{p(Hohl)}} = \text{const}$$

folgt

$$\frac{\pi}{16}d^3 = \frac{\pi}{16}d_a^3\,(1 - \alpha^4)$$

Somit ist das gesuchte Durchmesserverhältnis

$$\frac{d_a}{d} = \frac{1}{\sqrt[3]{1 - \alpha^4}}$$

Da die Massen bei gleicher Länge den Querschnitten proportional sind, kann man die Massenersparnis aus einem Flächenvergleich ermitteln

$$\frac{\Delta m}{m} = \frac{\Delta A}{A} = \frac{A_{Voll} - A_{Hohl}}{A_{Voll}} = \frac{d^2 - d_a^2\,(1 - \alpha^2)}{d^2} = 1 - \frac{d_a^2}{d^2}\,(1 - \alpha^2)$$

Setzt man noch die oben erhaltene Beziehung für d_a/d ein, so ist

$$\frac{\Delta m}{m} = 1 - \frac{1 - \alpha^2}{(\sqrt[3]{1 - \alpha^4})^2}$$

In Bild **151**.1 sind Durchmesservergrößerung und Massenersparnis in Abhängigkeit vom Durchmesserverhältnis $\alpha = d_i/d_a$ aufgetragen.

151.1 Durchmesservergrößerung und Massenersparnis

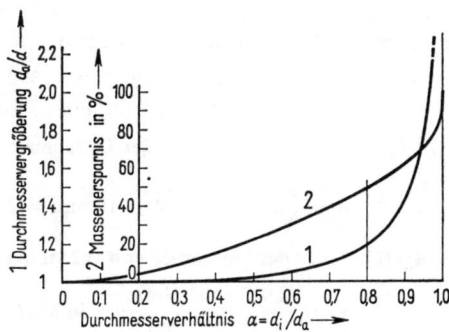

Ersetzt man z. B. eine Vollwelle mit $d = 100$ mm durch eine Hohlwelle mit $\alpha = 0,8$, so entnimmt man dem Bild $d_a = 1,19\, d = 119$ mm, den Innendurchmesser erhält man zu $d_i = 0,8\, d_a = 95$ mm. Die dabei erzielte Massenersparnis ist etwa 49 %.

Aus der Darstellung in Bild **151**.1 ersieht man ferner, daß man durch dünnwandige Hohlquerschnitte beachtliche Massenersparnis erzielen kann. Weil sehr dünne Rohre bei der Torsion ausbeulen, ist die Ersparnis aber begrenzt.

Ein Aufbohren bis zum Verhältnis $\alpha = 0,5$ erfordert eine Zunahme des Außendurchmessers um nur 2 % und ergibt eine Massenersparnis von annähernd 22 %.

Beispiel 5. Der in Bild **151**.2 gezeichnete Torsionsstab ist in einer Versuchseinrichtung durch das Drehmoment M_t beansprucht. Dabei wird über die Länge l der Drehwinkel $\varphi = 2,25°$ gemessen.

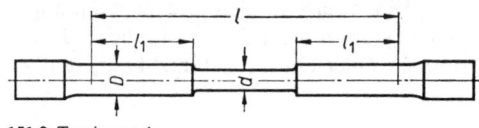

151.2 Torsionsstab

Gegeben sind: $l = 300$ mm, $l_1 = 100$ mm, $D = 30$ mm, $d = 20$ mm, $G = 4,6 \cdot 10^4$ N/mm² (Magnesiumlegierung).

a) Wie groß sind das eingeleitete Drehmoment M_t und die Schubspannungen?

b) Der Stab soll durch einen neuen mit gleichbleibendem Durchmesser bei gleicher Länge l ersetzt werden. Wie groß ist der Durchmesser bei gleichem Drehmoment und gleichem Drehwinkel wie in a) zu wählen? Wie groß ist dann die Schubspannung τ_t?

a) Das Drehmoment berechnen wir bei gegebenem Drehwinkel aus Gl. (148.1). Hierbei ist jedoch zu beachten, daß der Durchmesser des Stabes sich sprunghaft ändert. Es gilt somit der Ansatz

$$\varphi = \frac{M_t}{G}\left(\frac{2l_1}{I_{p1}} + \frac{l - 2l_1}{I_{p2}}\right) = 2,25° = 0,0393$$

mit $I_{p1} = (\pi/32)\, D^4 = 7,95$ cm⁴ und $I_{p2} = (\pi/32)\, d^4 = 1,571$ cm⁴. Löst man nach dem gesuchten Drehmoment auf, so erhält man nach Einsetzen der gegebenen Zahlenwerte

$$M_t = \frac{4,6 \cdot 10^4\ (\text{N/mm}^2) \cdot 0,0393}{200\ \text{mm}/7,95 \cdot 10^4\ \text{mm}^4 + 100\ \text{mm}/1,571 \cdot 10^4\ \text{mm}^4} = 2,035 \cdot 10^5\ \text{Nmm}$$

Die Schubspannungen erhält man aus Gl. (147.2) mit Hilfe der Gl. (147.1). Im Stabteil mit dem Durchmesser D ist das Widerstandsmoment $W_p = (\pi/16)\, D^3 = 5,3$ cm³ und die Schubspannung

$$\tau_t = \frac{M_t}{W_p} = \frac{2,035 \cdot 10^5\ \text{Nmm}}{5,3 \cdot 10^3\ \text{mm}^3} = 38,4\ \text{N/mm}^2$$

Im mittleren Stabteil ist $W_p = (\pi/16)\, d^3 = 1,517\ \text{cm}^3$ und die Schubspannung $\tau_t = 129,5\ \text{N/mm}^2$.
b) Über Gl. (148.1) berechnen wir für den neuen Stab das notwendige polare Flächenmoment

$$I_p = \frac{M_t\, l}{G\,\varphi} = \frac{2,035 \cdot 10^5\ \text{Nmm} \cdot 300\ \text{mm}}{4,6 \cdot 10^4\ (\text{N/mm}^2) \cdot 0,0393} = 3,38 \cdot 10^4\ \text{mm}^4$$

Mit $I_p = (\pi/32)\, d^4$ ergibt sich der Durchmesser

$$d = \sqrt[4]{\frac{32\, I_p}{\pi}} = \sqrt[4]{34,4} \cdot 10\ \text{mm} = 24,2\ \text{mm}$$

Ausgeführt wird der Durchmesser $d = 25\ \text{mm}$ mit $W_p = 3,07\ \text{cm}^3$. Nunmehr ist die Schubspannung

$$\tau_t = \frac{2,035 \cdot 10^5\ \text{Nmm}}{3,07 \cdot 10^3\ \text{mm}^3} = 66,3\ \text{N/mm}^2$$

7.1.4. Torsionsstäbe mit beliebiger Querschnittform

Die mathematische Behandlung der Verdrehbeanspruchung von Stäben mit nichtkreisförmigem Querschnitt ist erheblich schwieriger als die der Stäbe mit kreissymmetrischen Querschnitten. Die Querschnitte der Stäbe bleiben, wie auch Versuche bestätigt haben, nicht eben. Es treten Querschnittverwölbungen auf, die nicht vernachlässigt werden dürfen. Mit elementaren Mitteln lassen sich somit Spannungen und Formänderungen nicht mehr erfassen.

Eine Ausnahme bildet hier lediglich die Behandlung dünnwandiger geschlossener Hohlquerschnitte. Eine geschlossene Lösung ist möglich, auf deren Herleitung jedoch verzichtet werden soll.

Durch Einführung entsprechender Querschnittgrößen lassen sich die Berechnungsgleichungen für Stäbe mit nicht kreisförmigem Querschnitt auf die ähnliche Form bringen, wie die für Stäbe mit kreissymmetrischem Querschnitt, s. Gl. (147.2), (147.6) und (148.1)

$$\tau_t = \frac{M_t}{W_t} \tag{152.1}$$

$$\varphi = \frac{M_t\, l}{G\, I_t} \tag{152.2}$$

Ersetzt man in Gl. (152.2) das Drehmoment M_t mit Hilfe der Gl. (152.1), so ist auch

$$\varphi = \frac{\tau_t\, l\, W_t}{G\, I_t} = \frac{\tau_t\, l}{G\, I_t\, /\, W_t} \tag{152.3}$$

In diesen Gleichungen bedeuten

W_t **eine dem Widerstandsmoment** W_p **bei Kreisquerschnitt entsprechende Größe**

I_t **eine dem polaren Flächenmoment** I_p **bei Kreisquerschnitt entsprechende Größe**

I_t/W_t **eine dem Randabstand** $d/2$ **bzw.** $d_a/2$ **bei Kreisquerschnitt entsprechende Größe**

I_t wird auch als Drillungswiderstand bezeichnet, besser ist Torsionsflächenmoment.

Nur bei kreissymmetrischen Querschnitten ist

$$W_t = W_p \qquad I_t = I_p \qquad I_t/W_t = d/2 \quad \text{bzw.} \quad d_a/2$$

Das Produkt $G\, I_t$ ist wieder die Torsionssteifigkeit.

In der Tafel (153.1) sind die Beziehungen für die drei oben angegebenen Größen für die wichtigsten Querschnittformen zusammengestellt.

Tafel 153.1 Querschnittgrößen bei der Torsion von Stäben mit nicht kreisförmigem Querschnitt

Querschnitt		W_t	I_t	I_t/W_t	Bemerkungen
	dünnwandiger geschlossener Hohlquerschnitt mit veränderlicher Wanddicke	$2A_m\, t_{min}$	$\dfrac{4A_m^2}{\sum \dfrac{\Delta U}{t}}$	$\dfrac{2A_m}{\left(\sum \dfrac{\Delta U}{t}\right) t_{min}}$	$A_m =$ Inhalt der von der Mittellinie umgrenzten Fläche
	dünnwandiger geschlossener Hohlquerschnitt mit überall gleicher Wanddicke	$2A_m\, t$	$\dfrac{4A_m^2\, t}{U_m}$	$\dfrac{2A_m}{U_m}$	$\Delta U =$ Umfangsteilchen mit der Wanddicke t $U_m =$ Länge der Mittellinie
	Ellipse $n = a/b \geq 1$	$\dfrac{\pi}{16}\, a\, b^2$	$\dfrac{\pi}{16}\cdot\dfrac{a^3\, b^3}{a^2+b^2}$	$\dfrac{a^2}{a^2+b^2}\, b$	größte Spannungen τ_t in den Endpunkten der kleinen Achse. Schubspannung in den Endpunkten der großen Achse ist $\tau_2 = \tau_t/n$
	Rechteck $n = h/b \geq 1$	$\eta_1 h b^2$ $= \eta_1 n b^3$	$\eta_2 h b^3$ $= \eta_2 n b^4$	$\dfrac{\eta_2}{\eta_1}\, b$ η_1, η_2, η_3 s. Tafel 154.1	größte Spannung τ_t in den Mitten der größten Seiten, Schubspannung in den Mitten der kleineren Seiten $\tau_2 = \eta_3 \tau_t$, in den Ecken ist $\tau_t = 0$
	gleichseitiges Dreieck	$\dfrac{a^3}{20}$	$\dfrac{a^4}{46,2}$	$\dfrac{a}{2,31} \approx 0,433\, a$	größte Spannungen τ_t in der Mitte der Seiten, in den Ecken ist $\tau_t = 0$
	dünnwandige offene Querschnitte (Walzträger usw.)	$\dfrac{1}{3}\cdot\dfrac{\sum h_i\, b_i^3}{b_{max}}$	$\dfrac{1}{3}\sum h_i\, b_i^3$	b_{max}	größte Spannungen τ_t in der Mitte der größten Seite des Rechtecks mit der größten Dicke b_{max}

Tafel **154**.1   Konstanten bei der Torsion von Stäben mit Rechteckquerschnitt

n	1	1,5	2	3	4	6	8	10	∞
η_1	0,209	0,230	0,247	0,269	0,284	0,299	0,307	0,312	0,333
η_2	0,141	0,196	0,229	0,263	0,281	0,298	0,307	0,312	0,333
$\dfrac{\eta_2}{\eta_1}$	0,675	0,852	0,928	0,977	0,990	0,997	0,999	1,000	1,000
η_3	1,000	0,858	0,796	0,753	0,745	0,743	0,743	0,743	0,743
η_F [1]	0,31	0,27	0,265	0,275	0,285	0,30	0,31	0,31	0,333

Die Schubspannung τ_t ist die in dem jeweiligen Querschnitt vorkommende Größtschubspannung, so daß wieder die der Gl. (147.3) entsprechende Festigkeitsbedingung gilt

$$\frac{M_t}{W_t} \leqq \tau_{zul} \tag{154.1}$$

Besonderheiten bei den einzelnen Querschnittformen sollen im folgenden kurz besprochen werden:

Dünnwandige Hohlquerschnitte

In diese Gruppe fallen alle geschlossenen Kastenprofile, deren Wanddicke t klein ist gegenüber den sonstigen Querschnittabmessungen. Die Schubspannungen in den Querschnitten wirken überall tangential zur Berandung und können gleichmäßig über die Wanddicke verteilt angenommen werden. Es läßt sich zeigen, daß das Produkt aus Schubspannung und Wanddicke konstant ist, man bezeichnet es als Schub - fluß T **(154**.2)

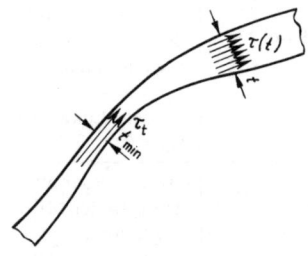

$$T = \tau(t)\, t = \tau_t\, t_{min} = const$$

τ_t ist somit die größte Schubspannung in der dünnsten Wandstelle. Die Bezeichnung Schubfluß hat man in Analogie zur Kontinuitätsgleichung der inkompressiblen Strömung geprägt[2]).

154.2 Zur Darstellung des Schubflusses

---

[1]) η_F Raumzahl s. S. 161
[2]) Die mathematische Behandlung der Torsion (St. Venant) führt auf die Potentialgleichung für die Verwölbung, die eine Analogie mit der Potentialgleichung der Strömungslehre für reibungsfreie, inkompressible Strömung erkennen läßt (Strömungsgleichnis). Die Schubspannungen entsprechen der Strömungsgeschwindigkeit in einem Gefäß mit der gleichen Querschnittform wie der Drehstab, in der eine reibungsfreie, inkompressible Flüssigkeit zirkuliert. Die Strömungslinien entsprechen den Schubspannungslinien, das sind gedachte Verbindungslinien hintereinanderliegender Schubspannungen.

Das Bild **155**.1 zeigt die Schubspannungslinien an einer Ecke eines geschlossenen Kastenquerschnitts. An der inneren Kante treten bei scharfkantiger Ausbildung starke Spannungserhöhungen ein, in der äußeren Kante sind die Schubspannungen Null. Die Spannungserhöhungen können durch Abrunden der Ecken vermindert werden (**155**.1 b).

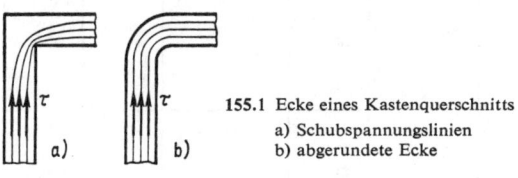

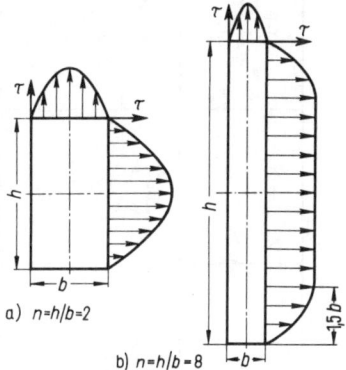

155.1 Ecke eines Kastenquerschnitts
  a) Schubspannungslinien
  b) abgerundete Ecke

a) $n = h/b = 2$

b) $n = h/b = 8$

155.2 Spannungsverteilung bei der Torsion eines Stabes mit Rechteckquerschnitt
  a) gedrungenes
  b) schmales Rechteck

Rechteck

Die Ecken eines Rechteckquerschnitts sind frei von Schubspannungen, man darf sie deshalb abrunden, ohne daß der Torsionsstab dadurch wesentlich geschwächt wird. Die Schubspannungsverteilung entlang einer Rechteckseite ist annähernd parabelförmig (**155**.2 a). Ist jedoch das Seitenverhältnis $n = h/b > 3$ (langgestrecktes Rechteck), dann ändern sich die Schubspannungen im mittleren Bereich der langen Seiten nicht, erst in der Entfernung $1,5\,b$ von den Ecken nehmen die Schubspannungen parabelförmig auf Null ab (**155**.2 b).

Dünnwandige offene Profilquerschnitte

Das angegebene Berechnungsverfahren ist eine grobe Näherung und gilt nur für völlig freie Torsion, d.h. ohne Einspanneffekt, der die freie Längsverschiebung behindern würde. Man denkt sich den Querschnitt aus einzelnen Teilrechtecken zusammengesetzt, deren Seitenverhältnis i. allg. größer als 10 ist. In der Praxis sind derartige Drehstäbe immer angeflanscht (geschraubt, genietet oder geschweißt), und es treten erhebliche Abweichungen der Schubspannungen und Verformungen von den errechneten Werten auf. Die gemessenen Spannungen sind bis auf örtliche Spannungsspitzen an Kerben (Anschlußstellen) immer kleiner als die gerechneten.

Beispiel 6. Zulässige Drehmomente und Torsionswinkel von Drehstäben mit verschiedenen Querschnitten gleichen Flächeninhalts nach Tafel **153**.1 sind zu berechnen und mit denen für Kreis- und Kreisringquerschnitt zu vergleichen.

Gegeben sind: $\tau_{zul} = 120 \text{ N/mm}^2$, $l = 1000 \text{ mm}$, $A = 800 \text{ mm}^2$, $G = 8{,}1 \cdot 10^4 \text{ N/mm}^2$.

Es empfiehlt sich, die Rechnung für dieses Beispiel tabellarisch durchzuführen, sie ist in Tafel **156**.1 zusammengestellt. In der letzten Spalte sind die Federraten, s. Gl. (160.2) mit aufgenommen worden, die einen besseren direkten Vergleich der verschiedenen Formen gestatten. Die Bezugsgröße ist gleiches Materialgewicht, da $A\,l = \text{const.}$ Geschlossene dünnwandige Hohlprofile ertragen die höchste Belastung und haben die größte Steifigkeit. Von den Vollquerschnitten hat der Kreisquerschnitt die größte Steifigkeit, während durch das Längsschlitzen eines Hohlprofils gegenüber dem geschlossenen die Steifigkeit ganz erheblich abnimmt. Offene Hohlprofile sind also sehr verdrehweich!

Tafel 156.1 Beispiel 6, Ausrechnung

Querschnitt	Abmessungen mm	W_t 10^3 mm³	I_t 10^4 mm⁴	I_t/W_t mm	$M_{tzul}=W_t\,\tau_{zul}$ Nm	$\varphi=\dfrac{\tau_{zul}\,l}{G\,I_t/W_t}$ °	$c_\varphi=\dfrac{M_t}{\varphi}$ Nm/°
1 $\dfrac{h}{b}=2$ $\dfrac{t}{b}=\dfrac{1}{10}$	$h=73$ $b=36,5$ $t=3,65$	$2\,b\,h\,t=19,45$	$2\,\dfrac{b^2 h^2}{b+h}\,t=47,3$	$\dfrac{h}{h+b}\,b=\dfrac{2}{3}\,b=24,3$	2330	3,5	670
2 Ellipse $\dfrac{a}{b}=2$	$a=45$ $b=22,5$	$\dfrac{\pi}{16}\,a\,b^2=4,47$	$\dfrac{\pi}{16}\cdot\dfrac{a^3 b^3}{a^2+b^2}=8,05$	$\dfrac{a^2}{a^2+b^2}\,b=0,8b=18$	540	4,7	114
3 Rechteck $\dfrac{h}{b}=2$	$h=40$ $b=20$	$\eta_1\,h\,b^2=3,95$ $\eta_1=0,247$	$\eta_2\,h\,b^3=7,33$ $\eta_2=0,229$	$\dfrac{\eta_2}{\eta_1}\,b=0,928b=18,55$	470	4,6	104
4 gleichseitiges Dreieck	$a=43$	$\dfrac{a^3}{20}=3,97$	$\dfrac{a^4}{46,2}=7,41$	$\approx 0,433a=18,6$	480	4,6	105
5 in Längsrichtung geschlitztes Kastenprofil wie 1	$h=73$ $b=36,5$ $t=3,65$	$\dfrac{1}{3}\,2(b+h)\,t^2=0,973$	$\dfrac{1}{3}\,2(b+h)\,t^3=0,355$	$t=3,65$	117	23,3	5
6 Vollkreis	$d=32$	$\dfrac{\pi}{16}\,d_a^3=6,43$	$\dfrac{\pi}{32}\,d_a^4=10,29$	$d/2=16$	770	5,3	145
7 Kreisring $\alpha=d_i/d_a=0,8$	$d_a=53$ $d_i=42,5$	$\dfrac{\pi}{16}\,d_a^3(1-\alpha^4)=17,25$	$\dfrac{\pi}{32}\,d_a^4(1-\alpha^4)=45,7$	$d_a/2=26,5$	2070	3,2	650

Beispiel 7. Ein Drehstab mit Rechteckquerschnitt ($b = 20$ mm, $h = 160$ mm), Länge $l = 800$ mm ist durch das Drehmoment $M_t = 2$ kNm beansprucht, $G = 8{,}1 \cdot 10^4$ N/mm². Zu berechnen sind

a) die größte Schubspannung τ_t,   b) der Torsionswinkel φ.

c) Wie groß muß der Durchmesser eines Stabes mit Kreisquerschnitt bei gleicher Länge sein, der gleiche Drehsteifigkeit wie der gegebene haben soll?

d) Man berechne die Schubspannung τ_t bei gleichem Drehmoment.

e) Die Massen sind miteinander zu vergleichen.

a) Für $n = h/b = 8$ entnimmt man Tafel **154**.1 die Konstanten $\eta_1 = \eta_2 = 0{,}307$. Somit ist $W_t = \eta_1 n b^3 = 0{,}307 \cdot 8 \cdot 8\,\text{cm}^3 = 19{,}65\,\text{cm}^3$ und die Schubspannung nach Gl. (152.1)

$$\tau_t = \frac{M_t}{W_t} = \frac{2 \cdot 10^6\ \text{Nmm}}{19{,}65 \cdot 10^3\ \text{mm}^3} =\!: 101{,}8\ \text{N/mm}^2$$

b) Mit $I_t = \eta_2 n b^4 = 39{,}3\,\text{cm}^4$ erhält man den Drehwinkel aus Gl. (152.2)

$$\varphi = \frac{M_t\, l}{G\, I_t} = \frac{2 \cdot 10^6\ \text{Nmm} \cdot 800\ \text{mm}}{8{,}1 \cdot 10^4\ (\text{N/mm}^2) \cdot 39{,}3 \cdot 10^4\ \text{mm}^4} = 0{,}0502 = 2{,}88°$$

c) Gleiche Drehsteifigkeit bedeutet bei gleichem Material und gleicher Länge auch gleichen Drehwinkel. Dann ist für Kreisquerschnitt $I_p = I_t = 39{,}3$ cm⁴. Daraus erhält man den Durchmesser $d = \sqrt[4]{(32/\pi)\, I_p} = \sqrt[4]{400} \cdot 10\,\text{mm} = 44{,}7\,\text{mm}$. Ausgeführt wird $d = 45$ mm mit $W_p = 17{,}89\,\text{cm}^3$.

d) Die Schubspannung ist $\tau_t = M_t/W_p = 112\ \text{N/mm}^2$.

e) Der Massenvergleich besteht bei gleicher Länge aus einem Vergleich der Querschnitte

$$m_\square/m_\bigcirc = A_\square/A_\bigcirc = 32\ \text{cm}^2/15{,}9\ \text{cm}^2 \approx 2/1$$

Der Rechteckstab ist rund doppelt so schwer wie der Kreisstab.

7.1.5. Kerbwirkung, Grenzspannungen und zulässige Spannung bei Torsion

Querbohrungen, Querschnittübergänge, Rillen, Nuten, Verzahnungen usw. wirken in Torsionsstäben ebenfalls als Kerben und ergeben eine Spannungserhöhung gegenüber der Nennschubspannung $\tau_n = M_t/W_t$.

Bei ruhender Beanspruchung berücksichtigt man die Kerbwirkung wie bei Zug-Druck- und Biegebeanspruchung durch die Formzahl $\alpha_k = \tau_k/\tau_n$, bei schwingender Beanspruchung durch die Kerbwirkungszahl β_k.

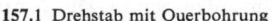
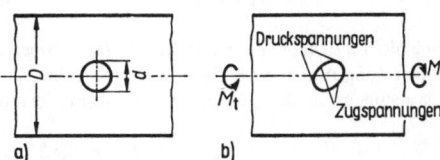

157.1 Drehstab mit Querbohrung
a) unverformt
b) verformt durch Drehmoment M_t

In Vollwellen und Hohlwellen mit Querbohrungen treten am Bohrungsrand unter 45° zur Achsrichtung Normalspannungen $\sigma_{max} = \sigma_k$ auf (**157.1**), die Bohrung wird elliptisch verformt. In diesem Fall ist die Formzahl $\alpha_k = \sigma_k/\tau_n$. An kleinen Bohrungen in dünnwandigen Hohlwellen ist $\alpha_k \approx 4$.

Für Vollwellen mit kleiner Querbohrung erhält man mit dem Wellendurchmesser D und dem Bohrungsdurchmesser d näherungsweise $W_t = (1 - 0{,}9\, d/D)\, W_p$ mit $W_p = (\pi/16)\, D^3$.

In Torsionsstäben mit kreissymmetrischen Querschnitten können nach den oben angegebenen Gleichungen Schubspannungen und Torsionswinkel exakt berechnet werden. Aus diesem Grunde eignen sich Stäbe mit Kreisquerschnitt besonders für Torsionsversuche zur Ermittlung von Werkstoffkennwerten. Als statische Kennwerte sind von Bedeutung

τ_{tF} Torsionsfließgrenze τ_{tB} Torsionsfestigkeit

Ersterer hat Bedeutung bei zähen Werkstoffen, der zweite bei spröden.

Dynamische Prüfungen können auf eigens für Torsionsversuche konstruierten Prüfmaschinen leicht durchgeführt werden. Für die Durchführung der Versuche und die Auswertung der Versuchsergebnisse gilt das gleiche sinngemäß wie in Abschn. 3.2.1 bei Zug-Druck-Beanspruchung. Dauerfestigkeitsschaubilder für Torsion findet man u.a. in Taschenbüchern [2]. Insbesondere werden die beiden folgenden dynamischen Kennwerte benötigt

τ_{tW} Torsionswechselfestigkeit τ_{tSch} Torsionsschwellfestigkeit

Besonders charakteristisch bei Torsionsversuchen ist die mögliche Art des Versagens; sie kann je nach Werkstoff auf drei verschiedene Weisen erfolgen:

Abscheren senkrecht zur Stabachsrichtung bei zähen Werkstoffen.

Trennbruch unter 45° zur Stabachse bei ruhender Beanspruchung spröder Werkstoffe (Kreide!) und bei dynamischer Beanspruchung auch zäher Werkstoffe. Man findet diese Bruchform häufig an Drehstabfedern (s. auch Abschn. 9.4).

Abscheren und Aufreißen in Richtung der Stabachse bei gewalztem zeiligen Federstahl und bei in Faserrichtung herausgearbeiteten Holzstäben. Diese Tatsache ist ein Beweis für das Vorhandensein von Schubspannungen in Längsrichtung.

Das über die Sicherheit und die zulässige Spannung im Abschnitt 3 Gesagte gilt hier sinngemäß.

Bei dynamischer Beanspruchung ist die Sicherheit

$$\nu_D = \frac{\tau_D}{o_k\, \beta_k\, \tau_n} \tag{158.1}$$

die zulässige Spannung

$$\tau_{zul} = \frac{\tau_D}{o_k\, \beta_k\, \nu_D} \tag{158.2}$$

Beispiel 8. Eine Welle aus St 70 ($D = 40$ mm) mit der polierten Querbohrung ($d = 8$ mm) hat (ohne Biegung) das wechselnde Drehmoment $M_t = 650$ Nm aufzunehmen. Die Sicherheit gegen Dauerbruch ist zu berechnen. Mit dem Verhältnis $d/D = 0,2$ ist

$$W_t = (1 - 0,18)\,\frac{\pi}{16}\,D^3 = 0,82 \cdot 12,57\ \text{cm}^3 = 10,3\ \text{cm}^3$$

und die Nennschubspannung

$$\tau_n = \frac{M_t}{W_t} = \frac{65 \cdot 10^4\ \text{Nmm}}{10,3 \cdot 10^3\ \text{mm}^3} = 63,1\ \text{N/mm}^2$$

Dem Buch [14] entnimmt man die Formzahl $\alpha_k = \tau_k/\tau_n = 1,5$. Mit $\eta_k = 0.6$ (Tafel **44**.1) ist die Kerbwirkungszahl

$$\beta_k = 1 + (\alpha_k - 1)\,\eta_k = 1,3$$

Dem Dauerfestigkeitsschaubild für St 70 entnimmt man die
Wechselfestigkeit $\tau_{tw} = 190$ N/mm^2.
Nunmehr ergibt sich aus Gl. (158.1) mit $o_k = 1$ die Sicherheit

$$v_D = \frac{190 \text{ N/mm}^2}{1,3 \cdot 63,1 \text{ N/mm}^2} = 2,32$$

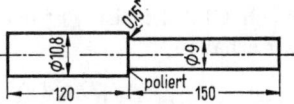

159.1 Drehstab

Beispiel 9. Die **abgesetzte Welle** (schematisch in Bild **159.**1 gezeichnet) ist wechselnd auf
Torsion beansprucht. Wie groß darf der zwischen den Enden gemessene Drehwinkel höchstens
sein, wenn zweifache Sicherheit gegen Dauerbruch gewährleistet sein soll? Wie groß ist dann das
Drehmoment? Gegeben sind: Werkstoff St 60 mit $\eta_k = 0,5$ (Tafel **44.**1) und $G = 8 \cdot 10^4$ N/mm^2.
Maßgebend für das Drehmoment $M_t \leqq W_p \tau_{zul}$ ist der kleine Durchmesser am Übergang. Dem
Taschenbuch [2] entnimmt man mit $t/\varrho = 0,9$ mm/0,15 mm $= 6$ und $a/\varrho = 4,5$ mm/0,15 mm $= 30$
die Formzahl $\alpha_k = 2,14$. Die Kerbwirkungszahl ist dann $\beta_k = 1,57$. Mit $\tau_{tw} = 160$ N/mm^2 und
$W_p = (\pi/16)\, 0,9^3$ cm$^3 = 0,143$ cm^3 erhält man dann für $o_k = 1$

$$\tau_{zul} = \frac{\tau_{tw}}{\beta_k\, v_D} = \frac{160 \text{ N/mm}^2}{1,57 \cdot 2} = 51,0 \text{ N/mm}^2$$

und $\qquad M_t \leqq 0,143 \cdot 10^3 \text{ mm}^3 \cdot 51,0 \text{ N/mm}^2 = 7,3 \cdot 10^3 \text{ Nmm}$

Den Drehwinkel berechnen wir wie in Beispiel 5, S. 151. Mit $I_{p1} = (\pi/32)\, D^4 = 0,1336$ cm^4 und
$I_{p2} = (\pi/32)\, d^4 = 0,0644$ cm^4 ist

$$\varphi \leqq \frac{7,3 \cdot 10^3 \text{ Nmm}}{8 \cdot 10^4 \text{ N/mm}^2} \left(\frac{120 \text{ mm}}{0,1336 \cdot 10^4 \text{ mm}^4} + \frac{150 \text{ mm}}{0,0644 \cdot 10^4 \text{ mm}^4} \right) = 0,0308 = 1,69°$$

7.1.6. Formänderungsarbeit bei der Verdrehung — Drehstabfedern

Wie bei der Biegung ist wegen der ungleichförmigen Spannungsverteilung bei der Verdrehung eines Stabes die spezifische Formänderungsarbeit $\Delta W = \tau^2/2G$, Gl. (145.3),
eine Funktion der Stabkoordinaten. Da der Verlauf der Schubspannungen nur bei
kreissymmetrischen Querschnitten exakt bekannt ist, wollen wir uns zunächst darauf
beschränken.

In einem Element $dV = dA\, dx$ ist dann die Formänderungsarbeit

$$dW = \Delta W\, dV = (\tau^2/2G)\, dV$$

Die gesamte Formänderungsarbeit erhält man durch Integration über das Volumen
$W = \int (\tau^2/2G)\, dV$.

Für den allgemeinsten Fall des mit der Stabachse x veränderlichen Drehmoments und
bei schwach veränderlichem Querschnitt ist mit $\tau = \dfrac{M_t(x)}{I_p(x)}\, r$ die Formänderungsarbeit

$$W = \frac{1}{2} \int_0^l \left(\int \frac{M_t^2(x)}{G\, I_p^2(x)}\, r^2\, dA \right) dx$$

Alle von x abhängigen Faktoren in vorstehender Gleichung können vor das innere
Integral gezogen werden (s. auch Abschn. 5.5)

$$W = \frac{1}{2} \int_0^l \frac{M_t^2(x)}{G\, I_p^2(x)}\, (\int r^2\, dA)\, dx$$

Nach Gl. (54.1) ist $\int r^2\,\mathrm{d}A = I_\mathrm{p}(x)$ das polare Flächenmoment des Querschnitts und wir erhalten

$$W = \frac{1}{2} \int\limits_0^l \frac{M_t^2(x)}{G\,I_\mathrm{p}(x)}\,\mathrm{d}x$$

Bei einem Stab mit überall gleichem kreissymmetrischem Querschnitt und gleichem Material ist die Torsionssteifigkeit $G I_\mathrm{p}$ konstant. Dann ist

$$W = \frac{1}{2\,G\,I_\mathrm{p}} \int\limits_0^l M_t^2(x)\,\mathrm{d}x$$

Ist insbesondere auch das Drehmoment über die Länge l konstant, so erhält man schließlich

$$W = \frac{M_t^2\,l}{2 G\,I_\mathrm{p}} \tag{160.1}$$

Nach dem Energiesatz erhält man durch Vergleich mit der Arbeit des äußeren Moments $W = (1/2)\,M_t\varphi$ den Torsionswinkel φ, s. Gl. (148.1)

$$\varphi = \frac{M_t\,l}{G\,I_\mathrm{p}}$$

Beispiel 10. Für die Welle in Beispiel 5, S. 151 ermittle man über die Formänderungsarbeit den Drehwinkel.

Wegen der verschiedenen Durchmesser berechnen wir die Formänderungsarbeit in zwei Teilbereichen

$$\frac{1}{2}\,M_t\,\varphi = W = \frac{M_t^2}{2G}\left(2\int\limits_0^{l_1}\frac{\mathrm{d}x}{I_{\mathrm{p}1}} + \int\limits_{2l_1}^{l}\frac{\mathrm{d}x}{I_{\mathrm{p}2}}\right)$$

Daraus folgt

$$\varphi = \frac{M_t}{G}\left(\frac{2l_1}{I_{\mathrm{p}1}} + \frac{l-2l_1}{I_{\mathrm{p}2}}\right)$$

Ebenso häufig wie Biegefedern kommen in der Praxis des Maschinenbaus Torsionsfedern (auch Drehstabfedern genannt) mit kreisförmigem und beliebigem Querschnitt vor. Die Drehfederrate einer Drehstabfeder mit überall gleichem beliebigen Querschnitt ist mit Gl. (152.2)

$$c_\varphi = \frac{M_t}{\varphi} = \frac{G I_t}{l} \tag{160.2}$$

Ist eine Drehstabfeder wie in Bild **149.**2b eingespannt, dann erfährt die Kraft F am Hebel R die Verschiebung s. Mit $M_t = FR$, $s = \varphi R$ und der Federrate $c = F/s$ ist

$$c_\varphi = \frac{F R^2}{s} = c R^2$$

und somit

$$c = \frac{c_\varphi}{R^2} = \frac{G I_t}{l R^2} \tag{160.3}$$

Die Formänderungsarbeit in Federn kann allgemein durch die Beziehung $W = \eta_F \, \Delta W \, V$ angegeben werden (s. auch Abschn. 2.2.2), η_F ist die Raumzahl (auch Gütezahl) der Feder und V das wirksame Federvolumen. Die spezifische Formänderungsarbeit der größten (Nenn-) Schubspannung τ_t ist $\Delta W = \tau_t^2 / 2G$. Mit $\tau_t = M_t / W_t$ erhält man

$$\Delta W = \frac{M_t^2}{2 \, G \, W_t^2}$$

Durch Vergleich mit Gl. (160.1), deren Gültigkeit wir auch auf beliebige Querschnittformen übertragen und in der wir I_p durch I_t ersetzen, findet man eine Beziehung für die **Raumzahl der Drehstabfeder**

$$\eta_F = \frac{W}{\Delta W \, V} = \frac{W_t^2 \, l}{I_t \, V} \tag{161.1}$$

oder mit dem Federvolumen $V = l \, A$

$$\eta_F = \frac{W_t / A}{I_t / W_t} \tag{161.2}$$

Beispiel 11. Für **Drehstabfedern** mit Kreis-, Kreisring-, Rechteck- und Dreieckquerschnitt sind die Gütezahlen η_F zu ermitteln.

Kreis:

$$\eta_F = \frac{\dfrac{\pi}{16} d^3 \Big/ \dfrac{\pi}{4} d^2}{d/2} = 0,5$$

Kreisring:

$$\eta_F = \frac{\dfrac{\pi}{16} d_a^3 (1 - \alpha^4) \Big/ \dfrac{\pi}{4} d_a^2 (1 - \alpha^2)}{d_a/2} = 0,5 \, (1 + \alpha^2)$$

Rechteck:

$$\eta_F = \frac{\eta_1 \, h \, b^2 / h \, b}{\dfrac{\eta_2}{\eta_1} b} = \frac{\eta_1^2}{\eta_2} \quad \text{(s. Tafel **154.1**)}$$

gleichseitiges Dreieck:

$$\eta_F = \frac{\dfrac{a^3}{20} \Big/ \dfrac{\sqrt{3}}{4} a^2}{0,433 \, a} = 0,267$$

Die Volumenausnutzung der Federn mit Vollquerschnitt ist gering, sie wird um so besser, je gleichmäßiger die Spannungsverteilung ist. Für dünnwandige geschlossene Hohlprofile ist $\eta_F \approx 1$ (s. Kreisring mit $\alpha \rightarrow 1$).

Beispiel 12. Eine **Drehstabfeder** aus Stahl ($\tau_{zul} = 400 \, \text{N/mm}^2$, $G = 8,1 \cdot 10^4 \, \text{N/mm}^2$) mit Kreisquerschnitt soll beim größten Winkelausschlag $\varphi = 9°$ die Arbeit $W = 270 \, \text{Nm}$ aufnehmen können. Durchmesser und Länge der Feder sind zu berechnen.

Zunächst ermitteln wir das Drehmoment aus $W = (1/2) \, M_t \, \varphi$

$$M_t = \frac{54 \cdot 10^4 \, \text{Nmm}}{0,157} = 344 \cdot 10^4 \, \text{Nmm}$$

Das Widerstandsmoment ergibt Gl. (147.5)

$$W_p \geq \frac{M_t}{\tau_{zul}} = \frac{344 \cdot 10^4 \, \text{Nmm}}{400 \, \text{N/mm}^2} = 8,6 \cdot 10^3 \, \text{mm}^3$$

Diesem Wert entspricht der Durchmesser $d = 35$ mm mit $I_p = 14{,}73$ cm^4. Die notwendige Schaftlänge erhält man aus Gl. (148.1)

$$l = \frac{G\,I_p\,\varphi}{M_t} = \frac{8{,}1 \cdot 10^4 \;(\text{N/mm}^2) \cdot 14{,}73 \cdot 10^4 \;\text{mm}^4 \cdot 0{,}157}{344 \cdot 10^4 \;\text{Nmm}} = 545 \;\text{mm}$$

7.1.7. Vergleichende Beurteilung von Schubspannung und Torsionswinkel

Wie auch bei der Biegung erfolgt die Bemessung eines Drehstabes i.a. auf Grund der zulässigen Spannung. Getriebewellen, Steuerstangen usw. dürfen jedoch nur sehr geringe Drehverformungen aufweisen, so daß eine Festigkeitsrechnung u. U. zu geringe Abmessungen ergeben kann. Mit Rücksicht auf ihre Verformung sind solche Bauteile dann manchmal wesentlich steifer auszuführen. Der zulässige Torsionswinkel wird auf die Längeneinheit bezogen angegeben und ist für Triebwerkwellen

$$\vartheta_{zul} = \varphi_{zul}/l \leq 0{,}25°/\text{m}$$

Wegen der verschiedenen Einflüsse kann man keine allgemein gültigen Beziehungen aufstellen. Die Problemstellung soll an den folgenden Beispielen aufgezeigt werden.

Beispiel 13. Die Welle eines Schiffsantriebs soll so bemessen werden, daß der Torsionswinkel $\vartheta_{zul} = 0{,}25°/$m und die Schubspannung $\tau_{zul} = 30$ N/mm^2 nicht überschritten werden. Gegeben sind: $M_t = 1{,}71 \cdot 10^5$ Nm, $l = 12$ m, $G = 8{,}2 \cdot 10^4$ N/mm^2.
Die Verformungsbedingung Gl. (148.1) ergibt das erforderliche polare Flächenmoment

$$I_p \geq \frac{M_t}{G\,\vartheta_{zul}} = \frac{1{,}71 \cdot 10^8 \;\text{Nmm}}{8{,}2 \cdot 10^4 \;(\text{N/mm}^2) \cdot 0{,}436 \cdot 10^{-5} \;\text{mm}^{-1}} = 4{,}78 \cdot 10^8 \;\text{mm}^4$$

Dies ergibt den Durchmesser

$$d = \sqrt[4]{\frac{32}{\pi} I_p} = \sqrt[4]{48{,}7 \cdot 10^8} \;\text{mm} = 264 \;\text{mm}$$

Die Festigkeitsbedingung Gl. (147.5) liefert

$$W_p \geq \frac{M_t}{\tau_{zul}} = \frac{1{,}71 \cdot 10^8 \;\text{Nmm}}{30 \;\text{N/mm}^2} = 5{,}7 \cdot 10^6 \;\text{mm}^3$$

und den Durchmesser

$$d = \sqrt[3]{\frac{16}{\pi} W_p} = \sqrt[3]{29 \cdot 10^6} \;\text{mm} = 307 \;\text{mm}$$

Maßgebend ist der größere Durchmesser, ausgeführt wird die Welle mit $d = 310$ mm. Zur Kontrolle rechnen wir den Torsionswinkel nach. Mit $I_p = 9{,}07 \cdot 10^4$ cm^4 ist

$$\vartheta = \frac{M_t}{G\,I_p} = \frac{1{,}71 \cdot 10^8 \;\text{Nmm} \cdot 1000 \;\text{mm/m}}{8{,}2 \cdot 10^4 \;(\text{N/mm}^2) \cdot 9{,}07 \cdot 10^8 \;\text{mm}^4} = 0{,}0023 \;\text{m}^{-1} = 0{,}132°/\text{m} < \vartheta_{zul}$$

Beispiel 14. Über eine Steuerstange mit quadratischem Querschnitt, Länge $l = 2000$ mm, soll ein Steuerimpuls ausgeführt werden, der das Drehmoment $M_t = 1$ Nm erfordert. Die Stange ist für $\tau_{zul} = 100$ N/mm^2 und $\vartheta_{zul} = 0{,}5°/$m zu bemessen. $G = 8{,}1 \cdot 10^4$ N/mm^2.
Aus der Festigkeitsbedingung erhält man

$$W_t \geq \frac{M_t}{\tau_{zul}} = \frac{1000 \;\text{Nmm}}{100 \,\text{N/mm}^2} = 10 \;\text{mm}^3$$

Bezeichnen wir die Seitenlänge des Quadrates mit a und entnehmen wir der Tafel **154**.1 mit $n = a/b = 1$ die Konstante $\eta_1 = 0,209$, so ergibt Tafel **153**.1 $W_t = \eta_1\,a^3$. Durch Vergleich folgt $a = \sqrt[3]{47,8}$ mm $= 3,63$ mm.

Aus der Verformungsbedingung berechnen wir

$$I_t \geq \frac{M_t}{G\,\vartheta_{zul}} = \frac{1000\,\text{Nmm}}{8,1 \cdot 10^4\,(\text{N/mm}^2) \cdot 0,872 \cdot 10^{-5}\,\text{mm}^{-1}} = 1416\,\text{mm}^4$$

Mit $I_t = \eta_2\,a^4$ und $\eta_2 = 0,141$ folgt $a = 10$ mm.

In diesem Fall ist die Verformung maßgebend, denn für $a = 10$ mm ist die Schubspannung nur noch etwa 5 N/mm² und somit unbedeutend.

7.1.8. Aufgaben zu Abschnitt 7.1

1. Eine Getriebewelle soll bei der Drehzahl $n = 460$ min^{-1} die Leistung $P = 18,75$ kW übertragen, $\tau_{zul} = 35$ N/mm². Die Welle ist a) als Vollwelle, b) als Hohlwelle mit $\alpha = d_i/d_a = 0,75$ zu bemessen. Welche Massenersparnis bringt die Ausführung als Hohlwelle?

2. Für ein Meßinstrument ist eine gerade Drehstabfeder mit Kreisquerschnitt zu entwerfen. Bei dem Drehmoment $M_t = 0,8$ Nm soll der Torsionswinkel $\varphi = 50°$ betragen, $\tau_{zul} = 500$ N/mm². $G = 8,1 \cdot 10^4$ N/mm².

Zu berechnen sind Durchmesser d, Länge l und Formänderungsarbeit W.

3. Eine gerade Drehstabfeder mit Rechteckquerschnitt ($h = 150$ mm, $b = 15$ mm), Länge $l = 500$ mm, ist durch das Drehmoment $M_t = 3$ kNm beansprucht, $G = 8,1 \cdot 10^4$ N/mm².

a) Schubspannung τ_t und Torsionswinkel φ sind zu berechnen.

b) Der Drehstab soll durch einen neuen mit Vollkreisquerschnitt ersetzt werden. Man berechne hierfür den erforderlichen Durchmesser (bei gleicher Schubspannung τ_t wie in a) und ermittle den Torsionswinkel φ. Was ergibt ein Massenvergleich?

4. Welche Zunahme der Schubspannung bei gleichem Drehmoment und welche Massenersparnis ergibt sich, wenn ein Drehstab mit Kreisquerschnitt auf verschiedene Durchmesserverhältnisse aufgebohrt wird? ($\alpha = d_i/d_a$, $d = d_a$).

5. Je ein Drehstab mit Rechteckquerschnitt ($h = 100$ mm, $b = 25$ mm) und mit Kreisquerschnitt ($d = 40$ mm) sind mit dem gleichen Drehmoment $M_t = 4$ kNm beansprucht, Werkstoff Stahl mit $G = 8,1 \cdot 10^4$ N/mm².

a) Für beide Stäbe berechne man die Schubspannungen τ_t.

b) Die Länge des Kreisstabes ist $l_2 = 600$ mm. Man bestimme die Länge l_1 des Rechteckstabes so, daß beide Stäbe den gleichen Torsionswinkel aufweisen; wie groß ist dieser?

c) In beiden Fällen berechne man die Formänderungsarbeit. Was ergibt ein Massenvergleich?

6. Der Träger mit dem Querschnitt nach Bild **163**.1 ist auf Torsion beansprucht. ($G = 8,1 \cdot 10^4$ N/mm²)

Es sind zu berechnen: a) das zulässige Drehmoment für $\tau_{zul} = 120$ N/mm², b) der auf 1 m Länge bezogene Drehwinkel, c) die Formänderungsarbeit W.

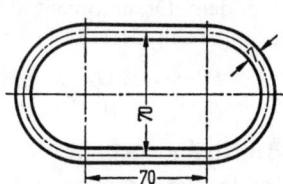

163.1 Querschnitt eines Drehstabes

7. Drehstabfedern nach dem Schema des Bildes **149**.2b sollen mit den drei Querschnittformen: Kreis, Kreisring ($\alpha = 0,7$) und Rechteck ($n = h/b = 10$) entworfen werden.

Gegeben sind: $F = 2$ kN, $R = 250$ mm, $l = 400$ mm, $\tau_{zul} = 250$ N/mm², $G = 8 \cdot 10^4$ N/mm².

Man berechne a) die Abmessungen (aufgerundet), b) die Verschiebung s unter der Last (Hebel R starr), c) die Federkonstante $c = F/s$, d) die Formänderungsarbeit W. Die Massen sind miteinander zu vergleichen.

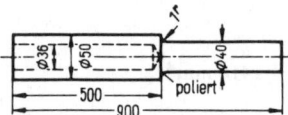

8. Die abgesetzte Welle (**164**.1) ist wechselnd durch das Drehmoment $M_t = 1,2$ kNm beansprucht.

164.1 Drehstab mit Längsbohrung

Man berechne die Sicherheit gegen Dauerbruch und den Torsionswinkel über die ganze Länge. Gegeben sind: Werkstoff Stahl mit $\tau_{tW} = 320$ N/mm^2, $\eta_k = 0,8$ und $G = 8 \cdot 10^4$ N/mm^2.

7.2. Verdrehbeanspruchung gekrümmter Stäbe

7.2.1. Zylindrische Schraubenfedern

Wird ein Stab (Draht) räumlich nach Art einer Schraubenlinie gewunden, so erhält man ein in der Technik sehr häufig vorkommendes Bauelement, die Schraubenfeder (**164**.2). Ist der Durchmesser jeder Windung gleich groß, dann nennt man die Schraubenfeder zylindrisch. Bei Kegelstumpffedern nimmt der Durchmesser nach Form eines Kegelstumpfes ab. Im folgenden soll nur die zylindrische Form behandelt werden.

Die Wirkungslinie der belastenden Kraft F fällt i.a. mit der Federachse zusammen. Sie kann die einzelnen Windungen zusammendrücken (Druckfeder) oder auseinanderziehen (Zugfeder). Der Drahtquerschnitt ist vielfach kreisförmig, wird aber auch häufig quadratisch oder rechteckig gestaltet.

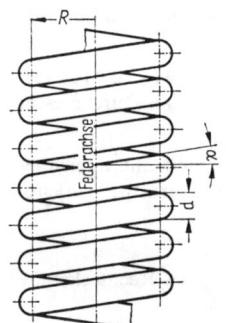

Ein ebener Querschnitt senkrecht zur gekrümmten Stabachse wird durch eine Normalkraft, eine Querkraft, ein Biegemoment und ein Drehmoment beansprucht. Bei den üblichen kleinen Anstiegwinkeln α kann man Normalkraft und Biegemoment gegenüber Querkraft und Drehmoment vernachlässigen, bei nicht zu kleinen Windungsradius kann auch die Querkraft vernachlässigt werden. Eine zylindrische Schraubenfeder wird also nur auf Torsion berechnet.

164.2 Zylindrische Schraubenfeder

Mit dem Drehmoment $M_t = FR \cos \alpha \approx FR$ ist die Schubspannung im Drahtquerschnitt nach Gl. (152.1)

$$\tau_t = \frac{M_t}{W_t} = \frac{FR}{W_t} \tag{164.1}$$

Bei Kreisquerschnitt ist $W_t = W_p$.

Infolge der Krümmung der Stabachse wird jedoch die Schubspannung nach Gl. (164.1) an der dem Krümmungsmittelpunkt zugewandten Seite vergrößert

$$\tau_i = k_i \frac{FR}{W_t} \tag{164.2}$$

und an der gegenüberliegenden Seite verkleinert

$$\tau_a = k_a \frac{F R}{W_t} \qquad (165.1)$$

Die von der Stabkrümmung abhängigen Faktoren k_i und k_a wollen wir abschätzen (165.1). Für ein gerades Stabteilchen mit der Länge Δl ist nach Gl. (152.3) der Torsionswinkel

$$\varphi = \frac{\tau_t \, \Delta l}{G \, I_t / W_t}$$

Löst man nach der Schubspannung τ_t auf, so erhält man

$$\tau_t = \varphi \, G \frac{I_t}{W_t} \frac{1}{\Delta l}$$

Geht man von der Überlegung aus, daß sich am gekrümmten Stabteil im Mittel der gleiche Drehwinkel ergibt, dann ist an der Innenseite

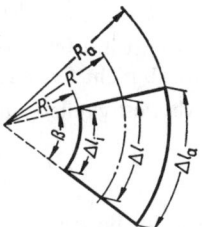

165.1 Stabelement aus einer zylindrischen Schraubenfeder

$$\tau_i = \varphi \, G \frac{I_t}{W_t} \frac{1}{\Delta l_i}$$

Setzen wir beide Spannungen ins Verhältnis zueinander, so folgt

$$\frac{\tau_i}{\tau_t} = \frac{\Delta l}{\Delta l_i} = \frac{R \, \beta}{R_i \, \beta} = \frac{R}{R_i}$$

und $\qquad k_i = \frac{R}{R_i} > 1 \qquad (165.2)$

Entsprechend ist $\qquad k_a = \frac{R}{R_a} < 1 \qquad (165.3)$

Für die Federberechnung wichtig ist die Größtspannung, also der Faktor k_i.

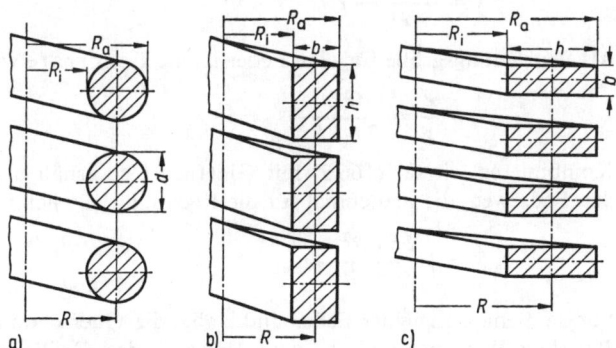

165.2 Bauformen zylindrischer Schraubenfedern

a) Kreisquerschnitt
b) Rechteck hoch gestellt
c) Rechteck flach gestellt

In Bild 165.2 sind die drei wichtigsten Bauformen der Schraubenfedern im Schnittbild dargestellt. Als Maß für die Krümmung der Stabachse wird das Windungsverhältnis ξ

definiert, für Kreisquerschnitt (165.2a) $\xi = d/2R$, für hochgestelltes Rechteck (165.2b) $\xi = b/2R$ und für flachgestelltes Rechteck (165.2c) $\xi = h/2R$. Da der Faktor k_i mit wachsendem ξ stark ansteigt, soll das Windungsverhältnis einer Schraubenfeder $\xi \leqq 1/4$ sein.

Mit Hilfe der Umrechnung $R_i = R - d/2$ (oder $R - b/2$ bzw. $R - h/2$) kann man die Faktoren k_i für alle 3 Federformen auf die gleiche Form bringen

$$k_1 = \frac{R}{R_1} = \frac{1}{1 - \xi} \tag{166.1}$$

Dies ist insofern von Bedeutung, als bei der Bemessung einer Schraubenfeder die Maße vorab nicht festliegen und man ξ besser schätzen kann als etwa d oder R.

Als Festigkeitsbedingung folgt aus Gl. (165.1)

$$k_1 \frac{FR}{W_t} \leqq \tau_{zul} \tag{166.2}$$

τ_{zul} ist die zulässige Schubspannung für den geraden Stab.

Bei der Federberechnung spielt neben der Spannung vor allem auch die Verformung eine große Rolle. Durch die in Richtung der Federachse wirkende Kraft F werden die Abstände der einzelnen Windungen zueinander verändert. Je nach Bauform und Anzahl der Windungen können Schraubenfedern relativ große Federwege ausführen.

Bezeichnen wir den Federweg mit s, so erhält man eine Abschätzung mit dem Ansatz $s = R\varphi$. Dabei ist φ der Torsionswinkel des geraden Stabes unter dem Einfluß des Drehmoments $M_t = FR$. Mit Gl. (152.2) erhält man

$$s = \frac{F}{G} \frac{R^2}{I_t} l$$

Hier ist l die (abgewickelte) Länge des Federdrahtes. Ist i die Anzahl der tragenden Windungen (rechnerische Windungszahl), so ist $l \approx 2\pi R i$. Die tatsächliche Windungszahl ist i.a. um $1,5 \cdots 2$ (nichttragende) Windungen größer als die rechnerische. Somit erhalten wir für den Federweg die Beziehung

$$s = \frac{2\pi i R^3}{G I_t} F \tag{166.3}$$

Als Beurteilungsgröße für eine Feder ist die Federrate wichtig

$$c = \frac{F}{s} = \frac{G I_t}{2\pi i R^3} \tag{166.4}$$

Kombinieren wir Gl. (166.2) mit Gl. (166.3), so erhält man eine weitere Beziehung für den Federweg, die manchmal für die Rechnung nützlich ist

$$s_{zul} = \frac{2\pi i R^2}{k_i G \, I_t/W_t} \tau_{zul} \tag{166.5}$$

Für die Bemessung einer Feder sind i. allg. die Querschnittabmessungen, der Federradius R und die Windungszahl i gesucht. Für diese drei Größen stehen nur zwei Bestimmungsgleichungen, Gl. (166.2) und Gl. (166.3), zur Verfügung. Eine der drei gesuchten Größen muß somit zunächst geschätzt werden. Besser ist es jedoch, ein Windungsverhältnis ξ anzunehmen. Oft muß die Rechnung wiederholt werden, bis die Größen aufeinander und auf den Verwendungszweck (Einbaumaße) abgestimmt sind (s. folgendes Beispiel 15). Schraubenfedern werden von den Herstellern in Typenreihen hergestellt. Man findet meist für jeden Zweck eine passende Größe. Nomogramme erleichtern die Federberechnung [2].

In der Tafel **168**.1 sind die wichtigsten Gleichungen für die Federberechnung der drei Bauformen zusammengestellt. Beim flachgestellten Rechteck ist zu beachten, daß die kleinere Rechteckseite der Federachse am nächsten liegt. Nach Tafel **154**.1 ist in deren Mitte die Spannung bei gerader Stabachse die Schubspannung $\tau_2 = \eta_3 M_t/W_t$ und somit bei gekrümmter Achse

$$\tau_i = \eta_3\, k_i\, \frac{M_t}{W_t}$$

Für ein kleines Windungsverhältnis ξ und bei schmalen Rechtecken kann $\eta_3\, k_i < 1$ werden. Die größte Spannung ist somit in der Mitte der langen Rechteckseite.

In die Tafel mit aufgenommen wurden die Einbaulängen l_E der Federn im ungespannten Zustand.

Beispiel 15. Eine zylindrische Schraubendruckfeder mit Kreisquerschnitt soll für die Federkraft $F = 2\,\text{kN}$ bei einem Federweg $s = 100\,\text{mm}$ bemessen werden. Gegeben sind: $\tau_{zul} = 400\,\text{N/mm}^2$, $G = 8{,}1 \cdot 10^4\,\text{N/mm}^2$. Gesucht sind Drahtdurchmesser d, Windungsradius R und Windungszahl i.

Für eine erste Berechnung nehmen wir $\xi = 0{,}2$ an, dann ist $k_i = \dfrac{1}{1 - 0{,}2} = 1{,}25$. Der Tafel **168**.1 entnehmen wir (Zeile 6)

$$d = \sqrt{\frac{8k_i\,F}{\pi\,\xi\,\tau_{zul}}} = \sqrt{\frac{8 \cdot 1{,}25 \cdot 2000\,\text{N}}{\pi \cdot 0{,}2 \cdot 400\,\text{N/mm}^2}} = \sqrt{79{,}6}\ \text{mm} = 8{,}93\ \text{mm}$$

Wir wählen $d = 9\,\text{mm}$ und erhalten aus $\xi = d/2R = 0{,}2$

$$R = d/2\xi = 9\ \text{mm}/0{,}4 = 22{,}5\ \text{mm}$$

Die Windungszahl i folgt mit $c = F/s = 20\,\text{N/mm}$ aus Zeile 10 der Tafel

$$i = \frac{G\,d^4}{64\,c\,R^3} = \frac{8{,}1 \cdot 10^4\ (\text{N/mm}^2) \cdot 9^4\ \text{mm}^4}{64 \cdot 20\ (\text{N/mm}) \cdot 22{,}5^3\ \text{mm}^3} = 36{,}4$$

Die Einbaulänge als Druckfeder ist (Zeile 13)

$$l_E = (1{,}1\,i + 2)\,d + s = 42 \cdot 9\ \text{mm} + 100\ \text{mm} = 478\ \text{mm}$$

Der Außendurchmesser ist $D_a = 2R + d = 54\,\text{mm}$.

Würde die Feder in einer Hülse geführt werden können (oder auf einem Dorn), so könnten wir die Maße beibehalten, frei belastet würde sie jedoch ausknicken.

Für eine nochmalige Rechnung wählen wir $\xi = 0{,}1$ und erhalten mit dem gleichen Rechnungsgang wie oben

$$d = 12\ \text{mm} \qquad R = 60\ \text{mm} \qquad i = 8{,}4 \qquad l_E = 235\ \text{mm} \qquad \text{und} \qquad D_a = 132\ \text{mm}$$

Bei diesen Abmessungen ist ein Ausknicken nicht zu befürchten.

Beispiel 16. Die Schwingfeder eines Resonanzpulsers für Zug- und Druckwechselbelastung ist als zylindrische Schraubenfeder mit dem hochgestellten Rechteckquerschnitt $h = 25\,\text{mm}$, $b = 20\,\text{mm}$ ausgeführt, Windungsradius $R = 61\,\text{mm}$, $i = 4{,}5$. Bei der Höchstlast F ist die Feder um den Betrag $s = \pm\,23\,\text{mm}$ ausgelenkt, $G = 8{,}1 \cdot 10^4\,\text{N/mm}^2$.

Man berechne a) die Höchstlast F, b) die größte Schubspannung in der Feder, c) die Gütezahl η_F.

Tafel 168.1   Zusammenstellung der Berechnungsgleichungen für zylindrische Schraubenfedern

Querschnitt	Kreis Bild 165.2a	Rechteck Bild 165.2b	Rechteck Bild 165.2c	
1 ξ	$d/2R$	$b/2R$	$h/2R$	
2 τ_i	$k_i \dfrac{FR}{W_p}$	$k_i \dfrac{FR}{W_t}$	$\eta_3 k_i \dfrac{FR}{W_t}$ $\qquad \eta_3 k_i > 1$	
			$\dfrac{FR}{W_t}$ $\qquad \eta_3 k_i \le 1$	
3 W_p, W_t	$\dfrac{\pi}{16} d^3$	$\eta_1 n b^3$ $n = h/b \ge 1$		
4 F_{zul}	$\dfrac{\tau_{zul} W_p}{k_i R}$	$\dfrac{\tau_{zul} W_t}{k_i R}$	$\dfrac{\tau_{zul} W_t}{\eta_3 k_i R}$ $\qquad \eta_3 k_i > 1$	
			$\dfrac{\tau_{zul} W_t}{R}$ $\qquad \eta_3 k_i \le 1$	
5 F_{zul}	$\dfrac{\tau_{zul} \pi}{8 k_i} \xi d^2$	$\dfrac{\tau_{zul} 2\eta_1 n}{k_i} \xi b^2$	$\dfrac{\tau_{zul} 2\eta_1}{\eta_3 k_i} \xi b^2 \quad \eta_3 k_i > 1$	
			$\tau_{zul} 2\eta_1 \xi b^2 \quad \eta_3 k_i \le 1$	
6 d, b	$\sqrt{\dfrac{8 k_i F}{\pi \xi \tau_{zul}}}$	$\sqrt{\dfrac{k_i F}{2\eta_1 n \xi \tau_{zul}}}$	$\sqrt{\dfrac{\eta_3 k_i F}{2\eta_1 \xi \tau_{zul}}} \quad \eta_3 k_i > 1$	
			$\sqrt{\dfrac{F}{2\eta_1 \xi \tau_{zul}}} \quad \eta_3 k_i \le 1$	
7 s	$\dfrac{2\pi i R^3}{G I_p} F$	$\dfrac{2\pi i R^3}{G I_t} F$		
8 I_p, I_t	$\dfrac{\pi}{32} d^4$	$\eta_2 n b^4$		
9 s	$\dfrac{64 i R^3}{G d^4} F$	$\dfrac{2\pi i R^3}{G \eta_2 n b^4} F$		
10 $c = \dfrac{F}{s}$	$\dfrac{G d^4}{64 i R^3}$	$\dfrac{G \eta_2 n b^4}{2\pi i R^3}$		
11 s_{zul}	$\dfrac{4\pi i R^2}{k_i G d} \tau_{zul}$	$\dfrac{2\pi i R^2 \tau_{zul}}{k_i (G \eta_2/\eta_1) b}$	$\dfrac{2\pi i R^2 \tau_{zul}}{\eta_3 k_i G (\eta_2/\eta_1) b} \quad \eta_3 k_i > 1$	$\dfrac{2\pi i R^2 \tau_{zul}}{G (\eta_2/\eta_1) b} \quad \eta_3 k_i \le 1$
12 η_F	$\dfrac{0,5}{k_i^2}$	$\dfrac{\eta_1^2}{\eta_2 k_i^2}$	$\dfrac{\eta_1^2}{\eta_2 (\eta_3 k_i)^2} \quad \eta_3 k_i > 1$	$(\eta_1^2/\eta_2) \quad \eta_3 k_i \le 1$
13 Einbaulänge l_E Druckfeder	$(1{,}1 i + 2) d + s$	$(1{,}1 i + 2) h + s$	$(1{,}1 i + 2) b + s$	
Zugfeder	$(i + 2) d$ (Windungen anliegend)	$(i + 2) h + x$	$(i + 2) b + x$	
		x = fertigungsbedingter Abstand zwischen den Windungen		

a) Mit $n = 1,25$ entnimmt man der Tafel **154**.1 den (interpolierten) Wert $\eta_2 = 0,17$. Zeile 9 der Tafel **168**.1 ergibt

$$F = \frac{G\,\eta_2\,n\,b^4}{2\pi\,i\,R^3}\;s = \frac{8,1\cdot 10^4\,(\text{N/mm}^2)\cdot 0,17\cdot 1,25\cdot 20^4\,\text{mm}^4}{2\cdot\pi\cdot 4,5\cdot 61^3\,\text{mm}^3}\;23\,\text{mm} = 9,88\cdot 10^3\,\text{N}\approx 10\,\text{kN}$$

b) Mit $\eta_1 = 0,22$ und $W_t = 0,22\;\cdot\;1,25\;\cdot\;2^3\,\text{cm}^3 = 2,2\,\text{cm}^3$ sowie $k_i = R/R_i = 61\,\text{mm}/51\,\text{mm} = 1,195$ erhalten wir

$$\tau_i = k_i\,\frac{F\,R}{W_t} = 1,195\cdot\frac{10^4\,\text{N}\cdot 61\,\text{mm}}{2,2\cdot 10^3\,\text{mm}^3} = 332\,\text{N/mm}^2$$

c) Die Gütezahl entnehmen wir Zeile 12

$$\eta_F = \frac{\eta_1^2}{\eta_2\,k_i^2} = \frac{0,22^2}{0,17\cdot 1,195^2} = 0,199\approx 20\,\%$$

Beispiel 17. Eine zylindrische Schraubenfeder aus Bronze ($G = 5,5\cdot 10^4\,\text{N/mm}^2$) mit flachgestelltem Rechteckquerschnitt ($h = 20\,\text{mm}$, $b = 5\,\text{mm}$), Windungsradius $R = 30\,\text{mm}$, soll bei der Druckkraft $F = 1\,\text{kN}$ den Federweg $s = 62,5\,\text{mm}$ ergeben. Zu berechnen sind die rechnerische Windungszahl i und die größte Schubspannung.

Für $n = 4$ erhält man aus Tafel **154**.1 die benötigten Zahlenkonstanten $\eta_1 = 0,284$, $\eta_2 = 0,281$ und $\eta_3 = 0,745$. Mit $\xi = h/2R = 20\,\text{mm}/60\,\text{mm} = 1/3$ ist $k_i = 1/(1 - 1/3) = 1,5$ und $\eta_3\,k_i = 1,118 > 1$. Weiter ist die Federrate $c = 1000\,\text{N}/62,5\,\text{mm} = 16\,\text{N/mm}$. Nunmehr ergibt Zeile 10 der Tafel **168**.1 die Windungszahl

$$i = \frac{G\,\eta_2\,n\,b^4}{2\pi\,c\,R^3} = \frac{5,5\cdot 10^4\,(\text{N/mm}^2)\cdot 0,281\cdot 4\cdot 5^4\,\text{mm}^4}{2\cdot\pi\cdot 16\,(\text{N/mm})\cdot 30^3\,\text{mm}^3} = 14,2$$

Mit $W_t = \eta_1\,n\,b^3 = 0,284\cdot 4\cdot 5^3\,\text{mm}^3 = 142\,\text{mm}^3$ folgt die Schubspannung

$$\tau_i = \eta_3\,k_i\,\frac{F\,R}{W_t} = 1,118\,\frac{1000\,\text{N}\cdot 30\,\text{mm}}{142\,\text{mm}^3} = 236\,\text{N/mm}^2$$

7.2.2. Aufgaben zu Abschnitt 7.2

1. Für eine Federwaage ist eine Zugfeder als zylindrische Schraubenfeder aus Stahldraht ($\tau_{zul} = 500\,\text{N/mm}^2$, $G = 8\cdot 10^4\,\text{N/mm}^2$) mit Kreisquerschnitt zu entwerfen, Höchstlast $F = 300\,\text{N}$, Anzeigegenauigkeit 0,2 mm/N, $\xi = 0,2$. Man berechne a) Drahtdurchmesser d, Windungsradius R, Windungszahl i, b) die Einbaulänge (Windungen berühren sich im entspannten Zustand), c) die notwendige Drahtlänge.

2. In eine Maschine ist eine zylindrische Schraubenfeder mit flachgestelltem Rechteckquerschnitt eingebaut, $h = 60\,\text{mm}$, $b = 15\,\text{mm}$, $R = 60\,\text{mm}$, $i = 15$, Höchstlast $F = \pm 8,5\,\text{kN}$, Werkstoff Stahl mit $G = 8,1\cdot 10^4\,\text{N/mm}^2$.

a) Man berechne den Federweg s, die Federrate c und die größte Schubspannung.

b) Bei einer Umkonstruktion der Maschine sollen zwei parallel geschaltete Federn mit Kreisquerschnitt die gegebene Last aufnehmen, Federweg s und Windungsradius R sollen gleich bleiben. Man berechne den erforderlichen Drahtdurchmesser d (Anleitung: Man setze zunächst $k_i = 1$ und rechne mit $\tau_{zul} = 150\,\text{N/mm}^2$, d nach oben aufrunden) und die erforderliche Windungszahl i. Die Schubspannung ist zur Kontrolle nachzurechnen, man vergleiche die Gewichte miteinander.

3. Zur Abstützung von Fundamenten werden häufig zylindrische Schraubendruckfedern verwendet. Ein aus zwei parallel geschalteten Federn bestehendes Federpaket (quadratischer Querschnitt, Kantenlänge $a = 20\,\text{mm}$), Windungsradius $R = 50\,\text{mm}$, Windungszahl $i = 10$, soll durch e i n e Feder mit gleicher Querschnittsform ersetzt werden, die die gleiche Last aufzunehmen hat, wie beide vorherigen zusammen. Federweg s und Einbaulänge l_E sollen in beiden Fällen etwa gleich sein. Werkstoff Stahl mit $\tau_{zul} = 330$ N/mm², $G = 8 \cdot 10^4$ N/mm².

Man ermittle

a) für die gegebenen Federn F_{zul}, s und l_E,

b) für die neue Feder Kantenlänge a, Windungsradius R und die Windungszahl i (Anleitung: Man rechne mit gleichem Windungsverhältnis ξ).

4. Eine zylindrische Schraubenfeder mit Kreisquerschnitt hat den Federradius $R = 25$ mm, den Drahtdurchmesser $d = 8$ mm und die Windungszahl $i = 10$. Werkstoff: Stahl mit $\tau_{zul} = 200$ N/mm², $G = 8,1 \cdot 10^4$ N/mm².

Man berechne den zulässigen Federweg s_{zul}, die Federrate c, die Last F_{zul} und die Formänderungsarbeit W.

8. Schubbeanspruchung durch Querkräfte

8.1. Einfache Scherung

Greifen zwei Kräfte F quer zur Längsachse des Stabes **171.**1 mit dicht nebeneinander liegenden Wirkungslinien an, so treten in dem dazwischen liegenden Querschnitt Schubspannungen auf, die man auch als (Ab-) Scherspannung τ_a bezeichnet. Diese Art der Beanspruchung tritt z.B. in Nieten, Scherstiften, Kleb- und Schweißverbindungen und beim Schneiden oder Stanzen von Blechen auf.

Der hierdurch ausgelöste recht komplizierte Spannungszustand (neben Schubspannungen können auch Zug-, Druck- und Biegespannungen auftreten) braucht bei praktischen Berechnungen nicht erfaßt zu werden, da die übrigen Spannungen i.a. vernachlässigbar klein gegenüber den Schubspannungen sind.

Die vereinfachende Annahme, daß die Schubspannungen im Querschnitt gleichmäßig verteilt sind[1]), führt auf die Beziehung

$$\tau_a = \frac{F}{A} \qquad (171.1)$$

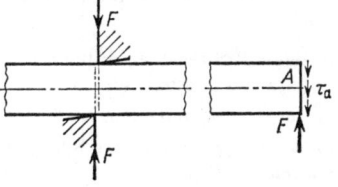

171.1 Stab zur Kennzeichnung der Scherbeanspruchung

mit der Festigkeitsbedingung $\tau_a \leqq \tau_{zul}$. F ist die scherende Kraft und A die Scherfläche. Bei Preßpassungen in Niet-, Stift- und Scherverbindungen vernachlässigt man den Einfluß der Biegung (3.3a und b), bei Spiel zwischen Stift oder Bolzen und Bohrung kann der Einfluß der Biegung jedoch erheblich sein (s. Beispiel 4, S. 172).

Um zwischen den tatsächlichen Verhältnissen und der durch die Gl. (171.1) ausgedrückten Annahme möglichst Übereinstimmung zu erzielen, untersucht man Werkstoffproben unter gleichen Bedingungen im Scherversuch und ermittelt so die Scherfestigkeit τ_{aB}. Für zähe Metalle ist $\tau_{aB} \approx 0.8\, R_m$, für Gußeisen $\tau_{aB} \approx R_m$ und $\tau_{zul} = \tau_{aB}/\nu$.

Beispiel 1. An ein Knotenblech sind zwei Flachstäbe angenietet (**172.**1). Die Verbindung ist durch die Zugkraft $F = 120$ kN beansprucht.

Zu berechnen sind der erforderliche Nietdurchmesser d_1 ($\tau_{zul} = 100$ N/mm²) und die Flächenpressung (Lochleibungsdruck) zwischen Niet und Knotenblech.

Zur Berechnung des Nietdurchmessers nimmt man an, daß jeder Niet gleichmäßig belastet ist, bei drei Nieten je mit $F/3$. Jeder Niet hat zwei wirksame Scherflächen (zweischnittige Nietver-

---

[1]) Dies bedeutet einen Widerspruch zu dem Satz der zugeordneten Schubspannungen $\tau_{xy} = \tau_{yx}$, den man aber hinnimmt.

bindung), also ergibt Gl. (171.1)

$$\tau_a = \frac{F/3}{2\,A_1} \leqq \tau_{zul}$$

Somit ist $A_1 = 4 \cdot 10^4$ N$/(2 \cdot 100$ N/mm$^2) = 200$ mm^2 und der Nietdurchmesser $d_1 = 16$ mm. Gewählt wird $d_1 = 17$ mm. Die Flächenpressung erhält man (s. Abschn. 2.4.2) aus

$$p = \frac{F/3}{s\,d_1} = \frac{4 \cdot 10^4 \text{ N}}{20 \text{ mm} \cdot 17 \text{ mm}} = 117,5 \text{ N/mm}^2$$

Beispiel 2. Zwei R o h r e sind ineinandergesteckt und durch einen S c h e r s t i f t gehalten (**172**.2.) a) Welche Zugkraft kann die Rohrverbindung mit Rücksicht auf Abscheren aufnehmen ($\tau_{zul} = 140$ N/mm^2)?

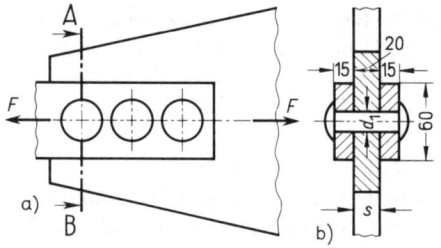

172.1 Knotenblech mit angenieteten Flachstäben
a) Draufsicht   b) Schnitt A—B

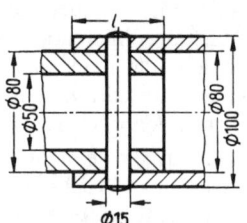

172.2 Rohrverbindung mittels Scherstift

b) Beide Rohre sollen miteinander verklebt werden. Wie groß muß die Klebelänge l bei gleicher Zugkraft mindestens sein ($\tau_{zul} = 10$ N/mm^2)?

a) Bei zwei Scherflächen ist $F = 2A\,\tau_{zul} = 2 \cdot (\pi/4) \cdot 15^2$ mm$^2 \cdot 140$ N/mm$^2 = 49,5 \cdot 10^3$ N.

b) Mit $d = 80$ mm ist die Klebefläche $A = \pi d l$. Aus Gl. (171.1) ergibt sich dann die notwendige Klebelänge l

$$l = F/(\pi\,d\,\tau_{zul}) = 49,5 \cdot 10^3 \text{ N}/(\pi \cdot 80 \text{ mm} \cdot 10 \text{ N/mm}^2) = 19,7 \text{ mm}$$

Beispiel 3. Aus B l e c h von $s = 10$ mm Dicke ($\tau_{aB} = 290$ N/mm^2) sollen R o n d e n mit $d = 42$ mm Durchmesser gestanzt werden. Mit welcher Preßkraft für das Stanzwerkzeug ist zu rechnen? Die zu stanzende (abzuscherende) Fläche ist $A = \pi ds = \pi \cdot 42$ mm $\cdot 10$ mm $= 1320$ mm^2. Somit ergibt sich die Kraft $F = \tau_{a\,B}\,A = 290$ N/mm$^2 \cdot 1320$ mm$^2 = 38,3 \cdot 10^4$ N.

Beispiel 4. Für die L a s c h e n v e r b i n d u n g (**173**.1) berechne man die mittlere Scherspannung im Bolzen. Wie groß ist die Biegespannung im Bolzen, wenn die zulässige Zugspannung in den Laschen $\sigma_{zul} = 100$ N/mm^2 beträgt? Aus Gl. (171.1) erhält man mit der Scherkraft $F = 4 \cdot 10^4$ N und der Scherfläche

$$A = (\pi/4)\,30^2 \text{ mm}^2 = 707 \text{ mm}^2$$

$$\tau_a = \frac{F}{A} = \frac{4 \cdot 10^4 \text{ N}}{707 \text{ mm}^2} = 56,5 \text{ N/mm}^2$$

Für die größte Zugspannung in der Lasche ist der gebohrte Querschnitt maßgebend. Mit der Laschenbreite $3d$ und dem Bohrungsdurchmesser d ist der maßgebende Flächeninhalt $A = 2db/2$. Aus dem Ansatz

$$\sigma = \frac{F}{A} \leqq \sigma_{zul}$$

ergibt sich die Dicke der mittleren Lasche

$$b \geqq \frac{F}{\sigma_{\text{zul}}\, d} = \frac{4 \cdot 10^4 \text{ N}}{100\,(\text{N/mm}^2) \cdot 30\,\text{mm}} = 13{,}3\,\text{mm}$$

Gewählt wird $b = 14$ mm.

Das auf den Bolzen wirkende Kräftesystem (173.1 b) kann man durch die in den Laschenmitten wirkenden Einzelkräfte (173.1 c) ersetzen. Für die Biegebeanspruchung des Bolzens erhält man so den ungünstigeren Fall. Mit $M_{\text{b max}} = F\,3b/4 = 4 \cdot 10^4 \text{ N} \cdot 3 \cdot 14\,\text{mm}/4 = 42 \cdot 10^4 \text{ Nmm}$ und $W_{\text{b}} = (\pi/32)\,30^3 \text{ mm}^3 = 2{,}65 \cdot 10^3 \text{ mm}^3$ ist die Biegespannung

$$\sigma_{\text{b}} = \frac{M_{\text{b max}}}{W_{\text{b}}} = \frac{42 \cdot 10^4 \text{ Nmm}}{2{,}65 \cdot 10^3 \text{ mm}^3} = 158{,}5 \text{ N/mm}^2$$

Die Flächenpressung zwischen Lasche und Bolzen rechnen wir zur Kontrolle. Es ist

$$p = \frac{F}{d\,b/2} = \frac{4 \cdot 10^4 \text{ N}}{30\,\text{mm} \cdot 7\,\text{mm}} = 190{,}5 \text{ N/mm}^2$$

Man sieht, daß die Schubbeanspruchung für eine Laschenverbindung in diesem Fall von untergeordneter Bedeutung ist, Biegebeanspruchung des Bolzens und Flächenpressung sind zu groß. Im allgemeinen ist $p_{\text{zul}} \approx \sigma_{\text{zul}}$, die Laschenverbindung ist für

$$F = 20\,\text{kN} \cdots 25\,\text{kN}$$

richtig dimensioniert.

Eine Berechnung der Formänderungen von Verbindungselementen, die auf Abscheren beansprucht sind, nimmt man wegen ihrer bedeutungslosen Kleinheit nicht vor.

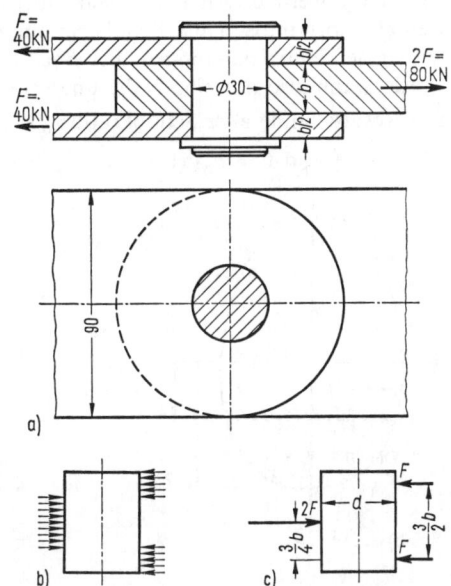

173.1 a) Laschenverbindung
b) c) Kräftesysteme am Bolzen

8.2. Schubspannungen durch Querkräfte bei der Biegung

Bei einer Biegebeanspruchung mit veränderlichem Biegemoment treten Querkräfte auf, die in jedem Querschnitt des Balkens Schubspannungen τ_{q} bewirken.

Aus dem Satz der zugeordneten Schubspannungen, Gl. (144.1), folgt, daß in der oberen und der unteren Ecke 1 und 2 des Querschnitts (174.1) die Schubspannungen senkrecht zur Oberfläche Null sein müssen, da die Oberfläche des Balkens unbelastet ist, also dort auch keine Schubspannungen wirken. Weiter folgt aus dem Satz, daß Schubspannungen $\tau_1 = \tau_{\text{q}}$ in Längsschnitten parallel zur Nullfaser auftreten (z.B. Faser 3 in Bild 174.1). Durch Vergleich der Verformung eines massiven Holzbalkens (174.2a) mit der eines lose aufeinanderliegenden Bretterstapels (174.2b) unter Einwirkung einer

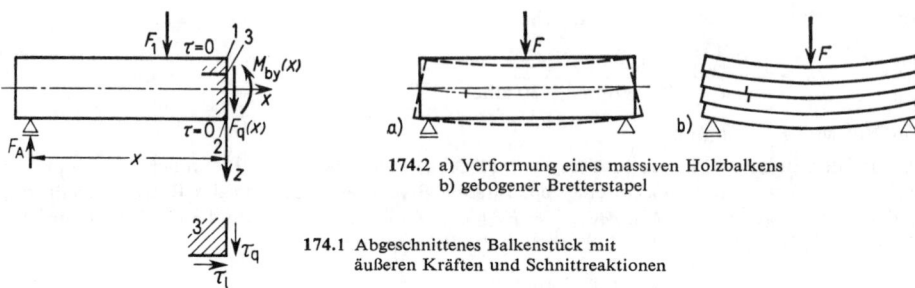

174.2 a) Verformung eines massiven Holzbalkens
b) gebogener Bretterstapel

174.1 Abgeschnittenes Balkenstück mit
äußeren Kräften und Schnittreaktionen

Kraft F kann man das Auftreten der Längsschubspannungen τ_l anschaulich erklären. Die relative Verschiebung der einzelnen Bretter zueinander kann nur durch Schubkräfte verhindert werden. An den freien Oberflächen können keine Schubkräfte übertragen werden, dort müssen die Schubspannungen verschwinden. Eine gleichmäßige Verteilung der Schubspannungen über einen Querschnitt, wie sie in Abschn. 8.1 angenommen wurde, kann also nur eine Näherung sein, die hier nicht zutrifft.

Die Resultierende aller Schubkräfte $\tau_q\,dA$ ist die Querkraft $F_q(x)$

$$\int \tau_q\,dA = F_q(x)$$

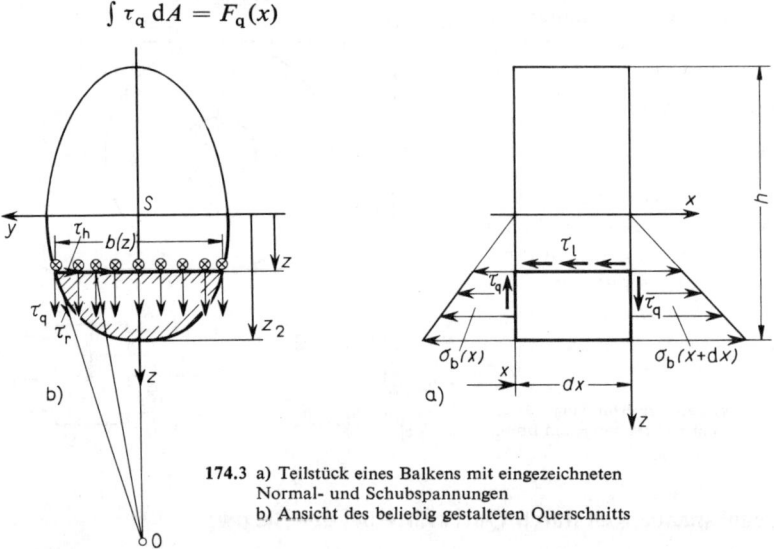

174.3 a) Teilstück eines Balkens mit eingezeichneten
Normal- und Schubspannungen
b) Ansicht des beliebig gestalteten Querschnitts

Aus dieser Gleichung ist eine Berechnung der Schubspannungsverteilung τ_q nicht möglich. Für die Herleitung einer Näherungslösung für die Schubspannung τ_q setzen wir gerade Biegung voraus, d.h., die Querkraft F_q hat die Richtung der Hauptachse z, und betrachten das Teilstück eines Balkens (174.3a) mit beliebiger Querschnittsfläche (174.3b). In die Schnittflächen sind die Schub- und Biegespannungen eingezeichnet. Man macht für die Berechnung folgende Voraussetzungen:

1. Im beliebigen Querschnitt schneiden sich die Schubspannungen τ_r in der Faser $z = \text{const}$ in einem Pol 0. Den Pol 0 erhält man aus der Bedingung, daß τ_r in der Oberfläche tangential zum Rand verläuft.

2. Die parallel zur Querkraft gerichtete Vertikalkomponente von τ_r ist die Schubspannung τ_q, sie wird konstant über die Breite b angenommen.

3. Die aus den Horizontalkomponenten τ_h der Schubspannung τ_r resultierenden Schubkräfte bilden ein Gleichgewichtssystem in symmetrischen Querschnitten.

Zwischen der Querkraft $F_q(x)$ und dem Biegemoment $M_b(x)$ in einem Balken gilt die Beziehung der Gl. (71.1)

$$F_q(x) = dM_b(x)/dx$$

Das Bild **174.**3 a zeigt, daß die Differenz der Normalkräfte in der linken und rechten Schnittfläche des Teilstücks nur durch die Schubkraft im Längsschnitt ausgeglichen sein kann. Die Gleichgewichtsbedingung für die Kräfte in x-Richtung am Teilstück verlangt

$$\Sigma F_{ix} = - \int \sigma_b(x)\, dA - \tau_1\, b(z)\, dx + \int \sigma_b\, (x+dx)\, dA = 0$$

Mit den Biegespannungen

$$\sigma_b(x) = \frac{M_b(x)}{I_y}\, z \qquad \text{und} \qquad \sigma_b(x+dx) = \frac{M_b(x) + dM_b(x)}{I_y}\, z$$

wobei $dM_b(x)$ die Zunahme des Biegemoments mit x angibt, erhält man nach dem Wegheben gleicher Ausdrücke

$$\tau_1\, b(z)\, dx = \int \frac{dM_b(x)}{I_y}\, z\, dA$$

Da $dM_b(x)$ und das Flächenmoment I_y von z unabhängig sind, kann man beide vor das Integral ziehen

$$\tau_1\, b(z)\, dx = \frac{dM_b(x)}{I_y} \int z\, dA$$

In dieser Gleichung ist das Integral das Flächenmoment 1. Ordnung (statisches Flächenmoment) H_y des in Bild **174.**3 b anschraffierten Teils der Querschnittsfläche bezüglich der y-Achse (s. Abschn. 4.1.1.1), es ist mit z veränderlich. Berücksichtigt man ferner noch Gl. (71.1), so ergibt sich mit $\tau_1 = \tau_q$ für die Schubspannung

$$\tau_q = \frac{F_q(x)\, H_y(z)}{I_y\, b(z)} \tag{175.1}$$

Aus dieser Gleichung erhält man den Verlauf der Schubspannungen über die Querschnittshöhe, wenn die Form des Querschnitts gegeben ist. Für den Rechteckquerschnitt z. B. ist das statische Moment $H_y(z)$ der schraffierten Fläche (**176.**1)

$$H_y(z) = b \int\limits_{z}^{h/2} \zeta\, d\zeta = \frac{b}{2}\left(\frac{h^2}{4} - z^2\right) = \frac{b\, h^2}{8}\left[1 - \left(\frac{z}{h/2}\right)^2\right]$$

Setzt man dieses Ergebnis in Gl. (175.1) ein und berücksichtigt ferner $I_y = b\, h^3/12$, so erhält man für die Schubspannungsverteilung im Rechteckquerschnitt ($A = b\, h$)

$$\tau_q = 1{,}5\, \frac{F_q(x)}{A}\left[1 - \left(\frac{z}{h/2}\right)^2\right] \tag{175.2}$$

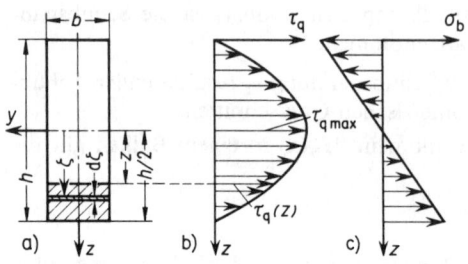

Dies ist die Gleichung einer Parabel mit dem Scheitelwert $\tau_{q\,max} = 1,5\,F_q(x)/A$ in der Mitte für $z = 0$. In Bild **176.**1 b und c ist die Verteilung der Schub- und Biegespannungen im Querschnitt zum Vergleich nebeneinander aufgezeichnet.

176.1 Spannungsverteilungen im Rechteckquerschnitt
   a) Ansicht des Querschnitts
   b) Schubspannungsverteilung
   c) Biegespannungsverteilung

Die Schubspannung im Querschnitt hat ihren Größtwert in der Nullinie und sie ist dort Null, wo die Biegespannung am größten ist.

Auch für K r e i s q u e r s c h n i t t e erhält man parabolische Schubspannungsverteilung τ_q (s. Beispiel 5, S. 177) mit dem Größtwert $\tau_{q\,max} = \dfrac{4}{3} \cdot \dfrac{F_q(x)}{A}$. Für Balken mit beliebigen Querschnitten kann man allgemein schreiben $\tau_{q\,max} = k\,F_q/A$. Die Zahlenkonstante k ist nur von der Form des Querschnitts abhängig. Für K r e i s r i n g q u e r s c h n i t t e ist z.B. $k = \dfrac{4}{3} \cdot \dfrac{r_a^2 + r_a\,r_i + r_i^2}{r_a^2 + r_i^2}$, für dünnwandige Kreisringe mit $r_i \approx r_a$ ist $k = 2$. Für beliebige Querschnitte wertet man den Quotienten $H_y(z)/b(z)$ in Gl. (175.1) zeichnerisch oder numerisch aus und kann so die Konstante k ermitteln.

8.3. Abschätzung der Größenordnung der Schubspannung im Verhältnis zur Biegespannung

Um zu einer A b s c h ä t z u n g zu gelangen, bilden wir das Verhältnis der g r ö ß t e n S c h u b spannung zur g r ö ß t e n B i e g e s p a n n u n g. Die größte Schubspannung ergibt sich nach Gl. (175.1) und Bild **174.**3 für $z = 0$. Dann hat das statische Flächenmoment $H_y(0)$ seinen Größtwert $H_{y\,max}$. Wir erhalten somit

$$\tau_{q\,max} = \frac{F_{q\,max}\,H_y(0)}{I_y\,b(0)}$$

Die größte Biegespannung ist $\sigma_{b\,max} = M_{b\,max}/W_{by}$ (oder $M_{b\,max}/W_{b\,min}$ bei zur y-Achse unsymmetrischen Querschnitten). Wir erhalten nunmehr

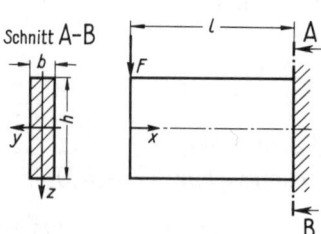

Schnitt A–B

176.2 Freiträger mit Rechteckquerschnitt

$$\frac{\tau_{q\,max}}{\sigma_{b\,max}} = \frac{F_{q\,max}}{M_{b\,max}} \cdot \frac{H_y(0)}{(I_y/W_{by})\,b(0)} \tag{176.1}$$

Für den F r e i t r ä g e r mit R e c h t e c k q u e r s c h n i t t (**176.**2) ergibt sich z.B.

mit $F_{q\,max} = F$, $M_{b\,max} = F\,l$, $H_y(0) = b\,h^2/8$ und $I_y/W_{by} = h/2$

$$\frac{\tau_{q\,max}}{\sigma_{b\,max}} = \frac{1}{4} \cdot \frac{h}{l}$$

Die Schubspannung hat die gleiche Größenordnung wie die Biegespannung, wenn die Höhe h in gleicher Größenordnung wie die Länge l ist. Sie beträgt weniger als 5% der Biegespannung, wenn $h < l/5$ ist. Allgemein kann man für Gl. (176.1) auch schreiben

$$\frac{\tau_{q\,max}}{\sigma_{b\,max}} = c \cdot \frac{h}{l} \qquad\qquad (177.1)$$

Die Konstante c ist eine nur von der Querschnittform und der Balkenlagerung abhängige Zahlenkonstante.

Das Verhältnis der Schubspannungen zur Biegespannung in einem Balken ist dem Verhältnis von Balkenhöhe zur Länge proportional. Die Schubspannungen bei der Biegung sind dann zu berücksichtigen, wenn Höhe und Länge eines Balkens gleiche Größenordnung haben, der Balken also extrem kurz ist. Sind die Längenabmessungen wesentlich größer als die Höhe, können die Schubspannungen vernachlässigt werden.

Beispiel 5. Für einen **Wellenzapfen** (als Freiträger) mit Kreisquerschnitt (Durchmesser d) mit der Länge l, der am freien Ende durch die Einzellast F auf Biegung beansprucht ist, ermittle man die Schubspannungsverteilung τ_q und das Verhältnis $\tau_{q\,max}/\sigma_{b\,max}$.
Wir berechnen zunächst das Flächenmoment $H_y(z)$ (**177.1**).

Mit $\zeta = (d/2)\sin\varphi$, $b(\zeta) = 2(d/2)\cos\varphi$ und $d\zeta = (d/2)\cos\varphi\,d\varphi$ ist

$$H_y(z) = \int_z^{d/2} \zeta\,b(\zeta)\,d\zeta = \int_\alpha^{\pi/2} \frac{d}{2}\sin\varphi\,2\,\frac{d}{2}\cos\varphi\,\frac{d}{2}\cos\varphi\,d\varphi = \frac{d^3}{4}\int_\alpha^{\pi/2}\sin\varphi\cos^2\varphi\,d\varphi = \frac{d^3}{12}\cos^3\alpha$$

Mit $b(z) = d\cos\alpha$ und $A = \pi\,d^2/4$ sowie $I_y = \pi\,d^4/64$ ist

$$\tau_q = \frac{4}{3}\frac{F_q(x)}{A}\cos^2\alpha = \frac{4}{3}\frac{F_q(x)}{A}(1 - \sin^2\alpha) = \frac{4}{3}\frac{F_q(x)}{A}\left[1 - \left(\frac{z}{d/2}\right)^2\right]$$

und $$\tau_{q\,max} = \frac{4}{3}\frac{F_q(x)}{A}$$

An der Wellenoberfläche ist $\tau_r = \tau_q/\cos\alpha$ (**177.1**). Nunmehr erhält man für das gesuchte Verhältnis mit $\sigma_{b\,max} = Fl/W_b$ und $W_b = \pi\,d^3/32$

$$\frac{\tau_{q\,max}}{\sigma_{b\,max}} = \frac{4}{3l}\cdot\frac{W_b}{A} = \frac{1}{6}\cdot\frac{d}{l}$$

Die Schubspannungen im Wellenzapfen sind geringer als 5% der Biegespannung, wenn die Länge l größer als $3,33\,d$ ist.

177.1 Kreisquerschnitt
τ_r resultierende Randschubspannung
τ_q Vertikalkomponente von τ_r
τ_h Horizontalkomponente von τ_r

Bei Holz beträgt die Scherfestigkeit in Richtung der Faser etwa $1/10$ der Biegefestigkeit, also $\tau_B/\sigma_{bB} \approx 1/10$. In einem Holzzapfen mit Rechteckquerschnitt ist bei Biegebeanspruchung senkrecht zur Faserrichtung demnach das sogenannte kritische Längenverhältnis $l/h = (1/4)\,\sigma_{bB}/\tau_B = 2,5$. Ist $l < 2,5\,h$, dann ist ein Schubbruch in Längsrichtung in der Mitte zu erwarten, bei $l > 2,5\,h$ kann mit einem Biegebruch gerechnet werden.

8.4. Schubspannungen in Profilträgern — Schubmittelpunkt

Profilträger (z. B. I-, [- oder L-Träger) haben im Verhältnis zu ihrer Höhe nur geringe Dicke der Stege und Flansche. Die Schubspannungen kann man deshalb parallel zur Querschnittsberandung verlaufend und über die Dicke gleichmäßig verteilt annehmen.

Betrachten wir z. B. den I-Querschnitt (**178**.1): Im Flansch treten vertikale Schubspannungen τ_q und horizontale Schubspannungen τ_h auf, deren Verteilungsgesetz eingezeichnet ist (Herleitung s. Beispiel 6). Infolge des schroffen Querschnittübergangs vom Flansch zum Steg steigt die Spannung in diesem stark an. Die vertikalen Schubspannungen im Flansch können im allgemeinen vernachlässigt werden, die Querkraft hat im wesentlichen der Steg aufzunehmen (Schubversteifung in dünnwandigen Profilen, z. B. Querrippen zwischen Flansch und Steg). In solchen Fällen ist es oft ausreichend, mit der mittleren Schubspannung $\tau_m = F_q(x)/A_{Steg}$ zu rechnen.

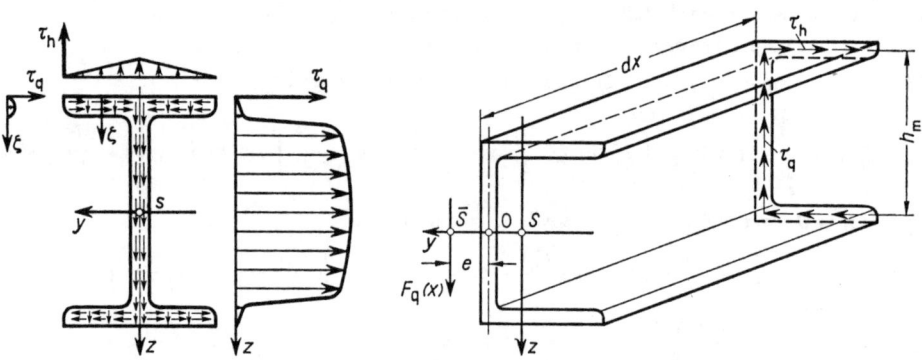

178.1 Schubspannungen im I-Profil   **178.2** Schubspannungen im [-Profil, Schubmittelpunkt $\bar{S}$

Bei symmetrischen Profilen heben sich die durch die horizontalen Schubspannungen hervorgerufenen Schubkräfte in den Flanschen bei einer Gleichgewichtsbetrachtung am abgeschnittenen Teilstück gegenseitig auf. In unsymmetrischen Profilen ist dies nicht der Fall, z. B. dem [-Profil (**178**.2). Die aus den Schubspannungen resultierenden Flansch-Schubkräfte F_{th} ergeben ein Kräftepaar, das eine Verdrehung um die Längsachse des Trägers zur Folge hat. Diese Verdrehung kann man durch ein entgegengesetzt drehendes Kräftepaar aus Stegschubkraft und exzentrischer Kraft $F_q'(x)$ verhindern, wenn also die Lastebene nicht durch den Schwerpunkt geht, sondern parallel dazu durch den sogenannten Schubmittelpunkt $\bar{S}$. Für den Abstand dieses Punktes vom Punkt 0 erhält man die Beziehung

$$F_q(x)\, e = F_{th}\, h_m \qquad\qquad (178.1)$$

Der Schubmittelpunkt spielt vor allem bei dünnwandigen Blechprofilen (Abkantprofile, Leichtbau) eine große Rolle. Die Drehung kann allgemein verhindert werden, wenn man zwei unsymmetrische Profile (durch Schrauben, Schweißen oder Nieten) steif zu einem symmetrischen zusammensetzt.

Beispiel 6. Für einen I - Träger mit dem Breitflanschprofil PBv 320 nach DIN 1025 Bl. 4 ist die Schubspannungsverteilung zu ermitteln und aufzuzeichnen. Bei welchem Längenverhältnis ist $\tau_{q\,max} = 0{,}6\,\sigma_{b\,max}$, wenn der I-Träger als Balken auf zwei Stützen in der Mitte durch die Einzellast F belastet ist (**179.1**)?

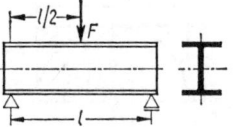

Wir berechnen die Schubspannungen mit Hilfe der Gl. (175.1). Mit den Bezeichnungen des Bildes **179.2** ergibt sich die horizontale Schubspannung im Flansch

179.1
I-Träger mit Einzellast F

$$\tau_h = \frac{F_q(x)\,H_y}{I_y\,t} = \frac{F_q(x)\,z_{S1}\,t\,\eta}{I_y\,t} = \frac{F_q(x)\,z_{S1}}{I_y}\,\eta$$

Sie nimmt von außen zur Mitte hin linear zu und erreicht ihren Größtwert für $\eta = b/2$. Der Profiltabelle in [2] entnimmt man $A = 312\ \text{cm}^2$, $b = 30{,}9\ \text{cm}$ und $I_y = 68\,130\ \text{cm}^4$. Hiermit erhält man

$$\tau_{h\,max} = \frac{F_q(x)}{A}\cdot\frac{z_{S1}\,A\,b}{2\,I_y} = \frac{15{,}95\ \text{cm}\cdot 312\ \text{cm}^2\cdot 30{,}9\ \text{cm}}{2\cdot 68\,130\ \text{cm}^4}\cdot\frac{F_q(x)}{A} = 1{,}128\,\frac{F_q(x)}{A}$$

Die vertikalen Schubspannungen verlaufen parabolisch, ihr Größtwert am Übergang vom Flansch zum Steg ist

$$\tau_{q1} = \frac{F_q(x)\,z_{S1}\,t\,b}{I_y\,b} = \frac{F_q(x)}{A}\cdot\frac{z_{S1}\,A\,b}{I_y}\cdot\frac{t}{b} = 2\,\tau_{h\,max}\,\frac{t}{b} = 0{,}292\,\frac{F_q(x)}{A}$$

Lassen wir zunächst den allmählichen Übergang vom Flansch zum Steg außer acht, dann ändert sich die Schubspannung zum Steg hin im Verhältnis b/s

$$\tau_{q2} = \tau_{q1}\,\frac{b}{s} = 4{,}3\,\frac{F_q(x)}{A}$$

von hier steigt sie weiter parabolisch an.

179.2 Schubspannungen im I-Breitflanschprofilträger

Die größte Schubspannung im Steg ergibt sich für $z = 0$. Der Profiltabelle [2] entnimmt man für die halbe Querschnittfläche das statische Moment $H_y(0) = 2220\ \text{cm}^3$. Zur Übung wollen wir es unter Berücksichtigung des Übergangsbogens vom Flansch zum Steg ausrechnen (**180.1**).

Flansch: $H_y(0)_{Fl} = 15{,}95\ \text{cm}\cdot 30{,}9\ \text{cm}\cdot 4\ \text{cm} = 1971\ \text{cm}^3$

Rundung: $H_y(0)_R = 2\cdot 2{,}7^2\ \text{cm}^2\cdot 12{,}6\ \text{cm} - 0{,}5\cdot 2{,}7^2\,\pi\ \text{cm}^2\cdot 12{,}39\ \text{cm} = 42\ \text{cm}^3$

Steg: $H_y(0)_{St} = 2{,}1\ \text{cm}\cdot 13{,}95\ \text{cm}\cdot 6{,}975\ \text{cm} = 205\ \text{cm}^3$

Insgesamt erhält man somit $H_y(0) = 2218\ \text{cm}^3$, nur unbedeutend weniger als der Tabellenwert.

Die größte Schubspannung ist nunmehr

$$\tau_{q\,max} = \frac{F_q(x)}{A}\cdot\frac{H_y(0)\,A}{I_y\,s} = \frac{F_q(x)}{A}\cdot\frac{2220\ \text{cm}^3\cdot 312\ \text{cm}^2}{68\,130\ \text{cm}^4\cdot 2{,}1\ \text{cm}} = 4{,}84\,\frac{F_q(x)}{A}$$

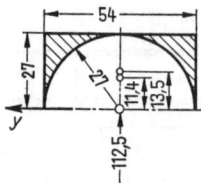

Die Spannungsverteilung ist in Bild **179.2** gezeichnet. In dem Übergang vom Flansch zum Steg ist die allmähliche Zunahme der Schubspannungen dargestellt.

180.1 Übergangsbögen vom Flansch zum Steg des Breitflanschprofils

Im Träger auf zwei Stützen mit Mittellast F ist die Querkraft $F_q(x) = F/2$ und das Biegemoment $Fx/2$ mit dem Größtwert $Fl/4$. Mit $\sigma_{b\,max} = M_{b\,max}/W_b$ erhält man

$$\frac{\tau_{b\,max}}{\sigma_{b\,max}} = \frac{4,84\,F\,4\,W_b}{2\,A\,F\,l} = 0,6$$

Der Profiltabelle entnimmt man $W_b = 3800\ cm^3$, somit kann die Länge l berechnet werden

$$l = \frac{4,84 \cdot 2 \cdot 3800\ cm^3}{312\ cm^2 \cdot 0,6} = 196,5\ cm$$

Im Verhältnis zur Höhe $h = 35,9\ cm$ erhält man

$$\frac{l}{h} = \frac{196,5\ cm}{35,9\ cm} = 5,47$$

Für einen Träger auf 2 Stützen mit Vollrechteckquerschnitt und Einzellast in der Mitte ist nach Gl. (176.1) das Verhältnis $\tau_{q\,max}/\sigma_{b\,max} = h/2l$. Bei $l/h = 5,5$ ist somit $\tau_{q\,max} = (1/11)\,\sigma_{b\,max}$.

Beim I-Träger ist der Anteil der Schubspannung ungefähr sechseinhalbmal so groß wie beim Träger mit Rechteckquerschnitt.

Allgemein ist bei offenen Profilträgern der Schubanteil größer als bei Trägern mit Vollquerschnitt.

Häufig werden Profilträger zur Gewichtsersparnis mit kreisförmigen Durchbrüchen versehen (**180.2** a). Da diese in der neutralen Faser der Biegung liegen, haben sie auf die Biegespannungen nur wenig Einfluß. Die Schubspannungen erfahren jedoch eine beträchtliche Vergrößerung, die man nicht außer acht lassen darf.

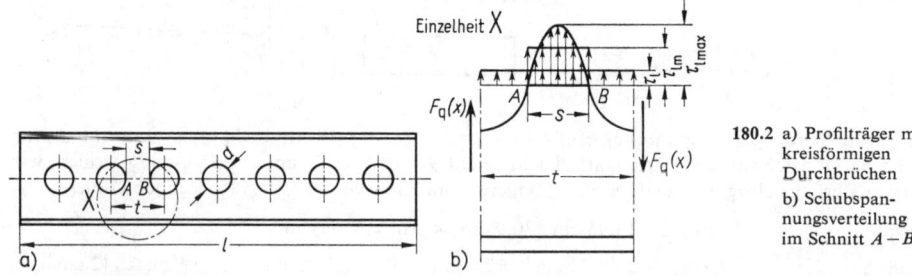

180.2 a) Profilträger mit kreisförmigen Durchbrüchen

b) Schubspannungsverteilung im Schnitt $A-B$

Die im Längsschnitt einer Teilung t des ungeschwächten Steges $t \cdot b$ wirkende Schubspannung ist bei in diesem Bereich unveränderlicher[1]) Querkraft (**180.2** b)

$$\tau_1 = \tau_{q\,max} = \frac{F_q(x)\,H_y(0)}{I_y\,b} \tag{180.1}$$

---

[1]) Ändert sich die Querkraft F_q längs der Teilung, so nimmt man den Mittelwert.

Die hieraus resultierende Schubkraft F_t muß beim gelochten Steg vom Restquerschnitt $s \cdot b$ aufgenommen werden

$$F_t = \tau_1 \, t \, b = \tau_{1m} \, s \, b$$

Da nach dem Satz der zugeordneten Schubspannungen eine gleichmäßige Spannungsverteilung τ_{1m} nicht möglich ist (in A und B ist $\tau_1 = 0$, s. Bild **180**.2 b), rechnet man mit parabolischer Spannungsverteilung. Der Größtwert der Schubspannung im Längsschnitt $A - B$ ist

$$\tau_{1\,max} = 1,5 \, \tau_{1m} = 1,5 \, \tau_1 \cdot \frac{t}{s}$$

Berücksichtigt man die Gl. (180.1), so ergibt sich

$$\tau_{1\,max} = 1,5 \, \frac{F_q(x) \, H_y(0)}{I_y \, b} \cdot \frac{t}{s} \tag{181.1}$$

8.5. Berechnung von genieteten und geschweißten Trägern

Profilträger sind oft aus einzelnen Teilen (Gurtblechen, Stegblechen, Winkeln) zusammengesetzt (**181**.1 a und b), gewalzte Profilträger sind mit Gurtblechen verstärkt (**181**.1 c). Die Verbindungsmittel (Niete, Bolzen oder Schweißnähte in Stahlkonstruktionen, Nägel oder Leim in Holzkonstruktionen) müssen die Längsschubkräfte F_t infolge der Längsschubspannungen aufnehmen.

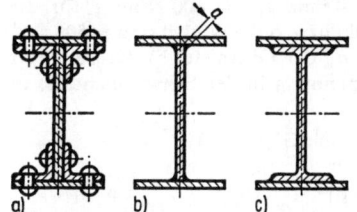

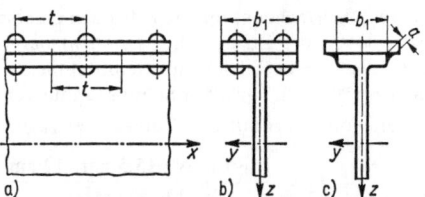

181.1 Querschnitt von Profilträgern
  a) genietet   c) mit aufgeschweißten
  b) geschweißt   Verstärkungsblechen

181.2 a) und b) Teilstücke eines genieteten Trägers
  c) I-Träger mit aufgeschweißtem Verstärkungsblech

Die in der Teilung t zu übertragende Schubkraft zwischen Flansch und Gurtblech des genieteten Trägers (**181**.2 a) ist

$$F_t = \tau_1 \, b_1 \, t = \frac{F_q(x) \, H_{y\,Gurt} \, t}{I_y} \tag{181.2}$$

Ist die Anzahl der in der Teilung t nebeneinander liegenden Niete z (meist 2 oder 4) und A die Querschnittfläche eines Nietes, dann gilt die Beziehung

$$\frac{F_t}{z \, A} \leqq \tau_{zul} \tag{181.3}$$

Aus den letzten beiden Gleichungen erhält man für den erforderlichen Nietquerschnitt die Beziehung

$$A \geqq \frac{F_q(x) \, H_{y\,Gurt} \, t}{I_y \, z \, \tau_{zul}} \tag{181.4}$$

Für die Stegnietung (181.1 a) ist in Gl. (181.2) das Flächenmoment 1. Ordnung H_y der Gurtfläche und der Winkel einzusetzen, weil die Schubkräfte dieser Teile durch den Stegquerschnitt geleitet werden.

Für die Schweißung (181.2 c) erhält man mit der Schweißnahtlänge t die Längsschubkraft

$$F_t = \tau_1 \, b_1 \, t = \tau_s \, 2 \, a \, t$$

a ist die Dicke des Nahtquerschnitts. Für die Schubspannung τ_s in der Naht ergibt sich

$$\tau_s = \frac{F_q(x) \, H_{y\,\mathrm{Gurt}}}{2 I_y \, a} \le \tau_{zul} \tag{182.1}$$

Die erforderliche Nahtdicke berechnet man aus

$$a \ge \frac{F_q(x) \, H_{y\,\mathrm{Gurt}}}{2 I_y \, \tau_{zul}} \tag{182.2}$$

Für die Berechnung der Schweißnähte ist allerdings zu beachten, daß sie infolge Biegung zusätzlich noch Zug- oder Druckspannungen erfahren können, maßgebend ist somit die Vergleichsspannung σ_v (s. Abschn. 9.4.1).

Beispiel 7. Ein kurzer Träger ist aus Blechen zusammengesetzt und durch die konstante Querkraft $F_q = 160 \, \mathrm{kN}$ belastet. Das Stegblech $300 \, \mathrm{mm} \times 12 \, \mathrm{mm}$ ist einmal mit den Gurtblechen $120 \, \mathrm{mm} \times 10 \, \mathrm{mm}$ über die Winkelstähle $55 \, \mathrm{mm} \times 8 \, \mathrm{mm}$ nach DIN 1028 durch Niete verbunden (181.1a), zum andern mit ihnen verschweißt (181.1 b). Für die Nietteilung der Gurtniete ist $t = 200 \, \mathrm{mm}$ gegeben, die Dicke der Schweißnaht ist $a = 4 \, \mathrm{mm}$, $\tau_{zul} = 100 \, \mathrm{N/mm^2}$ für die Niete. Die Flächenmomente I_y für den Querschnitt mit Winkeln bzw. ohne Winkel sind $14\,500 \, \mathrm{cm^4}$ bzw. $8460 \, \mathrm{cm^4}$. Zu berechnen sind a) der Nietdurchmesser d_1 der Gurtniete, b) die Teilung t der Stegniete bei gleichem Nietdurchmesser, c) die Schubspannung in der Schweißnaht, d) in beiden Fällen die größten Schubspannungen im Träger.

a) Die vom Gurt auf die Winkel übertragene Schubkraft ist nach Gl. (181.2)

$$F_t = \frac{16 \cdot 10^4 \, \mathrm{N} \cdot 15{,}5 \, \mathrm{cm} \cdot 12 \, \mathrm{cm^2}}{14\,500 \, \mathrm{cm^4}} \cdot 20 \, \mathrm{cm} = 4{,}1 \cdot 10^4 \, \mathrm{N}$$

Mit $z = 2$ ist $A_1 \ge 4{,}1 \cdot 10^4 \, \mathrm{N}/(2 \cdot 100 \, \mathrm{N/mm^2}) = 205 \, \mathrm{mm^2}$. Daraus ergibt sich der Nietdurchmesser (aufgerundet) $d_1 = 17 \, \mathrm{mm}$.

b) Für die Nietteilung t der zweischnittigen Stegniete folgt mit den Gl. (181.2) und (181.3)

$$\frac{F_q \, (H_{y\,\mathrm{Gurt}} + H_{y\,\mathrm{Winkel}})}{I_y} \, t = 2 A_1 \, \tau_{zul}$$

Mit dem Schwerpunktabstand der Winkel $13{,}36 \, \mathrm{cm}$ und dem Querschnitt $A_w = 8{,}23 \, \mathrm{cm^2}$ (Profiltabelle DIN 1028) ist $H_{y\,\mathrm{Gurt}} + H_{y\,\mathrm{Winkel}} = 186 \, \mathrm{cm^3} + 2 \cdot 13{,}36 \, \mathrm{cm} \cdot 8{,}23 \, \mathrm{cm^2} = 406 \, \mathrm{cm^3}$. Für $d_1 = 17 \, \mathrm{mm}$ ergibt sich $A_1 = 2{,}27 \, \mathrm{cm^2}$. Somit erhält man für die Teilung der Stegniete

$$t = \frac{2 \cdot 2{,}27 \cdot 10^2 \, \mathrm{mm^2} \cdot 100 \, \mathrm{N/mm^2} \cdot 14\,500 \, \mathrm{cm^4}}{16 \cdot 10^4 \, \mathrm{N} \cdot 406 \, \mathrm{cm^3}} = 10{,}1 \, \mathrm{cm}$$

Ausgeführt wird $t = 100 \, \mathrm{mm}$, es sind demnach im Steg doppelt soviel Niete erforderlich wie auf einer Seite im Gurt.

c) Die Schubspannung in der Schweißnaht berechnen wir aus Gl. (182.1)

$$\tau_s = \frac{16 \cdot 10^4 \, \mathrm{N} \cdot 186 \cdot 10^3 \, \mathrm{mm^3}}{2 \cdot 8460 \cdot 10^4 \, \mathrm{mm^4} \cdot 4 \, \mathrm{mm}} = 43{,}9 \, \mathrm{N/mm^2}$$

d) Für die größten Schubspannungen in der Mitte des Querschnitts benötigt man noch das statische Flächenmoment der halben Stegfläche $S_{y\,\text{Steg}} = 7,5\,\text{cm} \cdot 18\,\text{cm}^2 = 135\,\text{cm}^3$. Im genieteten Träger erhält man

$$\tau_{q\,\text{max}} = \frac{16 \cdot 10^4\,\text{N} \cdot 541 \cdot 10^3\,\text{mm}^3}{14\,500 \cdot 10^4\,\text{mm}^4 \cdot 12\,\text{mm}} = 49,7\,\text{N/mm}^2$$

desgleichen im geschweißten Träger

$$\tau_{q\,\text{max}} = \frac{16 \cdot 10^4\,\text{N} \cdot 321 \cdot 10^3\,\text{mm}^3}{8460 \cdot 10^4\,\text{mm}^4 \cdot 12\,\text{mm}} = 50,6\,\text{N/mm}^2$$

8.6. Schubverformung

Nach dem Hookeschen Gesetz, Gl. (145.1), haben Schubspannungen Winkeländerungen zur Folge. Wegen der ungleichmäßigen Schubspannungsverteilung, z.B. im Rechteckquerschnitt eines Balkens, bei Biegung durch Querkräfte erfährt der Querschnitt durch verschieden große Schiefstellung der einzelnen Volumenteilchen eine Verwölbung (183.1). Es zeigt sich also, daß die bei der Biegung getroffene Annahme vom Ebenbleiben der Querschnitte nur bei reiner Biegung erfüllt sein kann. Somit ist jedoch auch die Schubspannung nach Gl. (175.1) nur näherungsweise richtig, da sie von der Voraussetzung des Ebenbleibens der Querschnitte ausging.

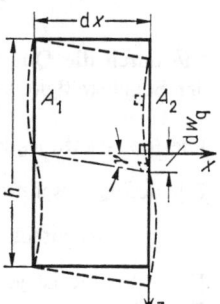

183.1 Verwölbung der ebenen Querschnitte eines Balkenteilstücks
   infolge der Schubspannungen
   dw_q Verschiebung der Mittellinie

Zwei benachbarte Querschnitte A_1 und A_2 (183.1) verschieben sich durch die Schubbeanspruchung um den Betrag dw_q in z-Richtung gegeneinander. Für eine Abschätzung der Verformung wollen wir die Formänderungsarbeit heranziehen und diese mit der Arbeit der Querkraft vergleichen. Diese ist $W_q = (1/2)\,F_q(x)\,dw_q$. Andererseits ist die Formänderungsarbeit in einem kleinen Volumenteil dV, Gl. (145.3), $dW_q = (\tau_q^2/2G)\,dV$. Setzt man hier τ_q aus Gl. (175.1) ein, so wird

$$dW_q = \frac{1}{2G} \left[\frac{F_q(x)\,H_y(z)}{I_y\,b(z)} \right]^2 dV$$

Für ein Balkenteilstück der Länge dx mit dem Querschnitt A erhält man durch Integration über den Querschnitt

$$W_q = \frac{1}{2G} \int_A \left[\frac{F_q(x)\,H_y(z)}{I_y\,b(z)} \right]^2 dA\,dx$$

Zur Abkürzung führt man ein

$$\varkappa = A \int_A \left[\frac{H_y(z)}{I_y\,b(z)} \right]^2 dA$$

$\varkappa$ ist ein nur von der Querschnittform abhängiger Zahlenfaktor (Querschnitt-faktor). Nunmehr ergibt sich

$$W_q = \varkappa \frac{F_q^2(x)}{2GA}\,dx$$

Durch Gleichsetzen der beiden Ausdrücke für W_q erhält man

$$\frac{1}{2}F_q(x)\,dw_q = \varkappa \frac{F_q^2(x)}{2GA}\,dx$$

und somit für die Durchbiegung dw_q infolge Querkraft

$$dw_q = \varkappa \frac{F_q(x)\,dx}{GA} \tag{184.1}$$

Mit $F_q(x)\,dx = dM_b(x)$ wird schließlich nach Integration

$$w_q = \varkappa \frac{M_b(x)}{GA} + w_0 \tag{184.2}$$

Die durch die Querkraft verursachte Durchbiegung w_q ist dem Biegemoment direkt und der Schubsteifigkeit GA umgekehrt proportional.

Die Konstante w_0 erhält man aus den Randbedingungen.

Für den Querschnittfaktor erhält man nach Durchführung der Integration für

Rechteckquerschnitt $\varkappa = 1{,}2$ Kreisquerschnitt $\varkappa = 10/9 \approx 1{,}1$.

Für I-Profile ist je nach Größe $\varkappa = 1{,}0 \cdots 2{,}4$. [2]. Wir wollen die Durchbiegung am Ende des Freiträgers (176.2), hervorgerufen durch die Schubspannungen, mit der Durchbiegung $f = F\,l^3/3\,EI_y$ vergleichen (s. Beispiel 3, S. 102, und Tafel 104.1). Aus Gl. (184.2) erhalten wir mit $M_b(l) = -F \cdot l$ für $x = l$ und $w_q = 0$ die Konstante

$$w_0 = \varkappa \frac{F\,l}{GA}$$

Somit ist $w_{q\,max} = w_0$ für $x = 0$ am freien Ende des Trägers. Ersetzt man nach Gl. (221.1) den Gleitmodul durch den Elastizitätsmodul, so ergibt sich

$$\frac{w_{q\,max}}{f} = \varkappa \frac{F\,l}{GA} \cdot \frac{3\,EI_y}{F\,l^3} = 1{,}2 \cdot \frac{1+\mu}{2} \cdot \frac{h^2}{l^2}$$

Die Schubverformung ist somit dem Quadrat des Verhältnisses h/l proportional. Für $h/l = 1/5$ (die größte Schubspannung beträgt dann 5 % der Biegespannung) ist für Metalle mit $\mu = 0{,}3$ die Schubverformung $w_{q\,max} = 1{,}2\,(2{,}6/100) \cdot f$, also 3,1 % der Biegeverformung, und kann vernachlässigt werden.

Beispiel 8. Für den Breitflanschträger in Beispiel 5, S. 106 (80.1) ist die Durchbiegung $w_{q\,max}$ durch die Last $F = 370$ kN zu berechnen und mit der dort gerechneten größten Durchbiegung zu vergleichen.

Der Profiltabelle in [2] entnimmt man $A = 444\,\text{cm}^2$. Mit $M_{b\,max} = Fab/l$ und $\varkappa = 2,4$ für große I-Profile ergibt Gl. (184.1)

$$w_{q\,max} = \varkappa\,\frac{F\,a\,b}{G\,A\,l} = 2,4\,\frac{37\cdot10^4\,\text{N}\cdot6\,\text{m}\cdot9000\,\text{mm}}{15\,\text{m}\cdot8,1\cdot10^4\,\text{N/mm}^2\cdot444\cdot10^2\,\text{mm}^2} = 0,89\,\text{mm}$$

Das sind ungefähr $5,5\%$ von $f_m = 16,35\,\text{mm}$ im Beispiel 5, S. 106. Dieser Anteil ist somit unbedeutend; bei kürzeren Trägern kann er jedoch erheblich höher liegen.

8.7. Aufgaben zu Abschnitt 8

1. Eine kurze Konsole aus dem hochstegigen T-Stahl 140 nach DIN 1024 trägt am freien Ende die Einzellast F.

a) Bei welcher Länge l beträgt die größte Schubspannung weniger als 10% der größten Biegespannung?

b) Die größte Schubspannung ist für $F = 21\,\text{kN}$ zu berechnen.

2. Ein Träger ist aus einem Stegblech $240\,\text{mm} \times 18\,\text{mm}$ und zwei Gurtblechen $180\,\text{mm} \times 15\,\text{mm}$ zu einem I-Profil zusammengeschweißt (181.1b), Schweißnahtdicke $a = 5\,\text{mm}$. In dem Träger wirkt die konstante Querkraft $F_q = 90\,\text{kN}$. Das Stegblech ist mit kreisförmigen Durchbrüchen versehen.

a) Wie groß sind die Schubspannungen in den Schweißnähten?

b) Welchen Abstand s müssen die Durchbrüche ($d = 80\,\text{mm}$, Bild 180.2a) mindestens voneinander haben, wenn $\tau_{zul} = 80\,\text{N/mm}^2$?

3. Der Träger mit dem Querschnitt (185.1) ist durch die Querkraft $F_q = 120\,\text{kN}$ beansprucht, sie ist über die Länge des Trägers konstant. Der erforderliche Nietdurchmesser d_1 und die Schubspannung in der mittleren Faser sind zu berechnen; zulässige Schubspannung im Niet $\tau_{zul} = 100\,\text{N/mm}^2$, $t = 90\,\text{mm}$.

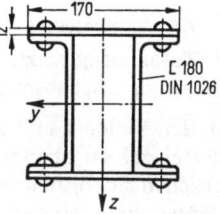

185.1 Querschnitt eines aus zwei [-Profilen und zwei Blechen genieteten Trägers

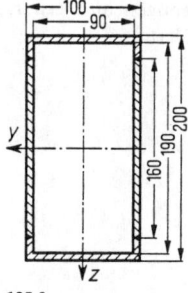

185.2
Profil eines geschweißten Kastenträgers

4. Ein Träger auf zwei Stützen (Stützweite l) ist durch eine Einzelkraft F in der Mitte zwischen den Stützen auf Biegung beansprucht.

a) Wie groß muß die Stützweite l mindestens sein, wenn die größte Schubspannung $1/8$ der größten Biegespannung betragen darf?

b) Für diesen Fall ermittle man die Tragfähigkeit F_{zul}.

Gegeben: Profilträger aus Stahl I PE 300 DIN 1025 Bl. 5, $\sigma_{zul} = 120\,\text{N/mm}^2$.

5. Ein geschweißter Kastenträger soll im gezeichneten Querschnitt (185.2) das Biegemoment $M_b = 15\,\text{kNm}$ und die Querkraft $F_q = 60\,\text{kN}$ aufnehmen.

Zu berechnen sind a) die größte Biegespannung, b) die größte Schubspannung, c) Biege- und Schubspannungen in den Schweißnähten.

9. Zusammengesetzte Beanspruchung

9.1. Einteilung und Beispiele

In den vorhergehenden Abschnitten haben wir einfache Beanspruchungen in stabförmigen Bauteilen kennengelernt und die dafür kennzeichnenden Spannungen und die Verformungen berechnet. In der Praxis des Maschinenbaus treten jedoch häufig zwei oder mehrere dieser Beanspruchungsarten, demzufolge auch verschiedenartige Spannungen, gleichzeitig auf.

Unter zusammengesetzter Beanspruchung versteht man das gleichzeitige Vorhandensein zweier oder mehrerer einfacher Beanspruchungen in einem Bauteil.

Es liegt nun nahe, nach einer gewissen Systematik zu suchen, mit der eine Einteilung der zusammengesetzten Beanspruchung erfolgen kann. Einfache Beanspruchungen unterteilt man in solche, die im Querschnitt nur Normalspannungen, und andere, die im Querschnitt nur Schubspannungen hervorrufen. Somit kann man die folgende Gliederung vornehmen:

1. Zusammengesetzte Normalspannungen an gleichen Schnittflächen

2. Zusammengesetzte Schubspannungen an gleichen Schnittflächen

3. Zusammengesetzte Normalspannungen an gleichen Schnittflächen und Schubspannungen

4. Zusammengesetzte Normalspannungen in zwei oder drei zueinander senkrechten Richtungen und Schubspannungen.

In den Fällen 1 und 2 kann man die resultierenden Spannungen durch Superposition der einzelnen Spannungen im Querschnitt gewinnen, da gleichartige Spannungen in gleichen Schnittflächen vorhanden sind. In den einzelnen Punkten einer Schnittfläche können die Spannungen algebraisch addiert werden.

In dem Querschnitt einer Stange soll die gleichmäßig verteilte Zugspannung $\sigma = F/A = 50 \text{ N/mm}^2$ wirken (**186.1** a). Wird die Stange zusätzlich durch das Biegemoment M_b gebogen und erhält man als Größtwerte der Biegespannungen am unteren und oberen Rand die Werte

$$\sigma_b = \pm\, M_b/W_b = \pm\, 80 \text{ N/mm}^2 \ (\textbf{186.1}\,\text{b})$$

so sind die resultierenden Spannungen

im Punkt B $\qquad \sigma = 50 \text{ N/mm}^2 + 80 \text{ N/mm}^2 = 130 \text{ N/mm}^2$

im Punkt C $\qquad \sigma = 50 \text{ N/mm}^3 - 80 \text{ N/mm}^2 = -\,30 \text{ N/mm}^2$

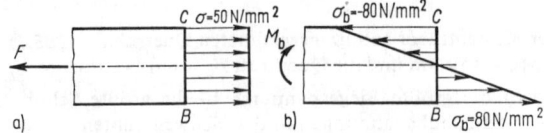

186.1 a) Zugstab
b) Biegestab mit eingezeichneter Spannungsverteilung

In den Fällen 3 und 4, bei denen Spannungen entweder in verschiedenen Richtungen wirken, oder aber an gleichen Schnittflächen verschiedenartige Spannungen (Normal- und Schubspannungen) vorkommen, ist eine einfache Überlagerung nicht mehr möglich. Hierfür sind Vergleichsspannungen definiert, die auf Grund von theoretischen Überlegungen gefunden wurden (Hypothesen) und die die Wirkung einer mehrachsigen Beanspruchung aus gleich- oder verschiedenartigen Spannungen auf eine gleichwertige einachsige Spannung zurückführt (s. Abschn. 9.4.1).

Tafel 187.1 zeigt eine Übersicht über die Kombinationsmöglichkeiten der einzelnen einfachen Beanspruchungen, geordnet in der Reihenfolge der oben angegebenen vier Fälle.

Tafel 187.1   Übersicht und Einteilung der zusammengesetzten Beanspruchung

einfache Grundbeanspruchung	Zug	Druck	Biegung	Schub	Verdrehung
1. zusammengesetzte Normalspannungen	Zug oder Druck + Biegung				
2. zusammengesetzte Schubspannungen				Schub + Verdrehung	
3. zusammengesetzte Normal- und Schubspannungen	Zug oder Druck + Schub				
	Zug oder Druck + Verdrehung				
	Biegung + Schub				
	Biegung + Verdrehung				
	Biegung + Schub + Verdrehung				
	Zug oder Druck + Biegung + Schub + Verdrehung				
4. zusammengesetzte Normalspannungen in zwei oder drei Richtungen und Schubspannungen	Zug oder Druck in zwei Richtungen + Biegung + Verdrehung				
	Zug oder Druck in drei Richtungen + Biegung + Verdrehung				

In den folgenden drei Abschnitten wollen wir an einigen Beispielen das Superpositionsgesetz anwenden. In einem Fall werden wir die Spannungsverteilung noch einmal von Grund auf herleiten (stark gekrümmter Träger), in anderen Fällen gehen wir von bekannten Grundbeanspruchungen aus.

9.1.1. Zusammengesetzte Zug- oder Druck- und Biegebeanspruchung

Da sich Zug- und Druckkräfte in bezug auf einen Körper nur durch ihre Richtungen (Vorzeichen + oder −) unterscheiden, sollen sie gemeinsam behandelt werden.

Wir betrachten den beliebig gestalteten Querschnitt eines Balkens (188.1 a), in dem als Schnittreaktionen das Biegemoment $M_b(x)$ und die Normalkraft $F_n(x)$ vorhanden sind, Querkräfte sind nach den Voraussetzungen des Abschn. 8.3 vernachlässigt. Das Biegemoment kann sowohl durch Kräfte senkrecht zur x-Achse des Balkens hervorgerufen sein (s. Abschn. 4.2 und 4.3), es kann aber auch von einer Kraft herrühren, deren Wirkungslinie parallel zur x-Achse liegt (zum Querschnittschwerpunkt S exzentrischer Lastangriff), s. Bild 188.1 b. Der im Punkt P angreifenden Kraft gleichwertig ist das Kräftesystem, welches aus dem Kräftepaar $\vec{F}_n$, $-\vec{F}_n$ mit dem Betrag $F_n \cdot r$ als Biegemoment M_b und der Normalkraft F_n im Schwerpunkt S der Fläche besteht (s. auch Teil 1, Statik, Abschn. Zwei Kräfte, Kräftepaar).

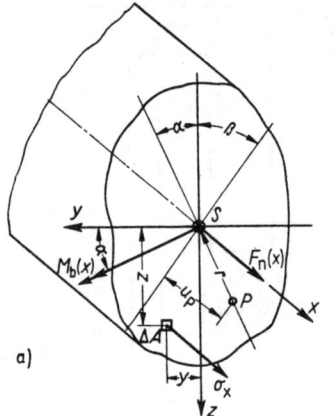

188.1 Überlagerung von Biegung und Zug
  a) Biegemoment und Normalkraft in einem beliebigen Querschnitt
  b) exzentrische Normalkraft, Kräftereduktion

Das in der Fläche gewählte y, z-Koordinatensystem ist ein Hauptachsensystem (s. Abschnitt 4.1.3.3); dann erhält man die Biegespannung aus Gl. (88.1) mit $I_1 \equiv I_y$ und $I_2 \equiv I_z$

$$\sigma_b = \frac{M_b(x) \cos \alpha}{I_y} z - \frac{M_b(x) \sin \alpha}{I_z} y$$

Die Spannung infolge der Normalkraft aus Gl. (8.3) bzw. Gl. (8.4) ist

$$\sigma = {}_{(-)}^{+} \frac{F_n(x)}{A}$$

Das in Klammern gesetzte zweite Vorzeichen in dieser Gleichung und in den folgenden gilt für Druckbeanspruchung. Die Gesamtspannung ergibt sich durch Addieren

$$\sigma_x = \sigma_b + \sigma$$

$$\sigma_x = \frac{M_b(x) \cos \alpha}{I_y} z - \frac{M_b(x) \sin \alpha}{I_z} y \underset{(-)}{+} \frac{F_n(x)}{A} \tag{188.1}$$

Der Index x bezeichnet die Richtung der Spannung. Die Nullinie im Querschnitt des Balkens erhalten wir mit $\sigma_x = 0$ aus Gl. (188.1). Ihre Gleichung lautet aufgelöst nach z

$$z = \tan \alpha \frac{I_y}{I_z} y \underset{(+)}{-} \frac{F_n(x)}{M_b(x) \cos \alpha} \cdot \frac{I_y}{A} \tag{188.2}$$

Die Nullinie ist wie bei der allgemeinen Biegung eine Gerade, sie geht jedoch nicht durch den Schwerpunkt der Fläche. Der Anstieg der Geraden ist (tan α) I_y/I_z und entspricht nach Gl. (89.1) dem Wert bei der allgemeinen Biegung (s. Abschn. 4.3.1). Die Nullinie schließt bei zusammengesetzter Zug- oder Druck- und Biegebeanspruchung mit der Hauptachse z den gleichen Winkel β ein, wenn die Spur der Lastebene um den Winkel α geneigt ist (s. **190.**1).

Bei zusammengesetzter Zug- oder Druck- und Biegebeanspruchung geht die Nullinie nicht durch den Schwerpunkt der Querschnittsfläche.

Die Achsenabschnitte der Nullinie auf den y- und z-Achsen sind, wenn wir zur Abkürzung $i^2 = I/A$ einführen.

$$y_0 = {+ \atop (-)} \frac{F_n(x)}{M_b(x) \sin \alpha} i_z^2 \qquad z_0 = {- \atop (+)} \frac{F_n(x)}{M_b(x) \cos \alpha} i_y^2 \qquad (189.1)$$

Bei exzentrischem Kraftangriff mit $M_b = F_n r$ lauten die entsprechenden Beziehungen für die Spannung σ_x

$$\sigma_x = \frac{F_n(x)}{A} \left(\frac{r \cos \alpha}{i_y^2} z - \frac{r \sin \alpha}{i_z^2} y + 1 \right)^{1)} \qquad (189.2)$$

oder mit den aus Bild **188.**1b entnommenen Abständen des Lastangriffspunktes P von der z- bzw. y-Achse, $y_P = -r \sin \alpha$ und $z_P = r \cos \alpha$

$$\sigma_x = \frac{F_n(x)}{A} \left(\frac{z_P}{i_y^2} z + \frac{y_P}{i_z^2} y + 1 \right) \qquad (189.3)$$

Als Gleichung der Nullinie erhält man

$$z = \tan \alpha \frac{I_y}{I_z} y - \frac{i_y^2}{z_P} \qquad (189.4)$$

und für die Achsenabschnitte der Nullinie

$$y_0 = -i_z^2/y_P \qquad z_0 = -i_y^2/z_P \qquad (189.5)$$

Die charakteristischen Spannungsverteilungen sind in Bild **190.**1 gezeichnet, und zwar in a) für die Überlagerung von Zug- und Biegung sowie in b) für Druck und Biegung. Die Spannungen steigen linear mit dem Abstand u von der Nullinie aus an und erreichen Größtwerte in den Querschnittspunkten mit dem größten Abstand von der Nullinie. Als Festigkeitsbedingung folgt wie in Abschn. 4.2.2

$$|\sigma_{max}| \leq \sigma_{zul}$$

Über die Verschiebung der Nullinie aus dem Schwerpunkt kann man aussagen:

Bei Überlagerung von Zug und Biegung ist die Nullinie zur Biegedruckseite hin, bei Druck und Biegung zur Biegezugseite hin verschoben.

Im ersten Fall wächst die Zugspannung gegenüber derjenigen bei Biegung allein, im zweiten Fall die Druckspannung. Überlagerung von Druck und Biegung (bei exzentrischer Druckkraft) hat eine gewisse Bedeutung in Bauwerken, die aus zugspannungsempfindlichen Werkstoffen (z.B. Beton oder Mauerwerk) hergestellt sind. Diese müssen

---

[1]) Das zweite in Klammer gesetzte Vorzeichen entfällt hier, da bei einer Druckkraft auch das Biegemoment die Richtung wechselt.

so bemessen oder belastet sein, daß in ihnen möglichst keine Zugspannungen auftreten. Das bedeutet aber nach dem oben Gesagten, daß die Nullinie außerhalb des Querschnitts verlaufen muß oder ihn im Grenzfall gerade berührt. Für die Grenzlagen beschreibt der Kraftangriffspunkt P (**188.**1 b) einen geschlossenen Kurvenzug um den Schwerpunkt. Die hiervon eingeschlossene Fläche ist der sog. Querschnittkern und der Abstand von S ist die Kernweite. Liegt der Kraftangriffspunkt $P(y_P, z_P)$ einer exzentrischen Druckkraft innerhalb der Kernumrandung, dann liegt die Nullinie außerhalb des Querschnitts und dieser wird nur durch Druckspannungen beansprucht. Die Kernweiten auf den Achsen erhält man aus Gl. (189.5), wenn für y_0 und z_0 die Randabstände $y_{1,2}$ bzw. $z_{1,2}$ des Querschnitts in Richtung der Koordinatenachsen eingesetzt werden

$$y_P^* = - \frac{i_z^2}{y_{1,2}} \qquad z_P^* = - \frac{i_y^2}{z_{1,2}} \tag{190.1}$$

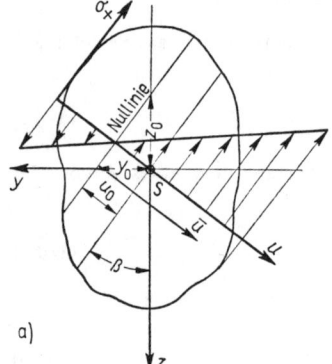

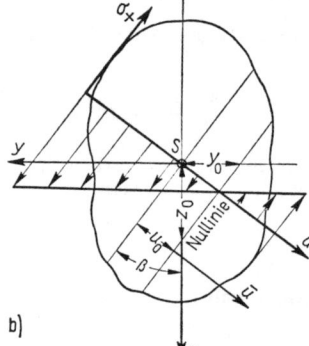

Für Kreisquerschnitt mit dem Durchmesser d ist $i_y^2 = i_z^2 = d^2/16$ und $y_{1,2} = z_{1,2} = d/2$. Somit ist die Kernweite in allen Richtungen gleich groß

$$y_P^* = z_P^* = - d/8$$

Der Kern ist ein Kreis mit dem Durchmesser $d/4$.

190.1 a) Spannungsverteilung bei Biegung und Zug
b) Spannungsverteilung bei Biegung und Druck

Der Querschnittkern hat im Maschinenbau nur geringe Bedeutung, er sollte der Vollständigkeit halber hier nur kurz gestreift werden, s. Beispiel 2, S. 192.

Im Abschn. 4.3.1 hatten wir eine direkte Methode zur Berechnung der Biegespannung bei allgemeiner Biegung kennengelernt. Mit Gl. (90.3) können wir die resultierenden Spannungen direkt in Abhängigkeit vom Abstand u (gemessen vom Schwerpunkt aus in Richtung senkrecht zur durch den Winkel β festgelegten Nullinie) angeben

$$\sigma_x = \frac{M_b(x) \sin(\alpha + \beta)}{I_N} u \underset{(-)}{+} \frac{F_n(x)}{A} \tag{190.2}$$

I_N ist das Flächenmoment 2. Ordnung bezüglich der Nullinie.

Aus dem Ansatz $\sigma_x = 0$ erhalten wir mit $i_N^2 = I_N/A$ den Abstand der Nullinie vom Schwerpunkt direkt

$$u_0 = \underset{(+)}{-} \frac{F_n(x)}{M_b(x) \sin(\alpha + \beta)} i_N^2 \tag{190.3}$$

Führen wir noch die Koordinate $\bar{u} = u + u_0$ von der Nullinie aus ein (**190.**1), so erhält man die der Gl. (90.3) ähnliche Beziehung

$$\sigma_x = \frac{M_b(x) \sin(\alpha + \beta)}{I_N} \bar{u} \tag{190.4}$$

Die Rechnung gestaltet sich einfacher als durch die Überlagerung der Einzelspannungen, wenn die Lage der Nullinie bekannt ist. Man sieht sofort die Querschnittstellen größter Beanspruchung.

Bei exzentrischem Kraftangriff erhält man für den Abstand u_0 der Nullinie mit $u_P = r \sin(\alpha + \beta)$ (**188**.1)

$$u_0 = -i_N^2/u_P \tag{191.1}$$

sowie für die Spannungen

$$\sigma_x = \frac{F_n(x)}{A} \cdot \frac{r \sin(\alpha + \beta)}{i_N^2} \, \bar{u} = \frac{F_n(x)}{A} \cdot \frac{\bar{u}}{u_0} \tag{191.2}$$

Bei gerader Biegung, wenn also die Spur der Lastebene mit einer der Hauptachsen zusammenfällt, liegt die Nullinie, je nachdem ob y- oder z-Achse in der Lastebene liegt, parallel zu der z- oder y-Achse. Für $\alpha = 0$ ist z.B. die z-Achse Spur der Lastebene, dann ist die Spannung mit dem Biegemoment M_{by}

$$\sigma_x = \frac{M_{by}}{I_y} z \, _{(-)}^{+} \frac{F_N}{A} \tag{191.3}$$

Die Gleichung für die Nullinie lautet

$$z = z_0 = \, _{(+)}^{-} \frac{F_n}{M_{by}} i_y^2 \tag{191.4}$$

Bei exzentrischem Kraftangriff erhält man

$$\sigma_x = \frac{F_n(x)}{A} \left(\frac{r}{i_y^2} z + 1 \right) \tag{191.5}$$

und

$$z_0 = -i_y^2/r \tag{191.6}$$

Durch zyklische Vertauschung von y und z ergeben sich entsprechende Gleichungen für $\alpha = 90°$.

Beispiel 1. Fachwerkstäbe sind i.a. an Knotenbleche angeschlossen. Besteht der Stab eines Fachwerks z.B. aus einem Winkelstahl, so liegt die Kraftrichtung nicht in der Schwerachse. Zu berechnen ist die größte Spannung, die durch die exzentrische Zugkraft $F_n = F$ in dem Winkelstahl 100×10 DIN 1028 hervorgerufen wird, Lastangriffspunkt P (**192**.1a). Aus einer Profiltafel [2] entnimmt man $r = e = 2{,}82$ cm, $A = 19{,}2$ cm², $I_y = I_1 = 280$ cm⁴ und $I_z = I_2 = 73{,}3$ cm⁴.

In Bild **192**.1b ist der Querschnitt (Maßstabsfaktor $m_L = 2{,}5$ cm/cm$_z$) gezeichnet. Gl. (89.3) ergibt mit $\alpha = 45°$

$$\tan \beta = \frac{1}{\tan \alpha} \cdot \frac{I_2}{I_1} = \frac{1}{1} \cdot \frac{73{,}3 \text{ cm}^4}{280 \text{ cm}^4} = 0{,}262$$

und $\beta = 14{,}7°$, den Richtungswinkel der Nullinie (gestrichelt eingezeichnet).

Das Flächenmoment I_N ist nach Gl. (65.1) mit $\psi \angle = 90° - \beta = 75{,}3°$

$$I_N = \frac{353{,}3}{2} \text{ cm}^4 + \frac{206{,}7}{2} \text{ cm}^4 (-0{,}871) = (176{,}65 - 90{,}0) \text{ cm}^4 = 86{,}65 \text{ cm}^4$$

Den Abstand u_0 der Nullinie liefert Gl. (191.1)

$$u_0 = -\frac{i_N^2}{u_P} = -\frac{i_N^2}{r \sin(\alpha + \beta)} = -\frac{86{,}65 \text{ cm}^4}{19{,}2 \text{ cm}^2 \cdot 2{,}82 \text{ cm} \cdot 0{,}863} = -1{,}86 \text{ cm}$$

Der Zeichnung **192**.1 entnimmt man $\bar{u}_{max} = 5,7$ cm, somit erhält man aus Gl. (191.2) die Spannung

$$\sigma_{max} = \frac{F_n}{A} \cdot \frac{\bar{u}_{max}}{u_0} = \frac{F_n}{A} \cdot \frac{5,7 \text{ cm}}{1,86 \text{ cm}} = 3,06 \frac{F_n}{A}$$

Die Biegespannung beträgt demnach etwas mehr als das Doppelte der Zugspannung F_n/A! Exzentrischer Lastangriff kann in einem solchen Fall vermieden werden, wenn zwei Winkelstähle auf verschiedenen Seiten eines Bleches angeschlossen und durch Bindebleche miteinander verbunden sind.

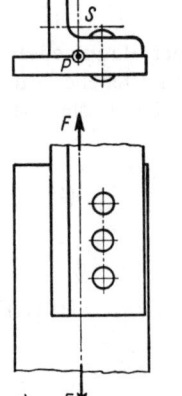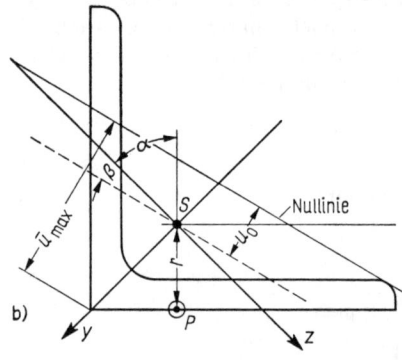

192.1
a) Exzentrischer Lastangriff am Knotenanschluß eines Winkelstahls
b) Winkelquerschnitt (Maßstabsfaktor $m_L = 2,5$ cm/cm$_z$), Richtung der Nullinie eingezeichnet

Beispiel 2. Ein **Balken** mit dem Rechteckquerschnitt $b \times h$ (**193**.1) ist in einer Ecke P durch die Druckkraft F_n belastet. Zu berechnen sind die Lage der Nullinie, die größte Spannung und die Kernweiten. Der Querschnittkern und die Spannungsverteilung sind zu zeichnen.

Aus der Gl. (89.2) folgt die Richtung der Nullinie

$$\tan \alpha \tan \beta \, I_2/I_1 = 1$$

Mit $I_y = I_1 = bh^3/12$, $I_z = I_2 = hb^3/12$ und $\tan \alpha = b/h$ folgt auch $\tan \beta = b/h$. Die Achsenabschnitte der Nullinie ergibt Gl. (189.5)

$$y_0 = - i_z^2/y_P = - \frac{b^2/12}{- b/2} = b/6$$

entsprechend ist

$$z_0 = - h/6$$

Die größte Spannung wirkt in der Ecke P, sie ergibt sich aus Gl. (189.2) mit $r \cos \alpha = h/2$, $r \sin \alpha = b/2$, $z = h/2$ und $y = - b/2$

$$\sigma_{max} = \frac{F_n}{A} \left[\frac{h/2}{h^2/12} \cdot \frac{h}{2} - \frac{b/2}{b^2/12} \left(- \frac{b}{2} \right) + 1 \right] = 7 \frac{F_n}{A}$$

Ist z. B. $F_n = - 10,8 \cdot 10^4$ N, $b = 60$ mm und $h = 90$ mm, so ist die Spannung

$$\sigma_{max} = - 7 \cdot 10,8 \cdot 10^4 \text{ N}/5400 \text{ mm}^2 = - 140 \text{ N/mm}^2$$

Aus der Gl. (190.1) ergeben sich die Kernweiten auf den beiden Achsen $y_P^* = \pm b/6$ und $z_P^* = \pm h/6$. Spannungsverteilung und Kern sind in Bild **193**.1 eingezeichnet. Liegt der Lastangriffspunkt auf der Kernumrandung, z. B. in P', dann geht die Nullinie durch die obere linke Ecke des Querschnitts. Die Spannungsverteilung für diesen Fall ist mit in das Bild gezeichnet.

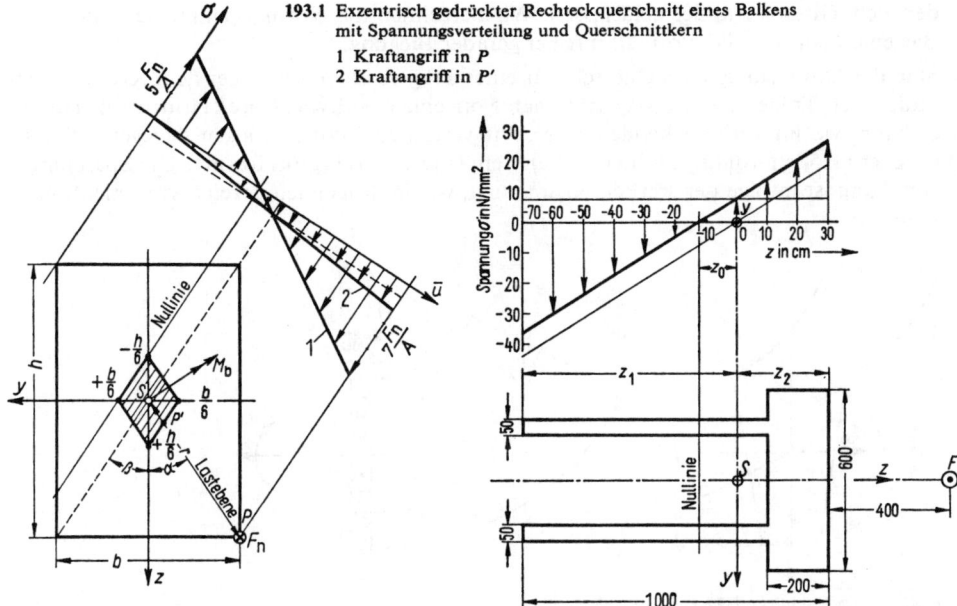

193.1 Exzentrisch gedrückter Rechteckquerschnitt eines Balkens
mit Spannungsverteilung und Querschnittkern
1 Kraftangriff in P
2 Kraftangriff in P'

193.2 Querschnitt eines Pressenständers mit Spannungsverteilung

Beispiel 3. Der Querschnitt eines Pressenständers hat die in Bild **193.2** gezeichnete Gestalt und ist durch die exzentrische Last $F = 1500$ kN auf Zug und Biegung beansprucht. Die Spannungen sind zu berechnen und zeichnerisch darzustellen.

Spur der Lastebene ist die z-Achse, es liegt also gerade Biegung vor. Mit dem Flächeninhalt $A = 2000$ cm^2 erhält man die Schwerpunktabstände $z_1 = 70$ cm und $z_2 = 30$ cm. Das Flächenmoment I_y berechnen wir mit Hilfe des Steinerschen Satzes.

$$I_y = \frac{10 \cdot 80^3}{12}\,\text{cm}^4 + 2 \cdot 400 \cdot 30^2\,\text{cm}^4 + \frac{60 \cdot 20^3}{12}\,\text{cm}^4 + 1200 \cdot 20^2\,\text{cm}^4 = 1{,}67 \cdot 10^6\,\text{cm}^4$$

Weiter ist $i_y^2 = 1{,}67 \cdot 10^6$ cm^4/2000 cm$^2 = 833$ cm^2. Die Nullinie hat den Abstand von der y-Achse $z_0 = -i_y^2/r$, Gl. (191.6). Mit $r = 70$ cm ergibt sich $z_0 = -833$ cm^2/70 cm $= -11{,}9$ cm. Aus Gl. (191.5) berechnen wir die Spannungen. Für $z = z_2 = 30$ cm ist die größte Zugspannung mit $F_n = F$

$$\sigma = \frac{F}{A}\left(\frac{r\,z_2}{i_y^2} + 1\right) = \frac{F}{A}\left(\frac{70\,\text{cm} \cdot 30\,\text{cm}}{833\,\text{cm}^2} + 1\right) = 3{,}52\,\frac{F}{A}$$

Analog ist mit $z = -z_1 = -70$ cm die größte Druckspannung $\sigma = -4{,}88\,F/A$. Da $F = 1{,}5 \cdot 10^6$ N, ist $F/A = 7{,}5$ N/mm^2, die Spannungen betragen somit 26,4 N/mm^2 und $-36{,}6$ N/mm^2. Die Spannungsverteilung ist in Bild **193.2** eingezeichnet.

9.1.2. Biegung stark gekrümmter Träger

Ist die Längsachse eines Trägers gekrümmt, dann treten als Beanspruchungsgrößen in einem Querschnitt im allgemeinen ein Biegemoment, eine Querkraft und eine Normalkraft auf. Die Querkraft bewirkt im Querschnitt Schubspannungen, die wir in den folgenden Betrachtungen außer acht lassen. Wir berechnen die Normalspannungen durch das Biegemoment und die Normalkraft bei gerader Biegung.

Sind die Abmessungen des Querschnitts eines Trägers klein gegenüber dem Krümmungsradius der Trägerachse, so spricht man von einem schwach gekrümmten Träger, es kann wie im vorhergehenden Abschnitt verfahren werden. Liegen dagegen beide in gleicher Größenordnung, so nennt man den Träger stark gekrümmt. Die Spannungsverteilung ist infolge der starken Krümmung, wie im folgenden gezeigt wird, nicht mehr linear.

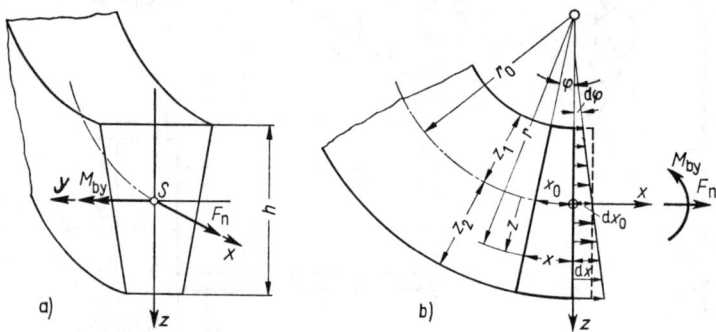

194.1 Stark gekrümmter Träger
    a) Normalkraft und Biegemoment im Querschnitt
    b) Verformung eines Körperelements

Bild **194.**1 zeigt ein Stück eines stark gekrümmten Trägers mit dem Biegemoment M_{by} und der Normalkraft F_n im Querschnitt. Das Koordinatensystem im Querschnitt ist so gewählt, daß das positive Biegemoment M_{by} die Krümmung des Trägers verstärkt. Spur der Lastebene im Querschnitt ist die z-Achse. In Bild **194.**1 b ist die Verformung eines durch zwei Radialschnitte herausgeschnittenen Elements dargestellt. Unter der Voraussetzung, daß ein Querschnitt eben bleibt, kann die Verformung aufgefaßt werden als Parallelverschiebung des Querschnitts um den Betrag dx_0 und eine Drehung um die y-Achse mit dem Winkel $d\varphi$. Dem Bild entnimmt man die Beziehungen

$$x_0 = r_0\,\varphi \qquad x = r\,\varphi = (r_0 + z)\,\varphi \qquad dx = dx_0 + z\,d\varphi$$

Die Dehnung einer Faser im Abstand z von der y-Achse ist

$$\varepsilon_x = \frac{dx}{x} = \frac{dx_0 + z\,d\varphi}{(r_0 + z)\,\varphi}$$

Teilt man Zähler und Nenner durch $x_0 = r_0\,\varphi$ und führt mit $\varepsilon_0 = dx_0/x_0$ die Dehnung der in der Trägerachse liegenden Faser ein, so ergibt sich

$$\varepsilon_x = \frac{\varepsilon_0 + z\,d\varphi/r_0\,\varphi}{1 + z/r_0}$$

In dieser Gleichung ergänzen wir im Zähler $\varepsilon_0\,(z/r_0) - \varepsilon_0\,(z/r_0)$ und erhalten

$$\varepsilon_x = \varepsilon_0 + \frac{\dfrac{z}{r_0}\left(\dfrac{d\varphi}{\varphi} - \varepsilon_0\right)}{1 + z/r_0} = \varepsilon_0 + \left(\frac{d\varphi}{\varphi} - \varepsilon_0\right)\frac{z}{r_0 + z}$$

Für den Klammerausdruck, der unabhängig von z ist, setzen wir zur Abkürzung $\varepsilon_1 = \mathrm{d}\varphi/\varphi - \varepsilon_0$ und erhalten die Dehnung

$$\varepsilon_x = \varepsilon_0 + \varepsilon_1 \frac{z}{r_0 + z} \tag{195.1}$$

Über das Hookesche Gesetz erhält man die Spannung

$$\sigma_x = E\,\varepsilon_x = E\,\varepsilon_0 + E\,\varepsilon_1 \frac{z}{r_0 + z} \tag{195.2}$$

Für die Berechnung der beiden unbekannten Größen ε_0 und ε_1 benötigen wir zwei Bestimmungsgleichungen. Auf ein Flächenteilchen $\mathrm{d}A$ wirkt die Kraft $\sigma_x\,\mathrm{d}A$. Für die Kräftesumme im Querschnitt und für die Summe der Momente um die y-Achse erhält man

$$1.\ \int \sigma_x\,\mathrm{d}A = F_n \qquad 2.\ \int z\,\sigma_x\,\mathrm{d}A = M_{by}$$

In beiden Gleichungen setzen wir σ_x aus Gl. (195.2) ein und erhalten somit die zwei Bestimmungsgleichungen für ε_0 und ε_1

$$E\,\varepsilon_0\,A + E\,\varepsilon_1 \int \frac{z}{r_0 + z}\,\mathrm{d}A = F_n \tag{195.3}$$

$$E\,\varepsilon_0 \int z\,\mathrm{d}A + E\,\varepsilon_1 \int \frac{z^2}{r_0 + z}\,\mathrm{d}A = M_{by} \tag{195.4}$$

Da die y-Achse durch den Schwerpunkt des Querschnitts geht, ist $\int z\,\mathrm{d}A = 0$. Zur Abkürzung benutzen wir den **Querschnittfaktor** $Z = r_0 \int \dfrac{z^2}{r_0 + z}\,\mathrm{d}A$, dann erhält man aus Gl. (195.4)

$$E\,\varepsilon_1 = \frac{M_{by}\,r_0}{Z} \tag{195.5}$$

Das Integral in Gl. (195.3) formen wir um, indem wir im Zähler $z^2 - z^2$ ergänzen

$$\int \frac{z}{r_0 + z}\,\mathrm{d}A = \frac{1}{r_0} \int \frac{r_0 z + z^2 - z^2}{r_0 + z}\,\mathrm{d}A = \frac{1}{r_0} \left(\int z\,\mathrm{d}A - \int \frac{z^2}{r_0 + z}\,\mathrm{d}A \right) = -\frac{Z}{r_0^2}$$

Nunmehr ergibt sich aus Gl. (195.3) mit Gl. (195.5)

$$E\,\varepsilon_0\,A - \frac{M_{by}\,r_0}{Z} \cdot \frac{Z}{r_0^2} = F_n$$

Die zweite Unbekannte ist somit

$$E\,\varepsilon_0 = \frac{F_n}{A} + \frac{M_{by}}{A\,r_0} \tag{195.6}$$

Nach Einsetzen der Gl. (195.5) und (195.6) in Gl. (195.2) und nach Ordnen erhält man für die Spannung σ_x

$$\sigma_x = \frac{F_n}{A} \left(1 + \frac{M_{by}}{F_n\,r_0} + \frac{M_{by}}{F_n\,r_0} \cdot \frac{r_0^2\,A}{Z} \cdot \frac{z}{r_0 + z} \right) \tag{195.7}$$

In einem stark gekrümmten Träger verteilen sich die Normalspannungen σ_x nach einem Hyperbelgesetz.

Bevor wir uns dem Querschnittfaktor Z zuwenden, wollen wir prüfen, welchem Grenzwert dieser beim geraden Träger zustrebt, wenn also der Krümmungsradius r_0 unendlich groß ist

$$\lim_{r_0 \to \infty} Z = \lim_{r_0 \to \infty} \int \frac{z^2}{1 + z/r_0} \, dA = \int z^2 \, dA = I_y$$

Wie zu erwarten war, ist der Grenzwert gleich dem axialen Flächenmoment 2. Ordnung bezüglich der y-Achse.

Dann erhält man aus Gl. (195.7)

$$\lim_{r_0 \to \infty} \sigma_x = \frac{M_{by}}{I_y} z + \frac{F_n}{A}$$

in Übereinstimmung mit Gl. (191.3).

Der Querschnittfaktor Z ist von der Geometrie des Querschnitts abhängig und kann nur für wenige Querschnittformen exakt durch geschlossene Lösung des Integrals berechnet werden. In den meisten Fällen ermittelt man ihn näherungsweise, z.B. numerisch durch die Simpson-Regel (s. Beispiel 5, S. 197).

Für einen Rechteckquerschnitt, Breite b und Höhe h wollen wir das Integral berechnen. Aus der oben genannten Umformung des Integrals in Gl. (195.3) folgt

$$Z = -r_0^2 \int \frac{z}{r_0 + z} \, dA \tag{196.1}$$

Mit $dA = b \, dz$, $z_1 = z_2 = h/2$ und der Substitution $u = r_0 + z$ erhält man

$$\int_{-h/2}^{+h/2} \frac{z}{r_0 + z} \, dA = b \int_{r_0 - h/2}^{r_0 + h/2} \frac{(u - r_0)}{u} \, du = b \left(u - r_0 \ln u \right) \Big|_{r_0 - h/2}^{r_0 + h/2} = -b h \left(\frac{r_0}{h} \ln \frac{1 + h/2r_0}{1 - h/2r_0} - 1 \right)$$

Somit ist

$$Z = r_0^2 A \left(\frac{r_0}{h} \ln \frac{1 + h/2r_0}{1 - h/2r_0} - 1 \right) \tag{196.2}$$

Beispiel 4. Der gefährdete Querschnitt eines gekrümmten Trägers (Rechteck, Breite b und Höhe h, mittlerer Krümmungsradius $r_0 = h$) ist durch die Zugkraft F_n und das Biegemoment $M_{by} = F_n r_0$ beansprucht. Die Randspannungen sind zu berechnen und mit denen eines geraden Trägers zu vergleichen. Die Spannungsverteilungen sind für beide Fälle in Abhängigkeit von z/r_0 aufzutragen.

Wir berechnen zunächst den Querschnittfaktor Z aus Gl. (196.2). Mit $r_0/h = 1$ und $h/2r_0 = 0{,}5$ ist

$$Z = r_0^2 A \left(\ln \frac{1{,}5}{0{,}5} - 1 \right) = 0{,}0986 \, r_0^2 A$$

Die Spannungen erhält man aus Gl. (195.7)

$$\sigma_x = \frac{F_n}{A} \left(1 + 1 + \frac{1}{0{,}0986} \cdot \frac{z}{r_0 + z} \right) = \frac{F_n}{A} \left(2 + 10{,}15 \frac{z/r_0}{1 + z/r_0} \right)$$

Die Randspannungen sind für

$$z = -h/2 = -0{,}5 r_0: \qquad \sigma_x = \frac{F_n}{A} (2 - 10{,}15) = -8{,}15 \frac{F_n}{A}$$

$$z = h/2 = 0{,}5 r_0: \qquad \sigma_x = \frac{F_n}{A} \left(2 + 10{,}15 \frac{0{,}5}{1{,}5} \right) = 5{,}38 \frac{F_n}{A}$$

Mit $\sigma_x = 0$ ergibt sich der Abstand der Nullinie von der y-Achse zu $z_0 = -2r_0/12{,}15 = -0{,}1645\,r_0$.
Für den geraden Träger erhalten wir die Spannungen aus Gl. (191.3), die entsprechend umgeformt ist

$$\sigma_x = \frac{F_n}{A}\left(1 + \frac{r_0^2\,A}{I_y}\cdot\frac{z}{r_0}\right) = \frac{F_n}{A}\left(1 + \frac{h^2\,b\,h\,12}{b\,h^3}\cdot\frac{z}{r_0}\right)$$

$$\sigma_x = \frac{F_n}{A}\left(1 + 12\frac{z}{r_0}\right)$$

Die Randspannungen sind $-5F_n/A$ und $7F_n/A$.
In Bild **197.1** sind die Spannungsverteilungen gezeichnet. Auf der am stärksten gekrümmten Innenseite des Trägers sind die Spannungen um 63 % größer als beim geraden Träger. Das ist besonders zu beachten, wenn auf dieser Seite Zugspannungen herrschen.

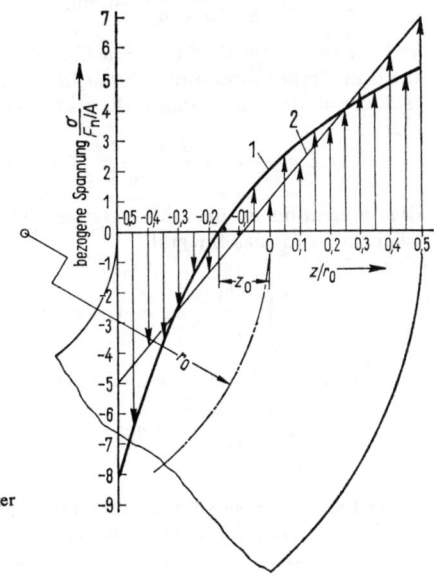

197.1 Spannungsverteilung in einem stark gekrümmten Träger mit Rechteckquerschnitt
   1 mit Berücksichtigung der Krümmung
   2 lineare Spannungsverteilung im geraden Träger

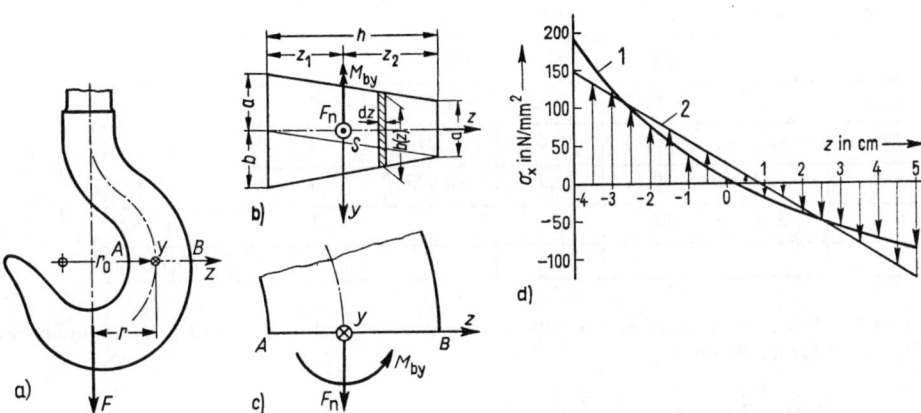

197.2 a) Lasthaken
   b) Querschnitt $A-B$ des Lasthakens
   c) Seitenansicht des Hakens mit Normalkraft F_n und Biegemoment M_{by} im Querschnitt $A-B$

d) Spannungsverteilung im Querschnitt $A-B$ des Lasthakens
   1 mit Berücksichtigung der Krümmung
   2 im geraden Träger

Beispiel 5. Der Lasthaken (197.2) hat Trapezquerschnitt und ist mit der Kraft $F = 100\ \text{kN}$ belastet. Gegeben sind: $r_0 = 100\ \text{mm}$, $r = 80\ \text{mm}$, $a = b = 30\ \text{mm}$, $h = 90\ \text{mm}$. Im gefährdeten Querschnitt $A-B$ sind die Spannungen zu berechnen und zeichnerisch darzustellen.

Mit den aus Bild 197.2b entnommenen Abmessungen und den gegebenen Zahlenwerten erhält man die Lage des Schwerpunktes (s. Beispiel 5, S. 61)

$$z_1 = \frac{h}{3} \cdot \frac{3a + b}{2a + b} = 40 \text{ mm}$$

und die Querschnittfläche $A = h\,(2a + b)/2 = 40,5 \text{ cm}^2$. Den Querschnittfaktor Z kann man auch für Trapezquerschnitte durch Integration berechnen, jedoch soll hier die numerische Integration mit Hilfe der Simpson-Regel gezeigt werden. Gl. (196.1) formen wir um

$$Z = - r_0^2 A \frac{1}{A} \int \frac{z}{r_0 + z}\, dA = \lambda r_0^2 A \qquad \text{mit} \qquad \lambda = - \frac{1}{A} \int \frac{z}{r_0 + z}\, dA$$

Die Integration ist über die gesamte Fläche zu erstrecken. Setzen wir $dA = b(z)\, dz$ ein, so erhalten wir für das Integral

$$I = \int_{-z_1}^{z_2} \frac{z\, b(z)}{r_0 + z}\, dz = \int_{-4}^{+5} f(z)\, dz = \frac{\Delta h}{3}(f_0 + 4f_1 + 2f_2 + 4f_3 + f_4)$$

Tafel 198.1 enthält die Ausrechnung mit der Schrittweite $\Delta h = 2,25$ cm. Man erhält

$$I = \frac{2,25 \text{ cm}}{3}(- 3,792 \text{ cm}) = - 2,84 \text{ cm}^2$$

Tafel 198.1 Numerische Berechnung des Integrals $\int \dfrac{z\, b(z)}{r_0 + z}\, dz$ für den Lasthaken mit der Simpson-Regel

z	$b(z)$	$z\, b(z)$	$r_0 + z$	$\dfrac{z b(z)}{r_0 + z}$	Simpson-Faktoren	$\mathrm{Si} \times f(z)$
cm	cm	cm^2	cm	cm	—	cm
−4	6	−24	6	−4	1	−4
−1,75	5,25	− 9,19	8,25	−1,114	4	−4,456
0,5	4,5	2,25	10,5	0,214	2	0,428
2,75	3,75	10,31	12,75	0,809	4	3,236
5	3	15	15	1	1	1
						Σ −3,792 cm

Somit ist $\lambda = 2,84 \text{ cm}^2/40,5 \text{ cm}^2 = 0,0701$. Mit $F_n = F$ und $M_{by} = - F r$ lautet nunmehr Gl. (195.7) für die Spannung

$$\sigma_x = \frac{F}{A}\left(1 - \frac{r}{r_0} - \frac{r}{r_0} \cdot \frac{r_0^2 A}{Z} \cdot \frac{z}{r_0 + z}\right)$$

Setzen wir noch $Z = 0,0701\, r_0^2 A$ und $r/r_0 = 0,8$ ein, ist

$$\sigma_x = \frac{F}{A}\left(0,2 - 11,41 \frac{z}{r_0 + z}\right)$$

Die Ausrechnung dieser Funktion ist mit $F/A = 10^5 \text{ N}/4,05 \cdot 10^3 \text{ mm}^2 = 24,7 \text{ N/mm}^2$ in Abhängigkeit von z in Tafel 199.1 vorgenommen worden, die Spannungsverteilung ist in Bild 197.2d gezeichnet. Der Größtwert der Spannungen liegt wieder an der am stärksten gekrümmten

Tafel **199**.1   Berechnung der Spannung $\sigma_x = \dfrac{F}{A}\left(0,2 - 11,41\,\dfrac{z}{r_0 + z}\right)$

z	$r_0 + z$	$\dfrac{z}{r_0 + z}$	$-11{,}41\,\dfrac{z}{r_0 + z}$	$\sigma_x \Big/ \left(\dfrac{F}{A}\right)$	σ_x
cm	cm	—	—	—	N/mm^2
-4	6	$-0{,}666$	$7{,}61$	$7{,}81$	193
-3	7	$-0{,}429$	$4{,}90$	$5{,}10$	126
-2	8	$-0{,}250$	$2{,}85$	$3{,}05$	75
-1	9	$-0{,}111$	$1{,}27$	$1{,}47$	36
0	10	0	0	$0{,}2$	5
1	11	$0{,}091$	$-1{,}04$	$-0{,}84$	$-\;21$
2	12	$0{,}166$	$-1{,}90$	$-1{,}70$	$-\;42$
3	13	$0{,}231$	$-2{,}64$	$-2{,}44$	$-\;60$
4	14	$0{,}286$	$-3{,}27$	$-3{,}07$	$-\;76$
5	15	$0{,}333$	$-3{,}80$	$-3{,}60$	$-\;89$

Seite vor, er beträgt rund 193 N/mm^2, die größte Druckspannung ist -89 N/mm^2. Für den geraden Träger erhält man mit $I_y = 263$ cm^4 die Spannungen 146 N/mm^2 und $-127{,}5$ N/mm^2 an den Rändern. Die lineare Spannungsverteilung enthält ebenfalls Bild **197**.2 d.

9.1.3. Zusammengesetzte Schub- und Verdrehbeanspruchung

Wir betrachten einen Stab, der nach Bild **200**.1 durch die exzentrisch angreifende Last F_z belastet ist. In einem Querschnitt im Abstand x (**200**.1 b) von der Einspannung erhalten wir die folgenden Schnittgrößen: Das Biegemoment $M_{by} = -F_z(l-x)$, das Drehmoment $M_t = F_z\,y$ und die Querkraft $F_q = F_z$. Wir wollen das Biegemoment gegenüber den anderen Schnittgrößen vernachlässigen. Das ist erlaubt, wenn x sich immer mehr dem Wert l nähert. Aber auch bei extrem kurzen Stäben, also kleiner Länge l, kann das Biegemoment vernachlässigbar klein sein.

In dem betrachteten Querschnitt treten somit Schubspannungen infolge der Querkraft F_z und infolge des Drehmoments $F_z\,y$ auf. In Bild **200**.2 c sind die Verteilungen der Schubspannungen in den Kreisquerschnitt eingezeichnet. Im Punkt B ist z. B. die resultierende Spannung

$$\tau = \tau_q + \tau_t = \frac{4}{3}\cdot\frac{F_z}{A} + \frac{F_z\,y}{W_p}$$

Im Punkt D ist sie $\tau = \tau_q - \tau_t$, in C und E ist $\tau_q = 0$, also $\tau = \tau_t$. In den Querschnittpunkten, in denen die Schubspannungen gleichgerichtet sind, können sie algebraisch addiert werden. Anders ist es dagegen im Punkt H. Dort ist $\vec{\tau} = \vec{\tau}_q + \vec{\tau}_t$, die Schubspannungen sind dort also vektoriell zu addieren.

Ähnlich wie oben gezeigt, geht man auch bei nicht kreisförmigen Querschnitten vor. In Bild **200**.1 d sind die Verhältnisse am Rechteckquerschnitt unter den vorstehend geschilderten Bedingungen dargestellt. Die Größtspannungen treten in beiden Fällen im Punkt B auf.

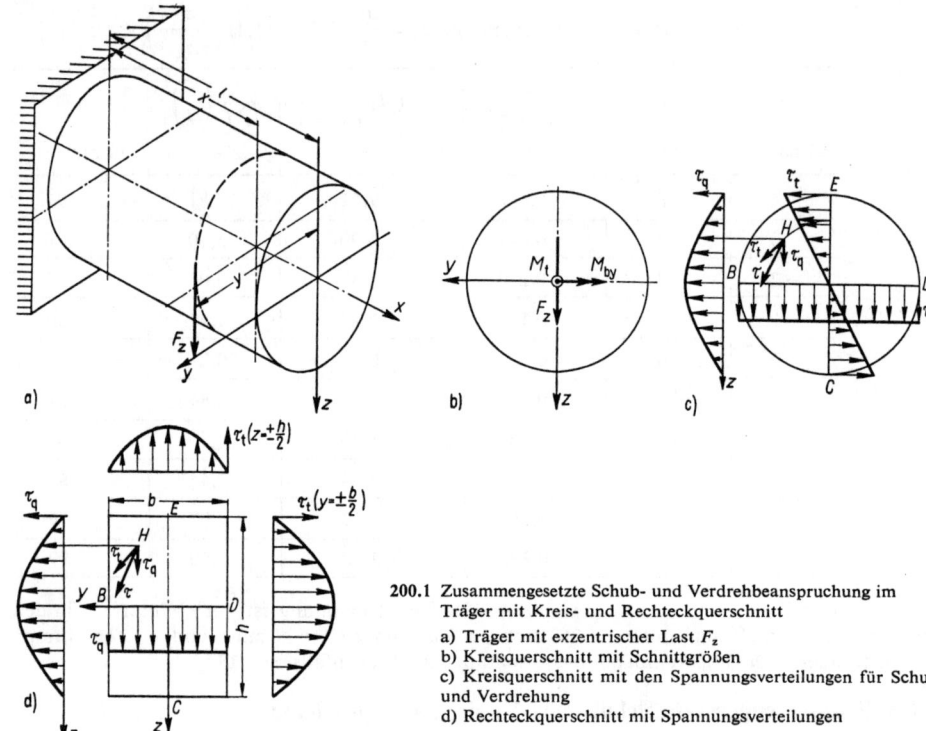

200.1 Zusammengesetzte Schub- und Verdrehbeanspruchung im
Träger mit Kreis- und Rechteckquerschnitt

a) Träger mit exzentrischer Last F_z
b) Kreisquerschnitt mit Schnittgrößen
c) Kreisquerschnitt mit den Spannungsverteilungen für Schub
und Verdrehung
d) Rechteckquerschnitt mit Spannungsverteilungen

9.1.4. Aufgaben zu Abschnitt 9.1

1. Der ungleichschenklige Winkelstahlstab $200 \times 100 \times 10$ nach DIN 1029 **(200.2)** ist durch
die Zugkraft $F = 60$ kN belastet. Die Wirkungslinie der Kraft liegt in der Ecke A. Zu berechnen
sind die Lage der Nullinie sowie die größte Zug- und Druckspannung; wo treten diese auf?

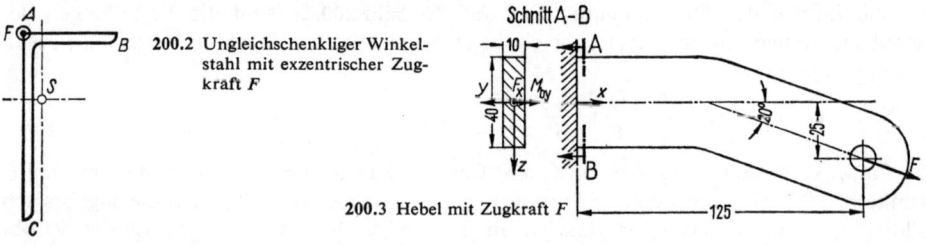

200.2 Ungleichschenkliger Winkelstahl mit exzentrischer Zugkraft F

200.3 Hebel mit Zugkraft F

2. Der Hebel **(200.3)** ist durch die Last $F = 10$ kN belastet. Zu berechnen sind die Lage der
Nullinie und die größten Spannungen im Einspannquerschnitt.

3. Der Spurzapfen einer senkrecht stehenden Welle ist durch die vertikale Lagerkraft $F_x = 80$ kN
und durch die horizontale Lagerkraft $F_z = 60$ kN belastet **(201.1)**. Für die zulässige Spannung

$\sigma_{zul} = 110 \, \text{N/mm}^2$ ist der Durchmesser d des Zapfens zu berechnen. Wie groß sind die Druck- und Biegespannungen im Übergangsquerschnitt auf den größeren Durchmesser (ohne Berücksichtigung der Kerbwirkung)?

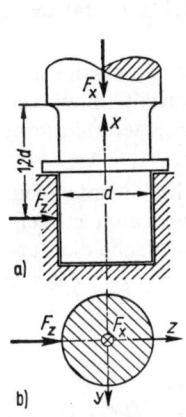

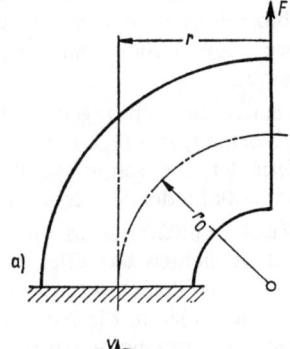

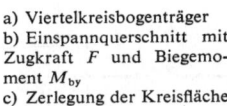

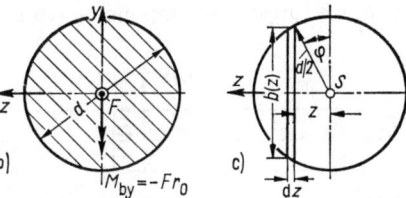

201.2 a) Viertelkreisbogenträger
b) Einspannquerschnitt mit Zugkraft F und Biegemoment M_{by}
c) Zerlegung der Kreisfläche in Flächenstreifen

201.1 Spurzapfen
a) Ansicht
b) Schnitt

4. Der zu einem Viertelkreis gebogene Träger mit Kreisquerschnitt (Durchmesser d) ist durch die Last F belastet (**201.2**). Der Querschnittsfaktor Z, die Lage der Nullinie und die Randspannungen sind zu berechnen ($r_0 = d$, $r = r_0$). Die Spannungsverteilung ist in Abhängigkeit von z zu zeichnen und mit der linearen Spannung zu vergleichen.

Anleitung: In $Z = \lambda \, r_0^2 \, A$ ist $\lambda = -\dfrac{1}{\pi \, d^2/4} \displaystyle\int\limits_{-d/2}^{+d/2} \dfrac{z}{r_0 + z} \, dA$

Mit $dA = b(z) \, dz$, $z = (d/2) \sin \varphi$, $b(z) = d \cos \varphi$, $dz = (d/2) \cos \varphi \, d\varphi$, $\cos^2 \varphi = 1 - \sin^2 \varphi$ und $d/2 r_0 = a$ erhält man (**201.2c**)

$$\lambda = \frac{2}{\pi} \int\limits_{-\pi/2}^{+\pi/2} \frac{a \sin^3 \varphi - a \sin \varphi}{a \sin \varphi + 1} \, d\varphi$$

Man dividiere den Zähler durch den Nenner. Neben Grundintegralen erhält man das Integral $\displaystyle\int \frac{1}{a \sin \varphi + 1} \, d\varphi = I$. Die allgemeine Lösung lautet

$$I = \frac{2}{\sqrt{1 - a^2}} \arctan \frac{\tan (\varphi/2) + a}{\sqrt{1 - a^2}}$$

9.2. Der Spannungszustand — Geometrie der Spannungen

In den bisherigen Betrachtungen haben wir die Grundbeanspruchungsarten und ihre einfachen Kombinationen kennengelernt. Wir haben uns dabei auf stabförmige Körper beschränkt, da man viele Bauteile der Technik auf eine derartige Form zurückführen kann. Jeder Beanspruchungsart sind bestimmte Spannungen zugeordnet, die wir durch

Anwendung der Schnittmethode berechnet haben. Im Abschn. 1.3 haben wir zur Erläuterung der Schnittmethode von geeigneten oder vernünftigen Schnittrichtungen gesprochen, die i.a. durch Symmetrien der Bauteile oder der Lastrichtung gekennzeichnet sind. In stabförmigen Bauteilen sind geeignete Schnitte immer Querschnitte senkrecht zur Stabachse (Zug, Druck und Biegung) oder Längsschnitte parallel zur Stabachse (Schub, Torsion).

Für die folgenden Betrachtungen wählen wir einen Zugstab. In einem Querschnitt A wirken nur Normalspannungen $\sigma = F/A$, die wir als gleichmäßig verteilt annehmen können, sofern der Querschnitt genügend weit von der Krafteinleitungsstelle entfernt ist und er sich entlang der Stabachse nicht oder nur wenig ändert.

Durch den Zugstab (**202**.1) legen wir einen beliebigen schrägen Schnitt unter dem Winkel φ und betrachten das Gleichgewicht der Kräfte an dem abgeschnittenen Teilkörper. Als resultierende Schnittgröße erhalten wir in der schrägen Schnittfläche die Zugkraft F. Wir zerlegen sie in die Normalkomponente senkrecht zur Fläche $F_n = F \cos \varphi$ und die Tangentialkomponente parallel zur Fläche $F_t = F \sin \varphi$.

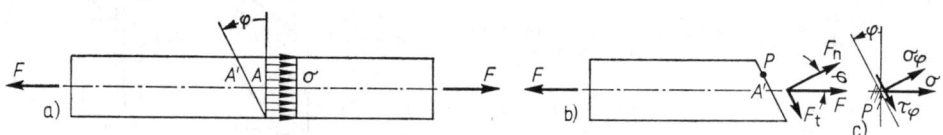

202.1 a) Zugstab mit schrägem Schnitt und Spannung im Querschnitt
       b) schräg geschnittenes Teilstück mit angreifenden Kräften   c) Spannungen im Punkt P

Setzen wir gleichmäßige Spannungsverteilung auch in der schrägen Schnittfläche voraus, so können wir nach Abschn. 1.3 die Spannungen berechnen. Mit der Schnittfläche $A' = A/\cos \varphi$ ist die Normalspannung

$$\sigma_\varphi = \frac{F_n}{A'} = \frac{F \cos \varphi}{A'} = \frac{F}{A} \cos^2 \varphi$$

und die Schubspannung

$$\tau_\varphi = \frac{F_t}{A'} = \frac{F \sin \varphi}{A'} = \frac{F}{A} \sin \varphi \cos \varphi$$

Mit $\cos^2 \varphi = 0{,}5\,(1 + \cos 2\varphi)$ und $\sin \varphi \cos \varphi = 0{,}5 \sin 2\varphi$ sowie $\sigma = F/A$ wird

$$\sigma_\varphi = \frac{\sigma}{2}\,(1 + \cos 2\varphi) \tag{202.1}$$

$$\tau_\varphi = \frac{\sigma}{2} \sin 2\varphi \tag{202.2}$$

In einem schrägen Schnitt durch einen Zugstab wirken Normalspannungen und Schubspannungen, die sich mit der Richtung φ der Schnittfläche stetig ändern. Für $\varphi = 0$ ist $\sigma_\varphi = \sigma = F/A$ und $\tau_\varphi = 0$, für $\varphi = 90°$ ist $\sigma_\varphi = \tau_\varphi = 0$. Die größten Normalspannungen sind demnach nur in einem Querschnitt möglich, Längsschnitte im Zugstab sind spannungslos. Die Schubspannung τ_φ erreicht einen Größtwert für $\varphi = 45°$, dann ist $\tau_{\varphi = 45°} = \sigma_{\varphi = 45°} = \sigma/2$. Die am Zugstab angestellten Überlegungen haben natürlich ebenfalls für einen Druckstab Gültigkeit.

Das Auftreten einer Größtschubspannung unter 45° zur Stabrichtung gibt eine Erklärung für das Verhalten von spröden Werkstoffen (Grauguß, Beton) bei Druckbeanspruchung, die Bruchfläche verläuft dabei annähernd unter 45°. Für das Versagen ist also die kleinere Schubfestigkeit maßgebend. Auch das Auftreten von Gleitlinien unter 45° zur Zugrichtung bei zähen Stählen oder bei manchen Kunststoffen (PVC) ist hiermit zu erklären, da Gleiten durch Überschreiten einer Grenzschubspannung bewirkt wird. Ein spröder Werkstoff bei Zugbeanspruchung dagegen reißt unter 0°, also senkrecht zur größten Normalspannung, hier ist die Trennfestigkeit geringer als die Schubfestigkeit.

Da in einem gebogenen Balken bei reiner Biegung ebenfalls nur Zug- oder Druckspannungen in Querschnitten wirken, können die am Zugstab angestellten Überlegungen bezüglich der Schnittrichtung auch auf jeden Punkt eines Balkens ausgedehnt werden.

Betrachten wir nun einen beliebigen Punkt P der Schnittfläche im Zugstab (202.1c), so sind jeder Schnittrichtung φ durch diesen Punkt bestimmte Spannungen zugeordnet, die durch die Gl. (202.1) und (202.2) beschrieben sind. Die Gesamtheit aller Spannungen in einem Punkt eines Körpers nennt man Spannungszustand. Ist der Spannungszustand in jedem Punkt eines Körpers gleich, dann ist er homogen (z. B. Zug- oder Druckstab). Sind die Spannungen in einem Körper von Punkt zu Punkt veränderlich, also Funktionen der Ortskoordinaten, dann ist der Spannungszustand inhomogen.

Bevor wir die Abhängigkeit der Spannungen von der Schnittrichtung allgemein untersuchen, wollen wir den besonderen Spannungszustand in dünnwandigen Behältern kennenlernen.

9.2.1. Geschlossene dünnwandige zylindrische und kugelförmige Behälter unter innerem und äußerem Überdruck

Im Abschnitt 2.4.3.2 haben wir die in Umfangrichtung von zylindrischen Behältern wirkenden Normalspannungen berechnet. Die Behälter standen unter innerem oder äußerem Überdruck (im folgenden kurz Innendruck oder Außendruck genannt). Wir haben dabei angenommen, daß in Längsrichtung keine Spannungen auftreten, konnten also einen schmalen Ring betrachten, der durch gleichmäßig über den Innen- oder Außenumfang verteilte Flächenkräfte p_i oder p_a belastet ist.

In geschlossenen Behältern, vor allem in Kugelbehältern kann diese Annahme nicht aufrecht erhalten werden. Es treten Spannungen auch in Längsrichtung der zylindrischen Behälter bzw. in beliebiger Richtung im Kugelbehälter auf.

Normalspannungen in Umfangrichtung wollen wir mit σ_t bezeichnen, in Längsrichtung mit σ_l. Für einen zylindrischen Behälter sind nach Gl. (26.2) und (26.3) die Spannungen in Umfangsrichtung

bei Innendruck p_i $\qquad \sigma_t = p_i \dfrac{r_1}{t}$

bei Außendruck p_a $\qquad \sigma_t = -p_a \dfrac{r_a}{t}$

Nach dem Prinzip von St. Venant, s. Abschn. 1.3, können diese Gleichungen in genügender Entfernung von dem Ende (z. B. dem Boden) eines zylindrischen Behälters als gültig angesehen werden. Die Längsspannungen werden durch den Druck auf den Deckel oder den Boden hervorgerufen. Das Gleichgewicht der Kräfte in Längsrichtung an dem durch einen Querschnitt abgeschnittenen Teil (204.1) ergibt bei Innendruck

$$\Sigma F_{ix} = 0 = -\sigma_l\, t\, 2\pi\, r_m + p_i\, \pi\, r_i^2$$

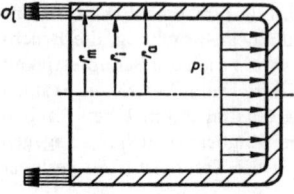

σ_l p_i

204.1 Teilstück eines geschlossenen zylindrischen Behälters unter Innendruck

Löst man nach der Längsspannung σ_l auf, so erhält man

$$\sigma_l = \frac{1}{2} p_i \frac{r_i}{t} \cdot \frac{r_i}{r_m}$$

Bei Außendruck ergibt sich

$$\sigma_l = - \frac{1}{2} p_a \frac{r_a}{t} \cdot \frac{r_a}{r_m}$$

Bei der in Abschn. 2.4.3.2 getroffenen Voraussetzung kleiner Wanddicke t ($t \ll r_m$) ist $r_i \approx r_m \approx r_a$, und es folgt für die Längsspannung

bei Innendruck p_i

$$\sigma_l = \frac{1}{2} p_i \frac{r_i}{t} = \frac{\sigma_t}{2} \tag{204.1}$$

bei Außendruck p_a

$$\sigma_l = - \frac{1}{2} p_a \frac{r_a}{t} = \frac{\sigma_t}{2} \tag{204.2}$$

In dünnwandigen zylindrischen Behältern sind die Normalspannungen in Längsrichtung halb so groß wie die Normalspannungen in Umfangsrichtung.

In Bild **204.**2 ist ein aus der Rohrwand herausgeschnittenes E l e m e n t mit den bei Innendruck wirkenden Spannungen dargestellt. Da Spannungen in zwei aufeinander senkrechten Schnittflächen wirken, liegt ein sog. zweiachsiger Spannungszustand vor, mit dem wir uns im folgenden Abschnitt allgemein beschäftigen werden. Spannungen σ_r in der dritten Richtung (radial), hervorgerufen durch den Druck (p_i oder p_a) auf die Wand können gegenüber den beiden andern Spannungen vernachlässigt werden, wenn $r_m \gg t$ ist.

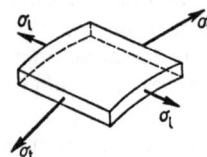

σ_l σ_t σ_l σ_t

204.2 Rohrelement mit den Spannungen σ_l und σ_t

In j e d e m Schnitt durch den Mittelpunkt des K u g e l b e h ä l t e r s liegen die gleichen Verhältnisse vor wie in dem Querschnitt eines zylindrischen Behälters. Demzufolge sind die Spannungen in allen Richtungen des Kugelumfangs gleich groß und betragen

bei Innendruck p_i

$$\sigma_t = \frac{1}{2} p_i \frac{r_i}{t} \tag{204.3}$$

bei Außendruck p_a

$$\sigma_t = - \frac{1}{2} p_a \frac{r_a}{t} \tag{204.4}$$

9.2.2. Ebener — zweiachsiger — Spannungszustand

In Bild **205.**1 ist ein dünner Blechstreifen perspektivisch dargestellt, der in zwei aufeinander senkrechten Richtungen in der Blechebene zunächst nur durch die Zugkräfte F_x und F_y beansprucht ist. Die Zugkräfte sollen gleichmäßig an den Begrenzungsflächen angreifen.

In Schnittflächen parallel zur x- und y-Achse treten Normalspannungen σ_y und σ_x auf. Nach dem oben in Abschn. 9.2 Gesagten werden durch jede der beiden Kräfte F_x und F_y in einem schrägen Schnitt Normal- und Schubspannungen hervorgerufen, die sowohl von der Spannung σ_x als auch von der Spannung σ_y abhängen.

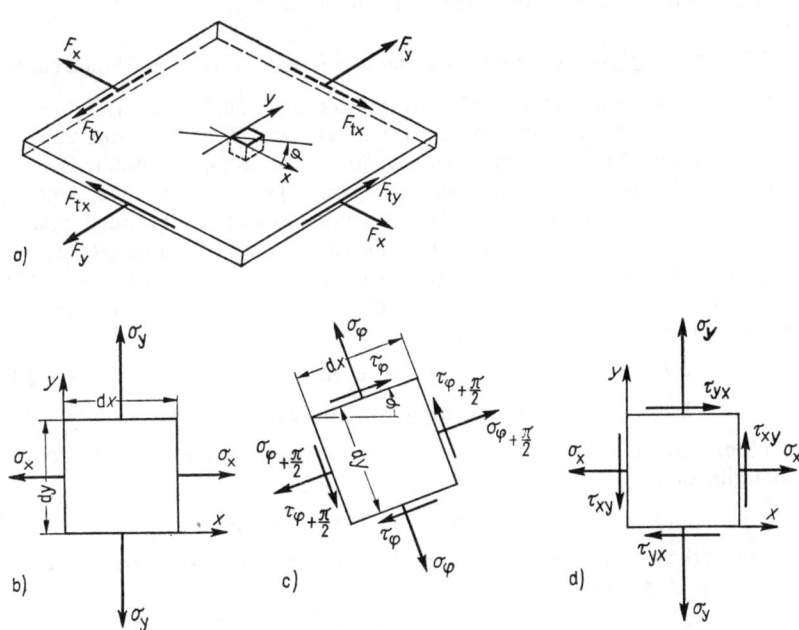

205.1 a) Blechstreifen mit rundherum gleichmäßig über die Seitenflächen verteilten Kräften
   b), c), d) Elemente mit eingezeichneten Spannungen

In je einem parallel zu den Achsen (**205.1** b) und schräg unter dem Winkel φ (**205.1** c) herausgeschnittenen Element sind die jeweiligen Spannungen eingezeichnet. Da alle Spannungen in der gleichen Ebene liegen (der x, y-Ebene) und die Begrenzungsflächen parallel zur Betrachtungsebene z = const spannungsfrei sind, nennt man den durch alle Spannungen σ_φ und τ_φ beschriebenen Spannungszustand eben oder zweiachsig.

Ein ebener Spannungszustand liegt vor, wenn die Schnittflächen parallel zu einer Ebene (der x, y-Ebene) spannungsfrei sind.

Einen allgemeinen ebenen Spannungszustand in einem Punkt kann man also durch die Normal- und Schubspannungen an einem Element $dx\,dy$ wie in Bild **205.1** c darstellen, die Dicke dz des Elements senkrecht zur Betrachtungsebene wird unberücksichtigt gelassen. Wir erkennen, daß auch der spezielle Spannungszustand (**204.2**) in dünnwandigen Behältern unter Innen- oder Außendruck eben ist.

Um die Betrachtungen noch allgemeiner zu gestalten, denken wir uns das Blech (**205.1** a) parallel zu den seitlichen Begrenzungsflächen zusätzlich durch Schubkräfte F_{tx} und F_{ty} beansprucht. In dem Element parallel zu den Achsen wirken dann außer den Normalspannungen σ_y und σ_x noch Schubspannungen τ_{xy} und τ_{yx} (**205.1** d).

Im Abschn. 7.1.1 ist gezeigt worden, daß in zwei zueinander senkrechten Schnittflächen die Schubspannungen zugeordnet sind, d. h., daß $\tau_{xy} = \tau_{yx} = \tau$ ist. Somit ist in Bild **205.**1 c auch $\tau_\varphi = \tau_{\varphi + \pi/2}$.

Im Folgenden soll die Abhängigkeit der Spannungen des ebenen Spannungszustands von der Schnittrichtung allgemein untersucht werden.

9.2.2.1. Abhängigkeit der Spannung von der Schnittrichtung — Hauptspannungen

Wir betrachten ein Element (**207.**1 a) mit den Seitenlängen dx und dy und der Dicke dz senkrecht zur Betrachtungsebene, das unter dem Winkel φ senkrecht zur x, y-Ebene geschnitten ist. Somit erhalten wir ein dünnes dreieckiges Prisma. Die schräge Schnittfläche ist dA, die in ihr angreifenden Spannungen nennen wir σ_φ und τ_φ. Die in den anderen beiden Schnittflächen $dA \sin \varphi$ und $dA \cos \varphi$ wirkenden Spannungen σ_x, σ_y und τ setzen wir als gegeben voraus, und wir wollen die Spannungen σ_φ und τ_φ durch die gegebenen ausdrücken. Das Element ist unter der Wirkung der aus den Spannungen resultierenden Kräfte im Gleichgewicht. Die Gleichgewichtsbedingungen der Kräfte in x- und y-Richtung lauten

$$\Sigma F_{ix} = 0 = -\sigma_\varphi \, dA \sin \varphi + \tau_\varphi \, dA \cos \varphi + \sigma_x \, dA \sin \varphi - \tau \, dA \cos \varphi \quad (206.1)$$

$$\Sigma F_{iy} = 0 = \sigma_\varphi \, dA \cos \varphi + \tau_\varphi \, dA \sin \varphi - \sigma_y \, dA \cos \varphi + \tau \, dA \sin \varphi \quad (206.2)$$

Multipliziert man die erste Gleichung mit $-\sin \varphi$ und die zweite mit $\cos \varphi$ und addiert, so ergibt sich

$$\sigma_\varphi = \sigma_x \sin^2 \varphi + \sigma_y \cos^2 \varphi - 2\tau \sin \varphi \cos \varphi \quad (206.3)$$

Ebenso erhält man, wenn die erste Gleichung mit $\cos \varphi$ und die zweite mit $\sin \varphi$ multipliziert wird, nach Addieren

$$\tau_\varphi = (\sigma_y - \sigma_x) \sin \varphi \cos \varphi + \tau (\cos^2 \varphi - \sin^2 \varphi) \quad (206.4)$$

Mit $\cos^2 \varphi = 0{,}5 (1 + \cos 2\varphi)$, $\sin^2 \varphi = 0{,}5 (1 - \cos 2\varphi)$, $2 \sin \varphi \cos \varphi = \sin 2\varphi$ und $\cos^2 \varphi - \sin^2 \varphi = \cos 2\varphi$ ergeben sich die Spannungen σ_φ und τ_φ

$$\sigma_\varphi = \frac{\sigma_x + \sigma_y}{2} + \frac{\sigma_y - \sigma_x}{2} \cos 2\varphi - \tau \sin 2\varphi \quad (206.5)$$

$$\tau_\varphi = \frac{\sigma_y - \sigma_x}{2} \sin 2\varphi + \tau \cos 2\varphi \quad (206.6)$$

Aus diesen beiden Gleichungen kann man die Spannungen in jeder beliebigen Schnittrichtung berechnen.

Wir fragen, für welche Schnittrichtungen die Normalspannungen Extremwerte annehmen. Als Bedingung hierfür gilt, daß die Ableitung $d\sigma_\varphi/d\varphi$ verschwindet

$$\frac{d\sigma_\varphi}{d\varphi} = -(\sigma_y - \sigma_x) \sin 2\varphi - 2\tau \cos 2\varphi = 0$$

Die Auflösung führt auf die Gleichung

$$\tan 2\varphi_1 = -\frac{2\tau}{\sigma_y - \sigma_x} \quad (206.7)$$

Hier wollen wir über die Größe der Spannungen σ_x und σ_y eine Vereinbarung treffen, die für den Richtungssinn von Bedeutung ist: Das x, y-Koordinatensystem ist so gewählt, daß $\sigma_y > \sigma_x$ ist.

Wir erinnern uns, daß Zugspannungen positiv, Druckspannungen negativ sind. Ist z.B. $\sigma_y = 20\,\text{N/mm}^2$ und $\sigma_x = -30\,\text{N/mm}^2$, dann ist vorstehende Vereinbarung erfüllt. Für die folgenden Betrachtungen hat auch das Vorzeichen der Schubspannung τ Bedeutung (5.4), die Schubspannung τ_φ in Bild **207.**1a ist somit positiv, ebenso τ in der Schnittfläche $dA \cos\varphi$, während τ in der Schnittfläche $dA \sin\varphi$ negativ ist.

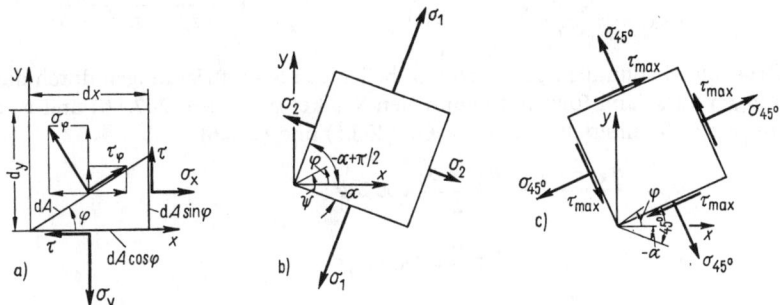

207.1 a) Gleichgewicht am Dreieckelement
  b) gedrehtes Element mit Hauptspannungen
  c) gedrehtes Element mit größten Schubspannungen

In Gl. (206.7) ist somit der Quotient $2\tau/(\sigma_y - \sigma_x)$ positiv, der 1. Hauptwert der Tangensfunktion also negativ. Da $\tan 2\varphi_1 = \tan 2\,(\varphi_1 + \pi/2) = \tan 2\varphi_2$, gibt es zwei aufeinander senkrechte feste Schnittrichtungen $\varphi_1 = -\alpha$ und $\varphi_2 = -\alpha + \pi/2$, für die die Normalspannungen Extremwerte annehmen.

Wir wollen weiter diejenigen Schnittrichtungen feststellen, in denen $\tau_\varphi = 0$ sein kann. Aus Gl. (206.6) folgt

$$\tan 2\varphi_1 = -\frac{2\tau}{\sigma_y - \sigma_x}$$

Dies ist aber die gleiche Bedingung wie für Extremwerte der Normalspannungen.

Schubspannungsfreie Schnittrichtungen nennt man Hauptschnitte, die Extremwerte der Normalspannungen in diesen Schnitten sind Hauptspannungen, sie sind Größt- oder Kleinstwerte der Spannungen für alle Schnittrichtungen durch einen Punkt.

Zur Vereinfachung schreibt man die Hauptspannungen $\sigma_{\varphi 1} \equiv \sigma_1$ und $\sigma_{\varphi 2} \equiv \sigma_2$. Mit der oben getroffenen Vereinbarung $\sigma_y > \sigma_x$ sind σ_1 der Größtwert und σ_2 der Kleinstwert, also $\sigma_1 > \sigma_2$.

Es liegt nun nahe, auch nach Extremwerten der Schubspannung zu suchen. Die Bedingung hierfür lautet $d\tau_\varphi/d\varphi = 0$

$$\frac{d\tau_\varphi}{d\varphi} = (\sigma_y - \sigma_x)\cos 2\varphi - 2\tau \sin 2\varphi = 0$$

Dies führt auf die Gleichung

$$\tan 2\varphi_3 = \frac{\sigma_y - \sigma_x}{2\tau} \tag{207.1}$$

Mit $\tan 2\varphi_3 = \tan 2\,(\varphi_3 + \pi/2) = \tan 2\varphi_4$ gibt es somit wieder zwei aufeinander senkrechte Schnittrichtungen, in denen die Schubspannungen Extremwerte annehmen. Da weiter $\tan 2\varphi_3 = -1/\tan 2\varphi_1$, so ist $\varphi_3 = \varphi_1 + \pi/4$ und $\varphi_4 = \varphi_2 + \pi/4$, d.h., in unter 45° zu den Hauptschnitten gelegenen Schnittrichtungen nehmen die Schubspannungen Größtwerte an. In Bild 207.1 b und c sind gedrehte Flächenelemente mit den Hauptspannungen und den Extremwerten der Schubspannungen gezeichnet. Setzt man Gl. (207.1) in Gl. (206.5) und (206.6) ein, so erhält man nach einiger Zwischenrechnung

$$\sigma_{45°} = \frac{\sigma_x + \sigma_y}{2} \quad \text{und} \quad \tau_{max} = \frac{1}{2}\sqrt{(\sigma_y - \sigma_x)^2 + 4\tau^2}$$

Drücken wir nun die Spannungen in beliebigen Schnittrichtungen durch die Hauptspannungen aus, dann folgt mit dem neuen Winkel $\psi = \varphi + \alpha$ (207.1 b) und $\sigma_y \equiv \sigma_1$, $\sigma_x \equiv \sigma_2$ sowie $\tau = 0$ unmittelbar aus den Gl. (206.5) und (206.6)

$$\sigma_\psi = \frac{\sigma_1 + \sigma_2}{2} + \frac{\sigma_1 - \sigma_2}{2}\cos 2\psi \tag{208.1}$$

$$\tau_\psi = \frac{\sigma_1 - \sigma_2}{2}\sin 2\psi \tag{208.2}$$

Diese Gleichungen können geometrisch in einem Kreis dargestellt werden. Aus Gl. (208.2) erhalten wir die Größtwerte der Schubspannungen für $\psi = 45°$ zu $\tau_{max} = (\sigma_1 - \sigma_2)/2$.

9.2.2.2. Der Mohrsche Spannungskreis

In einem u,v-Koordinatensystem lauten die Gleichungen eines Kreises in Parameterdarstellung, wenn r sein Radius und u_0 der Abstand des Mittelpunktes M auf der u-Achse vom Anfangspunkt sind

$$u = u_0 + r\cos 2\psi \qquad v = r\sin 2\psi$$

Man erkennt die Analogie mit den Gl. (208.1) und (208.2) durch einen Koeffizientenvergleich

$$u \triangleq \sigma \qquad v \triangleq \tau \qquad u_0 \triangleq (\sigma_1 + \sigma_2)/2 \qquad r \triangleq (\sigma_1 - \sigma_2)/2$$

In dem durch Gl. (208.1) und (208.2) definierten sogenannten Mohrschen Spannungskreis (209.1) sind die Spannungen mit einem geeigneten Maßstabsfaktor $m_{\sigma\tau}$ als Strecken in einem σ,τ-Koordinatensystem gegeben. Jedem Punkt im Kreis entsprechen die Spannungen in einer Schnittrichtung.

Zwei Anwendungen des Spannungskreises sollen im folgenden betrachtet werden:

1. Anwendung. Gegeben sind die Hauptspannungen σ_1 und σ_2 und ihre Richtungen. Gesucht sind die Spannungen $\sigma_\psi \triangleq \sigma_y$, $\sigma_{\psi+\pi/2} \triangleq \sigma_x$ und $\tau_\psi = \tau_{\psi+\pi/2} = |\tau|$ in den beliebigen Richtungen ψ und $\psi + \pi/2$.

Lösung (209.1): In einem σ,τ-Koordinatensystem trägt man auf der σ-Achse $\overline{OA'} = \sigma_1/m_{\sigma\tau}$ und $\overline{OB'} = \sigma_2/m_{\sigma\tau}$ ab, halbiert $\overline{B'A'}$ und erhält M. Um M zeichnet man den Kreis mit dem Radius $r = \overline{MA'} = (\sigma_1 - \sigma_2)/2m_{\sigma\tau}$. Von $\overline{MA'}$ aus trägt man den Winkel 2ψ an, die Schnittpunkte des freien Schenkels mit dem Kreis sind A und B. Von A und B aus fällt man die Lote auf die σ-Achse mit den Endpunkten A'' und B''. Dann sind $m_{\sigma\tau}\,\overline{OA''} = \sigma_\psi$, $m_{\sigma\tau}\,\overline{OB''} = \sigma_{\psi+\pi/2}$, $m_{\sigma\tau}\,\overline{A''A} = \tau_\psi = \tau$ und $m_{\sigma\tau}\,\overline{B''B} = \tau_{\psi+\pi/2} = -\tau$ die gesuchten Spannungen. Weiter entnimmt man dem Kreis für $\psi = 45°$ die größten Schubspannungen $m_{\sigma\tau}\,\overline{MC} = m_{\sigma\tau}\,\overline{MD} = \tau_{max} = (\sigma_1 - \sigma_2)/2$ mit den zugehörigen Normalspannungen $m_{\sigma\tau}\,\overline{OM} = \sigma_{45°} = (\sigma_1 + \sigma_2)/2$.

209.1 Mohrscher Spannungskreis mit Flächenelementen und eingezeichneten Spannungen (1. Anwendung)

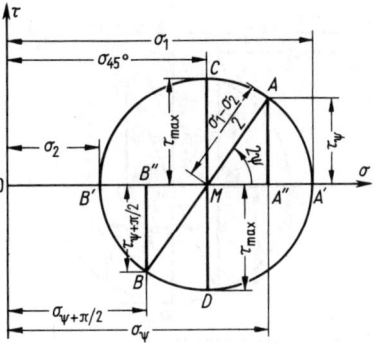

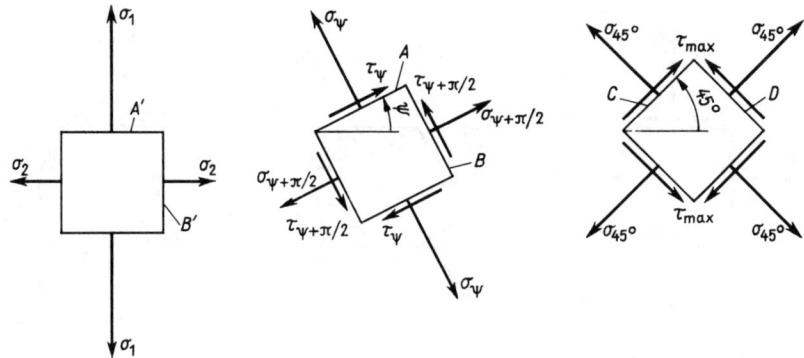

2. Anwendung. Gegeben sind die Spannungen σ_x, σ_y und τ in zwei zueinander senkrechten Schnitten. Gesucht sind Größe und Richtung der Hauptspannungen und der größten Schubspannungen.

Lösung (210.1): In einem σ, τ-Koordinatensystem trägt man auf der σ-Achse $\overline{OA''} = \sigma_y/m_{\sigma\tau}$ und $\overline{OB''} = \sigma_x/m_{\sigma\tau}$ ab, halbiert $\overline{B''A''}$ und erhält M. In A'' und B'' errichtet man je eine Senkrechte und trägt $\overline{A''A} = \tau/m_{\sigma\tau}$ und $\overline{B''B} = -\tau/m_{\sigma\tau}$ ab. Man verbindet A und B miteinander und zeichnet um M den Kreis mit dem Radius $r = \overline{MA} = \frac{1}{2}\sqrt{(\sigma_y - \sigma_x)^2 + 4\tau^2}/m_{\sigma\tau}$. Die Schnittpunkte des Kreises mit der σ-Achse sind A' und B'. Dann sind $m_{\sigma\tau}\,\overline{OA'} = \sigma_1$ und $m_{\sigma\tau}\,\overline{OB'} = \sigma_2$ die gesuchten Hauptspannungen, $m_{\sigma\tau}\,\overline{MC} = m_{\sigma\tau}\,\overline{MD} = \tau_{max} = 0,5\sqrt{(\sigma_y - \sigma_x)^2 + 4\tau^2}$ die größten Schubspannungen und $\sphericalangle AMA' = -2\alpha$ und $\sphericalangle AMC = 2\beta$ die gesuchten Richtungswinkel.

In den Bildern 209.1 und 210.1 sind die jeweils zugehörigen Schnittelemente mit ihren Spannungen in den entsprechenden Richtungen gezeichnet.

Der Darstellung des Spannungszustands im Mohrschen Kreis entnimmt man ferner

$$m_{\sigma\tau}\,\overline{OM} = \frac{\sigma_1 + \sigma_2}{2} = \frac{\sigma_x + \sigma_y}{2} = \frac{\sigma_\psi + \sigma_{\psi + \pi/2}}{2} \qquad (209.1)$$

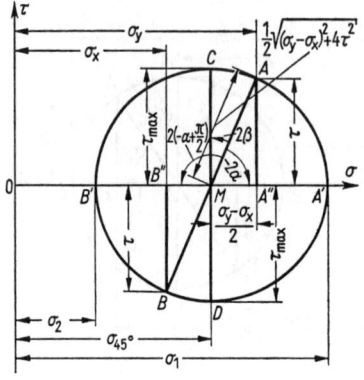

In jedem Punkt eines Körpers ist die Summe der Normalspannungen in zwei beliebigen aufeinander senkrechten Schnitten konstant.

210.1 Mohrscher Spannungskreis mit Flächenelementen und ein-gezeichneten Spannungen (2. Anwendung)

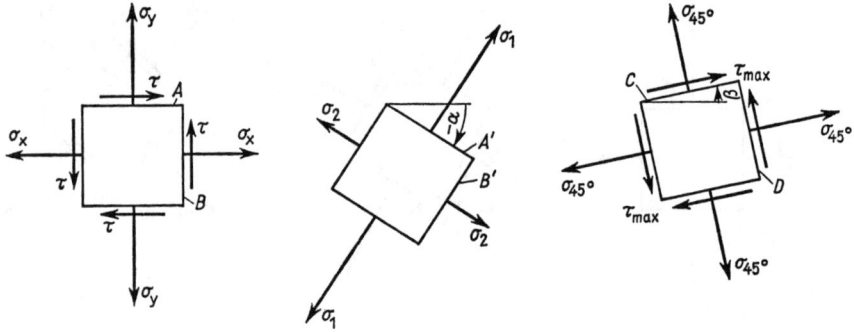

Schließlich erhält man noch (**210.1**) die Hauptspannungen

$$\left.\begin{array}{c}\sigma_1 \\ \sigma_2\end{array}\right\} = m_{\sigma\tau}\,\overline{OM} \pm m_{\sigma\tau}\,\overline{MA} = \frac{1}{2}(\sigma_x + \sigma_y) \pm \frac{1}{2}\sqrt{(\sigma_y - \sigma_x)^2 + 4\,\tau^2} \quad (210.1)$$

Für die Anwendung des Mohrschen Spannungskreises ist die Beachtung folgender Zuordnung wichtig:

Im Lageplan (Schnittelement) entspricht einer Schnittkante, z.B. A (210.1) mit den Spannungen σ_y und $+\tau$, ein Punkt A auf dem Kreis mit den Koordinaten σ_y und $+\tau$ und umgekehrt.

In Tafel **211.**1 sind für einfache Grundbeanspruchungen und für die aus diesen zusammengesetzten Beanspruchungen Spannungskreise übersichtlich zusammengestellt, jeder Beanspruchung ist eine typische Lage des Kreises zugeordnet, die man sich für die Anwendungen gut einprägen sollte. Die wichtigsten Erkenntnisse über diese Sonderfälle des Spannungskreises fassen wir zusammen: Bei einachsiger Zugbeanspruchung liegt der Kreis auf der positiven σ-Achse, bei Druck auf der negativen Seite, beide Kreise berühren die τ-Achse im Nullpunkt. Dasselbe gilt bei reiner Biegung. Für einen Quer-schnitt gibt es eine Schar von Kreisen sowohl links als auch rechts vom Nullpunkt. Zug- und Druckspannungen in Zug- oder Druckstäben sowie in Balken bei reiner Biegung sind demnach Hauptspannungen.

Tafel **211**.1   Sonderfälle des M o h r schen Spannungskreises

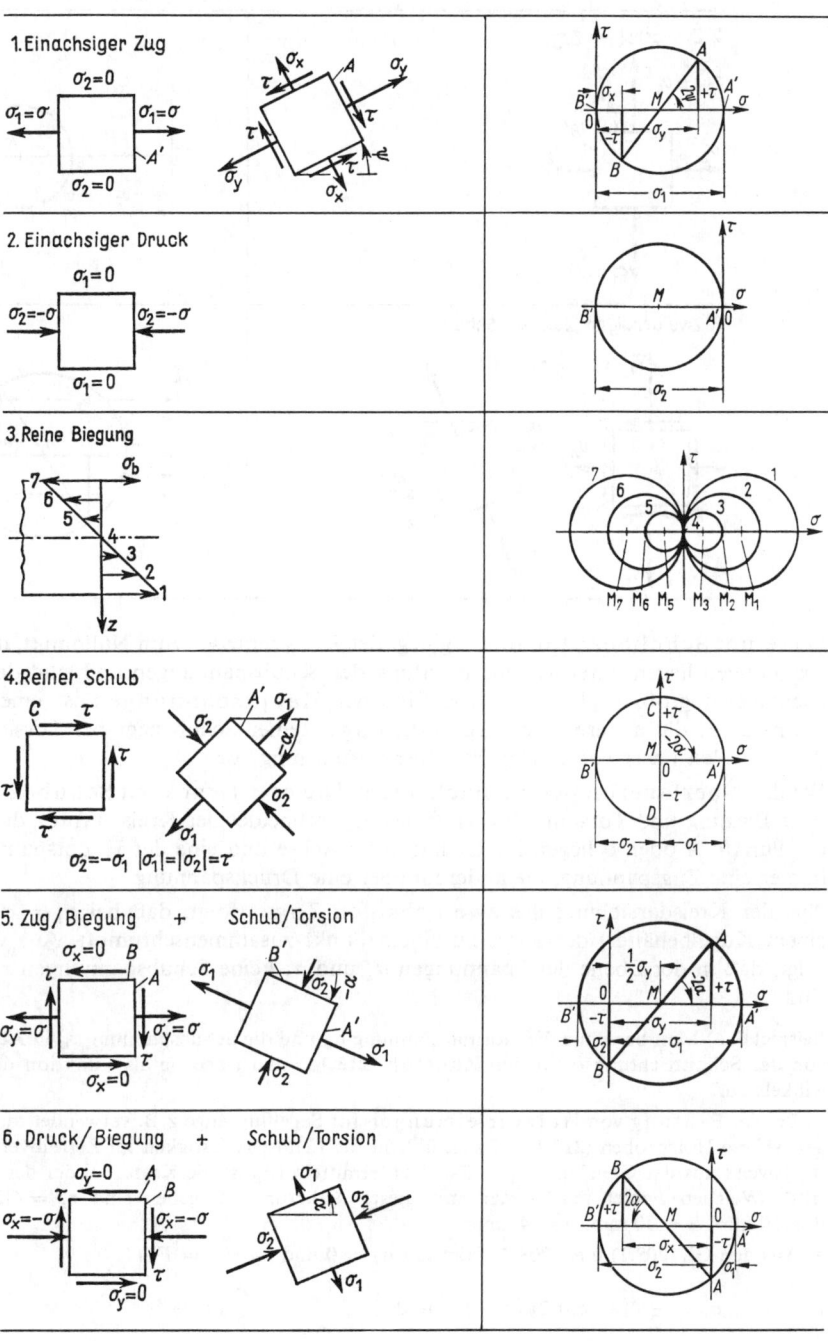

Fortsetzung von Tafel **211.1**

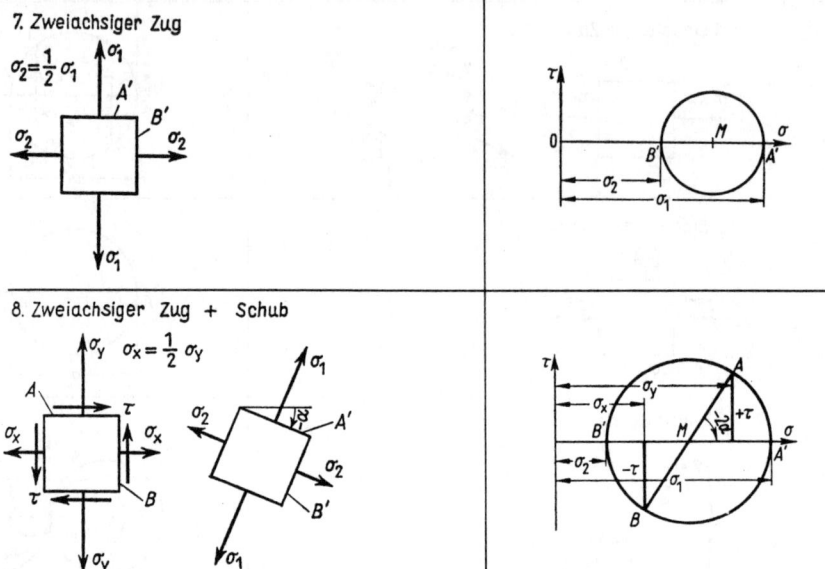

Bei reiner Schubbeanspruchung liegt der Kreis zentrisch zum Nullpunkt, die Hauptspannungen liegen unter 45° zur Richtung der Schubspannungen und sind dem Betrag nach gleich groß, $|\sigma_1| = |\sigma_2| = \tau$. Eine der Hauptspannungen ist eine Druckspannung, die andere eine Zugspannung. Reiner Schub liegt bei Torsion und in der neutralen Faser von Balken bei Querkraftbiegung vor.

Bei der Überlagerung von einachsigem Zug oder Druck mit Schub (Zug, Druck oder Biegung und Torsion, Querkraftbiegung) schneidet der Kreis immer die τ-Achse, die Punkte A oder B liegen immer auf der τ-Achse und eine der Hauptspannungen ist immer eine Zugspannung, die andere immer eine Druckspannung.

Aus der Kreisdarstellung des zweiachsigen Zuges folgt, daß bei $\sigma_1 = \sigma_2$ (z.B. in einem Kugelbehälter) der Kreis zu einem Punkt zusammenschrumpft. Aus Gl. (208.2) folgt, daß in der Ebene der Spannungen σ_1 und σ_2 keine Schubspannungen τ_ψ möglich sind.

Beispiel 6. a) Man berechne die Normalspannung σ_ψ und die Schubspannung τ_ψ in Abhängigkeit von der Schnittrichtung ψ für den Zugstab (213.1a) und trage sie als Funktion des Schnittwinkels auf.

b) Bei der Prüfung von Holzverleimungen für Segelflugzeuge z.B. verwendet man geleimte geschäftete Holzproben (213.1c). Es ist üblich, die Leimscherfestigkeit im Zerreißversuch näherungsweise aus der Gleichung $\tau_B = F_B/bh$ zu ermitteln (F_B ist die Kraft, bei der der Bruch eintritt). Welchen Fehler macht man mit dieser Näherung? Gegeben sind $\tau_B = 6{,}25$ N/mm², $d = 10$ mm, $b = 30$ mm, $h = 40$ mm.

a) Aus den Gl. (208.1) und (208.2) folgt mit $\sigma_2 = 0$ und $\sigma_1 = \sigma = F/A$

$$\sigma_\psi = \frac{\sigma}{2}(1 + \cos 2\psi) \qquad \text{und} \qquad \tau_\psi = \frac{\sigma}{2}\sin 2\psi$$

In Bild **213.**1 b sind die Spannungen aufgezeichnet.

b) Aus $\cos \psi = d/h = 0{,}25$ folgt $\psi = 75{,}5°$. Die Zugkraft ergibt sich zu

$$F_B = \tau_B \, bh = 6{,}25 \ (\text{N/mm}^2) \cdot 12 \cdot 10^2 \ \text{mm}^2 = 7500 \ \text{N}$$

Somit ist die Zugspannung im Querschnitt $\sigma = F_B/bd = 7500 \ \text{N}/300 \ \text{mm}^2 = 25 \ \text{N/mm}^2$.

Nun ist $\quad \tau_\psi = 12{,}5 \ (\text{N/mm}^2) \cdot \sin 151° = 12{,}5 \ (\text{N/mm}^2) \cdot 0{,}485 = 6{,}06 \ \text{N/mm}^2$

Der Fehler beträgt rund 3%.

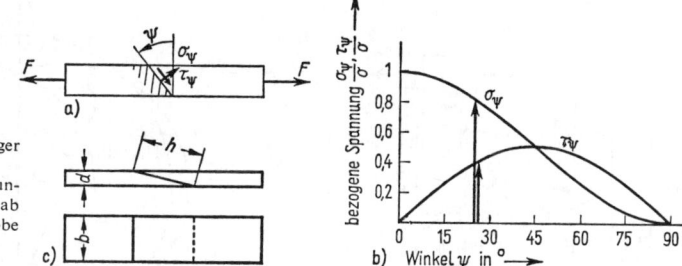

213.1 a) Zugstab mit beliebiger Schnittrichtung
b) Verlauf der Spannungen σ_ψ und τ_ψ im Zugstab
c) geschäftete Holzprobe für Leimscherversuch

Beispiel 7. Der zylindrische Stab (213.2), Durchmesser $d = 20 \ \text{mm}$, ist gleichzeitig durch die Zugkraft $F = 27 \ \text{kN}$ und das Drehmoment $M_t = 85 \ \text{Nm}$ belastet. Man stelle die Einzelbeanspruchungen und die zusammengesetzte Beanspruchung im Spannungskreis dar und ermittle für letztere Größe und Richtung der Hauptspannungen sowie der größten Schubspannung.

An einem Schnittflächenelement der Oberfläche wirken die eingezeichneten Spannungen (213.2b), in der Schnittfläche A ist die Schubspannung τ_t negativ. Mit $A = \pi \ \text{cm}^2$ und $W_t = (\pi/2) \ \text{cm}^3$ sind die Spannungen

$$\sigma_y = F/A = 27 \cdot 10^3 \ \text{N}/(\pi \cdot 10^2) \ \text{mm}^2 = 86 \ \text{N/mm}^2$$

$$\tau_t = M_t/W_t = 17 \cdot 10^3 \ \text{Nmm}/(\pi \cdot 10^3) \ \text{mm}^2 = 54 \ \text{N/mm}^2$$

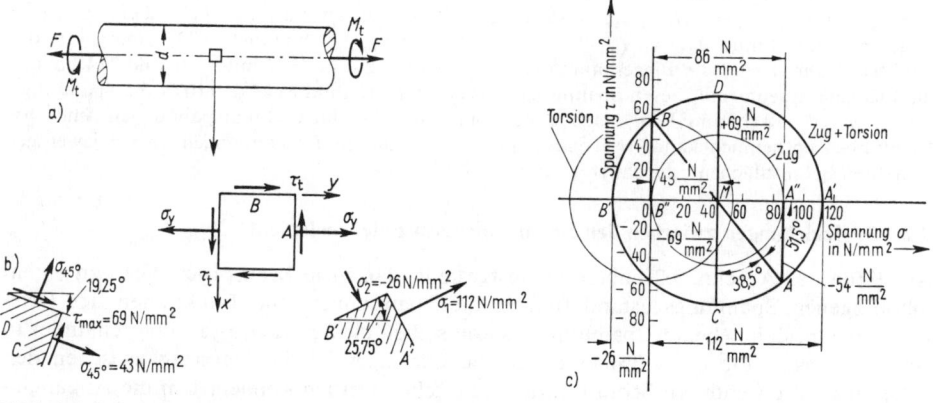

213.2 a) Zylindrischer Stab mit Zugkraft und Drehmoment
b) Schnittelemente mit Spannungen
c) Spannungskreise für Zug, Torsion und für überlagerte Zug- und Torsions-Beanspruchung

Mit dem Maßstabsfaktor $m_{\sigma\tau} = 50 \ (\text{N/mm}^2)/\text{cm}_z$ sind die drei Spannungskreise in Bild **213.**2c gezeichnet. Für die zusammengesetzte Zug- und Torsionsbeanspruchung entnimmt man

$\sigma_1 = 112 \, \text{N/mm}^2$, $\sigma_2 = -26 \, \text{N/mm}^2$, $\alpha = 25,75°$, $\tau_{max} = 69 \, \text{N/mm}^2$ und $\beta = -19,25°$. In Bild 213.2b sind die entsprechenden Schnittrichtungen mit den zugehörigen Spannungen angedeutet.

Beispiel 8. Der rechteckige Querschnitt eines kurzen Trägers ist durch das Biegemoment $M_{by} = -864 \, \text{Nm}$ und die Querkraft $F_q = 48 \, \text{kN}$ beansprucht. In den Querschnittfasern 1 bis 4 (214.2a) sind die Spannungen zu berechnen. Die jeweiligen Spannungskreise sind zu zeichnen und daraus Größe und Richtung der Hauptspannungen zu entnehmen.

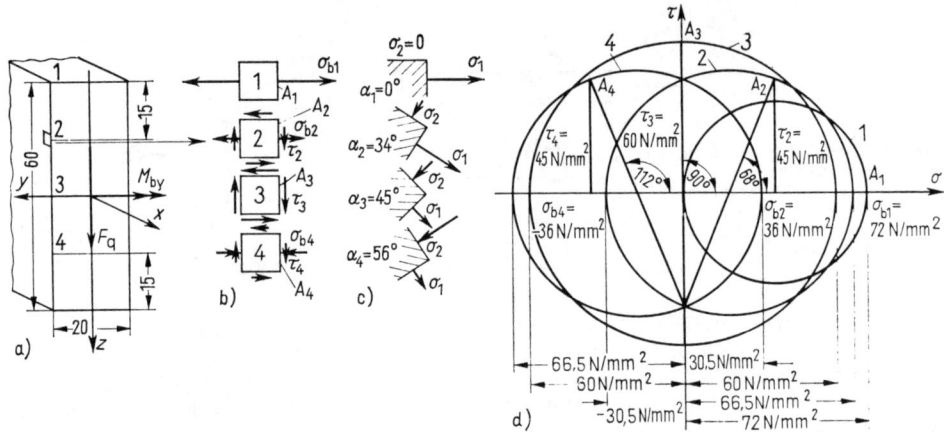

214.1 a) Träger mit Rechteckquerschnitt, Schnittgrößen F_q und M_{by}
   b) Flächenelemente mit den Spannungen σ_b und τ
   c) Flächenelemente mit den Hauptspannungen
   d) Spannungskreise für die Querschnittfasern 1 ··· 4

Mit $A = 12 \, \text{cm}^2$ ist $\tau_{q\,max} = \tau_3 = 1,5 F_q/A = 60 \, \text{N/mm}^2$ (s. Abschn. 8.2). Wegen der parabolischen Schubspannungsverteilung längs der langen Rechteckseite ist in den Fasern 2 und 4 ($z = \pm h/4$) $\tau_2 = \tau_4 = 0,75 \, \tau_{q\,max} = 45 \, \text{N/mm}^2$. Weiter erhält man mit $W_b = 2 \, \text{cm} \cdot 6^2 \, \text{cm}^2/6 = 12 \, \text{cm}^3$ am Rande $\sigma_{b1} = M_{by}/W_b = 864 \cdot 10^3 \, \text{Nmm}/(12 \cdot 10^3) \, \text{mm}^3 = 72 \, \text{N/mm}^2$. In den Punkten 2 und 4 sind die Biegespannungen $36 \, \text{N/mm}^2$ bzw. $-36 \, \text{N/mm}^2$. In Bild 214.1b sind die Flächenelemente mit diesen Spannungen gezeichnet. Teilbild 214.1d enthält die Spannungskreise, $m_{\sigma\tau} = 30 \, (\text{N/mm}^2)/\text{cm}_z$, aus denen man die gesuchten Hauptspannungen und ihre Richtungen entnehmen kann. In Teilbild 214.1c sind die Hauptspannungen in den jeweiligen gedrehten Schnittflächen gezeichnet.

9.2.2.3. Beziehungen zwischen den Spannungen am Flächenelement

Am Ende des Abschn. 9.2 haben wir festgestellt, daß viele Beanspruchungen zu einem inhomogenen Spannungszustand führen, die Spannungen sind Funktionen der Ortskoordinaten. Beim ebenen Spannungszustand stehen die S p a n n u n g e n untereinander in B e z i e h u n g e n, die nicht immer durch die Gleichgewichtsbedingungen zwischen den äußeren Kräften und den Schnittkräften angegeben werden können. Um die Abhängigkeit der Spannungen voneinander zu erkennen, betrachten wir das Gleichgewicht der K r ä f t e an einem Element. Die Spannungen σ_x, σ_y, τ_{yx} und τ_{xy} sind Funktionen der Koordinaten x und y, die Änderung der Spannungen können wir durch ihren Zuwachs,

z. B. $\dfrac{\partial \sigma_x}{\partial x} \, dx$ angeben (215.1). Setzen wir für die Dicke des Elements senkrecht zur

Zeichenebene dz, dann lautet die Gleichgewichtsbedingung für die Kräfte in x-Richtung

$$\Sigma F_{ix} = 0 = -\sigma_x \, dy \, dz + \left(\sigma_x + \frac{\partial \sigma_x}{\partial x} dx\right) dy \, dz - \tau_{yx} \, dx \, dz + \left(\tau_{yx} + \frac{\partial \tau_{yx}}{\partial y} dy\right) dx \, dz$$

Nach dem Wegheben gleicher Ausdrücke erhält man

$$\frac{\partial \sigma_x}{\partial x} + \frac{\partial \tau_{yx}}{\partial y} = 0 \qquad\qquad (215.1)$$

Aus der Bedingung $\Sigma F_{iy} = 0$ folgt in gleicher Weise

$$\frac{\partial \tau_{xy}}{\partial x} + \frac{\partial \sigma_y}{\partial y} = 0 \qquad\qquad (215.2)$$

Die dritte Gleichgewichtsbedingung $\Sigma M_{iM} = 0$ führt auf das schon bekannte Gesetz der zugeordneten Schubspannungen (s. Abschn. 7.1) $\tau_{yx} = \tau_{xy} = \tau$.

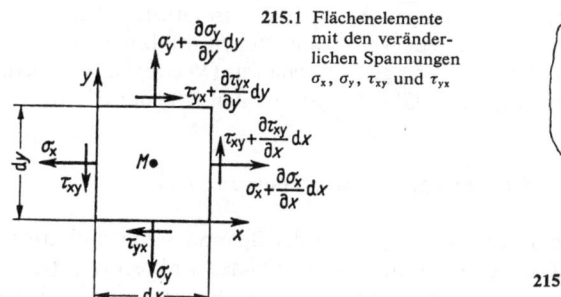

215.1 Flächenelemente mit den veränderlichen Spannungen σ_x, σ_y, τ_{xy} und τ_{yx}

215.2 Balken mit eingezeichnetem Schnittelement

Beispiel 9. Die Schubspannungsverteilung in einem durch Querkräfte beanspruchten Balken ist zu ermitteln.

Legen wir ein Element in die x, z-Ebene (**215.2**) des Trägers, dann lautet Gl. (215.1)

$$\frac{\partial \sigma_x}{\partial x} + \frac{\partial \tau}{\partial z} = 0$$

Hier ist σ_x die Biegespannung nach Gl. (78.1)

$$\sigma_x = \frac{M_{by}(x)}{I_y} z$$

Mit $\qquad \dfrac{\partial \sigma_x}{\partial x} = \dfrac{\partial M_{by}(x)}{\partial x} \dfrac{z}{I_y} \qquad$ und $\qquad \dfrac{\partial M_{by}(x)}{\partial x} = F_q(x)$

erhält man

$$\frac{\partial \tau}{\partial z} = -\frac{\partial \sigma_x}{\partial x} = -\frac{F_q(x)}{I_y} z$$

Wir wollen diese Gleichung für einen Träger mit Rechteckquerschnitt (Breite b, Höhe h) weiter auswerten. Da $F_q(x)$ und I_y nicht von z abhängen, kann vorstehende Gleichung direkt integriert werden. Vorher erweitern wir noch mit b und erhalten

$$\tau b = -\frac{F_q(x)}{I_y} b \frac{z^2}{2} + c(x)$$

Die Integrations-,,Konstante'' $c(x)$ ist nur bezüglich z konstant, kann also i. allg. von x abhängen.

Aus der Randbedingung $\tau = 0$ für $z = \pm\, h/2$ folgt $c(x) = \dfrac{F_q(x)}{I_y}\, b\, \dfrac{(h/2)^2}{2}$, und es ergibt sich

$$\tau\, b = \frac{F_q(x)}{I_y}\, \frac{b}{2}\, [(h/2)^2 - z^2] = \frac{F_q(x)}{I_y}\, H_y(z)$$

$H_y(z)$ ist das Flächenmoment 1. Ordnung des zwischen z und dem Rand gelegenen Teils der Querschnittfläche. In Übereinstimmung mit Gl. (175.1) aus Abschn. 8.2 erhalten wir die Schubspannung

$$\tau\,(x,z) = \frac{F_q(x)\, H_y(z)}{I_y\, b}$$

Diese Gleichung gilt streng genommen nur für einen schmalen Streifen (Scheibe) gleicher Dicke b (215.2).

Bei rotationssymmetrischem Spannungszustand (s. Abschn. 11) sind die Beziehungen zwischen den Spannungen in Polarkoordinaten angegeben.

Da für drei unbekannte Spannungen σ_x, σ_y und τ in einem beliebig belasteten Körper nur die Gl. (215.1) und (215.2) zur Verfügung stehen, muß man sich eine weitere über geometrisch mögliche Formänderungen verschaffen (Verträglichkeitsbedingung), s. Abschn. 1.4. Die Auswertung dieser Gleichungen ist Aufgabe der Elastizitätstheorie.

9.2.3. Räumlicher — dreiachsiger — Spannungszustand

In einem Punkt eines belasteten Körpers ist der Spannungszustand dreiachsig, wenn der Spannungsvektor $\vec{s}$ Komponenten in drei zueinander senkrechten Richtungen hat. Bild 216.1 zeigt ein Körperelement mit den möglichen Spannungen in den drei sichtbaren Begrenzungsflächen. In jeder Fläche sind eine Normalspannung und zwei Schubspannungen vorhanden.

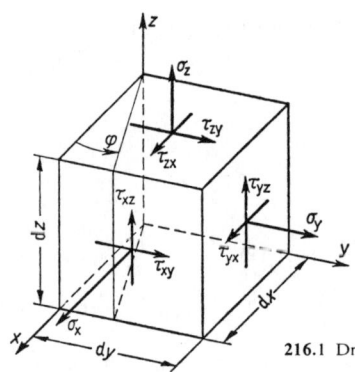

Legt man durch das Körperelement einen schrägen Schnitt, so hängt der Spannungsvektor $\vec{s}$ wie beim ebenen Spannungszustand von der Richtung dieser Schnittfläche ab. Die Richtung kann durch den Normalenvektor $\vec{n}$ beschrieben werden. Die Abhängigkeit des Spannungsvektors von der Schnittfläche ist eindeutig gekennzeichnet, wenn man ihn als Funktion des Normalenvektors $\vec{n}$ angibt. Die Abhängigkeit ist linear, in der Mathematik bezeichnet man eine solche Funktion als Tensor, hier Spannungstensor.

216.1 Dreiachsiger Spannungszustand am Körperelement

Die neun Komponenten der Spannungsvektoren in den drei zueinander senkrechten Schnittflächen schreibt man in der Form der Spannungsmatrix

$$\begin{pmatrix} \sigma_x & \tau_{xy} & \tau_{xz} \\ \tau_{yx} & \sigma_y & \tau_{yz} \\ \tau_{zx} & \tau_{zy} & \sigma_z \end{pmatrix}$$

Im Abschn. 7.1.1 haben wir gezeigt, daß in zwei aufeinander senkrechten Schnittflächen die Schubspannungen gleich groß sind (zugeordnete Schubspannungen). Es ist also

$$\tau_{yx} = \tau_{xy} \qquad \tau_{zx} = \tau_{xz} \qquad \tau_{zy} = \tau_{yz}$$

Die Spannungsmatrix ist **symmetrisch** zur Hauptdiagonale. Es genügen demnach sechs Spannungen zur Kennzeichnung eines dreiachsigen Spannungszustands.

Man kann zeigen, daß in einem Punkt eines Körpers in drei zueinander senkrechten ganz bestimmten Schnittrichtungen die Schubspannungen verschwinden; die Normalspannungen nehmen dort Extremwerte an. Die diesen Richtungen zugeordneten Normalspannungen sind die **Hauptspannungen** σ_1, σ_2 und σ_3 des räumlichen Spannungszustands (**217.**1 a).

Der ebene Spannungszustand folgt als Sonderfall des räumlichen, wenn alle Spannungen in Schnittflächen parallel zur x,y-Ebene verschwinden, also $\sigma_z = \sigma_3 = \tau_{zx} = \tau_{zy} = 0$ sind.

Man kann weiter zeigen, daß auch die Abhängigkeit des dreiachsigen Spannungszustands von der Schnittrichtung in drei **Mohr**schen Spannungskreisen dargestellt werden kann[1]). Betrachten wir in Bild **217.**1a die durch die Spannungen σ_1 und σ_2 aufgespannte Ebene und setzen vorübergehend $\sigma_3 = 0$. Der zugehörige Kreis 1 ist in Bild **217.**1b gezeichnet. Entsprechend betrachten wir die Ebene der Spannungen σ_2 und σ_3 und die Ebene der Spannungen σ_3 und σ_1. Wir erhalten auf diese Weise zwei weitere Kreise 2 und 3. Die Kreise 1 und 2 berühren sich und werden vom Kreis 3 umschlossen. τ_I, τ_{II} und τ_{III} sind die größten Schubspannungen in den drei jeweils unter 45° zu den Hauptschnittrichtungen liegenden Ebenen.

Wir werden diese Kreisdarstellung des dreiachsigen Spannungszustands bei der Erläuterung der Festigkeitshypothesen im übernächsten Abschnitt verwenden.

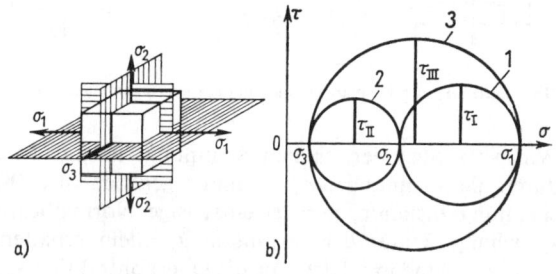

217.1 a) Körperelement mit den Hauptspannungen σ_1, σ_2 und σ_3
b) drei **Mohr**sche Spannungskreise für den dreiachsigen Spannungszustand

9.2.4. Aufgaben zu Abschnitt 9.2

1. Ein **dünnwandiges Rohr** steht unter der Wirkung des Innendrucks p_i, des Biegemoments M_b und des Drehmoments M_t. Die folgenden Spannungen sind berechnet worden:

$$\sigma_l = 25 \text{ N/mm}^2 \qquad \sigma_t = 50 \text{ N/mm}^2 \qquad \sigma_b = \pm 25 \text{ N/mm}^2 \qquad \text{und} \qquad \tau = 50 \text{ N/mm}^2$$

Man zeichne die Spannungskreise je auf der maximalen Zugbiegeseite und Druckbiegeseite und ermittle jeweils Größe und Richtung der Hauptspannungen. Welche Lage haben die Kreise, wenn entweder $\sigma_b = 0$ oder $\tau = 0$ ist?

2. Der Quader (**217.**2) ist durch die Kräfte F_{n1}, F_{n2}, F_{t1} und F_{t2} gleichmäßig über die Seitenflächen belastet. Zu ermitteln sind die Hauptspannungen, die größten Schubspannungen und deren Richtungen.

217.2 Entlang der Seitenflächen belasteter Quader

---

[1]) **Mohr**, Chr. O.: Technische Mechanik. 2. Aufl. 1914, S. 192.

9.3. Formänderungen des ebenen Spannungszustands

Im Abschnitt 1.4 hatten wir festgestellt, daß in der Festigkeitsrechnung im allgemeinen nur elastische Verformung vorausgesetzt wird. Aus dem Zugversuch ist dann ein linearer Zusammenhang zwischen Spannung σ und Dehnung ε bei den meisten Werkstoffen bekannt (Hookesches Gesetz). Dieser Zusammenhang ist allen bisherigen Betrachtungen bei einfacher (einachsiger) Beanspruchung zugrunde gelegt worden. Im folgenden wollen wir nun die Zusammenhänge bei mehrachsiger Beanspruchung, insbesondere für den zweiachsigen (ebenen) Spannungszustand untersuchen.

9.3.1. Allgemeines Hookesches Gesetz für den ebenen Spannungszustand

Für die Aufstellung der Beziehungen zwischen Spannungen und Verzerrungen im elastischen Bereich gilt das bereits mehrfach benutzte Superpositionsgesetz.

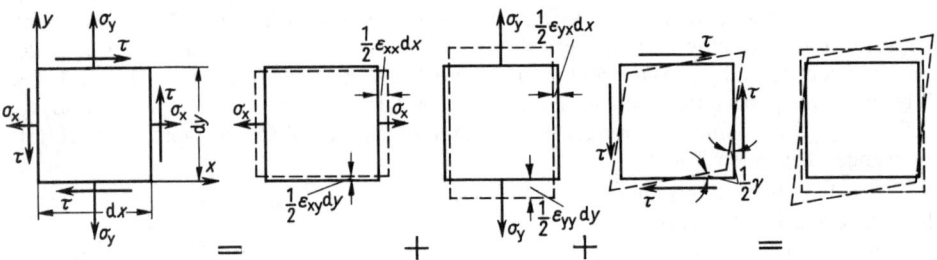

218.1 Zerlegung der Formänderungen des ebenen Spannungszustands σ_x, σ_y und τ

Wir betrachten den ebenen Spannungszustand an einem quadratischen Element, der durch die Spannungen σ_x, σ_y und τ gegeben ist (**218.1**) und zerlegen ihn in drei Einzelspannungszustände, je zwei einachsige Normalbeanspruchungen und eine Schubbeanspruchung. Unter der Spannung σ_x allein erhalten wir in x-Richtung die Dehnung $\varepsilon_{xx} = \sigma_x/E$ und in y-Richtung die Querkontraktion $\varepsilon_{xy} = -\mu\,\sigma_x/E$, s. Gl. (10.1 und 10.2). Entsprechendes gilt für die Spannung σ_y. Die resultierenden Dehnungen in x- und y-Richtung ergeben sich durch Überlagerung $\varepsilon_x = \varepsilon_{xx} + \varepsilon_{yx}$ und $\varepsilon_y = \varepsilon_{yy} + \varepsilon_{xy}$

$$\varepsilon_x = \frac{1}{E}(\sigma_x - \mu\,\sigma_y) \qquad \varepsilon_y = \frac{1}{E}(\sigma_y - \mu\,\sigma_x) \tag{218.1}$$

Diese Gleichungen bezeichnet man als allgemeines, erweitertes Hookesches Gesetz. Die Spannungen σ_x und σ_y ergeben noch eine Querkontraktion in z-Richtung $\varepsilon_z = \varepsilon_{xz} + \varepsilon_{yz}$ oder

$$\varepsilon_z = -\frac{\mu}{E}(\sigma_x + \sigma_y) \tag{218.2}$$

Man sieht, daß beim ebenen Spannungszustand Dehnungen in drei Richtungen auftreten. Einem zweiachsigen Spannungszustand entspricht also ein dreiachsiger Dehnungszustand. In der elementaren Festigkeitslehre wird der Einfluß der Querkontraktion ε_z vernachlässigt.

Die Schubspannung τ bewirkt die Winkeländerungen (Gleitwinkel) γ (**218.1**). Beide sind durch das Hookesche Gesetz miteinander verknüpft (s. Abschn. 7.1)

$$\gamma = \tau/G \qquad \tau = G\gamma \tag{219.1}$$

Dehnungen und Winkeländerungen, allgemein auch Verzerrungen genannt, dürfen naturgemäß nicht zueinander addiert werden, ihre gemeinsame Wirkung besteht darin, daß das unter dem Einfluß der Normalspannungen σ_x und σ_y zu einem Quader vergrößerte quadratische Flächenteilchen durch die Schubspannungen zu einem Rhombus verzerrt ist (**218.1**).

Normalspannungen haben eine Volumenänderung des Elements zur Folge, Schubspannungen bewirken nur eine Gestaltänderung.

Lösen wir nun die Gl. (218.1) nach den Spannungen auf, so ergibt sich

$$\sigma_x = \frac{E}{1-\mu^2}(\varepsilon_x + \mu\,\varepsilon_y) \qquad \sigma_y = \frac{E}{1-\mu^2}(\varepsilon_y + \mu\,\varepsilon_x) \tag{219.2}$$

Der durch diese Gleichungen ausgedrückte Sachverhalt spielt eine große Rolle in der experimentellen Spannungsanalyse (s. Abschn. 9.3.5).

Zur Berechnung der Normalspannung nach Gl. (219.2) in einer beliebigen Schnittrichtung müssen die Dehnungen in dieser und einer dazu senkrechten Richtung bekannt sein.

Man kann zeigen, daß zwischen den Verformungsgrößen ε und γ in beliebigen Richtungen analoge Beziehungen bestehen, wie zwischen Normal- und Schubspannungen. In Richtung der Hauptspannungen nehmen die Dehnungen Extremwerte an. Die Dehnung in Richtung der Hauptspannung σ_1 ist die Hauptdehnung ε_1, die dazu senkrechte die Hauptdehnung ε_2. Zwischen den Hauptdehnungen und den Hauptspannungen bestehen die gleichen Beziehungen, wie sie in den Gl. (218.1), (218.2) und (219.2) ausgedrückt sind

$$\varepsilon_1 = \frac{1}{E}(\sigma_1 - \mu\,\sigma_2) \qquad \varepsilon_2 = \frac{1}{E}(\sigma_2 - \mu\,\sigma_1) \tag{219.3}$$

$$\varepsilon_z = -\frac{\mu}{E}(\sigma_1 + \sigma_2) \tag{219.4}$$

$$\sigma_1 = \frac{E}{1-\mu^2}(\varepsilon_1 + \mu\,\varepsilon_2) \qquad \sigma_2 = \frac{E}{1-\mu^2}(\varepsilon_2 + \mu\,\varepsilon_1) \tag{219.5}$$

Die den Gl. (208.1) und (208.2) analogen lauten für die Verzerrungen[1])

$$\varepsilon_\psi = \frac{\varepsilon_1 + \varepsilon_2}{2} + \frac{\varepsilon_1 - \varepsilon_2}{2}\cos 2\psi \tag{219.6}$$

$$\frac{1}{2}\gamma_\psi = \frac{\varepsilon_1 - \varepsilon_2}{2}\sin 2\psi \tag{219.7}$$

Für die Richtung der Hauptdehnungen erhält man die der Gl. (206.7) entsprechende Gleichung

$$\tan 2\varphi_1 = -\frac{2\gamma/2}{\varepsilon_y - \varepsilon_x} \tag{219.8}$$

Ersetzen wir nach Gl. (218.1) die Dehnungen in Gl. (219.8) durch die Spannungen und berücksichtigen ferner das Hookesche Gesetz für Schubspannungen so folgt

$$\tan 2\varphi_1 = -\frac{2\tau/2G}{(1/E)(1+\mu)(\sigma_y - \sigma_x)}$$

---

[1]) Die Gl. (219.6) und (219.7) kann man geometrisch in einem Kreis, dem sogenannten Mohrschen Dehnungskreis, darstellen.

Diese Gl. ist nur dann mit Gl. (206.7) identisch, wenn $2G(1 + \mu) = E$ ist (s. Abschn. 9.3.2).
Wir können noch einmal zusammenfassend aussagen:

Die Hauptdehnungsrichtungen sind mit den Hauptspannungsrichtungen identisch.

Da für die Richtung der Hauptspannungen der Winkel $\psi = 0$ ist, folgt aus Gl. (219.7)
$\gamma = 0$.

Ein Element, das parallel zur Richtung der Hauptspannungen herausgeschnitten wird, ist frei von Winkeländerungen.

Beispiel 10. Die Hauptdehnungen in dem zylindrischen Stab des Beispiels 7, S. 213, sind zu berechnen. Werkstoff Stahl mit $E = 2{,}1 \cdot 10^5$ N/mm² und $\mu = 0{,}3$. Mit $\sigma_1 = 112$ N/mm² und $\sigma_2 = -26$ N/mm² erhält man

$$\varepsilon_1 = \frac{1}{E}(\sigma_1 - \mu\,\sigma_2) = \frac{(112 + 0{,}3 \cdot 26)\ \text{N/mm}^2}{2{,}1 \cdot 10^5\ \text{N/mm}^2} = 57{,}1 \cdot 10^{-5}$$

$$\varepsilon_2 = \frac{1}{E}(\sigma_2 - \mu\,\sigma_1) = -\frac{(26 + 0{,}3 \cdot 112)\ \text{N/mm}^2}{2{,}1 \cdot 10^5\ \text{N/mm}^2} = -28{,}4 \cdot 10^{-5}$$

Beispiel 11. An einem Punkt der Oberfläche eines Kugelbehälters ($d_m = 6000$ mm, $s = 12$ mm) werden bei einem Belastungsversuch mit dem Innendruck p_i in zwei aufeinander senkrechten Richtungen die Dehnungen $\varepsilon_1 = \varepsilon_2 = 0{,}037\%$ gemessen. Gegeben sind: $E = 2{,}1 \cdot 10^5$ N/mm², $\mu = 0{,}3$.
Wie groß sind die Spannungen und der Innendruck?
Gl. (219.5) ergibt mit $\varepsilon_1 = \varepsilon_2$

$$\sigma_t = \sigma_1 = \frac{E\,\varepsilon_1}{1 - \mu^2}(1 + \mu) = \frac{E\,\varepsilon_1}{1 - \mu} = \frac{2{,}1 \cdot 10^5\ (\text{N/mm}^2) \cdot 0{,}00037}{0{,}7} = 111\ \text{N/mm}^2$$

Mit $r_i \approx r_m = 3000$ mm erhält man aus G . (204.3)

$$p_i = 2\sigma_t \frac{s}{r_i} = 222\ (\text{N/mm}^2) \cdot \frac{12\ \text{mm}}{3000\ \text{mm}} = 0{,}888\ \text{N/mm}^2 \approx 9\ \text{bar}$$

9.3.2. Beziehungen zwischen den Werkstoffkonstanten E, G und μ

Die drei Konstanten E, G und μ sind Werkstoffkonstanten, die für ein bestimmtes Material charakteristische, feste Werte besitzen. Es soll der Zusammenhang zwischen diesen drei Größen gezeigt werden. Wir betrachten einen reinen Schubspannungszustand und untersuchen die Formänderungen an dem Element (**221**.1) mit $dx = dy$. Aus Tafel **211**.1 unter 4 entnimmt man $\sigma_1 = +\tau$ und $\sigma_2 = -\tau$.
Somit folgt für die Hauptdehnungen aus Gl. (219.3)

$$\varepsilon_1 = \frac{\tau}{E}(1 + \mu) = \varepsilon \qquad\qquad \varepsilon_2 = -\frac{\tau}{E}(1 + \mu) = -\varepsilon$$

Aus Teilbild **221**.1c entnimmt man, da ε und γ sehr kleine Größen sind

$$\tan \gamma/2 \approx \gamma/2 = \frac{\varepsilon/2}{1/2} = \varepsilon$$

Setzt man $\varepsilon = \tau (1 + \mu)/E$ ein, so ergibt sich

$$\gamma = \frac{2\tau (1 + \mu)}{E}$$

Andererseits ist $\gamma = \tau/G$ und durch Vergleich folgt

$$G = E/2 (1 + \mu) \tag{221.1}$$

Das elastische Verhalten eines Werkstoffs ist bereits durch zwei von den drei Elastizitätskonstanten vollständig festgelegt. Hat man zwei durch Versuche ermittelt, so kann die dritte nach Gl. (221.1) berechnet werden.

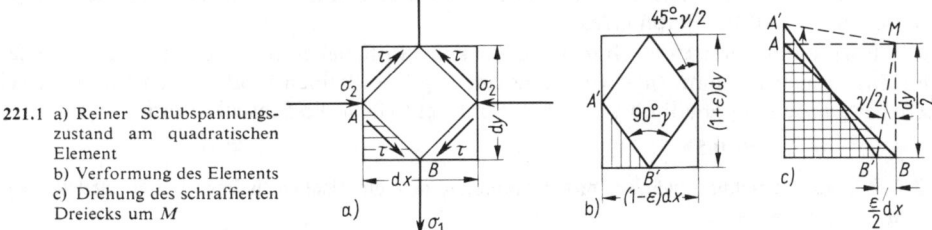

221.1 a) Reiner Schubspannungszustand am quadratischen Element
b) Verformung des Elements
c) Drehung des schraffierten Dreiecks um M

9.3.3. Volumenänderung

Ein Würfelelement mit den Kantenlängen $dx = dy = dz$ hat im unbelasteten Zustand das Volumen $V = dx\,dy\,dz$. Die Längenänderungen der 3 Kanten unter dem Einfluß der beiden Hauptspannungen σ_1 und σ_2 entsprechen daher den Dehnungen $\varepsilon_1, \varepsilon_2$ und $\varepsilon_z = \varepsilon_3$. Das Volumen nach der Belastung ist dann $V' = (1 + \varepsilon_1) (1 + \varepsilon_2) (1 + \varepsilon_3)\, dx\,dy\,dz$ und somit die relative Volumenänderung

$$\frac{\Delta V}{V} = \frac{V' - V}{V} = (1 + \varepsilon_1) (1 + \varepsilon_2) (1 + \varepsilon_3) - 1$$

Die Produkte der Dehnungen $\varepsilon_1, \varepsilon_2, \dots$ sind klein gegen die Dehnungen $\varepsilon_1, \dots$ und können vernachlässigt werden. Dann ist die relative Volumenänderung

$$\frac{\Delta V}{V} = \varepsilon_1 + \varepsilon_2 + \varepsilon_3 \tag{221.2}$$

Ersetzt man mit Hilfe der Gl. (219.3) und (219.4) die Dehnungen durch die Spannungen, so ergibt sich

$$\frac{\Delta V}{V} = \frac{1}{E} (1 - 2\mu) (\sigma_1 + \sigma_2) \tag{221.3}$$

Ist $\sigma_1 + \sigma_2$ positiv, wird das Volumen vergrößert, sofern $1 - 2\mu > 0$ ist.

9.3.4. Abschätzung der Größenordnung der Querzahl μ

Die Gl. (221.3) können wir benutzen, um die Werte der Querzahl μ und ihre Grenzen abzuschätzen. Zwei Grenzfälle sind bei der elastischen Verformung eines Körpers denkbar. Dazu betrachten wir einen Zugstab im einachsigen Zugversuch:

1. Trotz der Belastung tritt keine Volumenänderung auf, dann ist mit $\sigma_2 = 0$ nach Gl. (221.3)

$$\frac{\Delta V}{V} = \frac{1}{E}(1 - 2\mu)\,\sigma_1 = 0$$

Das ist nur möglich für $\mu = 0,5$. Dieser Wert gilt für ideal inkompressible Medien. Wasser z.B. ist nahezu inkompressibel, bei Gummi und bei Kunstharzen oberhalb der Erweichungstemperatur ist $\mu = 0,45 \cdots 0,48$. Diese Stoffe erfahren praktisch keine Volumenänderung. Für metallische Werkstoffe, sofern sie gewalzt oder geschmiedet sind, und für Kunststoffe unterhalb der Erweichungstemperatur liegt μ in der Größenordnung von $0,25 \cdots 0,35$; mit dem Mittelwert 0,3 wird häufig gerechnet.

2. Die relative Volumenänderung ist gleich der Dehnung $\varepsilon_1 = \sigma_1/E$ in Zugrichtung. Dann ist $1 - 2\mu = 1$ und $\mu = 0$, also keine Querkontraktion vorhanden. Näherungsweise wird $\mu = 0$ bei Beton erreicht.

$\mu = 0$ ist somit der untere Grenzwert, da kein Stoff bekannt ist, dessen Durchmesser im Zugversuch zunimmt ($\mu < 0$). Andererseits gibt es keinen Stoff, dessen Volumen bei Zugbeanspruchung abnimmt ($\mu > 0,5$). Somit gilt für μ die Einschränkung

$$0 \leqq \mu \leqq 0,5$$

Bei Zugbeanspruchung wächst das Volumen eines elastischen Körpers, bei Druckbeanspruchung nimmt es ab.

9.3.5. Dehnungsmessungen — Berechnung der Spannungen

Viele Bauteile sind bei komplizierter Gestalt, unklaren Lastannahmen und (oder) innerer statischer Unbestimmtheit einer Festigkeitsberechnung nur schwer oder gar nicht zugänglich. Da es aber von Bedeutung ist, die Beanspruchungen zu kennen, sind Verfahren entwickelt worden, die es gestatten, die durch unbekannte Spannungen bewirkten relativen Verformungen, die Dehnungen, zu messen. Die großen Fortschritte auf dem Gebiet der Meßtechnik haben in den vergangenen Jahren diese Entwicklung sehr gefördert. Die Auswertung sehr vieler Einzelmessungen an vielen Punkten eines Bauteils durch Eingabe der Meßergebnisse in Rechenautomaten (sogar drahtlos etwa von einem fliegenden Flugzeug aus) ist schnell möglich.

Dehnungen können nur an der freien Oberfläche der Bauteile gemessen werden. Da in den meisten Fällen die größten Beanspruchungen in der Oberfläche auftreten, sind diese Messungen häufig ausreichend. Der Spannungsverlauf im Innern kann durch Modellverfahren (z.B. in der Spannungsoptik, s. Abschn. 12) in gewissen Grenzen bestimmt werden.

Im allgemeinen interessieren in einem Bauteil die Größtspannungen, und es ist nicht immer einfach, diese mit ihren Richtungen zu lokalisieren. Vorbereitende Messungen (z.B. mit Hilfe des Reißlackverfahrens [17]) können Aufschlüsse darüber geben. Da ein auf das Bauteil aufgespritzter spröder Lacküberzug unter Beanspruchung senkrecht zur Richtung der größten Zughauptspannung reißt, kann man auf die Richtungen der Hauptspannungen schließen. Dort, wo die Risse zuerst auftreten, ist die Beanspruchung größer als an anderen Stellen.

Die Messung der Dehnungen ε_x und ε_y in beliebigen Richtungen an vielen Stellen setzt gleichzeitig Winkelmessungen zur Ermittlung von τ voraus, denn nur aus σ_x, σ_y und τ kann man die Hauptspannungen σ_1 und σ_2 berechnen. Winkelmessungen sind aber wegen der Kleinheit von γ sehr umständlich und in der Praxis kaum realisierbar.

Wegen der Fortschritte in der Dehnungsmeßtechnik (Ermittlung der Dehnungen über die Widerstandsänderung in einem dünnen Draht) in den letzten 20 Jahren und der leichtmöglichen Auswertung sehr vieler Messungen über Rechenautomaten, hat die sogenannte Dreikomponentenmessung, welche kurz geschildert werden soll, besondere Bedeutung gewonnen.

Zur Berechnung der Hauptspannungen müssen die Hauptdehnungen bekannt sein. Da sowohl Größe als auch Richtung der Hauptdehnungen unbekannt sind, benötigt man drei Bestimmungsgrößen. Man mißt in dem interessierenden Punkt in drei je unter 45° gegeneinander versetzten Richtungen, die sonst beliebig orientiert sein können, die Dehnungen ε_a, ε_b und ε_c (223.1). Ist α die unbekannte Richtung der Hauptdehnung ε_1 (von dieser Richtung aus positiv gemessen) gegenüber a, dann ergibt Gl. (219.6) mit $\psi_1 = \alpha$, $\psi_2 = \alpha + 45°$ und $\psi_3 = \alpha + 90°$ drei Bestimmungsgleichungen für α, ε_1 und ε_2

$$\varepsilon_a = \frac{1}{2}[\varepsilon_1 + \varepsilon_2 + (\varepsilon_1 - \varepsilon_2)\cos 2\alpha]$$

$$\varepsilon_b = \frac{1}{2}[\varepsilon_1 + \varepsilon_2 - (\varepsilon_1 - \varepsilon_2)\sin 2\alpha]$$

$$\varepsilon_c = \frac{1}{2}[\varepsilon_1 + \varepsilon_2 - (\varepsilon_1 - \varepsilon_2)\cos 2\alpha]$$

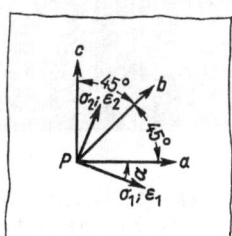

223.1 Dehnungsmeßrichtungen a, b und c
α unbekannter Richtungswinkel der Hauptdehnung ε_1

Die Auflösung dieser drei Gleichungen ergibt

$$\tan 2\alpha = \frac{\varepsilon_a - 2\varepsilon_b + \varepsilon_c}{\varepsilon_a - \varepsilon_c} \tag{223.1}$$

$$\left.\begin{array}{c}\varepsilon_1 \\ \varepsilon_2\end{array}\right\} = \frac{\varepsilon_a + \varepsilon_c}{2} \pm \frac{\sqrt{2}}{2}\sqrt{(\varepsilon_a - \varepsilon_b)^2 + (\varepsilon_b - \varepsilon_c)^2} \tag{223.2}$$

Die Messung der Dehnungen über die Widerstandsmessung beruht auf dem in einem gewissen Bereich linearen Zusammenhang zwischen der Längen- und der Widerstandsänderung eines sehr dünnen Drahtes mit hohem Eigenwiderstand. Die als Dehnmeßstreifen bekannten Meßobjekte sind fest auf das Bauteil geklebt und elektrisch mit einer Widerstandsmeßbrücke verbunden. Die Dehnung kann entweder direkt auf einem Zeigerinstrument abgelesen werden, oder das Meßsignal wird von der Brücke einem Schreibgerät oder einem Oszillografen zugeführt (bei dynamischer Beanspruchung) [17]. Die Auswertung der Gl. (223.1) und (223.2) erfolgt entweder rechnerisch, bei Einzelmessungen von Hand, bei Reihenmessungen im Automaten, oder mit Hilfe von Nomogrammen[1]).

Der Verfasser gab die Anregung zur Auswertung der Messungen mit Hilfe der Gl. (223.1) und (223.2) über einen Analogrechner[2])[3]). Die elektrischen Signale der Dehnungen ε_a, ε_b und ε_c führt man dem nach diesen Gleichungen geeignet programmierten Analog-

---

[1]) Hottinger Baldwin Meßtechnik: Technische Mitteilung TM-02 (1961)
[2]) Heckel, W.: Verfahren zur Darstellung statischer und dynamisch sich ändernder ebener Spannungszustände. Materialprüfung 8 (1966) Nr. 7 S. 262/64
[3]) Hottinger Baldwin Meßtechnik: Meßtechnische Briefe 1 (1967).

rechner gleichzeitig über drei Meßbrücken zu. Auf dem Bildschirm eines mit dem Rechner verbundenen Zweistrahl-Kathodenstrahl-Oszillographen ist dann der Mohrsche Spannungskreis und die Richtungsgerade $\overline{BMA}$ im Kreis (209.1) abgebildet (224.1). Dieses Verfahren eignet sich besonders gut zur Demonstration des ebenen Spannungszustands im Unterricht, ist aber natürlich auch für eine anschauliche quantitative Auswertung geeignet. Eine noch in der Entwicklung befindliche Zusatzeinrichtung soll die Auswertung dynamischer (periodischer) Beanspruchungen ermöglichen.

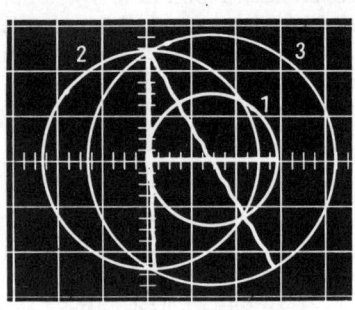

Mit entsprechenden Programmen kann man heute die Messungen auch an digitalen Rechenanlagen auswerten und sich z. B. vom Plotter (am Rechner angeschlossenes Zeichengerät) die Mohrschen Spannungskreise aufzeichnen lassen.

224.1 Am Kathodenstrahl-Oszillographenschirm dargestellte Spannungskreise
1 bei Biegung
2 bei Torsion
3 bei Überlagerung von Biegung und Torsion

Beispiel 12. An einer Stange, $d = 50$ mm Durchmesser, sind bei einer unbekannten Kraftwirkung an verschiedenen Stellen der Oberfläche folgende Dehnungen gemessen worden: $\varepsilon_a = 200 \cdot 10^{-5}$, $\varepsilon_b = 70 \cdot 10^{-5}$, $\varepsilon_c = -60 \cdot 10^{-5}$, Richtung der Dehnung ε_a in Stangenlängsrichtung.

Zu berechnen sind die Spannungen und Kräfte in der Stange, Werkstoff Al mit $E = 7 \cdot 10^4$ N/mm² und $\mu = 0,3$.

Gl. (223.1) ergibt tan $2\alpha = (200 - 140 - 60)/260 = 0$.

Mit Hilfe von Gl. (223.2) erhält man

$$\left.\begin{matrix}\varepsilon_1 \\ \varepsilon_2\end{matrix}\right\} = 70 \cdot 10^{-5} \pm \frac{\sqrt{2}}{2} \sqrt{130^2 + 130^2} \cdot 10^{-5} = (70 \pm 130) \cdot 10^{-5}$$

Somit ist $\varepsilon_1 = 200 \cdot 10^{-5}$ und $\varepsilon_2 = -60 \cdot 10^{-5}$. Da $\varepsilon_2 = -\mu \varepsilon_1$ und $\alpha = 0$ sind, liegt ein einachsiger Spannungszustand vor mit $\sigma_2 = 0$ und $\sigma_1 = E \varepsilon_1 = 140$ N/mm². Die Stange ist durch die Kraft $F = \sigma_1 A = 140 \,(\text{N/mm}^2) \cdot 19,64 \cdot 10^2 \,\text{mm}^2 = 27,5 \cdot 10^4$ N auf Zug beansprucht.

Beispiel 13. An einer Welle aus Stahl ($E = 2,08 \cdot 10^5$ N/mm², $\mu = 0,3$) mit dem Durchmesser 40 mm sind die Dehnungen $\varepsilon_a = 86,7 \cdot 10^{-5}$, $\varepsilon_b = -50 \cdot 10^{-5}$ und $\varepsilon_c = -86,7 \cdot 10^{-5}$ an mehreren Stellen am Wellenumfang gemessen worden, die Richtung von ε_a ist um 30° gegen die Wellenlängsrichtung geneigt (224.2a). Wie groß sind die Spannungen in der Welle? Durch welche Kräfte oder Momente ist die Welle beansprucht?

Für die Richtung der Dehnung ε_1 erhalten wir tan $2\alpha = (86,7 + 100 - 86,7)/173,4 = 0,577$ oder $\alpha = 15°$. Die Hauptdehnungen sind

$$\left.\begin{matrix}\varepsilon_1 \\ \varepsilon_2\end{matrix}\right\} = 0 \pm \frac{\sqrt{2}}{2} \sqrt{136,7^2 + 36,7^2} = \pm 100 \cdot 10^{-5}$$

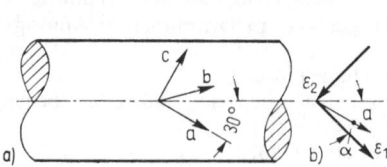

224.2 a) Welle mit eingezeichneten Meßrichtungen am Umfang
b) Zuordnung der Hauptdehnungen zur Meßrichtung

Die Hauptdehnungen liegen unter 45° zur Wellenachse (**224.**2 b) und sind entgegengesetzt gleich, die Welle wird durch ein Drehmoment beansprucht. Die Schubspannung ist

$$\tau = \sigma_1 = \frac{E}{1 - \mu^2}(\varepsilon_1 - \mu\,\varepsilon_1) = \frac{E\,\varepsilon_1}{1 + \mu} = \frac{20{,}8 \cdot 10^4 \text{ N/mm}^2}{1{,}3} \cdot 100 \cdot 10^{-5} = 160 \text{ N/mm}^2$$

Das Drehmoment beträgt $M_t = \tau\,W_p = 2{,}01$ kNm.

9.3.6. Aufgaben zu Abschnitt 9.3

1. Für die in den Aufgaben 1 und 2, S. 217 angegebenen Belastungsfälle sind die Hauptdehnungen zu berechnen, $E = 2 \cdot 10^5$ N/mm^2, $\mu = 0{,}3$.

2. Wie lauten die Gl. (219.5) des allgemeinen Hookeschen Gesetzes, wenn a) $\sigma_1 = \sigma_2 = \sigma$ (Spannungszustand in einer Hohlkugel), b) $\sigma_1 = \tau$, $\sigma_2 = -\tau$ (reine Schubbeanspruchung, Torsion) und c) $\sigma_1 = 2\sigma_2$ (dünnwandiger Hohlzylinder unter Innen- oder Außendruck) ist?

3. Ein rohrförmiger Träger aus Stahl ($E = 2 \cdot 10^5$ N/mm^2, $\mu = 0{,}3$) ist einer unbekannten Kraftwirkung ausgesetzt, Außendurchmesser des Rohres $d_a = 100$ mm, Innendurchmesser $d_i = 50$ mm (**225.**1). An zwei gegenüberliegenden Stellen A und B auf der Oberfläche (durch Vorversuche als die höchstbeanspruchten Stellen gefunden) sind die Dehnungen in drei Richtungen gemessen

$$A: \quad \varepsilon_a = 46{,}5 \cdot 10^{-5} \qquad \varepsilon_b = -12 \cdot 10^{-5} \qquad \varepsilon_c = -18{,}5 \cdot 10^{-5}$$
$$B: \quad \varepsilon_a = 18{,}5 \cdot 10^{-5} \qquad \varepsilon_b = 12 \cdot 10^{-5} \qquad \varepsilon_c = -46{,}5 \cdot 10^{-5}$$

Zu berechnen sind Größe und Richtung der Hauptspannungen sowie Normal- und Schubspannungen in x- und y-Richtung. Durch welche Kräfte oder Momente ist der Träger beansprucht?

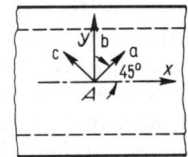 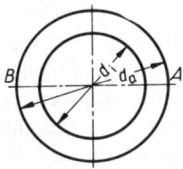

225.1 Träger mit Rohrquerschnitt, A und B Dehnungsmeßstellen

4. Die aus vergütetem Edelstahl gefertigte Taucherkugel (Außendurchmesser 2180 mm, Wanddicke 120 mm) befindet sich in 11 500 m Wassertiefe. Wie groß sind die Spannung und die Durchmesseränderung? ($E = 2{,}1 \cdot 10^5$ N/mm^5, $\mu = 0{,}3$).

5. An einem zylindrischen Kunststoffbehälter ist bei einer Innendruckprobe die Vergrößerung des Außendurchmessers $d_a = 105$ mm zu $\Delta d_a = 0{,}408$ mm gemessen, Wanddicke $t = 1{,}25$ mm, $E = 3{,}5 \cdot 10^3$ N/mm^2, $\mu = 0{,}3$.
Zu berechnen sind die Spannungen σ_t und σ_l sowie der Innendruck p_i.

9.4. Festigkeitshypothesen — Versagen bei mehrachsiger Beanspruchung

Bei den einfachen Grundbeanspruchungsarten (Zug, Druck, Biegung und Verdrehung) sowie bei einfach zusammengesetzter Beanspruchung (durch Superposition) nach den Fällen 1 und 2 der Tafel **187.**1 erfolgt die Festigkeitsberechnung unter Verwendung der bei den Grundbeanspruchungen im Versuch erhaltenen Werkstoffkennwerte (Grenzspannungen). Für die Ermittlung der zulässigen Spannung oder der Sicherheit ist neben der Art der Beanspruchung die Art des möglichen Versagens maßgebend. Je nach Art und Behandlungszustand des Werkstoffs kann man das Versagen immer innerhalb der Grenzen Trennbruch (sprödes Verhalten) und Verformungs- oder Gleitbruch (zähes, plastisches Verhalten) einordnen. Maßgebend ist entweder die Trennfestigkeit (größte Zug-Normalspannung) oder die Gleitfestigkeit (größte Schubspannung), häufig auch beide miteinander.

Für eine zusammengesetzte, mehrachsige Beanspruchung nach den Fällen 3 und 4 der Tafel 187.1 stehen entsprechende Kennwerte nicht zur Verfügung, und es ist nicht ohne weiteres möglich, aus dem Versagen bei einachsiger Beanspruchung auf das Verhalten bei mehrachsiger Beanspruchung zu schließen. Hierfür wurden vielmehr schon in früherer Zeit theoretische Untersuchungen vorgenommen, deren Ergebnisse in Festigkeits- oder Bruchhypothesen zusammengefaßt und für die Berechnung empfohlen sind. Von den vielen vorhandenen Hypothesen haben sich drei als brauchbar erwiesen, die im folgenden besprochen werden sollen. Als Maß für die Brauchbarkeit ist die Bestätigung durch Versuche anzusehen.

Die Hypothese der größten (Zug-)Normalspannung (Galilei, Lamé, Clapeyron, Maxwell) geht von der Überlegung aus, daß ein Versagen bei mehrachsiger Beanspruchung stattfindet, wenn unabhängig von den anderen Spannungen die größte Normal- oder Hauptspannung σ_1 einen Grenzwert, die Trennfestigkeit, erreicht. Sie wird experimentell bestätigt bei ruhender überwiegender Zugbeanspruchung spröder, trennbruchempfindlicher Werkstoffe (Grauguß, gehärteter Stahl) und bei Verformungsbehinderung durch räumliche Zugbeanspruchung und Kerbwirkung in zähen Werkstoffen. Ein Stück Kreide z.B. bricht bei Verdrehbeanspruchung unter 45° zur Achse, also senkrecht zur größten Zughauptspannung. Ein sehr zäher Stahl, etwa St 37, bricht bei allseitig gleicher Zugbeanspruchung spröde wie Gußeisen im einachsigen Zugversuch.

Die Hypothese der größten Schubspannung (Hauptspannungsdifferenz) (Coulomb, Guest, Mohr) macht für das Versagen die bei räumlicher Beanspruchung größte Schubspannung τ_{max} verantwortlich. Sie beruht auf der Auffassung, daß Gleitverformungen durch Schubspannungen ausgelöst werden, sobald τ_{max} den Grenzwert der Schubspannung, die Gleitfestigkeit oder Schubfließgrenze erreicht. Die Gültigkeit dieser Hypothese ist bestätigt bei ruhender Zug- und Druckbeanspruchung verformungsfähiger metallischer Werkstoffe mit ausgeprägtem Fließverhalten, wenn also Versagen durch plastische Verformung eintritt, und für spröde Werkstoffe (z.B. Grauguß) bei überwiegender Druckbeanspruchung. Eine Druckprobe aus Grauguß oder Beton (Werkstoffe, die nur geringe oder keine Zugfestigkeit besitzen) versagt im Druckversuch durch Gleiten (Schubbruch) unter etwa 45° zur Druckrichtung (18.1 b).

Die Hypothese der größten Gestaltänderungsenergie (Huber, v. Mises, Hencky) sagt aus, daß ein Versagen bei mehrachsiger Beanspruchung möglich ist, wenn der Wert der Gestaltänderungsenergie einen Grenzwert erreicht. In Abschn. 9.3.1 ist gezeigt worden, daß Normalspannungen eine Volumenänderung eines Körperelements, Schubspannungen dagegen eine Änderung der Gestalt des Elements durch Schiebungen bewirken.

Die Erfahrung zeigt, daß ein Körper unter allseitig gleichem Druck, der nur Volumenänderung hervorruft, nicht bricht. Von der gesamten Formänderungsarbeit in einem Körperelement kann man den Anteil, der durch Volumenänderung hervorgerufen wird, abziehen. Den übriggebliebenen Anteil, der für die Gestaltänderung aufzubringen ist, bezeichnet man als Gestaltänderungsarbeit oder -energie.

Diese Hypothese vergleicht also die im räumlichen Spannungszustand für die Gestaltänderung erforderliche Energie mit einem Grenzwert bei einachsiger Beanspruchung. Die Gültigkeit dieser Hypothese ist insbesondere bei dynamischer, und hier vor allem bei wechselnder Beanspruchung unabhängig von Belastungsart und Werkstoff nachgewiesen. Sie wird deswegen heute hierbei mit Vorzug angewendet, aber auch bei ruhender bzw. schwellender Beanspruchung für zähe Werkstoffe mit nicht ausgeprägter Fließgrenze, also insbesondere Nichteisenmetalle, gebraucht.

9.4.1. Vergleichsspannung σ_v

Das Ziel bei der Aufstellung von Festigkeitshypothesen ist es, Berechnungsgleichungen für mehrachsige Beanspruchung zu finden. Man führt die Spannungen des mehrachsigen Spannungszustands auf eine gleichwertige einachsige Vergleichsspannung σ_v zurück, mit der man dann den Spannungszustand mit einem einachsigen vergleicht.

Die Vergleichsspannung σ_v ist eine rechnerische Spannung, die auf Grund von Hypothesen mehrachsige, auch ungleichartige, Spannungszustände auf eine gleichwertige einachsige Normalspannung umrechnet — vergleicht. Sie ist in der Festigkeitsrechnung wie eine einachsige Zug-, Druck- oder Biegespannung zu behandeln.

Man kann somit die Vergleichsspannung bei mehrachsiger Beanspruchung mit einer zulässigen Spannung vergleichen, die aus den bei einachsiger Beanspruchung ermittelten Kennwerten errechnet ist. Im folgenden sollen die Ausgangsgleichungen für die einzelnen Hypothesen entwickelt werden.

Hypothese der größten Hauptspannung

In einem beliebig belasteten Körper treten in jedem Punkt drei Hauptspannungen σ_1, σ_2, σ_3 auf. Ist $\sigma_1 > \sigma_2 > \sigma_3$, dann ist die größte Hauptspannung σ_1 als Vergleichsspannung definiert, die beiden übrigen Hauptspannungen bleiben dabei unberücksichtigt

$$\sigma_{v(N)} = \sigma_{max} = \sigma_1 \leqq \sigma_{zul} \tag{227.1}$$

Hypothese der größten Schubspannung

Aus Abschn. 9.2.2.2 ist bekannt, daß die größte Schubspannung unter 45° zu jeder der drei Hauptspannungsebenen dem Durchmesser des betreffenden Spannungskreises proportional ist. Geht man vom **räumlichen dreiachsigen Spannungszustand** aus (**217.1**), so hat man je nach dem Vorzeichen der Hauptspannungen, je nachdem also, ob sie Zug- oder Druckspannungen sind, zwei Fälle zu unterscheiden (**227.1**):

a) $\sigma_3 < 0 < \sigma_2 < \sigma_1$

Die absolut größte Schubspannung ist als halbe Differenz der größten und kleinsten Hauptspannung gegeben, ist also dem Durchmesser des größten Spannungskreises proportional. Somit ist die Vergleichsspannung

$$\sigma_{v(Sch)} = 2\tau_{max} = \sigma_1 - \sigma_3 \leqq \sigma_{zul} \tag{227.2}$$

227.1 a) Spannungskreise für $\sigma_3 < 0 < \sigma_2 < \sigma_1$
b) Spannungskreise für $\sigma_3 = 0 < \sigma_2 < \sigma_1$

b) $\sigma_3 = 0 < \sigma_2 < \sigma_1$

In diesem Fall ist die größte Differenz gleich der größten Hauptspannung, und die Vergleichsspannung für diesen Fall ist identisch mit derjenigen der vorigen Hypothese

$$\sigma_{v(Sch)} = \sigma_1 - 0 = \sigma_{v(N)} \leqq \sigma_{zul}$$

Im folgenden Abschnitt wird dann nur noch der Fall a) weiter verfolgt. Man sieht als besonderes Merkmal der Schubspannungshypothese, daß die Vergleichsspannung hier unabhängig von der mittleren Hauptspannung σ_2 ist, diese hat keinen Einfluß auf das Versagen.

Im Fall des ebenen Spannungszustands, der besonders interessiert, war $\sigma_3 = 0$. Somit lautet für den Fall a) mit $\sigma_2 < 0$ die Vergleichsspannung

$$\sigma_{v(\text{Sch})} = \sigma_1 - \sigma_2 \leqq \sigma_{zul} \tag{228.1}$$

Hypothese der größten Gestaltänderungsenergie

Im Abschn. 9.3.1 ist gezeigt worden, daß für die Gestaltänderung eines Elements nur Schubspannungen verantwortlich sind. Man kann zeigen, daß die Gestaltänderungsenergie bei räumlichem Spannungszustand in einem Körperelement durch die drei größten Schubspannungen nach Bild **217**.1 b ausgedrückt werden kann. Ohne hier auf ihre Ableitung näher eingehen zu können, lautet die Beziehung

$$\Delta W_{\text{Gest}} = \frac{1}{3\,G}\,(\tau_I^2 + \tau_{II}^2 + \tau_{III}^2)$$

Ersetzt man nach Bild **217**.1 b die Schubspannungen durch die Differenzen der jeweiligen Hauptspannungen, $\tau_I = (\sigma_1 - \sigma_2)/2$ usw., so folgt

$$\Delta W_{\text{Gest}} = \frac{1}{12\,G}\,[(\sigma_1 - \sigma_2)^2 + (\sigma_2 - \sigma_3)^2 + (\sigma_1 - \sigma_3)^2]$$

Für den Grenzfall des einachsigen Spannungszustands mit der Spannung $\sigma_1 = \sigma_v$ ist

$$\Delta W'_{\text{Gest}} = \frac{1}{6\,G}\,\sigma_v^2$$

Durch Vergleich $\Delta W_{\text{Gest}} = \Delta W'_{\text{Gest}}$ erhält man

$$\sigma_{v(\text{GE})} = \sqrt{\frac{1}{2}\,[(\sigma_1 - \sigma_2)^2 + (\sigma_2 - \sigma_3)^2 + (\sigma_1 - \sigma_3)^2]} \leqq \sigma_{zul} \tag{228.2}$$

Für den Fall des zweiachsigen ebenen Spannungszustands mit $\sigma_3 = 0$ ist die Vergleichsspannung

$$\sigma_{v(\text{GE})} = \sqrt{\sigma_1^2 + \sigma_2^2 - \sigma_1\,\sigma_2} \leqq \sigma_{zul} \tag{228.3}$$

9.4.2. Berechnungsgleichungen — Korrekturzahl nach C. Bach

Vorstehend wurden die einzelnen Vergleichsspannungen durch die Hauptspannungen ausgedrückt, die im allgemeinen nicht direkt bekannt sind. Beschränken wir uns auf den ebenen Spannungszustand. Vielfach sind nur die Spannungen σ_x, σ_y und τ in zwei zueinander senkrechten Schnittrichtungen gegeben. Es ist zweckmäßig, die Vergleichsspannungen durch diese Spannungen auszudrücken. Ersetzt man in den Gleichungen die Spannungen σ_1 und σ_2 aus Gl. (210.1), so erhält man die in Tafel **229**.1 zusammengestellten Gleichungen. Aus dem Vergleich zwischen den Vergleichsspannungen bei einachsiger Zug- und bei reiner Schubbeanspruchung nach den verschiedenen Hypothesen in der Tafel, Zeile 3 und 4, ersieht man, daß sich verschiedene Verhältniszahlen φ zwischen σ und τ ergeben. Vergleicht man weiter die bei Zug oder Biegung und bei Torsion in

Versuchen ermittelten Kennwerte der verschiedenen Werkstoffe miteinander, so erkennt man eine gewisse Zuordnung zum Verhältniswert φ nach den einzelnen Hypothesen. Bei Grauguß ist z.B. R_m/τ_B etwa gleich 1, für zähen Stahl ist das Verhältnis der Fließgrenzen σ_{bF}/τ_F ungefähr 2 und das Verhältnis der Wechselfestigkeiten σ_{bW}/τ_W etwa 1,7, entsprechend dem oben in Abschn. 9.4 angegebenen möglichen Anwendungsbereich der einzelnen Hypothesen.

Tafel 229.1   Vergleichsspannungen des ebenen Spannungszustands

Spannungszustand		Normalspannung	Hypothese der größten Schubspannung[1]	Gestaltänderungsenergie
a	σ_x, σ_y, τ $(\alpha_0 = 1)$	$\sigma_v = 0{,}5(\sigma_x + \sigma_y) + 0{,}5 \cdot$ $\cdot \sqrt{(\sigma_y - \sigma_x)^2 + 4\tau^2}$	$\sigma_v = \sqrt{(\sigma_y - \sigma_x)^2 + 4\tau^2}$	$\sigma_v = \sqrt{\sigma_x^2 + \sigma_y^2 - \sigma_x\sigma_y + 3\tau^2}$
b	σ_x, σ_y, τ $(\alpha_0 \neq 1)$	$\sigma_v = 0{,}5(\sigma_x + \sigma_y) + 0{,}5 \cdot$ $\cdot \sqrt{(\sigma_x - \sigma_y)^2 + 4(\alpha_0\tau)^2}$	$\sigma_v = \sqrt{(\sigma_y - \sigma_x)^2 + 4(\alpha_0\tau)^2}$	$\sigma_v = \sqrt{\sigma_x^2 + \sigma_y^2 - \sigma_x\sigma_y + 3(\alpha_0\tau)^2}$
a	$\sigma_y = \sigma,$ $(\alpha_0 = 1)$ $\sigma_x = 0, \tau$	$\sigma_v = 0{,}5\sigma + 0{,}5 \cdot$ $\cdot \sqrt{\sigma^2 + 4\tau^2}$	$\sigma_v = \sqrt{\sigma^2 + 4\tau^2}$	$\sigma_v = \sqrt{\sigma^2 + 3\tau^2}$
b	$\sigma_y = \sigma,$ $(\alpha_0 \neq 1)$ $\sigma_x = 0, \tau$	$\sigma_v = 0{,}5\sigma + 0{,}5 \cdot$ $\cdot \sqrt{\sigma^2 + 4(\alpha_0\tau)^2}$	$\sigma_v = \sqrt{\sigma^2 + 4(\alpha_0\tau)^2}$	$\sigma_v = \sqrt{\sigma^2 + 3(\alpha_0\tau)^2}$
	$\sigma_y = \sigma, \sigma_x = \tau = 0$	$\sigma_v = \sigma$	$\sigma_v = \sigma$	$\sigma_v = \sigma$
	$\sigma_y = \sigma_y = 0, \tau$ $(\alpha_0 = 1)$	$\sigma_v = \tau$	$\sigma_v = 2\tau$	$\sigma_v = \sqrt{3}\,\tau$
	$\varphi = \sigma/\tau$	1	2	$\sqrt{3}$
c	Vergleichsmoment $M_v = W_b\,\sigma_v$ bei Biegung+Torsion $(\varkappa = W_t/W_b)$	$M_v = 0{,}5\,M_b + 0{,}5 \cdot$ $\cdot \sqrt{M_b^2 + 4\left(\dfrac{\alpha_0 M_t}{\varkappa}\right)^2}$	$M_v = \sqrt{M_b^2 + 4\left(\dfrac{\alpha_0 M_t}{\varkappa}\right)^2}$	$M_v = \sqrt{M_b^2 + 3\left(\dfrac{\alpha_0 M_t}{\varkappa}\right)^2}$

Liegt ein inhomogener Werkstoff vor (z.B. Holz mit unterschiedlichen Festigkeiten in verschiedenen Richtungen) oder unterliegen Normal- und Schubbeanspruchung verschiedenartiger Belastungsfolge (z.B. Biegung wechselnd und Torsion ruhend o.ä.), so ist von C. Bach eine Korrektur der Gleichungen vorgeschlagen worden, mit der man dieser Tatsache Rechnung tragen kann. Mit Hilfe einer K o r r e k t u r z a h l α_0, A n s t r e n g u n g s v e r h ä l t n i s genannt, als Faktor von τ, rechnet man die Schubspannung τ auf den jeweiligen Lastfall der Normalspannung um

$$\alpha_0 = \frac{\sigma_{zul}}{\varphi\,\tau_{zul}} \qquad\qquad (229.1)$$

Diese Zahl α_0 ist so zu ermitteln, daß unabhängig von der jeweiligen Hypothese bei reinem Schub $\sigma_v = \tau$ wird. Der Faktor φ im Nenner berücksichtigt dann die jeweilige Hypothese, s. Tafel **229.**1.

Da die z.B. aus Tabellen entnommenen zulässigen Spannungen recht willkürlich sein können, empfiehlt es sich, mit im Versuch ermittelten Grenzspannungen, den W e r k -

---

[1] Gilt für $\sigma_1 > 0$; $\sigma_2 < 0$

stoffkennwerten, zu arbeiten, also mit $\sigma_{\mathrm{zul}} = \sigma_{\mathrm{Grenz}}/v_\sigma^*$ und $\tau_{\mathrm{zul}} = \tau_{\mathrm{Grenz}}/v_\tau^*$. Geht man von gleichen Sicherheiten für Normal- und Schubbeanspruchung $v_\sigma^* = v_\tau^*$ aus, folgt

$$\alpha_0 = \frac{\sigma_{\mathrm{Grenz}}}{\varphi\,\tau_{\mathrm{Grenz}}} \tag{230.1}$$

Beispiel 14. Eine Welle aus St 50 ist durch das Biegemoment M_{b} und das Drehmoment M_{t} belastet. Wie groß ist nach der Hypothese der größten Gestaltänderungsenergie die Korrekturzahl α_0, wenn a) die Biegung wechselnd, die Torsion ruhend, b) beide wechselnd, c) die Biegung ruhend, die Torsion wechselnd erfolgt?

Dauerfestigkeitsschaubildern für St 50 entnimmt man die Grenzspannungen

$$\sigma_{\mathrm{bF}} = 370\ \mathrm{N/mm^2} \qquad \sigma_{\mathrm{bW}} = 240\ \mathrm{N/mm^2} \qquad \tau_{\mathrm{F}} = 190\ \mathrm{N/mm^2} \qquad \text{und} \qquad \tau_{\mathrm{W}} = 140\ \mathrm{N/mm^2}$$

Es ist also mit $\varphi = \sqrt{3}$

a) $\qquad \alpha_0 = \sigma_{\mathrm{bW}}/\varphi\,\tau_{\mathrm{F}} = 240\,(\mathrm{N/mm^2})/\sqrt{3} \cdot 190\,(\mathrm{N/mm^2}) = 0{,}73$

b) $\qquad \alpha_0 = \sigma_{\mathrm{bW}}/\varphi\,\tau_{\mathrm{W}} = 240\,(\mathrm{N/mm^2})/\sqrt{3} \cdot 140\,(\mathrm{N/mm^2}) = 0{,}99 \approx 1$

c) $\qquad \alpha_0 = \sigma_{\mathrm{bF}}/\varphi\,\tau_{\mathrm{W}} = 370\,(\mathrm{N/mm^2})/\sqrt{3} \cdot 140\,(\mathrm{N/mm^2}) = 1{,}53$

In die Vergleichsspannung σ_{v} geht somit (Tafel 229.1, Zeile 2b) die Torsionsschubspannung $\tau = M_{\mathrm{t}}/W_{\mathrm{t}}$ im Fall a) abgeschwächt, im Fall c) verstärkt ein. Bei gleichartiger Belastung nach Fall b) ist $\alpha_0 = 1$.

Beispiel 15. Für den zylindrischen Stab (213.2) ist bei ruhender Beanspruchung nach der Schubspannungshypothese die Vergleichsspannung $\sigma_{\mathrm{v(Sch)}} = 112 - (-\,26)\ \mathrm{N/mm^2} = 138\ \mathrm{N/mm^2}$, also größer als die größte Hauptspannung.

Beispiel 16. In dem Rechteckquerschnitt (214.1 a) ist die größte Beanspruchung in der Faser 3. Man sieht, daß die größte Vergleichsspannung nach der Schubspannungshypothese dem Durchmesser des größten Spannungskreises proportional ist, $\sigma_{\mathrm{v(Sch)}} = 2\tau_3 = 120\ \mathrm{N/mm^2}$.

Bei der Berechnung von Wellen oder Trägern unter Biege- und Verdrehbeanspruchung ist es manchmal zweckmäßig, das sogenannte Vergleichsmoment M_{v} einzuführen

$$M_{\mathrm{v}} = W_{\mathrm{b}}\,\sigma_{\mathrm{v}}$$

Mit der größten Biegespannung $\sigma_{\mathrm{b}} = M_{\mathrm{b}}/W_{\mathrm{b}}$ und der im gleichen Querschnittspunkt wirkenden Schubspannung $\tau = M_{\mathrm{t}}/W_{\mathrm{t}}$ ist z. B. nach der Mohrschen Hypothese

$$\sigma_{\mathrm{v}} = \sqrt{\left(\frac{M_{\mathrm{b}}}{W_{\mathrm{b}}}\right)^2 + 4\left(\frac{\alpha_0\,M_{\mathrm{t}}}{W_{\mathrm{t}}}\right)^2}$$

Setzt man für $W_{\mathrm{t}} = \varkappa\,W_{\mathrm{b}}$ ein, dann folgt

$$\sigma_{\mathrm{v}}\,W_{\mathrm{b}} = \sqrt{M_{\mathrm{b}}^2 + 4\left(\frac{\alpha_0\,M_{\mathrm{t}}}{\varkappa}\right)^2} = M_{\mathrm{v}}$$

Bei Wellen mit kreissymmetrischem Querschnitt ist $W_{\mathrm{t}} = W_{\mathrm{p}}$ und $\varkappa = 2$.

Die Vergleichsmomente für die drei Hypothesen sind ebenfalls in Tafel 229.1 aufgeführt. Für die Ermittlung der zulässigen Spannung und der Sicherheit gelten sinngemäß die gleichen Überlegungen, wie in den Abschn. 3 und 4. Bei dynamischer Beanspruchung z. B. ist die Sicherheit gegen Dauerbruch

$$v_{\mathrm{D}} = \frac{\sigma_{\mathrm{D}}\,b_0}{o_{\mathrm{k}}\,\beta_{\mathrm{k}}\,\sigma_{\mathrm{v}}} \tag{230.2}$$

und die zulässige Spannung

$$\sigma_{zul} = \frac{\sigma_D\, b_0}{\nu_D\, o_k\, \beta_k} = \frac{\sigma_D}{\nu^*} \qquad (231.1)$$

Bei gekerbten Bauteilen sind Oberflächen-, Kerb- oder sonstige Einflüsse in den Gleichungen für die Vergleichsspannungen entweder bei den Einzelspannungen σ und τ zu berücksichtigen oder — was häufig einfacher ist — man multipliziert die Vergleichsspannung σ_v direkt mit den entsprechenden Faktoren (wirksame Vergleichsspannung), wie es in Gl. (230.2) geschehen ist.

Beispiel 17. Die Welle (231.1) ist durch die Einzellast $F = 60$ kN schwellend beansprucht, ein wechselndes Drehmoment $M_t = 18$ kNm ist der Biegebeanspruchung überlagert. Die Größtwerte der Spannungen treffen zeitlich zusammen. Zu berechnen ist die Sicherheit gegen Dauerbruch. Für den Werkstoff — vergüteter Baustahl 34 CrMo4 — sind die an 10-mm-Proben ermittelten Kennwerte $\sigma_{b\,Sch} = 580$ N/mm^2 und $\tau_w = 220$ N/mm^2.

Kerbwirkung und Oberfläche, die ohne genaue Konstruktionsmerkmale nicht erfaßt werden können, sind mit $o_k\, \beta_k = 2$ zu berücksichtigen.

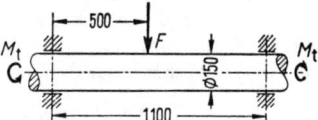

231.1 Welle

Da die Welle dynamisch beansprucht ist, rechnen wir die Vergleichsspannung nach der GE-Hypothese[1]. Mit dem größten Biegemoment $M_{b\,max} = (6/11)\cdot 6\cdot 10^4$ N $\cdot$ 500 mm $= 1{,}637\cdot 10^7$ Nmm und dem Widerstandsmoment des Kreisquerschnitts $W_b = 331\cdot 10^3$ mm^3 ist die Biegespannung im gefährdeten Querschnitt $\sigma_b = 49{,}5$ N/mm^2. Die Schubspannung im gleichen Querschnitt ergibt sich mit $W_p = 2\,W_b$ zu $\tau = 27{,}2$ N/mm^2. Den Korrekturfaktor α_0 findet man aus Gl. (230.1) zu $\alpha_0 = \sigma_{b\,Sch}/\varphi\,\tau_w = 580$ N/mm$^2/\sqrt{3}\cdot 220$ N/mm$^2 = 1{,}52$. Somit erhält man die Vergleichsspannung (Tafel 229.1) $\sigma_{v(GE)} = \sqrt{4{,}95^2 + 3\,(1{,}52\cdot 2{,}72)^2}\cdot 10$ N/mm^2 $= 87$ N/mm^2. Mit dem Größenfaktor $b_0 = 0{,}6$ (94.2) ist die Sicherheit

$$\nu_D = \frac{\sigma_{b\,Sch}\, b_0}{o_k\, \beta_k\, \sigma_v} = \frac{580\ (\text{N/mm}^2)\ 0{,}6}{2\cdot 87\ \text{N/mm}^2} = 2$$

Beispiel 18. Eine Dehnschraube (Schaftdurchmesser 22 mm) steht in einer Schraubenverbindung unter ruhender Zugbelastung $F = 91{,}2$ kN. Nach dem Anziehen der Schraube ist infolge Reibung an den Auflageflächen und im Gewinde das Drehmoment M_t verblieben, wodurch die Schraube im Schaft zusätzlich belastet ist.

Wie groß darf das Drehmoment sein, wenn zweifache Sicherheit gegen Erreichen der Streckgrenze $= 600$ N/mm^2 im Schaftquerschnitt gewährleistet sein soll?

Die Zugspannung ist $\sigma_z = F/A = 9{,}12\cdot 10^4$ N/380 mm$^2 = 240$ N/mm^2. Wir rechnen mit der Mohrschen Hypothese

$$\sigma_{v(Sch)} = \sqrt{\sigma_z^2 + 4\tau^2} \leq \sigma_{zul}$$

Löst man die Gleichung nach der unbekannten Schubspannung auf, so erhält man

$$\tau = \tfrac{1}{2}\sqrt{\sigma_{zul}^2 - \sigma_z^2}$$

Bei zweifacher Sicherheit ist $\sigma_{zul} = 300$ N/mm^2, also

$$\tau = \sqrt{3^2 - 2{,}4^2}\cdot 50\ \text{N/mm}^2 = 90\ \text{N/mm}^2$$

Das Drehmoment ist $M_t = \tau\,W_p = 90\ (\text{N/mm}^2)\cdot 2{,}09\cdot 10^3\ \text{mm}^3 = 1{,}881\cdot 10^5$ Nmm.

---

[1] Abgekürzte Schreibweise für die Hypothese der größten Gestaltänderungsenergie.

Beispiel 19. Welche Leistung kann die Ritzelwelle (Geradverzahnung, Eingriffswinkel 20°) aus St 70 (**232.**1) bei 2900 min^{-1} übertragen, wenn zweifache Sicherheit gegen Dauerbruch verlangt ist? Das Drehmoment wird durch die Umfangskraft F_u abgegeben, die Drehrichtung ist ständig gleichbleibend. Die Hohlkehlen sind poliert.

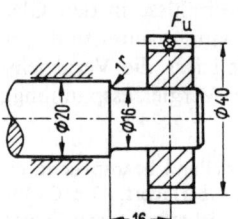

Die größte Beanspruchung tritt im Übergang von 16 auf 20 mm ⌀ auf. Die Biegebeanspruchung ist wechselnd, die Torsionsbeanspruchung kann wegen der ständig gleichen Drehrichtung als ruhend (oder bei häufigem An- und Abschalten schwellend) angesehen werden. Unter Verwendung der GE-Hypothese rechnen wir mit dem Ansatz $M_v/W_b \leq \sigma_{zul}$.

232.1 Ritzelwelle

Die zulässige Spannung berechnen wir aus Gl. (230.2). Dem Taschenbuch [2] entnehmen wir für $t/\varrho = 2$ und $a/\varrho = 8$ die Formzahl bei Biegung $\alpha_k = 2$. Mit $\eta_k = 0,6$ erhalten wir die Kerbwirkungszahl $\beta_k = 1 + (\alpha_k - 1)\,\eta_k = 1,6$. Für St 70 ist die Biegewechselfestigkeit $\sigma_{bW} = 320$ N/mm². Bei 16 mm Durchmesser ist $b_0 = 0,95$ (94.2). Somit ergibt sich aus Gl. (230.2)

$$\sigma_{zul} = \frac{320\,(\text{N/mm}^2) \cdot 0,95}{1 \cdot 1,6 \cdot 2} = 95\ \text{N/mm}^2$$

Mit $M_b = \dfrac{F_u}{\cos 20°} \cdot 1,6\ \text{cm} = F_u \cdot 1,7\ \text{cm}$, $M_t = F_u \cdot 2\ \text{cm}$, $\varkappa = W_p/W_b = 2$ und $\alpha_0 = \sigma_{bW}/\varphi\,\tau_F$

$= 320\,(\text{N/mm}^2)/\sqrt{3} \cdot 260\ \text{N/mm}^2 = 0,71$ ($\tau_F = \tau_{Sch} = 260\ \text{N/mm}^2$) ist das Vergleichsmoment

$M_v = F_u \sqrt{1,7^2 + 3\left(\dfrac{0,71 \cdot 2}{2}\right)^2}\ \text{cm} = F_u \cdot 2,1\ \text{cm}$. Mit $W_b = 402\ \text{mm}^3$ erhält man aus $M_v = W_b \sigma_{zul}$

die Umfangskraft

$$F_u = \frac{402\ \text{mm}^3 \cdot 95\ \text{N/mm}^2}{21\ \text{mm}} = 1,82 \cdot 10^3\ \text{N}$$

Schließlich ergibt sich aus der Gleichung $P = M_t\,\omega$ die Leistung

$$P = 1,82 \cdot 10^3\ \text{N} \cdot 20\ \text{mm} \cdot 2\pi\frac{2900}{60}\frac{1}{\text{s}} = 11,1 \cdot 10^6\ \text{Nmms}^{-1} = 11,1 \cdot 10^3\ \text{Nms}^{-1} = 11,1\ \text{kW}$$

Beispiel 20. Ein Stange mit Kreisquerschnitt ($d = 40$ mm) aus Grauguß ist unter gleichzeitiger Einwirkung der unbekannten Zugkraft F und des unbekannten Drehmoments M_t gebrochen. Die Richtung der Anbruchfläche gegenüber dem Querschnitt ist $\alpha = 29°$ (**233.**1a), ihr Aussehen läßt auf einen Trennbruch schließen. Zugkraft und Drehmoment zum Zeitpunkt des Bruches sind abzuschätzen. An einigen der Stange entnommenen Zerreißstäben ist die mittlere Zugfestigkeit $R_m = 260$ N/mm² ermittelt worden.

Da bei Überlagerung von Zug und Torsion (Tafel **211.**1, 5) die größte Hauptspannung eine Zugspannung ist und das Aussehen der Bruchfläche auf einen Trennbruch schließen läßt, kann die Hypthese der größten Normalspannung für die Abschätzung zugrunde gelegt werden. Die Lösung erfolgt an Hand der Beziehungen im Mohrschen Spannungskreis (**233.**1b). Mit $\sigma_1 = R_m$ folgt aus dem Kreis $\cos \alpha = R_m/s = s/t$, somit $t = R_m/\cos^2 \alpha$.

Weiter ist $\sigma = t \cos 2\alpha = R_m \cos 2\alpha/\cos^2 \alpha = 260\,(\text{N/mm}^2) \cdot 0,53/0,765 = 180\ \text{N/mm}^2$

und $\qquad \tau = R_m \tan \alpha = 260\,(\text{N/mm}^2) \cdot 0,554 = 144\ \text{N/mm}^2$

Nunmehr ist

$$F = \sigma A = 180 \,(\text{N/mm}^2) \cdot 4 \cdot 10^2 \,\pi \,\text{mm}^2 = 22{,}6 \cdot 10^4 \,\text{N}$$

und $\quad M_t = \tau \, W_p = 144 \,(\text{N/mm}^2) \cdot 4 \cdot 10^3 \,\pi \,\text{mm}^3 = 18{,}1 \cdot 10^5 \,\text{Nmm}$

Etwa 230 kN Zugkraft und 1,8 kNm Drehmoment könnten gleichzeitig den Bruch hervorgerufen haben.

Dem Bild **233.**1 b entnimmt man auch einen Weg für eine rein zeichnerische Lösung (Maßstabsfaktor $m_{\sigma\tau} = 125 \,(\text{N/mm}^2)/\text{cm}_z$). Man trägt in A' den Winkel α an, erhält B und trägt in B ebenfalls α an. Der freie Schenkel des Winkels schneidet die σ-Achse in M. Der Kreis um M mit $\overline{BM}$ als Radius ergibt A. Von A aus fällt man das Lot auf die σ-Achse. Damit ist $m_{\sigma\tau} \, \overline{0A''} = \sigma$ und $m_{\sigma\tau} \, \overline{BB''} = m_{\sigma\tau} \, \overline{AA''} = \tau$.

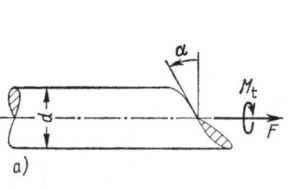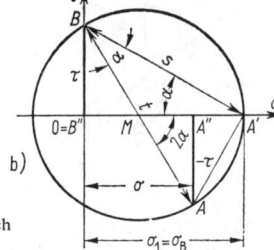

233.1 a) Gebrochene Stange aus Gauguß
b) Spannungskreis für den Grenzzustand Trennbruch
bei Zug- und Torsionsbeanspruchung

Wie groß ist bei 50 mm Stangendurchmesser und gleicher Belastung wie oben die Bruchsicherheit?

$$\sigma = 22{,}6 \cdot 10^4 \,\text{N}/19{,}64 \cdot 10^2 \,\text{mm}^2 = 115 \,\text{N/mm}^2$$

$$\tau = 18{,}1 \cdot 10^5 \,\text{Nmm}/25{,}54 \cdot 10^3 \,\text{mm}^3 = 71 \,\text{N/mm}^2$$

$$\sigma_{v(N)} = 57{,}5 \,\text{N/mm}^2 + 0{,}5 \sqrt{115^2 + 4 \cdot 71^2} \,\text{N/mm}^2 = 149 \,\text{N/mm}^2$$

$$v_B = R_m/\sigma_{v(N)} = 260 \,(\text{N/mm}^2)/149 \,(\text{N/mm}^2) = 1{,}745$$

9.4.3. Aufgaben zu Abschnitt 9.4

1. Für die in Aufgabe 1 und 2, S. 217, angegebenen Belastungsfälle ermittle man die Vergleichsspannungen nach den drei Hypothesen.

2. Der Rechteckquerschnitt eines Balkens (**233.**2) ist durch die Biegemomente $M_{bz} = 45$ Nm und $M_{by} = 192$ Nm sowie durch das Drehmoment $M_t = 78$ Nm beansprucht. In den angegebenen Querschnittpunkten 1···7 sind die Vergleichsspannungen nach der Schubspannungs-Hypothese zu ermitteln.

3. Ein Rundstab aus dem Werkstoff AlCuNi (Durchmesser 40 mm) ist durch das Drehmoment M_t beansprucht. An der Oberfläche ist dabei die Dehnung unter 45° zur Längsrichtung $\varepsilon_{45°} = 0{,}122\%$ gemessen worden.

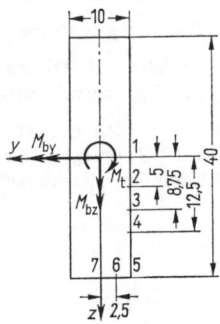

233.2 Rechteckquerschnitt eines Balkens mit Schnittgrößen

Durch welche Zugspannung kann der Stab zusätzlich noch beansprucht werden, wenn 1,5fache Sicherheit gegen Fließen gewährleistet sein soll? Wie groß sind dann Zugkraft und Drehmoment? Größe und Richtung der Hauptspannungen und der Hauptdehnungen für diesen Fall sind zu berechnen. Gegeben sind $E = 7{,}3 \cdot 10^4 \,\text{N/mm}^2$; $\mu = 0{,}35$; $R_{p\,0,2} = 270 \,\text{N/mm}^2$.

4. Die Getriebezwischenwelle (**234.**1) mit dem Nenndurchmesser 50 mm ist in Höhe der Teilkreise der Zahnräder durch die Umfangskräfte $F_{u1} = 7$ kN und $F_{u2} = 17,5$ kN belastet (die Radialkomponenten der Zahnkräfte sind in der Rechnung zu vernachlässigen). Die Drehrichtung der Welle wechselt ständig.

Die Sicherheit gegen Dauerbruch ist zu ermitteln.

Im gefährdeten Querschnitt ist mit der Formzahl $\alpha_k = 2,5$ zu rechnen, $o_k = 1,2$. Wellenwerkstoff 34 CrMo 4 mit $\sigma_{bW} = 400$ N/mm² und $\eta_k = 0,7$.

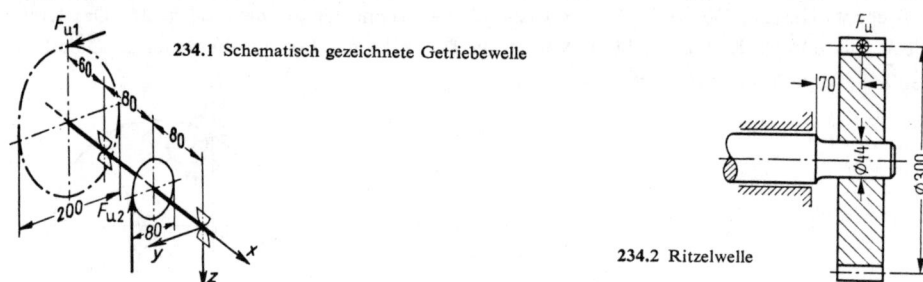

234.1 Schematisch gezeichnete Getriebewelle

234.2 Ritzelwelle

5. Welche Leistung kann die Ritzelwelle (Geradverzahnung) aus St 70 (**234.**2) bei 1450 min⁻¹ und zweifacher Sicherheit gegen Dauerbruch übertragen? Das Drehmoment wird durch die Umfangskraft F_u abgegeben, die Drehrichtung ist ständig gleichbleibend, die Hohlkehle ($\alpha_k = 2,1$) ist poliert.

Gegeben: Für St 70 $\sigma_{bW} = 320$ N/mm²; $\tau_{tF} = 260$ N/mm²; $\eta_k = 0,6$; für $\varnothing$ 44 ist $b_0 = 0,75$.

6. Ein geschweißter Kugelkessel ($d_a = 1200$ mm, $s = 6$ mm, Werkstoff St 42 mit $\sigma_{zSch} = 240$ N/mm², $\beta_k = 1,6$) weitet sich bei pulsierendem Druckbetrieb um den Betrag $\Delta d_a = 0,3$ mm auf.

Zu berechnen sind a) die Spannungen in dem Kessel, b) die Sicherheit gegen Dauerbruch, c) den wirkenden Höchstdruck p_i (Querzahl $\mu = 0,3$).

7. Eine Stahlwelle ($d = 20$ mm, $\sigma_{bW(\varnothing 20)} = 240$ N/mm², $E = 2,1 \cdot 10^5$ N/mm², $\mu = 0,3$) ist wechselnd durch das Drehmoment M_t beansprucht. Über Dehnmeßstreifen mißt man dabei an der Oberfläche die Größtdehnung $\varepsilon_{45°} = 0,034\%$.

a) Aus der gemessenen Dehnung errechne man Spannung τ_t und Drehmoment M_t.

b) Welches zusätzliche wechselnde Biegemoment M_b kann die Welle bei 2facher Sicherheit gegen Dauerbruch ertragen?

c) Für diesen Fall ermittle man über den Mohrschen Spannungskreis die Hauptspannungen auf der Zugbiegeseite und errechne die Hauptdehnungen. In welcher Richtung gegen die Längsachse müssen Dehnmeßstreifen angebracht sein, um die Hauptdehnungen zu erfassen?

10. Knicken und Beulen

10.1. Eulersche Knickkraft

10.1.1. Außermittiger Kraftangriff

Durch Zugkräfte beanspruchte Stäbe können ihre Funktion als Trag- oder Verbindungselemente erfüllen, solange die Spannung $\sigma_z = F/A$ die Streckgrenze nicht überschreitet. Lange Stäbe, die durch Druckkräfte belastet sind, zeigen dagegen ein anderes Verhalten. Schon bevor die Druckspannung $\sigma_d = F/A$ die Quetschgrenze erreicht, können auch bei mittiger Druckkraft plötzlich große seitliche Ausbiegungen auftreten, durch die eine Funktionsfähigkeit nicht mehr gewährleistet ist. Man spricht dann vom Knicken des Bauteils.

Die Kraft, bei der diese Erscheinung eintritt, heißt Knickkraft F_K.

Wir wollen zunächst das Verhalten von Druckstäben bei außermittigem Kraftangriff untersuchen, weil sich in der Praxis auch bei planmäßig mittig gedrückten Stäben eine geringe Exzentrizität (z. B. 1 mm) nicht vermeiden läßt.

An einem beiderseits gelenkig und quer zur Stabrichtung unverschieblich gelagerten Stab, dessen Querabmessungen klein gegen seine Länge sind (235.1 a), werden die Gleichgewichtsbedingungen bei einer mit der Exzentrizität e angreifenden Druckkraft F untersucht. Dabei muß man die Durchbiegung $w(x)$ im Ansatz der Momente berücksichtigen, weil man aus der Voraussetzung eines geraden Stabes keine Aussagen für einen gebogenen Stab herleiten kann. Der Stab wird also im bereits ausgebogenen Zustand untersucht (235.1 b).

Der Hebelarm der exzentrischen Druckkraft beträgt $w(x) + e$. Bei Gleichgewicht der Momente am abgetrennt gedachten Teilkörper um die zur Zeichenebene senkrechte y-Achse durch den Schwerpunkt des Querschnittes gilt (235.1 c)

$$M_{by} - F(w + e) = 0 \qquad (235.1)$$

Biegemoment M_{by} und Durchbiegung $w(x)$ sind außerdem durch die Beziehung

$$\frac{M_{by}}{E\,I_y} = -\frac{w''}{(1 + w'^2)^{3/2}} \qquad (235.2)$$

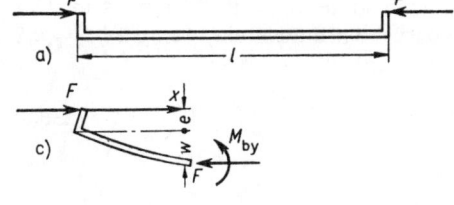

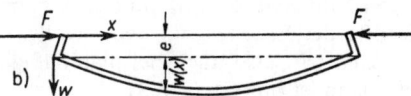

235.1 Druckstab mit außermittiger Belastung
a) gerader Stab
b) stark durchgebogener Stab
c) Kräfte und Momente am Teilstab

(s. Abschn. 5.2) verknüpft. Bei kleiner Durchbiegung, die zu Beginn des Knickvorganges noch vorausgesetzt werden kann, darf w'^2 gegen 1 vernachlässigt werden, so daß $M_{by} = - E I_y w''$ ist. Diesen Wert setzt man in Gl. (235.1) ein und erhält

$$w'' + \frac{F}{E I_y} (w + e) = 0 \qquad (236.1)$$

Führt man die neue Veränderliche $u(x) = w(x) + e$ ein, so ist $u'' = w''$, und Gl. (236.1) geht in

$$u'' + \frac{F}{E I_y} u = 0 \qquad (236.2)$$

über. Zur Abkürzung wollen wir noch die Bezeichnung

$$\varkappa = \sqrt{\frac{F}{E I_y}} \qquad (236.3)$$

einführen. Die Gl. (236.2) hat damit die Lösung (s. Brauch, W.; Dreyer, H.-J.; Haacke, W.: Mathematik für Ingenieure. 8. Aufl. Stuttgart 1990)

$$\begin{aligned} u &= C_1 \sin \varkappa x + C_2 \cos \varkappa x \\ w &= u - e = C_1 \sin \varkappa x + C_2 \cos \varkappa x - e \end{aligned} \qquad (236.4)$$

Als Randbedingungen gelten $w = 0$ für $x = 0$ und $x = l$

$$0 = C_2 - e \qquad 0 = C_1 \sin \varkappa l + C_2 \cos \varkappa l$$

Aus diesen Bestimmungsgleichungen für die Integrationskonstanten gewinnt man

$$C_2 = e \qquad C_1 = e \frac{1 - \cos \varkappa l}{\sin \varkappa l} = e \tan \frac{\varkappa l}{2}$$

und damit die Gleichung für die Biegelinie

$$w(x) = e \left[\tan (\varkappa l/2) \sin \varkappa x + \cos \varkappa x - 1 \right] \qquad (236.5)$$

Mit

$$\tan (\varkappa l/2) \sin \varkappa x + \cos \varkappa x = \frac{\sin (\varkappa l/2) \sin \varkappa x + \cos (\varkappa l/2) \cos \varkappa x}{\cos (\varkappa l/2)} = \frac{\cos \varkappa (l/2 - x)}{\cos (\varkappa l/2)}$$

erhält man

$$w(x) = e \left[\frac{\cos \varkappa (l/2 - x)}{\cos (\varkappa l/2)} - 1 \right] \qquad (236.6)$$

Die maximale Durchbiegung des Stabes tritt wegen Symmetrie in der Mitte bei $x = l/2$ auf.

$$w_{max} = e \left[\frac{1}{\cos (\varkappa l/2)} - 1 \right] \qquad (236.7)$$

Aus Gl. (236.7) ist ersichtlich, daß die Durchbiegung w sehr groß wird, wenn der Kosinus gegen Null geht, d.h., wenn das Argument des Kosinus gegen $\pi/2$ geht. Dabei spielt die Größe der Exzentrizität keine Rolle, sie kann noch so gering, z.B. 0,1 mm, sein. Das Knicken tritt also auch bei planmäßig mittig gedrückten Stäben ein, wenn $\varkappa l/2 = \pi/2$ ist. Dann ist mit Gl. (236.3)

$$F = F_K = \frac{\pi^2 E I_y}{l^2} \qquad (236.8)$$

Diese Kraft heißt Eulersche Knickkraft.

Ersetzt man in Gl. (236.7) den Ausdruck $\varkappa\,l/2$ mit Hilfe der Gl. (236.8) und (236.3) durch $\sqrt{F/F_K}\,\pi/2$ und trägt w_{max} über F/F_K auf (**237.**1), so sieht man, daß der Übergang von kleinen zu großen Durchbiegungen um so plötzlicher erfolgt, je kleiner die Exzentrizität e ist.

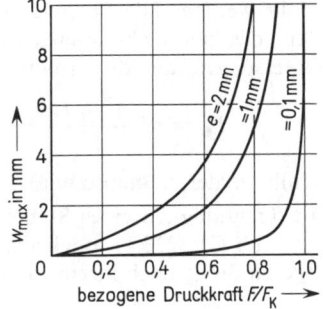

237.1 Durchbiegung in Abhängigkeit von der Kraft für verschiedene Exzentrizitäten

Der Zusammenhang zwischen Durchbiegung und Kraft ist eindeutig, solange $e \neq 0$ ist. Das Gleichgewicht ist stabil. Bei $e = 0$ ergibt sich ein unbestimmter Ausdruck $(0/0)$ für w, wenn $F/F_K = 1$ ist. Bei Erreichen der Knickkraft sind also beliebige Durchbiegungen möglich, die Gleichgewichtslage ist indifferent.

Der Bruch erfolgt wegen Überschreitens der Bruchspannung durch die Stabspannung, die man nach Abschn. 9.1.1 aus Biegespannung und Druckspannung überlagert.

$$\sigma_{max} = \frac{M_{max}}{W_b} + \frac{F}{A} = \frac{F(w_{max} + e)}{W_b} + \frac{F}{A} = \frac{F\,e}{W_b \cos(\varkappa\,l/2)} + \frac{F}{A} \qquad (237.1)$$

Auch die maximale Spannung wird unabhängig von der Größe der Exzentrizität größer als die Bruchspannung wenn die Druckkraft sich der Eulerkraft nähert. Bei größerer Exzentrizität erreicht die Spannung allerdings schon weit unterhalb der Knickspannung unzulässig hohe Beträge. Deshalb wird bei planmäßig mittig gedrückten Stäben, bei denen man geringe Exzentrizitäten nicht ausschließen oder schätzen kann, mit hohen Sicherheitsfaktoren gerechnet, damit die Unsicherheiten bezüglich des Kraftangriffs überdeckt werden.

10.1.2. Mittiger Kraftangriff

Setzt man in der Differentialgleichung (236.1) die Exzentrizität $e = 0$ (**237.**2), so lautet die Lösung

$$w = C_1 \sin \varkappa\,x + C_2 \cos \varkappa\,x \qquad (237.2)$$

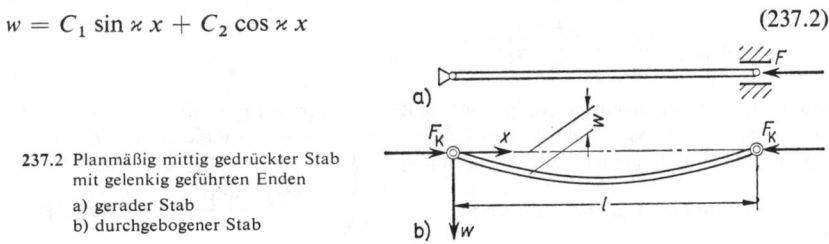

237.2 Planmäßig mittig gedrückter Stab mit gelenkig geführten Enden

a) gerader Stab
b) durchgebogener Stab

Bei gelenkig geführten Enden ist die Randbedingung $w(0) = 0$ durch $C_2 = 0$ zu befriedigen. Die Randbedingung $w(l) = 0$ kann nur durch

$$C_1 = 0 \qquad \text{oder} \qquad \sqrt{\frac{F}{E\,I_y}}\,l = n\,\pi$$

erfüllt werden. Die Bedingung $C_1 = 0$ beschreibt die Gleichgewichtslage bei geradem Stab, die hier nicht interessiert. Die zweite Bedingung kann bei vorgegebenen Stababmessungen nur für einzelne bestimmte Beträge der Kraft, die **Knickkräfte**

$$F_K = n^2 \, \frac{\pi^2 \, E \, I_y}{l^2} \tag{238.1}$$

erfüllt werden (n ganzzahlig).

Die Tragfähigkeit eines Stabes ist erschöpft, wenn die Belastung gleich der **kleinsten** der nach Gl. (238.1) möglichen Kräfte ist ($n = 1$). Diese kleinste Kraft nennt man im engeren Sinne nach ihrem Entdecker die **Eulersche Knickkraft**

$$F_K = \frac{\pi^2 \, E \, I_y}{l^2} \tag{238.2}$$

Die für größere n möglichen Knickkräfte sind für den Ingenieur uninteressant, weil er nur wissen möchte, bis zu welcher Kraft der Stab **nicht** knickt.

Die Biegelinie ist eine Sinuslinie (**237.**2b), die durch die Gleichung

$$w = C_1 \sin \varkappa \, x \tag{238.3}$$

beschrieben wird. Darin ist C_1 unbestimmt.

Bei der Herleitung der Gl. (238.2) waren wir davon ausgegangen, daß der Druckstab nur in der Zeichenebene, also senkrecht zur y-Achse des Stabquerschnittes, ausbiegen kann. Bei einem räumlich (z. B. in einer Kugelpfanne) gelagerten Stab ist jedoch ein Ausknicken in **jeder** Ebene möglich, die die x-Achse enthält. Bei gleicher Stablänge erhält man die **kleinste Knickkraft** für das Ausknicken senkrecht zur Querschnittsachse mit dem kleinsten Flächenmoment $I_2 = I_{\min}$ (s. Abschn. 4.1.3.3), wenn nicht durch konstruktive Maßnahmen die Biegeebene vorgegeben ist.

Knicksicherheit. In einem Bauteil soll eine gewisse Sicherheit gegen Ausknicken vorhanden sein. Die zulässige Druckkraft muß deshalb kleiner als die Knickkraft sein. Der Quotient aus Knickkraft F_K und vorhandener Kraft F heißt **Knicksicherheit**

$$\nu_K = \frac{F_K}{F}$$

Damit ergibt sich die zulässige Druckkraft

$$F_{zul} = \frac{F_K}{\nu_K} = \frac{\pi^2 \, E \, I_{\min}}{\nu_K \, l^2} \tag{238.4}$$

Beispiel 1. Eine beiderseits gelenkig geführte **Betätigungsstange** aus Stahl ($E = 2{,}1 \cdot 10^5$ N/mm) hat 8 mm Durchmesser und 400 mm Länge. Wie groß ist die Knickkraft? Wie groß ist die zulässige Belastung bei einer Knicksicherheit $\nu_K = 3{,}5$?

Das Flächenmoment 2. Ordnung beträgt $I_a = \dfrac{\pi \, d^4}{64} = \dfrac{\pi \cdot (8 \text{ mm})^4}{64} = 201 \text{ mm}^4$. Damit wird

$$F_K = \frac{\pi^2 \, E \, I_a}{l^2} = \frac{\pi^2 \cdot 2{,}1 \cdot 10^5 \, (\text{N/mm}^2) \cdot 201 \text{ mm}^4}{(400 \text{ mm})^2} = 2{,}60 \cdot 10^3 \text{ N}$$

Man dividiert durch den Sicherheitsfaktor und erhält die zulässige Belastung

$$F_{zul} = \frac{F_K}{\nu_K} = \frac{2{,}60 \cdot 10^3 \text{ N}}{3{,}5} = 744 \text{ N}$$

Beispiel 2. Wie lang darf ein gelenkig gelagerter Stab aus Winkelstahl $60 \times 40 \times 5$ (DIN 1029) ohne vorgegebene Biegeebene höchstens sein, wenn er bei einer Knicksicherheit $\nu_K = 3$ mit einer Druckkraft $F = 5$ kN belastet wird? Wie groß ist dann die Druckspannung?
Der Tabelle entnimmt man $I_{min} = I_\eta = 3,5 \cdot 10^4$ mm^4. Damit wird

$$\nu_K F \leq F_K = \frac{\pi^2 E I_{min}}{l^2}$$

und

$$l^2 \leq \frac{\pi^2 E I_{min}}{\nu_K F} = \frac{\pi^2 \cdot 2,1 \cdot 10^5 \ (\text{N/mm}^2) \cdot 3,5 \cdot 10^4 \ \text{mm}^4}{3 \cdot 5 \cdot 10^3 \ \text{N}} = 4,84 \cdot 10^6 \ \text{mm}^2 \qquad l \leq 2200 \ \text{mm}$$

Die Spannung beträgt $\sigma = F/A = 5 \cdot 10^3 \ \text{N}/4,79 \cdot 10^2 \ \text{mm}^2 = 10,4 \ \text{N/mm}^2$.

Beispiel 3. Der Druckstab eines Kranauslegers mit [-Profil (DIN 1026) aus Stahl soll bei der Länge 4 m die Druckkraft $F = 30$ kN bei einer Knicksicherheit $\nu_K = 3,5$ übertragen. Die Enden sind gelenkig gelagert, und das Knicken um die Achse mit dem kleinsten Flächenmoment (z-Achse) ist durch seitliche Anschlüsse nicht möglich. Welches Profil ist zu wählen?
Die Knickkraft muß mindestens das 3,5fache der größten Kraft während des Betriebs betragen.

$$\nu_K F \leq F_K = \frac{\pi^2 E I_y}{l^2} \qquad I_y \geq \frac{l^2 \nu_K F}{\pi^2 E} = \frac{16 \cdot 10^6 \ \text{mm}^2 \cdot 3,5 \cdot 3 \cdot 10^4 \ \text{N}}{\pi^2 \cdot 2,1 \cdot 10^5 \ \text{N/mm}^2} = 81 \cdot 10^4 \ \text{mm}^4$$

Man wählt das Profil [80 mit $I_y = 106 \cdot 10^4$ mm^4 (in den Tabellen I_x [2]).

10.1.3. Andere Randbedingungen

Bei der Herleitung der Eulerschen Knickkraft im Abschn. 10.1.2 war angenommen worden, daß die Enden des Druckstabes gelenkig gelagert sind. Für Druckstäbe mit anderen Randbedingungen (**239**.1) kann man ebenfalls Differentialgleichungen aufstellen und die Knickkräfte berechnen (s. Brauch, W.; Dreyer, H.-J.; Haacke, W.: Mathematik für Ingenieure 8. Aufl. Stuttgart 1990). Sie lauten

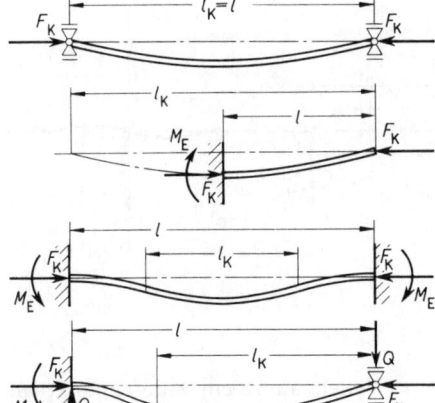

a) $\quad F_K = \dfrac{\pi^2 E I}{l_K^2} = \dfrac{\pi^2 E I}{l^2}$

b) $\quad F_K = \dfrac{\pi^2 E I}{(2l)^2} = \dfrac{1}{4} \cdot \dfrac{\pi^2 E I}{l^2}$

c) $\quad F_K = \dfrac{\pi^2 E I}{(l/2)^2} = 4 \cdot \dfrac{\pi^2 E I}{l^2}$

d) $\quad F_K = 20,2 \dfrac{E I}{l^2} \approx \dfrac{\pi^2 E I}{(0,7l)^2} \approx 2 \cdot \dfrac{\pi^2 E I}{l^2}$

239.1 Zur Definition der Knicklänge
a) beide Enden gelenkig geführt
b) ein Ende eingespannt, ein Ende frei
c) beide Enden eingespannt
d) ein Ende eingespannt, ein Ende gelenkig geführt

Diese Kräfte kann man sich veranschaulichen, wenn man die hier gezeigten Biegelinien mit der Biegelinie in Bild **239.**1a (Sinuslinie) des gelenkig gelagerten Stabes vergleicht, An den Wendepunkten der Biegelinie mit $w'' = 0$ ist nämlich wegen Gl. (235.2) auch $M = 0$, bezüglich der Biegelinien liegen also die gleichen Bedingungen zwischen den Wendepunkten wie für den beiderseits gelenkig gelagerten Stab vor. Wenn die Längskräfte im Stab konstant sind, muß also

$$F_{\mathrm{K}} = \frac{\pi^2 \, E \, I}{l_{\mathrm{K}}^2} \tag{240.1}$$

gelten, wobei l_{K}, die K n i c k l ä n g e, der Abstand zwischen den Wendepunkten der Biegelinie ist.

Für den beidseitig gelenkig gelagerten Stab ist also $l_{\mathrm{K}} = l$. Für den einseitig eingespannten und auf der anderen Seite freien Stab ist $l_{\mathrm{K}} = 2\,l$ (**239.**1b), für den beidseitig eingespannten Stab ist $l_{\mathrm{K}} = l/2$ (**239.**1c). Der am einen Ende eingespannte und am anderen Ende gelenkig geführte Stab (**239.**1d) hat eine Knicklänge $l_{\mathrm{K}} = 0{,}7\,l$, die sich aus der Bedingung $w''(0) = 0$ ($M = 0$) aus der Gleichung der Biegelinie errechnen läßt.

In der Praxis kann man die Randbedingungen nur selten einem der vier idealisierten Knickfälle (**239.**1) zuordnen. Häufig liegt elastische Einspannung auf beiden Seiten vor, wie z.B. bei den Stäben eines Fachwerks, die zwar bei der Ermittlung der Stabkräfte als gelenkig gelagert angenommen werden, in Wirklichkeit jedoch durch Knotenbleche mit mehreren Stäben des Fachwerks verbunden sind. Weil diese Stäbe deformierbar sind, kann die Lage der Einspanntangente nicht erhalten bleiben. Damit ist die Bedingung starrer Einspannung nicht erfüllt. Der Einspanngrad hängt beim Knicken i n d e r F a c h w e r k e b e n e von der Biegesteifigkeit (**240.**1a) und bei K n i c k e n a u s d e r E b e n e h e r a u s überdies von der Torsionssteifigkeit der Nachbarstäbe ab (**240.**1b). Deshalb liegt die Knicklänge zwischen $l_{\mathrm{K}} = l$ für den Gelenkstab und $l_{\mathrm{K}} = l/2$ für den starr eingespannten Stab. So sieht z.B. die Stahlbauvorschrift DIN 4114 für Stäbe in Fachwerken zur Sicherheit im allgemeinen $l_{\mathrm{K}} = l$ und bei besonderen Anschlußarten $l_{\mathrm{K}} = 0{,}7\,l$ vor.

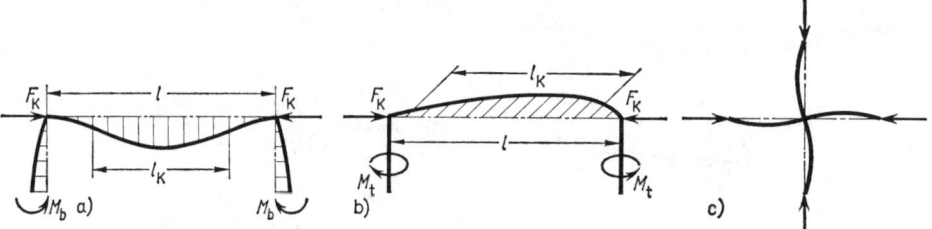

240.1 Knicken im Verband
  a) elastische Einspannung durch Biegestäbe
  b) elastische Einspannung durch Torsionsstäbe
  c) Knotenpunkt mit vier Druckstäben

Greifen nur D r u c k s t ä b e vergleichbarer Biegesteifigkeit an einem Knotenpunkt an (**240.**1c), so ist eine Verdrehung des Knotenpunktes bei Knicken aller Stäbe möglich und damit keine gegenseitige Einspannung vorhanden. Man setzt also $l_{\mathrm{K}} = l$.

Beispiel 4. Ein H o c h d r u c k g a s b e h ä l t e r (**241.**1) mit der Gewichtskraft $F_{\mathrm{G}} = 4600$ kN ist auf 24 Stahlrohrstützen von 8 m Länge gelagert, die mit der Vertikale einen Winkel $\alpha = 10°$ bilden.

Die Rohre haben eine Wanddicke $t = 0,1\,d$. Wie groß ist der Durchmesser bei einer Knicksicherheit $\nu_K = 5$ zu wählen?

Die Belastung einer Stütze wird aus dem Gleichgewicht der senkrechten Kräfte berechnet

$$\Sigma F_y = 0 = F_G - 24\,F\cos\alpha$$

$$F = \frac{F_G}{24\cos\alpha} = \frac{4600\ \text{kN}}{24\cdot 0{,}985} = 195\ \text{kN}$$

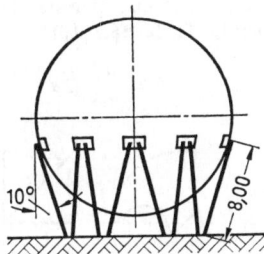

241.1 Kugelbehälter

Die Stäbe sind am Behälter an Verstärkungsblechen (Pratzenblechen) verschweißt und damit eingespannt, am Boden gelenkig gelagert. Man darf aber nicht die in Bild **239.**1 d gezeigten Randbedingungen ansetzen, weil die Endpunkte des Trägers nicht unverschieblich gegeneinander gelagert sind. Die mögliche seitliche Verschiebung des Behälters gegen den Boden kann vom Behälter aus als Verschiebung der Fußpunkte angesehen werden, so daß man die in Bild **239.**1 b gezeigten Randbedingungen zugrunde legen muß. Es ist also $l_K = 2\,l = 16$ m und

$$\nu_K F \leqq \frac{\pi^2 E I_a}{(2\,l)^2} \qquad I_a \geqq \frac{\nu_K\,F\,4\,l^2}{\pi^2\,E} = \frac{5\cdot 195\cdot 10^3\ \text{N}\cdot 4\cdot (8000\ \text{mm})^2}{\pi^2\cdot 2{,}1\cdot 10^5\ \text{N/mm}^2} = 1{,}20\cdot 10^8\ \text{mm}^4$$

Der Tafel **56.**2, 8 entnimmt man für kleine Wanddicken das Flächenmoment I_a

$$I_a = \frac{\pi}{8}\,d_m^3\,t = \frac{\pi}{8}\cdot 0{,}1\,d_m^4 \geqq 1{,}2\cdot 10^8\ \text{mm}^4$$

$$d_m^4 \geqq \frac{1{,}20\cdot 10^8\ \text{mm}^4\cdot 8}{0{,}1\,\pi} = 30{,}6\cdot 10^8\ \text{mm}^4 \qquad d_m \geqq 235\ \text{mm},\ t \geqq 24\ \text{mm}$$

Gewählt wird $d_a = d_m + t = 1{,}1\,d_m \approx 260$ mm.

Beispiel 5. Ein **Fachwerkstab** mit [-Profil (DIN 1026) aus Stahl ist vier Meter lang und soll die Kraft $F = 38$ kN bei 3,5facher Knicksicherheit übertragen. Die größte Querschnittabmessung (z-Achse) liegt in der Fachwerkebene, die y-Achse senkrecht dazu.
Man bemesse den Stab a) gegen Knicken in der Fachwerkebene mit $l_K = l$, b) desgleichen für $l_K = 0{,}5\,l$, c) gegen Knicken senkrecht zur Fachwerkebene mit $l_K = 0{,}7\,l$.
Die Knickkraft muß größer als $3{,}5\cdot 38$ kN $= 133$ kN sein: $F_K = \pi^2\,E\,I_y/l_K^2 \geqq 133$ kN

a) $\qquad I_y \geqq \dfrac{133\cdot 10^3\ \text{N}\cdot (4000\ \text{mm})^2}{\pi^2\cdot 2{,}1\cdot 10^5\ \text{N/mm}^2} = 103\cdot 10^4\ \text{mm}^4$

Gewählt wird [80 mit $I_y = 106\cdot 10^4\ \text{mm}^4$.

b) Die Länge geht quadratisch in die Gleichung ein, also ist bei halber Länge

$$I_y \geqq 103\cdot 10^4\ \text{mm}^4/4 = 25{,}8\cdot 10^4\ \text{mm}^4$$

erforderlich. Man wählt [50 mit $I_y = 26{,}4\cdot 10^4\ \text{mm}^4$.

c) $\qquad I_z \geqq \dfrac{133\cdot 10^3\ \text{N}\cdot (0{,}7\cdot 4000\ \text{mm})^2}{\pi^2\cdot 2{,}1\cdot 10^5\ \text{N/mm}^2} = 50{,}3\cdot 10^4\ \text{mm}^4$

Hier wird [140 mit $I_z = 62{,}7\cdot 10^4\ \text{mm}^4$ benötigt. Da die Profile [50 und [80 senkrecht zur Fachwerkebene knicken würden, wird Profil [140 gewählt.

Beispiel 6. Wie lang darf ein Spiralbohrer mit dem in Bild **242**.1 gezeigten Querschnitt höchstens sein, wenn seine Knickkraft mindestens $F_K = 2\,kN$ betragen soll ($d = 2r = 10\,mm$, $2\alpha = 90°$)? Das kleinste Flächenmoment 2. Ordnung für den vereinfachten Querschnitt (**242**.1 b) beträgt (Tafel **56**.2, 10)

$$I_z = \frac{d^4}{64}(2\alpha - \sin 2\alpha) = \frac{(10\,mm)^4}{64}\left(\frac{\pi}{2} - 1\right) = 89{,}2\,mm^4$$

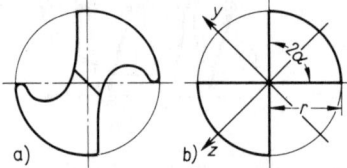

242.1 Bohrerquerschnitt
a) wirkliche Form
b) vereinfachte Form

Der Bohrer ist in der Maschine eingespannt und durch die Körnung des Werkstückes seitlich unverschieblich gelenkig gelagert. Es ist also $l_K = 0{,}7\,l$ zu setzen.

$$l_K = 0{,}7\,l = \pi\sqrt{\frac{E\,I_z}{F_K}} = \pi\sqrt{\frac{2{,}1\cdot 10^5\,(N/mm^2)\cdot 89{,}2\,mm^4}{2\cdot 10^3\,N}} = 304\,mm \qquad l = 434\,mm$$

Beispiel 7. Man berechne mit Hilfe der Gl. (237.1) die Spannung im Träger [140 aus Beispiel 5, S. 241 mit $l_K = 0{,}7\,l = 2{,}8\,m$, wenn als Exzentrizität $e = 20\,mm$ angenommen wird. Dieser Abstand entspricht ungefähr dem Abstand des Querschnittsschwerpunktes von der Mittelfläche des Anschlußknotenbleches.

Mit $A = 2{,}04\cdot 10^3\,mm^2$, $I = 62{,}7\cdot 10^4\,mm^4$, $W_b = 14{,}8\cdot 10^3\,mm^3$, $e = 20\,mm$ und $F = 3{,}8\cdot 10^4\,N$ ist zunächst $\dfrac{\varkappa\,l_K}{2} = \sqrt{\dfrac{F}{E\,I}}\cdot\dfrac{l_K}{2} = 0{,}752$. Das entspricht dem Winkel 43,1°.

Aus Gl. (237.1) ergibt sich dann

$$\sigma_{max} = \frac{3{,}8\cdot 10^4\,N}{2{,}04\cdot 10^3\,mm^2} + \frac{3{,}8\cdot 10^4\,N\cdot 20\,mm}{14{,}8\cdot 10^3\,mm^3\cdot\cos 43{,}1°} = 18{,}6\,\frac{N}{mm^2} + 70{,}4\,\frac{N}{mm^2} = 89\,\frac{N}{mm^2}$$

Man sieht hier den großen Einfluß der Exzentrizität auf die Maximalspannung. Der Konstrukteur darf diesen Gesichtspunkt bei außermittigen Anschlüssen nicht außer Betracht lassen.

10.2. Knickspannungsdiagramm und ω-Verfahren

10.2.1. Knickspannungsdiagramm

Als Knickspannung definiert man die sich aus der Division der Eulerschen Knickkraft durch die Querschnittsfläche des Stabes ergebende Größe

$$\sigma_K = \frac{F_K}{A} = \frac{\pi^2\,E\,I_{min}}{l_K^2\,A} \tag{242.1}$$

Sie nimmt zu, wenn die Stablänge abnimmt. Bei Halbierung der Stablänge wächst die Knickspannung z. B. auf das Vierfache des vorherigen Wertes. Dabei kann die Spannung weit unterhalb der Quetschgrenze liegen. Wenn die Spannung die Proportionalitätsgrenze erreicht, ist die Gl. (240.1) aber nicht mehr gültig, weil sie die Gültigkeit des Hookeschen Gesetzes voraussetzt. Man muß also zwei Bereiche unterscheiden: den elastischen

Bereich für schlanke Stäbe, in dem die vorhandene Spannung unterhalb der Knickspannung, und den plastischen Bereich für gedrungene Stäbe, in dem sie unterhalb
der Quetschgrenze bleiben muß.
In Bild **243.**1 ist die Spannung über einem Stabkennwert, dem Schlankheitsgrad

$$\lambda = \frac{l_K}{i_{min}}$$

mit der Größe $i_{min} = \sqrt{I_{min}/A}$ aufgetragen. Damit nimmt Gl. (242.1) die Form

$$\sigma_K = \frac{\pi^2\,E}{\lambda^2} \qquad\qquad (243.1)$$

an. Das Bild dieser Funktion ist auf der rechten Seite des (σ_K, λ)-Diagramms (**243.**1)
gezeichnet. Die Kurve heißt Eulerkurve.

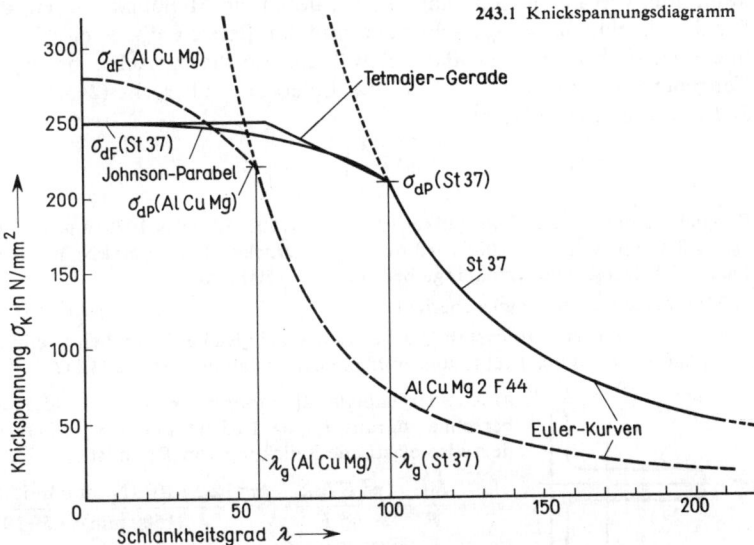

243.1 Knickspannungsdiagramm

Die Grenze λ_g zwischen elastischem und plastischem Bereich liegt dort, wo die Knickspannung die Proportionalitätsgrenze σ_{dP} erreicht

$$\sigma_K = \frac{\pi^2\,E}{\lambda_g^2} = \sigma_{dP} \qquad \lambda_g = \pi\sqrt{\frac{E}{\sigma_{dP}}} \qquad\qquad (243.2)$$

Für St 37 ist $\sigma_{dP} = 210\ \text{N/mm}^2$, also

$$\lambda_g = \pi\sqrt{\frac{2{,}1\cdot10^5\ \text{N/mm}^2}{210\ \text{N/mm}^2}} \approx 100$$

für St 52 mit $\sigma_{dP} = 290\ \text{N/mm}^2$ ergibt sich $\lambda_g = 85$, und für AlCuMg 2 F 44 mit
$\sigma_{dP} = 220\ \text{N/mm}^2$ und $E = 7{,}15\cdot10^4\ \text{N/mm}^2$ ist $\lambda_g = 57$.
Im elastischen Bereich ($\lambda > \lambda_g$, Eulerbereich) ist die Knickspannung unabhängig von der
Festigkeit des Materials. Sie ist außer vom Schlankheitsgrad nur vom Elastizitätsmodul

abhängig. Da für die meisten Stähle $E = 2,1 \cdot 10^5 \, \text{N/mm}^2$ beträgt, ist ihr Verhalten im Eulerbereich unabhängig von der Stahlsorte und es lohnt sich nicht, bei Knickbeanspruchung hochfestes Material zu verwenden. Durch Vergüten wird also die Tragfähigkeit bei Knickbeanspruchung nicht erhöht, sondern nur der Eulerbereich zu kleineren λ-Werten vergrößert.

Die Tragfähigkeit eines Aluminiumstabes ist im Eulerbereich erheblich geringer als die Tragfähigkeit eines Stahlstabes gleicher Abmessung, weil der Elastizitätsmodul des Aluminiums nur etwa ein Drittel des Elastizitätsmoduls von Stahl beträgt. Allerdings liegt bei ausgehärteten Aluminiumlegierungen die Grenze des elastischen Bereiches niedriger als bei Stahl. Aluminiumstäbe knicken also noch elastisch, wenn für Stahlstäbe gleicher Abmessung schon der plastische Bereich maßgebend ist.

Der Übergang vom elastischen zum plastischen Bereich ist nicht abrupt. Knickversuche zeigen eine starke Streuung der Meßergebnisse bei Schlankheitsgraden $\lambda < \lambda_\text{g}$. Man kann nun, wie Tetmajer, eine Gerade durch die Meßpunkte legen, die die Eulerkurve bei $\lambda = \lambda_\text{g}$ und $\sigma_\text{K} = \sigma_\text{dP}$ schneidet und im Bereich $\sigma_\text{dP} \leqq \sigma_\text{K} \leqq \sigma_\text{dF}$ maßgebend ist, oder, wie Johnson, eine Parabel wählen, die die σ_K-Achse bei σ_dF mit horizontaler Tangente trifft und bei $\lambda = \lambda_\text{g}$ in die Eulerkurve übergeht (243.1). Die Gleichung der Johnson-Parabel lautet

$$\sigma_\text{K} = \sigma_\text{dF} - (\sigma_\text{dF} - \sigma_\text{dP}) \left(\frac{\lambda}{\lambda_\text{g}} \right)^2 \tag{244.1}$$

Beispiel 8. Ein Stab aus dem Winkelstahl L $100 \times 50 \times 10$ (DIN 1029) aus St 37 ($\sigma_\text{dF} = 250 \, \text{N/mm}^2$, $\sigma_\text{dP} = 210 \, \text{N/mm}^2$, $\lambda_\text{g} = 100$) wird durch die Druckkraft $F = 50 \, \text{kN}$ in Richtung seiner Achse zentrisch belastet. Die Knicklänge beträgt $l_\text{K} = 1500 \, \text{mm}$.

a) Man berechne die Knicksicherheit.

b) Wie hoch darf ein Druckstab gleicher Länge bei gleicher Sicherheit wie in a) belastet werden, wenn dafür zwei Winkelstähle steif miteinander verbunden sind (244.1)?

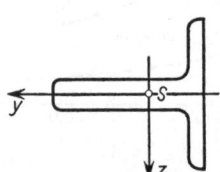

a) Aus der Tabelle [2] entnimmt man $I_\text{min} = 15,5 \, \text{cm}^4$, $A = 14,1 \, \text{cm}^2$, berechnet daraus $i_\text{min} = 1,05 \, \text{cm}$ und $\lambda = 150 \, \text{cm}/1,05 \, \text{cm} = 143$. Es liegt also elastische Knickung vor. Dann ist

$$v_\text{K} = \frac{F_\text{K}}{F} = \frac{\pi^2 \, E \, I_\text{min}}{l_\text{K}^2 \, F} = \frac{\pi^2 \cdot 2,1 \cdot 10^5 \, (\text{N/mm}^2) \cdot 15,5 \cdot 10^4 \, \text{mm}^4}{(1500 \, \text{mm})^2 \cdot 5 \cdot 10^4 \, \text{N}} = 2,9$$

244.1 Miteinander verbundene Winkelstähle

b) Man berechnet die Flächenmomente

$I_z = 2 \cdot 141 \, \text{cm}^4 = 282 \, \text{cm}^4$ und $I_y = 2 \cdot [23,4 \, \text{cm}^4 + 14,1 \, \text{cm}^2 \cdot (1,20 \, \text{cm})^2] = 87,4 \, \text{cm}^4$.

Das Knicken erfolgt also um die y-Achse, weil I_y das kleinere Flächenmoment ist. Man berechnet $i_\text{min} = \sqrt{I_y/2A} = \sqrt{87,4 \, \text{cm}^4/28,2 \, \text{cm}^2} = 1,76 \, \text{cm}$ und $\lambda = 150 \, \text{cm}/1,76 \, \text{cm} = 85$ und erhält mit Gl. (244.1), da $\lambda < \lambda_\text{g}$

$$\sigma_\text{K} = 250 \, \text{N/mm}^2 - 40 \, (\text{N/mm}^2) \cdot 0,85^2 = 221 \, \text{N/mm}^2$$

Die zulässige Spannung beträgt dann

$$\sigma_\text{zul} = \frac{\sigma_\text{K}}{v_\text{K}} = \frac{221 \, \text{N/mm}^2}{2,9} = 76,2 \, \text{N/mm}^2$$

und die zulässige Belastung $F_\text{zul} = \sigma_\text{zul} \, 2 \, A = 76,2 \, (\text{N/mm}^2) \cdot 28,2 \cdot 10^2 \, \text{mm}^2 = 215 \, \text{kN}$.

Bei doppelter Fläche, d.h. doppelter Masse, kann mehr als die vierfache Belastung übertragen werden.

10.2.2. ω-Verfahren

Das ω-Verfahren wird in der Baustatik zur Vereinfachung der Rechnung benutzt. Man führt die Berechnung von Druckstäben durch Einführen eines vom Schlankheitsgrad λ abhängigen Knickfaktors ω auf die Berechnung von Zugstäben zurück, indem man verlangt, daß die mit dem Faktor ω multiplizierte Nennspannung $\sigma = F/A$ kleiner als die für Zugstäbe zulässige Spannung ist

$$\sigma_\omega = \omega \frac{F}{A} \leqq \sigma_{zul} \qquad (245.1)$$

Der Faktor ω ist so gewählt, daß er mit wachsendem λ zunimmt, so daß die Sicherheit im Eulerbereich größer als im plastischen Bereich ist. Die Knickzahlen ω findet man für die verschiedenen Werkstoffe in Abhängigkeit vom Schlankheitsgrad in den Taschenbüchern [2]. In der Tafel **245.**1 sind zur Orientierung einige Knickzahlen angegeben.

Bemessung. Da die Knickzahl ω vom Schlankheitsgrad abhängt, muß man bei der Bemessung eines Druckstabes zunächst einen Wert ω schätzen und damit aus Gl. (245.1) den Querschnitt A bestimmen. Für den Stab dieses Querschnittes wird dann i_{min} aus der Tabelle entnommen und damit der Schlankheitsgrad neu bestimmt. Mit dem zugehörigen Wert ω führt man dann den Spannungsnachweis nach Gl. (245.1). Je nach der sich ergebenden rechnerischen Spannung nimmt man bei Normprofilen den nächstgrößeren oder nächstkleineren Querschnitt hinzu und prüft, ob auch für diesen die Gl. (245.1) erfüllt ist.

Nähere Angaben findet man in den Taschenbüchern und in DIN 4114.

Beispiel 9. Man bemesse den Stab aus Beispiel 5, S. 241 nach dem ω-Verfahren (St 37, $\sigma_{zul} = 140 \text{ N/mm}^2$).

Nach Beispiel 5 ist das Knicken senkrecht zur Fachwerkebene maßgebend. Es ist also wie dort $l_K = 0{,}7\,l$ einzusetzen. Man schätzt $\omega = 3{,}31$ (entsprechend der runden Zahl $\lambda = 140$ aus Tafel **245.**1 und berechnet aus Gl. (245.1)

$$A \geqq \frac{\omega\,F}{\sigma_{zul}} = \frac{3{,}31 \cdot 38 \cdot 10^3 \text{ N}}{140 \text{ N/mm}^2} = 898 \text{ mm}^2$$

Das Profil [80 hat den Querschnitt $A = 11{,}0 \text{ cm}^2$, und mit $i_{min} = 1{,}33 \text{ cm}$ ergibt sich $\lambda = l/i_{min} = 280 \text{ cm}/1{,}33 \text{ cm} = 210$, also ein zu großer Wert. Man mittelt $\lambda = (140 + 210)/2 = 175$, findet durch Interpolieren aus Tafel **245.**1 die Knickzahl $\omega = 5{,}18$ und berechnet damit den neuen Querschnitt

$$A \geqq \frac{5{,}18 \cdot 38 \cdot 10^3 \text{ N}}{140 \text{ N/mm}^2} = 14{,}1 \cdot 10^2 \text{ mm}^2$$

Das kleinste Profil mit $A \geqq 14{,}1 \text{ cm}^2$ ist [120 mit $A = 17{,}0 \text{ cm}^2$ und $i_{min} = 1{,}59 \text{ cm}$. Mithin ist $\lambda = 280 \text{ cm}/1{,}59 \text{ cm} = 176$, also in der angenommenen Größe. Die Spannung beträgt

$$\sigma_\omega = \frac{\omega\,F}{A} = \frac{5{,}18 \cdot 38 \cdot 10^3 \text{ N}}{17 \text{ cm}^2} = 116 \text{ N/mm}^2 < \sigma_{zul}$$

Der Träger mit dem Profil [120 wird gewählt.

Tafel **245.**1   Knickzahlen ω

λ	St 37	St 52	AlCuMg (Normal)
20	1,04	1,06	1,03
40	1,14	1,19	1,39
60	1,30	1,41	1,99
80	1,55	1,79	3,36
100	1,90	2,53	5,25
120	2,43	3,65	7,57
140	3,31	4,96	10,30
160	4,32	6,48	13,45
180	5,47	8,21	17,03
200	6,75	10,13	21,02

Beispiel 10. Die Druckstrebe eines Kranauslegers ist aus vier Winkelstählen 30×4 (DIN 1028, Werkstoff St 37) mit Bindeblechen zu einem biegesteifen Träger quadratischen Querschnitts zusammengesetzt (**246**.1). Die Länge beträgt $l = 10$ m, die Last $F = 60$ kN und die zulässige Spannung $\sigma_{zul} = 140$ N/mm^2.

Welchen Abstand a müssen die Profile nach dem ω-Verfahren mindestens haben? Wie groß ist der Abstand b der Bindebleche mindestens zu wählen, damit ein einzelner Winkelstab die Knicksicherheit $v_K = 2{,}5$ hat?

Der Abstand a wird über das Flächenmoment 2. Ordnung berechnet, dessen Mindestwert sich aus dem Schlankheitsgrad ergibt.

Zunächst erhält man nach Gl. (245.1) den maximalen Multiplikator mit $A_W = 227$ mm^2 (Querschnitt eines Winkels)

$$\omega \le \sigma_{zul} A/F = 140 \ (\text{N/mm}^2) \cdot 4 \cdot 227 \ \text{mm}^2/60 \cdot 10^3 \ \text{N} = 2{,}12$$

und durch Interpolation aus Tafel **245**.1 den zugehörigen Schlankheitsgrad

$$\lambda = \frac{l_K}{i} \le 108$$

Die Bedingung für a lautet deshalb

$$i = \sqrt{\frac{I}{A}} = \sqrt{\frac{4 \ [(a/2 - e)^2 \cdot A_W + I_y]}{4 A_W}} \ge \frac{l_K}{108}$$

Für die Knicklänge l_K muß wegen der beiderseits gelenkigen Lagerung die Stablänge $l = 1000$ cm eingesetzt werden. Mit $A_W = 227$ mm^2, $I_y = 1{,}81 \cdot 10^4$ mm^4 und $e = 8{,}9$ mm ergibt sich bei Auflösung nach a der Betrag

$$a \ge 202 \ \text{mm}$$

Gewählt wird z. B. $a = 200$ mm.

Für eine erste grobe Näherung kann man e und I_y gegen die übrigen Größen vernachlässigen und erhält

$$i \approx \frac{a}{2} \ge \frac{l_K}{\lambda} = \frac{10\,000 \ \text{mm}}{108} \qquad a \ge 18{,}5 \ \text{mm}$$

was hier zu einer zu schwachen Bemessung führt.

Jede Einzelstütze erhält als Druckkraft ein Viertel der Belastung. Das minimale Flächenmoment beträgt $I_n = 0{,}76$ cm^4, so daß das Knicken am leichtesten in der in Bild **246**.1 b angedeuteten Weise und um die η-Achse (**246**.1 a) erfolgen kann. Dabei werden die benachbarten Bindebleche verdreht. Da die Torsionssteifigkeit eines aus einem Flacheisen bestehenden Bindebleches gering ist, nimmt man sicherheitshalber den Abstand b der Bindebleche als Knicklänge an. Aus

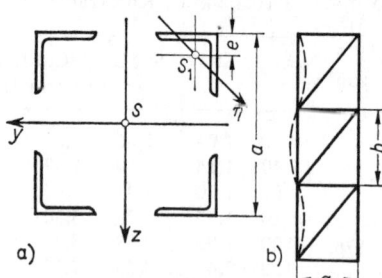

$$v_K \, F = 2{,}5 \cdot 15 \ \text{kN} = 37{,}5 \ \text{kN} \le F_K = \frac{\pi^2 \, E \, I_n}{b^2}$$

folgt

$$b^2 \le \frac{\pi^2 \cdot 2{,}1 \cdot 10^5 \ (\text{N/mm}^2) \cdot 0{,}76 \cdot 10^4 \ \text{mm}^4}{37{,}5 \cdot 10^3 \ \text{N}}$$

$$= 42 \cdot 10^4 \ \text{mm}^4 \qquad b \le 650 \ \text{mm}$$

246.1 Kranausleger
a) Querschnitt
b) Knicken eines Einzelstabes

Zur Kontrolle prüft man, ob der Schlankheitsgrad die Benutzung der Euler-Formel rechtfertigt

$$\lambda = \frac{b}{i_n} = \frac{65 \ \text{cm}}{0{,}58 \ \text{cm}} = 112 > \lambda_g$$

Bei Gitterstäben des Hochbaus muß man überdies beachten (DIN 4114), daß der Schlankheitsgrad der Einzelstäbe höchstens halb so groß wie der Schlankheitsgrad des Gesamtstabes sein darf. Man muß also $\lambda \leq 54$, d.h. $b \leq 54 \cdot 0,58$ cm $= 31$ cm wählen.

Bei offenen dünnwandigen Profilen tritt wegen der geringen Torsionssteifigkeit außer dem vorher beschriebenen Biegeknicken eine Verdrehung des Querschnittes auf. Das Versagen des Stabes unter Druckbelastung bei gleichzeitiger Biegung und Verdrehung heißt **Biegedrillknicken**.

Auch bei reiner Biegebeanspruchung kann ein Träger quer zur Lastebene unter gleichzeitiger Verdrehung ausweichen. Diese Instabilitätserscheinung heißt **Kippen**.

Neuere Untersuchungen [6] haben ergeben, daß das Eintreten der mit Verdrehung verbundenen Instabilitäten zu wesentlich höheren Belastungen hin verschoben werden kann, wenn man durch sogenannte Drillkopplung (**247**.1) die Torsionssteifigkeit mit geringem Massenaufwand wesentlich erhöht.

Bezüglich weiterer Stabilitätsprobleme muß auf die weiterführende Literatur verwiesen werden [7], [11].

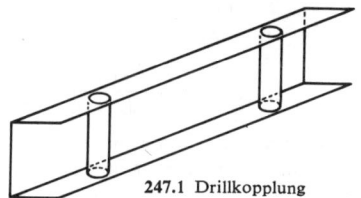

247.1 Drillkopplung

10.3. Beulung dünnwandiger Hohlkörper

10.3.1. Kreiszylinder unter Axialdruck

Bei der Berechnung der rohrförmigen Stützen des Kugelbehälters in Beispiel 4, S. 240 hatten wir das erforderliche Flächenmoment 2. Ordnung I bei vorgegebenem Verhältnis von Wanddicke zu Durchmesser berechnet.

Läßt man nun die Wanddicke konstant und vergrößert den Durchmesser allein, so kann auch dadurch ein genügend großes Flächenmoment erreicht werden. Von einem gewissen Verhältnis von Durchmesser zu Wanddicke an tritt dann aber unter axialer Drucklast eine neue Erscheinung ein, bei der zwar die Rohrachse gerade bleibt, jedoch der Mantel des Rohres sich nach schachbrettartigem Muster faltet. Man nennt diesen Vorgang **Beulen**.

Die Theorie der Stabilität von dünnwandigen Hohlkörpern ist sehr verwickelt und geht über den Rahmen dieses Buches hinaus. Hier sollen einige Ergebnisse mitgeteilt werden.

Die theoretische Beulspannung für ein dünnwandiges Rohr unter Axialdruck beträgt für gelenkig gelagerte (drehbare) Ränder (mit $\mu = 0,3$ für metallische Werkstoffe)

$$\sigma_{\text{Beul}} = \frac{E}{\sqrt{3\,(1-\mu^2)}} \cdot \frac{t}{r} \approx 0,6\,E\,\frac{t}{r} = 1,2\,E\,\frac{t}{d}$$

wenn t die Wanddicke, d der Durchmesser und r der Radius sind. Versuche zeigen erhebliche Abweichungen von diesem Wert und weisen außerdem erhebliche Streuung auf. Das liegt teilweise an den nicht ideal erfüllten Randbedingungen im Versuch und teilweise an den unvermeidlichen Bauungenauigkeiten. So wurden z.B. bei nahtlos gezogenen Rohren wesentlich höhere Beulspannungen als bei geschweißten Rohren gemessen. Für jene kann man mit

$$\sigma_{\text{Beul}} = 0,25\,E\,\frac{t}{r} = 0,5\,E\,\frac{t}{d} \tag{247.1}$$

die Versuchsergebnisse erfassen, während man bei geschweißten Rohren auf etwa $0,3\,E\,t/d$ bis $0,4\,E\,t/d$ heruntergehen muß.

Beispiel 11. Wie sind Durchmesser d und Wanddicke t einer dünnwandigen kreiszylindrischen Stütze von $l = 4\,\mathrm{m}$ Länge aus Dural ($E = 7 \cdot 10^4\,\mathrm{N/mm^2}$, $\sigma_{dP} = 220\,\mathrm{N/mm^2}$) zu wählen, damit Knicksicherheit und Beulsicherheit jeweils $v = 3$ sind? Der Stab ist an einem Ende eingespannt, am anderen Ende frei und mit $F = 10\,\mathrm{kN}$ belastet.

Die beiden Bedingungen lauten

$$v\,\frac{F}{A} = \sigma_{\mathrm{Beul}} = \sigma_{\mathrm{K}}$$

Mit den Näherungen $I = (\pi/8)\,d^3\,t$ und $A = \pi\,d\,t$ für dünnwandige Rohre liefert die linke der vorstehenden Gleichungen in Verbindung mit Gl. (247.1) eine Bestimmungsgleichung für die Wanddicke t

$$\frac{v\,F}{\pi\,d\,t} = 0{,}5\,E\,\frac{t}{d}$$

$$t = \sqrt{\frac{v\,F}{0{,}5\,\pi\,E}} = \sqrt{\frac{3 \cdot 10^4\,\mathrm{N}}{0{,}5\,\pi \cdot 7 \cdot 10^4\,\mathrm{N/mm^2}}} = 0{,}522\,\mathrm{mm}$$

Die zweite Gleichung in Verbindung mit Gl. (242.1) und mit $l_{\mathrm{K}} = 2l$ gibt den Zusammenhang zwischen Wanddicke t und Durchmesser d

$$0{,}5\,E\,\frac{t}{d} = \frac{\pi^2\,E\,I}{l_{\mathrm{K}}^2 \cdot A} = \frac{\pi^2\,E\,(\pi/8)\,d^3\,t}{l_{\mathrm{K}}^2\,\pi\,d\,t} = \frac{\pi^2\,E\,d^2}{8\,l_{\mathrm{K}}^2}$$

$$d = \sqrt[3]{\frac{4\,l_{\mathrm{K}}^2\,t}{\pi^2}} = \sqrt[3]{\frac{4 \cdot 8000^2 \cdot 0{,}522}{\pi^2}}\,\mathrm{mm} = 238\,\mathrm{mm}$$

Man würde ein Rohr mit $d = 240\,\mathrm{mm}$ und $t = 0{,}6\,\mathrm{mm}$ vom Stabilitätsstandpunkt und Leichtbau her als optimal ansehen. Aus konstruktiven Gründen (Krafteinleitung) nimmt man i.a. größere Wanddicken. Dadurch wird die Beulspannung heraufgesetzt, während die Knickspannung bei dünnwandigen zylindrischen Rohren von der Wanddicke unabhängig ist.

Die hier durchgeführte Rechnung ist nur unterhalb der Proportionalitätsgrenze zulässig. Diese Bedingung ist hier erfüllt, denn es ist

$$\frac{v\,F}{\pi\,d\,t} = \frac{3 \cdot 10^4\,\mathrm{N}}{\pi \cdot 240\,\mathrm{mm} \cdot 0{,}6\,\mathrm{mm}} = 66{,}3\,\mathrm{N/mm^2} < \sigma_{dP} = 220\,\mathrm{N/mm^2}$$

10.3.2. Konstanter Außendruck

Wird ein Behälter durch äußeren Überdruck oder inneren Unterdruck belastet, so treten ebenfalls bei gewissen Beträgen des Druckes Beulerscheinungen auf.

Die Theorie ergibt für einen Zylinder mit der Länge l und dem mittleren Radius r im Bereich $0{,}2 \leq l/r \leq 5$ einen Beuldruck

$$p_{\mathrm{Beul}} = 0{,}92\,E\,\frac{r}{l}\left(\frac{t}{r}\right)^{5/2}$$

während in Versuchen nur 70% dieses Wertes gemessen wurden. Man rechnet also besser mit

$$p_{\mathrm{Beul}} = 0{,}65\,E\,\frac{r}{l}\left(\frac{t}{r}\right)^{2{,}5} \tag{248.1}$$

Für Rohre, deren Länge groß gegen den Durchmesser ist ($l/d > 3$), gilt die Gleichung

$$p_{\mathrm{Beul}} = 0{,}275\,E\left(\frac{t}{r}\right)^3 = 2{,}2\,E\left(\frac{t}{d}\right)^3 \tag{248.2}$$

Kugelbehälter mit äußerem Überdruck zeigen noch größere Unterschiede zwischen Theorie und Versuch. Während die Theorie

$$p_{\text{Beul}} = 1{,}2\, E \left(\frac{t}{r}\right)^2$$

liefert, erreicht man im Versuch nur [11]

$$p_{\text{Beul}} = 0{,}36\, E \left(\frac{t}{r}\right)^2 \tag{249.1}$$

Beispiel 12. Wie groß ist der Beuldruck eines Öltanks mit dem Durchmesser $d = 18$ m, der Höhe $h = 10$ m und einer (konstant angenommenen mittleren) Wanddicke $t = 9$ mm?

Aus Gl. (248.1) berechnet man

$$p_{\text{Beul}} = 0{,}65 \cdot 2{,}1 \cdot 10^5\, \frac{\text{N}}{\text{mm}^2} \cdot \frac{9\,\text{m}}{10\,\text{m}} \cdot \left(\frac{0{,}9\,\text{cm}}{900\,\text{cm}}\right)^{2,5} = 3{,}88 \cdot 10^{-3}\, \text{N/mm}^2$$

Der Flüssigkeitsspiegel darf bei geschlossenem Ventil und $\gamma = 8{,}2\,\text{kN/m}^3$ also nur um $h = p_{\text{B}}/\gamma = 0{,}47$ m abgesenkt werden.

Beispiel 13. Wie groß muß die Wanddicke einer Tiefseetauchkugel aus Stahl mit dem Durchmesser $d = 2$ m mindestens sein, wenn die Kugel in der Tiefe $h = 3$ km operieren soll ($\gamma = 10{,}3\,\text{kN/m}^3$) und die Beulsicherheit mindestens $\nu_{\text{Beul}} = 4$ sein soll?

Der Wasserdruck in 3000 m Tiefe beträgt $p = \gamma\, h = 10{,}3\,(\text{kN/m}^3) \cdot 3000\,\text{m} = 3{,}09 \cdot 10^4\,\text{kN/m}^2 = 30{,}9\,\text{N/mm}^2$.

Der vierfache Wasserdruck soll kleiner als der Beuldruck sein. Mit Gl. (249.1) ergibt sich

$$4p \leqq p_{\text{Beul}} = 0{,}36\, E \left(\frac{t}{r}\right)^2$$

$$\frac{t}{r} \geqq \sqrt{\frac{4p}{0{,}36\, E}} = \sqrt{\frac{4 \cdot 30{,}9\,\text{N/mm}^2}{0{,}36 \cdot 2{,}1 \cdot 10^5\,\text{N/mm}^2}} = 4{,}04 \cdot 10^{-2}$$

$$t \geqq 4{,}04 \cdot 10^{-2} \cdot 1000\,\text{mm} = 40{,}4\,\text{mm}$$

Beispiel 14. Wie dick muß die Wand einer PVC-Rohrleitung von 300 mm Durchmesser gewählt werden, wenn ein Unterdruck $p = 4\,\text{N/cm}^2$ zu erwarten ist und die Beulsicherheit $\nu_{\text{Beul}} = 3$ betragen soll? Wie groß ist dann die Bruchsicherheit ν_{B}? ($E = 3{,}4 \cdot 10^3\,\text{N/mm}^2$, $R_{\text{m}} = 20\,\text{N/mm}^2$)

Aus Gl. (248.2) folgt

$$3p \leqq p_{\text{Beul}} = 2{,}2\, E \left(\frac{t}{d}\right)^3$$

$$\frac{t}{d} \geqq \sqrt[3]{\frac{3p}{2{,}2\, E}} = \sqrt[3]{\frac{3 \cdot 0{,}04\,\text{N/mm}^2}{2{,}2 \cdot 3{,}4 \cdot 10^3\,\text{N/mm}^2}} = 2{,}52 \cdot 10^{-2}$$

$$t \geqq 2{,}52 \cdot 10^{-2} \cdot 300\,\text{mm} = 7{,}56\,\text{mm}$$

Gewählt wird $t = 8$ mm. Damit beträgt die Druckspannung

$$\sigma = -p\, \frac{d}{2\,t} = -\frac{0{,}04\,(\text{N/mm}^2) \cdot 300\,\text{mm}}{2 \cdot 8\,\text{mm}} = -0{,}75\,\text{N/mm}^2$$

Die Bruchsicherheit ist dann

$$\nu_{\text{B}} = \frac{20\,\text{N/mm}^2}{0{,}75\,\text{N/mm}^2} \approx 27$$

Bei Werkstoffen mit kleinem Elastizitätsmodul ist auf Versagen der Konstruktion durch Beulen besonders zu achten.

10.4. Aufgaben zu Abschnitt 10

1. Der 8 m lange stählerne Ladebaum eines Schiffes wird durch die Druckkraft $F = 200$ kN belastet. Man bemesse den Baum als gelenkig gelagertes Stahlrohr mit dem Verhältnis $t/d_m = 0,05$ für fünffache Knicksicherheit ($E = 2,1 \cdot 10^5$ N/mm²).

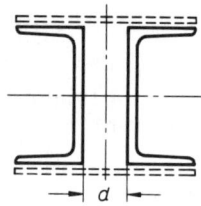

250.1 Querschnitt einer Druckstrebe

2. Man berechne die zulässige Belastung einer Ventilstößelstange aus Stahl bei beidseitig gelenkiger Lagerung. Die Länge beträgt $l = 300$ mm, der Durchmesser $d = 10$ mm und die Knicksicherheit $\nu_K = 3$.

3. Die Druckstrebe eines Kranauslegers ist 4 m lang und soll die Kraft $F = 80$ kN übertragen. Sie soll aus zwei [-Profilen (DIN 1026, St 37) nach Bild **250.1** durch Bindebleche zu einem biegesteifen Stab zusammengesetzt werden. Man nehme gelenkige Lagerung an.

a) Welches Profil ist bei einer Knicksicherheit $\nu_K = 2,5$ zu wählen; wenn der Abstand d so eingerichtet ist, daß die Flächenmomente 2. Ordnung für die Hauptachsen gleich groß sind?

b) Wie groß ist d?

c) Welche Spannung ergibt sich nach dem ω-Verfahren?

4. Bei Kanalisationsarbeiten werden Rohre mit Hilfe eines Dreibocks in einen Graben gesenkt. Der Dreibock besteht aus drei Holzstämmen ($E = 1,3 \cdot 10^4$ N/mm²) von 20 cm Durchmesser und 8 m Länge, die oben gelenkig miteinander verbunden sind und deren Fußpunkte in gleichmäßigen Abständen auf einem Kreis von 6 m Durchmesser unverschieblich gelagert sind. Welche Last kann bei einer Knicksicherheit $\nu_K = 2,5$ maximal von dem Dreibock getragen werden?

5. Man bemesse eine Druckstrebe ($l = 2,5$ m) eines Fachwerks, deren Knicklänge wegen elastischer Einspannung mit $l_K = 0,8 l$ angegeben werden kann, für die Kraft 35 kN und $\sigma_{zul} = 140$ N/mm² nach dem ω-Verfahren. Vorgesehen ist ein gleichschenkliges Winkelprofil (DIN 1028, St 37).

6. Ein Stab mit dem Profil [100 (DIN 1026, St 37) wird durch die Druckkraft $F = 27$ kN in der Mitte des Steges belastet. Die Knicklänge beträgt $l_K = 3$ m. Man berechne die Spannung nach Gl. (237.1) und nach dem ω-Verfahren.

7. Wie groß muß die Wanddicke eines Raketenkörpers aus einer Titanlegierung ($E = 10^5$ N/mm²) bei 1,5facher Beulsicherheit mindestens sein, wenn sein Durchmesser $d = 2$ m und die Schubkraft $F = 80$ kN betragen?

8. Ein Öltank aus Stahl hat die Form eines stehenden Kreiszylinders mit einer Kugelkappe als Dach. Der Durchmesser beträgt $d = 6$ m, die Zylinderhöhe $h = 4,5$ m und die Wanddicke $t = 10$ mm.

Der Krümmungsradius der Dachkappe beträgt $r_D = 9$ m.

Wie ist die Wanddicke t_D der Dachhaube zu wählen, damit der Beuldruck des Daches gleich dem Beuldruck des Zylinders ist? Wie groß ist dieser?

11. Rotationssymmetrischer Spannungszustand in Scheiben

Die Beanspruchung in rotationssymmetrischen Bauteilen bei rotationssymmetrischer Belastung ist bereits im Abschn. 2.4.3 behandelt worden. Wir haben uns dort jedoch auf zylindrische Ringe beschränkt, d.h. die Voraussetzung getroffen, daß die Bauteilabmessungen in radialer Richtung gering gegenüber dem mittleren Radius sind. Unter dieser Voraussetzung konnte mit der Annahme gleichmäßiger Spannungsverteilung gerechnet werden. In vielen Bauteilen mit größeren radialen Abmessungen (dickwandige Hochdruckbehälter, Naben, rotierende Räder und Scheiben) führt diese Annahme zu falschen Ergebnissen. Die wirklichen Spannungen sind dann in radialer Richtung nicht mehr gleichmäßig verteilt.

Die strenge Berechnung der Spannungsverteilung in derartigen Bauteilen ist recht schwierig und nur mit großem mathematischen Aufwand möglich. Für die praktische Berechnung führen vereinfachende Annahmen zu relativ einfachen Lösungen und ergeben Spannungen, die nur wenig von den tatsächlichen abweichen.

11.1. Herleitung der Grundgleichungen

Im folgenden wollen wir die allgemein gültigen Grundgleichungen herleiten, die zur Berechnung der Spannungsverteilung in rotationssymmetrischen Bauteilen bei beliebiger rotationssymmetrischer Belastung durch äußere Kräfte oder Volumenkräfte verwendet werden. In Abschn. 11.2. werden die allgemeinen Gleichungen auf die Berechnung dickwandiger Hohlzylinder unter Innen- und Außendruck angewendet. Zur Berechnung rotierender Scheiben muß auf die Literatur, z.B. [1], [4], [5], [9], [12] verwiesen werden.

Durch zwei eng benachbarte Schnitte senkrecht zur Längsachse eines Rohres z.B. erhält man eine dünne Scheibe. Unter der Annahme vernachlässigbar kleiner Schubspannungen in Ebenen parallel zur Scheibenmittelebene und Unabhängigkeit der Spannungen von der Scheibendicke bei Belastung in der Scheibenebene erhält man einen ebenen Spannungszustand (s. Abschn. 9.2.2). Diese Annahmen sind auch gültig, wenn die Scheibendicke sich unter Wahrung der Rotationssymmetrie allmählich ändert (z.B. in Turbinenrädern) oder wenn Kräfte senkrecht zur Scheibenebene, also in Achsrichtung, auftreten (z.B. in dickwandigen geschlossenen Behältern unter Innen- oder Außendruck).

11.1.1. Gleichgewichtsbedingungen

Wir betrachten eine rotationssymmetrische Scheibe, deren Dicke δ mit dem Radius r veränderlich ist und denken uns durch Radial- und Zylinderschnitte ein Körperelement herausgeschnitten (252.1). Wir wollen unsere Betrachtungen auf rotationssymmetrische Bauteile beschränken, die kein Drehmoment von außen nach innen zu übertragen haben. Dann sind die gezeichneten Schnittflächen schubspannungsfrei und die Normalspannungen (σ_r in radialer Richtung, σ_t in tangentialer Richtung) sind Hauptspannungen

(s. Abschn. 9.2.3). Da aus Symmetriegründen die Spannungen unabhängig vom Winkel φ sind, empfiehlt es sich, mit Polarkoordinaten zu rechnen, weil dann die Spannungen nur vom Radius r abhängen.

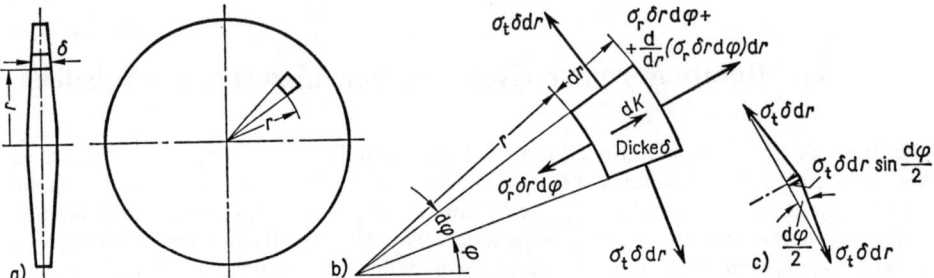

252.1 a) Rotationssymmetrische Scheibe   b) Körperelement mit Schnitt- und Volumenkräften   c) Kräfteplan

Multipliziert man die Spannungen mit den zugehörigen Schnittflächen (252.1 b), so ergeben sich die in diesen wirkenden Kräfte. Mit dK als einer beliebigen radialen Volumenkraft verlangt die Gleichgewichtsbedingung der Kräfte in radialer Richtung

$$- \sigma_r \, \delta \, r \, d\varphi + \sigma_r \, \delta \, r \, d\varphi + \frac{d}{dr}(\sigma_r \, \delta \, r \, d\varphi) \, dr - 2\sigma_t \, \delta \, dr \sin\frac{d\varphi}{2} + dK = 0 \qquad (252.1)$$

Mit $\sin(d\varphi/2) \approx d\varphi/2$ erhält man

$$\frac{d}{dr}(\sigma_r \, \delta \, r \, d\varphi) \, dr - \sigma_t \, \delta \, dr \, d\varphi + dK = 0$$

Dividiert man diese Gleichung durch $\delta \, dr \, d\varphi$, ergibt sich

$$\frac{1}{\delta} \cdot \frac{d}{dr}(\sigma_r \, \delta \, r) - \sigma_t + \frac{dK}{\delta \, dr \, d\varphi} = 0$$

Nach Anwendung der Produktregel ist

$$\frac{1}{\delta}\left[\sigma_r \, \delta + r \frac{d}{dr}(\sigma_r \, \delta)\right] - \sigma_t + \frac{dK}{\delta \, dr \, d\varphi} = 0$$

Setzt man in dieser Gleichung $dV \approx r \, \delta \, dr \, d\varphi$ als Volumen des Körperelements und ordnet, dann ist

$$\frac{r}{\delta} \cdot \frac{d}{dr}(\sigma_r \, \delta) + \sigma_r - \sigma_t + r \frac{dK}{dV} = 0 \qquad (252.2)$$

Diese Gleichung ist eine lineare Differentialgleichung zwischen den gesuchten Spannungen $\sigma_r(r)$ und $\sigma_t(r)$, die beide Funktionen des Radius r sind. Sie allein reicht zur Ermittlung der beiden unbekannten Funktionen nicht aus, man benötigt eine zweite Gleichung, die man aus den geometrischen Bedingungen für die Verformungen gewinnt.

11.1.2. Verträglichkeitsbedingung

Damit unter dem Einfluß der Spannungen σ_r und σ_t keine Klaffungen oder Überdeckungen in der Scheibe auftreten, ist nur die in Bild 253.1 gezeichnete Verformung des

Elements möglich. Die nach außen (radial) gerichtete Verschiebung ist u, deren Änderung zwischen Außen- und Innenrand des Teilchens du. Dem Bild entnimmt man die Dehnungen

$$\varepsilon_r = \frac{(u + du) - u}{dr} = \frac{du}{dr} \quad \text{als Radialdehnung}$$

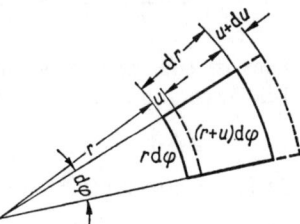

$$\varepsilon_t = \frac{(r + u)\, d\varphi - r\, d\varphi}{r\, d\varphi} = \frac{u}{r} \quad \begin{array}{l}\text{als Tangential-}\\ \text{dehnung}\end{array}$$

253.1 Verformung des Körperelements

Differenziert man die zweite Gleichung nach r und setzt in die erste ein, so ergibt sich

$$\varepsilon_r = \frac{du}{dr} = \frac{d}{dr}(\varepsilon_t\, r) = r\frac{d\varepsilon_t}{dr} + \varepsilon_t$$

oder nach Ordnen

$$r\frac{d\varepsilon_t}{dr} + \varepsilon_t - \varepsilon_r = 0 \tag{253.1}$$

In Gl. (253.1) werden nun die Dehnungen über das allgemeine Hookesche Gesetz (s. Abschn. 9.3.1) durch die Spannungen ausgedrückt

$$\varepsilon_r = \frac{1}{E}(\sigma_r - \mu\,\sigma_t) \qquad \varepsilon_t = \frac{1}{E}(\sigma_t - \mu\,\sigma_r)$$

Nach Einsetzen, Ordnen und Kürzen des Faktors E ergibt sich

$$r\left(\mu\frac{d\sigma_r}{dr} - \frac{d\sigma_t}{dr}\right) + (1 + \mu)(\sigma_r - \sigma_t) = 0 \tag{253.2}$$

Diese Verträglichkeitsbedingung ist die noch fehlende zweite Differentialgleichung zwischen den Spannungen $\sigma_r(r)$ und $\sigma_t(r)$.

11.2. Dickwandige zylindrische Behälter unter Innen- und Außendruck

Denkt man sich aus einem zylindrischen Behälter durch zwei Schnitte senkrecht zur Achse eine dünne Scheibe herausgeschnitten, so ist die Dicke δ konstant. Die Volumenkräfte dK sind Null und aus Gl. (252.2) erhalten wir

$$r\frac{d\sigma_r}{dr} + \sigma_r - \sigma_t = 0 \tag{253.3}$$

Das System der beiden Differentialgleichungen (253.2) und 253.3) wird wie ein System gewöhnlicher Gleichungen so gelöst, daß man eine der beiden unbekannten Funktionen eliminiert. Es ist hier zweckmäßig, Gl. (253.3) nach σ_t aufzulösen, nach r zu differenzieren und σ_t sowie dσ_t/dr in Gl. (253.2) einzusetzen

$$\sigma_t = \sigma_r + r\frac{d\sigma_r}{dr} \tag{253.4}$$

$$\frac{d\sigma_t}{dr} = \frac{d\sigma_r}{dr} + r\frac{d^2\sigma_r}{dr^2} + \frac{d\sigma_r}{dr} \tag{253.5}$$

Nach Einsetzen und Ordnen erhält man

$$r^2 \frac{d^2 \sigma_r}{dr^2} + 3r \frac{d\sigma_r}{dr} = 0 \qquad (254.1)$$

Dies ist eine homogene lineare Differentialgleichung 2. Ordnung für die unbekannte Radialspannung σ_r, die somit berechnet werden kann.

11.2.1. Spannungsverteilung — Vergleichsspannung

Die allgemeine Lösung der Gl. (254.1) ist bekannt (siehe Brauch, W.; Dreyer, H.-J.; Haacke, W.: Mathematik für Ingenieure 7. Aufl. Stuttgart 1985 Abschn. 13.3.3). Der Potenzansatz $\sigma_r = C\,r^n$ erfüllt die Differentialgleichung für $n = 0$ und $n = -2$[1]) mit beliebiger Konstante C. Somit lautet die allgemeine Lösung für die Radialspannung mit den neuen Konstanten c_1 und c_2

$$\sigma_r = c_1 + \frac{c_2}{r^2} \qquad (254.2)$$

Die Tangentialspannung erhält man, wenn nach Gl. (254.2) die Spannung σ_r und ihre erste Ableitung nach r in Gl. (253.4) eingesetzt wird

$$\sigma_t = c_1 - \frac{c_2}{r^2} \qquad (254.3)$$

Die Konstanten c_1 und c_2 bestimmt man aus den Randbedingungen. Im folgenden sollen sie getrennt je für den Innendruck p_i und den Außendruck p_a berechnet werden.

Innendruck p_i

Die Randbedingungen lauten 1. für $r = r_i$ ist $\sigma_r = -p_i$ und 2. für $r = r_a$ ist $\sigma_r = 0$. Durch Einsetzen in Gl. (254.2) ergibt sich ein Gleichungssystem für c_1 und c_2 mit den Lösungen

$$c_1 = p_i \frac{r_i^2}{r_a^2 - r_i^2} \qquad\qquad c_2 = -p_i\, r_a^2 \frac{r_i^2}{r_a^2 - r_i^2}$$

---

[1]) Setzt man $\sigma_r = C\,r^n$ in Gl. (254.1) ein, so ist mit

$$\frac{d\sigma_r}{dr} = n\,C\,r^{n-1} \qquad \text{und} \qquad \frac{d^2 \sigma_r}{dr^2} = n\,(n-1)\,C\,r^{n-2}$$

$$r^2\,n\,(n-1)\,C\,r^{n-2} + 3r\,n\,C\,r^{n-1} = 0$$

oder $\qquad\qquad C\,r^n\,[n\,(n-1) + 3n] = 0$

Da der vor der eckigen Klammer stehende Faktor für beliebiges r nicht verschwindet, muß der Klammerausdruck Null werden. Das ergibt die Bedingungsgleichung

$$n\,(n-1) + 3n = n^2 + 2n = n\,(n+2) = 0$$

mit den Lösungen $n = 0$ und $n = -2$.

Hiermit lauten nunmehr die Gleichungen für die Spannungen

$$\sigma_r = -p_i \frac{r_i^2}{r_a^2 - r_i^2}\left(\frac{r_a^2}{r^2} - 1\right) \tag{255.1}$$

$$\sigma_t = p_i \frac{r_i^2}{r_a^2 - r_i^2}\left(\frac{r_a^2}{r^2} + 1\right) \tag{255.2}$$

Für die Berechnung von Druckbehältern ist auch die aus der Verschiebung resultierende Durchmesseränderung von Interesse. Man erhält sie aus der Radialverschiebung u über die Tangentialdehnung ε_t

$$\Delta d = 2u = 2r\,\varepsilon_t = 2\frac{r}{E}(\sigma_t - \mu\,\sigma_r)$$

$$\Delta d = 2r\frac{p_i}{E}\cdot\frac{r_i^2}{r_a^2 - r_i^2}\left[\frac{r_a^2}{r^2}(1 + \mu) + 1 - \mu\right] \tag{255.3}$$

Ist ein Behälter an den Enden abgeschlossen, so tritt infolge der Längszugkraft $F_z = p_i \pi r_i^2$ eine Normalspannung σ_l hinzu, die gleichmäßig über den Querschnitt verteilt ist

$$\sigma_l = \frac{F_z}{\pi(r_a^2 - r_i^2)} = p_i \frac{r_i^2}{r_a^2 - r_i^2} \tag{255.4}$$

Außendruck p_a

Mit den Randbedingungen 1. für $r = r_i$ ist $\sigma_r = 0$ und 2. für $r = r_a$ ist $\sigma_r = -p_a$ erhält man in gleicher Weise wie oben

$$c_1 = -p_a \frac{r_a^2}{r_a^2 - r_i^2} \qquad\qquad c_2 = p_a r_i^2 \frac{r_a^2}{r_a^2 - r_i^2}$$

Die Gleichungen für die Spannungen lauten somit

$$\sigma_r = -p_a \frac{r_a^2}{r_a^2 - r_i^2}\left(1 - \frac{r_i^2}{r^2}\right) \tag{255.5}$$

$$\sigma_t = -p_a \frac{r_a^2}{r_a^2 - r_i^2}\left(1 + \frac{r_i^2}{r^2}\right) \tag{255.6}$$

Die Durchmesseränderung beträgt

$$\Delta d = -2r\frac{p_a}{E}\frac{r_a^2}{r_a^2 - r_i^2}\left[\frac{r_i^2}{r^2}(1 + \mu) + 1 - \mu\right] \tag{255.7}$$

Die Längsspannung ist in diesem Fall eine Druckspannung

$$\sigma_l = -p_a \frac{r_a^2}{r_a^2 - r_i^2} \tag{255.8}$$

Um ein anschauliches Bild vom Verlauf der Spannungen im zylindrischen Teil, besonders auch von der Beanspruchung des Behälterwerkstoffs zu bekommen, stellen wir den Spannungsverlauf zeichnerisch dar. Für die Zahlenrechnungen empfiehlt es sich, das Durchmesserverhältnis $\eta = d_a/d_i = r_a/r_i$ einzuführen.
In Tafel **256.1** sind alle erforderlichen Gleichungen übersichtlich zusammengestellt. Darunter sind die Spannungsverteilungen in Abhängigkeit vom Radius r aufgezeichnet. Man erkennt, daß bei Innendruck Tangential- und Längsspannungen Zugspannungen sind, während bei Außendruck alle drei Spannungen Druckspannungen sind, die Kurven

für σ_t und σ_r liegen symmetrisch zur Längsspannung σ_l. Die größten Spannungen treten in beiden Fällen am Innenrand auf. Aus den Gleichungen ersieht man weiter, daß die Spannungen σ_r und σ_t in zylindrischen Behältern unabhängig von deren absoluter Größe sind. Sie hängen nur vom **Durchmesserverhältnis** η ab.

Tafel 256.1   Spannungen in dickwandigen zylindrischen Behältern

unter Innendruck	unter Außendruck

$$\eta = \frac{r_a}{r_i} > 1,2 \text{ dickwandiger Behälter}$$

$$\sigma_r = -\,p_i\,\frac{1}{\eta^2-1}\left(\frac{r_a^2}{r^2}-1\right) \qquad \sigma_r = -\,p_a\,\frac{\eta^2}{\eta^2-1}\left(1-\frac{r_i^2}{r^2}\right)$$

$$\sigma_t = p_i\,\frac{1}{\eta^2-1}\left(\frac{r_a^2}{r^2}+1\right) \qquad \sigma_t = -\,p_a\,\frac{\eta^2}{\eta^2-1}\left(1+\frac{r_i^2}{r^2}\right)$$

$$\sigma_l = p_i\,\frac{1}{\eta^2-1} \qquad\qquad \sigma_l = -\,p_a\,\frac{\eta^2}{\eta^2-1}$$

Randspannungen:

$$r = r_i: \qquad \sigma_{ri} = -\,p_i \qquad\qquad r = r_i: \qquad \sigma_{ri} = 0$$

$$\sigma_{ti} = p_i\,\frac{\eta^2+1}{\eta^2-1} \qquad\qquad\qquad \sigma_{ti} = -\,2p_a\,\frac{\eta^2}{\eta^2-1}$$

$$r = r_a: \qquad \sigma_{ra} = 0 \qquad\qquad\quad r = r_a: \qquad \sigma_{ra} = -\,p_a$$

$$\sigma_{ta} = 2p_i\,\frac{1}{\eta^2-1} \qquad\qquad\qquad \sigma_{ta} = -\,p_a\,\frac{\eta^2+1}{\eta^2-1}$$

$$\sigma_{v\,max} = \sigma_{ti} - \sigma_{ri} = p_i\,\frac{2\,\eta^2}{\eta^2-1}$$

Geometrisch ähnliche zylindrische Druckgefäße unter Innen- oder Außendruck sind bei gleicher Druckbelastung gleich hoch beansprucht.

Die Möglichkeit eines Versagens bei Überschreiten einer zulässigen Höchstbelastung hat wegen der damit verbundenen Gefahr besondere Bedeutung bei Innendruck und soll im folgenden für abgeschlossene Druckbehälter einer besonderen Betrachtung unterzogen werden.

Der Spannungszustand in einem dickwandigen Druckbehälter unter Innendruck ist zwei- bzw. dreiachsig. Für die Ermittlung der Werkstoffbeanspruchung ist demnach eine Vergleichsspannung σ_v für den Innenrand, als der höchstbeanspruchten Zone, maßgebend (s. Abschn. 9.4.2).

Nach der Mohrschen Hypothese ist die Differenz zwischen größter und kleinster Hauptspannung als Vergleichsspannung anzusetzen, die Größe der (mittleren) Längsspannung σ_l spielt hierbei keine Rolle

$$\sigma_\mathrm{v(Sch)} = \sigma_\mathrm{ti} - \sigma_\mathrm{ri} \tag{257.1}$$

Setzt man die entsprechenden Beziehungen für die Spannungen aus Tafel **256.**1 ein, so ergibt sich

$$\sigma_\mathrm{v(Sch)} = p_\mathrm{i}\,\frac{\eta^2 + 1}{\eta^2 - 1} + p_\mathrm{i} = p_\mathrm{i}\,\frac{2\,\eta^2}{\eta^2 - 1} \tag{257.2}$$

Die Gestaltänderungsenergie-Hypothese liefert nach Abschn. 9.4.2 die Gleichung

$$\sigma_\mathrm{v(GE)} = \sqrt{\frac{1}{2}\left[(\sigma_\mathrm{ti} - \sigma_\mathrm{ri})^2 + (\sigma_\mathrm{ti} - \sigma_\mathrm{l})^2 + (\sigma_\mathrm{l} - \sigma_\mathrm{ri})^2\right]} \tag{257.3}$$

Dem linken Bild in Tafel **256.**1 entnimmt man die Beziehungen

$$\sigma_\mathrm{ti} - \sigma_\mathrm{l} = \frac{1}{2}\,(\sigma_\mathrm{ti} - \sigma_\mathrm{ri})$$

und $\sigma_\mathrm{l} - \sigma_\mathrm{ri} = \dfrac{1}{2}\,(\sigma_\mathrm{ti} - \sigma_\mathrm{ri})$

Setzt man diese in die Gl. (257.3) ein, so erhält man

$$\sigma_\mathrm{v(GE)} = \frac{\sqrt{3}}{2}\,(\sigma_\mathrm{ti} - \sigma_\mathrm{ri}) \tag{257.4}$$

und mit den Spannungen aus Tafel **256.**1

$$\sigma_\mathrm{v(GE)} = p_\mathrm{i}\,\frac{\sqrt{3}\,\eta^2}{\eta^2 - 1} \tag{257.5}$$

Für die Festigkeitsberechnung eines dickwandigen zylindrischen Behälters ist also die Beanspruchung der Innenwandung maßgebend. Die Festigkeitsbedingung lautet nun

$$\sigma_\mathrm{v} \leqq \sigma_\mathrm{zul} \tag{257.6}$$

Hoch- und Höchstdruckbehälter sowie Rohrleitungen und dgl. sind fast ausnahmslos aus Stahl mit ausgeprägter Fließgrenze gefertigt, so daß die Werkstofffließgrenze R_e als Berechnungskennwert bei ruhender Beanspruchung in Frage kommt

$$\sigma_\mathrm{zul} = \frac{R_\mathrm{e}}{\nu_\mathrm{F}} \tag{257.7}$$

Die Sicherheit gegen Fließen ist im allgemeinen in Vorschriften festgelegt (s. Abschn. 11.2.3) und soll den Wert $\nu_F = 1,5$ nicht unterschreiten.

Für die Berechnung der Tragfähigkeit, also der zulässigen Innendruckbelastung, erhält man aus den Gl. (257.2) bzw. (257.5) mit Gl. (257.6)

nach der Mohrschen Hypothese

$$p_{i\,zul} \leqq \sigma_{zul} \frac{\eta^2 - 1}{2\,\eta^2} \tag{258.1}$$

und nach der GE-Hypothese

$$p_{i\,zul} \leqq \sigma_{zul} \frac{\eta^2 - 1}{\sqrt{3}\,\eta^2} \tag{258.2}$$

Schließlich erhält man für die Bemessung eines Behälters das erforderliche Wanddickenverhältnis η, und damit bei meist vorgegebenen Innendurchmesser d_i den notwendigen Außendurchmesser $d_a = \eta\,d_i$

nach der Mohrschen Hypothese

$$\eta \geqq \sqrt{\frac{\sigma_{zul}}{\sigma_{zul} - 2\,p_i}} \tag{258.3}$$

und nach der GE-Hypothese

$$\eta \geqq \sqrt{\frac{\sigma_{zul}}{\sigma_{zul} - \sqrt{3}\,p_i}} \tag{258.4}$$

Den letzten beiden Gleichungen kann man eine Einschränkung für den in einem dickwandigen Behälter überhaupt aufzunehmenden Innendruck beim Entwurf der Abmessungen entnehmen, denn der Nenner in den beiden Gleichungen muß immer größer sein als Null. Diese Einschränkung lautet

$$p_i < 0,5\,\sigma_{zul} \qquad \text{bzw.} \qquad p_i < 0,577\,\sigma_{zul}$$

In dem linken Bild der Tafel 256.1 ist der Verlauf der Vergleichsspannung $\sigma_{v(Sch)}$ gestrichelt eingezeichnet; diese, und damit die Beanspruchung des Werkstoffs, nimmt von innen nach außen sehr stark ab. Der Werkstoff eines dickwandigen Hohlzylinders unter Innendruck ist also sehr schlecht ausgenutzt. Der oben angegebenen Einschränkung für den Innendruck p_i kann weiter entnommen werden, daß Höchstdrucke auch bei noch so hoher Werkstoffestigkeit selbst durch extrem große Wanddicken in einfachen Behältern nicht zu verwirklichen sind. Aus den genannten Gründen hat man überlegt, wie die aus dem mehrachsigen elastischen Spannungszustand abgeleiteten Berechnungsverfahren abzuändern seien, um einerseits wirtschaftlicher konstruieren zu können, andererseits aber auch die Forderungen der Praxis nach immer höheren Innendrücken zu verwirklichen. In den folgenden drei Abschnitten gehen wir auf diese Gesichtspunkte näher ein.

Beispiel 1. Ein zylindrischer Druckbehälter, Innendurchmesser $d_i = 80$ mm, aus Baustahl (Fließgrenze $R_e = 270$ N/mm²) soll mit dem Innendruck $p_i = 80$ N/mm² ruhend beansprucht werden. Zu berechnen sind a) der notwendige Außendruckmesser d_a bei 1,5facher Sicherheit gegen Fließen nach der Mohrschen Hypothese, b) die Randspannungen. Die Spannungsverteilung ist maßstäblich zu zeichnen.

Mit $\sigma_{\text{zul}} = 270 \ (\text{N/mm}^2)/1{,}5 = 180 \ \text{N/mm}^2$
aus Gl. (257.7) ergibt Gl. (258.3) das Durch-
messerverhältnis

$$\eta = \sqrt{\frac{\sigma_{\text{zul}}}{\sigma_{\text{zul}} - 2\,p_i}} = \sqrt{\frac{180}{20}} = 3$$

Der notwendige Außendurchmesser ist dann
$d_a = \eta\, d_i = 3 \cdot 80 \ \text{mm} = 240 \ \text{mm}$.
Die Randspannungen berechnen wir aus den
Gl. der Tafel 256.1

$$\sigma_{\text{ri}} = -\,p_i = -\,80 \ \text{N/mm}^2 \qquad \sigma_{\text{ra}} = 0$$

$$\sigma_{\text{ti}} = p_i \,\frac{\eta^2 + 1}{\eta^2 - 1} = 80 \,\frac{\text{N}}{\text{mm}^2} \cdot \frac{10}{8} = 100 \ \text{N/mm}^2$$

$$\sigma_{\text{ta}} = 2\,p_i \,\frac{1}{\eta^2 - 1} = 160 \,\frac{\text{N}}{\text{mm}^2} \cdot \frac{1}{8} = 20 \ \text{N/mm}^2$$

$$\sigma_l = p_i \,\frac{1}{\eta^2 - 1} = 10 \ \text{N/mm}^2$$

Die Spannungsverteilung ist in Bild 259.1 dargestellt, die notwendige Zahlenrechnung ist in
der Tafel 259.2 durchgeführt.

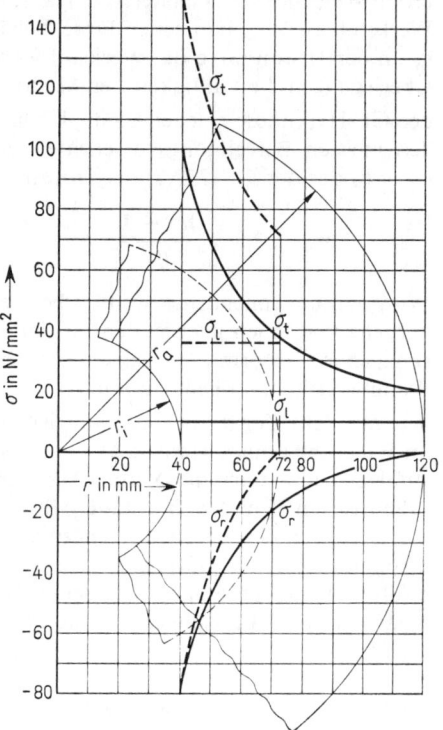

259.1 Spannungsverteilung in dem zylindrischen Druckbehälter aus Beispiel 1, S. 258
——— Spannungen bei 240 mm Außendurchmesser
– – – Spannungen bei 144 mm Außendurchmesser
(s. Beispiel 2, S. 263)

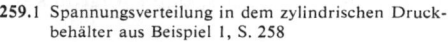

Tafel 259.2   Berechnung der Spannungsverteilung (zu Beispiel 1)

r	mm	40	60	80	100	120
r_a/r	—	3	2	1,5	1,2	1
$(r_a/r)^2$	—	9	4	2,25	1,44	1
$(r_a/r)^2 - 1$	—	8	3	1,25	0,44	0
σ_r	N/mm²	−80	−30	−12,5	−4,4	0
$(r_a/r)^2 + 1$	—	10	5	3,25	2,44	2
σ_t	N/mm²	100	50	32,5	24,4	20

11.2.2. Fließbeginn — vollplastischer Grenzzustand

E. Siebel[1]) und D. Uebing[2]) haben sowohl theoretisch als auch durch Berstversuche
gezeigt, daß in dickwandigen Hohlzylindern aus im Zugversuch schmeidigen Werkstoffen bei stetiger Steigerung des Innendrucks vor einem Versagen durch Trennbruch

[1]) Siebel, E.: Die Festigkeit dickwandiger Hohlzylinder. Konstruktion 3, H. 5 (1951) S. 137ff.
[2]) Uebing, D.: Das Berstverhalten von Rohren. Brennstoff-Wärme-Kraft 13, H. 12 (1961)
S. 537ff.

große bleibende Formänderungen auftreten. Unter dieser Voraussetzung beginnt der Werkstoff eines zylindrischen Druckbehälters zu fließen, sobald die Vergleichsspannung σ_v an der Innenseite die Werkstofffließgrenze R_e erreicht. Setzen wir für die weiteren Überlegungen die Gültigkeit der Mohrschen Hypothese voraus — in den Gleichungen der GE-Hypothese erscheint lediglich anstatt des Faktors 2 der Faktor $\sqrt{3}$ —, wie es in den meisten Berechnungsvorschriften der Fall ist (s. Abschn. 11.2.3), dann folgt mit $\sigma_v = R_e$ aus der Gl. (257.2) der Innendruck p_{iI} bei Fließbeginn an der Innenwand

$$p_{iI} = 0,5\, R_e \frac{\eta^2 - 1}{\eta^2} \tag{260.1}$$

Wird nun der Innendruck weiter über den Wert p_{iI} gesteigert, dann setzt sich der Fließvorgang von innen nach außen hin fort. Der plastische Zustand breitet sich aus, bis — genügende Verformungsfähigkeit des Werkstoffs vorausgesetzt — auch die äußeren Wandbereiche ins Fließen kommen.

Wie aus dem Zugversuch bekannt ist, bleibt mit zunehmender plastischer Verformung im Fließgebiet eines schmeidigen Stahles die Spannung in etwa konstant $\sigma = R_e$. Demzufolge bleibt auch die Vergleichsspannung $\sigma_v = \sigma_t - \sigma_r = R_e$ an jeder Stelle r des zylindrischen Behälters konstant. Mit dieser Voraussetzung und der weiteren Annahme, daß auch im vollplastischen Grenzzustand die Gleichgewichtsbedingungen des elastischen Spannungszustands gültig sind (die Verträglichkeitsbedingung ist allerdings nicht mehr erfüllt!), kann die Spannungsverteilung des vollplastischen Zustandes abgeschätzt werden. Bezeichnen wir die plastischen Spannungen mit σ^*, dann folgt aus der Gl. (253.3)

$$r \frac{d\sigma_r^*}{dr} = \sigma_t^* - \sigma_r^* = R_e$$

Diese Gleichung kann nach Trennung der Veränderlichen integriert werden

$$\int d\sigma_r^* = R_e \int \frac{dr}{r}$$

$$\sigma_r^* = R_e \ln (r/c)$$

Die Integrationskonstante c ergibt sich aus der Randbedingung $\sigma_r^* = 0$ für $r = r_a$ zu $c = r_a$. Damit erhält man die Radialspannung

$$\sigma_r^* = - R_e \ln (r_a/r) \tag{260.2}$$

Aus Gl. (253.4) folgt die Tangentialspannung

$$\sigma_t^* = R_e \left[1 - \ln (r_a/r)\right] \tag{260.3}$$

In Bild 261.1 sind die elastischen Spannungen in einem Hohlzylinder für $\eta = 2,5$ bei Fließbeginn und die vollplastischen Spannungen in Abhängigkeit vom Radius r einander gegenübergestellt. Man erkennt den geänderten Charakter der Tangentialspannung σ_t^* des vollplastischen Zustands gegenüber dem elastischen. Die größte Tangentialspannung tritt nun am Außenrand auf, dort ist bei weiterer Drucksteigerung ein Trennbruch zu erwarten. Die Versuche haben dies bestätigt[1].

---

[1] S. Fußnote 2 S. 259.

Der Innendruck $p_{i\,III}$ bei Erreichen des vollplastischen Zustands ergibt sich aus Gl. (260.2) mit der Bedingung: für $r = r_i$ ist $\sigma_r^* = -p_{i\,III}$ zu

$$p_{i\,III} = R_e \ln \eta \qquad (261.1)$$

Im vollplastischen Zustand bleibt die Form eines Behälters und damit seine Funktionsfähigkeit nicht erhalten. Deshalb kann dieser Zustand nicht als Grundlage einer Festigkeitsberechnung dienen. Es erscheint jedoch vernünftig, unter Zugrundelegung einiger Zehntel Prozent bleibender Formänderung an der Innenwand eine Berechnung anzustreben, die sich auf den teilplastischen Zustand erstreckt.

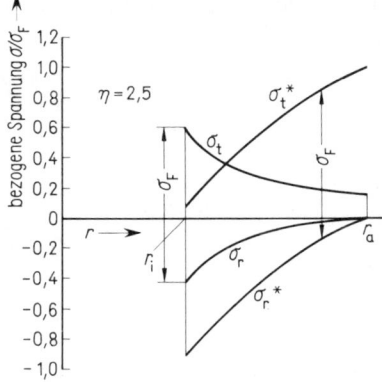

261.1 Spannungsverteilung in einem Hohlzylinder unter Innendruck, $\eta = d_a/d_i = 2{,}5$

σ_r, σ_t Spannungen im elastischen Bereich
σ_r^*, σ_t^* Spannungen beim Erreichen des vollplastischen Grenzzustands

In Bild **262.1** sind die bezogenen Innendrücke $p_{i\,I}/R_e$ bei Fließbeginn nach Gl. (260.1) und $p_{i\,III}/R_e$ bei Erreichen des vollplastischen Zustands nach Gl. (261.1) in Abhängigkeit vom Durchmesserverhältnis η aufgetragen. Man erhält somit zwei Grenzkurven I und III: unterhalb I ist der Spannungszustand elastisch, oberhalb III vollplastisch. Dazwischen befindet sich der teilplastische Bereich, der für eine Berechnung ausgenutzt werden soll.

11.2.3. Näherungsrechnung im teilplastischen Bereich — Berechnungsvorschriften

Der Versuch einer Ableitung praktischer Gebrauchsformeln aus dem Spannungszustand des teilplastischen Bereichs von zylindrischen Druckbehältern führt auf nicht überschaubare und umständliche Gleichungen. Es erscheint deshalb angebracht. Näherungsgleichungen zu entwickeln und diese mit den Grenzkurven in Bild **262.1** zu vergleichen. Als einfache Näherung bietet sich die früher im Kesselbau übliche Berechnungsweise für dünnwandige Behälter an. Unter Vernachlässigung der Radialspannung $\sigma_r = -p_i$ gegenüber der Tangentialspannung, Gl. (26.2), $\sigma_t = p_i\, r_i/t$ ist die Vergleichsspannung

$$\sigma_v = \sigma_t = p_i\, \frac{r_i}{t} = p_i\, \frac{r_i}{r_a - r_i} = p_i\, \frac{1}{\eta - 1}$$

Den auf die Fließgrenze bezogenen Innendruck erhält man daraus mit $\sigma_v = R_e$ zu

$$\frac{p_i}{R_e} = \eta - 1 \qquad (261.2)$$

Diese Gerade ist in Bild **262.1** gestrichelt gezeichnet. Man sieht, daß sie im vollplastischen Bereich liegt. Sie ist demnach für die Berechnung dickwandiger Hohlzylinder völlig unbrauchbar.

Ersetzt man jedoch in der Gleichung für σ_t den Innenradius r_i durch den Außenradius r_a, dann ist

$$\sigma_v = p_i\, \frac{r_a}{t} = p_i\, \frac{r_a}{r_a - r_i} = p_i\, \frac{\eta}{\eta - 1}$$

Der bezogene Innendruck wird somit

$$\frac{p_{i\,IIa}}{R_e} = \frac{\eta - 1}{\eta}$$

(262.1)

Diese Gleichung ist als Kurve IIa im Bild **262.1** gezeichnet.

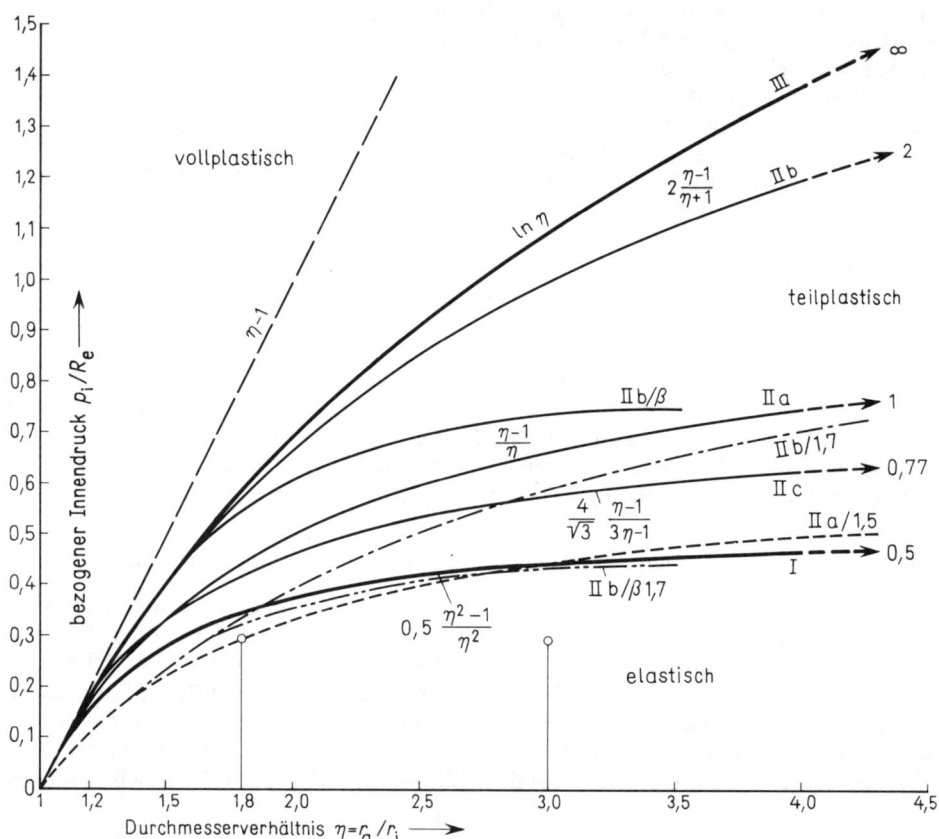

262.1 Bezogener Innendruck p_i/R_e in Abhängigkeit vom Durchmesserverhältnis η
Grenzkurven und Berechnungskurven s. Text und Tafel **264.1**

Durch eine Abschätzung, die hier nicht näher erläutert werden kann, läßt sich zeigen, daß in dem Bereich von $\eta = 1 \cdots 5$ die bleibende Dehnung an der Innenwand bei dem Innendruck $p_{i\,IIa}$ den Wert 0,2 % nicht übersteigt. Dieser Betrag wäre zum Beispiel bei Probedruck vom Material ohne Schädigung zu ertragen.

Legt man nun wieder die Sicherheitszahl v_F gegen Fließen zugrunde, so erhält man aus der Gl. (262.1) den zulässigen Innendruck

$$p_{i\,zul} = \frac{p_{i\,IIa}}{v_F} = \sigma_{zul} \frac{\eta - 1}{\eta}$$

(262.2)

In Bild 262.1 ist der zulässige bezogenen Innendruck für 1,5fache Mindestsicherheit in Abhängigkeit von η gestrichelt eingezeichnet (Kurve II a/1,5). Für $\eta \leq 3$ bleibt der Spannungszustand im Behälter bei diesem Innendruck elastisch, da die gestrichelte Linie unterhalb der Grenzkurve I für Fließbeginn liegt.

Für das Durchmesserverhältnis erhält man die Gleichung

$$\eta = \frac{\sigma_{zul}}{\sigma_{zul} - p_i} \tag{263.1}$$

Als Grenzbedingung für den ertragbaren Innendruck p_i folgt aus dieser Gleichung

$$p_i < \sigma_{zul}$$

Vergleicht man mit den entsprechenden Einschränkungen, die aus den Gl. (258.3) und (258.4) folgen, so kann im Grenzfall bei gleichen Abmessungen etwa doppelter Innendruck zugelassen werden, oder bei gleichem Innendruck können die Abmessungen erheblich geringer gehalten werden (s. Beispiel 2).

Beispiel 2. Für den Druckbehälter aus Beispiel 1, S. 258, sind zu berechnen a) der notwendige Außendruchmesser d_a nach Gl. (263.1) im teilplastischen Bereich, die erzielte Massenersparnis und die Randspannungen bei $p_i = 80$ N/mm², b) der zulässige Innendruck nach Gl. (262.2) und die Randspannungen, wenn die Abmessungen des Beispiel 1 beibehalten werden.

a) Das Durchmesserverhältnis ist

$$\eta = \frac{\sigma_{zul}}{\sigma_{zul} - p_i} = \frac{180 \text{ N/mm}^2}{100 \text{ N/mm}^2} = 1,8$$

Daraus folgt der Außendurchmesser $d_a = \eta \, d_i = 144$ mm. Die Massen sind dem Quadrat der Durchmesser proportional, somit ergibt sich eine Massenersparnis von

$$100\% \frac{24^2 \text{ cm}^2 - 14,4^2 \text{ cm}^2}{24^2 \text{ cm}^2 - 8^2 \text{ cm}^2} = \frac{368,6}{5,12}\% = 72\%$$

Die Randspannungen berechnen wir wie in Beispiel 1 aus Tafel **256.**1 und erhalten

$$\sigma_{ri} = -80 \text{ N/mm}^2 \qquad \sigma_{ra} = 0 \qquad \sigma_{ti} = 151,5 \text{ N/mm}^2 \qquad \sigma_{ta} = 71,5 \text{ N/mm}^2$$

Somit liegt die größte Beanspruchung am Innenrand $\sigma_{v\,max} = \sigma_{ti} - \sigma_{ri} = 231,5$ N/mm² noch unterhalb der Fließgrenze 270 N/mm² des Werkstoffs.

Zum Vergleich ist die Spannungsverteilung in Bild **259.**1 gestrichelt eingezeichnet worden.

b) Mit den Abmessungen $d_i = 80$ mm und $d_a = 240$ mm aus Beispiel 1 erhält man den Innendruck

$$p_{i\,zul} = \sigma_{zul} \frac{\eta - 1}{\eta} = 180 \frac{\text{N}}{\text{mm}^2} \cdot \frac{2}{3} = 120 \frac{\text{N}}{\text{mm}^2}$$

Dies ist eine Steigerung von 50% gegenüber dem Behälter im Beispiel 1.

Somit sind die Randspannungen

$$\sigma_{ri} = -120 \text{ N/mm}^2 \quad \sigma_{ti} = 150 \text{ N/mm}^2 \quad \sigma_{ta} = 30 \text{ N/mm}^2 \quad \text{und} \quad \sigma_l = 15 \text{ N/mm}^2$$

ebenfalls um 50% größer als in Beispiel 1. Mit $\sigma_v = \sigma_{ti} - \sigma_{ri} = 270$ N/mm² erreicht dann die Beanspruchung am Innenrand gerade die Fließgrenze des Werkstoffs.

Berechnungsvorschriften. Die zur Zeit gültigen Berechnungsgleichungen für zylindrische Hohlkörper unter Innendruck sind in DIN 2413, den AD (Arbeitsgemeinschaft Druckbehälter)-Merkblättern B 1 und B 10 sowie den W. u. B. (Werkstoff- und Bauvorschriften für Dampfkessel) wiedergegeben. Sie sind in Tafel **264.**1 zusammengestellt und leiten sich aus den Näherungsgleichungen für die Vergleichsspannung σ_v in der oben geschilderten Weise her (s. 1. Spalte). So sind z. B. auch die Kurven II b bzw. II b/β im Bild **262.**1 aus der Berechnungsgleichung für dünnwandige Behälter mit r_m, dem mittleren Radius, anstatt mit r_i entwickelt. Da die Gl. II b, wie aus Bild 262.1 ersichtlich, für $\eta > 1,6$ zu hohe Innendrücke ergibt, wird p_{izul} mit einem Faktor $1/\beta$ niedriger gewählt, wobei $\beta = 0,6 + 0,25\,\eta$ ist. Bei einer Mindestsicherheit 1,7 bleibt die Kurve II b/β 1,7 auch für ein größeres Durchmesserverhältnis η als 1,6 immer unterhalb der Grenzkurve I für den Fließbeginn. Die aus dieser Kurve entwickelten Gleichungen werden also bei Behältern mit größeren Wanddicken angewendet.

Im Beispiel 2b ist demnach mit $\eta = 3$, $\beta = 1,35$ sowie $\sigma_{zul} = 270$ (N/mm²)/1,7 $= 159$ N/mm² der zulässige Innendruck

$$p_{izul} = 2 \cdot 159 \frac{N}{mm^2} \cdot \frac{2}{4} \cdot \frac{1}{1,35} = 117,8 \frac{N}{mm^2}$$

Dies ist allerdings nur wenig unter 120 N/mm².

Die mit IIc bezeichnete Kurve in Bild 262.1 berücksichtigt als einzige die Gestaltänderungsenergie-Hypothese. Die Näherungsgleichung für die Vergleichsspannung enthält hier jedoch auch die Radialspannung $\sigma_r = -\,p_i$ (s. Tafel 264.1).

Tafel 264.1 Gleichungen für die Berechnung zylindrischer Hohlkörper unter Innendruck

σ_v	p_{izul}/σ_{zul}		$\eta = \dfrac{d_a}{d_i}$	Berechnungs-vorschrift	Bemerkungen
$p_i\,\dfrac{r_a}{t}$	$\dfrac{\eta-1}{\eta}$	(IIa)	$\dfrac{\sigma_{zul}}{\sigma_{zul}-p_i}$	DIN 2413 (I, IIa) AD-Merkbl. B 1 ($\vartheta < 120°$C)	$\eta \leq 1,7$ $\eta \leq 1,2$
$p_i\,\dfrac{r_m}{t}$	$2\,\dfrac{\eta-1}{\eta+1}$	(IIb)	$\dfrac{2\sigma_{zul}+p_i}{2\sigma_{zul}-p_i}$	DIN 2413 (III) AD-Merkbl. B 1 ($\vartheta > 120°$C) W. u. B.	$\eta \leq 1,7$ $\eta \leq 1,2$ $\eta \leq 1,6$
$\dfrac{\sqrt{3}}{2}\left\{p_i\,\dfrac{r_m}{t}+p_i\right\}$	$\dfrac{4}{\sqrt{3}}\cdot\dfrac{\eta-1}{3\eta-1}$	(IIc)	$\dfrac{2,3\,\sigma_{zul}-p_i}{2,3\,\sigma_{zul}-3\,p_i}$	AD-Merkblatt B 10	$\eta = 1,2\cdots1,5$
$\beta\,p_i\,\dfrac{r_m}{t}$	$2\,\dfrac{\eta-1}{\eta+1}\cdot\dfrac{1}{\beta}$	(IIb/β)	$\dfrac{2\sigma_{zul}+\beta\,p_i}{2\sigma_{zul}-\beta\,p_i}$	W. u. B.	$\eta > 1,6$ $\beta = 0,6 + 0,25\,\eta$

Die Darstellung der verschiedenen Berechnungsgleichungen im Bild 262.1 gestattet eine allgemeine Aussage über die Größenverhältnisse zylindrischer Druckbehälter. Aus dem Kurvenverlauf ist ersichtlich, daß es unwirtschaftlich ist, das Durchmesserverhältnis viel größer als $\eta = 2\cdots4$ zu wählen. Eine wesentliche Steigerung des Innendrucks ist dann nur noch durch Erhöhung der Werkstofffließgrenze möglich. Aber auch hier sind Grenzen gesetzt. Im nächsten Abschnitt soll gezeigt werden, wie man durch konstruktive Maßnahmen auch bei gleichen Abmessungen eine Erhöhung des Innendrucks erreichen kann.

11.2.4. Mehrlagenbehälter — Schrumpfverbindungen

Ein weiterer Weg zum Erreichen hohen Innendrucks besteht darin, Behälter aus zwei oder mehreren Teilen (Lagen) zu fertigen, die gegeneinander vorgespannt sind. Auf einen inneren geschlossenen Behälter können z.B. eine oder mehrere Lagen Stahlband warm aufgewickelt oder einzelne Ringe aufgeschrumpft werden. Beim Erkalten erzeugen diese wegen der behinderten Wärmedehnung Schrumpfspannungen, denen sich dann die Betriebsspannungen durch den Innendruck überlagern.

Am Beispiel eines aus zwei Lagen bestehenden Behälters wollen wir die Problemstellung und den Rechnungsgang erläutern.

Durch das Aufschrumpfen eines oder mehrerer äußerer zylindrischer Ringe auf einen inneren Zylinderbehälter erzeugt man in beiden Teilen eine Vorspannung infolge der in der Trennfuge herrschenden Pressung p (s. auch Abschn. 2.4.4, Bild **29**.1 und Aufgabe 11, S. 35). Das innere Rohr steht somit unter Außendruck p, das äußere entsprechend unter Innendruck p. Dieser Vorspannung wird die Spannung aus dem Betriebsdruck p_i als Innendruck im inneren Rohr überlagert. Dabei stellt man sich beide Teile als ein ganzes Rohr vor. Man addiert dann die Spannungen aus der Vorspannung und aus Innendruck p_i.

Beispiel 3. Ein geschlossener zylindrischer Druckbehälter (Innendurchmesser $d_i = 80$ mm, Außendurchmesser $d_1 = 144$ mm) soll dem Innendruck $p_i = 180$ N/mm^2 ausgesetzt werden. Zur Verstärkung werden einzelne kurze Ringe (Innendurchmesser $d_1 = 144$ mm, Außendurchmesser $d_a = 240$ mm) aufgeschrumpft (**265**.1), Pressung zwischen Ring und Behälter ist p. a) Wie groß muß die Pressung p gewählt werden, damit im Betriebszustand die Beanspruchung der Ringe gerade die Fließgrenze $R_e = 270$ N/mm^2 des Werkstoffs erreicht? b) Für diesen Fall sind die Spannungen im Behälter und im Ring zu berechnen und zeichnerisch darzustellen.

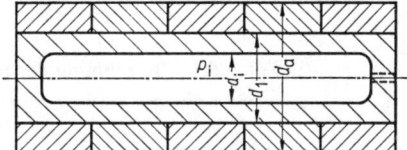

265.1 Zylindrische Druckbehälter mit Verstärkungsringen

a) Die Randspannungen entnimmt man der Tafel **256**.1 unter Verwendung der Durchmesserverhältnisse $\eta_i = d_1/d_i = 1{,}8$, $\eta_a = d_a/d_1 = 5/3$ und $\eta = d_a/d_i = 3$. Die Pressung p wirkt auf den äußeren Ring wie ein „Innendruck". Am Innenrand des Ringes gilt also

$$\sigma'_{r1} = -p \qquad\qquad \sigma'_{t1} = p\,\frac{\eta_a^2 + 1}{\eta_a^2 - 1}$$

Für beide Teile als ein Ganzes ist mit $r = r_1$ bei Betriebsdruck p_i

$$\sigma''_{r1} = -p_i\,\frac{\eta_a^2 - 1}{\eta^2 - 1} \qquad\qquad \sigma''_{t1} = p_i\,\frac{\eta_a^2 + 1}{\eta^2 - 1}$$

Durch Überlagerung erhält man die Gesamtspannungen

$$\sigma_{r1} = \sigma'_{r1} + \sigma''_{r1} = -p - p_i\,\frac{\eta_a^2 - 1}{\eta^2 - 1}$$

$$\sigma_{t1} = \sigma'_{t1} + \sigma''_{t1} = (\eta_a^2 + 1)\left(\frac{p}{\eta_a^2 - 1} + \frac{p_i}{\eta^2 - 1}\right)$$

Nunmehr ergibt sich die Vergleichsspannung an der Innenseite des Ringes (nach Mohr)

$$\sigma_v = \sigma_{t1} - \sigma_{r1} = 2\,p\,\frac{\eta_a^2}{\eta_a^2 - 1} + 2\,p_i\,\frac{\eta_a^2}{\eta^2 - 1}$$

Mit $\sigma_v = R_e$ kann somit die Pressung p aus obiger Gleichung berechnet werden

$$p = 0{,}5\,R_e\,\frac{\eta_a^2 - 1}{\eta_a^2} - p_i\,\frac{\eta_a^2 - 1}{\eta^2 - 1}$$

Die Ausrechnung ergibt

$$p = 135 \ (\text{N/mm}^2) \cdot \frac{16}{25} - 180 \ (\text{N/mm}^2) \cdot \frac{16}{9 \cdot 8} = 86{,}4 \ \text{N/mm}^2 - 40 \ \text{N/mm}^2 = 46{,}4 \ \text{N/mm}^2$$

b) Mit den Gleichungen der Tafel 256.1 erhält man die Spannungsverteilung im inneren Behälter für $r_i \leqq r \leqq r_1$

$$\sigma_r = \sigma_r' + \sigma_r'' = -p \frac{\eta_i^2}{\eta_i^2 - 1} \left(1 - \frac{r_i^2}{r^2}\right) - p_i \frac{1}{\eta^2 - 1} \left(\frac{r_a^2}{r^2} - 1\right)$$

$$\sigma_t = \sigma_t' + \sigma_t'' = -p \frac{\eta_i^2}{\eta_i^2 - 1} \left(1 + \frac{r_i^2}{r^2}\right) + p_i \frac{1}{\eta^2 - 1} \left(\frac{r_a^2}{r^2} + 1\right)$$

im äußeren Ring für $r_1 \leqq r \leqq r_a$

$$\sigma_r = \sigma_r' + \sigma_r'' = -p \frac{1}{\eta_a^2 - 1} \left(\frac{r_a^2}{r^2} - 1\right) - p_i \frac{1}{\eta^2 - 1} \left(\frac{r_a^2}{r^2} - 1\right)$$

$$\sigma_t = \sigma_t' + \sigma_t'' = \quad p \frac{1}{\eta_a^2 - 1} \left(\frac{r_a^2}{r^2} + 1\right) + p_i \frac{1}{\eta^2 - 1} \left(\frac{r_a^2}{r^2} + 1\right)$$

Die Randspannungen sind in Tafel 266.1 zusammengestellt, die Verteilung der Spannungen ist in Bild 267.1 aufgezeichnet.

Tafel 266.1   Berechnung der Spannungsverteilung (zu Beispiel 3)

Spannungen in N/mm²				
Innenrohr			Außenring	
$\sigma_{ri}' = \quad 0$	$\sigma_{r1}' = -46{,}4$		$\sigma_{r1}' = -46{,}4$	$\sigma_{ra}' = 0$
$\sigma_{ri}'' = -180$	$\sigma_{r1}'' = -40$		$\sigma_{r1}'' = -40$	$\sigma_{ra}'' = 0$
$\sigma_{ri} = -180$	$\sigma_{r1} = -86{,}4$		$\sigma_{r1} = -86{,}4$	$\sigma_{ra} = 0$
$\sigma_{ti}' = -134{,}2$	$\sigma_{t1}' = -88$		$\sigma_{t1}' = \quad 98{,}6$	$\sigma_{ta}' = 52{,}2$
$\sigma_{ti}'' = \quad 225$	$\sigma_{t1}'' = \quad 85$		$\sigma_{t1}'' = \quad 85$	$\sigma_{ta}'' = 45$
$\sigma_{ti} = \quad 90{,}8$	$\sigma_{t1} = -3$		$\sigma_{t1} = \quad 183{,}6$	$\sigma_{ta} = 97{,}2$

Die durch den Innendruck bewirkte Längskraft muß von dem inneren Behälter allein aufgenommen werden, somit ist die Längsspannung

$$\sigma_1 = p_i \frac{1}{\eta_i^2 - 1} = 180 \ (\text{N/mm}^2) \cdot \frac{1}{2{,}24} = 80{,}3 \ \text{N/mm}^2$$

Die Beanspruchung des Behälters, gegeben durch die größte Hauptspannungsdifferenz nach der Mohrschen Hypothese am Innenrand, ist

$$\sigma_v = \sigma_{ti} - \sigma_{ri} = 90{,}8 \ \text{N/mm}^2 + 180 \ \text{N/mm}^2 = 270{,}8 \ \text{N/mm}^2$$

Sie liegt gegenüber der Beanspruchung des Ringes weiter im Druckbereich und hat den gleichen Betrag. Wären Behälter und Ring aus einem Stück gefertigt, so würde die Beanspruchung

$$\sigma_v'' = \sigma_{ti}'' - \sigma_{ri}'' = 225 \ \text{N/mm}^2 + 180 \ \text{N/mm}^2 = 405 \ \text{N/mm}^2$$

betragen. Das Aufschrumpfen der Ringe auf den Behälter führt also zu einem wesentlich günstigeren Beanspruchungsverlauf in dickwandigen Behältern.

Zum Schrumpfen eines Ringes z.B. (Durchmesser d_1 und d_a, $\eta_a = d_a/d_1$) auf ein Rohr (Durchmesser d_i und d_1, $\eta_i = d_1/d_i$) mit der Pressung p ist ein bestimmtes Übermaß zwischen Innendurchmesser des Ringes und Außendurchmesser des Rohres erforderlich (**29.**1). Dieses Übermaß oder Schrumpfmaß erhält man aus der Beziehung

$$\Delta d_S = |\Delta d_{(1)}| + |\Delta d_{(2)}|$$

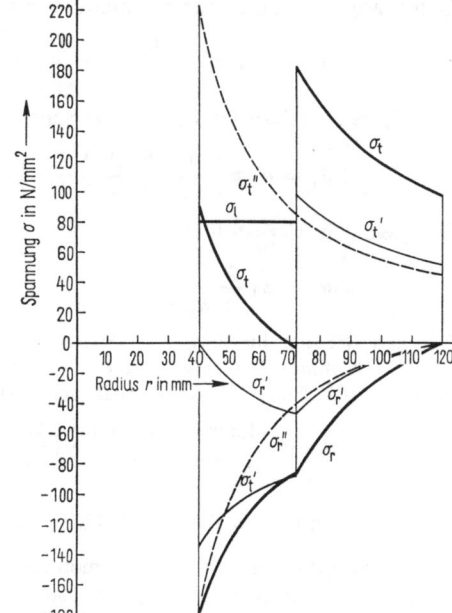

267.1 Spannungsverteilung in dem durch aufgeschrumpfte Ringe verstärkten Druckbehälter aus Beispiel 3, S. 265

——— σ_r', σ_t' Spannungen infolge Schrumpfpressung p

– – – σ_r'', σ_t'' Spannungen infolge Innendruck p_i ohne Schrumpfpressung

——— σ_r, σ_t resultierende Spannungen

σ_l Längsspannungen im inneren Behälter

Hier ist $\Delta d_{(1)}$ die Durchmesseränderung des äußeren Ringes (1) unter dem Innendruck p und $\Delta d_{(2)}$ die des inneren Rohres (2) mit dem Außendruck p. Man erhält sie aus den Gl. (255.3) und (255.7). Sind E_1 und E_2 die Elastizitätsmoduln der beiden Werkstoffe für Ring und Rohr, so ist

$$\Delta d_{(1)} = d_1 \frac{p}{E_1} \cdot \frac{1}{\eta_a^2 - 1} [\eta_a^2 (1 + \mu) + 1 - \mu]$$

$$\Delta d_{(2)} = d_1 \frac{p}{E_2} \cdot \frac{\eta_i^2}{\eta_i^2 - 1} \left[\frac{1}{\eta_i^2} (1 + \mu) + 1 - \mu \right]$$

und das Schrumpfmaß

$$\Delta d_S = d_1 \, p \left\{ \frac{1}{E_1} \left(\frac{\eta_a^2 + 1}{\eta_a^2 - 1} + \mu \right) + \frac{1}{E_2} \left(\frac{\eta_i^2 + 1}{\eta_i^2 - 1} - \mu \right) \right\} \tag{267.1}$$

Bei gleichem Werkstoff, also mit $E_1 = E_2 = E$, hebt sich die Querkontraktionsziffer μ heraus, und die Gleichung lautet

$$\Delta d_S = d_1 \frac{p}{E} \left(\frac{\eta_a^2 + 1}{\eta_a^2 - 1} + \frac{\eta_i^2 + 1}{\eta_i^2 - 1} \right) \tag{267.2}$$

Die beiden vorstehenden Gleichungen können auch angewendet werden, wenn eine Nabenverbindung mit einer Hohlwelle zu berechnen ist. Häufig ist ein Ring (Nabe) auf eine Vollwelle zu schrumpfen. Unter dem Einfluß der Pressung p sind in einer Vollwelle mit dem Durchmesser d_W Radial- und Tangentialspannung gleich groß

$$\sigma_r = \sigma_t = -p$$

Somit ergibt sich die Durchmesseränderung der Welle

$$\Delta d_{(2)} = d_W \, \varepsilon_t = \frac{d_W}{E} \, (\sigma_t - \mu \, \sigma_r) = - \frac{d_W}{E} \, p \, (1 - \mu)$$

Mit $d_W \approx d_1$ erhält man somit das Schrumpfmaß

$$\Delta d_S = d_1 \, p \left\{ \frac{1}{E_1} \left(\frac{\eta_a^2 + 1}{\eta_a^2 - 1} + \mu \right) + \frac{1}{E_2} \, (1 - \mu) \right\} \tag{268.1}$$

Bei gleichem Werkstoff ist

$$\Delta d_S = d_1 \, \frac{p}{E} \, \frac{2 \, \eta_a^2}{\eta_a^2 - 1} \tag{268.2}$$

Für den Behälter im Beispiel 3, S. 265 soll das notwendige Schrumpfmaß für die Pressung $p = 46{,}4 \; \text{N/mm}^2$ berechnet werden. Mit den dort angegebenen Zahlenwerten und $E = 2{,}1 \cdot 10^5 \; \text{N/mm}^2$ für Stahl erhält man aus Gl. (267.2)

$$\Delta d_S = \frac{144 \; \text{mm} \cdot 46{,}4 \; \text{N/mm}^2}{2{,}1 \cdot 10^5 \; \text{N/mm}^2} \left(\frac{34/9}{16/9} + \frac{4{,}24}{2{,}24} \right) = 0{,}128 \; \text{mm} \; {}^1)$$

11.2.5. Aufgaben zu Abschnitt 11.2

1. In Einspritzpumpen für Dieselmotoren kommen Spitzendrücke bis 100 N/mm² vor.

a) Wie groß sind die Spannungen in den Einspritzleitungen ($d_i = 3$ mm, $d_a = 6$ mm) bei dem Innendruck $p_i = 90$ N/mm²?

b) Mit welchem Höchstdruck p_i' dürfen diese Rohrleitungen belastet werden, wenn die Innenwand gerade bis an die Fließgrenze $R_e = 360$ N/mm² beansprucht werden darf? Welche Sicherheit ergibt diese Rechnung nach den W. u. B. (Tafel **264.**1)?

2. Drei Pressenzylinder mit jeweils gleichem Innendurchmesser $d_i = 200$ mm sollen für die Druckstufen $p_{i1} = 57$ N/mm², $p_{i2} = 82{,}5$ N/mm², $p_{i3} = 100$ N/mm² entworfen werden, Werkstoff Stahl mit $\sigma_{zul} = 200$ N/mm².

a) Die erforderlichen Außendruchmesser d_a sind nach DIN 2413 (I u. IIa) (Taf. **264.**1) zu berechnen. Wie groß sind die tatsächlichen Vergleichsspannungen nach der Mohrschen Hypothese?

b) Wie groß würden sich die Außendurchmesser aus der Gleichung des elastischen Spannungszustands nach der GE.-Hypothese ergeben? Welche Massenersparnis bringt die Rechnung nach a)?

3. Ein zylindrischer Hochdruckbehälter besteht aus einem inneren Teil aus Kupfer ($d_i = 100$ mm; $d_1 = 120$ mm; $\eta_i = 1{,}2$; $E_{Cu} = 1{,}25 \cdot 10^5$ N/mm²) und einem äußeren Teil aus Stahl ($d_1 = 120$ mm; $d_a = 180$ mm; $\eta_a = 1{,}5$; $E_{St} = 2{,}1 \cdot 10^5$ N/mm²), die ohne Spiel und ohne Zwang aufeinandergefügt sind. Aus der allgemeinen Lösung für dickwandige Hohlzylinder unter Innendruck ermittle man die Spannungsverteilung für den Innendruck $p_i = 150$ N/mm² (Querzahl $\mu_{Cu} = \mu_{St} = 0{,}3$).

Anleitung:

$$\sigma_r = c_{1,3} + \frac{c_{2,4}}{r^2} \qquad\qquad \sigma_t = c_{1,3} - \frac{c_{2,4}}{r^2}$$

Indizes 1 und 2 für Kupferrohr, 3 und 4 für Stahlrohr. Randbedingungen: für $r = r_i$ ist $\sigma_r = - p_i$; für $r = r_1$ sind $\sigma_{rSt} = \sigma_{rCu}$ und $\varepsilon_{tSt} = \varepsilon_{tCu}$; für $r = r_a$ ist $\sigma_r = 0$.

${}^1)$ Nicht zu vermeidende Fertigungstoleranzen können naturgemäß zu Maßabweichungen führen, die Änderungen der errechneten Pressung p zur Folge haben. Darauf kann im Rahmen dieses Buches nicht eingegangen werden.

4. Ein Hochdruckbehälter besteht aus drei ineinander geschrumpften Rohren aus Stahl mit den Durchmessern $d_i = 40$ mm; $d_1 = 60$ mm; $d_2 = 120$ mm; $d_a = 180$ mm.

a) Wie hoch darf der Innendruck p_i sein und wie groß müssen die Schrumpfdrücke p_1 zwischen innerem und mittlerem Rohr und p_2 zwischen mittlerem und äußerem Rohr gewählt werden, wenn die Vergleichsspannungen nach der Mohrschen Hypothese an den Innenwänden der drei Rohre jeweils $\sigma_v = 400$ N/mm² betragen dürfen? Man berechne die jeweiligen Randspannungen.

b) Wie groß ist die Vergleichsspannung bei gleichem Innendruck in einem ungeteilten Rohr mit gleichem Innen- und Außendurchmesser wie oben?

Anleitung: Man berechne die Spannungen durch Überlagerung in jedem der drei Rohre $\sigma = \sigma' + \sigma''$. σ' sind die Spannungen in den Teilrohren, inneres Rohr unter Außendruck p_1, mittleres Rohr unter Innendruck p_1 und Außendruck p_2, äußeres Rohr unter Innendruck p_2. σ'' sind die Spannungen im ungeteilten Rohr unter Innendruck p_i (s. auch Beispiel 3, S. 265). Man führe ein: $\eta_i = d_1/d_i$; $\eta_1 = d_2/d_1$; $\eta_a = d_a/d_2$ und $\eta = d_a/d_i$.

12. Modellverfahren der Festigkeitslehre

In einer Festigkeitsberechnung stützt man sich auf bestimmte Annahmen bezüglich Lastangriff, Lagerung, Spannungskonzentration usw. mit dem Ziel, den Einfluß der Form eines Bauteils auf die Tragfähigkeit zu bestimmen. Tatsächlich sind aber nur vereinfachte Formen von Bauteilen — Zugstäbe, Balken o.a. — einer Berechnung zugänglich. Bei komplizierten Formen ist man häufig allein auf das Experiment angewiesen. Im Abschn. 9.3.5 wurden Verfahren zur Spannungsermittlung aus Dehnungsmessungen beschrieben. Diese Messungen können am Bauteil selbst vorgenommen werden, geben jedoch keinen Aufschluß über die Beanspruchung im Innern. Im folgenden soll die Grundlage eines Modellverfahrens gestreift werden, das in der Praxis Bedeutung hat. Die Ausführungen sollen dem Leser nur einen Einblick geben und erheben keinen Anspruch auf Vollständigkeit. Die notwendigen Kenntnisse aus der Optik müssen vorausgesetzt werden.

12.1. Spannungsoptik

Wie der Name sagt, ist die Spannungsoptik ein Verfahren, mit dem man an Modellen, die den Bauteilen nachgebildet sind, die Spannungen auf optischem Wege mißt. Die Modellwerkstoffe sind durchsichtig, daher können auch Spannungen im Innern der Modelle sichtbar gemacht werden.

In der Spannungsoptik können sowohl ebene Spannungszustände in scheibenförmigen, ebenen Modellen bei direkter Belastung untersucht werden, als auch räumliche Spannungszustände nach dem Erstarrungsverfahren an dünnen Scheiben, die meist in mehreren Richtungen aus einem räumlichen Modell herausgeschnitten sind.

In einer ebenen Scheibe hängen die Spannungen σ_x, σ_y und ι in bekannter Weise (s. Abschn. 9.2.2.1) mit den Hauptspannungen σ_1 und σ_2 bzw. mit der doppelten Hauptschubspannung $2\tau_{max} = \sigma_1 - \sigma_2$ zusammen. Die Richtung der Hauptspannungen ist durch die Beziehung $\tan 2\varphi = -2\tau/(\sigma_y - \sigma_x)$ bestimmt.

Als Modellwerkstoffe dienen durchsichtige Kunststoffe — Polyesterharze, Äthoxylinharze (Araldit B) —, die entweder fertig als Platten bezogen oder selbst in warmem Zustand flüssig in beliebige Formen gegossen werden können. Im spannungsfreien Zustand sind diese Stoffe optisch isotrop, d.h., keine Richtung ist gegenüber einer anderen ausgezeichnet. Bei Belastung durch Kräfte werden sie dagegen wie Kristalle anisotrop. Diese Anisotropie besteht in einer Doppelbrechung und steht in engem Zusammenhang mit dem Spannungszustand des Modells. Sie verschwindet bei Entlastung, wenn die Verformung elastisch war, oder bleibt „eingefroren" — erstarrt —, wenn die Beanspruchung oberhalb der Erweichungstemperatur der Kunstharze erfolgte (auch hier elastisch) und die Modelle unter Last abgekühlt wurden.

Die Doppelbrechung ist eine Zerlegung einer Lichtschwingung in zwei senkrecht aufeinander polarisierte Anteile im Modell in Richtung der Hauptspannungen σ_1 und σ_2, wobei beide Anteile das Modell mit verschiedenen Geschwindigkeiten v_1 und v_2 durcheilen. In polarisiertem Licht wird dieser Vorgang sichtbar gemacht.

Die früher verwendeten Nicolschen Prismen zur Erzeugung polarisierten Lichts gaben nur ein sehr kleines Gesichtsfeld. Heute werden Großflächenpolarisationsfilter bis zu 500 mm Durchmesser hergestellt, wodurch das Verfahren erheblich an Bedeutung gewonnen hat, ebenso wie durch die Fortschritte auf dem Gebiet der Kunststoffe.

In Bild **271.1** ist eine einfache Grundausstattung einer spannungsoptischen Apparatur dargestellt. Sie besteht aus der Lichtquelle L mit weißem und monochromatischem Licht, den Polarisatoren P und A (um 90° gegeneinander versetzt und drehbar), den Viertelwellenfiltern V (meist mit P und A zusammen zwischen je zwei Glasplatten), Belastungsvorrichtung B zur Aufnahme des Modells M und Foto- oder Projektionseinrichtung F.

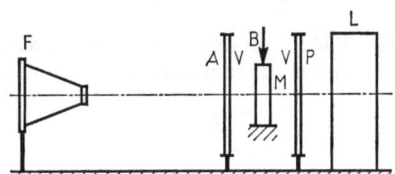

271.1 Einfache Grundausstattung der spannungsoptischen Apparatur

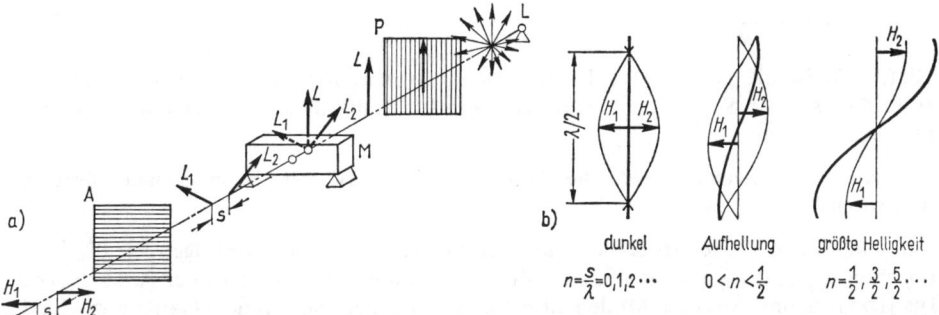

271.2 Erläuterung des spannungsoptischen Vorgangs
  a) Weg eines eben polarisierten Lichtstrahls durch ein Modell
  b) Überlagerung der Lichtschwingungen mit verschiedenen Phasenverschiebungen

Zur Erläuterung des spannungsoptischen Vorgangs verfolgen wir den im Polarisator P eben polarisierten[1] monochromatischen Lichtvektor $\vec{L}$ (**271.2**). Beim Auftreffen auf das belastete Modell M wird der Vektor $\vec{L}$ in zwei Komponenten L_1 und L_2 in Richtung der Hauptspannungen σ_1 und σ_2 zerlegt. Diese durcheilen das Modell mit den von der Lichtgeschwindigkeit v_0 in Luft abweichenden Geschwindigkeiten v_1 und v_2 (Brewstersches Gesetz)

$$v_1 = v_0 + c_1 \sigma_1 + c_2 \sigma_2 \qquad (271.1)$$
$$v_2 = v_0 + c_1 \sigma_2 + c_2 \sigma_1 \qquad (271.2)$$

Beim Austritt aus dem Modell haben die Lichtkomponenten L_1 und L_2 einen Gangunterschied s, der berechnet werden kann. Sind $T_1 \approx T_2 \approx T$ die Laufzeiten des

---

[1] Polarisiertes Licht schwingt nur in einer Ebene, der Polarisationsebene.

Lichts im Modell mit der Dicke d, so erhält man den Gangunterschied

$$s = (v_1 - v_2)\, T = (c_1 - c_2)\, T\,(\sigma_1 - \sigma_2)$$

Da die Geschwindigkeiten v_1 und v_2 nur wenig von v_0 abweichen, kann die Laufzeit durch die Dicke d des Modells über die Beziehung $T \approx d/v_0$ ersetzt werden

$$s = \frac{c_1 - c_2}{v_0}\,(\sigma_1 - \sigma_2)\, d \qquad (272.1)$$

Führen wir in dieser Gleichung den auf die Lichtwellenlänge λ bezogenen Gangunterschied, den wir mit Ordnungszahl n bezeichnen, ein, so ergibt sich

$$\frac{s}{\lambda} = n = \frac{c_1 - c_2}{v_0\,\lambda}\,(\sigma_1 - \sigma_2)\, d \qquad (272.2)$$

Die Materialkonstanten c_1 und c_2 sowie die Lichtkonstanten v_0 und λ in dieser Gleichung fassen wir zu einer neuen Konstanten zusammen

$$\frac{c_1 - c_2}{v_0\,\lambda} = \frac{1}{S}$$

und erhalten

$$n = \frac{\sigma_1 - \sigma_2}{S}\, d \qquad (272.3)$$

Gl. (272.3) ist die **Hauptgleichung der Spannungsoptik**, die **spannungsoptische Konstante** S kann bei bekannter Hauptspannungsdifferenz in einem Eichversuch gemessen werden.

Der relative Gangunterschied, die Ordnungszahl n, ist der Hauptspannungsdifferenz proportional.

Um nun eine meßbare Größe des Gangunterschiedes zu finden, verfolgen wir die Komponenten L_1 und L_2 des Lichtvektors durch das zweite Polarisationsfilter A, auch Analysator genannt. Aus dem Modell ausgetreten, schwingen sie mit dem Gangunterschied s weiter. Im um 90° gegenüber dem Polarisator gedrehten Analysator werden nur die gleichgroßen horizontalen Komponenten H_1 und H_2 durchgelassen, die somit für die Lichtwirkung hinter dem Analysator maßgebend sind. Je nach Größe des Gangunterschieds löschen sich beide Komponenten aus (ergeben also Dunkelheit) oder ergeben maximale Helligkeit. Ersteres ist der Fall für die Ordnungszahlen $n = 0, 1, 2, \ldots$, letzteres für $n = 1/2, 3/2, 5/2 \ldots$ (**271.2b**). Diese Abhängigkeit gilt in gleicher Weise für jeden Punkt im Modell, alle Punkte gleicher Ordnungszahl n erscheinen durch Zonen (Linien) gleicher Helligkeit (Isochromaten) miteinander verbunden. Diese als Folge der Doppelbrechung zu beobachtende Interferenzerscheinung ist das Hauptmerkmal des spannungsoptischen Verfahrens. Jeder Isochromate mit der Ordnungszahl n entspricht nach der Hauptgleichung ein bestimmter Wert der Hauptspannungsdifferenz $\sigma_1 - \sigma_2$ (nach der Mohrschen Hypothese somit der Vergleichsspannung σ_v wenn $\sigma_2 < 0$). Die Hauptspannungsdifferenz nimmt von jeder Ordnungszahl zur nächsthöheren um den gleichen Betrag zu. Je enger der Linienverlauf der Isochromaten erscheint, um so stärker ist die Zunahme der Spannungsdifferenz.

In weißem Licht treten die Zonen gleicher Ordnungszahl gleichfarbig auf (daher der Name Isochromaten = Linien gleicher Farbe), da das Licht sich hierbei aus Teilschwingungen verschiedener Wellenlängen zusammensetzt. Es erscheinen jeweils die Farben des Spektrums, die nach höheren Ordnungen immer blasser sind. Die nullte Ordnung $n = 0$ ist, da hier $\sigma_1 - \sigma_2 = 0$, auch bei weißem Licht immer schwarz.

Zur Auswertung verwendet man monochromatisches Licht, z. B. das Licht einer Natriumdampflampe. Fotoaufnahmen auf harten Rasterplatten ergeben dann kontrastreiche schwarz-weiße Bilder.

Neben den oben geschilderten dunklen Linien, den Isochromaten mit den Ordnungszahlen n, gibt es noch eine weitere dunkle Linienschar, die beim Zusammenfallen der Hauptspannungsrichtungen mit der Polarisationsrichtung entstehen, weil dann der 'Lichtvektor $\vec{L}$ im Modell keine Doppelbrechung erfährt und im Analysator ausgelöscht wird. Diese Linien sind Richtungsgleichen oder Isoklinen, die man durch Drehen beider Filter relativ zum Modell in verschiedenen Stellungen zwischen 0 und 90° (meist von 5 zu 5°) aufnehmen oder nachzeichnen kann. Man erhält somit das Richtungsfeld der Hauptspannungen. Häufig begnügt man sich nur mit den Isochromaten, die Isoklinen würden störend wirken. Durch Zwischenschalten von gekreuzten Viertelwellenfiltern in sinnreicher Anordnung zwischen P und A (Überlagerung einer Doppelbrechung mit der Wellenlänge $\lambda/4$ vor dem Modell, Aufhebung dieser nach dem Modell) lassen sich die Isoklinen eliminieren.

Ein Isochromatenbild bei monochromatischem Licht gibt oft genügend Aufschluß über den Beanspruchungsverlauf im Modell. Man erkennt z. B. Spannungsanhäufungen an Oberflächen und versucht dann, diese durch eine andere Formgebung des Modells auszugleichen. An unbelasteten Scheibenrändern ist die Hauptspannung σ_2 immer Null, so daß man aus der Randisochromate die Hauptspannung σ_1 direkt erhält.

Eine Auswertung des gesamten Spannungszustands, Verlauf der Normal- und Schubspannungen in beliebigen Schnitten, ist in der ebenen Spannungsoptik und vor allem nach dem Erstarrungsverfahren recht aufwendig. Von den vielen bekannten Verfahren aus der Literatur [4], [8], [16] soll das Schubspannungsdifferenzenverfahren nach Frocht erwähnt werden, das aus den Grundgleichungen des ebenen Spannungszustands abgeleitet ist.

In beliebigen ebenen Schnitten durch ein Modell ist nach Gl. (208.2)

$$\tau_{xy} = \frac{\sigma_1 - \sigma_2}{2} \sin 2\varphi$$

$\sigma_1 - \sigma_2$ ermittelt man aus den Isochromaten, φ aus den Isoklinen. Aus der Gleichgewichtsbedingung des ebenen Spannungszustands (s. Abschn. 9.2.2.3)

$$\frac{\partial \sigma_x}{\partial x} + \frac{\partial \tau_{xy}}{\partial y} = 0$$

folgt bei endlichen Schritten Δx und Δy die Differenzengleichung

$$\Delta \sigma_x = - \Delta \tau_{xy} \frac{\Delta x}{\Delta y}$$

Geht man von einem Randpunkt mit bekannter Spannung σ_{x0} aus, so ist in einem benachbarten Punkt unterhalb des Randes die Normalspannung

$$\sigma_x = \sigma_{x0} - \Delta \tau_{xy} \frac{\Delta x}{\Delta y}$$

Schrittweise läßt sich somit der Verlauf der Spannung σ_x ermitteln. Die Spannung σ_y kann aus den Beziehungen am Spannungskreis ermittelt werden (s. Abschn. 9.2.4). Die spannungsoptische Konstante in Gl. (272.3) gewinnt man in einem sogenannten

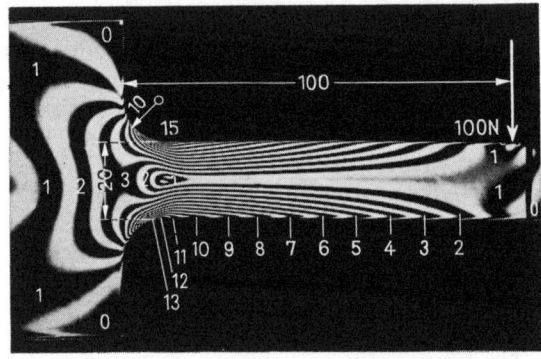

a)

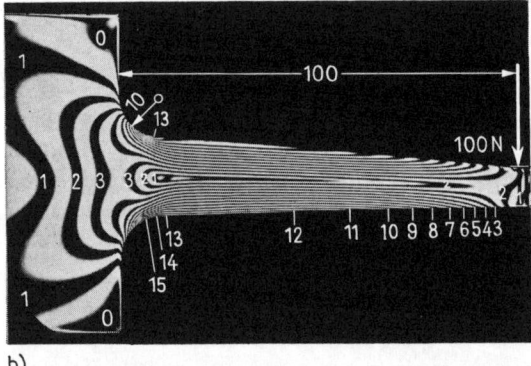

b)

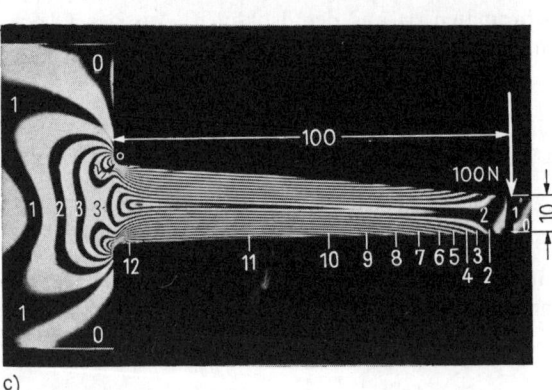

c)

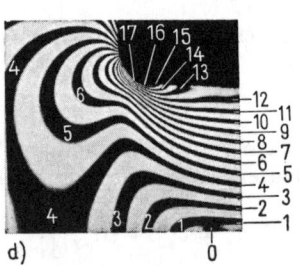

d)

274.1
Spannungsoptische Aufnahmen eines Freiträgers mit der Einzellast $F = 100$ N

a) Träger hat unveränderlichen Rechteckquerschnitt $b = 10$ mm $h = 20$ mm Übergangsradius $r = 10$ mm

b, c) als Träger annähernd gleicher Biegebeanspruchung ausgebildet (s. Abschn. 4.2.3), Querschnittshöhe h nimmt linear von 20 mm auf 10 mm ab; Übergangsradien $r = 10$ mm und $r = 2$ mm

d) vierfach vergrößerter Ausschnitt aus c)
Biegemoment im Einspannquerschnitt 10^4 Nmm
Nennspannung im Einspannquerschnitt 15 N/mm²
spannungsoptische Konstante

$$S \approx 1,15 \, \frac{\text{N/mm}^2}{\text{Ordnung}} \, \text{cm}$$

0; 1; 2; 3; ... Ordnungszahl n der Isochromaten
Bei Nennspannung 15 N/mm² im Einspannquerschnitt ist Ordnungszahl $n \approx 13$

Eichversuch, z.B. mit einem Biegestab mit Rechteckquerschnitt dh, der durch ein konstantes Biegemoment M_b belastet ist. Mit der Randspannung $\sigma_b = 6M_b/dh^2$ folgt die spannungsoptische Konstante

$$S = \frac{\sigma_b}{n}d = 6\frac{M_b}{h^2}\cdot\frac{1}{n}$$

Die Randisochromate n findet man durch Abzählen (6.2). In dem Bild ist $n = 0$ in der Mitte, zum Rand zählt man $n \approx 4{,}7$. Mit dem Biegemoment $M_b = 4\cdot 10^3$ Nmm und $h = 2$ cm ist $S = 1{,}28\,\dfrac{\text{N/mm}^2}{\text{Ordnung}}$ cm.

Die Modellspannungen kann man fast immer mit Hilfe der Ähnlichkeitsgesetze auf die Hauptausführung umrechnen. In den Bildern **274**.1a bis **274**.1d sind Isochromatenaufnahmen einiger einfacher Belastungsfälle gezeigt.

13. Finite-Elemente-Methode

13.1. Grundbegriffe

Die analytischen Rechenansätze in den vorangegangenen Abschnitten dieses Buches dienten dem Zweck, das Verständnis für die grundlegenden Beziehungen zwischen Kraftwirkungen und Verformungen zu entwickeln. Umfang und Schwierigkeitsgrad der in der Praxis auftretenden Probleme übersteigen allerdings schnell die Reichweite dieser Rechenansätze. In diesen Fällen verspricht die bewährte Methode, ein größeres Problem auf kleine, einfache Teilprobleme mit fertigen allgemeinen Lösungen zurückzuführen, einen praktikablen Lösungsweg.

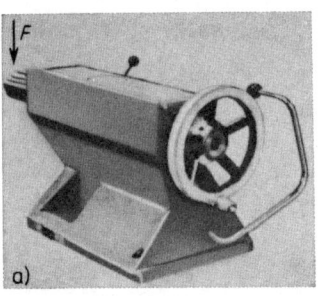

Wie Bild **276.**1 zeigt, wird ein belastetes reales Bauteil (hier der Reitstock einer Drehmaschine) durch ein Modell aus stabförmigen, dreieckigen, rechteckigen keil- oder quaderförmigen Bausteinen angenähert, denen vereinfachende Annahmen bezüglich ihres elastischen Verhaltens zugrundegelegt werden. Ein derartiges Modell nennt man eine Struktur, seine Bausteine Elemente. Die Elemente denkt man sich nur an einzelnen Punkten, ihren End- bzw. Eckpunkten und eventuellen Zwischenpunkten, miteinander verbunden. Diese Verbindungspunkte nennt man Knoten — Ele-

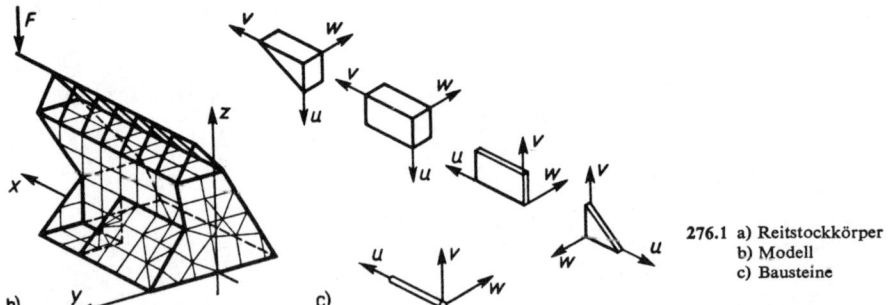

276.1 a) Reitstockkörper
b) Modell
c) Bausteine

mentknoten oder Strukturknoten —, je nachdem das einzelne Element oder der Elementverband in der Struktur betrachtet wird[1]). Aus ihren Verschiebungen und Drehun-

---

[1]) Den hier definierten Begriff Knoten unterscheide man von dem enger gefaßten Begriff Knoten in der Fachwerklehre, der dort im Sinne einer gelenkigen Verbindung verwendet wird, weil die Fachwerkstäbe keine Momente übertragen können.

gen, den Knotenbewegungen (277.1), ergeben sich, unter vereinfachenden Annahmen über die elastischen Eigenschaften der Elemente in Form eines Deformationsansatzes und Elastizitätsgesetzes, die Verformungen der Elemente und ihre inneren Kräfte. Da die Elemente nur an den Knoten miteinander verbunden werden, sind die im Kontinuumsverband über die Elementbegrenzungsflächen verteilt auf ein Element wirkenden inneren Kräfte (277.2a) durch statisch äquivalente Einzelkräfte und -momente, soge-

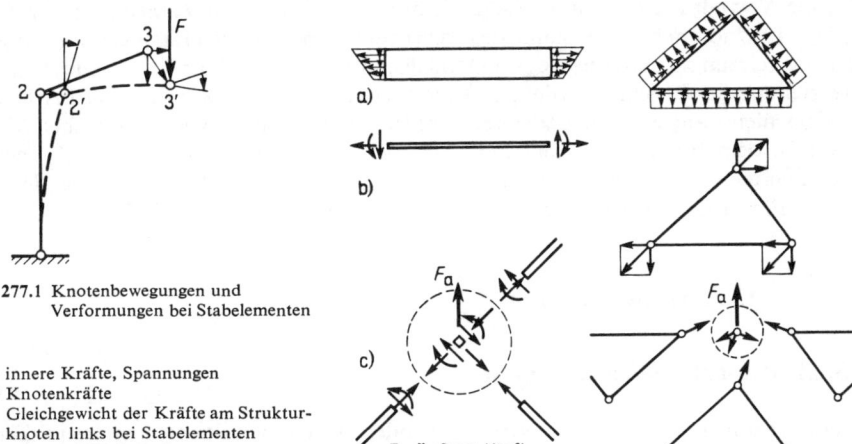

277.1 Knotenbewegungen und
Verformungen bei Stabelementen

277.2 a) innere Kräfte, Spannungen
b) Knotenkräfte
c) Gleichgewicht der Kräfte am Strukturknoten links bei Stabelementen
rechts bei Dreieckselementen

F_a: äußere Kraft

nannte Knotenkräfte[1]) zu ersetzen (277.2b). Die entgegengesetzten Kräfte müssen dann mit den an den Strukturknoten eingeleiteten äußeren Kräften im Gleichgewicht sein (277.2c). Das heißt, die Resultierende der Knotenkräfte auf die in einem Strukturknoten miteinander verbundenen Elemente muß Null sein oder gleich der dort wirkenden Belastung oder Auflagerreaktion.

Zur Beschreibung der Knotenbewegungen und der Knotenkräfte der Struktur wird ein allgemein verbindliches, globales Koordinatensystem (x, y, z-Strukturkoordinatensystem) verwendet, dessen Achsen ein kartesisches Rechtssystem bilden. Für die Berechnung der Verformungen und inneren Kräfte der Elemente empfehlen sich dagegen lokale Koordinatensysteme (u, v, w-Elementkoordinatensysteme), deren Achsen nach elementeigenen Vorzugsrichtungen ausgerichtet sind[2]).

Durch die für die Lösung eines Problems in Betracht kommenden Knotenverschiebungen und -drehungen in bzw. um die x-, y- und z-Richtung sind alle möglichen, mit den Deformationsansätzen der Elemente in Einklang stehenden Bewegungen aller Strukturpunkte eindeutig bestimmbar. Daher nennt man sie die Bewegungsfreiheitsgrade

---

[1]) Zur Vereinfachung der Ausdrucksweise soll hier wie im Folgenden sowohl für Kräfte als auch für Momente der Sammelbegriff Kraft verwendet werden. Im übrigen beachte man, daß es sich bei den Knotenkräften nach obiger Definition um Kraftwirkungen auf das Element handelt, die am Knoten lokalisiert sind.

[2]) Die Achsrichtungen der Elementkoordinatensysteme werden hier mit u, v, w bezeichnet, um ein auch für eine Computerliste geeignetes Unterscheidungsmerkmal gegenüber den Achsrichtungen des Strukturkoordinatensystems zu haben.

oder Freiheitsgrade der Struktur[1]). Indem man sie als die maßgebenden Unbekannten ansieht und die oben angedeuteten Zusammenhänge durch lineare Gleichungen ausdrückt, erhält man ein lineares Gleichungssystem zur Berechnung der bei gegebener Abstützung und Belastung eintretenden Knotenbewegungen. In diesem Gleichungssystem findet das gewählte Modell als Rechenmodell seine mathematische Form. Seine Aufstellung und Auswertung wird programmiert und die numerische Rechnung einer Rechenanlage übertragen.

Da die Verwaltung und numerische Verarbeitung der vielen Zahlen von der Rechenanlage übernommen wird, kann der Bearbeiter seine Arbeitskraft der Konzeption des der Berechnung zugrundegelegten Modells, dessen Aufteilung in Elemente und der Beurteilung der Ergebnisse widmen. Dieses Vorgehen ist der konstruktiven Arbeitsweise des Ingenieurs angemessen, der es gewohnt ist, seine Vorstellungen an einfachen Modellen wie z. B. dem Balken zu orientieren. Da Elemente endlicher Größe mit fertiger (programmierter) analytischer Lösung Anwendung finden, spricht man von der Methode der Finiten Elemente, kurz Finite-Elemente-Methode (FEM).

13.2. Einfache Elemente

13.2.1. Prismatisches Stabelement

Dem Stabelement liegen die vereinfachenden Annahmen der elementaren Stabtheorie zugrunde, die in den Abschnitten 2, 4, 5, 7 und 8 behandelt wurde. Zwischen seinen beiden Enden werden keine Kräfte eingeleitet. Das Elementkoordinatensystem wird als kartesisches Rechtssystem mit u-Achse in Stabrichtung, v- und w-Achse auf den beiden Hauptachsen des Anfangsquerschnittes gewählt. Die Verschiebungen und Drehungen des Anfangs- und Endquerschnittes mit dem Anfangs- bzw. Endknoten sowie die Knotenkräfte und -momente in bzw. rechtsschraubend um die u-, v- und w-Richtung sind positiv. Für die Schnittkräfte und -momente am Endquerschnitt, als positivem Schnittufer, gilt dasselbe (vgl. Teil 1, Abschn. 8.1). Die Schnittkräfte und -momente am Anfangsquerschnitt, als negativem Schnittufer, sind dagegen im entgegengesetzten Sinne positiv.

Die Vorzeichenregelung für die Verformungsgrößen und für die entsprechenden Schnittgrößen ist so gewählt, daß positive Verformungen zu positiven Schnittkräften bzw. -momenten gehören und umgekehrt.

Zug-Druckstab (Fachwerkstab)

Für den Zug-Druckstab (279.1), der nur auf Zug oder Druck beanspruchbar ist, bedeuten die oben angeführten Annahmen, daß die Längsspannungen vom Stabanfang 1

---

[1]) Der Begriff Freiheitsgrad wird hier anders als in Teil 1, Abschn. 5.1 verwendet. Hier versteht man unter den Bewegungsfreiheitsgraden einer Struktur ein System voneinander unabhängiger Parameter, die die Bewegungen aller Strukturpunkte eindeutig bestimmen. Außer den Knotenverschiebungen und Knotendrehungen, die mit den 1. Ableitungen der Verschiebungen der Strukturpunkte nach x, y oder z zusammenhängen, können auch höhere Ableitungen der Verschiebungen der Strukturpunkte, die als Krümmungen, Verwindungen usw. zu deuten sind, als derartige Parameter herangezogen werden. Sie werden, wenn auch nicht so häufig, tatsächlich praktisch verwendet, z. B. für die Berechnung von Platten.

bis zum Stabende 2 über den Querschnitt gleichmäßig verteilt sind und seine Längskraft F_u sich mit dem Elastizitätsmodul E und dem Querschnitt A aus der relativen Längenänderung $\Delta l/l$ berechnen läßt, nach Gl. (12.2) und (12.3)

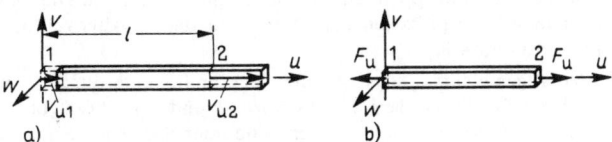

$$F_u = E A \, \Delta l / l = c \, \Delta l$$

mit $\quad c = E A / l$

a)   b)

279.1 Zug-Druckstab (Fachwerkstab)
a) Verschiebungen der Endknoten
b) Kräfte an den Endknoten
längs Stabachse

Diese Gleichung ist die bekannte Federbeziehung: Federkraft = Federrate × Federweg. Die Federrate c beschreibt dabei die Materialsteifigkeit.

Die Längenänderung Δl ergibt sich als Differenz der Verschiebungen v_{u1} und v_{u2}[1]) der Knoten 1 und 2 in Stabrichtung, Gl. (279.1). Aufgrund der Materialsteifigkeit ergibt sich dann nach Gl. (279.2) eine bei Zug positive, bei Druck negative Längskraft F_u. Die Knotenkräfte an den beiden Stabenden werden dann nach Gl. (279.3) $-F_u$ bzw. $+F_u$.

$$\begin{aligned} F_{u1} &= - F_u \\ F_{u2} &= F_u \end{aligned} \qquad F_u = c \, \Delta l \qquad \Delta l = v_{u2} - v_{u1}$$

(279.3)   (279.2)   (279.1)

Durch Einsetzen von Gl. (279.1) in Gl. (279.2) und Gl. (279.2) in Gl. (279.3)[2]) erhält man 2 lineare Gleichungen (279.4) für die Knotenkräfte in Abhängigkeit von den Knotenbewegungen

$$\begin{aligned} F_{u1} &= c \, v_{u1} - c \, v_{u2} \\ F_{u2} &= - c \, v_{u1} + c \, v_{u2} \end{aligned} \tag{279.4}$$

Diese lassen sich unter Benutzung der Matrizenschreibweise übersichtlicher als eine Gleichung schreiben, indem man die Koeffizienten in der Steifigkeitsmatrix k, die unbekannten Knotenverschiebungen im Spaltenvektor $\tilde{v}$ und die abhängigen Knotenkräfte im Spaltenvektor $\tilde{f}$ zusammenfaßt[3])

$$\begin{bmatrix} F_{u1} \\ F_{u2} \end{bmatrix} = \begin{bmatrix} c & -c \\ -c & c \end{bmatrix} \begin{bmatrix} v_{u1} \\ v_{u2} \end{bmatrix} \qquad \tilde{f} = k \, \tilde{v} \tag{279.5}$$

---

[1]) Die Verschiebungen werden durch den Buchstaben v mit zwei Indizes gekennzeichnet. Der erste Index weist auf die Achsrichtung als positiver Verschiebungsrichtung hin, der zweite auf den Knoten.

[2]) Diese vereinfachte Ausdrucksweise soll für das Einsetzen der Verformungsgröße Δl aus Gl. (279.1) in die Gl. (279.2) und der Schnittgröße F_u aus Gl. (279.2) in die Gln. (279.3) verwendet werden. Da jeweils die Größen auf der linken Seite der vorangehenden in die rechten Seiten der nachfolgenden Gleichungen einzusetzen sind, sind die Gleichungen von rechts nach links angeordnet.

[3]) Mit dem Zeichen $\sim$ über dem Symbol für den Spaltenvektor soll darauf hingewiesen werden, daß die Komponenten des Spaltenvektors im lokalen Koordinatensystem definiert sind. Beim Übergang zum globalen Koordinatensystem wird es weggelassen (vgl. S. 295).

Hierin ist zunächst lediglich eine vereinfachende Schreibweise zu sehen, bei der nur das geschrieben wird, was unbedingt nötig ist. In den Zeilen der Matrix stehen die Koeffizienten der Gleichungen nebeneinander, mit denen die im Spaltenvektor untereinander stehenden Größen der Reihe nach zu multiplizieren und aufzusummieren sind. Die Ausführung dieser Rechenvorschrift nennt man Multiplikation der Matrix mit dem Spaltenvektor und bezeichnet das Ergebnis als deren Produkt $\mathbf{k}\,\bar{\mathbf{v}}$.

In Verallgemeinerung des Begriffes Vektor für eine durch 2 oder 3 Komponenten darstellbare gerichtete Größe (s. Teil 1, Abschn. 3.2 und 6.1), bezeichnet man die geordnete Zusammenfassung mehrerer Größen in einer Zeile oder Spalte als einen Zeilen- oder Spaltenvektor. Dabei muß man sich von der anschaulichen Darstellbarkeit durch einen Vektorpfeil lösen. Die Zeilen- und Spaltenvektoren werden nach DIN 5486, Schreibweise von Matrizen, durch halbfetten Druck dargestellt.

Zur Einführung in die elementaren Grundlagen der Matrizenrechnung s. Brauch, W.; Dreyer, H.J.; Haacke, W.: Mathematik für Ingenieure, 7. Aufl. Stuttgart 1985.

Drehstab (Torsionsstab)

Beim Drehstab (**280**.1) wird nach den zu Beginn dieses Abschnittes über das Stabelement erwähnten Annahmen das Drehmoment M_u mit dem Gleitmodul G und dem Torsionsflächenmoment I_t (s. Abschn. 7.1.4) aus der relativen Verdrehung φ/l berechnet, Gl. (160.2)

$$M_u = G\,I_t\,\varphi/l = c_\varphi\,\varphi \qquad \text{mit} \qquad c_\varphi = G\,I_t/l$$

In dieser Federbeziehung beschreibt die Federrate c_φ wieder die Materialsteifigkeit. Die Verdrehung φ ergibt sich als Differenz der Drehungen d_{u1} und d_{u2}[1]) der Knoten 1 und 2 um die Stabrichtung u, Gl. (280.1). Die Drehungen d_u können, analog den Verschiebungen v_u, als durch Doppelpfeile gekennzeichnete Vektoren dargestellt werden, die die Drehachse und den Drehwinkel im Rechtsschraubungssinn um die Drehachse anzeigen[2]). Aufgrund der Materialsteifigkeit ergibt sich nach Gl. (280.2) ein bei einer Verdrehung im Rechtsschraubungssinne positives Drehmoment M_u. Die Knotenmomente M_{u1} und M_{u2} an den beiden Stabenden um die Stabachse werden dann nach Gl. (280.3) $-M_u$ bzw. $+M_u$ und können wie die Drehungen als durch Doppelpfeile gekennzeichnete Vektoren dargestellt werden, (**280**.1 b).

$$M_{u1} = -M_u \qquad\qquad M_u = c_\varphi\,\varphi \qquad\qquad \varphi = d_{u2} - d_{u1}$$
$$M_{u2} = M_u$$
$$(280.3) \qquad\qquad\qquad\quad (280.2) \qquad\qquad\qquad (280.1)$$

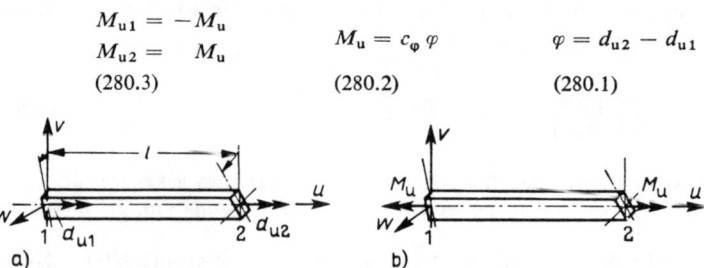

280.1 Drehstab (Torsionsstab)
    a) Drehungen der Endknoten   b) Momente an den Endknoten um die Stabachse

---

[1]) Die Drehungen sind kleine Drehwinkel, die im Bogenmaß angegeben werden. Sie werden gekennzeichnet durch den Buchstaben d mit zwei Indizes. Der erste Index weist auf die Achsrichtung als positiver Drehrichtung im Rechtsschraubungssinne hin, der zweite auf die Knoten.
[2]) s. Teil 1, Abschn. 4.1.1 und 4.2 sowie Teil 2, Abschn. 1.4.2.

Durch Einsetzen von Gl. (280.1) in Gl. (280.2) und Gl. (280.2) in Gl. (280.3) erhält man wieder zwei lineare Gleichungen (281.1) für die Knotenmomente in Abhängigkeit von den Knotendrehungen um die Stabrichtung u

$$M_{u1} = \quad c_\varphi\, d_{u1} - c_\varphi\, d_{u2}$$
$$M_{u2} = -c_\varphi\, d_{u1} + c_\varphi\, d_{u2}$$

(281.1)

Diese lauten in Matrizenschreibweise[1])

$$\begin{bmatrix} M_{u1} \\ M_{u2} \end{bmatrix} = \begin{bmatrix} c_\varphi & -c_\varphi \\ -c_\varphi & c_\varphi \end{bmatrix} \begin{bmatrix} d_{u1} \\ d_{u2} \end{bmatrix} \qquad \tilde{f} = k\,\tilde{v}$$

(281.2)

Biegestab

Beim B i e g e s t a b ergibt eine nur an den beiden Enden wirkende Belastung eine über die Stablänge l konstante Querkraft und ein linear veränderliches Biegemoment. Nach den übrigen zu Beginn dieses Abschnittes erwähnten vereinfachenden Annahmen kann die allgemeine Biegung gemäß Abschn. 4.1.3.3 aus den Biegungen um die beiden Hauptachsen zusammengesetzt werden, die wiederum durch Überlagerung der in Abschn. 5 behandelten Krümmung der Stabachse infolge der Biegemomente und der in Abschn. 8 behandelten Querkraftverformung zu erhalten sind (Superpositionsprinzip).

Bei der B i e g u n g i n d e r u, v-E b e n e ergibt eine Krümmung der Stabachse infolge des linearen Biegemomentenverlaufs eine Drehung des Anfangs- und Endquerschnittes A und B um die w-Richtung mit den Winkeln α_{AM} und α_{BM} gegenüber der zur Geraden von A nach B senkrechten Lage, (**281.1**). Die beiden Verformungen α_{AM} und α_{BM} werden nach den Vorzeichenvereinbarungen am Anfang dieses Abschnittes im gleichen Drehsinn wie die ihnen entsprechenden Schnittmo-
mente M_A und M_B positiv gerechnet. Nach Belastungsfall 10 in Tafel **104.**1 — für ein Anfangsmoment und Querkräfte an beiden Enden — bewirkt das am Stabanfang eingeleitete Biegemoment M_A dort den gleich-
gerichteten Drehwinkel $M_A l/3EI$ und am gegenüberliegenden Stabende den entgegengesetzten halb so großen Drehwinkel $M_A l/6EI$

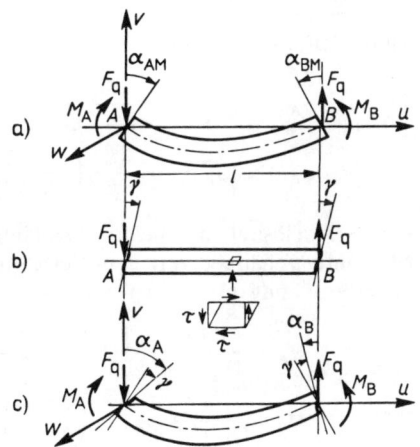

281.1 Biegung des freigemachten Stabes
in der u, v-Ebene
a) Krümmung der Stabachse durch die Biegemomente
b) Gleitung durch die Querkräfte (Schubverformung)
c) Überlagerung beider Verformungsanteile

mit Elastizitätsmodul E, Flächenmoment 2. Ordnung $I = I_w$ und Stablänge l. Für ein am Stabende eingeleitetes Biegemoment M_B gilt dasselbe. Die von beiden Biegemomenten

---

[1]) Dabei werden für die Spaltenvektoren der Knotendrehungen und -momente die mit Gl. (279.5) eingeführten Bezeichnungen $\tilde{v}$ und $\tilde{f}$ verwendet.

herrührenden Winkel addieren sich zu α_{AM} und α_{BM}[1])

$$\alpha_{AM} = \frac{l}{3\,E\,I}\left(1 \cdot M_A + \frac{1}{2} \cdot M_B\right)$$

$$\alpha_{BM} = \frac{l}{3\,E\,I}\left(\frac{1}{2} \cdot M_A + 1 \cdot M_B\right)$$

(282.1)

Die zum Gleichgewicht nötigen Querkräfte F_q am Anfangs- und Endquerschnitt bilden ein Kräftepaar mit dem Moment $F_q\,l = M_A - M_B$. Die Gleitungen infolge der Schubspannungen aus der Querkraft F_q bewirken eine Änderung der (ohne Schubverformung) senkrechten Lage des Querschnittes zur Stabachse um den mittleren Gleitwinkel γ. Diese Verformungsgröße ist nach Abschn. 8.6, Gl. (184.1) und Bild **183**.1

$$\gamma = \frac{dw_q}{dx} = \varkappa_v\,\frac{F_q}{G\,A} = \frac{F_q}{G\,A_{red}} \qquad \text{mit} \qquad F_q = \frac{M_A - M_B}{l}$$

sowie Gleitmodul G und reduziertem Schubquerschnitt $A_{red} = A_{wred} = A/\varkappa_v$. Letzterer ist die dem Flächenmoment I_w zuzuordnende, zur Berücksichtigung der ungleichförmigen Verteilung der Schubspannungen in v-Richtung mit der Schubverteilungszahl $\varkappa_v$ korrigierte Querschnittsfläche A. Der Winkel γ ist am Stabanfang zu α_{AM} zu addieren und am Stabende von α_{BM} zu subtrahieren. Dazu erweitert man zweckmäßigerweise mit $l/3\,E\,I$ und faßt die für die Querkraftverformung maßgebenden Kennwerte in einer dimensionslosen Konstanten q zusammen

$$\gamma = \frac{M_A - M_B}{G\,A_{red}\,l} = \frac{l}{3\,E\,I}\,(q\,M_A - q\,M_B) \qquad \text{mit} \qquad q = q_w = \frac{3\,E\,I_w}{G\,A_{wred}\,l^2}$$

(282.2)

So findet man die Winkel α_A und α_B, um die sich Anfangs- und Endquerschnitt gegenüber der ursprünglichen Lage zur Geraden AB drehen, in Abhängigkeit von den dort wirkenden Biegemomenten

$$\alpha_A = \alpha_{AM} + \gamma = \frac{l}{3\,E\,I}\left[(1+q)\,M_A + \left(\frac{1}{2} - q\right)M_B\right]$$

$$\alpha_B = \alpha_{BM} - \gamma = \frac{l}{3\,E\,I}\left[\left(\frac{1}{2} - q\right)M_A + (1+q)\,M_B\right]$$

(282.3)

Durch Auflösung der beiden Gleichungen nach M_A und M_B findet man die beiden Momente abhängig von den Verformungen α_A und α_B in Form zweier gekoppelter Federbeziehungen

$$M_A = \frac{4\,E\,I}{(1+4\,q)\,l}\left[(1+q)\,\alpha_A - \left(\frac{1}{2} - q\right)\alpha_B\right]$$

$$M_B = \frac{4\,E\,I}{(1+4\,q)\,l}\left[-\left(\frac{1}{2} - q\right)\alpha_A + (1+q)\,\alpha_B\right]$$

(282.4)

In Matrizenschreibweise lauten diese Beziehungen

$$\begin{bmatrix} M_A \\ M_B \end{bmatrix} = \begin{bmatrix} c_1 & c_2 \\ c_2 & c_1 \end{bmatrix} \begin{bmatrix} \alpha_A \\ \alpha_B \end{bmatrix} \qquad\qquad m = E_B\,\alpha$$

(282.5)

---

[1]) Beachte Fußnote 1 auf S. 106.

mit $\qquad c_1 = \dfrac{4\,E\,I}{(1+4\,q)\,l}\,(1+q) \qquad\qquad c_2 = \dfrac{4\,E\,I}{(1+4\,q)\,l}\left(-\dfrac{1}{2}+q\right)$

wobei die Matrix E_B die Materialsteifigkeit des Balkens ausdrückt.

Die Verformungen α_A und α_B können nach Bild **283**.1 aus den Verschiebungen v_{v1} und v_{v2} der Knoten 1 und 2 in v-Richtung und deren Drehungen um die w-Richtung errechnet

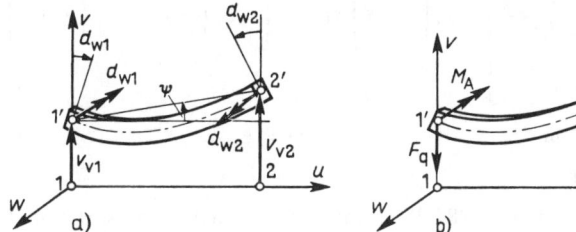

283.1 Biegung in der u, v-
  Ebene (w-Biegestab)
  a) Verschiebungen
  in v-Richtung,
  Drehungen um
  w-Richtung
  b) Kräfte in v-Rich-
  tung, Momente
  um w-Richtung

werden. Diese Knotenbewegungen enthalten aber außer den Drehungen α_A und α_B der beiden Endquerschnitte gegenüber der senkrechten Lage zur geraden Verbindung $\overline{12}$ eine Verschiebung des Stabes um v_{v1} und eine Drehung um

$$\psi \approx \tan\psi = \frac{v_{v2} - v_{v1}}{l} \tag{283.1}$$

Den reinen Bewegungsanteil faßt man unter dem Begriff **Starrkörperbewegung** zusammen. So findet man die Knotendrehungen d_{w1} und d_{w2} in Bild **283**.1 gemäß den Vorzeichenvereinbarungen am Anfang dieses Abschnittes als

$$\begin{aligned} d_{w1} &= -\,\alpha_A + \psi \\ d_{w2} &= \,\alpha_B + \psi \end{aligned} \tag{283.2}$$

Daraus erhält man durch Umordnen α_A und α_B in Abhängigkeit von den Knoten-bewegungen nach Gl. (283.3)[1]. Die die Materialsteifigkeitsmatrix E_B enthaltenden Beziehungen Gln. (282.4) und (282.5) liefern die Biegemomente M_A und M_B gemäß den Vorzeichenvereinbarungen für die Verformungen und Schnittgrößen, Gl. (283.4). Mit M_A und M_B ist auch die Querkraft F_q bestimmt, und man kann die Knotenkräfte und -momente angeben, Gl. (283.5).

$$F_{v1} = -\frac{1}{l}\,(M_A - M_B)$$

$$M_{w1} = -\,M_A \qquad\qquad M_A = c_1\,\alpha_A + c_2\,\alpha_B \qquad\qquad \alpha_A = -\,d_{w1} + \frac{1}{l}\,(v_{v2} - v_{v1})$$

$$F_{v2} = \frac{1}{l}\,(M_A - M_B) \qquad\qquad M_B = c_2\,\alpha_A + c_1\,\alpha_B \qquad\qquad \alpha_B = \,d_{w2} - \frac{1}{l}\,(v_{v2} - v_{v1})$$

$$M_{w2} = M_B$$

(283.5) $\qquad\qquad\qquad$ (283.4) $\qquad\qquad\qquad$ (283.3)

---

[1] Die Starrkörperbewegung ist auch beim Zug-Druckstab und beim Drehstab in Form einer Verschiebung des Stabes in Stabrichtung bzw. Drehung um die Stabrichtung vorhanden und wurde dort ohne besondere Erwähnung durch die Differenzbildung Gl. (279.1) und Gl. (280.1) eliminiert.

in Matrizenschreibweise lauten diese Gleichungen

$$
\begin{bmatrix} F_{v1} \\ M_{w1} \\ F_{v2} \\ M_{w2} \end{bmatrix} = \begin{bmatrix} -\dfrac{1}{l} & \dfrac{1}{l} \\ -1 & 0 \\ \dfrac{1}{l} & -\dfrac{1}{l} \\ 0 & 1 \end{bmatrix} \begin{bmatrix} M_A \\ M_B \end{bmatrix}
\qquad
\begin{bmatrix} M_A \\ M_B \end{bmatrix} = \begin{bmatrix} c_1 & c_2 \\ c_2 & c_1 \end{bmatrix} \begin{bmatrix} \alpha_A \\ \alpha_B \end{bmatrix}
\qquad
\begin{bmatrix} \alpha_A \\ \alpha_B \end{bmatrix} = \begin{bmatrix} -\dfrac{1}{l} & -1 & \dfrac{1}{l} & 0 \\ \dfrac{1}{l} & 0 & -\dfrac{1}{l} & 1 \end{bmatrix} \begin{bmatrix} v_{v1} \\ d_{w1} \\ v_{v2} \\ d_{w2} \end{bmatrix}
$$

$$\tilde{f} = A^{\mathrm{T}} m \qquad\qquad m = E_B\, \alpha \qquad\qquad \alpha = A\, \tilde{v}$$

$$(284.3) \qquad\qquad\qquad\qquad (284.2) \qquad\qquad\qquad\qquad (284.1)$$

Die Matrix von Gl. (284.3) ergibt sich aus der Matrix A von Gl. (284.1) durch Vertauschen der Zeilen und Spalten. Daher bezeichnet man sie als die Transponierte der Matrix A und schreibt dafür A^{T}. Das Einsetzen der Gln. (283.3) in die Gln. (283.4) und der Gln. (283.4) in die Gln. (283.5) vollzieht man am besten mit Hilfe der Matrizenrechnung, was wir uns im folgenden klarmachen wollen.

Schreibt man die Gln. (283.4) zunächst unter Vernachlässigung der Querkraftverformung, also mit $q = 0$, in der unten angegebenen Weise links unter die Gln. (283.3), dann hat das Einsetzen der Gln. (283.3) in die Gln. (283.4) offenbar nach folgendem Schema zu erfolgen: Man multipliziere die in den Zeilen der Gln. (283.4) nacheinander folgenden Koeffizienten der Reihe nach mit den in den Spalten der Gln. (283.3) untereinander stehenden und addiere die Produkte. Schreibt man nun die Gln. (283.5) unter die Gln. (283.4), so kann man mit diesen und dem bereits erhaltenen Ergebnis dieselben Rechenoperationen wiederholen, um das gewünschte Endergebnis zu erzielen.

Aus (283.3) $\Rightarrow$

$$\alpha_A = -\frac{1}{l}\cdot v_{v1} - 1\cdot d_{w1} + \frac{1}{l}\cdot v_{v2} + 0\cdot d_{w2}$$

$$\alpha_B = \frac{1}{l}\cdot v_{v1} + 0\cdot d_{w1} - \frac{1}{l}\cdot v_{v2} + 1\cdot d_{w2}$$

Aus (283.4)

$$\Rightarrow \quad M_A = \frac{4EI}{l}\left(1\cdot\alpha_A - \frac{1}{2}\cdot\alpha_B\right) = \frac{4EI}{l}\left(-\frac{3}{2l}\cdot v_{v1} - 1\cdot d_{w1} + \frac{3}{2l}\cdot v_{v2} - \frac{1}{2}\cdot d_{w2}\right)$$

$$M_B = \frac{4EI}{l}\left(-\frac{1}{2}\cdot\alpha_A + 1\cdot\alpha_B\right) = \frac{4EI}{l}\left(\frac{3}{2l}\cdot v_{v1} + \frac{1}{2}\cdot d_{w1} - \frac{3}{2l}\cdot v_{v2} + 1\cdot d_{w2}\right)$$

Aus (283.5)

$$F_{v1} = -\frac{1}{l}\cdot M_A + \frac{1}{l}\cdot M_B = \frac{4EI}{l}\left(\frac{3}{l^2}\cdot v_{v1} + \frac{3}{2l}\cdot d_{w1} - \frac{3}{l^2}\cdot v_{v2} + \frac{3}{2l}\cdot d_{w2}\right)$$

$$M_{w1} = -1\cdot M_A + 0\cdot M_B = \frac{4EI}{l}\left(\frac{3}{2l}\cdot v_{v1} + 1\cdot d_{w1} - \frac{3}{2l}\cdot v_{v2} + \frac{1}{2}\cdot d_{w2}\right)$$

$$\Rightarrow \quad F_{v2} = \frac{1}{l}\cdot M_A - \frac{1}{l}\cdot M_B = \frac{4EI}{l}\left(-\frac{3}{l^2}\cdot v_{v1} - \frac{3}{2l}\cdot d_{w1} + \frac{3}{l^2}\cdot v_{v2} - \frac{3}{2l}\cdot d_{w2}\right)$$

$$M_{w2} = 0\cdot M_A + 1\cdot M_B = \frac{4EI}{l}\left(\frac{3}{2l}\cdot v_{v1} + \frac{1}{2}\cdot d_{w1} - \frac{3}{2l}\cdot v_{v2} + 1\cdot d_{w2}\right)$$

Diese Rechenoperationen kann man mit geringerem Schreibaufwand und übersichtlicher mit den Matrizen A und E_B der beiden Gleichungssysteme allein durchführen, wobei ein allen Koeffizienten einer Matrix gemeinsamer Faktor vorgezogen werden kann. Man nennt dann das Ergebnis das Produkt $E_B\,A$ der beiden Matrizen. Da bei dieser Produktbildung die Reihenfolge der Matrizenfaktoren wesentlich ist, sagt man, A werde mit E_B von links, bzw. E_B werde mit A von rechts multipliziert. Durch Wiederholung der Rechenoperationen mit der Matrix A^T des Gleichungssystems (284.3) erhält man das Produkt $A^T E_B\,A$, womit das Einsetzen der Gleichungen ineinander vollzogen ist.

$$
\begin{bmatrix} -\dfrac{1}{l} & -1 & \dfrac{1}{l} & 0 \\[2mm] \dfrac{1}{l} & 0 & -\dfrac{1}{l} & 1 \end{bmatrix}
\qquad A
$$

$$
\frac{4EI}{l}\begin{bmatrix} 1 & -\dfrac{1}{2} \\[2mm] -\dfrac{1}{2} & 1 \end{bmatrix}
\qquad
\frac{4EI}{l}\begin{bmatrix} -\dfrac{3}{2l} & -1 & \dfrac{3}{2l} & -\dfrac{1}{2} \\[2mm] \dfrac{3}{2l} & \dfrac{1}{2} & -\dfrac{3}{2l} & 1 \end{bmatrix}
$$

$$E_B \qquad E_B\,A$$

$$
\begin{bmatrix} -\dfrac{1}{l} & \dfrac{1}{l} \\[2mm] -1 & 0 \\[2mm] \dfrac{1}{l} & -\dfrac{1}{l} \\[2mm] 0 & 1 \end{bmatrix}
\qquad
\frac{4EI}{l}\begin{bmatrix} \dfrac{3}{l^2} & \dfrac{3}{2l} & -\dfrac{3}{l^2} & \dfrac{3}{2l} \\[2mm] \dfrac{3}{2l} & 1 & -\dfrac{3}{2l} & \dfrac{1}{2} \\[2mm] -\dfrac{3}{l^2} & -\dfrac{3}{2l} & \dfrac{3}{l^2} & -\dfrac{3}{2l} \\[2mm] \dfrac{3}{2l} & \dfrac{1}{2} & -\dfrac{3}{2l} & 1 \end{bmatrix}
$$

$$A^T \qquad A^T E_B\,A$$

Das verwendete Rechenschema ist unter dem Namen Falksches Schema bekannt. Es ist im obigen Blockschaubild, in das die Symbole für die Matrizen und Ihre Produkte eingetragen sind, nocheinmal veranschaulicht und eignet sich besonders für die Handrechnung.

Nimmt man nun das Gleichungssystem (283.4) mit Querkraftverformungsanteil nach Gl. (282.4), so erkennt man, daß es durch Überlagerung (Addition) zweier in α_A und α_B linearer Bestandteile (285.1a) und (285.1b) zu erhalten ist, deren erster bis auf eine Änderung des vorgezogenen Faktors gleich ist mit dem ohne Querkraftverformungsanteil und deren zweiter die zusätzlichen Glieder infolge Querkraftverformung enthält.

$$
M_A = \frac{4EI}{(1+4q)\,l}\left[(1+q)\,\alpha_A + \left(-\frac{1}{2}+q\right)\alpha_B\right]
$$

$$
M_B = \frac{4EI}{(1+4q)\,l}\left[\left(-\frac{1}{2}+q\right)\alpha_A + (1+q)\,\alpha_B\right]
$$

$$
M_A = \underbrace{\frac{4EI}{(1+4q)\,l}\left(1\cdot\alpha_A - \frac{1}{2}\cdot\alpha_B\right)}_{(285.1\,\mathrm{a})} + \underbrace{\frac{4EI}{(1+4q)\,l}\,(q\,\alpha_A + q\,\alpha_B)}_{(285.1\,\mathrm{b})}
$$

$$
M_B = \frac{4EI}{(1+4q)\,l}\left(-\frac{1}{2}\cdot\alpha_A + 1\cdot\alpha_B\right) + \frac{4EI}{(1+4q)\,l}\,(q\,\alpha_A + q\,\alpha_B)
$$

Nun können die oben besprochenen Operationen mit beiden linearen Bestandteilen getrennt durchgeführt und die Ergebnisse dann wieder überlagert werden. Aus diesem Grunde ist es sinnvoll, die Matrix E_B des Gleichungssystems (282.4) als Summe der Matrizen E_0 von Gln. (285.1 b) und E_q von Gln. (285.1 b) anzusehen, die durch Addition der einander entsprechenden Koeffizienten gebildet wird.

$$
\begin{bmatrix} (1+q) & \left(-\dfrac{1}{2}+q\right) \\[2ex] \left(-\dfrac{1}{2}+q\right) & (1+q) \end{bmatrix} = \begin{bmatrix} 1 & -\dfrac{1}{2} \\[2ex] -\dfrac{1}{2} & 1 \end{bmatrix} + \begin{bmatrix} q & q \\[1ex] q & q \end{bmatrix} \qquad E_B = E_0 + E_q
$$

Die beim Einsetzen mit den Gleichungssystemen durchzuführenden Operationen stellen sich dann als elementare Rechenoperationen mit einfachen Gleichungen dar, die den gewohnten Rechenregeln folgen, mit der einen Ausnahme, daß die Reihenfolge zweier Matrizenfaktoren in einem Matrizenprodukt nicht vertauscht werden darf.

$$
m = E_B\,(A\,\tilde v) = (E_B\,A)\,\tilde v
$$
$$
\tilde f = A^\mathsf{T}\,(E_B\,A\,\tilde v) = (A^\mathsf{T}\,E_B\,A)\,\tilde v
$$

$$
m = (E_0 + E_q)\,(A\,\tilde v) = (E_0\,A + E_q\,A)\,\tilde v
$$
$$
\tilde f = A^\mathsf{T}\,(E_0\,A\,\tilde v + E_q\,A\,\tilde v) = (A^\mathsf{T}\,E_0\,A + A^\mathsf{T}\,E_q\,A)\,\tilde v
$$

So ergeben sich die Knotenkräfte wieder in Abhängigkeit von den Knotenbewegungen, quantitativ bestimmt durch die Steifigkeitsmatrix, Gl. (286.1)

$$
\begin{bmatrix} F_{v1} \\[2ex] M_{w1} \\ \hdotsfor{1} \\[1ex] F_{v2} \\[2ex] M_{w2} \end{bmatrix} = \frac{4\,E\,I_w}{(1+4\,q_w)\,l} \left[\begin{array}{cc:cc} \dfrac{3}{l^2} & \dfrac{3}{2\,l} & -\dfrac{3}{l^2} & \dfrac{3}{2\,l} \\[2ex] \dfrac{3}{2\,l} & (1+q_w) & -\dfrac{3}{2\,l} & \left(\dfrac{1}{2}-q_w\right) \\[2ex] \hdashline -\dfrac{3}{l^2} & -\dfrac{3}{2\,l} & \dfrac{3}{l^2} & -\dfrac{3}{2\,l} \\[2ex] \dfrac{3}{2\,l} & \left(\dfrac{1}{2}-q_w\right) & -\dfrac{3}{2\,l} & (1+q_w) \end{array}\right] \begin{bmatrix} v_{v1} \\[2ex] d_{w1} \\ \hdotsfor{1} \\[1ex] v_{v2} \\[2ex] d_{w2} \end{bmatrix} \qquad \tilde f = k\,\tilde v \qquad (286.1)
$$

Bei der Biegung in der u, w-Ebene sind v- und w-Achse in umgekehrter Reihenfolge der Schub- und Drehwirkung zugeordnet. Daher kehrt sich in Bild **286.1** der positive Drehsinn der Drehungen und Schnittmomente gegenüber Bild **283.1** um. Das Moment

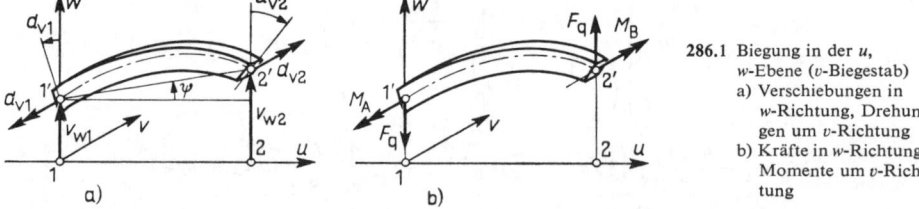

286.1 Biegung in der u, w-Ebene (v-Biegestab)
a) Verschiebungen in w-Richtung, Drehungen um v-Richtung
b) Kräfte in w-Richtung, Momente um v-Richtung

der Querkräfte ist jetzt $F_q\,l = -(M_A - M_B)$. Da der positive Richtungssinn der Verformungen durch die Biegemomente sich gegenüber dem durch die Querkräfte ebenfalls umkehrt, bleibt die Materialsteifigkeitsmatrix E_B nach Gl. (282.4) und (282.5) dieselbe mit anderen Konstanten $I = I_v$ und $q = q_v$. In den Beziehungen für die Verformungen und Knotenkräfte (Gl. (283.3) und (283.5)) ändert sich die Vorzeichenrelation zwischen Verschiebungen und Drehungen bzw. Kräften und Momenten und man findet

$$F_{w1} = \frac{1}{l}(M_A - M_B)$$

$$M_{v1} = -M_A \qquad\qquad M_A = c_1\alpha_A + c_2\alpha_B \qquad \alpha_A = -d_{v1} - \frac{1}{l}(v_{w2} - v_{w1})$$

$$F_{w2} = -\frac{1}{l}(M_A - M_B) \qquad M_B = c_2\alpha_A + c_1\alpha_B \qquad \alpha_B = d_{v2} + \frac{1}{l}(v_{w2} - v_{w1})$$

$$M_{v2} = M_B$$

$$
\begin{bmatrix} F_{w1} \\ M_{v1} \\ F_{w2} \\ M_{v2} \end{bmatrix}
=
\begin{bmatrix} \frac{1}{l} & -\frac{1}{l} \\ -1 & 0 \\ -\frac{1}{l} & \frac{1}{l} \\ 0 & 1 \end{bmatrix}
\begin{bmatrix} M_A \\ M_B \end{bmatrix}
\qquad
\begin{bmatrix} M_A \\ M_B \end{bmatrix}
=
\begin{bmatrix} c_1 & c_2 \\ c_2 & c_1 \end{bmatrix}
\begin{bmatrix} \alpha_A \\ \alpha_B \end{bmatrix}
\qquad
\begin{bmatrix} \alpha_A \\ \alpha_B \end{bmatrix}
=
\begin{bmatrix} \frac{1}{l} & -1 & -\frac{1}{l} & 0 \\ -\frac{1}{l} & 0 & \frac{1}{l} & 1 \end{bmatrix}
\begin{bmatrix} v_{w1} \\ d_{v1} \\ v_{w2} \\ d_{v2} \end{bmatrix}
$$

$$\tilde{f} = A^T m \qquad\qquad m = E_B\,\alpha \qquad\qquad \alpha = A\,\tilde{v}$$

$$(287.3) \qquad\qquad\qquad (287.2) \qquad\qquad\qquad (287.1)$$

$$
\begin{bmatrix} F_{w1} \\ M_{v1} \\ \hdashline F_{w2} \\ M_{v2} \end{bmatrix}
=
\frac{4\,E\,I_v}{(1+4q)\,l}
\left[
\begin{array}{cc:cc}
\frac{3}{l^2} & -\frac{3}{2l} & -\frac{3}{l^2} & -\frac{3}{2l} \\
-\frac{3}{2l} & (1+q_v) & \frac{3}{2l} & \left(\frac{1}{2}-q_v\right) \\
\hdashline
-\frac{3}{l^2} & \frac{3}{2l} & \frac{3}{l^2} & \frac{3}{2l} \\
-\frac{3}{2l} & \left(\frac{1}{2}-q_v\right) & \frac{3}{2l} & (1+q_v)
\end{array}
\right]
\begin{bmatrix} v_{w1} \\ d_{v1} \\ v_{w2} \\ d_{v2} \end{bmatrix}
\qquad \tilde{f} = k\,\tilde{v} \qquad (287.4)
$$

Die Änderung des Vorzeichens einiger Koeffizienten der Steifigkeitsmatrix zeigt, daß die gegenseitige Zuordnung der Achsrichtungen nicht unwesentlich ist. Aus diesem Grunde ist es wichtig, das Elementkoordinatensystem vereinbarungsgemäß als Rechtssystem zu wählen.

Allgemeiner Stab

Die Verformungen und inneren Kräfte der oben behandelten Stabtypen sind vollkommen unabhängig voneinander. Daher kann das Stabelement nach Maßgabe der Querschnittswerte aus diesen Stabtypen zusammengesetzt werden (Superpositionsprinzip). So wird z. B. ein Stab durch Angabe des Querschnitts A, des reduzierten Querschnitts A_{wred} und des Flächenmomentes I_w als zugdrucksteif und bezüglich einer Verformung in der u, v-Ebene als biegesteif erklärt. Damit können nur Schnittkräfte in u- und v-Richtung und Schnittmomente um die w-Richtung auftreten. Wird A_{wred}

nicht angegeben, so heißt das, daß der Querkraftverformungsanteil bei der Biegung mit $q_w = 0$ vernachlässigt werden soll. Durch Angabe der notwendigen Querschnittwerte werden also die elastischen Eigenschaften des Stabelementes definiert.

Da die Querschnittswerte einzeln und unabhängig voneinander gewählt werden können, besteht die Möglichkeit, Stäbe zu schaffen, die es in der Natur gar nicht gibt, um damit z. B. bestimmte Einflußgrößen auszuschalten, wie im eben erwähnten Beispiel die Biegemomente um die w-Richtung und Drehmomente um die u-Richtung.

Für das Stabelement sind diejenigen Bewegungsfreiheitsgrade der Knoten typisch, aus denen sich aufgrund seiner elastischen Eigenschaften tatsächlich auch innere Kräfte und damit Knotenkräfte ergeben. Das sind

beim Zug-Druckstab	2 Freiheitsgrade:	v_{u1}, v_{u2}
beim Drehstab	2 Freiheitsgrade:	d_{u1}, d_{u2}
beim w-Biegestab[1])	4 Freiheitsgrade:	$v_{v1}, d_{w1}, v_{v2}, d_{w2}$
beim v-Biegestab	4 Freiheitsgrade:	$d_{v1}, v_{w1}, d_{v2}, v_{w2}$

beim allgemeinen Stab bis 12 Freiheitsgrade: kombiniert aus den vorstehenden

Diese Freiheitsgrade werden bei Verwendung des Elementes zum Aufbau einer Struktur als Bewegungsfreiheitsgrade der Strukturknoten benötigt und bestimmen damit die zu erwartenden, unbekannten Knotenverschiebungen und -drehungen. Es sind genau die Informationen, die zur eindeutigen Bestimmung der Starrkörperbewegung und des Verformungszustandes des Elementes erforderlich sind:

	Starrkörperbewegungs-komponenten	Verformungsgrößen
beim Zug-Druckstab	Längsverschiebung v_{u1}	Längung Δl
beim Drehstab	Drehung d_{u1}	Verdrehung φ
beim w-Biegestab	Verschiebung v_{v1}, Drehung ψ	α_A und α_B
beim v-Biegestab	Verschiebung v_{w1}, Drehung ψ	α_A und α_B

Ein verbessertes Modell für das Stabelement kann dadurch gewonnen werden, daß man den Beziehungen zwischen Verformungen und Schnittkräften einen veränderlichen Stabquerschnitt zugrundelegt (nicht prismatischer Stab). Eine weitere Verbesserungsmöglichkeit besteht darin, auch Belastungen zwischen den beiden Endquerschnitten zuzulassen.

13.2.2. Dreieckiges Scheibenelement

Dem Scheibenelement wird die vereinfachende Annahme eines konstanten Verzerrungszustandes innerhalb seiner Berandung mit konstanten Dehnungen ε_x und ε_y und konstantem Gleitwinkel γ in der x, y-Ebene als Elementmittelebene zugrundegelegt, s. Abschn. 9.3.

Beim ebenen Spannungszustand, d. h. freier Querkontraktion ε_z, sind die Normalspannungen nach Gl. (219.2) abhängig von den Dehnungen und die Schubspannungen nach Gl. (219.1) und (221.1) abhängig vom Gleitwinkel. Diese Beziehungen wollen wir

---

[1]) Bezeichnung nach der Hauptachse, um die das Biegemoment wirkt.

jetzt in Matrizenform zusammenfassen

$$\sigma_x = \frac{E}{1-\mu^2}(\varepsilon_x + \mu\,\varepsilon_y)$$

$$\sigma_y = \frac{E}{1-\mu^2}(\mu\,\varepsilon_x + \varepsilon_y)$$

$$\tau = \frac{E}{2(1+\mu)}\,\gamma = \frac{E}{1-\mu^2}\cdot\frac{1-\mu}{2}\,\gamma$$

$$\begin{bmatrix}\sigma_x \\ \sigma_y \\ \tau\end{bmatrix} = \frac{E}{1-\mu^2}\begin{bmatrix} 1 & \mu & 0 \\ \mu & 1 & 0 \\ 0 & 0 & \dfrac{1-\mu}{2}\end{bmatrix}\begin{bmatrix}\varepsilon_x \\ \varepsilon_y \\ \gamma\end{bmatrix}$$

$$\boldsymbol{\sigma} = \boldsymbol{E_D}\cdot\boldsymbol{\varepsilon}$$

(289.1)

Wie in den Gl. (279.2), (280.2), (283.4) und (287.2) findet man darin die Abhängigkeit der inneren Kräfte (hier der Spannungen) von den Verformungen (hier der Verzerrungen). Die Matrix $\boldsymbol{E_D}$ drückt die Materialsteifigkeit des Scheibenelementes aus.

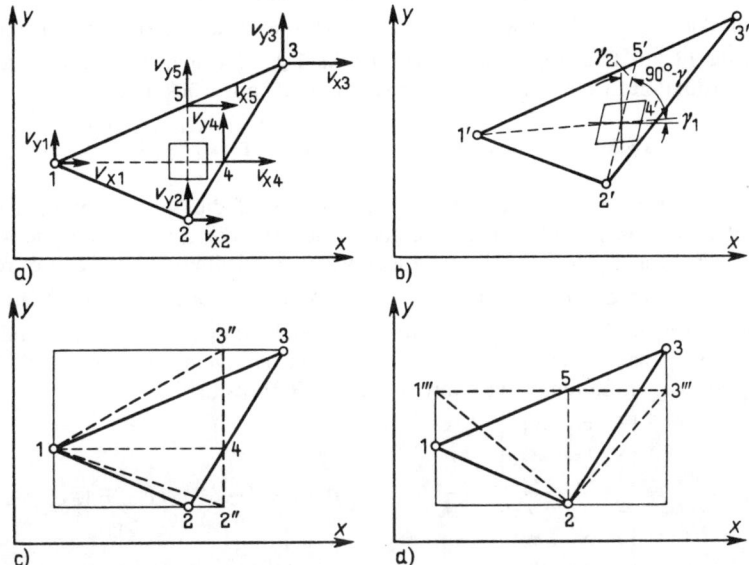

289.1 Dreieckiges Scheibenelement mit konstanten Verzerrungen
a) unverformt mit Verschiebungen
b) verformt mit Verzerrungen
c) Bestimmung von $\Delta x = \overline{14}$
d) Bestimmung von $\Delta y = \overline{25}$

Zur Berechnung der Verzerrungen betrachten wir Bild **289.1**. Die Dehnung ε_x ergibt sich als relative Längenänderung der Strecke $\overline{14}$ in Bild **289.1**a, wie die relative Längenänderung eines Stabes nach Bild **279.1**, aus den Längsverschiebungen v_{x1} und v_{x4} und der Länge $\Delta x = x_4 - x_1$

$$\varepsilon_x = \frac{v_{x4} - v_{x1}}{x_4 - x_1} = \frac{\Delta v_x}{\Delta x}$$

(289.2)

Entsprechend ist die Dehnung ε_y die relative Längenänderung der Strecke $\overline{25}$ in Bild **289.**1 a.

$$\varepsilon_y = \frac{v_{y5} - v_{y2}}{y_5 - y_2} = \frac{\Delta v_y}{\Delta y} \tag{290.1}$$

Der Gleitwinkel γ ist nach Bild **289.**1 b die Summe der Drehungen γ_1 und γ_2 der Strecken $\overline{14}$ und $\overline{25}$, welche wie der Drehwinkel eines Stabes nach Bild **283.**1, aus den Querverschiebungen v_{y1} und v_{y4} bzw. v_{x2} und v_{x5} und der Länge Δx bzw. Δy zu berechnen sind

$$\gamma = \gamma_1 + \gamma_2 = \frac{v_{y4} - v_{y1}}{x_4 - x_1} + \frac{v_{x5} - v_{x2}}{x_5 - x_2} = \frac{\Delta v_y}{\Delta x} + \frac{\Delta v_x}{\Delta y} \tag{290.2}$$

Δx und Δy können mit den Eckpunktkoordinaten durch lineare Interpolation berechnet werden. In Bild **289.**1 c ist $\overline{2''3''}$ die zur x-Richtung senkrechte Projektion der Seite $\overline{23}$. Das rechtwinklige Dreieck 12″4 und das Dreieck 124 sind flächengleich, ebenso das rechtwinklige Dreieck 143″ und das Dreieck 143. Multipliziert man also $\Delta x = \overline{14}$ mit $\overline{2''3''}$, so erhält man den doppelten Flächeninhalt $2\blacktriangle$ des Dreiecks 123. Dasselbe trifft für $\Delta y = \overline{25}$ in Bild **289.**1 d und die zur y-Richtung senkrechte Projektion $\overline{1'''3'''}$ der Seite $\overline{13}$ zu. Die doppelte Dreiecksfläche $2\blacktriangle$ läßt sich aber mit Hilfe der Eckpunktkoordinaten in Determinatenform sehr einfach ausdrücken[1]).

$$\Delta x (y_3 - y_2) = \Delta y (x_3 - x_1) = 2\blacktriangle = \begin{vmatrix} 1 & x_1 & y_1 \\ 1 & x_2 & y_2 \\ 1 & x_3 & y_3 \end{vmatrix} \tag{290.3}$$

Bei konstanten Verzerrungen ε_x, ε_y, und γ sind die Verschiebungen v_x und v_y linear abhängig von x und y. Daher ergeben sich für die Zwischenpunkte 4 und 5 die Verschiebungen v_x und v_y wie die zugehörigen Koordinaten x und y durch lineare Interpolation mit den entsprechenden Eckpunktwerten, und man findet für die Strecken $\overline{14}$ und $\overline{25}$ v_x und v_y wie x und y aus Gl. (290.3), indem man dort x und y entsprechend durch v_x bzw. v_y ersetzt. Durch Entwickeln der Determinanten nach den Spalten, die v_x bzw. v_y enthalten, folgt dann aus Gl. (289.2) bis (290.2)

$$\varepsilon_x = \frac{\Delta v_x}{\Delta x} = \frac{\begin{vmatrix} 1 & v_{x1} & y_1 \\ 1 & v_{x2} & y_2 \\ 1 & v_{x3} & y_3 \end{vmatrix}}{\Delta x (y_3 - y_2)} = \frac{1}{2\blacktriangle}[(y_2 - y_3)\,v_{x1} + (y_3 - y_1)\,v_{x2} + (y_1 - y_2)\,v_{x3}]$$

$$\varepsilon_y = \frac{\Delta v_y}{\Delta y} = \frac{\begin{vmatrix} 1 & x_1 & v_{y1} \\ 1 & x_2 & v_{y2} \\ 1 & x_3 & v_{y3} \end{vmatrix}}{\Delta y (x_3 - x_1)} = \frac{1}{2\blacktriangle}[(x_3 - x_2)\,v_{y1} + (x_1 - x_3)\,v_{y2} + (x_2 - x_1)\,v_{y3}]$$

$$\tag{290.4}$$

$$\gamma_1 = \frac{\Delta v_y}{\Delta x} = \frac{\begin{vmatrix} 1 & v_{y1} & y_1 \\ 1 & v_{y2} & y_2 \\ 1 & v_{y3} & y_3 \end{vmatrix}}{\Delta x (y_3 - y_2)} = \frac{1}{2\blacktriangle}[(y_2 - y_3)\,v_{y1} + (y_3 - y_1)\,v_{y2} + (y_2 - y_1)\,v_{y3}]$$

$$\gamma_2 = \frac{\Delta v_x}{\Delta y} = \frac{\begin{vmatrix} 1 & x_1 & v_{x1} \\ 1 & x_2 & v_{x2} \\ 1 & x_3 & v_{x3} \end{vmatrix}}{\Delta y (x_3 - x_1)} = \frac{1}{2\blacktriangle}[(x_3 - x_2)\,v_{x1} + (x_1 - x_3)\,v_{x2} + (x_2 - x_1)\,v_{x3}]$$

---

[1]) Vgl. Brauch, W.; Dreyer, H.-J.; Haacke, W.: Mathematik für Ingenieure, 7. Aufl. Stuttgart 1985, Abschn. 4.1.3.

Bei konstanten Verzerrungen sind auch die Spannungen konstant. Dementsprechend sind die auf die Elementseiten wirkenden, normalen und tangentialen inneren Schnittkräfte nach Bild **291.**1 a gleichmäßig verteilt anzunehmen. Diese können dann zu gleichen Teilen als statisch äquivalente Einzelkräfte am jeweiligen Endknoten lokalisiert

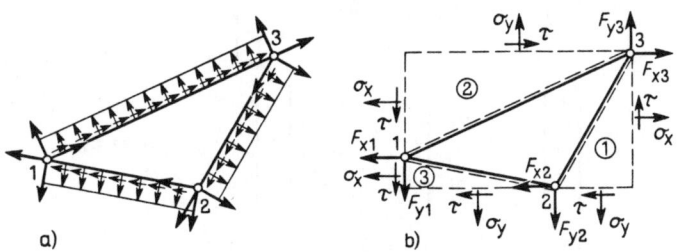

291.1 Dreieckiges Scheibenelement
a) normale und tangentiale Schnittkräfte und statisch äquivalente Knotenkräfte
b) Spannungen an den abgeschnittenen Ecken und statisch äquivalente Knotenkräfte

und dort zu resultierenden, in x- bzw. y-Richtung positiven, sonst negativen Knotenkräften $F_{x1}, F_{y1}, \ldots$ zusammengefaßt werden (291.1 b). Zur Bestimmung der Knotenkräfte F_{x1} und F_{y1} erinnern wir uns daran, daß die Schnittkräfte auf die im Knoten 1 verbundenen Seiten $\overline{12}$ und $\overline{31}$ mit denen auf der gegenüberliegenden Seite $\overline{23}$ im Gleichgewicht sind. Die letzteren sind aber − wenn wir dieselbe Überlegung auf das angrenzende rechtwinklige Dreieck ① anwenden − den Schnittkräften auf die zur x- bzw. y-Richtung senkrechte Projektion der Seite $\overline{23}$ statisch äquivalent. Da die inneren Kräfte auf die Seiten $\overline{12}$ und $\overline{31}$ je nur zur Hälfte am Knoten 1 abzusetzen sind, erhält man F_{x1} und F_{y1} mit der Elementdicke h unter Beachtung der Vorzeichen nach den ersten beiden der Gl. (291.1)[1]. Wird derselbe Gedankengang auf die Knoten 2 bzw. 3 und die gegenüberliegenden rechtwinkligen Dreiecke ② und ③ angewandt, so sind in den Gleichungen für F_{x1} und F_{y1} die Indizes 1, 2, 3 zyklisch zu vertauschen, um die restlichen Knotenkräfte F_{x2}, F_{y2} und F_{x3}, F_{y3} zu erhalten.

$$F_{x1} = \tfrac{1}{2} (y_2 - y_3) \, h \, \sigma_x + \tfrac{1}{2} (x_3 - x_2) \, h \, \tau$$
$$F_{y1} = \tfrac{1}{2} (x_3 - x_2) \, h \, \sigma_y + \tfrac{1}{2} (y_2 - y_3) \, h \, \tau$$
$$F_{x2} = \tfrac{1}{2} (y_3 - y_1) \, h \, \sigma_x + \tfrac{1}{2} (x_1 - x_3) \, h \, \tau$$
$$F_{y2} = \tfrac{1}{2} (x_1 - x_3) \, h \, \sigma_y + \tfrac{1}{2} (y_3 - y_1) \, h \, \tau \qquad (291.1)$$
$$F_{x3} = \tfrac{1}{2} (y_1 - y_2) \, h \, \sigma_x + \tfrac{1}{2} (x_2 - x_1) \, h \, \tau$$
$$F_{y3} = \tfrac{1}{2} (x_2 - x_1) \, h \, \sigma_y + \tfrac{1}{2} (y_1 - y_2) \, h \, \tau$$

Beachten wir noch, daß das Elementvolumen $Vol = \blacktriangle \cdot h$ beträgt, so können wir $h/2$ durch $Vol/2\,\blacktriangle$ ersetzen und finden in den Gl. (291.1) für die Knotenkräfte − in Matrizenschreibweise zusammengefaßt − bis auf den Faktor Vol die Transponierte H^{T} der

---

[1] F_{x1} und F_{y1} sind in Bild **291.**1 b so eingezeichnet wie sie sich bei positiven Spannungen und den angenommenen Eckpunktkoordinaten ergeben, als negative Kräfte entgegengesetzt zur x- bzw. y-Richtung.

Matrix H der Gln. (290.4) für die Verzerrungen, Gl. (292.3) und (292.1)

$$\begin{bmatrix} \varepsilon_x \\ \varepsilon_y \\ \gamma \end{bmatrix} = \begin{bmatrix} a_1 & 0 & a_2 & 0 & a_3 & 0 \\ 0 & b_1 & 0 & b_2 & 0 & b_3 \\ b_1 & a_1 & b_2 & a_2 & b_3 & a_3 \end{bmatrix} \begin{bmatrix} v_{x1} \\ v_{y1} \\ v_{x2} \\ v_{y2} \\ v_{x3} \\ v_{y3} \end{bmatrix} \qquad \varepsilon = H\,\tilde{v} \tag{292.1}$$

$$\begin{bmatrix} \sigma_x \\ \sigma_y \\ \tau \end{bmatrix} = \frac{E}{1-\mu^2} \begin{bmatrix} 1 & \mu & 0 \\ \mu & 1 & 0 \\ 0 & 0 & \dfrac{1-\mu}{2} \end{bmatrix} \begin{bmatrix} \varepsilon_x \\ \varepsilon_y \\ \gamma \end{bmatrix} \qquad \sigma = E_D\,\varepsilon \tag{292.2}$$

$$\begin{bmatrix} F_{x1} \\ F_{y1} \\ F_{x2} \\ F_{y2} \\ F_{x3} \\ F_{y3} \end{bmatrix} = Vol \begin{bmatrix} a_1 & 0 & b_1 \\ 0 & b_1 & a_1 \\ a_2 & 0 & b_2 \\ 0 & b_2 & a_2 \\ a_3 & 0 & b_3 \\ 0 & b_3 & a_3 \end{bmatrix} \begin{bmatrix} \sigma_x \\ \sigma_y \\ \tau \end{bmatrix} \qquad \tilde{f} = Vol\,H^T\,\sigma \tag{292.3}$$

mit $\qquad \begin{aligned} a_i &= (y_j - y_k)/2\blacktriangle \\ b_i &= (x_k - x_j)/2\blacktriangle \end{aligned} \qquad i, j, k = 1, 2, 3 \qquad$ in zyklischer Folge

Durch Einsetzen der Gleichungssysteme (292.1) in (292.2) und (292.2) in (292.3) ergeben sich wieder die Knotenkräfte in Abhängigkeit von den Knotenbewegungen und die Steifigkeitsmatrix bis auf den Faktor Vol als das Produkt $H^T E_D H$

$$\tilde{f} = Vol\,(H^T E_D H)\,\tilde{v} = k\,\tilde{v} \qquad k = (H^T E_D H)\,Vol \tag{292.4}$$

Für den Fall allgemein räumlicher Lagen des Elementes wird ein Elementkoordinatensystem mit der u, v-Ebene als Elementmittelebene mit dem Element fest verbunden. Der Übergang zu einem solchen Koordinatensystem bedeutet lediglich ein Umbenennen der Bezeichnungen x, y, z in den oben entwickelten Beziehungen in u, v, w. Die für das Element typischen Bewegungsfreiheitsgrade sind dann die 6 Knotenverschiebungen in u- und v-Richtung, nicht aber in w-Richtung. Nur diese werden bei der Verwendung des Elementes zum Aufbau einer Struktur wirksam. Bedenkt man, daß die Starrkörperbewegung des Dreiecks in der Ebene durch 2 Verschiebungen und eine Drehung, seine Verformung durch 2 Dehnungen und einen Gleitwinkel charakterisiert werden, so erkennt man in den 6 Knotenverschiebungen gerade die zur Bestimmung der Starrkörperbewegung und des Verformungszustandes des Dreieckselements notwendigen 6 Informationen, wie dies auf S. 298 analog für das Stabelement festgestellt wurde.

Die dem Element zugrundeliegende Annahme konstanter Verzerrungen innerhalb seiner Berandung wird natürlich von der Wirklichkeit mehr oder weniger abweichen, (293.1). Die oben berechneten Verzerrungen sind daher nur als mittlere Werte anzusehen. Mehr kann man nicht aussagen, da nur die 6 Knotenverschiebungen als Informationen über das Element herangezogen werden. Für den Zusammenbau der Elemente hat das aber Konsequenzen. Die benachbarten Elemente werden im allgemeinen andere Verzerrungen und damit andere Spannungen aufweisen (**293.**1 b). Also werden sich die Spannungen an der gemeinsamen Seite zweier Nachbarelemente sprunghaft ändern und die Gleichgewichtsbedingungen nicht erfüllt sein. Um eine Vorstellung von dem verwendeten Modell zu entwickeln, über- lege man sich, auf wel- che Weise innerhalb eines Elementes kon- stante Verzerrungen zu erzielen wären. Das wäre durch eine Rand- schicht längs der Ele- mentkante möglich, die sich zwar widerstands- los dehnen, aber nicht krümmen kann, so daß die Elementseiten bei der Verformung gerade bleiben.

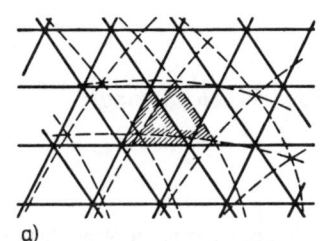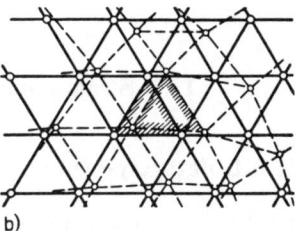

293.1 Ebene Verformung
a) Dreiecksnetz mit stetig veränderlicher Verzerrung, gerade Linien werden krumm;
b) Dreieckselemente mit konstanter Verzerrung, gerade Linien bleiben stückweise gerade

Damit stimmen die Ränder benachbarter Elemente überein und können nicht auseinan- derklaffen. Man sagt dazu, die Verformungen der Elemente seien miteinander verträglich. Die Gleichgewichtsbedingungen sind dann zwar global über das ganze Element hinweg, aber nicht lokal zwischen den Rändern erfüllt, und die Elemente erscheinen wegen der unbiegsamen Ränder zu steif. Das wird sich um so mehr auswirken, je stärker sich die Spannungen im Bereich der einzelnen Elemente ändern und je größer der Randanteil gegenüber dem Elementinneren ist. Daher ist im Bereich starker Spannungsänderung von langen spitzen Dreieckselementen abzuraten und eine feinere Aufteilung zu empfeh- len, die mehr Elemente, mehr Knoten und damit mehr Information über den betreffenden Bereich bringt.

Wegen der innerhalb der Elementbegrenzung konstant angenommenen Verzerrungen nennt man das Element ein K o n s t a n t e l e m e n t und bezeichnet es aus den zuletzt genannten Gründen als ein v e r t r ä g l i c h e s D e f o r m a t i o n s m o d e l l. Möchte man es verbessern, dann braucht man mehr Information zur Bestimmung seines Verformungszustandes. Dies ist mög- lich durch Hinzunahme weiterer Kno- ten in der Mitte der Elementseiten, Bild **293.**2. Durch die zusätzlichen 6 Freiheitsgrade kann man unter An- nahme einer linearen Änderung von ε_x, ε_y und γ in x- und y-Richtung die Differenzenquotienten $\Delta\varepsilon_x/\Delta x, \Delta\varepsilon_x/\Delta y$, $\Delta\varepsilon_y/\Delta x$, $\Delta\varepsilon_y/\Delta y$, $\Delta\gamma/\Delta x$ und $\Delta\gamma/\Delta y$, also 6 weitere Größen zur Beschrei-

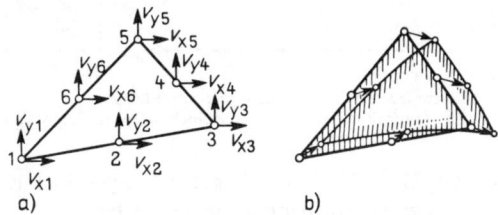

293.2 Linearelement als verträgliches Deformationsmodell
a) 6 Knoten, 12 Freiheitsgrade
b) Verformung bei linear veränderlichen Verzerrungen $\varepsilon_x, \varepsilon_y, \gamma$

bung des Verformungszustandes, berechnen. Die Elementränder nehmen dabei in der Elementebene die Form von Parabelbögen an, die durch jeweils 3 Punkte, die beiden Eckknoten und den Mittelknoten, eindeutig bestimmt werden, so daß auch in diesem Falle die Elementränder benachbarter Elemente nicht auseinanderklaffen können. Man spricht in diesem Falle von einem **Linearelement** als verträglichem **Deforma-tionsmodell**. Bei ihm können sich die Elementränder zwar krümmen, aber nur in bestimmter Weise. Daher unterliegen auch sie einer Zwangsvorschrift, und das oben für den gerade bleibenden Rand gesagte bleibt sinngemäß, wenn auch mit anderen Quantitäten dasselbe.

13.3. Strukturaufbau und Problemlösung

13.3.1. Bezugssysteme

Die **Steifigkeitsmatrizen** der **Elemente** beschreiben die Beziehungen zwischen den **Knotenkräften** und den **Knotenbewegungen** in **lokalen Koordinatensyste-men**, die mit den einzelnen Elementen fest verbunden sind und aus diesem Grunde auch **Elementkoordinatensysteme** mit Achsrichtungen u, v, w genannt wurden. Für den **Zusammenbau der Elemente** zu einer **Struktur** sind die Beziehungen in einem **allen Elementen** gemeinsamen, **globalen Koordinatensystem** auszudrücken, das **Strukturkoordinatensystem** mit Achsrichtungen x, y, z genannt wurde.

Die zum Wechsel des Koordinatensystems nötigen Umformungen wollen wir uns am **Zug-Druckstab** in der x, y-**Ebene** klarmachen (**294**.1). Zunächst sind die Knotenverschiebungen nach Bild **294**.1 a in x- und y-Richtung in u- und v-Komponenten zu zerlegen und daraus die Knotenverschiebungen in u- und v-Richtung zusammenzu-

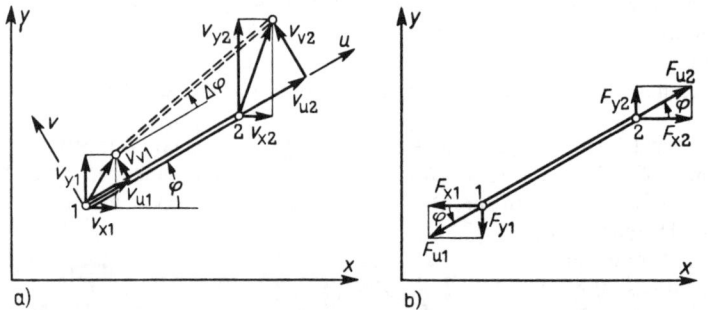

294.1 Schräger Zug-Druckstab in der x, y-Ebene
   a) Umrechnen der Knotenverschiebungen   b) Umrechnen der Knotenkräfte

setzen, Gl. (295.1). Die Verschiebungen in v-Richtung spielen dabei keine Rolle, da ihr Beitrag zur Längenänderung des Stabes mit $\Delta v_v = v_{v2} - v_{v1}$ nur Glieder $(\Delta v_v)^2$, $(\Delta v_v)^4$, ... enthält[1]), die bei **kleinen Verschiebungen** gegenüber den Gliedern 1. Ordnung **vernachlässigt** werden können. Aus den Knotenverschiebungen in u-Richtung ergeben sich über die Steifigkeitsmatrix die Knotenkräfte in u-Richtung, Gl. (295.2). Diese sind dann nach Bild **294.**1 b wieder in x- und y-Komponenten zu zerlegen, Gl. (295.3). Dabei spielt die **Änderung der Stablage** wieder in 1. **Näherung keine Rolle**, da durch

---

[1]) $\sqrt{l^2 + (\Delta v_v)^2} - l = l\left[\left(1 + \left(\frac{\Delta v_v}{l}\right)^2\right)^{1/2} - 1\right] = l\left[\frac{1}{2}\left(\frac{\Delta v_v}{l}\right)^2 - \frac{1}{8}\left(\frac{\Delta v_v}{l}\right)^4 + ...\right]$

die Änderung von $\cos \varphi$ und $\sin \varphi$ nur zusätzliche Glieder mit Δv_v entstehen, die mit F_u multipliziert nichtlineare Glieder ergeben[1]), die bei kleinen Verschiebungen vernachlässigt werden können.

$$
\begin{aligned}
F_{x1} &= \cos \varphi\, F_{u1} \\
F_{y1} &= \sin \varphi\, F_{u1} \\
F_{x2} &= \cos \varphi\, F_{u2} \\
F_{y2} &= \sin \varphi\, F_{u2}
\end{aligned}
\qquad
\begin{aligned}
F_{u1} &= c\, v_{u1} - c\, v_{u2} \\
F_{u2} &= -c\, v_{u1} + c\, v_{u2}
\end{aligned}
\qquad
\begin{aligned}
v_{u1} &= \cos \varphi\, v_{x1} + \sin \varphi\, v_{y1} \\
v_{u2} &= \cos \varphi\, v_{x2} + \sin \varphi\, v_{y2}
\end{aligned}
$$

$$\text{(295.3)} \qquad\qquad \text{(295.2)} \qquad\qquad\qquad \text{(295.1)}$$

Wie vorher bei den Gleichungssystemen zur Bildung der Steifigkeitsmatrix[2]), erkennt man in der Matrix des Gleichungssystems (295.6) die Transponierte der Matrix des Gleichungssystems (295.4). Die letztere nennt man die Transformationsmatrix T, da die zugehörigen Gleichungen die Transformation der globalen Bewegungen in lokale bewirken und findet, daß die transponierte Transformationsmatrix T^T die Umkehrtransformation der lokalen Kräfte in globale beschreibt.

$$
\begin{bmatrix} F_{x1} \\ F_{y1} \\ F_{x2} \\ F_{y2} \end{bmatrix}
=
\begin{bmatrix} \cos \varphi & 0 \\ \sin \varphi & 0 \\ 0 & \cos \varphi \\ 0 & \sin \varphi \end{bmatrix}
\begin{bmatrix} F_{u1} \\ F_{u2} \end{bmatrix}
$$

$$f = T^T \tilde{f}$$

$$\text{(295.6)}$$

$$
\begin{bmatrix} F_{u1} \\ F_{u2} \end{bmatrix}
=
\begin{bmatrix} c & -c \\ -c & c \end{bmatrix}
\begin{bmatrix} v_{u1} \\ v_{u2} \end{bmatrix}
\qquad\qquad
\begin{bmatrix} v_{u1} \\ v_{u2} \end{bmatrix}
=
\begin{bmatrix} \cos \varphi & \sin \varphi & 0 & 0 \\ 0 & 0 & \cos \varphi & \sin \varphi \end{bmatrix}
\begin{bmatrix} v_{x1} \\ v_{y1} \\ v_{x2} \\ v_{y2} \end{bmatrix}
$$

$$\tilde{f} = k\, \tilde{v} \qquad\qquad\qquad\qquad \tilde{v} = T\, v$$

$$\text{(295.5)} \qquad\qquad\qquad\qquad\qquad \text{(295.4)}$$

Damit ergeben sich die Knotenkräfte in Abhängigkeit von den Knotenbewegungen im globalen Koordinatensystem

$$
\begin{bmatrix} F_{x1} \\ F_{y1} \\ F_{x2} \\ F_{y2} \end{bmatrix}
= c
\left[
\begin{array}{cc:cc}
\cos^2 \varphi & \cos \varphi \sin \varphi & -\cos^2 \varphi & -\cos \varphi \sin \varphi \\
\sin \varphi \cos \varphi & \sin^2 \varphi & -\sin \varphi \cos \varphi & -\sin^2 \varphi \\
\hdashline
-\cos^2 \varphi & -\cos \varphi \sin \varphi & \cos^2 \varphi & \cos \varphi \sin \varphi \\
-\sin \varphi \cos \varphi & -\sin^2 \varphi & \sin \varphi \cos \varphi & \sin^2 \varphi
\end{array}
\right]
\begin{bmatrix} v_{x1} \\ v_{y1} \\ v_{x2} \\ v_{y2} \end{bmatrix}
\qquad \text{(295.7)}
$$

Die Matrix dieses Gleichungssystems mit dem Faktor $c = EA/l$ ist die Steifigkeitsmatrix des Stabelementes im globalen Koordinatensystem. Damit ist der Übergang

---

[1]) $\Delta \varphi \approx \sin \Delta \varphi \approx \tan \Delta \varphi = \dfrac{\Delta v_v}{l}$

$\cos (\varphi + \Delta \varphi) = \cos \varphi \cos \Delta \varphi - \sin \varphi \sin \Delta \varphi \approx \cos \varphi - \sin \varphi \dfrac{\Delta v_v}{l}$

$\sin (\varphi + \Delta \varphi) = \sin \varphi \cos \Delta \varphi + \cos \varphi \sin \Delta \varphi \approx \sin \varphi + \cos \varphi \dfrac{\Delta v_v}{l}$

[2]) Vgl. S. 284, 287 und 292. Bei den Knotenbewegungen und Knotenkräften im globalen Koordinatensystem wird das Zeichen $\sim$ über dem Spaltenvektor weggelassen.

vom lokalen zum globalen Koordinatensystem durch die Matrizenmultiplikation $T^T k\, T$ zu vollziehen, welche die transformierte Elementsteifigkeitsmatrix k_T im globalen Koordinatensystem liefert.

$$f = (T^T k\, T)\, v = k_T\, v \qquad \text{mit} \qquad k_T = T^T k\, T \qquad (296.1)$$

Beim Drehstab treten Drehungen und Momente an die Stelle der Verschiebungen und Kräfte am Zug-Druckstab. Kleine Drehungen können aber wie Verschiebungen vektoriell zusammengesetzt werden.

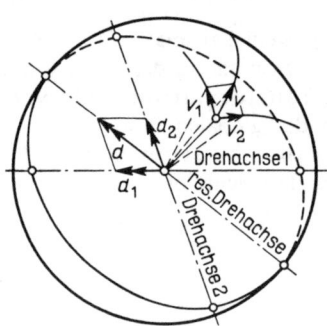

296.1 Kleine Drehungen vektoriell zusammengesetzt

Das kann man sich anschaulich vorstellen, wenn man dem Schnittpunkt zweier Drehachsen nach Bild **296**.1 eine Kugel umschreibt und die Drehbewegungen auf der Oberfläche dieser Kugel verfolgt. Dort äußern sie sich nämlich als Verschiebungen, die ein Parallelogramm bilden, — solange die Kugeloberfläche nicht wesentlich von der Tangentialebene abweicht. Dieses Parallelogramm ist dem aus den Doppelpfeilen für die Drehungen zu bildenden Parallelogramm geometrisch ähnlich. Daher ist für kleine Drehungen wie für die Verschiebungen das Gesetz der Vektoraddition erfüllt.

Umgekehrt kann eine kleine Drehung vektoriell in Komponenten zerlegt werden. Aus diesem Grunde erhält man die Transformationsbeziehungen für den Drehstab aus denen des Zug-Druckstabes einfach durch Änderung der Bezeichnungen von v in d und F in M.

Beim Biegestab (**296**.2) in der x, y-Ebene — als w-Biegestab mit der w-Achse in z-Richtung und der u, v-Ebene als Biegeebene — errechnen sich die Verschiebungen in v-Richtung nach Bild **296**.2a aus den Verschiebungen in x- und y-Richtung, während die Drehungen um die w-Richtung gleich den Drehungen um die z-Richtung sind, Gl. (297.1). Die Verschiebungen in u-Richtung ergeben vernachlässigbare Beiträge höherer Ordnung. Mit der Steifigkeitsmatrix im lokalen Koordinatensystem nach Gl. (287.4) finden sich die lokalen Knotenkräfte, Gl. (297.2). Die Knotenkräfte in v-Richtung sind nach Bild **296**.2b wieder in x- und y-Komponenten zu zerlegen, während die Knotenmomente um die w-Richtung direkt die Knotenmomente um die

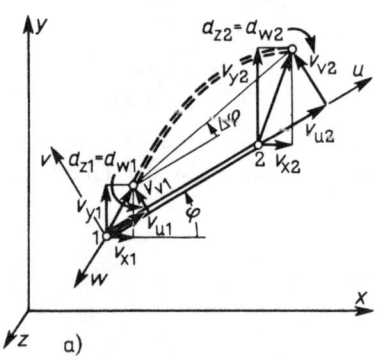

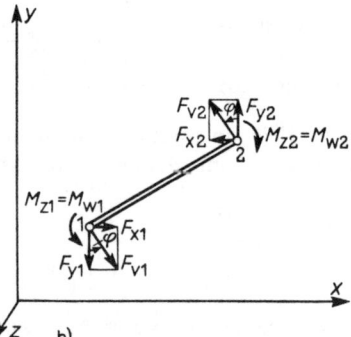

296.2 Schräger w-Biegestab in der x, y-Ebene
a) Umrechnen der Knotenbewegungen   b) Umrechnen der Knotenkräfte

z-Richtung angeben, Gl. (297.3). Dabei wird wieder die Verlagerung der Kraftangriffspunkte vernachlässigt.

$$F_{x1} = -\sin\varphi\, F_{v1}$$
$$F_{y1} = \cos\varphi\, F_{v1}$$
$$M_{z1} = 1 \cdot M_{w1}$$
$$F_{x2} = -\sin\varphi\, F_{v2}$$
$$F_{y2} = \cos\varphi\, F_{v2}$$
$$M_{z2} = 1 \cdot M_{w2}$$

(297.3)

$$\begin{bmatrix} F_{v1} \\ M_{w1} \\ F_{v2} \\ M_{w2} \end{bmatrix} = k \begin{bmatrix} v_{v1} \\ d_{w1} \\ v_{v2} \\ d_{w2} \end{bmatrix}$$

(297.2)

$$v_{v1} = -\sin\varphi\, v_{x1} + \cos\varphi\, v_{y1}$$
$$d_{w1} = d_{z1}$$
$$v_{v2} = -\sin\varphi\, v_{x2} + \cos\varphi\, v_{y2}$$
$$d_{w2} = d_{z2}$$

(297.1)

Schreibt man die Transformationsgleichungen in Matrizenform, so erkennt man wieder, daß die Umkehrtransformation mit der Transponierten T^T der Transformationsmatrix T auszuführen ist. Mit den bereits bekannten Matrizenoperationen findet man dann die Steifigkeitsmatrix des Biegestabes im globalen Koordinatensystem.

$$\begin{bmatrix} F_{x1} \\ F_{y1} \\ M_{z1} \\ F_{x2} \\ F_{y2} \\ M_{z2} \end{bmatrix} = \begin{bmatrix} -\sin\varphi & 0 & 0 & 0 \\ \cos\varphi & 0 & 0 & 0 \\ 0 & 1 & 0 & 0 \\ 0 & 0 & -\sin\varphi & 0 \\ 0 & 0 & \cos\varphi & 0 \\ 0 & 0 & 0 & 1 \end{bmatrix} \begin{bmatrix} F_{v1} \\ M_{w1} \\ F_{v2} \\ M_{w2} \end{bmatrix} \qquad \tilde{f} = k\,\tilde{v}$$

(297.5)

$$f = T^T \tilde{f}$$

(297.6)

$$\begin{bmatrix} v_{v1} \\ d_{w1} \\ v_{v2} \\ d_{w2} \end{bmatrix} = \begin{bmatrix} -\sin\varphi & \cos\varphi & 0 & 0 & 0 & 0 \\ 0 & 0 & 1 & 0 & 0 & 0 \\ 0 & 0 & 0 & -\sin\varphi & \cos\varphi & 0 \\ 0 & 0 & 0 & 0 & 0 & 1 \end{bmatrix} \cdot \begin{bmatrix} v_{x1} \\ v_{y1} \\ d_{z1} \\ v_{x2} \\ v_{y2} \\ d_{z2} \end{bmatrix}$$

$$\tilde{v} = T\,v$$

(297.4)

$$f = (T^T k\, T)\,v = k_T\,v \qquad \text{mit} \qquad k_T = T^T k\, T \tag{297.7}$$

Die oben erörterten Vernachlässigungen von Gliedern höherer als 1. Ordnung kennzeichnen die Methode als Theorie 1. Ordnung. Wenn man nur mit linearen Gleichungen arbeiten will, kann man nicht anders verfahren. Es verbleibt aber die Möglichkeit, das so erhaltene Ergebnis durch nachfolgende Korrekturrechnung zu verbessern.

Bei allgemeiner räumlicher Stablage sind weitere Winkelangaben erforderlich (**297**.1). Der Winkel $-90° \leqq \vartheta \leqq +90°$ bestimmt die Neigung des Stabes gegenüber der x, y-Ebene. Der Winkel $0 \leqq \varphi < 360°$ gibt die Richtung der senkrechten

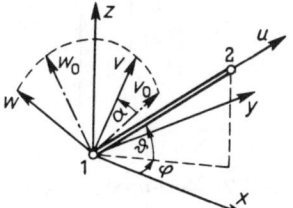

297.1 Allgemeine räumliche Lage des Stabkoordinatensystems

Projektion des Stabes in der x, y-Ebene an. Die v_0-Richtung ist parallel zur x, y-Ebene gewählt und zwar so, daß die w_0-Richtung eine positive z-Komponente hat. Damit ist die Nullage der v-Achse eindeutig bestimmt — falls der Stab nicht senkrecht zur x, y-Ebene ist. Für diesen Sonderfall sind noch zusätzliche Vereinbarungen nötig. Nun kann durch den Winkel α, um den die v-Achse aus der Nullage gedreht ist, jede beliebige Drehlage der Hauptachsen des Stabquerschnittes eindeutig angegeben werden. Denkt man daran, daß unsymmetrische Querschnitte gedrehte Hauptachsen haben und stellt sich z.B. eine räumliche Stahlkonstruktion aus Winkelprofilen vor, so kann man sich leicht von der Notwendigkeit einer derartigen Festlegung überzeugen.

Da die Umrechnung der x, y, z-Komponenten für die Verschiebungen und Drehungen der Knoten 1 und 2 in gleicher Weise erfolgt, wiederholen sich die Koeffizienten in den Transformationsgleichungen. So baut sich die Transformationsmatrix T längs der Hauptdiagonalen feldweise aus denselben Koeffizienten auf, während die übrigen Plätze mit Nullen besetzt sind.

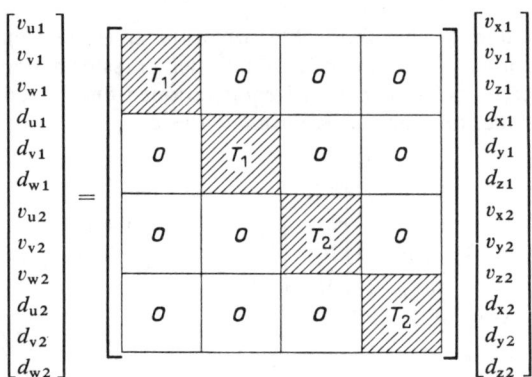

Je nach Elementart und -lage werden bestimmte Zeilen und Spalten der allgemeinen Transformationsmatrix nicht benötigt. So stellen sich auch die oben ausgeführten Beispiele als Sonderfälle der allgemeinen Transformationsmatrix dar.

Für das Scheibenelement gilt grundsätzlich dasselbe, wobei in diesem Falle nur die u- und v-Verschiebungen benötigt werden, die sich aus den x-, y- und z-Verschiebungen berechnen lassen

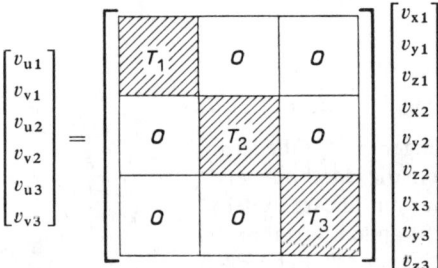

13.3.2. Gesamtsteifigkeitsmatrix

Zum Strukturaufbau sind die Elemente an ihren Knoten miteinander zu verbinden. Dazu sind zweierlei Bedingungen zu erfüllen:

einerseits müssen die Bewegungen der in einem Strukturknoten miteinander verbundenen Elementknoten übereinstimmen, d.h. miteinander verträglich sein (Verträglichkeitsbedingungen für die Knotenbewegungen);

andererseits muß an jedem Strukturknoten Gleichgewicht herrschen (Gleichgewichtsbedingungen für die Knotenkräfte).

Wie diese Bedingungen zu erfüllen sind, wollen wir am Beispiel eines einfachen Fachwerkverbandes aus Zug-Druckstäben verfolgen, (299.1). Dieser ist durch die Koordinaten der mit den Knotennummern 1, 2, 3 und 4 gekennzeichneten Strukturknoten in seinen geometrischen Abmessungen eindeutig festgelegt. Die Fachwerkstäbe ① bis ⑤ sind reine Zug-Druckstäbe mit dem Querschnitt $A = 100 \text{ mm}^2$ und dem E-Modul $E = 2,1 \cdot 10^5 \text{ N/mm}^2$. Die Abstützung erfolgt durch ein Festlager A und ein Loslager B, die Belastung durch zwei Kräfte $F_1 = 500 \text{ N}$ und $F_2 = 1000 \text{ N}$.

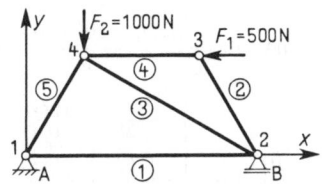

Knoten	x mm	y mm
1	0	0
2	1000	0
3	750	433
4	250	433

$A = 100 \text{ mm}^2$
$E = 2,1 \cdot 10^5 \text{ N/mm}^2$

299.1 Einfacher Fachwerkverband
5 Zug-Druckstäbe in der x, y-Ebene

Zunächst wird durch die Knotenfolge, d. h. Reihenfolge der Strukturknoten[1]), die Reihenfolge der Bewegungsfreiheitsgrade der Strukturknoten und der zugehörigen Knotenkräfte festgelegt. Dabei werden nur die Bewegungsmöglichkeiten der Strukturknoten berücksichtigt, die tatsächlich zur Lösung des Problems benötigt werden. Das sind hier die Knotenverschiebungen in x- und y-Richtung, da die Verformungen der Zug-Druckstäbe sich nur aus den Verschiebungen in Stablängsrichtung herleiten und die Stäbe in der x, y-Ebene liegen. Wir wollen die Bewegungsfreiheitsgrade für die Durchführung des Beispiels weiterhin mit $v_{x1}, v_{y1}, v_{x2}, v_{y2} \ldots$ bezeichnen, da man dann leichter erkennt was gemeint ist. Anstelle dieser physikalischen Kennzeichnungen kann man aber auch die Ordnungsnummern 1, 2, 3, 4 ... heranziehen[2]). Diese sind für die Beschreibung der logischen Zusammenhänge besser geeignet (S. 302ff).

In den Bewegungsfreiheitsgraden sind die zu erwartenden, unbekannten Bewegungskomponenten der Strukturknoten zu sehen. Diese sind nun, dem Strukturaufbau entsprechend, den einzelnen Elementen als die Bewegungskomponenten ihrer Anfangs- bzw. Endknoten zuzuordnen. Damit machen die Elementknoten die Bewegungen der Strukturknoten mit, die Verträglichkeitsbedingungen für die Knotenbewegungen sind erfüllt, und die Verbindung der Elementknoten in den Strukturknoten ist realisiert.

Die Zuordnung wird praktisch dadurch erreicht, daß in den Gln. (295.7) die elementbezogenen Bezeichnungen durch die strukturbezogenen Bezeichnungen für die Bewegungsfreiheitsgrade und die zugehörigen Knotenkräfte ersetzt werden[3]). Mit Winkel φ, Länge l und Materialsteifigkeit $c = EA/l$, die mit Hilfe der Knotenkoordinaten zu berechnen sind folgt:

---

[1]) Die Knotenfolge soll hier mit der Knotennumerierung übereinstimmen. Das muß nicht unbedingt der Fall sein. Die Knotennumerierung wählt man gerne nach Gesichtspunkten der Übersichtlichkeit, die Knotenfolge dagegen nach Gesichtspunkten des Rechenaufwandes, vgl. S. 303.
[2]) Dann heißen die Bewegungsfreiheitsgrade $v_1, v_2, v_3, v_4 \ldots$ mit der Ordnungsnummer als Index.
[3]) Zur Verdeutlichung der Zuordnung sind im folgenden die physikalischen Bezeichnungen der Freiheitsgrade über die betreffenden Spalten der Steifigkeitsmatrizen geschrieben.

Stab 1: $\varphi = 0°$; $l = 1000$ mm; $c = \dfrac{2,1 \cdot 10^5 \cdot 100}{1000} \dfrac{N}{mm}$

$$\begin{bmatrix} F_{x1} \\ F_{x2} \end{bmatrix} = 2,1 \cdot 10^4 \frac{N}{mm} \begin{matrix} \overset{v_{x1}}{} & \overset{v_{x2}}{} \\ \begin{bmatrix} 1,00 & -1,00 \\ -1,00 & 1,00 \end{bmatrix} \end{matrix} \begin{bmatrix} v_{x1} \\ v_{x2} \end{bmatrix}$$

Stab 2: $\varphi = 120°$; $l = 500$ mm; $c = \dfrac{2,1 \cdot 10^5 \cdot 100}{500} \dfrac{N}{mm}$

$$\begin{bmatrix} F_{x2} \\ F_{y2} \\ F_{x3} \\ F_{y3} \end{bmatrix} = \frac{2,1 \cdot 10^4}{0,5} \frac{N}{mm} \begin{matrix} \overset{v_{x2}}{} & \overset{v_{y2}}{} & \overset{v_{x3}}{} & \overset{v_{y3}}{} \\ \begin{bmatrix} 0,25 & -0,433 & -0,25 & 0,433 \\ -0,433 & 0,75 & 0,433 & -0,75 \\ -0,25 & 0,433 & 0,25 & -0,433 \\ 0,433 & -0,75 & -0,433 & 0,75 \end{bmatrix} \end{matrix} \begin{bmatrix} v_{x2} \\ v_{y2} \\ v_{x3} \\ v_{y3} \end{bmatrix}$$

Stab 3: $\varphi = 150°$; $l = 866$ mm; $c = \dfrac{2,1 \cdot 10^5 \cdot 100}{866} \dfrac{N}{mm}$

$$\begin{bmatrix} F_{x2} \\ F_{y2} \\ F_{x4} \\ F_{y4} \end{bmatrix} = \frac{2,1 \cdot 10^4}{0,866} \frac{N}{mm} \begin{matrix} \overset{v_{x2}}{} & \overset{v_{y2}}{} & \overset{v_{x4}}{} & \overset{v_{y4}}{} \\ \begin{bmatrix} 0,75 & -0,433 & -0,75 & 0,433 \\ -0,433 & 0,25 & 0,433 & -0,25 \\ -0,75 & 0,433 & 0,75 & -0,433 \\ 0,433 & -0,25 & -0,433 & 0,25 \end{bmatrix} \end{matrix} \begin{bmatrix} v_{x2} \\ v_{y2} \\ v_{x4} \\ v_{y4} \end{bmatrix}$$

Stab 4: $\varphi = 180°$; $l = 500$ mm; $c = \dfrac{2,1 \cdot 10^5 \cdot 100}{500} \dfrac{N}{mm}$

$$\begin{bmatrix} F_{x3} \\ F_{x4} \end{bmatrix} = \frac{2,1 \cdot 10^4}{0,5} \frac{N}{mm} \begin{matrix} \overset{v_{x3}}{} & \overset{v_{x4}}{} \\ \begin{bmatrix} 1,00 & -1,00 \\ -1,00 & 1,00 \end{bmatrix} \end{matrix} \begin{bmatrix} v_{x3} \\ v_{x4} \end{bmatrix}$$

Stab 5: $\varphi = 240°$; $l = 500$ mm; $c = \dfrac{2,1 \cdot 10^5 \cdot 100}{500} \dfrac{N}{mm}$

$$\begin{bmatrix} F_{x4} \\ F_{y4} \\ F_{x1} \\ F_{y1} \end{bmatrix} = \frac{2,1 \cdot 10^4}{0,5} \frac{N}{mm} \begin{matrix} \overset{v_{x4}}{} & \overset{v_{y4}}{} & \overset{v_{x1}}{} & \overset{v_{y1}}{} \\ \begin{bmatrix} 0,25 & 0,433 & -0,25 & -0,433 \\ 0,433 & 0,75 & -0,433 & -0,75 \\ -0,25 & -0,433 & 0,25 & 0,433 \\ -0,433 & -0,75 & 0,433 & 0,75 \end{bmatrix} \end{matrix} \begin{bmatrix} v_{x4} \\ v_{y4} \\ v_{x1} \\ v_{y1} \end{bmatrix}$$

Im Hinblick auf die Gleichgewichtsbedingungen sind nur die an den Strukturknoten lokalisierten, auf die Elemente wirkenden Kraftkomponenten zu Resultierenden zusammenzufassen. Das geschieht in der durch die zugehörigen Bewegungsfreiheitsgrade bestimmten Reihenfolge. Dementsprechend wird zunächst nachgeprüft, welche Stäbe am Knoten 1 ankommen und dort eine Knotenkraftkomponente in x-Richtung haben. Das sind Stab ①, zu dessen Knotenkraftkomponente die unbekannten Knotenverschiebungen v_{x1} und v_{x2} Beiträge leisten und Stab ⑤, zu dessen Knotenkraftkomponente v_{x1}, v_{y1}, v_{x4} und v_{y4} beitragen. Die resultierende Knotenkraftkomponente ΣF_{x1} ergibt sich als Summe dieser Beiträge und damit als 1. Gleichung eines linearen Gleichungssystems, mit den Bewegungsfreiheitsgraden als Unbekannten, Gln. (301.1). Dann folgt am Knoten 1 die resultierende Knotenkraftkomponente in y-Richtung, zu welcher nur Stab ⑤ mit v_{x1}, v_{y1}, v_{x4} und v_{y4} Beiträge leistet, als 2. Gleichung des linearen Gleichungssystems. So werden Knoten für Knoten, in der durch die Reihenfolge der Bewegungsfreiheitsgrade vorgeschriebenen Ordnung, alle Knotenkraftkomponenten in Abhängigkeit von allen Knotenbewegungskomponenten mit der **Gesamtsteifigkeitsmatrix** als Koeffizientenmatrix gefunden.

(301.1)

$$
\begin{bmatrix} \Sigma F_{x1} \\ \Sigma F_{y1} \\ \Sigma F_{x2} \\ \Sigma F_{y2} \\ \Sigma F_{x3} \\ \Sigma F_{y3} \\ \Sigma F_{x4} \\ \Sigma F_{y4} \end{bmatrix} = c
\begin{bmatrix}
1,5 & 0,866 & -1,0 & 0,0 & 0,0 & 0,0 & -0,5 & -0,866 \\
0,866 & 1,5 & 0,0 & 0,0 & 0,0 & 0,0 & -0,866 & -1,5 \\
-1,0 & 0,0 & 2,366 & -1,366 & -0,5 & 0,866 & -0,866 & 0,5 \\
0,0 & 0,0 & -1,366 & 1,789 & 0,866 & -1,5 & 0,5 & -0,289 \\
0,0 & 0,0 & -0,5 & 0,866 & 2,5 & -0,866 & -2,0 & 0,0 \\
0,0 & 0,0 & 0,866 & -1,5 & -0,866 & 1,5 & 0,0 & 0,0 \\
-0,5 & -0,866 & -0,866 & 0,5 & -2,0 & 0,0 & 3,366 & 0,366 \\
-0,866 & -1,5 & 0,5 & -0,289 & 0,0 & 0,0 & 0,366 & 1,789
\end{bmatrix}
\begin{bmatrix} v_{x1} \\ v_{y1} \\ v_{x2} \\ v_{y2} \\ v_{x3} \\ v_{y3} \\ v_{x4} \\ v_{y4} \end{bmatrix} =
\begin{bmatrix} F_{Ax} \\ F_{Ay} \\ 0 \\ F_{By} \\ -500\ \text{N} \\ 0 \\ 0 \\ -1000\ \text{N} \end{bmatrix}
$$

(mit Spaltenüberschriften v_{x1}, v_{y1}, v_{x2}, v_{y2}, v_{x3}, v_{y3}, v_{x4}, v_{y4})

mit $c = 2,1 \cdot 10^4$ N/mm

(301.2)

Die Gleichgewichtsbedingungen sind erfüllt, wenn die resultierenden Knotenkraftkomponenten Null sind (unbelasteter Knoten) oder gleich den an den Knoten eingeleiteten äußeren Kräften (belasteter Knoten). Äußere Kräfte sind die Belastungen F_1 und F_2, sowie die Auflagerreaktionen F_{Ax}, F_{Ay} und F_{By}, die nach Bild **301.**1 anstelle der Auflager A und B am freigemachten System anzubringen sind. Diese werden nach dem oben benützten Ordnungsprinzip zu einem Spaltenvektor zusammengestellt und den resultierenden Knotenkräften gleichgesetzt. Damit ergibt sich ein lineares Gleichungssystem zur Berechnung der unbekannten Knotenbewegungen, Gln. (301.2).

Bild **301.**1 zeigt rechts den Aufbau des Gleichungssystems symbolisch, um die Beiträge der einzelnen Elemente zur Gesamtsteifigkeitsmatrix anschaulich zu zeigen. Die Koeffizienten der Elementsteifigkeitsmatrizen sind dort durch Pfeile in quadratischer Umran-

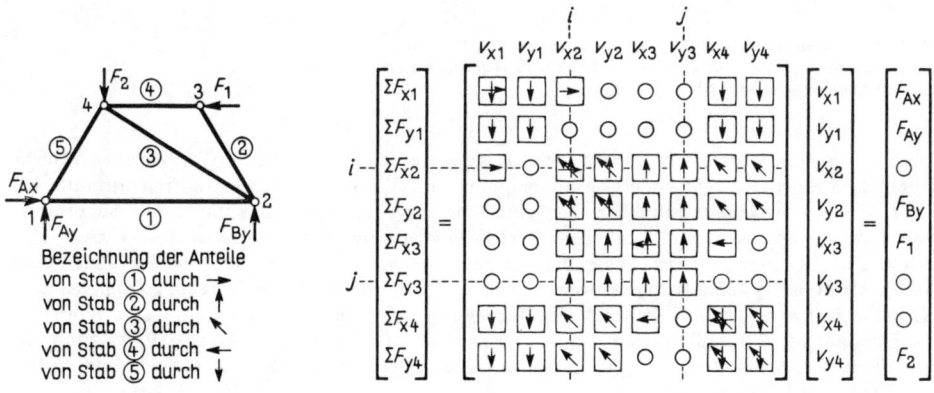

301.1 Einfacher Fachwerkverband
Zusammenbau der Elemente durch Zusammensetzen der Anteile der Elementsteifigkeitsmatrizen

dung dargestellt und sind so in den betreffenden Zeilen und Spalten noch zu erkennen. Die Gesamtsteifigkeitsmatrix entsteht demnach durch Addition der Koeffizienten der Elementsteifigkeitsmatrizen in den zugeordneten Zeilen und Spalten.

Die am Anfang dieses Abschnittes genannten Verträglichkeitsbedingungen werden also praktisch dadurch erfüllt, daß den Zeilen und Spalten der Elementsteifigkeits-matrizen die Ordnungsnummern der entsprechenden Bewegungsfreiheitsgrade der Strukturknoten zugeordnet werden. In der Addition der Koeffizienten der Elementsteifigkeitsmatrizen und der Gleichsetzung mit den im entsprechenden Spal-tenvektor zusammengefaßten äußeren Kräften äußert sich dann die Erfüllung der Gleichgewichtsbedingungen. Damit ist der Strukturaufbau unter Berücksichtigung der äußeren Kräfte realisiert.

In dem Beispiel kommen keine z-Verschiebungen und keine Drehungen vor, weil diese zur Berechnung der Verformungen der Zug-Druckstäbe in der x, y-Ebene nicht benötigt werden (Gln. (279.1) und (295.1)). Die Elemente können in diesem Falle auch keine Kräfte in z-Richtung und keine Momente übertragen. Aus diesem Grunde verhalten sich die Knoten hier wie gelenkige Verbindungen. Anders ist das bei Biegestäben. Dort verlangt die Verträglichkeit der Bewegungen der miteinander verbundenen Element-knoten eine biegesteife Verbindung, an welcher Biegemomente übertragen werden. Das bedeutet z. B. beim Zusammenschluß zweier Biegestäbe und eines Zug-Druckstabes nach Bild 302.1 eine biegesteife Verbindung der Biegestäbe und den quasi gelenkigen Anschluß des Zug-Druckstabes. Letzterer ist aber keine Eigenschaft des Knotens sondern des angeschlossenen Elementes, das kein Moment übertragen kann. Der Knoten ist grundsätzlich eine steife Verbindungsstelle.

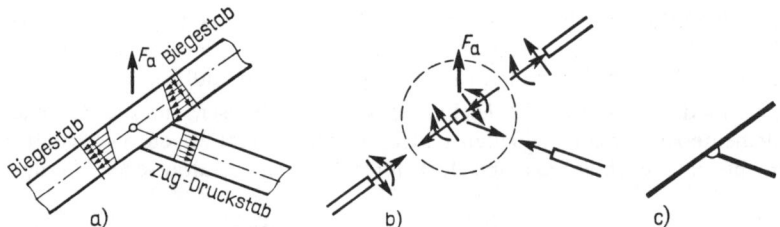

302.1 a) Verbindung von zwei Biegestäben und einem Zug-Druckstab
b) Knotenkräfte auf die Elemente und Kräftegleichgewicht am Strukturknoten
c) Systemskizze für die Verbindung

Die Gesamtsteifigkeitsmatrix erweist sich als symmetrisch zur Hauptdiagonalen. Darin drückt sich ein tiefer reichender Zusammenhang aus. Denkt man sich alle Freiheitsgrade bis auf z. B. $i = 3$ festgehalten und erzwingt eine Bewegung v_i, so geht das nur durch Aufbringen einer Kraft, die proportional v_i auf den Wert $F_i = k_{ii} v_i$ anwächst und dabei die Arbeit $F_i v_i/2$ leistet. Zu allen übrigen Freiheitsgraden entstehen ebenfalls Kräfte. Diese leisten aber keine Arbeit, da außer v_i keine Knotenbewegung eintritt. Hält man jetzt alle Bewegungsfreiheitsgrade bis auf z. B. $j = 6$ fest und erzwingt eine Bewegung v_j, so geht das nur durch eine Kraft die proportional v_j vom Anfangswert $F_{jA} = k_{ji} v_i$ auf den Endwert $F_{jE} = k_{ji} v_i + k_{jj} v_j$ zunimmt und dabei die Arbeit $(F_{jA}' + F_{jE}) v_j/2$ leistet. Alle anderen Knotenkräfte tragen keine Arbeit bei. Damit wird die Gesamtarbeit

$$W = \tfrac{1}{2} k_{ii} v_i^2 + k_{ji} v_i v_j + \tfrac{1}{2} k_{jj} v_j^2$$

Macht man dasselbe in umgekehrter Reihenfolge, indem man zuerst die Bewegung v_j erzwingt und dann v_i, so wird die geleistete Gesamtarbeit

$$W' = \tfrac{1}{2} k_{jj} v_j^2 + k_{ij} v_j v_i + \tfrac{1}{2} k_{ii} v_i^2$$

Diese beiden Arbeiten müssen bei einem elastischen System gleich sein, denn sonst könnte durch Erzwingen und Zurücknehmen der Bewegungen v_i und v_j in entsprechender Folge Arbeit verbraucht oder gewonnen werden. Also ist die Symmetrie der Steifigkeitsmatrix mit $k_{ij} = k_{ji}$ eine Folge des Energiesatzes. Der Koeffizient k_{ij} drückt den Einfluß der Knotenbewegung v_j auf die Knotenkraft F_i aus. Dieser ist offenbar gleich dem Einfluß der Knotenbewegung v_i auf die Knotenkraft F_j. Das ist der Inhalt des Reziprozitätssatzes von Maxwell-Betti [1].

Betrachtet man zwei demselben Element zugeordnete Freiheitsgrade mit den Ordnungsnummern i und j ($v_i = v_{x2}$ und $v_j = v_{y3}$ in Bild 301.1), so bilden die zugehörigen Koeffizienten in Spalte und Zeile i und j ein Quadrat über der Hauptdiagonalen der Gesamtsteifigkeitsmatrix. Dieses Quadrat wird umso größer, je weiter die Ordnungsnummern auseinander liegen. Damit bilden die nicht mit Nullen besetzten Plätze der Gesamtsteifigkeitsmatrix ein Band um die Hauptdiagonale, dessen Bandbreite jeweils durch das größte Quadrat unter einer Matrixzeile bestimmt wird. Daher bezeichnet man die Gesamtsteifigkeitsmatrix als Bandmatrix mit einer maximalen Bandbreite, die durch den größten Nummernabstand zweier durch ein Element miteinander verknüpften Freiheitsgrade bestimmt wird. Im obigen Beispiel sind die am weitesten auseinander liegenden Freiheitsgrade durch den Stab ⑤ miteinander verknüpft. Daher ist in diesem Falle die maximale Bandbreite gleich der Anzahl der Freiheitsgrade. Läßt man den Stab ⑤ weg, so ergibt sich eine maximale Bandbreite von 6 Spalten. Läßt man auch noch den Stab ③ weg, so verbleibt eine maximale Bandbreite von 4 Spalten — ganz unabhängig davon, ob das System noch mechanisch sinnvoll ist.

Der Nummernabstand zweier Freiheitsgrade wird im wesentlichen durch den Nummernabstand der Knoten in der Knotenfolge bestimmt, da die Bewegungsfreiheitsgrade eines Knotens unmittelbar aufeinander folgen. Also wird die Bandbreite umso kleiner, je näher die durch Elemente miteinander verbundenen Strukturknoten in der gewählten Knotenfolge beieinander liegen. Darauf hat man bei der Wahl der Knotenfolge zu achten, denn der Rechenaufwand zum Lösen des linearen Gleichungssystems wird umso größer, je weiter gestreut die Koeffizienten der Gleichungsmatrix auseinander liegen. Aus diesem Grunde ergibt eine übersichtliche Knotennumerierung unter Umständen eine ungünstige Knotenfolge. Umgekehrt bedeutet eine günstige Knotenfolge eventuell eine ungünstige Knotennumerierung. Zweckmäßigerweise hält man sich an eine übersichtliche Numerierung und sorgt durch Umsortieren für eine günstige Knotenfolge. Das Letztere kann man auch einer Rechenanlage mit einem Programm zur Bandbreitenoptimierung überlassen.

In der Gesamtsteifigkeitsmatrix kommt die Kopplung der Bewegungsfreiheitsgrade durch die Elemente zum Ausdruck. In dem gewählten Beispiel sind nur die Knoten 1 und 3 nicht durch Elemente miteinander verbunden. Daher ist die Matrix relativ stark besetzt. Bei größeren Problemen sind aber immer nur relativ wenige Knoten durch Elemente miteinander verbunden, was zu einem relativ kleinen Besetzungsgrad von nur wenigen Prozent aller Plätze zur Folge hat. Dafür beträgt die Anzahl der Freiheitsgrade meist einige hundert oder tausend.

13.3.3. Unterdrückte Freiheitsgrade

Im oben behandelten Beispiel ist eine feste Lagerung des Knotens 1 und eine in x-Richtung lose Lagerung des Knotens 2 verlangt. Das heißt, die Bewegungskomponenten v_{x1}, v_{y1} und v_{y2} müssen zu Null werden und ihr Beitrag zu den resultierenden Knotenkräften verschwindet. Also können in den Gln. (301.2) die 1., 2. und 4. Spalte gestrichen werden. Dafür stehen in der 1., 2. und 4. Zeile die unbekannten Stützkräfte F_{Ax}, F_{Ay} und F_{By} am freigemachten System auf der rechten Seite. Werden diese Gleichungen herausgenommen, so verbleibt ein reduziertes Gleichungssystem (304.1) zur Berechnung der unbekannten Knotenbewegungen und ein ergänzendes Gleichungssystem (304.2) zur Berechnung der unbekannten Stützkräfte.

$$2{,}1 \cdot 10^4 \, \frac{N}{mm} \begin{array}{c} \begin{array}{ccccc} v_{x2} & v_{x3} & v_{y3} & v_{x4} & v_{y4} \end{array} \\ \begin{bmatrix} 2{,}366 & -0{,}5 & 0{,}866 & -0{,}866 & 0{,}5 \\ -0{,}5 & 2{,}5 & -0{,}866 & -2{,}0 & 0{,}0 \\ 0{,}866 & -0{,}866 & 1{,}5 & 0{,}0 & 0{,}0 \\ -0{,}866 & -2{,}0 & 0{,}0 & 3{,}366 & 0{,}366 \\ 0{,}5 & 0{,}0 & 0{,}0 & 0{,}366 & 1{,}789 \end{bmatrix} \end{array} \begin{bmatrix} v_{x2} \\ v_{x3} \\ v_{y3} \\ v_{x4} \\ v_{y4} \end{bmatrix} = \begin{bmatrix} 0 \\ -500 \\ 0 \\ 0 \\ -1000 \end{bmatrix} N \qquad (304.1)$$

$$\begin{bmatrix} F_{Ax} \\ F_{Ay} \\ F_{By} \end{bmatrix} = 2{,}1 \cdot 10^4 \, \frac{N}{mm} \begin{array}{c} \begin{array}{ccccc} v_{x2} & v_{x3} & v_{y3} & v_{x4} & v_{y4} \end{array} \\ \begin{bmatrix} -1{,}0 & 0{,}0 & 0{,}0 & -0{,}5 & -0{,}866 \\ 0{,}0 & 0{,}0 & 0{,}0 & -0{,}866 & -1{,}5 \\ -1{,}366 & 0{,}866 & -1{,}5 & 0{,}5 & -0{,}289 \end{bmatrix} \end{array} \begin{bmatrix} v_{x2} \\ v_{x3} \\ v_{y3} \\ v_{x4} \\ v_{y4} \end{bmatrix} \qquad (304.2)$$

In Bild 304.1 wird dieser Sachverhalt noch einmal symbolisch gezeigt. Die durch die Auflagerbedingungen verhinderten Bewegungsmöglichkeiten nennt man **unterdrückte Freiheitsgrade**[1]. Die Koeffizientenmatrix des reduzierten Gleichungssystems ist die **Steifigkeitsmatrix der abgestützten Struktur**, die des ergänzenden Gleichungssystems die **Stützmatrix**[2].

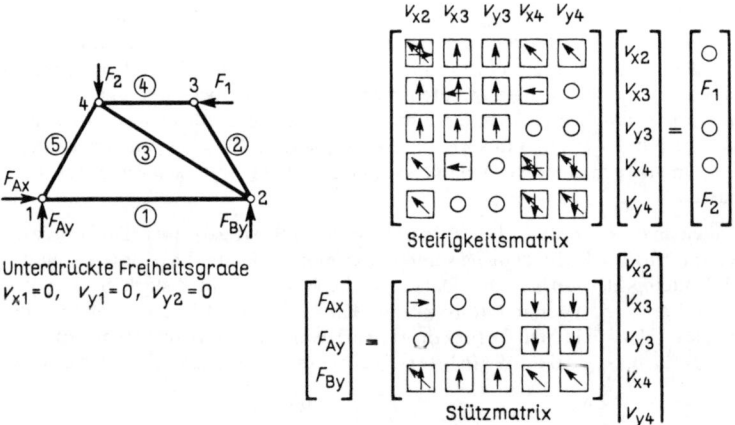

304.1 Einfacher Fachwerkverband mit unterdrückten Freiheitsgraden

---

[1] Andere gebräuchliche Bezeichnungen sind festgehaltene oder gesperrte Freiheitsgrade.
[2] Man beachte, daß ein- und dieselbe Struktur in mannigfach verschiedener Weise abgestützt werden kann und erst die Art der Abstützung entscheidet, welche Freiheitsgrade davon betroffen werden. Die Gesamtsteifigkeitsmatrix der nicht abgestützten Struktur bleibt, wie die Struktur selber, in allen Fällen dieselbe.

Die Unterdrückung von Freiheitsgraden ist die einfachste Art Auflagerbedingungen in dem Rechenmodell zu realisieren, da sie den geringsten Aufwand
für Rechnung und Datenverwaltung erfordert[1]). Dabei wird zwar die Anzahl der Unbekannten nicht kleiner, da für jeden unterdrückten Freiheitsgrad die entsprechende
Reaktionskraft als Unbekannte auftritt. Das Gleichungssystem zur Berechnung der
Knotenbewegungen, das den Rechenaufwand im wesentlichen bestimmt, wird aber
kleiner, während die Stützgleichungen nur noch einfache Bestimmungsgleichungen für
die restlichen Unbekannten sind, die einen nur noch unwesentlichen Rechenaufwand
verursachen.

Werden zu wenige oder nicht die richtigen Freiheitsgrade unterdrückt, so ist die Struktur
als Ganzes beweglich und damit falsch abgestützt. Die Gesamtsteifigkeitsmatrix enthält
genauso wie die Elementsteifigkeitsmatrix, Freiheitsgrade der Starrkörperbewegung. Da diese, ohne Hinzunahme von Massenkräften, mit den Gleichgewichtsbedingungen der Statik allein nicht bestimmt werden können, ist das Gleichungssystem
mit der Gesamtsteifigkeitsmatrix nicht eindeutig lösbar. Werden gerade soviele Freiheitsgrade unterdrückt, daß keine Starrkörperbewegung mehr eintreten kann, dann ist die
Struktur statisch bestimmt abgestützt. Werden mehr Freiheitsgrade unterdrückt,
dann ist sie statisch unbestimmt abgestützt.

Hinsichtlich der rechnerischen Durchführung besteht hier kein Unterschied zwischen statisch
bestimmten und statisch unbestimmten Systemen. Der Rechenaufwand wird sogar geringer,
je größer der Grad der statischen Unbestimmtheit ist, da das Gleichungssystem zur Berechnung
der Knotenbewegungen kleiner wird. Das liegt daran, daß hier das Augenmerk primär auf die
Formänderungen gerichtet ist, aus denen sich dann sekundär die Kräfte ergeben, weshalb man
diesen Lösungsweg als Deformationsverfahren bezeichnet, im Gegensatz zu dem sonst in
diesem Buch angewandten Kraftgrößenverfahren.

13.3.4. Lösung des linearen Gleichungssystems und Auswertung

Der Rechenaufwand zur Lösung des linearen Gleichungssystems macht die Methode
für die Handrechnung ungeeignet. Der Einsatz eines Rechenprogrammes auf einer
leistungsfähigen Rechenanlage mit der Möglichkeit, automatisch sehr große Zahlenmengen zu verwalten und sehr schnell zu rechnen, verändert die herkömmlichen Gesichtspunkte aber vollkommen.

Das meist verwendete Verfahren zum Lösen des linearen Gleichungssystems ist das von
Cholesky [18], das sich von dem Gaußschen Eliminationsverfahren[2]) unter Ausnutzung der
Symmetrie der Koeffizientenmatrix herleitet. Dabei werden die Koeffizienten der 1. Zeile durch
Division mit der Quadratwurzel des Diagonalkoeffizienten normiert und dann in den folgenden
Zeilen jeweils der 1. Koeffizient eliminiert. Dies wird mit dem ab 2. Zeile und 2. Spalte verbleibenden Gleichungssystem wiederholt usw. So entsteht ein Gleichungssystem, dessen Matrix
unter der Diagonalen lauter Nullen enthält und daher eine obere Dreiecksmatrix genannt
wird. Aus der letzten Gleichung ergibt sich die letzte Unbekannte. Nach Einsetzen ihres Zahlenwertes in die vorletzte Gleichung ergibt sich daraus die vorletzte Unbekannte usw.

---

1) Über weitere, aber aufwendigere Möglichkeiten s. Abschn. 13.3.6.
2) Brauch, W.; Dreyer, H.-J.; Haacke, W.: Mathematik für Ingenieure, 8. Aufl., Stuttgart 1990.

So findet man für das obige Beispiel

$$2{,}1 \cdot 10^4 \, \frac{\text{N}}{\text{mm}^2} \begin{array}{ccccc} v_{x2} & v_{x3} & v_{y3} & v_{x4} & v_{y4} \\ \begin{bmatrix} 1{,}538 & -0{,}325 & 0{,}563 & -0{,}563 & 0{,}325 \\ 0{,}0 & 1{,}547 & -0{,}441 & -1{,}411 & 0{,}068 \\ 0{,}0 & 0{,}0 & 0{,}994 & -0{,}308 & -0{,}154 \\ 0{,}0 & 0{,}0 & 0{,}0 & 0{,}982 & 0{,}609 \\ 0{,}0 & 0{,}0 & 0{,}0 & 0{,}0 & 1{,}133 \end{bmatrix} \end{array} \begin{bmatrix} v_{x2} \\ v_{x3} \\ v_{y3} \\ v_{x4} \\ v_{y4} \end{bmatrix} = \begin{bmatrix} 0{,}0 \\ -323{,}12 \\ -143{,}48 \\ -509{,}21 \\ -608{,}85 \end{bmatrix} \text{N}$$

$$v_{x2} = 0{,}00276 \text{ mm} \qquad v_{x3} = -0{,}02072 \text{ mm} \qquad v_{x4} = -0{,}00882 \text{ mm}$$
$$v_{y3} = -0{,}01356 \text{ mm} \qquad v_{y4} = -0{,}02558 \text{ mm}$$

und nach Einsetzen in die Stützgleichungen (304.2)

$$F_{Ax} = 500 \text{ N} \qquad F_{Ay} = 966{,}5 \text{ N} \qquad F_{By} = 33{,}5 \text{ N}$$

Zur Kontrolle kann man die Resultierenden der Stützkräfte und der Belastungen einschließlich ihrer Momente um die Koordinatenachsen einander gegenüberstellen und die Gleichgewichtsprobe machen:

	ΣF_x	ΣF_y	ΣM_z
Stützkräfte	500,0 N	1000,0 N	33 500 Nmm
Belastung	−500,0 N	−1000,0 N	−33 500 Nmm
Summe	0,0 N	0,0 N	0 Nmm

Durch Umrechnen der globalen in lokale Bewegungskomponenten und Einsetzen derselben in die Gleichungen für die Längskräfte ergibt sich:

für Stab 1:	$F_u =$	58 N	$\sigma =$	0,58 N/mm²
für Stab 2:	$F_u =$	0 N	$\sigma =$	0,00 N/mm²
für Stab 3:	$F_u =$	−67 N	$\sigma =$	−0,67 N/mm²
für Stab 4:	$F_u =$	−500 N	$\sigma =$	−5,00 N/mm²
für Stab 5:	$F_u =$	−1116 N	$\sigma =$	−11,16 N/mm²

13.3.5. Zusätzliche Verformungen

Ein Stab erfährt durch eine Temperaturänderung $\Delta\vartheta$ eine Längenänderung $\Delta l_0 = \alpha_\vartheta \, \Delta\vartheta$,

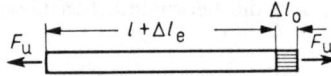

306.1 Zug-Druckstab mit Zusatzlängung Δl_0, z.B. durch Wärmedehnung oder durch elastischen Knotenanschluß

der sich eine elastische Längenänderung Δl_e infolge von Längsspannungen überlagern kann, Bild 306.1. Die resultierende Längenänderung $\Delta l = \Delta l_e + \Delta l_0$ muß mit den Verschiebungen der Endknoten verträglich sein. So ergeben sich abweichend von Abschn. 13.2.1. die Beziehungen

$$F_{u1} = -F_u$$
$$F_{u2} = F_u$$
(306.3)

$$F_u = c \, \Delta l_e$$
(306.2)

$$\Delta l_e + \Delta l_0 = v_{u2} - v_{u1}$$
(306.1)

$$F_{u1} = c \, v_{u1} - c \, v_{u2} + c \, \Delta l_0$$
$$F_{u2} = -c \, v_{u1} + c \, v_{u2} - c \, \Delta l_0$$

$$\begin{bmatrix} F_{u1} \\ F_{u2} \end{bmatrix} = \begin{bmatrix} c & -c \\ -c & c \end{bmatrix} \begin{bmatrix} v_{u1} \\ v_{u2} \end{bmatrix} - \begin{bmatrix} -c \, \Delta l_0 \\ c \, \Delta l_0 \end{bmatrix} \qquad \tilde{f} = k \, \tilde{v} - \tilde{f}_0 \qquad (306.4)$$

Die Längenänderung Δl_0 kann auch anderen physikalischen Ursachen zuzuschreiben sein, z.B. einem Kriech- oder Schwindvorgang, ausgelöst durch Veränderungen des Werkstoffgefüges. Andererseits kann man durch Δl_0 auch das Vorhandensein einer Vorspannkraft F_{u0} ausdrücken, indem man $\Delta l_0 = F_{u0}/c$ setzt. Es lassen sich aber auch andere Sachverhalte beschreiben. Beispielsweise können bei einem nicht spielfrei eingebauten Stab die Anschlußknoten um den Betrag $\Delta l_0 = s$, die Spielweite, kräftefrei auseinanderrücken, bevor eine elastische Verformung Δl_e des Stabes eintritt und mit ihr eine Stablängskraft zu wirken beginnt. Bei Werkstoffen mit ausgeprägter Fließgrenze, Bild **11**.1, kann im Fließbereich die Längskraft F_u konstant angenommen werden und Δl_0 drückt dann den plastischen Verformungsanteil aus. Beim Überschreiten der Bruchgrenze wird die Längskraft Null und $\Delta l_0 = \Delta l$ zeigt die Abstandsänderung der Anschlußknoten ohne Wirkung des Zug-Druckstabes. Ein elastischer Anschluß eines Stabendes an einen Strukturknoten äußert sich in einer Federbeziehung $F_u = c_{\ddot u}\,\Delta l_0$ zwischen zusätzlicher Längenänderung Δl_0 und Längskraft F_u mit der Übergangssteifigkeit $c_{\ddot u}$, Bild **306**.1. Mit dem Drehstab verhält es sich entsprechend. Beim Biegestab bewirkt eine Temperaturänderung quer zur Stabachse eine zusätzliche Krümmung, die sich in einer zusätzlichen Winkeländerung α_{A0} und α_{B0} der Endquerschnitte äußert.

Damit wird abweichend von Abschn. 13.2.1 bei der Biegung in der u, w-Ebene

$$F_{w1} = -\frac{1}{l}(M_B - M_A)$$

$$M_{v1} = -M_A$$

$$M_A = c_1\,\alpha_{Ae} + c_2\,\alpha_{Be} \qquad \alpha_{Ae} + \alpha_{A0} = -d_{v1} - \frac{1}{l}(v_{w2} - v_{w1})$$

$$F_{w2} = \frac{1}{l}(M_B - M_A)$$

$$M_{v2} = M_B$$

$$M_B = c_2\,\alpha_{Ae} + c_1\,\alpha_{Be} \qquad \alpha_{Be} + \alpha_{B0} = d_{v2} + \frac{1}{l}(v_{w2} - v_{w1})$$

$$\tilde f = A^T m \qquad\qquad m = E_B\,\alpha_e \qquad\qquad \alpha_e + \alpha_0 = A\,\tilde v$$

$$\text{(307.3)} \qquad\qquad\qquad \text{(307.2)} \qquad\qquad\qquad \text{(307.1)}$$

$$\tilde f = A^T E_B\,(A\,\tilde v - \alpha_0) = A^T E_B\,A\,\tilde v - A^T E_B\,\alpha_0 = k\,\tilde v - \tilde f_0 \qquad\qquad \text{(307.4)}$$

Die zusätzlichen Drehungen oder Winkeländerungen α_{A0} und α_{B0} lassen sich wie die Längenänderungen Δl_0 mit weiteren physikalischen Sachverhalten in Verbindung bringen. Sie eignen sich insbesondere dazu, den gelenkigen Anschluß eines Biegestabes an einem Strukturknoten zu beschreiben, indem sie für $M_A = 0$ bzw. $M_B = 0$ die Drehung des Anschlußknotens gegenüber dem biegemomentfreien Stabendquerschnitt anzeigen, Bild **307**.1 a. Allgemein läßt sich ein Biegestab elastisch am Strukturknoten anschließen, wenn eine Federbeziehung $M_A = c_{A\ddot u}\,\alpha_{A0}$ bzw. $M_B = c_{B\ddot u}\,\alpha_{B0}$ mit den Übergangssteifigkeiten $c_{A\ddot u}$ und $c_{B\ddot u}$ bekannt ist, Bild **307**.1 b.

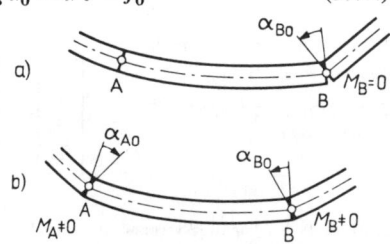

307.1 Biegestab mit Zusatzdrehungen
a) durch gelenkigen Knotenanschluß
b) oder durch Übergangssteifigkeit

Beim Scheibenelement bewirkt eine Temperaturänderung $\Delta\vartheta$ eine gleichmäßige Dehnung $\alpha_\vartheta\,\Delta\vartheta$ in u- und v-Richtung ohne Gleitung. Damit wird abweichend von Abschn. 13.2.2

$$\tilde f = Vol\,H^T\sigma \qquad \sigma = E_D\,\varepsilon_e \qquad \varepsilon_e + \varepsilon_0 = H\,\tilde v \qquad \text{mit} \qquad \varepsilon_0 = \begin{bmatrix} \alpha_\vartheta\,\Delta\vartheta \\ \alpha_\vartheta\,\Delta\vartheta \\ 0 \end{bmatrix}$$

$$\text{(307.7)} \qquad\qquad \text{(307.6)} \qquad\qquad \text{(307.5)}$$

$$\tilde f = Vol\,H^T E_D\,(H\,\tilde v - \varepsilon_0) = Vol\,H^T E_D\,H\,\tilde v - Vol\,H^T E_D\,\varepsilon_0 = k\,\tilde v - \tilde f_0 \qquad\qquad \text{(307.8)}$$

Nach den obigen Gleichungen äußern sich die zusätzlichen Verformungen so, als ob zusätzliche Kräfte $\tilde{f}_0$ wirksam wären, die zur Gewinnung der eigentlich interessanten elastischen Kraftwirkungen in Abzug zu bringen sind. Am Zug-Druckstab z.B. wirkt sich eine Wärmedehnung wie die Dehnung durch eine zusätzliche Kraft aus, die dann aber bei der Berechnung der Längsspannungen natürlich nicht mitgerechnet werden darf. Beim Zusammenbau der Elemente sind die zusätzlichen Kräfte in das globale Koordinatensystem umzurechnen und beim Aufsummieren der Knotenkräfte ebenfalls aufzuaddieren. Sie bilden dabei einen Spaltenvektor, der zum Lastvektor zu addieren ist. Bild **308**.1 zeigt dies symbolisch für das oben benutzte Beispiel des Fachwerkverbandes mit einer Zusatzlängung $\Delta l_0 = 1$ mm des Stabes ② mit

$$\tilde{f}_0 = \begin{bmatrix} \cos\varphi & 0 \\ \sin\varphi & 0 \\ 0 & \cos\varphi \\ 0 & \sin\varphi \end{bmatrix} \begin{bmatrix} -c\,\Delta l_0 \\ c\,\Delta l_0 \end{bmatrix} = c\,\Delta l_0 \begin{bmatrix} -\cos\varphi \\ -\sin\varphi \\ \cos\varphi \\ \sin\varphi \end{bmatrix} = 4{,}2\cdot10^4 \begin{bmatrix} 0{,}5 \\ -0{,}866 \\ -0{,}5 \\ 0{,}866 \end{bmatrix} \text{N}$$

Den zusätzlichen Spaltenvektor auf der rechten Seite des linearen Gleichungssystems zur Bestimmung der Knotenbewegungen und Stützkräfte nennt man einen **Konstanten-vektor**. Wenn die zusätzlichen Kräfte von Temperaturänderungen herrühren, kann man sie auch als **Temperaturlasten** bezeichnen.

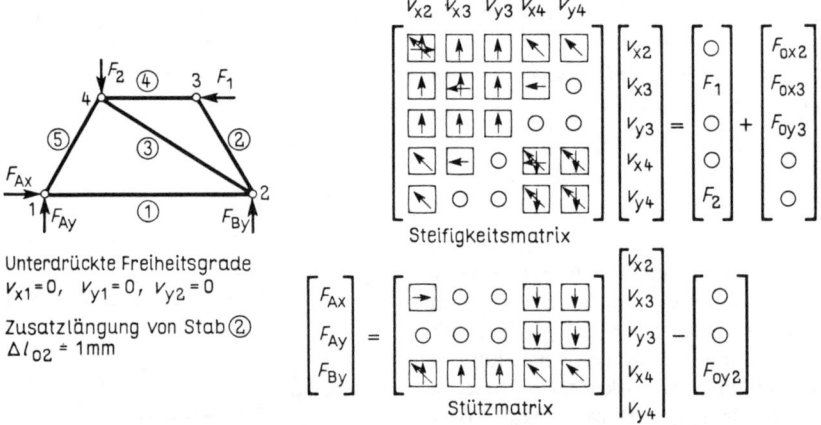

308.1 Einfacher Fachwerkverband mit unterdrückten Freiheitsgraden und Zusatzverformung von Stab ②

13.3.6. Randbedingungen

Wie wir in den letzten Abschnitten gesehen haben, sind zum Strukturaufbau noch zusätzliche Bedingungen nötig, um Abstützungen, gelenkige Anschlüsse und dergleichen im Rechenmodell zu verwirklichen. Wir nennen sie **Randbedingungen**.

Die einfachsten Randbedingungen sind solche, bei denen bestimmte Bewegungsmöglichkeiten von Strukturknoten ausgeschlossen werden. Sie sind durch Unterdrückung der betreffenden Freiheitsgrade zu verwirklichen. Solche Randbedingungen werden von allen Computerprogrammen verwendet, wenn auch nicht unbedingt in der besprochenen Organisationsform. Sie sollen daher **Standardrandbedingungen** genannt werden.

Bedingungen für zusätzliche Verformungen und innere Kräfte können durch lineare Gleichungen folgender Art beschrieben werden:

$$a_1 F_u + a_2 \Delta l_0 = b_1 \qquad a_3 M_u + a_4 \varphi_0 = b_2 \qquad a_5 M_{Av} + a_6 \alpha_{Av} = b_3 \qquad \text{usw.}$$

Mit $a_1 = 1, a_2 = 0$ wird eine bestimmte innere Kraft, mit $a_1 = 0, a_2 = 1$ eine bestimmte Zusatzverformung vorgeschrieben. Durch $a_1 = 1$, $a_2 = -c_{\ddot{u}}$ wird ein elastischer Anschluß mit der Übergangssteifigkeit $c_{\ddot{u}}$ definiert. Die Wahl der Koeffizienten a_1 bis a_6 und der rechten Seite b_1 bis b_3 ermöglicht es, die unter 13.3.5 angesprochenen physikalischen Sachverhalte in Form linearer Gleichungen zu formulieren. Da die angegebenen Bedingungen Stabelemente betreffen, sollen sie Stabrandbedingungen genannt werden.

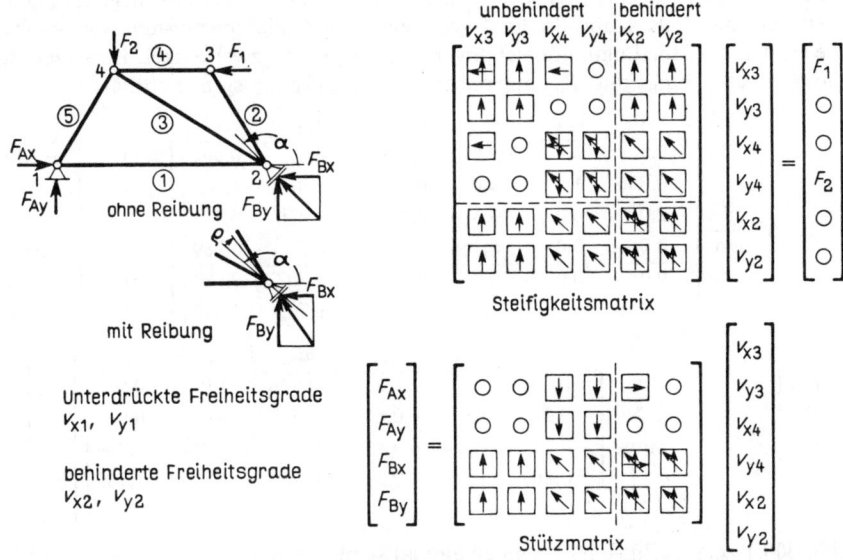

309.1 Einfacher Fachwerkverband mit unterdrückten Freiheitsgraden und Knotenrandbedingungen

Ähnlich wie für Stäbe lassen sich auch für die Knoten durch lineare Gleichungen für Knotenbewegungen und Stützkräfte Randbedingungen formulieren. Wenn der als Beispiel verwendete Fachwerkverband nach Bild **309.**1 am Knoten 2 durch ein schräges Gleitlager abgestützt werden soll, dann bedeutet das, daß die resultierende Bewegung dieses Knotens keine Komponente senkrecht zur Gleitbahn und die resultierende Stützkraft keine Komponente parallel zur Gleitbahn haben darf. Die Komponente eines Vektors in einer vorgeschriebenen Richtung erhält man durch Multiplikation mit dem Cosinus des eingeschlossenen Winkels. Gibt der Winkel α die Normalenrichtung zur Gleitfläche an, dann müssen nach Bild **309.**2 folgende Bedingungen erfüllt sein

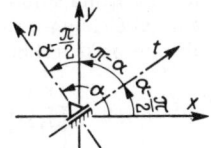

309.2 Winkel am schrägen Gleitlager

$$v_{x2} \cos \alpha + v_{y2} \cos \left(\alpha - \frac{\pi}{2}\right) = 0 \qquad\qquad v_{x2} \cos \alpha + v_{y2} \sin \alpha = 0$$

$$\text{oder}$$

$$F_{Bx} \cos \left(\alpha - \frac{\pi}{2}\right) + F_{By} \cos (\pi - \alpha) = 0 \qquad\qquad F_{Bx} \sin \alpha - F_{By} \cos \alpha = 0$$

Ist Gleitreibung zu berücksichtigen, dann wirkt die resultierende Stützkraft in Richtung des Reibkegelmantels, welche sich um den Reibwinkel ϱ von der Normalenrichtung α unterscheidet. Nimmt man aufgrund der bereits erhaltenen Lösung an, daß der Knoten 2 nach unten gleitet, dann ist der Winkel α in der Gleichung für die Stützkraft durch $(\alpha - \varrho)$ zu ersetzen und man findet z. B. mit $\alpha = 135°$ und $\varrho = 15°$

$$v_{x2} \cos \alpha \quad + v_{y2} \sin \alpha \quad = 0 \qquad -0{,}707\, v_{x2} + 0{,}707\, v_{y2} = 0$$
$$F_{Bx} \sin(\alpha - \varrho) - F_{By} \cos(\alpha - \varrho) = 0 \qquad 0{,}866\, F_{Bx} + 0{,}500\, F_{By} = 0$$

Werden die von diesen Randbedingungen betroffenen Bewegungskomponenten v_{x2} und v_{y2} den letzten Spalten des Gleichungssystems (301.2) zugeordnet und die zugehörigen Zeilen mit den unbekannten Stützkräften zu den Stützgleichungen genommen, so verbleibt ein bis Zeile 4 und Spalte 4 symmetrisches Gleichungssystem. Dieses wird durch die beiden Randbedingungsgleichungen ergänzt, deren zweite nach Einsetzen der Stützgleichungen für F_{Bx} und F_{By} nur noch Bewegungsfreiheitsgrade enthält

$$2{,}1 \cdot 10^4\, \frac{N}{mm}
\begin{bmatrix}
2{,}5 & -0{,}866 & -2{,}0 & 0{,}0 & -0{,}5 & 0{,}866 \\
-0{,}866 & 1{,}5 & 0{,}0 & 0{,}0 & 0{,}866 & -1{,}5 \\
-2{,}0 & 0{,}0 & 3{,}366 & 0{,}366 & -0{,}866 & 0{,}5 \\
0{,}0 & 0{,}0 & 0{,}366 & 1{,}789 & 0{,}5 & -0{,}289 \\
0{,}0 & 0{,}0 & 0{,}0 & 0{,}0 & -0{,}707 & 0{,}707 \\
0{,}001 & -0{,}001 & -0{,}5 & 0{,}288 & 1{,}365 & -0{,}287
\end{bmatrix}
\begin{bmatrix} v_{x3} \\ v_{y3} \\ v_{x4} \\ v_{y4} \\ v_{x2} \\ v_{y2} \end{bmatrix}
=
\begin{bmatrix} -500 \\ 0 \\ 0 \\ -1000 \\ 0 \\ 0 \end{bmatrix} N$$

(with column headers $v_{x3}\ v_{y3}\ v_{x4}\ v_{y4}\ \vdots\ v_{x2}\ v_{y2}$)

$$\begin{bmatrix} F_{Ax} \\ F_{Ay} \\ F_{Bx} \\ F_{By} \end{bmatrix}
= 2{,}1 \cdot 10^4\, \frac{N}{mm}
\begin{bmatrix}
0{,}0 & 0{,}0 & -0{,}5 & -0{,}866 & -1{,}0 & 0{,}0 \\
0{,}0 & 0{,}0 & -0{,}866 & -1{,}5 & 0{,}0 & 0{,}0 \\
-0{,}5 & 0{,}866 & -0{,}866 & 0{,}5 & 2{,}366 & -1{,}366 \\
0{,}866 & -1{,}5 & 0{,}5 & -0{,}289 & -1{,}366 & 1{,}789
\end{bmatrix}
\begin{bmatrix} v_{x3} \\ v_{y3} \\ v_{x4} \\ v_{y4} \\ v_{x2} \\ v_{y2} \end{bmatrix}$$

(with column headers $v_{x3}\ v_{y3}\ v_{x4}\ v_{y4}\ \vdots\ v_{x2}\ v_{y2}$)

Bild 309.1 zeigt rechts dasselbe noch einmal symbolisch. Da die Bewegungsmöglichkeiten des Knotens 2 durch die Randbedingungen eingeschränkt werden, was mit dem Auftreten von Reaktionskräften verbunden ist, sind sie als **behinderte Freiheitsgrade** von den übrigen **unbehinderten** unterschieden[1].

Der erste Teil des linearen Gleichungssystems kann nach 13.3.4 bis zu den behinderten Freiheitsgraden unter Ausnutzung der Symmetrie auf Dreiecksform gebracht werden. Im zweiten Teil muß die Elimination ohne Ausnutzung von Symmetrie fortgeführt werden. So erhält man das ganze Gleichungssystem in Dreiecksform und kann dann die Knotenbewegungen durch Rücksubstitution berechnen

$$2{,}1 \cdot 10^4\, \frac{N}{mm}
\begin{bmatrix}
1{,}581 & -0{,}548 & -1{,}265 & 0{,}0 & -0{,}316 & 0{,}548 \\
0{,}0 & 1{,}095 & -0{,}632 & 0{,}0 & 0{,}632 & -1{,}095 \\
0{,}0 & 0{,}0 & 1{,}169 & 0{,}313 & -0{,}741 & 0{,}428 \\
0{,}0 & 0{,}0 & 0{,}0 & 1{,}300 & 0{,}563 & -0{,}325 \\
0{,}0 & 0{,}0 & 0{,}0 & 0{,}0 & -0{,}707 & 0{,}707 \\
0{,}0 & 0{,}0 & 0{,}0 & 0{,}0 & 0{,}0 & 0{,}866
\end{bmatrix}
\begin{bmatrix} v_{x3} \\ v_{y3} \\ v_{x4} \\ v_{y4} \\ v_{x2} \\ v_{y2} \end{bmatrix}
=
\begin{bmatrix} -316 \\ -158 \\ -427 \\ -666 \\ 0 \\ 33{,}5 \end{bmatrix} N$$

(with column headers $v_{x3}\ v_{y3}\ v_{x4}\ v_{y4}\ \vdots\ v_{x2}\ v_{y2}$)

---

[1] Eine andere Bezeichnung ist abhängige und unabhängige Freiheitsgrade.

Wenn sich nun nach dem 1. Rechenlauf herausstellt, daß die falsche Seite des Reibkegels gewählt wurde, da sich der abgestützte Knoten nicht in der angenommenen Richtung bewegt, so kann in den Randbedingungsgleichungen $(\alpha - \varrho)$ durch $(\alpha + \varrho)$ ersetzt und der zweite Teil der Lösung des linearen Gleichungssystems wiederholt werden. So können Randbedingungen ohne Wiederholung des ganzen Rechenaufwandes variiert werden.

Durch lineare Verknüpfung von Knotenbewegungen und Stützkräften lassen sich auf mannigfache Weise Randbedingungen formulieren. Sie müssen natürlich widerspruchsfrei und physikalisch sinnvoll sein. Sie sollen K n o t e n r a n d b e d i n g u n g e n genannt werden.

Stab- und Knotenrandbedingungen stellen ein wirkungsvolles Werkzeug zur Verfügung, um eine Fülle realer Sachverhalte numerisch zu interpretieren und so der Anwendung im Rechenmodell zugänglich zu machen.

13.4. Einführende Beispiele

Wie bereits erwähnt, wird die Durchführung der Rechnung und die Verwaltung der Zahlen von einem Rechenprogramm übernommen. Diesem sind die Informationen über den Aufbau der Struktur, ihre Abstützung und Belastung zuzuführen, und es verarbeitet sie. Mehr darf man aber auch nicht von ihm erwarten. Man erhält nur die hineingesteckte Information in anderer, die weitere Interpretation erleichternder Form wieder.

Als Rechenprogramm wird hier das Programm TPS 10[1]) verwendet, das mit eingeschränkten Grenzen auch auf kleineren Rechenanlagen verwendet werden kann, im übrigen aber in Kundenrechenzentren auf Großrechenanlagen verfügbar und jedermann zugänglich ist.

Die folgenden Beispiele sollen zeigen, was man machen muß, um die Lösung eines Problems herbeizuführen, welche Möglichkeiten dabei die Randbedingungen bieten und wie das Ergebnis aussieht. Sie sind aber, was ihren Umfang anlangt, für die Leistungsfähigkeit der Methode nicht repräsentativ.

Beispiel 1. Stabproblem. Das erste Beispiel ist ein D r e i g e l e n k r a h m e n (Dreigelenkbogen), aus Walzprofilen [80, nach Bild **312.**1, dessen Schenkel durch ein mit dem Spiel $s = 0,15$ mm eingebautes Rohr miteinander verbunden sind.

Wenn das Spiel durch die Verformungen der Rahmenschenkel nicht überwunden wird, dann bleibt das Rohr kräftefrei und das System ist s t a t i s c h b e s t i m m t. Sind die Verformungen aber größer, dann tritt durch das Rohr eine zusätzliche Verspannung ein. Das System wird s t a t i s c h u n b e s t i m m t und läßt sich von Hand nicht mehr so leicht berechnen.

Das M o d e l l ist durch das B a u t e i l weitgehend festgelegt und bedarf keiner besonderen Überlegungen zur weiteren Vereinfachung. Es besteht aus z u g -, d r u c k - und b i e g e s t e i f e n Stabelementen als Rahmen und einem r e i n e n Z u g - D r u c k s t a b als Querverbindung. Die Knoten sind an den konstruktiv bedingten Verbindungsstellen zu wählen. Ein weiterer Knoten ist zur Einleitung der Belastung F_3 nötig. Die gelenkige Lagerung an den Knoten 1 und 7 ist durch Unterdrückung ihrer Freiheitsgrade v_x und v_y im Rechenmodell zu realisieren. Wichtig ist nun zu bedenken, daß die Elemente an den Knoten steif miteinander verbunden sind, soweit sie dort gemeinsame Freiheitsgrade haben. So sind die Biegestäbe ② und ③ im Knoten 2 biegesteif verbunden, der Zug-Druckstab ⑦ aber biegeschlaff angeschlossen, da er keinen Drehfreiheits-

---

[1]) Technisches Programmsystem für Statikprobleme Version **10** im Rahmen des CAD-Projektes (Computer Aided Design = computerunterstütztes Konstruieren) im 2. DV-Programm der Bundesregierung.

grad besitzt und kein Biegemoment übertragen kann (vgl. Bild **302.**1). Der Knoten 2 hat also wegen der elastischen Eigenschaften des Zug-Druckstabes die Wirkung eines einseitigen Gelenkes. Am Knoten 3 ist dagegen die biegesteife Verbindung der Biegestäbe ② und ③ durch eine Stabrandbedingung, die das Biegemoment am Ende von Stab ② Null setzt, zu lösen. Dadurch ergibt sich eine zusätzliche Drehung α_{BO} des Knotens 3 gegenüber dem Endquerschnitt von Stab ②, an der sich die Drehung im Gelenk ablesen läßt. Durch eine weitere Stabrandbedingung kann die Längskraft des Zug-Druckstabes ⑦ Null gesetzt werden. An der sich ergebenden Zusatzlänge Δl_0 ist dann sofort zu erkennen, ob die Abstandsänderung der Knoten 2 und 6 innerhalb der durch das Spiel s vorgegebenen Grenzen bleibt.

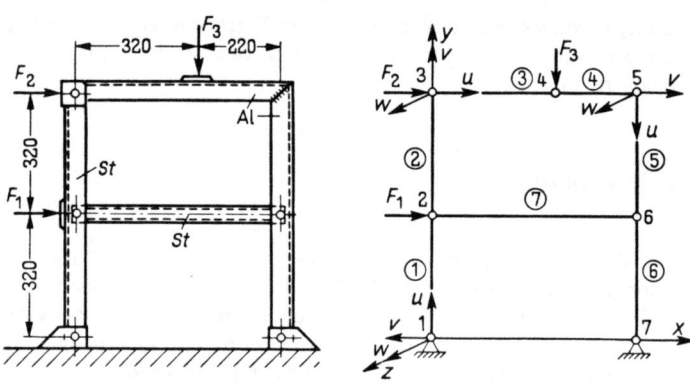

312.1 Dreigelenkrahmen und Rechenmodell
   x, y, z-Strukturkoordinatensystem
   u, v, w-Elementkoordinatensysteme

Das Strukturkoordinatensystem ist so gewählt, daß der Dreigelenkrahmen in der x, y-Ebene liegt. Dann werden nach Bild **312.**1, ohne Angabe einer Drehlage der Hauptachsen ($\alpha = 0$), die v-Achsen in die x, y-Ebene und die w-Achsen in die z-Richtung gelegt, und die Elementkoordinatensysteme sind eindeutig bestimmt. Bei der vorliegenden Problemstellung ist nur die Zug-Druckbeanspruchung und die Biegung in der x, y-Ebene von Interesse. Der Querkraftverformungsanteil ist bei den Stababmessungen unbedeutend. Also müssen für die Biegestäbe nur die Querschnittsfläche A und das Flächenmoment I_w, für den Zug-Druckstab nur die Querschnittsfläche A angegeben werden, um die elastischen Eigenschaften der Stabelemente zu definieren.

Nach dieser vorbereitenden Analyse hat man mit Hilfe des Handbuches zum Rechenprogramm eine Eingabe zu erstellen. Die Eingabedaten werden an einem Terminal (Datenstation) einem Rechner zugeführt. Dazu dient heute in der Regel ein Bildschirm mit Eingabetastatur, mit deren Hilfe die Eingabedaten zeilenweise geschrieben und dann durch Tastendruck in eine vom Rechner verwaltete Eingabedatei übertragen werden. Ein Editierprogramm ermöglicht Änderungen und Ergänzungen der bereits eingegebenen Daten sowie auch das Einfügen von Steueranweisungen zur Festlegung des Rechenablaufes. Nach Fertigstellung der Eingabe- und Steuerdatei wird das Rechenprogramm gestartet. Seine Antwort erscheint dann wieder auf dem Bildschirm oder auf einer ausgedruckten Liste, gegebenenfalls auch in Form einer automatisch erstellten Zeichnung.

Die Eingabe kann in Bild **313.**1 anhand der Kennungen KA verfolgt werden. Sie ist formatfrei, d.h. nicht an bestimmte Spalten gebunden und wird durch Kennwörter zur Identifizierung der Daten gesteuert. Vorweg kommen 2 Zeilen mit Überschriftstext, Kennwort, Kennummer und Maßeinheiten. In Zeilen mit Kennung KA 11, 12, 13, 14 folgen Knotennummern und Knotenkoordinaten, Querschnittsbeschreibung zur Definition der Querschnittspunkte für die Spannungsberechnung, Werkstoffnummern und Werkstoffwerte. Die qualitativen Angaben zum Strukturaufbau folgen in Zeilen mit Kennung KA 15, welche Elementart, Knoten-, Werkstoff- und

Querschnittsnummern enthalten. Die Abstützung der Struktur erfolgt durch Angabe der unterdrückten Freiheitsgrade in Zeilen mit Kennung KA 31. Die Stabrandbedingungen stehen in Zeilen mit Kennung KA 32, in Form der Gleichungen

$$M_{bw2} \cdot 1,0 = 0,0: \text{ Endmoment um } w\text{-Achse Stab ② } = 0$$

$$F_{u7} \cdot 1,0 = 0,0: \text{ Längskraft Stab ⑦ } = 0$$

Die Zeilen mit Kennung KA 41 enthalten die Nummern der belasteten Knoten und die dort eingeleiteten Kraftkomponenten.

```
// JOB DGER1000
// EXEC FREEFO    (AUFRUF DES EINGABE-PROGRAMMS)
TPS1 'DREIGELENK-RAHMEN MIT QUERVERBINDUNG' KEWO 'DGER' KENU 1000
FOLG SUBS 0 'KEINE LAENGSKRAFT IN DER QUERVERBINDUNG' KRAFT 'N' LAENGE 'CM'
KA11 KNOT  X Y ; 1    0    0 ; 2     0 320 ; 3    0 640
     4  320 640 ; 5  540 640 ; 6   540 320 ; 7  540    0
KA12 QNS A  IW ; 11  1100 194000 ; 20   289 0
KA14 WNR E NUE ; 1 0.21  0.3 ; 2  0.0675  0.3
KA15 ART ENR KNR1 KNR2 WNR QN1 ; 0  (1 2 1)  (1 1)  (2 1)  1  1
     0  (3 6 1)   (3 1) (4 1)   2  1 ; 0   7  2  6    1  2
KA15 ART ENR KNR1 KNR2 WNR QN1 ; 0 1   1 2   1 1 ; 0 2   2 3   1 1
     0 3   3 4   1 1 ; 0 4   4 5   1 1 ; 0 5   5 6   1 1 ; 0 6   6 7   1 1
     0 7   2 6   1 2
KA31 KNR   VX VY ; 1  1 2 ; 7  1 2
KA32 KZ UNR KOEF ; 18  2  1 ; 13  7 ·1
KA41 NUMM  L1 L2 ; 2  400 0 ; 3  200 0 ; 4  0 -400
ENDE
/*                    (ENDE DER EINGABE-DATEN)
// EXEC KEDA     (KNOTEN- UND ELEMENTEDATEN PRUEFEN)
/*
// EXEC STRUK    (STRUKTUR-DATEN AUFBEREITEN)

// EXEC STEMA    (STEIFIGKEITSMATRIX ERSTELLEN)

// EXEC LIGL     (LINEARES GLEICHUNGSSYSTEM LOESEN)

/*
// EXEC TEXT     (KLARTEXT AUFBEREITEN UND AUSGEBEN)
   5   5  10    5  40      06
61      5          1.      3.      1.                                    1




/*                    (ENDE DER STEUER-DATEN)
/&                    (ENDE DES JOBS)
```

313.1 TPS 10-Eingabe
Strukturstammdaten und Steuerdaten

Bild 315.1 zeigt die Auflistung der vom Programm aufgrund der elastischen Eigenschaften der Stabelemente automatisch erkannten Freiheitsgrade, durchnumeriert mit 1, 2, 3, ... sowie die unterdrückten Freiheitsgrade, durchnumeriert mit -1, -2, -3, ... Erstere geben die Spaltennummern der Steifigkeitsmatrix des abgestützten Systems an, letztere die Zeilennummern der Stützmatrix. Anhand dieser Liste kann man nachprüfen, ob alle Knoten die Freiheitsgrade besitzen, die zur Berechnung der Verformungen der dort verbundenen Elemente entsprechend ihrer elastischen Eigenschaften benötigt werden. An den unterdrückten x- und y-Verschiebungen und den vorhandenen z-Drehungen der Knoten 1 und 7 sieht man deren gelenkige Lagerung bestätigt.

```
DREIGELENKRAHMEN MIT QUERVERBINDUNG                              DGER1000
KEINE LAENGSKRAFT IN DER QUERVERBINDUNG
- - - - - - - - - - - - - - - - - - - - - - - - - - - - - - - - - - - - - - - - - -
K
N
O        KNOTEN-VERSCHIEBUNGEN IN RICHTUNG        KNOTENDREHUNGEN UM DIE ACHSE
T
E        X              Y              Z          X              Y              Z
N       (MM)           (MM)           (MM)        (-)            (-)            (-)
- - - - - - - - - - - - - - - - - - - - - - - - - - - - - - - - - - - - - - - - - -
1       0.0            0.0            0.0         0.0            0.0           -0.007387
2       2.337123       0.000431       0.0         0.0            0.0           -0.007136
3       4.567008       0.000862       0.0         0.0            0.0            0.001242
4       4.565284       0.268568       0.0         0.0            0.0            0.000026
5       4.564099      -0.006129       0.0         0.0            0.0           -0.002961

6       2.782502      -0.003065       0.0         0.0            0.0           -0.007653
7       0.0            0.0            0.0         0.0            0.0           -0.009217
- - - - - - - - - - - - - - - - - - - - - - - - - - - - - - - - - - - - - - - - - -
K
N
O        STUETZKRAEFTE IN RICHTUNG               EINSPANNMOMENTE UM DIE ACHSE
T
E        X              Y              Z          X              Y              Z
N       ( N)           ( N)           ( N)       (MM N)         (MM N)         (MM N)
- - - - - - - - - - - - - - - - - - - - - - - - - - - - - - - - - - - - - - - - - -
1      -199.992       -311.100        0.0         0.0            0.0            0.0
7      -399.990        711.100        0.0         0.0            0.0            0.0
- - - - - - - - - - - - - - - - - - - - - - - - - - - - - - - - - - - - - - - - - -

                            GLEICHGEWICHTSPROBEN
- - - - - - - - - - - - - - - - - - - - - - - - - - - - - - - - - - - - - - - - - -
P
R        STUETZ- UND LASTKRAEFTE                  STUETZ- UND LASTMOMENTE
O       -599.982        400.000        0.0         0.0            0.0        383993.750
B        600.000       -400.000        0.0         0.0            0.0       -384000.000
-E - - - - - - - - - - - - - - - - - - - - - - - - - - - - - - - - - - - - - - - - -
1        0.018          0.0            0.0         0.0            0.0           -6.250
- - - - - - - - - - - - - - - - - - - - - - - - - - - - - - - - - - - - - - - - - -
S              SCHNITTKRAEFTE                      SCHNITTMOMENTE
T        FU1            FV1            FW1         MU1            MV1            MW1
A        FU2            FV2            FW2         MU2            MV2            MW2
B       ( N)           ( N)           ( N)       (MM N)         (MM N)         (MM N)
- - - - - - - - - - - - - - - - - - - - - - - - - - - - - - - - - - - - - - - - - -
1      -311.0996       199.9969       0.0        -0.0            0.0            0.0
        311.0996      -199.9969       -0.0         0.0            0.0        63999.0000
2      -311.0996      -199.9906       0.0         -0.0            0.0       -63997.0000
        311.0996       199.9906       -0.0         0.0            0.0            0.0
3       400.0000      -311.0094       0.0         -0.0            0.0           -0.0037
       -400.0000       311.0094       -0.0         0.0            0.0       -99551.8750
4       399.0000      -711.1006       0.0         -0.0            0.0        99551.6875
       -399.0000       711.1006       -0.0         0.0            0.0      -255993.8750
5       711.0991       399.9888       0.0         -0.0            0.0       255993.4375
       -711.0991      -399.9888       -0.0         0.0            0.0      -127997.0000

6       711.0996       399.9917       0.0         -0.0            0.0       127997.3750
        711.0996      -399.9917       -0.0         0.0            0.0            0.0
7       0.0           -0.0            -0.0         0.0            0.0            0.0
- - - - - - - - - - - - - - - - - - - - - - - - - - - - - - - - - - - - - - - - - -
S        LAENGUNG       VERDREH.       ANFANGS-    ANFANGS-       END-           END-
T        U-RICHT.       U-ACHSE        TANGENTE    TANGENTE       TANGENTE       TANGENTE
A        LU             DU             AV          AW             EV             EW
B       (MM)           (-)            (-)         (-)            (-)            (-)
- - - - - - - - - - - - - - - - - - - - - - - - - - - - - - - - - - - - - - - - - -
2       0.0            0.0            0.0         0.0            0.0            0.008127
7       0.445379       0.0            0.0         0.0            0.0            0.0
- - - - - - - - - - - - - - - - - - - - - - - - - - - - - - - - - - - - - - - - - -
```

314.1 Auflistung der Ergebnisse
       Knotenbewegungen und Stützkräfte, Schnittkräfte und Zusatzverformungen

```
KNOTENFREIHEITSGRADE

KNR    VX     VY     VZ     DX     DY     DZ        KNR    VX     VY     VZ     DX     DY     DZ

1     -1     -2      0      0      0      1          2      2      3      0      0      0      4
3      5      6      0      0      0      7          4      8      9      0      0      0     10
5     11     12      0      0      0     13          6     14     15      0      0      0     16
7     -3     -4      0      0      0     17          0      0      0      0      0      0      0

17 FREIHEITSGRADE
 4 STANDARDRANDBEDINGUNGEN
 0 KNOTENSONDERRANDBEDINGUNGEN
```

315.1 Freiheitsgrade des Dreigelenkrahmens

Die Ausgabe der Ergebnisse (314.1) beginnt mit den Knotenbewegungen. Die Drehungen erscheinen im Bogenmaß. Darauf folgen die Stützkräfte und die Gleichgewichtsprobe. Eine wertvolle Kontrolle besteht darin, anhand der 2. Zeile der Gleichgewichtsprobe nachzusehen, ob die resultierende Belastung stimmt. Die Gleichgewichtsprobe ist im übrigen noch kein hinreichender Beweis für die Richtigkeit der Lösung, da systematische Fehler vorhanden sein können, die sich aufheben. Weiter folgen die Schnittkräfte und -momente auf Anfangs- und Endquerschnitt, als Knotenkräfte und -momente im Elementkoordinatensystem. Hier findet man z. B. die Stützkraftkomponente in x-Richtung am Knoten 1 als Querkraft auf den Anfangsquerschnitt von Stab ① und die Belastung F_1 als Summe der Querkräfte auf den Endquerschnitt von Stab ① und den Anfangsquerschnitt von Stab ② im Vorzeichensinn der Elementskoordinatensysteme wieder. Den Abschluß bilden die Zusatzverformungen, die Zusatzdrehung am Ende von Stab ② wegen der gelenkigen Verbindung und die Zusatzlängung von Stab ⑦ wegen der Null gesetzten Längskraft.

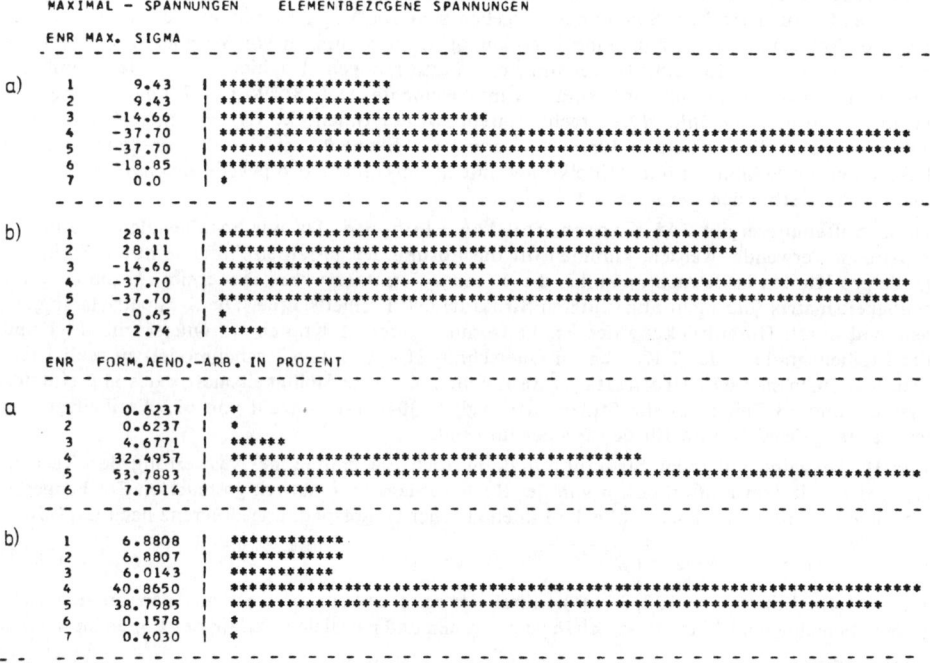

315.2 Auswertung der Ergebnisse
   a) statisch bestimmter Fall   b) statisch unbestimmter Fall

Die Zusatzlängung des Stabes ⑦ zeigt, daß die Verformung das vorhandene Spiel von $s = 0,15$ mm überschreitet. Also ist in einem weiteren Rechenlauf für die Zusatzlängung der Wert 0,15 vorzuschreiben, durch Abänderung der 2. Stabrandbedingung in

$$\Delta l_{u7} \cdot 1,0 = 0,15: \text{ Zusatzlängung Stab } ⑦ = 0,15 \text{ mm}$$

Jetzt wirkt sich die über dieses Maß hinausgehende Abstandsänderung der Knoten 2 und 6 als elastische Längenänderung des Stabes ⑦ aus, die eine Längskraft zur Folge hat.

Aus Platzgründen können in Bild **315**.2 nur noch die maximalen Spannungen und die Formänderungsarbeiten der Elemente für beide Beanspruchungsfälle wiedergegeben werden. Wie man sieht, besteht hier kein grundsätzlicher Unterschied zwischen der Behandlung des statisch bestimmten und unbestimmten Problems.

Beispiel 2. Scheibenproblem. Das zweite Beispiel ist ein rechteckiger Federbügel nach Bild **317**.1a. Dieser soll als ebenes Problem mit dreieckigen Scheibenelementen gerechnet werden. Die Ergebnisse werden dann mit einer spannungsoptischen Untersuchung (nach Abschn. 12) und einer elementaren Berechnung (nach Abschn. 6.5) verglichen.

Die sofort erkennbare zweifache Symmetrie bietet es an, nur ein Viertel des Federbügels zu rechnen, was praktisch Einsparung an Arbeitszeit, Rechenzeit und Kosten bedeutet. Zweckmäßigerweise legt man das Strukturkoordinatensystem so, daß die x- und y-Achse in die Symmetrieebenen fallen. Dann lassen sich die Symmetriebedingungen für die Verformungen unter der symmetrischen Abstützung und Belastung leicht erkennen und formulieren: keine x-Verschiebung im Querschnitt I—I, keine y-Verschiebung im Querschnitt II—II.

Im Gegensatz zum Stabproblem wird hier die Aufteilung in Elemente nicht durch das Bauteil selbst nahegelegt, sondern bleibt dem Sachbearbeiter überlassen. Bild **317**.1c zeigt die gewählte Aufteilung, wobei die Knoten nur in dem Bereich des Querschnitts II—II markiert sind. Dazu ist folgendes zu bemerken. Spannungen ergeben sich aus Verzerrungen und diese aus Verformungsdifferenzen. Daher ist für eine Berechnung der Spannungen von vornherein eine feinere Aufteilung nötig als für eine Berechnung der Verformungen. Da hier ein Vergleich mit der Spannungsoptik angestrebt wird, sind 6 Linearelemente nach S. 294 mit 7 Knoten über die Stegbreite vorgesehen, Bild **317**.1c rechts unten. An der Innenecke III und unter der Lasteinleitungsstelle ist die Aufteilung durch Halbierung der Elemente verfeinert — und zwar so, daß Eckknoten mit Eckknoten und Mittelknoten mit Mittelknoten, also jeweils gleichartige Knoten, miteinander verbunden werden.

Diese Aufteilung ergibt 345 Knoten und 146 Elemente. Da nur Scheibenelemente in der x, y-Ebene verwendet werden, kommen für die Lösung der gestellten Aufgabe nur 2 Freiheitsgrade pro Knoten in Betracht, nämlich die x- und y-Verschiebungen. Das ergibt für die Gesamtsteifigkeitsmatrix (der nicht abgestützten Struktur) 690 Freiheitsgrade. Die Symmetriebedingungen sind durch Unterdrückung der Freiheitsgrade v_x der 11 Knoten im Querschnitt I—I und der Freiheitsgrade v_y der 7 Knoten im Querschnitt II—II in dem Rechenmodell zu realisieren. Damit ergeben sich 672 Freiheitsgrade für die reduzierte Steifigkeitsmatrix des abgestützten Systems und 18 Zeilen für die Stützmatrix (vgl. S. 304). Die Anzahl von 672 Freiheitsgraden ist die maßgebende Größe für den Rechenaufwand.

Bild **317**.1c zeigt außer der Strukturaufteilung auch die graphische Auswertung der Rechenergebnisse mit dem Plotter, einem von der Rechenanlage automatisch gesteuerten Zeichengerät. Gezeichnet wurden in diesem Falle die Linien gleicher Hauptspannungsdifferenz nach Gl. (210.1)

$$\sigma_1 - \sigma_2 = \sqrt{(\sigma_x - \sigma_y)^2 + 4\tau^2} \tag{316.1}$$

mit $n \cdot 1,13$ N/mm^2 ($n = 1, 2, 3 \ldots$)[1], durch lineare Interpolation mit den an den Eckknoten berechneten Werten (was sich in dem geraden und parallelen Verlauf der Linien im Bereich

---

[1] n als Ordnungszahl und 1,13 N/mm^2 als Spannungsinkrement entsprechend der spannungsoptischen Konstante S der Versuchseinrichtung nach S. 272.

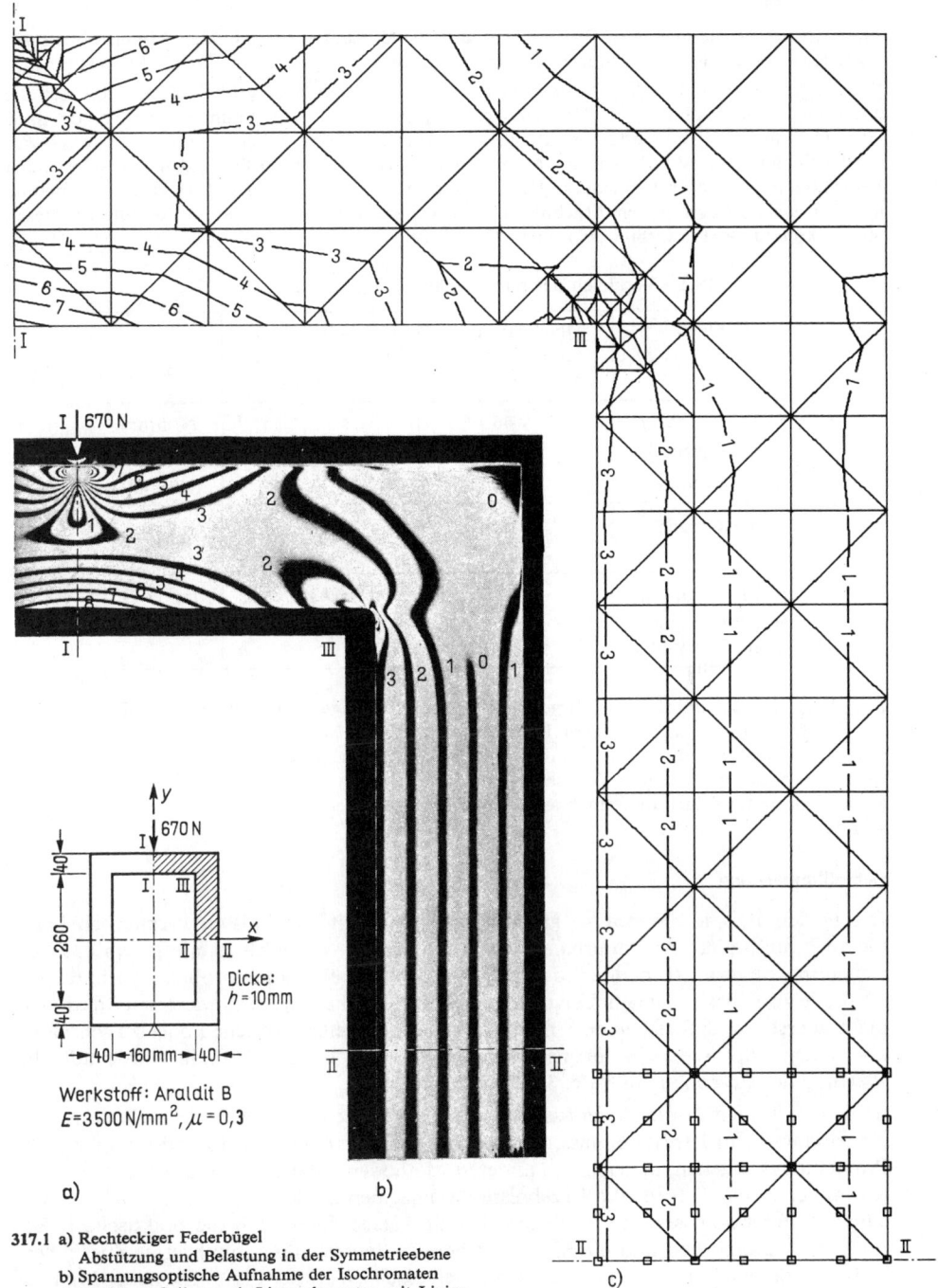

317.1 a) Rechteckiger Federbügel
Abstützung und Belastung in der Symmetrieebene
b) Spannungsoptische Aufnahme der Isochromaten
c) Strukturaufteilung mit Linearelementen mit Linien
gleicher Hauptspannungsdifferenz

eines Elementes äußert). Die Ordnungszahlen n sind an den betreffenden Linien abzulesen. Diese entsprechen den Isochromaten der spannungsoptischen Aufnahme in Bild 317.1 b.

Der Vergleich zeigt praktisch vollkommene Übereinstimmung in großen Zügen, bis auf die 0-Ordnung. Diese kann in der Plotterzeichnung praktisch nicht gefunden werden, da nach Gl. (316.1) nur positive Werte zur Interpolation zur Verfügung stehen. Der Bereich verschwindender Spannungen ist aber von geringem Interesse. In dem Plotterbild finden sich selbst noch Feinheiten im Bereich der Innenecke III und unter der Lasteinleitungsstelle in Übereinstimmung mit dem spannungsoptischen Ergebnis. Durch weitere Verfeinerung der Aufteilung an diesen Stellen könnte das Plotterbild noch mehr Details zeigen.

Tafel 318.1   Vergleich der numerischen Ergebnisse

Spannungen	Querschn. I—I unten σ_1	Querschn. II—II links σ_2	rechts σ_1	
FEM-Rechnung	9,46	−3,54	1,86	N/mm²
Spannungsoptik	9,0	−3,5	1,75	N/mm²
Handrechnung	10,0	−3,35	1,67	N/mm²
Verformungen	Mitte v_y	Mitte v_x		
FEM-Rechnung	−0,493	0,438		mm
Handrechnung (ohne Querkraft)	−0,454	0,404		mm

Zum Vergleich der numerischen Ergebnisse wurden diejenigen Werte herausgegriffen, die auch der elementaren Berechnung zugänglich sind. In Tafel 318.1 sind die Hauptspannungen im Querschnitt I—I unten und im Querschnitt II—II links und rechts den aus den Biege- und Druckspannungen der elementaren Berechnung Abschn. 6.5 resultierenden Spannungen gegenübergestellt. Darunter folgen die errechneten Verschiebungen der Mittelpunkte dieser beiden Querschnitte.

Schlußbemerkung

Die beiden Beispiele waren so gewählt, daß man mit Ergebnissen vergleichen kann, die auch auf andere Art zu erhalten sind. Ein solcher Vergleich ist nötig, um das Vertrauen in eine neue Rechenmethode zu festigen. Er ist aber auch problematisch, da jede Methode mit ihren eigenen Unvollkommenheiten behaftet ist. Andererseits darf man nicht übersehen, daß es keinen Sinn hat, die Genauigkeitsansprüche höher zu schrauben als es den praktischen Bedürfnissen entspricht. Aus diesem Grunde wurde auf eine Wertung der Ergebnisse in Tafel 318.1 verzichtet.

Ist das Vertrauen in die Zuverlässigkeit der Ergebnisse einer Methode im Rahmen der praktischen Erfordernisse einmal gesichert, so kann man an größere und kompliziertere Probleme herangehen, die sich den anderen Methoden entziehen. Man sollte dann aber, wo immer es möglich ist, die Ergebnisse an einzelnen Stellen durch überschlägige, vereinfachte Rechenansätze kontrollieren. Damit wächst dann auch die praktische Erfahrung, die Gewandtheit und die Sicherheit bei der Beurteilung komplizierter Zusammenhänge. In diesem Sinne verdient der rein erzieherische Wert der Finite-Elemente-Methode eine besondere Beachtung.

13.5. Ausblick auf den praktischen Einsatz

Die in der Praxis verwendeten Programme verfügen natürlich über einen weit größeren Elementevorrat als er oben beschrieben werden konnte. Bild 319.1 gibt einen Überblick.

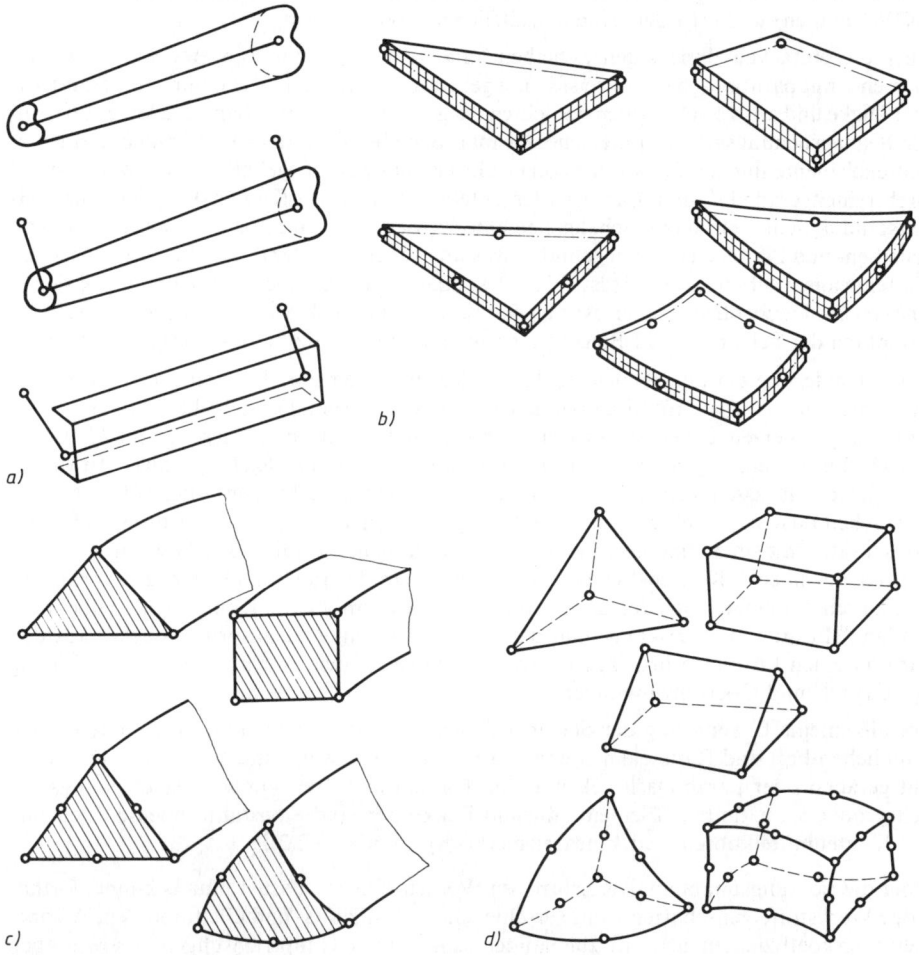

319.1 Finite Elemente als Modellbaukasten:
  a) Stabelemente mit konstantem oder linear veränderlichem Querschnitt, außermittigen Anschlüssen, Stabend- und Anschlußknoten
  b) drei- und viereckige Flächenelemente mit konstanter oder linear veränderlicher Dicke, geraden oder gekrümmten Kanten, Eck- und Mittelknoten
  c) rotationssymmetrische Ringelementen (Drehkörper) mit drei- und viereckigem Querschnitt
  d) tetrader-, pentaeder-, und hexaederförmige Raumelemente mit geraden oder gekrümmten Kanten

Über die einfachen geraden Stabelemente mit konstantem Querschnitt hinaus gibt es Stabelemente mit linear veränderlichem Querschnitt oder mit außermittigen Anschlüssen. Letztere erlauben es, die Anschlußknoten außerhalb der Flächenschwerpunkte der

Stabendquerschnitte zu wählen. Weiter kann bei dünnwandigen offenen Profilquerschnitten die Vergrößerung der Verdrehsteifigkeit durch Behinderung der Querschnittsverwölbung bei der Verdrehung (Einspanneffekt, Ende 7.1.4) berücksichtigt werden. Diese Beanspruchungsart ist bekannt unter den Bezeichnung Wölbkrafttorsion oder Drillkopplung. Sie spielt – vorwiegend bei der Vordimensionierung – eine Rolle im Leichtbau (z. B. bei LKW-Rahmen) und erfordert einen zusätzlichen Freiheitsgrad.

Über die einfachen dreieckigen Scheibenelemente hinaus gibt es viereckige Elemente, Elemente mit parabolisch oder kreisförmig gekrümmten Kanten, Elemente mit veränderlicher Dicke und aus verschiedenen Schichten aufgebaute Elemente (Laminatelemente). Von der Beanspruchungsart her unterscheidet man Scheiben-, Platten- und Schalenelemente. Plattenelemente sind das zweidimensionale Gegenstück zum Biegebalken, mit zwei Knoten-Drehfreiheitsgraden d_u und d_v in der Elementebene und einem Knoten-Verschiebungsfreiheitsgrad v_w senkrecht dazu. Schalenelemente werden meist durch eine Kombination von Scheiben- und Plattenelementen gebildet, was im ebenen Falle (entkoppelter Scheiben- und Plattenbeanspruchung) korrekt ist. Eine Besonderheit bilden Viereckselemente, bei denen eine gewisse Unebenheit toleriert werden kann. Bei stärker gekrümmten Elementen wird die Kopplung der Scheiben- und Biegebeanspruchung im Ansatz berücksichtigt.

Eine Erweiterung der Scheibenelemente auf den dreidimensionalen Fall sind ringförmige Elemente zum Aufbau rotationssymmetrischer Strukturen. Dabei geht man von einer Aufteilung des erzeugenden Strukturquerschnittes in Dreiecke bzw. Vierecke mit 2 Knoten-Verschiebungsfreiheitsgraden v_x und v_y in axialer und radialer Richtung aus. Mit diesen Ringelementen lassen sich rotationssymmetrische Beanspruchungen unter rotationssymmetrischen Lasten darstellen. Eine Erweiterung erfahren die Ringelemente durch Deformationsansätze mit sinus- und cosinus-förmig veränderlichen Radial- und Umfangsverschiebungen, die einen 3. Knoten-Verschiebungsfreiheitsgrad v_z in Umfangsrichtung voraussetzen. Durch Zerlegung auch der Lasten in ebensolche harmonische Komponenten über dem Umfang (Fourieranalyse) kann man dann den allgemeinen Beanspruchungsfall aus den harmonischen Lösungen überlagern (Fouriersynthese) – wie eine allgemeine Schwingung aus Grund- und Oberschwingungen.

Die allgemeine Erweiterung der Scheibenelemente für den nicht rotationssymmetrischen räumlichen Fall sind Raumelemente in Form von Tetraedern, Pentaedern und Hexaedern mit geraden oder parabolisch gekrümmten Kanten und drei Knoten-Verschiebungsfreiheitsgraden v_x, v_y und v_z. Elemente nur mit Eckknoten sind Konstantelemente, Elemente mit Kantenmittelknoten sind Linearelemente (vgl. Ende 13.2.2).

Über die richtungsunabhängigen isotropen Werkstoffeigenschaften hinaus können orthotrope Werkstoffeigenschaften – mit verschiedenen Elastizitäts- und Gleitmodulen, Wärmedehnungskoeffizienten usw. in zueinander senkrechten Hauptrichtungen – sowie auch vollkommen anisotrope Werkstoffeigenschaften berücksichtigt werden. Belastungen können auch als Linien-, Flächen- und Volumlasten aufgegeben werden. Diese können, konstant oder linear veränderlich über ganze Strukturteile verteilt, definiert werden als Rand- bzw. Oberflächenlasten, Belastungen durch Eigengewicht, translatorische oder rotatorische Beschleunigungen usw.

Nichtlineare Probleme (z. B. große Verformungen, nichtlineares Werkstoffgesetz, Gummielastizität, Fließvorgänge) werden durch iterative Berechnung mit mehreren Lastschritten und eventuell mehreren Rechenschritten zu jedem Lastschritt aus linearen Näherungen zusammengesetzt.

Die Arbeit mit einem FEM-Programm setzt heute außerdem die Verwendung sogenannter Pre- und Postprozessoren voraus. Die Preprozessoren erleichtern die Erstellung der Ersatzstruktur für das zu lösende Problem, die Lastaufbringung und Formulierung der Randbedingungen. Sie generieren ganze Strukturteile (Netze), verzerren, spiegeln, drehen sie oder setzen sie aus Strukturteilen einer Datenbank zusammen. Die Postprozessoren bereiten die Ergebnisse auf indem sie z.B. Bereiche gleicher Beanspruchung durch Isolinien (s. Bild 317.1) oder gleiche Färbung am Farbbildschirm darstellen. Sie nützen die Möglichkeiten graphischer, insbesondere farbiger Darstellung zur Informationsvermittlung aus und arbeiten dabei im Dialog mit dem Bearbeiter am Bildschirm.

Die moderne Computertechnik erlaubt dies alles nicht nur auf Großrechnern sondern schon auf PCs (Personal Computern) z.B. mit 640 kByte Arbeitsspeicher und 40 MByte Festplatte. Die Programmgrenzen auf PCs sind beachtlich (z.B. 5000 Knoten, 7000 Elemente, 20000 Freiheitsgrade), doch werden größere Probleme effektiver auf Workstations – den größeren Vettern der PCs – bzw. auf Großrechnern bearbeitet. Mit den immer leistungsfähiger werdenden kleineren Rechnern ist die FEM aber zum Werkzeug für den Ingenieur am Arbeitsplatz geworden und findet dort zunehmend Einsatz als universelles Berechnungs- und Entwicklungsinstrument.

Anhang

Lösungen zu den Aufgaben

Abschnitt 2.4

1. $\sigma = 140\ \text{N/mm}^2$ $F = 280\ \text{kN}$ $\Delta h = 0{,}06\ \text{mm}$

2. 228 Einzeldrähte

3. a) Äußere Drähte: $\sigma = 149\ \text{N/mm}^2$ $\Delta l = 4{,}97\ \text{mm}$
     innerer Draht: $\sigma = 239\ \text{N/mm}^2$ $\Delta l = 7{,}97\ \text{mm}$
     b) äußere Drähte: $\sigma = 209\ \text{N/mm}^2$ $\Delta l = 6{,}97\ \text{mm}$
     innerer Draht: $\sigma = 119\ \text{N/mm}^2$ $\Delta l = 3{,}97\ \text{mm}$

4. Stahlzylinder $\sigma = -120\ \text{N/mm}^2$;   Graugußrohr $\sigma = -72\ \text{N/mm}^2$; $F = 253\ \text{kN}$, $\sigma = -293\ \text{N/mm}^2$. Ja, da diese Spannung weit unter der Druckfestigkeit von Grauguß liegt ($\sigma_{\text{dB}} > 500\ \text{N/mm}^2$).

5. Lösungsweg wie in Beispiel 10, S. 21 mit $\alpha = 0$ und $l_1 = l_2$. Verlängerung $\Delta l = 2{,}62\ \text{mm}$

     Aluminiumstange: $\sigma = 68\ \text{N/mm}^2$ Stangenkraft 12 kN
     Stahlstange: $\sigma = 204\ \text{N/mm}^2$ Stangenkraft 16 kN

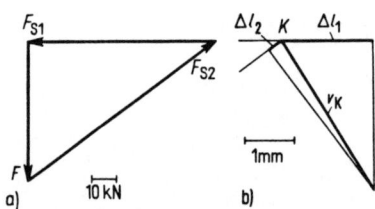

319.1 a) Kräfteplan für den Knoten K des Kranauslegers
        b) Verschiebungsplan

6.   Gewindegröße M 24

7. a) $\sigma_{(1)} = 120\ \text{N/mm}^2$ $F_{S1} = 75\ \text{kN}$
     b) $F = 56\ \text{kN}$ **(319.1a)**
     c) $F_{S2} = 94\ \text{kN}$ $\sigma_{(2)} = 25{,}2\ \text{N/mm}^2$
     d) $\Delta l_1 = 1{,}8\ \text{mm}$
        $\Delta l_2 = 0{,}315\ \text{mm}$
        $v_K = 3{,}5\ \text{mm}$ **(319.1 b)**

8. $\sigma = 100\ \text{N/mm}^2$

9.   7650 l/min

10. $d_i = 1798\ \text{mm}$ $\Delta \vartheta = 93\ \text{K}$ $p = 13{,}3\ \text{N/mm}^2$

11. a) $d_W = 250{,}54\ \text{mm}$ b) $d_i = 249{,}775\ \text{mm}$ c) $\sigma = 108\ \text{N/mm}^2$ $p = 8{,}64\ \text{N/mm}^2$

12. 1 a) 170 bzw. 85 N/mm^2, b) 0,56 mm, c) 103 K;   2. 340 bzw. 170 N/mm^2;   3. 297 N/mm^2

13. a) Mit der Anleitung in Abschn. 2.4.4 und den Bezeichnungen von Bild **29.**1 ist

$$\Delta d_S = \Delta d_1 + \Delta d_2 = d_0 \left(\frac{\sigma_{\text{Al}}}{E_{\text{Al}}} + \frac{\sigma_{\text{St}}}{E_{\text{St}}} \right)$$

Aus den Gl. (26.2) und (26.3) werden die Spannungen in der obigen Gleichung durch die gemeinsame Pressung p ersetzt, die man nunmehr aus den gegebenen Größen berechnen kann. $p = 7{,}5\ \text{N/mm}^2$

b) Im Ring $\sigma_{Al} = 37,5$ N/mm^2, in der Buchse $\sigma_{St} = -150$ N/mm^2

c) Zum Erwärmen des Ringes $\Delta\vartheta = +52$ K, zum Unterkühlen der Buchse $\Delta\vartheta = -104$ K. Das Anwärmen des Ringes ist sinnvoller und einfacher durchzuführen.

14. $F_{zul} = 12,55$ kN; Verlängerung unter Eigengewichtskraft 14,8 cm, unter der Last 12,55 kN ist die Verlängerung 33,9 cm.

15. a) Querschnittsfläche $A = 90,9 \cdot 10^4$ mm^2 $a = 960$ mm   b) 46%   c) $d = 163$ cm

d) Mit d$F_G = \gamma A$ dx erhält man die Eigengewichtskraft F_G durch Integration

$$F_G = \int_0^h \gamma A \, dx \qquad \text{mit} \qquad A = A_0 \, e^{\frac{\gamma(h-x)}{\sigma_{zul}}} \qquad \text{und} \qquad l = h$$

$A_0 = 62,5 \cdot 10^4$ mm^2, $a_0 = 790$ mm, $A_1 = 85,5 \cdot 10^4$ mm^2, $a_1 = 925$ mm, Eigengewichtskraft 36,7%

Abschnitt 3

1. a) 2,26; b) 1,67; c) 1,44; d) $\pm 19,2$ kN; e) 14 ± 14 kN

2. a) $F = \pm 17,7$ kN   b) $F = (7,3 \pm 14,6)$ kN

   c) $F = (12,3 \pm 12,3)$ kN   d) $F = (20,25 \pm 6,75)$ kN

3. $\sigma_{Sch} = 310$ N/mm^2 $\nu_D = 2$ $F_{zul} = (94 \pm 94)$ kN

4. a) $F = 25$ kN

  b) $\sigma_n = 162$ N/mm^2 $\sigma_{wirksam} = 235$ N/mm^2

    $\sigma_W = 180$ N/mm^2

ein Dauerbruch war nicht zu vermeiden

  c) ca. 28 mm Durchmesser

5. Zum Zeichnen des Verspannungsschaubildes (320.1) werden benötigt $F_V = p \, d_0 = 300$ N/mm, $F_B = p_i \, d_i = 380$ N/mm, $\Delta d_{Al} = 0,0214$ mm, $\Delta d_{St} = 0,0286$ mm

Pressung im Aluminiumring $p_0 = 12,9$ N/mm^2

Spannungen $\sigma = \sigma_m \pm \sigma_a = (51 \pm 13,5)$ N/mm^2;   mit $\sigma_A = 50$ N/mm^2 ist $\nu_D = 2,31$ Restpressung p_V' in der Stahlbuchse 3,4 N/mm^2, Spannungen $\sigma = -68$ N/mm^2 ohne Schrumpfung $\sigma = +190$ N/mm^2

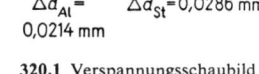

320.1 Verspannungsschaubild

Abschnitt 4.1

1. a) $I_y = 15,21 \cdot 10^7$ mm^4 $\langle 10,50 \cdot 10^4$ mm$^4\rangle$ $I_z = 6,47 \cdot 10^7$ mm^4 $\langle 1,72 \cdot 10^4$ mm$^4\rangle$

  b) $I_a = 1,63 \cdot 10^7$ mm^4 $\langle 0,71 \cdot 10^4$ mm$^4\rangle$ $I_{pS} = 3,26 \cdot 10^7$ mm^4 $\langle 1,42 \cdot 10^4$ mm$^4\rangle$

  c) $I_a = 3,58 \cdot 10^7$ mm^4 $\langle 12,76 \cdot 10^4$ mm$^4\rangle$ $I_{pS} = 7,16 \cdot 10^7$ mm^4 $\langle 25,52 \cdot 10^4$ mm$^4\rangle$

2. Für Halbkreisring ist $y_S = \dfrac{2}{3\pi} \cdot \dfrac{d_a^3 - d_i^3}{d_a^2 - d_i^2} = 16,1$ mm $I_y = 25,5 \cdot 10^4$ mm^4

$$I_\eta = 5,1 \cdot 10^4 \text{ mm}^4$$

3. Die Diagonale a teilt das Quadrat in zwei Dreiecke:

für ein Dreieck mit $b = \sqrt{2}a$ und $h = \sqrt{2}a/2$ ist (Tafel **56.**2) $I_a = b\,h^3/12 = a^4/24$

für das Quadrat ist demnach $I_a = 2a^4/24 = a^4/12 = I_y$.

4. $z_\mathrm{S} = 198$ mm $I_y = 15{,}8 \cdot 10^8$ mm^4 $I_z = 2{,}7 \cdot 10^8$ mm^4

5. $z_\mathrm{S} = 129$ mm $I_y = 6{,}66 \cdot 10^7$ mm^4 Anteil des Flächenmoments 17,5 %, der Masse 30 %

6. $d_\mathrm{i} = 136$ mm $d_\mathrm{a} = 170$ mm

7. $(a + e_y)^2 = \dfrac{I_y - I_z}{A} + e_z^2$ (I_y und I_z aus Profiltafel [2]) $2a = 142$ mm

8. a) $I_y = 1584$ cm^4 $I_z = 466$ cm^4 $I_{yz} = +\,624$ cm^4 $\varphi_1 = -\alpha = -\,24{,}1°$ **(321.1 a)**
   $I_1 = 1864$ cm^4 $I_2 = 186$ cm^4

b) $I_y = 1923$ cm^4 $I_z = 856$ cm^4 $I_{yz} = +\,180$ cm^4 $\varphi_1 = -\alpha = -\,9{,}35°$ **(321.1 b)**
   $I_1 = 1952$ cm^4 $I_2 = 827$ cm^4 $y_\mathrm{S} = 43{,}6$ mm $z_\mathrm{S} = 78{,}6$ mm

c) $I_y = 41{,}25$ cm^4 $I_z = 13{,}13$ cm^4 $I_{yz} = -\,11{,}63$ cm^4 $\varphi_1 = +\alpha = +\,19{,}8°$ **(321.1 c)**
   $I_1 = 45{,}44$ cm^4 $I_2 = 8{,}94$ cm^4 $y_\mathrm{S} = 13{,}3$ mm $z_\mathrm{S} = 23{,}3$ mm

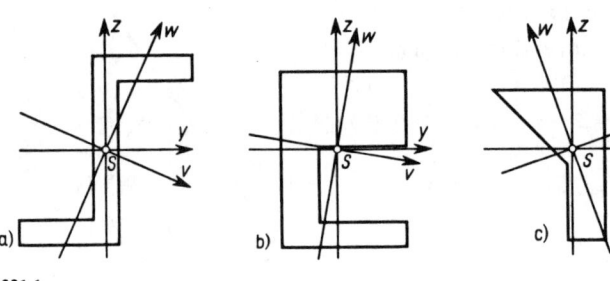

321.1

Abschnitt 4.2

1. a) $W_\mathrm{b} = 444 \cdot 10^3$ mm^3
   b) $z_1 = 66$ mm $z_2 = 94$ mm $W_{\mathrm{b}1} = 295 \cdot 10^3$ mm^3 $W_{\mathrm{b}2} = 207 \cdot 10^3$ mm^3
   c) $z_1 = 86{,}7$ mm $z_2 = 73{,}3$ mm $W_{\mathrm{b}1} = 317 \cdot 10^3$ mm^3 $W_{\mathrm{b}2} = 375 \cdot 10^3$ mm^3
   d) $z_1 = 136$ mm $z_2 = 139$ mm $W_{\mathrm{b}1} = 555 \cdot 10^3$ mm^3 $W_{\mathrm{b}2} = 545 \cdot 10^3$ mm^3

2. a) 1. $\sigma_\mathrm{b} = 50$ N/mm^2 2. $\sigma_\mathrm{b} = 53{,}5$ bzw.   84,5 N/mm^2 **(322.1)**
   b) $d_\mathrm{a} = 102$ mm   bzw.   120 mm $d_\mathrm{i} = 51$ bzw.   96 mm
   c) Massenersparnis nach a) 25 % bzw. 64 %, nach b) 22 % bzw. 48 %, Zunahme der Randspannungen nach a) 7 % bzw. 69 %, nach b) 0 %

3. a) $a = 64$ mm $M_{\mathrm{b\,zul}} = 6{,}1 \cdot 10^6$ Nmm
   b) $h = 90$ mm $b = 45$ mm $M_{\mathrm{b\,zul}} = 8{,}5 \cdot 10^6$ Nmm
   c) $d = 72$ mm $M_{\mathrm{b\,zul}} = 5{,}15 \cdot 10^6$ Nmm
   d) I 220 $M_{\mathrm{b\,zul}} = 39 \cdot 10^6$ Nmm
   e) L $130 \times 75 \times 10$ $M_{\mathrm{b\,zul}} = 11 \cdot 10^6$ Nmm
   f) $d_\mathrm{a} = 120$ mm $d_\mathrm{i} = 96$ mm $M_{\mathrm{b\,zul}} = 14 \cdot 10^6$ Nmm

Tragfähigkeit, bezogen auf den Kreisquerschnitt, bei a) 1,18 b) 1,65 c) 1 d) 7,57 e) 2,14 f) 2,72fach. Die Kreiswelle als übliche Querschnittsform im Maschinenbau für Hebel, Wellen usw. hat die geringste Tragfähigkeit. Die Werkstoffausnutzung ist um so besser, je weiter das Material von der Nullinie entfernt liegt. Also Hohlwellen im Maschinenbau, Bauprofile im Stahl- und Hochbau verwenden, **Leichtbau**.

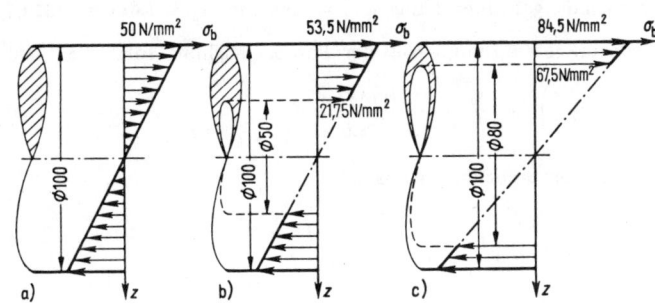

322.1 Biegespannungsverlauf
   a) in der Vollwelle
   b), c) in Hohlwellen

4. a) $q_{zul} = 600$ N/m   b) $F_{zul} = 10^4$ N

5. $z_1 = 57,5$ mm $I_y = 2875 \cdot 10^4$ mm^4 $\sigma_{bd} = 40$ N/mm^2 $\sigma_{bz} = 99$ N/mm^2 (322.2)

6. a) $\sigma_b = 145$ N/mm^2 b) $d_a = 57$ mm $d_i = 40$ mm   c) 39 %

7. $l = \sqrt{d\,\sigma_F/\gamma} = 7,3$ m

8. a) $h(x) = h_0\,x/l$, Gerade   b) $b(x) = b_0\,x^2/l^2$ Parabel (322.3)

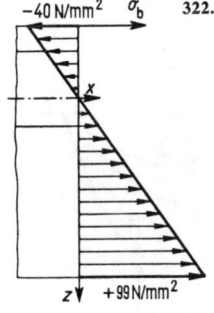

322.2 Biegespannungsverlauf
   im T-Trägerquerschnitt

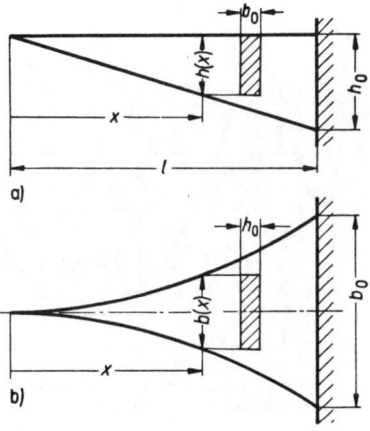

322.3 Formgebung von Freiträgern nach Bild 86.4 mit gleichmäßig verteilter Last q für gleiche Biegebeanspruchung, Begrenzung der Längsschnitte
   a) gerade Linien
   b) Parabel

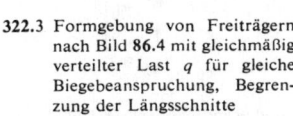

9. a) Aus der Tabelle in [2] für I-Stahl erhält man $W_b = 54,7$ cm^3, mit 1 Lasche ist

$W_{b1} = 117$ cm^3 mit 2 Laschen $W_{b2} = 184$ cm^3

$$M_b(x) = \frac{q\,l^2}{2}\left[\frac{x}{l} - \left(\frac{x}{l}\right)^2\right] \qquad M_{b\,max} = \frac{q\,l^2}{8} = 225 \cdot 10^5 \text{ Nmm} \qquad \sigma_{b\,max} = 122 \text{ N/mm}^2$$

Für eine zeichnerische Lösung ist folgende Parabel darzustellen:

$$W_b(x) = \frac{M_b(x)}{\sigma_{b\,max}} = W_{b2}\,\frac{M_b(x)}{M_{b\,max}} = W_{b2}\,4\left[\frac{x}{l} - \left(\frac{x}{l}\right)^2\right]$$

Die diese Parabel schneidenden, zur x-Achse parallelen Geraden im Abstand W_b und W_{b1} ergeben die gesuchten Längen, $l_1 \approx 2500$ mm, $l_2 \approx 1800$ mm (323.1 a).

Rechnerische Lösung: Aus der Parabelgleichung folgt die quadratische Gleichung für x

$$\left(\frac{x}{l}\right)^2 - \frac{x}{l} - \frac{1}{4}\cdot\frac{W_b(x)}{W_{b2}} = 0$$

mit der hier brauchbaren Lösung

$$\frac{x}{l} = \frac{1}{2}\left(1 - \sqrt{1 - \frac{W_b(x)}{W_{b2}}}\right)$$

Da $\dfrac{x_{1,2}}{l} = \dfrac{1}{2}\left(1 - \dfrac{l_{1,2}}{l}\right)$ ist (323.1 a), ergibt sich

$$l_1 = l\sqrt{1 - \frac{W_b}{W_{b2}}} = 0,84\,l = 2,52\text{ m} \qquad l_2 = l\sqrt{1 - \frac{W_{b1}}{W_{b2}}} = 0,6\,l = 1,80\text{ m}$$

b) Bild 323.1 b

c) $\sigma_b = 410$ N/mm^2, der Träger würde diese Spannung nie erreichen, da das Material vorher fließt.

d) I 200, $W_b = 214$ cm^3 $\qquad \sigma_b = 105$ N/mm^2 $\qquad$ e) 7,7 %

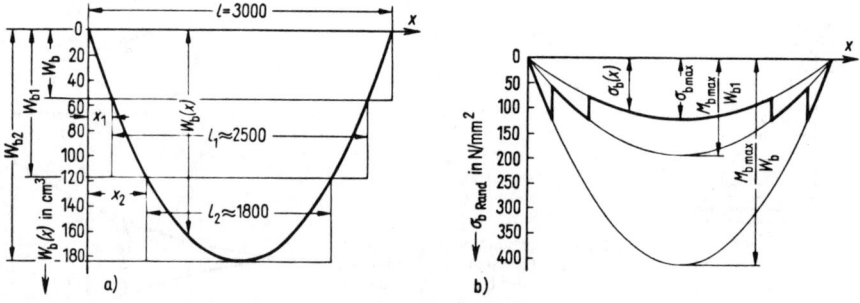

323.1 Widerstandsmomentlinie $W_b(x)$ (a) und Randspannungsverlauf (b) des Trägers annähernd gleicher Biegebeanspruchung nach Bild 89.1

Abschnitt 4.3

1. $I_{\dot{y}} = 7,8\cdot10^7$ mm^4 $\qquad I_z = 4,45\cdot10^7$ mm^4 $\qquad I_{yz} = 0$ $\qquad F_s = 2$ kN
$\alpha = 60°$ $\qquad \beta = 18,25° \approx 18°$ $\qquad$ **(324.1)**

2. $\beta = 40,1° \approx 40°$ $\qquad \sigma_{b\,max} = 123$ N/mm^2 $\qquad$ **(324.2)**

3. Die Spur der Lastebene liegt um 21,5° gegenüber der z-Achse nach rechts geneigt.

4 a) $I_y = 24,9 \cdot 10^6 \text{ mm}^4$ $I_z = 8,7 \cdot 10^6 \text{ mm}^4$ $I_{yz} = + 8,1 \cdot 10^6 \text{ mm}^4$

$\alpha = 22,5°$ $I_1 = 28,25 \cdot 10^6 \text{ mm}^4$ $I_2 = 5,35 \cdot 10^6 \text{ mm}^4$ $\beta = 14,35°$

Zug 143 N/mm² links oben;   Druck 138,5 N/mm² rechts unten

b) Zug 76 N/mm² links oben   Druck 90 N/mm² rechts unten

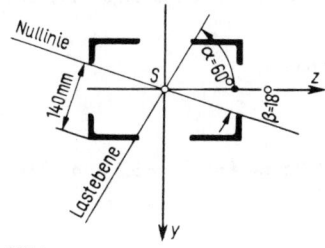

324.1

324.2

Abschnitt 4.4

1. $\alpha_K = 2,46$ $\nu_D = 1,65$

2. a) $F_{a\,zul} = 200 \text{ N}$ b) $\beta_K = 2,08$ $\beta_k \, \sigma_n = 420 \text{ N/mm}^2$

zulässige Spannung ist überschritten

c) 135 mm

3. a) $M_{b1} = 40 \cdot 10^6 \text{ Nmm}$ $M_{b2} = 70 \cdot 10^6 \text{ Nmm}$ b) $h = 970 \text{ mm}$

c) mit der Zugschwellfestigkeit $\sigma_{z\,Sch} = 220 \text{ N/mm}^2$ und $\sigma_{wirksam} = 105 \text{ N/mm}^2$ ist $\nu_D = 2,1$

Abschnitt 5

1. S. Tafel **104**.1.

2. $I_0 = b_0 \, h_0^3/12$; $w(x) = \dfrac{F\,l^3}{2\,E\,I_0}\left(1 - \dfrac{x}{l}\right)^2$; $f = \dfrac{F\,l^3}{2\,E\,I_0}$; $w'(x) = \dfrac{F\,l^2}{E\,I_0}\left(\dfrac{x}{l} - 1\right)$; $\tan\alpha = -\dfrac{F\,l^2}{E\,I_0}$

3. Aus Bild **79**.1a entnimmt man $F_1 = F = 2000 \text{ N}$, $F_2 = F_3 = 5F$, $l = 750 \text{ mm}$, $l_2 = 450 \text{ mm}$, $l_3 = 200 \text{ mm}$, $l_2/l = 3/5$, $l_3/l = 4/15$, dann ist

$$f = f_{11} + f_{21} + \tan\alpha_{21}\, l \left(1 - \dfrac{l_2}{l}\right) + f_{31} + \tan\alpha_{31}\, l \left(1 - \dfrac{l_3}{l}\right) = -\dfrac{91}{3^4 \cdot 5} \cdot \dfrac{F\,l^3}{E\,I}$$

$$= -0,505 \text{ mm}$$

$$\tan\alpha = \tan\alpha_{11} + \tan\alpha_{21} + \tan\alpha_{31} = \dfrac{2}{3^2} \cdot \dfrac{F\,l^2}{E\,I} = 0,000665 \qquad \alpha = 0,0381°$$

4. a)
b) $f_1 = \dfrac{l^3}{48\,E\,I_a}\left(F_1 \pm F_2 \, 3\,\dfrac{a}{l}\right) = \dfrac{+\,(3/48)\,F\,l^3}{-\,(1/48)\,E\,I_a}$

a)
b) $f_2 = -\dfrac{l^3}{48\,E\,I_a} \dfrac{a}{l}\left[3\,F_1 \pm F_2\,16\,\dfrac{a}{l}\left(1 + \dfrac{a}{l}\right)\right] = \dfrac{-\,(5,74)\,F\,l^3}{+\,(3,74)\,48\,E\,I_a}$

a) $F_A = \frac{7}{6} F$ $\qquad$ $F_B = -\frac{13}{6} F$ $\qquad$ $M_{bF1} = \frac{7}{12} F l$ $\qquad$ $M_{bB} = \frac{8}{12} F l$

b) $F_A = -\frac{1}{6} F$ $\qquad$ $F_B = \frac{19}{6} F$ $\qquad$ $M_{bF1} = -\frac{1}{12} F l$ $\qquad$ $M_{bB} = -\frac{8}{12} F l$

Die Lastrichtung in b) ist mit Rücksicht auf die Durchbiegung günstiger, mit Rücksicht auf die Biegemomente gleichwertig und mit Rücksicht auf die Lagerkräfte ungünstiger als die Lastrichtung in a).

5. Der Ansatz $f = f_m$ (Tafel **104.**1, 6) ergibt die quadratische Gleichung

$$\left(\frac{a}{l}\right)^2 + \frac{3}{2} \cdot \frac{a}{l} - \frac{3}{8} = 0$$

mit der brauchbaren positiven Lösung $a/l = 0,218$; $l = 458$ mm, $f = f_m = 3,5$ mm. Mit $f_m = 1$ mm ist $l = 245$ mm und $f = 2,08$ mm.

6. $f = 21,3$ mm

7. $\varrho = 10$ m $\qquad$ $f = 333$ mm $\qquad$ $\alpha = 6,9°$

8. $f = 16,65$ mm $\qquad$ $\alpha_1 = 0,70°$ $\qquad$ $\alpha_2 = 0,83°$

9. An der Lastangriffsstelle ist $f = 0,796$ mm, am Wellenende $\alpha = 0,278°$, in den Lagern $\alpha = 0,126°$, in der Mitte $\alpha = 0,063°$. Da in der Mitte Biegemoment und Durchbiegung Null sind, kann man die halbe Welle nach Tafel **104.**1, 5 berechnen.

10. $f = 7,15$ mm

11. $f_y = -8,9$ mm $\qquad$ $f_z = 7,5$ mm $\qquad$ $f = 11,65$ mm

12. $f = 0,505$ mm $\qquad$ $\alpha = 0,0381°$

Abschnitt 6

1. S. Beispiel 1, S. 130.

2. $F_A = F_D = -(27/88) F = -1,35$ kN

$F_B = F_C = (71/88) F = 3,55$ kN $\qquad$ $\sigma_b = 58,9$ N/mm²

$f_F = (17/44) F l^3/48 E I = 0,0585$ mm

$\sigma_b = 99,7$ N/mm² $\qquad\qquad$ $f_F = F l^3/48 E I = 0,151$ mm

3. 1. I 450

2. a) $F_C = 5q l/8 = 150$ kN $\qquad$ $\sigma_b = 44,1$ N/mm²

b) $F_C = \dfrac{5q l/8}{1 + \dfrac{48 h I}{l^3 A}} = 14,91 \cdot 10^4$ N $\qquad$ $\sigma_d = 19,3$ N/mm² $\qquad$ I 360

4. a) $F_A = 1,363 F$ $\qquad$ $M_A = -0,289 F l$ $\qquad$ $F_B = 1,637 F$ $\qquad$ $M_B = -0,343 F l$

$M_{bF} = 0,052 F l$ $\qquad$ $M_{b2F} = 0,203 F l$

b) $F_A = \frac{1}{4} F$ $\qquad$ $F_B = F$ $\qquad$ $F_C = F$ $\qquad$ $F_D = -\frac{1}{4} F$

$M_b(l/2) = M_b(5l/2) = \frac{1}{8} F l$ $\qquad$ $M_b(l) = M_b(3l) = -\frac{1}{4} F l$

5. $F_A = 26,1$ kN, $F_B = 84,2$ kN, $F_C = 10,0$ kN gefährdeter Querschnitt in B $\sigma_b = 104$ N/mm²

Abschnitt 7.1

1. a) $d = 40$ mm

 b) $d_a = 44$ $d_i = 33$ mm (aufgerundet) 47%

2. $d = 2$ mm $l = 139$ mm $W = 350$ Nmm

3. a) $\tau_t = 285$ N/mm² $\varphi = 6{,}7°$

 b) $d = 38$ mm $\varphi = 5{,}2°$ $m_{\square}/m_0 \approx 2$

4. $\dfrac{\alpha^4}{1 - \alpha^4}$ α^2 (326.1)

5. a) $\tau_t = 225$ bzw. 318 N/mm²

 b) $l_1 = 1050$ mm $\varphi = 6{,}8°$

 c) $W = 237 \cdot 10^3$ Nmm $m_{\square}/m_0 \approx 3{,}5$

6. a) $M_t = 1{,}47 \cdot 10^7$ Nmm

 b) $\vartheta = 1{,}75°/$m

 c) $W = 224 \cdot 10^3$ Nmm

326.1 Schubspannungszunahme und Massenersparnis

7.   Kreis   Kreisring   Rechteck

 a) $d = 22$ mm $d_a = 24$ mm $h = 90$ mm

                          $d_i = 17$ mm $b = 9$ mm

 b) $s = 27{,}2$ mm   25,6 mm   30,5 mm

 c) $c = 74$ N/mm   78 N/mm   66 N/mm

 d) $W = 272 \cdot 10^2$ Nmm $256 \cdot 10^2$ Nmm $305 \cdot 10^2$ Nmm

 Massen verhalten sich wie 1,65:1:3,5.

8. $\alpha_k = 1{,}93$ $\nu_D = 1{,}9$ $\varphi = 2{,}3°$

Abschnitt 7.2

1. a) $d = 3{,}1$ mm $R = 7{,}75$ mm $i = 49{,}5$

 b) $l_E = 160$ mm $+$ Anschlußösen   c) $l \approx 2500$ mm

2. a) $s = 37{,}5$ mm $c = 226$ N/mm $\tau_i = 198{,}5$ N/mm²

 b) $d = 2{,}1$ cm $i = 10$ $\tau_i = 169{,}5$ N/mm²

 Die Rechteckfeder ist etwa doppelt so schwer wie die beiden Kreisfedern.

3. a) $F_{zul} = 8{,}8$ kN (für eine Feder) $s = 38{,}3$ mm $l_E = 298$ mm

 b) $a = 28{,}3$ mm $R = 71$ mm $i = 7$ $l_E = 303$ mm

4. $s_{zul} = 20$ mm $c = 33$ N/mm $F_{zul} = 660$ N $W = 66 \cdot 10^2$ Nmm

Abschnitt 8

1. a) $l = 51$ cm

 b) $\tau_{q\,max} = 16{,}5$ N/mm²

2. $\tau_s = 28{,}5$ N/mm² $s = 55$ mm

3. $d_1 = 15$ mm $\tau_{p\,max} = 43{,}7$ N/mm²

4. 4,7 m; 57 kN

5. a) 98,5 N/mm²; b) 37 N/mm²; c) 79 bzw. 24,5 N/mm²

Abschnitt 9.1

1. $\beta = 5{,}9°$ $u_0 = 11{,}9$ cm $\sigma = 102$ N/mm² in A $\sigma = -53$ N/mm² in B

2. $z_0 = 6{,}95$ mm $\sigma = 97$ N/mm² $\sigma = -47$ N/mm²

3. $d = 87$ mm $\sigma_d = 13{,}5$ N/mm² $\sigma_b = \pm\, 96{,}5$ N/mm²

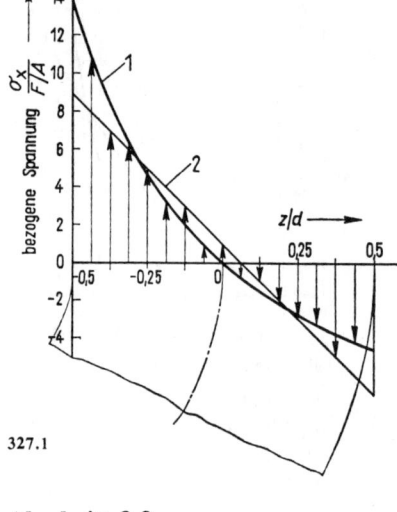

327.1

4. $\lambda = 8\,\dfrac{r_0^2}{d^2}\left[1 - \sqrt{1 - \left(\dfrac{d/2}{r_0}\right)^2}\,\right] - 1$

oder umgeformt

$$\lambda = \frac{1 - \sqrt{1 - \left(\dfrac{d/2}{r_0}\right)^2}}{1 + \sqrt{1 - \left(\dfrac{d/2}{r_0}\right)^2}} = 0{,}0718$$

Da $1 + (M_{by}/F_n\, r_0) = 1 - (F r_0 / F r_0) = 0$,   ist $z_0 = 0$.

$$\sigma_x\,(z = -d/2) = 13{,}92\,\frac{F}{A}$$

$$\sigma_x\,(z = d/2) = -4{,}64\,\frac{F}{A} \qquad (327.1)$$

Nach linearer Biegegl. $9\,\dfrac{F}{A}$ bzw. $-7\,\dfrac{F}{A}$

Abschnitt 9.2

1. Bild **327.2**

Zugseite 1: $\sigma_1 = 100$ N/mm² $\sigma_2 = 0$ $\alpha = 45°$

Druckseite 2: $\sigma_1 = 81$ $\sigma_2 = -31$ N/mm² $\alpha = 31{,}7°$

$\sigma_b = 0$,   3: $\sigma_1 = 89$ $\sigma_2 = -14$ N/mm² $\alpha = 38{,}5°$

$\tau = 0$, Zugseite 4: $\sigma_1 = \sigma_2 = 50$ N/mm²

$\tau = 0$, Druckseite 5: $\sigma_1 = 50$ N/mm² $\sigma_2 = 0$ $\alpha = 0°$

2. $\sigma_1 = 180$ N/mm² $\sigma_2 = -120$ N/mm² $\alpha = 26{,}5°$

$\tau_{max} = 150$ N/mm² $\sigma_{45°} = 30$ N/mm² $\beta = -18{,}5°$

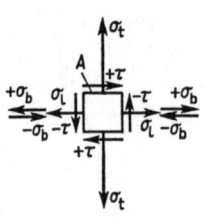

327.2 Lösungsbild zu Aufgabe 1

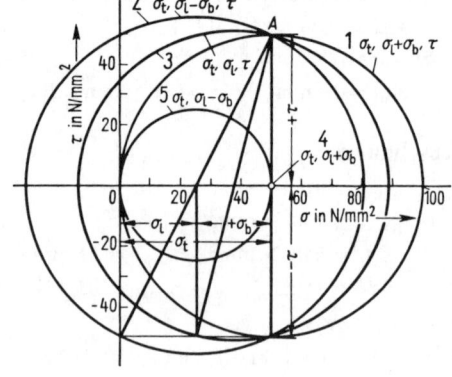

Abschnitt 9.3

1. 1. 1: $0,05\% - 0,015\%$ 2: $0,0452\% - 0,0277\%$ 3: $0,0466\% - 0,0204\%$
4: $0,0175\%$ 5: $0,025\% - 0,0075\%$

2. $0,108\% - 0,087\%$

2. a) $\sigma = \dfrac{E\,\varepsilon}{1-\mu}$ $\varepsilon_1 = \varepsilon_2 = \varepsilon$

b) $\tau = \dfrac{E\,\varepsilon_{45°}}{1+\mu}$ $\varepsilon_2 = -\varepsilon_1 = \varepsilon_{45°}$ c) $\sigma_1 = \dfrac{E\,\varepsilon_1}{1-\mu/2}$ $\sigma_2 = \dfrac{E\,\varepsilon_2}{1-2\mu}$ $\varepsilon_1 = \dfrac{2-\mu}{1-2\mu}\varepsilon_2$

3. A: $\varepsilon_1 = 55,6 \cdot 10^{-5}$ B: $\varepsilon_1 = 27,6 \cdot 10^{-5}$ Normalspannungen in x-Richtung
$\varepsilon_2 = -27,6 \cdot 10^{-5}$ $\varepsilon_2 = -55,6 \cdot 10^{-5}$ $\sigma_x = \sigma_b = \pm 80$ N/mm²
$\alpha = 19,3°$ $\alpha = -19,3°$ Schubspannungen $\tau = 50$ N/mm² (**328.1**)
$\sigma_1 = 104$ N/mm² $\sigma_1 = 24$ N/mm² Biegemoment ca. 6 kNm,
$\sigma_2 = -24$ N/mm² $\sigma_2 = -104$ N/mm² Drehmoment ca. 7,5 kNm

4. $\sigma = 523$ N/mm² $\Delta d_a = 3,8$ mm **5.** $\sigma_t = 16$ N/mm² $\sigma_t = 8$ N/mm²
$p_i = 0,4$ N/mm²

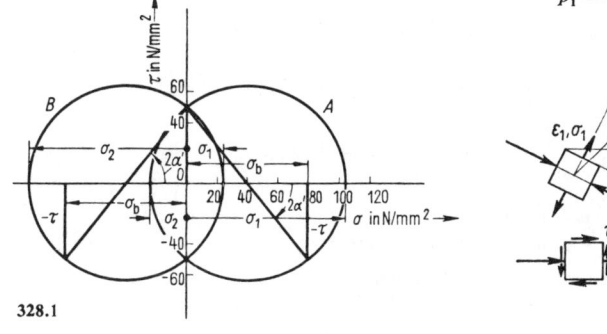

328.1

Abschnitt 9.4

1. 1. 1: $\sigma_{v(N)} = \sigma_{v(Sch)} = \sigma_{v(GE)} = \sigma_1 = 100$ N/mm²
2: $81/112/100$ N/mm² 3: $89/103/96,7$ N/mm² 4. und 5: je 50 N/mm²

2. $180/300/261,5$ N/mm²

2. 1: 150 2: 159 3: 160 4: 151 5: 139,5 6: 130 7: 123,7 N/mm²

3. 122,5 N/mm² 154 kN 830 Nm 151,3 N/mm² $-28,7$ N/mm² $0,221\%$ $-0,112\%$ 23,6°

4. 1,48fache Sicherheit (mit $b_0 = 0,7$) nach der GE-Hypothese

5. 119 kW. **6.** a) 75 N/mm²; b) 2; c) 1,5 N/mm²

7. a) 55 N/mm²; 86 Nm; b) 57,5 Nm; c) 103 bzw. -30 N/mm²; 0,053 bzw. $-0,029\%$;
28 bzw. 118°.

Abschnitt 10

1. $d_m = 200$ mm $t = 10$ mm **3.** a) $I_{erf} = 154$ cm⁴ [80 **4.** $F = 175$ kN
b) $d = 27$ mm **5.** mind. 65×9

2. $F_{zul} = 3,77$ kN c) $\sigma_\omega = 102$ N/mm² ($\sigma = 137$ N/mm²)

6. $\sigma = 92,9 \text{ N/mm}^2$ $\qquad$ $\sigma_\omega = 140,6 \text{ N/mm}^2$ $\qquad\qquad$ **7.** $t \geqq 0,875 \text{ mm}$

8. $t_D = 8 \text{ mm } (7,9)$ $\qquad$ $p_{Beul} = 0,0584 \text{ N/mm}^2$

Abschnitt 11.2

1. a) $\sigma_{ri} = -90 \text{ N/mm}^2$ $\qquad$ $\sigma_{ti} = 150 \text{ N/mm}^2$ $\qquad$ $\sigma_{v\,max} = 240 \text{ N/mm}^2$

b) $p_i' = 135 \text{ N/mm}^2$ Gl. (260.1); mit $\beta = 1,1$ ist nach W. u. B. $\sigma_v = \beta\, p_i'\, r_m/t = 222,5 \text{ N/mm}^2$

$\nu_F = 1,62$

2. a) $d_{a1} = 280 \text{ mm}$ $\quad$ $d_{a2} = 340 \text{ mm}$ $\quad$ $d_{a3} = 400 \text{ mm}$ $\quad$ $\sigma_v = 233 \quad 252 \quad 267 \text{ N/mm}^2$

b) $d_{a1} = 280 \text{ mm}$ $\quad$ $d_{a2} = 375 \text{ mm}$ $\quad$ $d_{a3} = 550 \text{ mm}$ $\quad$ $0\%, \quad 25\%, \quad 54\%$

3. Mit $\quad N = \dfrac{E_{St}}{E_{Cu}}\left(\dfrac{\eta_i^2 + 1}{\eta_i^2 - 1} - \mu\right) + \dfrac{\eta_a^2 + 1}{\eta_a^2 - 1} + \mu$

ist $\quad c_1 = p_i \dfrac{1}{\eta_i^2 - 1} - \dfrac{2\, p_i}{N} \cdot \dfrac{E_{St}}{E_{Cu}}\, \eta_i^2 \dfrac{1}{(\eta_i^2 - 1)^2} \quad = \quad 0,14\, p_i$

$\quad c_2 = -p_i \dfrac{r_i^2}{\eta_i^2 - 1} + \dfrac{2\, p_i\, r_i^2}{N} \dfrac{E_{St}}{E_{Cu}} \cdot \dfrac{1}{(\eta_i^2 - 1)^2} = -0,792\, p_i\, r_i^2$

$\quad c_3 = \dfrac{2\, p_i}{N} \cdot \dfrac{E_{St}}{E_{Cu}} \cdot \dfrac{1}{\eta_i^2 - 1} \cdot \dfrac{1}{\eta_a^2 - 1} \quad = \quad 0,522\, p_i$

$\quad c_4 = -\dfrac{2\, p_i\, r_a^2}{N} \cdot \dfrac{E_{St}}{E_{Cu}} \cdot \dfrac{1}{\eta_i^2 - 1} \cdot \dfrac{1}{\eta_a^2 - 1} \quad = -0,522\, p_i\, r_a^2$

Im Kupferrohr: $\qquad\qquad$ Im Stahlrohr:

$\sigma_{ri} = -150 \text{ N/mm}^2$ $\qquad$ $\sigma_{r1} = -98 \text{ N/mm}^2$

$\sigma_{ti} = 192 \text{ N/mm}^2$ $\qquad$ $\sigma_{t1} = 254,5 \text{ N/mm}^2$

$\sigma_{r1} = -98 \text{ N/mm}^2$ $\qquad$ $\sigma_{ra} = 0 \text{ N/mm}^2$

$\sigma_{t1} = 140 \text{ N/mm}^2$ $\qquad$ $\sigma_{ta} = 156,5 \text{ N/mm}^2$

$\sigma_{v\,max} = 342 \text{ N/mm}^2$ $\qquad$ $\sigma_{v\,max} = 352,5 \text{ N/mm}^2$

4. a) Der Ansatz $\sigma_v = \sigma_t - \sigma_r$ für die Innenwandungen der drei Teilrohre führt auf das Gleichungssystem

$$\sigma_v = -2\, p_1 \dfrac{\eta_i^2}{\eta_i^2 - 1} \qquad\qquad\qquad + 2\, p_i \dfrac{\eta^2}{\eta^2 - 1}$$

$$\sigma_v = 2\, p_1 \dfrac{\eta_i^2}{\eta_i^2 - 1} - 2\, p_2 \dfrac{\eta_i^2}{\eta_i^2 - 1} + 2\, p_i \dfrac{\eta_i^2\, \eta_a^2}{\eta^2 - 1}$$

$$\sigma_v = \qquad\qquad\qquad 2\, p_2 \dfrac{\eta_a^2}{\eta_a^2 - 1} + 2\, p_i \dfrac{\eta_a^2}{\eta^2 - 1}$$

mit den Lösungen

$p_i = 372,5 \text{ N/mm}^2$ $\qquad$ $p_1 = 106,5 \text{ N/mm}^2$ $\qquad$ $p_2 = 87 \text{ N/mm}^2$

$\sigma_{ri} = -372,5 \text{ N/mm}^2$ $\qquad$ $\sigma_{ti} = 27,5 \text{ N/mm}^2$

$\sigma_{r1} = -261,5 \text{ N/mm}^2$ $\qquad$ $\sigma_{t1} = -84/138,5 \text{ N/mm}^2$

$\sigma_{r2} = -111 \text{ N/mm}^2$ $\qquad$ $\sigma_{t2} = -12/289 \text{ N/mm}^2$

$\sigma_{ra} = 0$ $\qquad$ $\sigma_{ta} = 178 \text{ N/mm}^2$

b) $\quad \sigma_v = 785 \text{ N/mm}^2$

Weiterführende Literatur

[1] Biezeno, L., Grammel, R.: Technische Dynamik. 2. Bd. Repr. d. 2. Aufl. Berlin-Heidelberg-New York 1971

[2] Dubbel: Taschenbuch für den Maschinenbau. 15. Aufl. Berlin-Heidelberg-New York 1985

[3] Flügge, W.: Festigkeitslehre. Berlin-Heidelberg-New York 1967

[4] Föppl, L., Mönch, E.: Praktische Spannungsoptik. 3. Aufl. Berlin-Heidelberg-New York 1972

[5] Held, A.: Lösungen des Problems der rotierenden Scheibe zu vorgegebenen Spannungsverteilungen. Diss. TH Stuttgart 1940

[6] Hertel, H.: Leichtbau. Berlin-Göttingen-Heidelberg Repr. 1980

[7] Kollbrunner, C.F., Meister, M.: Knicken, Biegedrillknicken, Kippen. 2. Aufl. Berlin-Göttingen-Heidelberg 1961

[8] Kuske, A.: Taschenbuch der Spannungsoptik. Stuttgart 1971

[9] Löffler, K.: Die Berechnung von rotierenden Scheiben und Schalen. Berlin-Göttingen-Heidelberg 1961

[10] Neuber, H.: Kerbspannungslehre. 3. Aufl. Berlin-Göttingen-Heidelberg 1984

[11] Pflüger, A.: Stabilitätsprobleme der Elastostatik. 3. Aufl. Berlin-Göttingen-Heidelberg 1975

[12] Stodola, A.: Gas- und Dampfturbinen. 6. Aufl. Berlin 1924

[13] Timoshenko, S., Lessells, I.M.: Festigkeitslehre. Berlin 1928

[14] Wellinger, K., Dietmann, H.: Festigkeitsberechnung. 3. Aufl. Stuttgart 1976

[15] Wellinger, K., Gimmel, P.: Werkstoff-Tabellen der Metalle. 8. Aufl. Stuttgart 1982

[16] Wolf, H.: Spannungsoptik. 2. Aufl. Berlin-Heidelberg-New York 1976

[17] Fink, K., Rohrbach, Ch.: Handbuch der Spannungs- und Dehnungsmessung. 2. Aufl. Düsseldorf 1965

[18] Schwarz, H.R., Rutishauser, H., Stiefel, E.: Numerik symmetrischer Matrizen. 2. Aufl. Stuttgart 1972. = Leitfäden der angewandten Mathematik und Mechanik, Bd. 11

[19] Bathe K.J.: Finite-Elemente-Methoden, Deutsch von Zimmermann P. Berlin/Heidelberg/New York/Tokio 1986.

[20] Argyris, J.F.R.S., Mlejnek, H.P.: Die Methode der Finiten Elemente. Braunschweig/Wiesbaden, Band 1 1986, Band 2 1987.

Literatur über FEM

Clough, R.W.: The Finite Element Method in Structural Mechanics. In: Stress Analysis. New York 1965

Przemieniecki, J.S.: Theory of Matrix Structural Analysis. New York 1968

Zimmer, A.; Groth, P.: Elementmethode der Elastostatik. München und Wien 1970

Zienkiewicz, O.C.: Methode der finiten Elemente. 2. Aufl. München 1984

Desai, C.S., Abel, J.F.: Introduction to the Finite Element Method. New York 1972

Buck, K.E.; Scharpf, D.W.; Stein, E.; Wunderlich, W. (Hrsg.): Finite Elemente in der Statik. Berlin 1973

Tottenham, H.; Brebbia, C.: Finite Element Techniques in Structural Mechanics. Southampton

Einführung in finite Berechnungsverfahren. Seminararbeit aus dem Lehrstuhl für Konstruktionslehre, Fachbereich Verkehrswesen. TU-Berlin

Finite-Element-Methoden. Technisch-wissenschaftliche Mitteilungen, Konstruktiver Ingenieurbau, Ruhr-Universität Bochum

Schwarz, H.R.: Methode der finiten Elemente. Eine Einführung unter besonderer Berücksichtigung der Rechenpraxis. 2. Aufl. Stuttgart 1984 = Leitfäden der angewandten Mathematik und Mechanik, Bd. 47 (Teubner Studienbücher)

Schwarz, H.R.: FORTRAN-Programme zur Methode der finiten Elemente. 2. Aufl. Stuttgart 1988 (= Teubner Studienbücher)

Sachverzeichnis

Teubner Lehrbücher zum Grundstudium
Maschinenbau

Burg/Haf/Wille, Höhere Mathematik für Ingenieure
Band 1: Analysis
Von Prof. Dr. F. Wille, Universität-Gesamthochschule Kassel
2. Aufl. 1989. XVI, 717 Seiten. Kart. DM 46,–
Band 2: Lineare Algebra
Von Prof. Dr. F. Wille, Prof. Dr. H. Haf, und Prof. Dr. K. Burg,
Universität-Gesamthochschule Kassel
2. Aufl. 1990. XII, 436 Seiten. Kart. DM 44,–
Band 3: Gewöhnliche Differentialgleichungen, Distributionen,
Integraltransformationen
Von Prof. Dr. H. Haf, Universität-Gesamthochschule Kassel
2. Aufl. 1990. XII, 394 Seiten. Kart. DM 42,–
Band 4: Vektoranalysis und Funktionentheorie
Von Prof. Dr. H. Haf, und Prof. Dr. F. Wille, Universität-Gesamthochschule Kassel
1990. XVI, 564 Seiten. Kart. DM 47,–

Dobrinski/Krakau/Vogel, Physik für Ingenieure
Von Prof. Dr. P. Dobrinski, Fachhochschule Hannover, Prof. Dr. G. Krakau,
Fachhochschule Regensburg, und Prof. Dr. A. Vogel, Fachhochschule München
7. Aufl. 1988. XIV. 642 Seiten. Geb. DM 58,–

Gerlach/Grosse, Physik
Eine Einführung für Ingenieure
Von Prof. Dr. E. Gerlach, und Prof. Dr. P. Grosse, Technische Hochschule Aachen
1989. 492 Seiten. Kart. DM 48,–

Linse, Elektrotechnik für Maschinenbauer
Von Prof. Dipl.-Ing. H. Linse, Fachhochschule Esslingen
8. Aufl. 1987. VIII. 410 Seiten. Kart. DM 56.–

Köhler/Rögnitz, Maschinenteile
Herausgegeben von Prof. Dr.-Ing. J. Pokorny
Teil 1: 7. Aufl. 1986. X, 326 Seiten. Geb. DM 62,–
Teil 2: 7. Aufl. 1986. X, 398 Seiten. Geb. DM 68,–

Klein, Einführung in die DIN-Normen
Herausgegeben vom DIN Deutsches Institut für Normung e. V.
Bearbeitet von Dipl.-Ing. K. G. Krieg
10. Aufl. 1989. 1028 Seiten. Geb. DM 89,–

Preisänderungen vorbehalten

 B. G. Teubner Stuttgart